飞行器试验及数据统计处理方法

杨雪榕　杨雅君　朱　俊　编著

国防工业出版社
·北京·

内 容 简 介

本书对常用的飞行器试验及数据统计方法进行较为完整的归纳和总结,从而使读者能够全面地了解飞行器试验及其相关数据处理的相关方法理论。内容包括飞行器试验及其数据处理要求、飞行器试验设计方法、随机过程导论,以及最小二乘方法、卡尔曼滤波方法、Bayes 方法和非线性滤波方法、基于计算试验的滤波方法等。

本书可供航空航天相关专业的本科生和研究生使用,也可供相关领域算法工程师和数据处理工程师参考学习。

图书在版编目(CIP)数据

飞行器试验及数据统计处理方法/杨雪榕,杨雅君,朱俊编著. --北京:国防工业出版社,2024.8. --ISBN 978-7-118-13320-2

Ⅰ. V216

中国国家版本馆 CIP 数据核字第 2024QR7591 号

※

国防工业出版社出版发行

(北京市海淀区紫竹院南路 23 号　邮政编码 100048)

北京虎彩文化传播有限公司印刷

新华书店经售

*

开本 710×1000　1/16　**插页** 2　**印张** 23　**字数** 425 千字

2024 年 8 月第 1 版第 1 次印刷　**印数** 1—1000 册　**定价** 158.00 元

国防书店:(010)88540777　书店传真:(010)88540776

发行业务:(010)88540717　发行传真:(010)88540762

前　言

作为新世纪出生的大学生,大家成长在互联网爆发和计算机能力高速发展的年代,各种创新日新月异,各种信息和数据如洪水般不断涌向每个人。作为堪当民族复兴重任的时代新人,面临新的时代、新的形势,必须对已有的知识进行不断的学习和理解,还要不断地拓展新的知识。当今,大多数人享受着互联网大数据服务带来的生活便易,享受着各种知识快速检索和获取带来的工作便易,但是除了互联网算法工程师,大部分人不会知道这一切的发展和成功,都源于对数据的收集和分析。

本书将飞行器试验中的随机现象分析以统计学视角进行论述。当然,目前关于随机信号处理的滤波与估计已经作为专门的学科进行研究和归类,并且大量应用于信号处理、导航与状态估计等各个领域,但是其内在的统计学规律和问题,尤其与飞行器试验相关的应用,仍有必要结合飞行器试验的特性进行归纳与总结。

统计学是一门非常基础又实用的学科。华为公司创始人任正非说:“大数据时代干啥?(就是)统计。”“人工智能就是统计学,这个学科计算机与统计学就是人工智能。”“大家过去看,多年来好多诺贝尔经济学奖获得者,大多使用的是统计学。”可见,统计学在目前的科技、经济及社会发展中的巨大作用。当代国际著名的统计学家之一 C. R. 劳在其著作《统计与真理:怎样运用偶然性》的扉页上留下了以下文字,现在介绍给本书的读者,让大家来感受统计学的巨大意义。

知识是我们已知的

也是我们未知的

基于已有知识之上

我们去发现未知的

由此,知识得到扩充
我们获得的知识越多
未知的知识就会更多
因而,知识的扩充永远无止境

***

在终极的分析中,一切知识都是历史
在抽象的意义下,一切科学都是数学
在理性的基础上,所有的判断都是统计学

党的二十大提出建设中国式现代化。作为担负建设中国式现代化重任的航空航天相关领域的工科学生,通过对飞行器的试验结果来掌握飞行器的基本状态,进而开展相应的设计、研究、应用工作,是本专业学生需要具备的基本能力,应用统计学的能力和观点来从事工科研究,也是必备的素质。只有掌握基础知识、具备较强的应用能力,才能从事更多具有挑战性和创新性的工作。

本书主要面向航空航天工程专业本科生以及航空宇航科学与技术相关专业硕士研究生,开设飞行器试验及数据统计处理方法相关内容的课程使用,内容包括飞行器试验及其数据处理要求、飞行器试验设计方法、随机过程导论、最小二乘法、卡尔曼滤波方法、Bayes 方法和非线性滤波方法、基于计算试验的滤波方法等,也可用于导航制导专业、通信专业关于数据处理相关课程的参考书。由于本书的理论性较强,需要具有概率论和基本的数理统计方面的理论基础。课程内容强调实践和应用,通过实践来学习和认识基本规律是学好本门课程的重要途径,希望读者多多动手,开展仿真实践。

本书的编写主要以张金槐、蔡洪教授编著的《飞行器试验统计学》(1995 年由国防科技大学出版社出版)为基本参考,以中山大学航空航天工程专业本科生课程“飞行器试验统计”讲义为基础,历经 4 年的教学实践和不断改进。为适应飞行器试验相关内容讲授和新理论新方法更新的需求,增加了许多新的内容和方法。中山大学杨雪榕副教授负责本书的全书框架设计、统稿,并主要完成了飞行器试验、卡尔曼滤波、计算试验方法相关章节和部分应用实例的编写,航天科工集团第十研究院贵州航天风华精密设备有限公司杨雅君高工完成了 Bayes 最优滤波、非线性滤波相关章节的编写，宇航动力学国家重点实验室朱俊研究员完成了最小二乘法和卫星轨道确定相关内容的编写。

本书在编著过程中难免会有疏忽不足之处，希望读者批评指正。

2023年3月于广州

目　录

1 概　　论

航空航天是人类拓展大气层和宇宙空间的产物。经过百余年的快速发展，航空航天已经成为21世纪最活跃和最有影响的科学技术领域之一,该领域取得的重大成就标志着人类文明的最新发展,也表征着一个国家科学技术的先进水平。

党的二十大报告指出:“坚持把发展经济的着力点放在实体经济上,推进新型工业化,加快建设制造强国、质量强国、航天强国、交通强国、网络强国、数字中国。”探索广阔天空、浩瀚宇宙,发展航空航天事业,建设航空航天强国,是我们不懈追求的航空航天梦,也是实现中华民族伟大复兴梦的重要组成部分。由此,作为一名航空航天专业的学习者、从业者、研究者,我们必须深刻学习航空航天领域的基本原理和知识,掌握方法和技能,才能够知行合一,理论应用于实践,创造属于我们自己的理论和应用体系,为人类进步和宇宙探索贡献中国力量。

航空航天是一个借助于飞行器在自由空间航行的领域统称。其中,航空是指载人或不载人的飞行器在地球大气层中的航行活动;航天是指载人或不载人的航天器在地球大气层之外的航行活动,又称空间飞行或宇宙航行。由此可见,飞行器是航空航天领域的主要研究对象。飞行器是由人类制造、能飞离地面、在空间飞行并由人来控制的在大气层内或大气层外空间(太空)飞行的器械飞行物。飞行器分为航空器、航天器、火箭和导弹3类。其中,在大气层内飞行的称为航空器,在太空飞行的称为航天器,火箭和导弹通常会跨大气层飞行,归为单独的一类。飞行器是人类为了脱离地球引力,自由航行在三维空间中的人造工具。飞行器的使命可以简单地描述为:对抗引力、承载载荷、按需航行。其中对抗万有引力的主要形式是依靠空气动力或者发动机推力,航空器主要依赖空气动力飞行,而航天器、导弹与运载火箭主要靠发动机推力飞行(或者获得飞行速度)。飞行器航行最大的难点就是需要依赖自身能力来克服无时无刻不在、无处不在的引力作用,来实现按需航行目标。由此,飞行器一般具有更为复杂的结构,其试验内容更多、试验方法更复杂、试验数据获取更难、试验数据处理要求更高。

本书主要针对飞行器在试验(地面试验或飞行试验)中的随机现象,通过观测信息揭示出这种随机现象的统计规律性,并运用统计学方法处理这些观测信息,从而获得飞行器真实状态的估计,以帮助工程师和决策者制定合理的改进、控制策略。飞行器一般应用最先进的技术以提升飞行效率和可靠性,这导致飞行器各系统技术复杂,而且价值昂贵,研制与试验的周期较长,且每批次的试验次数少。因此,飞行器试验数据的处理不同于一般的数理统计。例如,在某些试验场合,不能如常规的统计处理那样,可以任意抽样。因此,人们习惯运用的大样本理论(中心极限定理、大数定理等)就受到限制。又如在飞行试验中,我们运用光学、雷达等测量设备对飞行器进行观测,得到的观测量是随时间而变化的量,而这种观测在一次飞行试验中是不能再现的,即不能进行重复测量。这样一来,常规的统计处理遇到了困难。由此可知,在飞行器的试验数据统计处理中,常用的统计方法需要进一步发展,面对飞行器试验中提出的新问题,又要求我们进一步开展相关研究,发展相关理论。

1.1 本书的主要研究对象

飞行器试验是飞行器研制过程中用以验证和辅助设计、鉴定性能和检验工艺质量的实践手段。飞行器试验主要包括三个步骤:科学试验验证选取的方案和参数是否正确;数学和物理检查各个分系统的协调、可靠性和工艺质量;工程试验鉴定飞行器的性能。任何一种飞行器的成功使用都要严格遵从上述三个步骤的试验来考验,合理设计试验内容、条件和环境,获取飞行器的各种观测参数,处理得出飞行器的真实性能和状态,从而给出飞行器是否满足设计要求及能否执行飞行任务的结论。

在飞行器试验过程中,依据试验观测数据,通过统计学数据处理方法获得飞行器各项性能指标和状态的真值,从而为飞行设计、研制和改进提供依据,是飞行器试验统计处理方法的主要作用。从处理飞行器试验随机特性的统计学来讲,飞行器试验统计处理方法主要关心的研究对象有以下几个方面。

(1)飞行器系统输入量 $\boldsymbol{U}(t)$,是对被研究的飞行器进行控制的量,它影响系统状态量的变化,由系统状态方程(系统传递函数)来确定它与状态之间的关系,在统计中的状态预测中需要用到。

(2)飞行器系统状态 $\boldsymbol{X}(t)$,是确定和预测被研究的飞行器未来状态的最小信息量,在统计中是核心需要估计的量。

(3)飞行器系统输出量 $\boldsymbol{Y}(t)$,是飞行器表现或者可被观测的量,在统计中是确定系统状态的信息来源。

(4)飞行器系统不确定随机量 $\boldsymbol{N}(t)$,是由于对系统特性不掌握、制造工艺偏差、系统所受环境影响因素等带入系统模型的不确定量，它影响系统的状态预测。

(5)飞行器系统的观测量 $\boldsymbol{Z}(t)$，是测量设备的输出量，它是通过间接或直接方式，由测量装置感知系统的输出量、状态量而得，它是对系统状态反映的直接信息。

(6)观测随机量 $\boldsymbol{V}(t)$，是测量设备在观测过程中引入的测量方法、测量设备、测量环境不确定性，由测量原理、测量设备精度确定，它是需要通过各种手段尽量消除的量。

本书研究的对象与关系见图1.1。

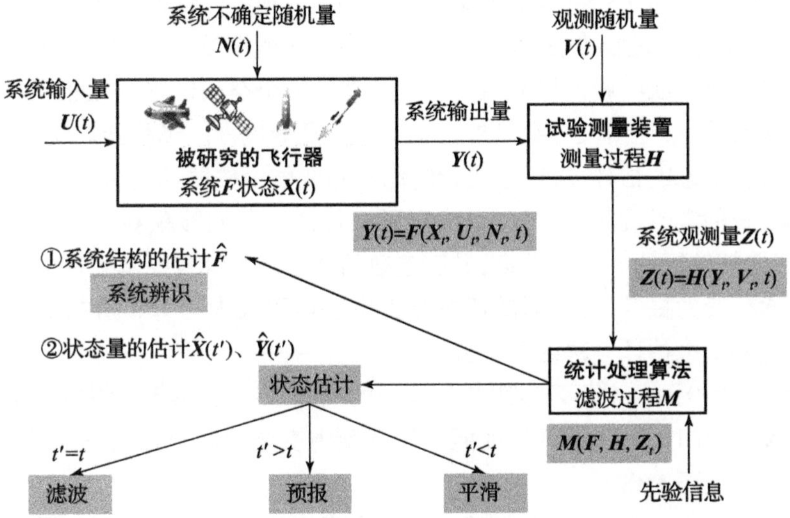

图1.1　本书研究的对象与关系

如果通过试验和测量获得的数据，以统计处理算法得到关于系统结构的估计 $\hat{F}$，这个过程就称为系统辨识。如果想通过试验获得观测数据，以统计处理算法得到关于系统的状态估计量 $\hat{X}$ 和系统输出估计量 $\hat{Y}$，这个过程一般统称为状态估计。根据估计时间点的不同，当进行实时估计时($t'=t$)，称为滤波；当进行超前估计时($t'>t$)，称为预报；当进行事后估计时($t'<t$)，称为平滑。

1.2　本书的主要应用领域

按照我国飞行器试验的一般情况来说，飞行器试验数据的统计处理大致有十个方面的工作。

(1)飞行器各分系统试验结果分析。这种分析包括地面试验、飞行试验中特性参数的分析。例如,对于弹道式导弹来说,包括:动力装置系统试验结果分析,如发动机推力、液体火箭发动机的秒耗量、比推力、燃烧室压力等试验结果分析;制导系统误差分析,如惯性制导系统中的仪表误差分离;弹体结构强度分析;头部(烧腐)试验;分离机构试验中的结果分析等。如果将地面试验结果应用于高空,那么必须考虑进行相关性分析。

(2)飞行过程中,弹道(机道)运动参数的估计。在导弹飞行试验中,弹道运动参数(如位置、速度)的估计及其分析是必须的,这种评估对于导弹飞行性能的分析是至关重要的。飞行试验中对导弹的跟踪、预报、飞行中的安全控制等就属于这种工作。而飞行试验后的重建弹道也是一项经常性的工作。

(3)飞行运动过程中,运动参数的实时估计(所谓滤波问题)。这个过程通常称为飞行器导航问题。导航就是将飞行器从一个空间位置,在规定的时间、规定的路线要求下,导引飞行到另外一个空间位置的过程。飞行器导航中,对飞行器自身飞行状态的估计,决定了飞行时间和路线能否按照计划执行。与此同时,对空间位置的实时观测与估计,也决定了飞行器是否能够顺利抵达目标点。由此,对于能够航行的飞行器而言,导航参数估计也成为其重要基础性能力。随着导航技术手段的提升,飞行器的任务能力也获得了极大提升。这与更加精确的误差处理和状态估计方法密不可分。

(4)故障检测。主要是运用统计学中的检验理论,发现试验中的故障,以便于研究设计部门改进飞行器的性能。如试验中安全控制故障的发现等,是试验活动的一项重要工作。

(5)飞行器定型试射中的精确度和密集度评估、最大射程评定、可靠性评定等工作。武器系统的定型,包括各种不同类型的飞行器,从常规飞行器至战略武器的定型(鉴定)都是必经之途。目前已成为一个相当热门的课题。

(6)弹道(轨道)仿真研究。仿真技术,是国内外广泛重视的问题。不论是数字仿真,或是半实物、实物仿真,对于飞行器的研制和性能分析,都是一种重要工具。例如进行弹体和控制回路的设计分析、优选参数、进行全弹道仿真试验等。一般的仿真过程包括建立模型、录取仿真参数及干扰源的统计特性和计算。仿真结果分析,如模型的检测、参数精度分析、仿真的可信性分析等,统计分析方法是一个基本的、有力的工具。

(7)测控设备的精度鉴定。对于测控设备来说,在出厂时都有产品合格的履历表,其中记载着设备的精度指标。但是飞行器试验时的外场条件与工厂不同,因此测控设备的精度未必与记载的精度一致。为此,必须在现场试验条件下做出合理的精度评定,这是做好试验结果分析的重要前提。

(8)多种测量信息下的数据融合问题。在飞行器现场试验过程中,运用了多种观测设备对飞行器进行观测。例如光学测量、雷达测量、遥测等。如何综合利用这些观测信息,以便于对飞行器的性能参数进行检测、估计,这是一项重要的工作。国外靶场试验中所谓的运用误差模型的最佳弹道估算(Error Modeling Best Estimation of Technique,EMBET)方法,就是属于这类研究工作。

(9)小子样统计推断方法研究。这是由飞行器试验的特点所决定的。我们已经指出,飞行器的试验不能大量进行。因此,统计推断方法必须与这种特点相适应。本书中论述的 Bayes 方法,就是一种考虑小子样场合的统计分析的有效途径。

(10)试验法研究。这里指的是制订飞行试验大纲中的试验法研究。它包括试验中达到的要求、项目、试验程序、批次发射数、定型状态下的最佳发射数以及定型验收方案。对于试验分析的技术人员来说,研究最节省的试验途径,既能节省试验数,又能满足评估试验项目中的有关精度的要求。这个工作可以说是当务之急,对于试验决策人员和总体研究、设计部门都是迫切需要的。

本书不可能对上述问题一一进行详细讨论,特别是具体的技术细节问题,我们将着重讨论上述问题中广为运用的试验统计分析的理论和方法。一些统计算法的具体应用,本书将以应用实例的形式在特定章节给出。

1.3　本书的内容梗概

本书立足于将常用的飞行器试验及数据统计方法进行较为完整的归纳和总结,从而使读者能够全面体系地了解飞行器试验及其相关数据处理的相关方法理论。由于本书从飞行器试验角度出发,以统计学角度来研究动态过程的数据处理问题,且需要照顾本科生的知识层次,因此本书主要分为以下几个方面的内容。

第一部分,飞行器试验及其设计(第 2、3 章)。主要归纳总结了飞行器试验的主要内容和数据处理要求,并且从航天器、航空器和导弹三种飞行器给出了主要试验内容。针对飞行器试验的设计,给出了试验设计原理、方差分析原理和常用试验设计方法。

第二部分,随机过程导论(第 4 章)。主要对随机过程的基本概念、平稳随机过程的各种定义进行系统性的介绍,这是将飞行器试验作为随机过程进行抽象和统计分析的基础。

第三部分,最小二乘理论(第 5、6 章)。主要给出最小二乘法的基本理论、改进方法及其应用实例。该方法是开展统计数据处理的基本方法,应该作为核心和重点学习。

第四部分,卡尔曼滤波方法(第7、8、9章)。主要给出卡尔曼滤波方法的基本原理、非线性卡尔曼滤波的基本原理和工程实现及改进方法,并给出了应用实例。由于卡尔曼滤波方法普遍应用于航空航天的自动控制系统、传感观测系统等,是动态估计的核心基本方法,众多改进的新方法、新理论也大多基于该思想和理论,是本书学习的重点。

第五部分,Bayes统计及最优滤波(第10、11章)。主要给出Bayes统计方法的基本思想和Bayes滤波的原理与方法,从Bayes理论角度介绍数据估计和统计分析的思路和方法。

第六部分,非线性滤波与基于计算的滤波方法(第12、13章)。主要针对日益复杂的统计估计处理问题,给出当前已被广泛采用的非线性方法。这部分可作为研究生的主要学习内容。

本书系统地将飞行器试验及其统计处理方法进行了梳理和介绍,不仅可以供航空航天相关专业的本科生和研究生使用,也可以供相关领域算法工程师和数据处理工程师参考学习。

2 飞行器试验及其数据处理要求

党的二十大报告中指出,高质量发展是全面建设社会主义现代化国家的首要任务。高质量发展要求在各个领域都要加强创新、提高效益、坚实基础、提升发展动力。航空航天领域飞行器的创新发展,是带动空天产业发展的基础,需要不断创新探索。而在飞行器研发创新中,对飞行器开展必要的科学和鉴定试验,是突破核心关键技术、增强飞行器能力和可靠性,从而进一步加快飞行器进入经济生活的必经过程。

飞行器工程试验与其他一般工程试验和科学实验的不同点体现在:飞行器试验与现代先进科学技术密切相关,例如超声速风洞实验技术与全息摄影技术、微波通信技术、微电子技术、高速计算机、激光技术和高精度光学机械,为飞行器试验提供了重要手段,环境模拟技术和环境工程的研究为飞行器的环境试验提供了技术基础等;试验的规模和费用巨大,准备时间长,试验地域广阔,例如驱动一个马赫数大于10、试验段口径为2~3m的连续式超声速风洞需要消耗的功率高达16万千瓦,第一架航天飞机共进行了约10万小时的风洞实验,导弹飞行试验跨越整个海陆区域等;协调性试验繁多,例如飞行器由许多分系统组成,有许多单机和组件,它们之间工作的不协调问题通常靠单机(或组件)之间、分系统之间和全系统的多种协调试验来发现和解决。

开展飞行器试验,一般要求在预定的条件下使飞行器处于试验状态,同时测量和记录表示其特征的各种物理现象、环境参数和工作参数。飞行器试验一般都用高速摄影机和录像机记录飞行时的状态。飞行器上的各种参数多用传感器进行测量,飞机还用一些直接测量显示的仪表。对于这些参数还须用摄影记录器、示波器、磁记录系统和遥测系统等在机上或地面进行记录,用光学和无线电跟踪测量系统进行飞行器的轨道跟踪和参数遥测。用时间统一系统把试验的指挥、控制、跟踪、测量等各个台站的时间统一起来,使所有测量的数据都成为统一时间的函数。通常所讲的航天遥测系统,就是为了获得航天器飞行参数构建起来的跟踪、测量和通信系统,它的存在保障了航天器试验的参数记录与获取,为工程师改进飞行器设计、提升飞行器可靠性、进行先进技术攻关提供了保障。

飞行器工程试验的主要内容包括以下几类。

(1)气动力试验。飞行器在大气内飞行,良好的气动外形是十分关键的。气动力试验根据力学运动的相对性,通过实物飞行器或缩比模型在风洞中模拟飞行过程,考察气流与飞行器之间相互作用的物理量,判断飞行器的外形设计是否符合要求。

(2)结构试验。包括静力试验、动力试验、疲劳试验和热强度试验。结构试验的主要目的是确定飞行器结构的动力学特性以及结构、构件在各种环境、载荷下的承载能力,验证结构设计的准确性。

(3)环境试验。包括热真空试验、磁环境试验、震动环境试验、气动加热试验等。这些复杂的环境可能在飞行器储存、运输和工作时综合地加载到飞行器上,形成飞行器的组合环境。环境试验是考验环境适应性和提高可靠性的重要手段。

(4)可靠性与寿命试验。除了在设计上提高可靠性,在生产中严格把控质量外,还需要进行可靠性试验,发现设计、加工、材料等方面的问题并改进。

(5)地面试车。带有动力装置的飞行器,其发动机都需要地面条件和模拟高空条件的试车,逐步修改使其满足设计指标。

(6)飞行试验。飞行器都需要通过飞行试验来最终证明能否完成预定的飞行任务,并以此作为定型的依据。

以上特点导致飞行器的试验往往代价非常高昂,难以开展大批次大数量的试验以获得大样本数据,对数据处理的要求提出了更高的要求,那就需要尽可能运用数学、统计学理论,在有限数据样本下获得更加真实的飞行器状态估计值。

2.1 航天器的主要试验

航天器往往是单品或小批量生产,因此需要一套适合于此特点的试验验证要求和方法。在研制过程中进行全面和严格的试验,模拟空间系统所可能遇到的各类环境是最重要的验证内容,试验验证在整个研制工作中所占比重可达70%以上。而国外对高可靠性的航天器,试验费用(主要是环境试验费用)可以占到整个研制费用的35%以上。

航天器的研制包括设计、制造、装配和试验,航天器的高可靠性不仅取决于可靠性设计,还取决于研制过程中的各种试验验证。通常而言,工程师需要根据航天器工作寿命期间的环境剖面,明确在工作寿命期间可能遇到的不同阶段,这些阶段是从出厂开始经过运行使用直到结束服务,包括装卸、运输、储存、发射前合格检验、发射、轨道运行、备份使用和由轨道返回。针对不同的阶段使用不同的合格验证方法,典型的合格验证方法包括分析、检验、相似性分析、试验、演示和仿真,但最有效的验证方法是试验验证。

航天器主要涉及的试验类别如图 2.1 所示。

(1)研制试验。在方案阶段和初样阶段用工程试验模型完成的试验,主要目的是在研制阶段初期验证产品的设计方案是否满足设计要求,以便在开始鉴定试验之前采取必要的修改措施,不断地提高产品的固有可靠性。研制试验可以在飞行器、分系统和组件级进行。

(2)鉴定试验。证明正样产品的性能满足设计要求并有规定的设计余量的试验。鉴定试验应该用能代表正样产品状态的鉴定试验产品进行,如果在初样研制阶段完成鉴定试验,则应保证鉴定试验产品的技术状态和试验文件符合正样产品的鉴定要求。鉴定试验可以在飞行器、分系统和组件级进行。

(3)验收试验。检验交付的正样产品满足飞行要求,并通过环境应力筛选手段检测出产品质量缺陷的试验。验收试验要求对所有交付的飞行产品在飞行器、分系统和组件级进行。

(4)准鉴定试验。在正样研制阶段对飞行产品按照鉴定与验收的组合条件进行的试验,这种组合条件应符合替代鉴定试验的策略。准鉴定试验可以在飞行器、分系统和组件级进行。

(5)出厂前、发射前合格认证试验。正样飞行器在出厂前和发射前进行的飞行器级的综合试验,发射系统、在轨系统的模拟飞行试验。

(6)在轨系统兼容性试验。验证上面级、航天器、在轨系统之间的兼容性。

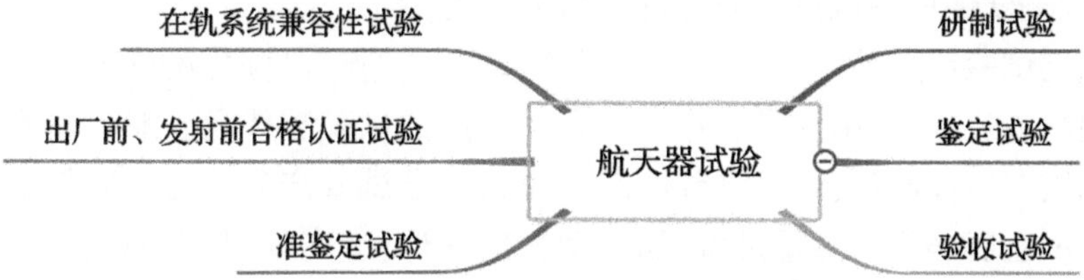

图 2.1 航天器主要涉及的试验类别

2.1.1 研制试验

研制试验的任务是要在产品的研制阶段初期尽早地发现问题以便在开始正式鉴定试验前进行必要的修改,研制试验宜与可靠性研制增长试验综合考虑,通过“试验、分析和改进”过程逐步提高产品的固有可靠性。

研制试验目的一般包括以下几点:

(1)验证硬件产品的设计方案和工艺方案正确性和合理性。

(2)将已经经过考验的方案和技术用于新型号的可行性。

(3)减少设计与制造鉴定硬件和飞行硬件的风险,以利于从初样阶段过渡到正样阶段。

(4)验证用于正样阶段的计算机软件、鉴定试验和验收试验程序的正确性和可执行程度。

(5)使产品的固有可靠性不断增长。

研制试验的内容包括:元器件、材料及工艺的研制试验与评估,部件研制试验,组件研制试验,分系统研制试验,全系统研制试验,磁特性研制试验,气动力和气动热研制试验。其中,组件研制试验包括复合材料结构件研制试验、热研制试验、冲击和振动减震器研制试验;分系统研制试验包括模态观测研制试验,结构静力、动力研制试验,热控分系统热平衡研制试验;全系统研制试验包括机械匹配与性能、功能研制试验,声和冲击研制试验,运输和装卸研制试验;气动力和气动热研制试验包括力和力矩试验,稳态静压力试验,气动加热试验,羽流撞击热试验,跨声速、超声速抖振和气动噪声试验,地面风诱发振荡试验。研制试验的内容和意义总结于图 2.2 中。

2.1.2 鉴定试验

鉴定试验目的是验证正样产品的设计方案、工艺方案是否满足要求并具有规定的鉴定余量,还要验证用于正样产品验收试验的试验方法、试验程序、试验设备、试验软件和测试仪器的可行性和正确性。

鉴定试验需要使用"鉴定试验产品",即与飞行产品同样的图样、材料、加工工具和制造过程,并由同样的熟练工人来制造的试验替代品。航天器通常情况下只先投产一件产品,可以将首件产品作为鉴定试验产品。在试验件上可以增加一些试验所必需的测量设备,如振动加速度计、应变片、热电偶、测量线缆等,但变化后的技术状态应与正样飞行件一致。鉴定试验件一般不再用于实际飞行。

为验证产品的设计余量,鉴定产品经受的鉴定环境比在工作寿命期间预期的最高环境要严酷,工作寿命不仅包括飞行过程,而且还包括在验收试验和再试验中可能积累的最长试验时间或最多循环次数。但是,鉴定试验施加给产品的环境也不能超过真实使用时的安全余量,避免造成不真实的故障模式。

航天器的鉴定试验可以按照全系统级、分系统级、组件级三个层次划分,如图 2.3 所示。

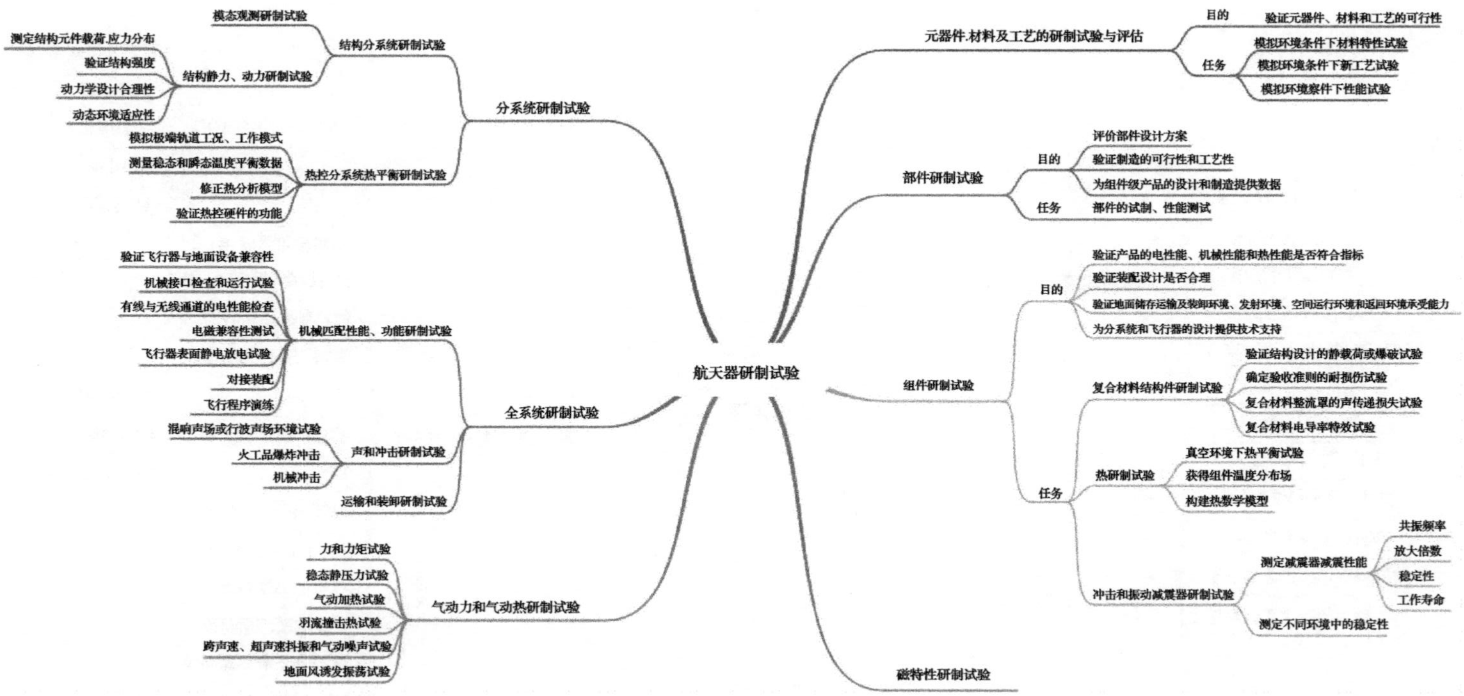

图 2.2　航天器研制试验内容

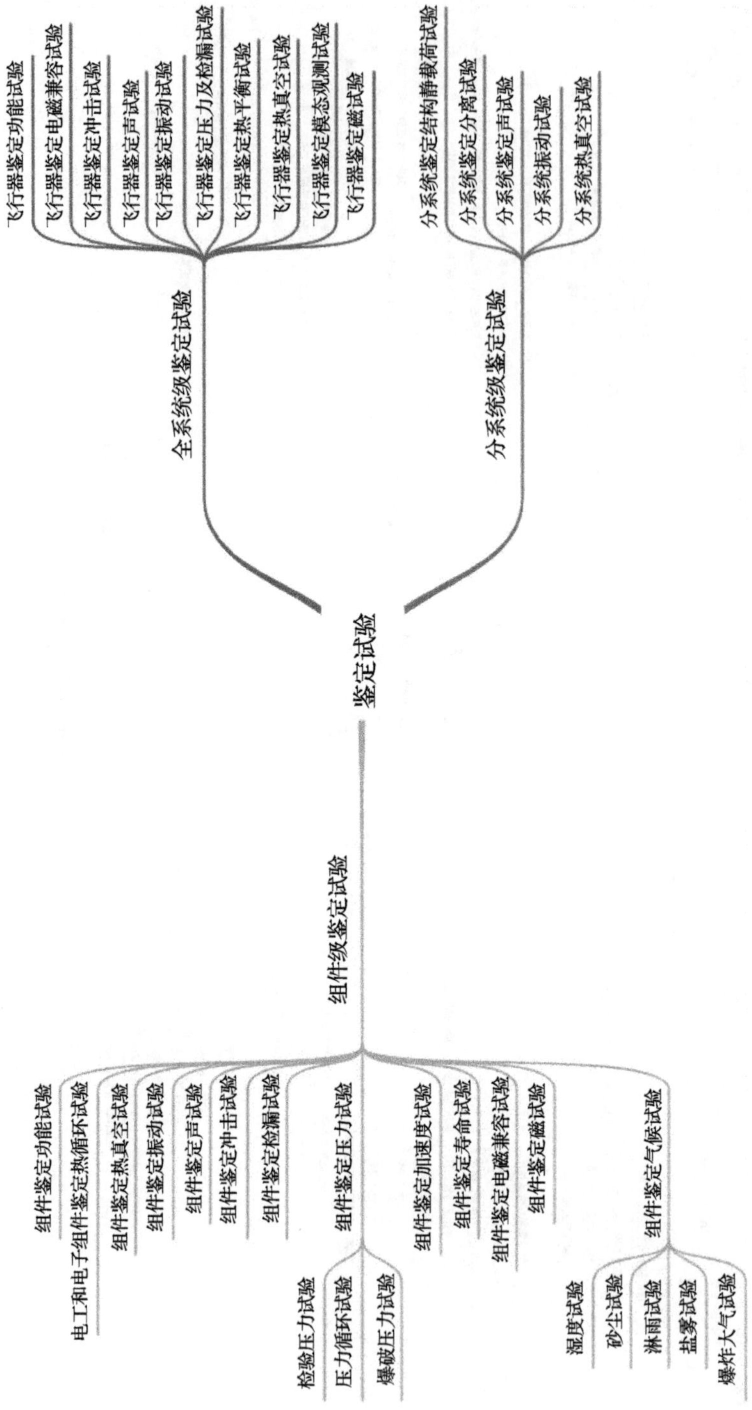

图 2.3 航天器鉴定试验内容

2.1.2.1 全系统级鉴定试验

全系统级鉴定试验包括飞行器鉴定功能试验、飞行器鉴定电磁兼容试验、飞行器鉴定冲击试验、飞行器鉴定声试验、飞行器鉴定振动试验、飞行器鉴定压力及检漏试验、飞行器鉴定热平衡试验、飞行器鉴定热真空试验、飞行器鉴定模态观测试验、飞行器鉴定磁试验。

飞行器鉴定功能试验。验证飞行器机械和电性能是否满足设计要求以及与地面支持设备的兼容性、协调性,并证明试验技术、计算机指令、数据处理软件及所有冗余组件或机构运行的正确性、有效性,试验包括机械功能试验和电性能试验。

飞行器鉴定电磁兼容试验。验证飞行器在模拟的发射、在轨、变轨和由轨道返回的电磁环境中的电磁兼容性并确保有适当的余量,包括发射机和接收机的射频电磁干扰试验,辐射发散、辐射敏感度、传导发射、传导敏感度测量,电源试验,电磁干扰安全试验,飞行器之间、飞行器与地面系统之间电磁兼容试验。

飞行器鉴定冲击试验。用于验证飞行器承受鉴定级冲击环境并能正常工作的能力,试验时飞行器的支承和结构状态尽量接近飞行的真实状态,使冲击载荷在振幅、频率分量和传递路径方面与飞行时的动态响应相似。

飞行器鉴定声试验。用于验证飞行器经受鉴定级声环境并能正常工作的能力,以及组件极限和最高预示随机振动规范的合理性,试验时应将发射状态或返回状态的飞行器装在支撑结构或适当的模拟件上放入混响声场或行波声场中。

飞行器鉴定振动试验。验证飞行器在经受鉴定级振动环境下正常工作的能力,以及组件极限和最高预示振动规范的合理性,包括正弦振动和随机振动试验,试验中将飞行器通过振动夹具与振动台连接,沿飞行器相互正交的三个轴向的每一轴施加振动,其中一个方向与飞行器的推力轴平行。

飞行器鉴定压力及检漏试验。验证充压分系统满足规定的流量、压力和泄漏率要求的能力,试验时飞行器在保护人员和设备工作安全作用的装置内,先进行预备性试验,验证飞行器与试验设备的兼容性,并确保设备控制和试验功能运行正常。在操作阀门、泵和电机时,对充压分系统要求的流量、泄漏和调节进行测量,通过流量检查证明泵、电机和管路的试验状态是否正常。检漏试验时,对于非钎焊或熔焊装配的充压分系统,应对螺纹接头进行检查,证明这些螺纹接头符合规定的装配扭矩值。

飞行器鉴定热平衡试验。验证热分析模型的正确性以及飞行器热控分系统将组件、分系统和整个飞行器保持在规定的工作温度范围内的能力,试验应在极端高温和极端低温工况下进行,试验工况宜包括所有飞行季节、飞行姿态、太阳入射角和星蚀条件、分系统工作模式、组件的最大和最小发热量等,还应增加与热分析有关的瞬态工况和特殊工况。

飞行器鉴定热真空试验。验证飞行器在真空和鉴定级温度条件下经受热循环应力环境的能力，以及在所有的工作模式下飞行器性能是否满足设计要求。试验时飞行器置于真空容器内的支架上，所有的试验用电缆通过真空密封法兰引出容器外，试验从正常环境温度开始，变化到试验温度高温值并保持稳定，高温浸泡后将温度降低到试验温度低温值并保持稳定，低温浸泡后将温度升到正常环境温度，构成一次热循环。

飞行器鉴定模态观测试验。利用振动模态和相应的频率与阻尼的测量数据来验证和修正动力学分析模型，分析结构载荷环境，确定结构余量，验证结构静力试验载荷条件的合理性。

飞行器鉴定磁试验。验证飞行器的剩磁矩和工作磁矩是否符合设计要求，通常磁试验是在零磁场中进行，包括初始磁试验和充/退磁试验。

2.1.2.2 分系统级鉴定试验

分系统级鉴定试验主要用于飞行器中那些需要进行验收的分系统，分系统鉴定试验目的是验证分系统的设计是否满足要求。分系统级试验的边界条件模拟应比分系统级以下装配级别更加真实，如结构静力试验。当组件在组件级做试验有困难时，也允许在分系统级进行，如相互连接的管路和电缆等在分系统级做试验应比组件级试验更容易实现。分系统级鉴定试验包括结构静载荷试验、声试验、振动试验、热真空试验、分离试验。

分系统鉴定结构静载荷试验，验证结构分系统经受工作寿命期间预期发生的环境(如温度、湿度、压力和载荷)，再加上余量后，强度和刚度是否能满足设计要求。试验用的结构试件在结构型式、使用材料与制造工艺方面都与飞行件结构一致，需重新加工或加强的部位也要反映到飞行结构件上。试验使用的支承和加载夹具要模拟邻近结构部段的实际边界条件。对结构施加屈服设计载荷和极限设计载荷的静载荷，并测量和记录关键部位的应变和变形数据。在屈服设计载荷作用下结构不应出现屈服或变形，在极限设计载荷作用下结构不应出现失稳或断裂。鉴定试验条件应包括设计余量并应考虑到可能出现的失效模式，试验条件宜考虑加速度、振动、压力及温度复合作用的最坏情况。温度对材料强度降低的影响常常可用等效机械力载荷来考虑。

分系统鉴定分离试验用于验证分离分系统的分离速度、加速度及角运动、分离硬件脱开的时间与间隙、柔性体的变形和载荷、碎片的数量和爆炸装置的冲击量级是否满足设计要求，分离试验数据也用于验证分离分析中所用的分析方法和基本假设的正确性，用来预示在最坏情况下分离系统是否满足任务要求。对使用高能分离分系统的有效载荷整流罩，还应验证在分离冲击载荷环境下整流罩和其附属连接件的结构完整性。试验中,夹具应复现结构连接段以模拟飞行件分离分系统的边界条件,应考虑到温度、压力或加速度载荷等关键条件对分离的影响。当正常环境大气压力对试验结果有不利影响时,宜在真空容器内进行试验并模拟对应于分离时飞行高度的大气压力条件。应测量对分离过程中结构上关键部位的加速度响应和应变参数,用高速摄影机记录分离的全部过程。

分系统鉴定声试验、振动试验、热真空试验的试验目的和要求与全系统级相应试验类似。

2.1.2.3 组件级鉴定试验

通常,组件鉴定试验应在组件级完成,但有些组件的试验可以部分或全部在分系统级或全系统级上进行,如相互连接的管路、射频电路和电缆等。如果活动机械组件或其他组件有静态或动态液体界面或在工作时应充压,在组件鉴定试验时应模拟这些条件。在整个鉴定环境试验范围内组件性能应尽最大可能满足设计要求。在完成全部要求的鉴定试验之后,应将鉴定组件拆卸进行检查。鉴定试验中的寿命试验可能需要在另外一套鉴定试验件上进行。组件级鉴定试验的内容包括功能试验、电工和电子组件鉴定热循环试验、热真空试验、振动试验、声试验、冲击试验、检漏试验、压力试验、加速度试验、寿命试验、电磁兼容试验、磁试验、气候试验。

组件鉴定功能试验,用于验证组件的机械、电、热和光学性能是否满足设计要求。功能试验主要是电和机械方面,包括对电连续性、稳定性、响应时间、准直度、压力、泄漏或其他特殊功能特性的测量。进行电性能试验时,应在组件的电接口施加预期的电压、阻抗、频率、脉冲和波形,包括所有冗余电路。施加的参数应在要求范围内并按预期的飞行工作顺序变化,测量组件的输出来验证组件是否能正常工作。进行机械功能试验时,组件的技术状态、通/断电的工作状态应与组件在环境暴露时的状态相对应,应进行扭矩 - 角度、时间 - 角度测量,如需要,还包括刚度、阻尼、摩擦和断开特性的测量。对包含元件的运动机械组件应在每个元件工作模式下验证性能是否满足要求。对有其他特殊功能的组件,还应进行热学、光学和磁特性方面的功能试验。

电工和电子组件鉴定热循环试验,验证电工和电子组件经受鉴定级热循环环境的能力,并能经受住在验收试验期间施加于飞行组件的热循环环境的能力。试验时,组件应通电工作并监测性能参数。试验温度控制点选在组件有代表性的位置,如在基板的安装点处。

组件鉴定热真空试验,验证组件经受鉴定级热真空环境下的能力,并能经受住在验收试验期间施加于飞行组件的热真空环境。组件在真空容器内以近似于飞行器上的实际安装方式安装在试验支架上或控温热沉上。组件表面的热控涂层应与飞行组件一样。试验温度控制点位置宜考虑尽量与飞行遥测温度点位置一致,用基板安装面散热的组件,控制点选在组件的基板上或热沉上,对于主要靠辐射换热的组件,控制点选在组件外壳上有代表性的部位。组件向控温热沉的传导传热和对环境的辐射传热的比例关系应控制得与飞行环境情况下计算的相同。发射阶段工作的组件应在试验压力降低过程中,观察低气压放电现象,在接近达到试验压力时,应观察是否出现微放电现象,发射阶段不工作的组件应在达到试验压力后通电工作。

组件鉴定振动试验,验证组件承受鉴定级振动环境的能力。组件通过规定的安装点装在夹具上,在三个相互正交轴的每一个轴向进行试验,试验量级控制在组件与夹具的连接面处,鉴定和验收振动试验使用同一个试验夹具。如果组件上有连接电缆和管路,安装固定点的连接状态尽量与飞行状态一致。需要在压力下工作的组件,试验时应充压来模拟实际的工作状态,并监测压力的下降。如果组件的最高和最低预示温度超出正常温度范围,则考虑进行振动与温度的组合试验。装有冲击或振动减震器的组件,试验时一般在两种构型状态下进行。第一种状态:组件不带减震器硬连接在夹具上,按验收级条件进行鉴定试验,试验量级控制在组件与夹具的连接面处。第二种状态:组件带减震器连接在夹具上,按鉴定级条件进行鉴定试验,试验量级控制在减震器与夹具的连接面处。试验用的减震器应尽可能使用飞行用的同批次产品。

组件鉴定声试验,验证对声敏感、表面积大的组件经受鉴定级声环境的能力。试验中,组件以发射时的构型安装在飞行型支承结构或合理的模拟结构上并置于声场内,声场应具有足够的体积、声能量、声谱成型能力和模态密度,以激起组件的声振动响应。在混响声场中试验时,至少需要 4 个位置相距较远的传声器来控制声试验条件,一般应放在试件与最近的混响室壁之间距离一半处,但距试验件表面和室壁均不小于 0.5m。

组件鉴定冲击试验,验证组件承受鉴定级冲击环境的能力。组件通过规定的安装点装在夹具上,试验量级控制在组件与夹具的连接面处,鉴定和验收冲击试验应使用同一个试验夹具。如果将组件安装在真实的或动态特性相似的结构上做试验,比安装在如振动台台面或滑台这类刚性结构上更加真实。如果组件在使用中带有支架或冲击减震器,试验时也应带支架或减震器,试验量级控制在支架或减震器与夹具的连接面处。冲击响应谱的低频限应在减震器固有频率的 0.7 倍以下。所选用的试验方法应能用瞬态载荷满足所要求的冲击谱,同时该瞬态过程的持续时间与飞行中预期的冲击环境时间相当。试验前,应先对试验装置进行充分的预先研究以确定所提出的试验方法是否合适。

组件鉴定检漏试验,验证充压和密封组件是否满足规定的设计漏率要求。

组件的检漏试验一般是在组件的功能试验之后进行,振动试验和压力试验后也应进行检漏试验。根据组件的允许漏率来选择检漏方法,并且用所要求的阈值、分辨率和准确度来检测泄漏率,检漏时应考虑漏率随着压差及温度的变化。宜考虑在大于组件最大工作压差或小于组件最小工作压差条件下进行检漏试验,以保证它对泄漏有适当的鉴定余量。如需要,应装入有代表性的液体在鉴定高、低温下做检漏试验来观察几何尺寸变化和黏度变化对漏率的影响。

组件鉴定压力试验,验证充压组件是否有适当的余量,以保证在达到设计爆破压力之前不会出现结构破坏,或在最大预示工作压力下不出现过大变形。试验内容包括检验压力试验、压力循环试验、爆破压力试验。

组件鉴定加速度试验,验证组件承受鉴定级加速度环境的能力。组件应通过规定的安装点安装在夹具上,在三个相互垂直轴的方向上做试验。试验时组件经受的加速度方向应与飞行时相同,并使施加在组件重心上的加速度值等于试验加速度值。如果用离心机做试验,离心机臂长至少为组件沿该臂长方向尺寸的5倍。沿组件的加速度梯度不应使组件上关键部分的加速度低于鉴定级要求。另外,应尽量避免使组件过度试验。陀螺和平台这类惯性组件可能要求在离心机臂上安装反旋转夹具。

组件鉴定寿命试验,验证组件在工作寿命期间的长期工作时间和工作循环次数中工作性能不超过规定范围的能力,并具有适当的余量。对可能有磨损、性能漂移、疲劳型失效模式或是性能降低的组件,应进行寿命试验。试验应模拟组件工作寿命期间可能经受的环境条件,环境条件的选择应考虑组件寿命末期的使用要求和它的主要寿命特性。评价磨损和性能漂移失效模式的典型环境宜使用正常环境、热和热真空环境,评价疲劳型失效模式宜使用压力、热、振动环境。

组件鉴定电磁兼容试验,验证组件正常工作时抗外来电磁干涉的能力并具有一定安全余量,同时应验证该组件自身的辐射发射和传导发射的电磁能量是否会对其他组件造成干扰并影响其正常工作。

组件鉴定磁试验,验证组件的磁特性参数是否符合设计要求,包括初始磁试验和充退磁试验。磁试验一般在零磁场中进行,试验时组件置于零磁设备主线圈中心位置处的二轴转台上,在两个轴向分别步进改变角度位置用磁强计测量磁场强度,然后反演组件的磁矩。如需要,可对组件进行退磁试验,退磁试验先进行充磁试验,然后按照规定的退磁频率和退磁时间进行退磁试验。

组件鉴定气候试验,验证组件暴露在各种气候条件下的生存能力和工作能力。组件在制造、试验、运输、存储、发射准备、发射过程,以及返回过程中所经历的气候环境条件,包括湿度、砂尘、雨、盐雾和爆炸大气环境。由霉菌、臭氧、日晒引起的组件性能下降应通过设计和材料选择加以检验。应通过程序控制和特殊的保障设备尽可能地避免因极端地面气候环境可能产生的环境效应。只有那些无法控制的环境需要在设计和试验中给予考虑。组件鉴定气候的具体试验内容包括:湿度试验,验证组件在湿热环境下生存能力和工作能力;砂尘试验,以确定组件对细砂尘颗粒侵袭的抵抗能力;淋雨试验,以确定组件承受雨淋的能力;盐雾试验,验证组件抵抗盐雾气体作用的能力;爆炸大气试验,验证组件在易燃的燃料——空气混合气体中(但不点燃)的工作能力。

2.1.3 验收试验

验收试验目的是通过对产品施加电应力和环境应力的方法暴露产品由于元器件、材料和制造工艺引入的潜在缺陷,排除产品的早期失效。对每一件飞行产品进行验收试验,证明产品的性能和质量符合飞行要求。验收试验同样也分为全系统、分系统和组件级三个层级,如图 2.4 所示。

2.1.3.1 全系统级验收试验

对于航天器系统,验收试验包括飞行器验收功能试验、飞行器验收压力和检漏试验、飞行器验收电磁兼容试验、飞行器验收冲击试验、飞行器验收声试验或随机振动试验、飞行器验收正弦振动试验、飞行器验收热真空试验、飞行器验收热平衡试验、飞行器验收磁试验、飞行器验收储存试验。

飞行器验收功能试验,目的是验证飞行器的电性能和机械性能是否符合设计要求。包括机械功能试验和电性能试验。验收功能试验是在正常环境条件下进行,在飞行器运往发射场前进行的功能试验结果可作为发射场功能试验是否成功的判据,因此,功能试验的试验内容应与发射场试验内容一致,以便于进行飞行器性能的趋势性分析。

飞行器验收电磁兼容试验,通常只进行有限的试验,目的是检查飞行器在电磁兼容鉴定试验中已暴露出的在符合电磁兼容要求方面比较勉强的试验项目,并检验以后生产的硬件设备在电磁兼容性方面是否出现变化。有限的试验包括电源母线波动及瞬态峰值的测量和对所选定的关键电路参数的监测。

飞行器验收冲击试验,目的是模拟飞行器飞行时经历的冲击环境,暴露飞行器的材料和工艺制造质量方面的潜在缺陷。试验时飞行器的支承和结构状态应能使它在振幅、频率分量和传递途径方面具有与飞行时相似的动态响应。在一系列冲击试验过程中,应改变飞行器的支承以反映每个冲击事件发生时的技术状态。在进行航天器与运载器分离冲击试验时,飞行器应连上适当的模拟件并装上真实的火工品装置,装上足够的冲击传感器测量关键部位的冲击响应。飞行器应悬吊或用其他方法支承以防止分离后分离部分再次碰撞。

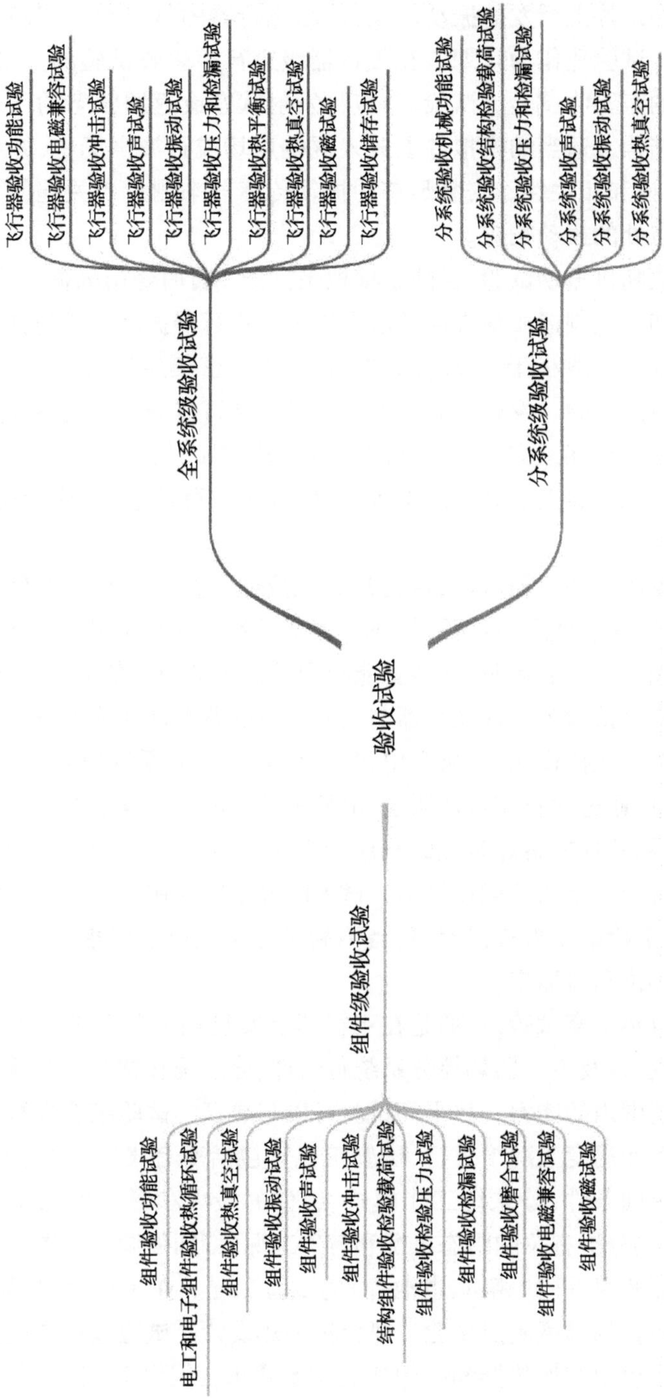

图 2.4　航天器验收试验内容

飞行器验收声试验,目的是模拟飞行器飞行时经历的声环境或最低工艺筛选声环境以及在组件上诱发的振动环境,暴露飞行器的材料和工艺制造质量方面的潜在缺陷。试验还作为计划应在飞行器级进行声验收试验的分系统、组件和相互连接件的声验收试验。试验时,应将发射状态或返回状态的飞行器装在飞行型的支撑结构或适当的模拟件上放入混响声场或行波声场中,并尽可能模拟总声压级、声谱和相关性。安装足够的振动传感器来测量各关键的和有代表性的组件安装点处的振动响应。

飞行器验收随机振动试验,目的是模拟飞行器飞行时经历的振动环境,暴露飞行器的材料和工艺制造质量方面的潜在缺陷。飞行器振动试验包括正弦振动和随机振动试验。一般小于450kg、结构紧凑、质量密集型的飞行器,可以用随机振动试验代替声试验。发射状态或返回状态的飞行器需要通过振动夹具与振动台连接。振动沿相互正交的三个轴向的每一轴施加,其中一个方向与飞行器的推力轴平行。飞行器上安装加速度计、应变片和位移传感器,测量振动响应、结构应变和位移。

飞行器验收压力和检漏试验,目的是验证液体和充压分系统满足规定的流量、压力和漏率要求。做压力试验时,飞行器应放在一个装置内,在充压分系统试验期间和处理危害性液体时,该装置能起到保护人员和设备工作安全的作用。按需要进行预备性试验来验证飞行器与试验设备的兼容性并确保设备控制和试验功能运行正常。在操作阀门、泵和电机时,应对充压分系统要求的流量、泄漏和调节进行测量,通过检查流量证明泵、电机和管路的试验状态是否正常。检漏试验时,对未采用钎焊或熔焊装配的充压分系统,应对螺纹接头进行检查,证明这些螺纹接头符合规定的装配扭矩值。试验时分系统应用氢气充到最大预期工作压力,用氦质谱检漏仪检查泄漏率,当不满足分系统泄漏率指标时,需用巡检方式查出泄漏部位和泄漏率。

飞行器验收热平衡试验,目的是在飞行器真实热耗情况下进一步验证热分析模型的正确性,以及飞行器热控分系统将组件、分系统和整个飞行器保持在规定的工作温度范围内的能力。热平衡试验可以与热真空试验结合进行。试验应在最恶劣的热和冷温度工况下进行,试验工况宜包括所有飞行季节、飞行姿态、太阳入射角和星蚀条件、分系统工作模式、组件的最大和最小发热量等。如需要,还应增加与热分析有关的瞬态工况和特殊工况,特别强调应设置对温度控制有严格要求的那些组件(如相机、电池等)的试验工况。在飞行器内部和外部组件上要布足够数量的温度测点来验证热分析和热设计。试验过程中应验证所有自动控制和遥控控制的加热器和冷却器的功率要求,并证明它有符合设计要求的温度控制能力。

飞行器验收热真空试验,目的是使飞行器经受真空热循环环境,暴露飞行器的材料和工艺制造质量方面的潜在缺陷。试验时,飞行器置于真空容器内的试验支架上,所有的试验用电缆通过真空密封法兰引出容器外。在抽真空前完成飞行器功能试验和试验设备的检查,证明整个试验系统已处于正常的试验准备阶段。热真空试验从正常环境温度开始,然后温度变化到试验温度高温值并保持稳定,高温浸泡后将温度降低到试验温度低温值并保持稳定,低温浸泡后将温度升到正常环境温度,构成一次热循环。划分出几个温度区域,区域的划分应以区域内温度敏感组件和类似组件的工作温度为依据,并选择试验温度监视点。整个试验过程中飞行器主份和备份组件的工作状态应按照试验循环次数合理设置,并至少应在一次完整的热循环中受到考验。在第一次和最后一次热循环的高温端和低温端进行功能试验,在其他循环只做功能运行并测量或监视敏感参数。

飞行器验收磁试验,要求同飞行器鉴定磁试验。

飞行器验收储存试验,根据飞行器设计、储存时间和储存条件确定试验要求,包括储存后所应进行的各种试验,如振动、热、静载荷或压力试验等,可以结合储存后的再验收一同考虑。如果组件包含有对储存时间敏感的材料,可能需要定期进行重复性的试验,含有旋转元件的组件,可能需要定期地进行运转操作。当飞行器从储存处取出运往发射场时,应在运输前在正常环境下进行一次完整的验收功能试验。

2.1.3.2 分系统级验收试验

如果在分系统级做验收试验比在组件级或飞行器级试验更有效,就应该进行分系统级验收试验。进行分系统试验时,试验要求通常根据全系统级的试验要求来确定。试验内容包括机械功能试验、结构检验载荷试验、声或振动试验、热真空试验、压力和检漏试验。

分系统验收机械功能试验,试验目的和要求与全系统级试验类似。

分系统验收结构检验载荷试验,目的是在检验载荷条件下暴露结构在材料、加工和制造质量方面的潜在缺陷。所有黏接结构、复合材料制成的结构或夹层结构需做检验载荷试验。试验在飞行件结构上进行,试验使用的支承和加载夹具应尽量模拟邻近结构部段的实际边界条件。如果要施加几种检验载荷条件,应确定加载顺序,对每种条件依次地逐步增加到较高的载荷级,并测量和记录关键部位的应变和变形数据。加载前和卸载后测量应变和变形,加载后也要测量应变和变形,以供试验后分析诊断用。

分系统验收压力和检漏试验,目的是验证液体和充压分系统满足规定的流量、压力和漏率要求。试验时充压分系统放在装置内,该装置应能起到保护人员和设备工作安全的作用。试验前首先对充压分系统的所有接头、配合面、插头和管路等部位进行外漏率检查，然后对充压分系统的结构和压力部件进行至少一轮循环的检验压力试验。不能出现超过允许泄漏率的泄漏、超出图纸规定的尺寸公差的永久变形或扭曲，或其他形式的破坏。

分系统验收声试验、分系统验收振动试验、分系统验收热真空试验的试验目的和要求，与全系统相应试验类似。

2.1.3.3 组件级验收试验

通常组件验收试验应在组件级完成，但是在某些情况下，试验可以部分或全部在分系统级或全系统级上进行。组件验收试验的类型包括功能试验、检漏试验、冲击试验、振动试验、声试验、热循环试验、热真空试验、磨合试验、检验压力试验、检验载荷试验、电磁兼容试验、磁试验。

组件验收功能试验，目的是检验组件的电性能和机械性能是否符合规范规定的要求。电工和电子组件进行电功能试验时，在组件的电接口施加预期的电压、阻抗、频率、脉冲和波形，包括所有冗余电路。施加的这些参数应在要求范围内并按预期的飞行工作顺序变化，测量组件的输出来验证组件是否能正常工作。活动机械组件进行机械功能试验时，组件的技术状态、通/断电的工作状态应与组件在环境暴露时的状态相对应，应进行扭矩 - 角度和时间 - 角度测量或对线性装置做等效线性测量，如需要，还包括刚度、阻尼、摩擦和断开特性的测量。对包含冗余件的运动机械组件应在试验过程中在每个冗余工作模式下验证性能是否满足要求。组件的功能试验还应包括电连续性、稳定性、响应时间、精度、压力、泄漏或其他特殊功能特性的测量。对有其他特殊功能的组件，可能还应进行热学、光学和磁特性方面的功能试验。

电工和电子组件验收热循环试验，目的是在常压热循环环境中暴露组件的材料和工艺制造质量方面的潜在缺陷。第一次循环试验从室温（正常环境温度）开始，组件通电进行性能试验。试验结束后温度开始升高，当达到验收温度允许偏差范围内时，应控制温度达到稳定。然后组件断电，至少 30min 后进行热启动试验，当温度升高时应控制温度在允许偏差范围内并保持温度稳定，在规定的高温端热浸持续时间内完成性能试验。然后温度开始降低，在达到验收温度允许偏差范围之前组件断电，温度继续降低。当达到验收温度允许偏差范围内时，应控制温度达到稳定。然后进行冷启动试验，当温度升高时应控制温度在允许偏差范围内并保持温度稳定，在规定的低温端热浸持续时间内完成性能试验。然后温度升高到室温构成一次完整的循环。最后一次循环和中间循环（冷、热启动除外）的操作过程与第一次循环相同。

组件验收热真空试验，目的是在真空热循环环境中暴露组件的材料和工艺制造质量方面的潜在缺陷。组件在真空容器内以近似于飞行器上的实际安装方式安装在试验支架上或控温热沉上。组件表面的热控涂层应与飞行组件一样。试验温度控制点位置宜考虑尽量与飞行遥测温度点位置一致,用基板安装面散热的组件,控制点选在组件的基板上或热沉上,对于主要靠辐射换热的组件,控制点选在组件外壳上有代表性的部位。组件向控温热沉的传导传热和对环境的辐射传热的比例关系要控制得与飞行环境情况下计算的相同。发射阶段工作的组件应在试验压力降低过程中,观察低气压放电现象,在接近达到试验压力时,应观察是否出现微放电现象,发射阶段不工作的组件应在达到试验压力后通电工作。

组件验收振动试验,目的是在振动环境中暴露组件的材料和工艺制造质量方面的潜在缺陷。组件应安装在与鉴定振动试验所用的同一夹具上,在三个相互正交轴的每一个轴向进行试验,试验量级控制在组件与夹具的连接面处,如果试验夹具的状态与鉴定试验时不一致,则应重新对夹具进行评估。试验时不要求组件连接液压或气压管路,如果组件在使用中有总装支架,应带支架作试验,试验量级控制在支架与夹具的连接面处,支架的状态应与飞行状态一致。装有冲击或振动减震器的组件,试验时一般应在两种构型状态下进行验收试验。第一种状态:组件带减震器连接在夹具上。第二种状态:组件不带减震器硬连接在夹具上。试验用的减震器应使用飞行用的同批次产品。在上升段需要带压工作的组件,从结构和泄漏的观点看,应充压来模拟飞行环境并同时监测压力的下降。在上升段工作的组件,如果组件的最高和最低预示温度会超出正常温度范围,则应考虑进行振动与温度的组合试验,进行这种组合试验时,应将组件的温度尽量调到接近于最恶劣的飞行温度,并在振动过程中监测温度。

组件验收声试验,目的是在声环境中暴露组件的材料和工艺制造质量方面的潜在缺陷。组件以发射时的构型安装在飞行型支撑结构或合理的模拟结构上并置于声场内,声场应具有足够的体积、声能量、声谱成型能力和模态密度,以激起组件的声振动响应。在混响声场中试验时,至少需要 4 个位置相距较远的传声器来控制声试验条件,一般应放在组件与最近的混响室壁之间距离 1/2 处,但距组件表面和室壁均不小于 0.5m。

组件验收冲击试验,目的是在冲击环境中暴露组件的材料和工艺制造质量方面的潜在缺陷。组件应安装在与冲击鉴定试验所用的同一夹具或结构上,在三个相互正交轴的每一个轴向进行试验,试验量级控制在组件与夹具的连接面处,如果组件在使用中带有支架或冲击减震器,试验也应带支架或减震器做试验,试验量级控制在支架或减震器与夹具的连接面处。组件应通电并被监测。所用的试验技术应与鉴定所用的一致,只是量级和重复次数不同。冲击试验前后都应进行功能试验。在试验时组件应通电,并尽最大可能监测电路的间歇现象。

结构组件验收检验载荷试验,目的是在验收检验载荷作用下暴露结构组件的材料、加工和制造质量缺陷。所有黏接结构、复合材料制成的结构或夹层结构需做检验载荷试验。试验在飞行件结构上进行，试验使用的支承和加载夹具应尽量模拟邻近结构部段的实际边界条件。如果要施加几种检验载荷条件，应确定一种顺序加载的方法，对每种条件依次地逐步增加到较高的载荷级，并应测量和记录关键部位的应变和变形数据。应在加载前和卸载后测量应变和变形，中间的几个加载量级也应测量应变和变形，以供试验后分析诊断用。

组件验收检验压力试验，目的是在验收检验压力作用下检验充压组件的材料、加工和制造质量缺陷。对充压结构和压力部件这类试件，至少做一次检验压力试验。如果出现任何泄漏、超出规定尺寸公差的永久变形或扭曲，或其他形式的破坏，都认为组件未通过检验压力试验。

组件验收检漏试验，目的是检验组件是否符合规定的漏率要求。组件漏率检测的方法要与鉴定所用的一致。

组件验收磨合试验，目的是检测组件寿命初期的材料和制造质量缺陷，并使机械组件磨合或跑合，使它们能在平稳、协调和受控状态下运行。当组件在典型的工作载荷、速度和环境下运行，并同时监测敏感参数时，则组件应在规定的时间周期内运行。对阀门、推力器和其他产品，确保检测出早期故障的较好方法是工作循环次数而不是工作时间，应在常温下进行功能循环。对推力器而言，一次循环是指包括起动、稳态运行及关机在内的热点火过程。用肼推进剂进行热点火的推力器，在试验点火后应将飞行用阀门内肼的污迹全部清除干净。寿命周期极为有限的装置，如压力推进贮箱，不需要做磨合试验。

组件验收电磁兼容试验，组件的发射和敏感特性可能危及飞行器性能时，应进行有限的验收电磁兼容试验，以评价组件的这些关键特性。

组件验收磁试验，要求同组件鉴定磁试验。

2.1.4 准鉴定试验

由于鉴定试验的试验量级高、试验时间长，从疲劳和磨损的观点来看，经过鉴定试验的产品剩余的疲劳寿命可能变得很低，一般不再适用于飞行。在型号研制中由于产品生产数量限制、计划进度、经费等因素的影响，不是总能提供专用的鉴定试验件。这就需要一种变通的试验规则，使产品既达到鉴定目的又能用来飞行。替代鉴定试验的策略规定了鉴定产品用于飞行的限制使用条件，适用于数量有限或小批量的飞行器型号。

准鉴定试验策略就是在没有鉴定试验件情况下使飞行件既经过鉴定又用于飞行的策略，准鉴定试验量级一般应低于鉴定级而高于验收级，试验时间与验收试验相同。使用该策略的风险是不知道产品具有的鉴定余量，未能正式证明飞行件具有的剩余寿命。这种策略一般在以下情况下使用。

(1)对于飞行器级产品,通常是该型号的首发产品使用准鉴定试验策略,如果该型号的后续产品技术状态没有变化,则只需进行验收试验,如果该型号的后续产品技术状态有变化,宜考虑使用准鉴定级试验策略。该策略适用于投产数量只有一个或几个的飞行器。

(2)对于组件级产品,用在某一个型号虽然经过了鉴定试验,但用在另一型号上时,需要对产品进行适应性设计修改,则根据更改的程度宜考虑使用准鉴定试验策略。

2.1.4.1 全系统级准鉴定试验

飞行器全系统级准鉴定试验与鉴定试验类似,但要做出部分修改。

(1)首次飞行的飞行器需要做飞行器冲击试验,后续的飞行器只要求对剧烈事件激发一次。

(2)飞行器声和振动试验应按验收试验进行,只是试验量级高于验收试验量级。

(3)飞行器热真空试验应按验收试验进行,只是试验温度是将热平衡试验各个工况中的最高温度和最低温度值外扩若干度。

(4)首次飞行的飞行器应按鉴定试验的要求做飞行器热平衡试验。

(5)首次飞行的飞行器应按鉴定试验的要求做电磁兼容性试验,后续的飞行器应按验收试验要求做电磁兼容性试验。

2.1.4.2 分系统级准鉴定试验

分系统级准鉴定试验应按验收试验要求进行。但应对结构分系统的所有黏接、复合材料结构进行检验载荷试验,加载量级等于最大使用载荷的 1.1 倍。

2.1.4.3 组件级准鉴定试验

组件级准鉴定试验应按组件级验收试验要求进行,但须做以下修改。

(1)首次飞行的组件按验收试验要求做冲击试验,只是试验量级高于验收试验量级,在三个正交轴的每轴向都达到一次,后续飞行的组件按验收试验做冲击试验,只是试验量级高于验收试验量级。

(2)组件随机振动和声试验应按验收试验进行,只是试验量级高于验收试验量级。

(3)组件热真空试验应按验收试验进行,只是高温端和低温端应超出组件验收温度。

(4)组件热循环试验应按验收试验进行,只是高温端和低温端应超出组件验收温度。

(5)首次飞行的组件应按鉴定试验要求进行电磁兼容性试验。

组件试验对于压力容器、压力部件、低疲劳余量的结构部件和不能重新充电的电池不适用，仍按鉴定试验和验收试验要求进行试验。

2.1.5 出厂前、发射前合格认证试验

飞行器的发射前合格认证试验是在总装厂和发射场进行，目的是验证发射系统和在轨系统已处于待发射的准备状态，主要包括系统综合试验和模拟飞行试验两类。

在总装厂和发射场都应进行系统综合试验，在总装厂按照飞行器验收功能试验测量飞行器的性能参数作为出厂运输至发射场前的基准数据。当飞行器运到发射场时，还应进行系统综合试验，检验飞行器在经过装卸和运输后性能参数是否发生变化，确认该飞行器可以和其他飞行器进行组装。运载器、上面级和航天器可以作为一个完整的飞行器交付，也可以分级交付，并在发射场组装成完整的发射系统。对具体的型号，为了能正确检验所有的接口，所需要的操作是不同的，因此发射前的合格认证试验的内容也因型号而不同。

模拟飞行试验是在系统综合试验之后进行，检验飞行器与发射场地面设施之间的机械接口的正确性，验证飞行器硬件、地面设备、计算机软件与整个发射系统及在轨系统之间的兼容性。模拟飞行试验及评估应尽最大可能使整个飞行器和分系统工作并通过各种工作模式下的测试，确认满足飞行任务要求。模拟飞行试验及评估应侧重于系统之间的协同一致性、故障对策的可操作性、指挥口令演练、地面设备的可维修性，以及后勤工作的保障程度等。

2.1.6 在轨系统兼容性试验

在轨系统兼容性试验用于验证上面级、航天器、在轨系统之间的兼容性。确认在轨道上的上面级和航天器对指挥控制中心、地面测控网站的硬件、软件和工作人员的操作有正确的响应。对有专用地面站的航天器型号，兼容性试验还应与专用地面站一起进行。

进行在轨系统兼容性试验的设施位于航天器指挥控制中心及有关的测控站（船），该中心和地面站有指挥运载器、上面级和航天器的设施，处理飞行器遥测信号的设备，以及进行跟踪和测距的设备，用以检验系统兼容性、指令软件、遥测处理软件及遥测模式。在轨系统兼容试验要求做以下试验。

（1）检验飞行器所用指令、遥测和跟踪链路的射频和信号波形的兼容性。

（2）检验飞行器接收指令和控制中心指令生成、遥测处理、显示、记录的能力。

（3）检验飞行器有效载荷与专用地面站之间的信息传输能力。

通常，每一型号系列的首发飞行器需要在发射场合练时进行兼容性试验，根

据型号的具体情况,运载器、上面级与航天器可以联合进行,也可以单独进行,目的是尽早发现系统兼容性问题,以便根据需要对硬件、软件和程序进行修改。在合练后所做的修改需要在正样飞行器的在轨系统兼容性试验中进一步来验证。试验完成后,在轨指令和指挥控制中心的软件、硬件和程序的技术状态在飞行器正式发射前予以冻结。在正样飞行器到达发射场前,可按需要用初样分系统、组件或模拟器进行预备性的兼容性试验来检验接口,预备性的兼容性试验可使用初始的软件。正样飞行器到达发射场后,应对每个飞行器做该试验以验证系统接口的兼容性。试验采用的软件版本应与飞行器在轨运行软件版本一致。

2.2 航空器的主要试验

航空工业已有上百年的发展历史,是一项成熟的工业体系。相比航天器系统,航空器产品的产量更大,系统可靠性要求更高,系统复杂度也更高,相应的研制周期更长,使得航空器的研制工作要求极高。在航空器研制全生命周期的各个阶段,需要经过大量的试验来验证航空器系统各方面的功能、性能和特性,以确认研制产品的性能和质量。这些试验具有结构复杂、流程复杂、数据量大且格式多样、试验数据共享困难等特点。

试验验证是航空制造商的核心能力之一,在型号研制过程中具有非常重要的作用。主要体现在以下三个方面。

(1)试验验证是确保型号任务“一次”成功的关键因素之一;

(2)试验验证是向适航表明型号符合性的重要方法之一;

(3)试验验证是持续获得新技术、新材料和新工艺的主要方法之一。

2.2.1 航空器试验业务流程

航空器试验贯穿航空器系统的论证阶段、方案阶段、工程研制阶段、设计定型和生产定型阶段。在论证阶段,主要进行试验的规划;在方案阶段和工程研制阶段,主要开展设计分析、仿真和各种地面试验;在设计定型阶段,要完成全尺寸部件、系统试验验证;在生产定型阶段,进行试验的总结、评审等工作。

航空器试验业务流程如图2.5所示。首先由试验主管部门对型号整体的试验任务进行规划,试验任务规划完成后向各专业的试验任务负责人下发试验任务书。试验任务负责人根据试验任务书创建试验大纲并启动试验项目。试验完成后对试验产生的数据进行分析处理,辅助试验报告的产生,逐步实现试验经验知识的统一管理,同时记录试验状态。之后,试验责任人根据试验报告进行分析,判断是否符合试验任务的要求,满足试验需求,则此次试验任务结束。不满足试验需求的,则根据试验问题修改设计数据,执行更改,判断是否需要重新试验,如需要重新试验,则重新启动试验任务,对试验问题进行闭环处理。试验完成后,对试验任务书、试验大纲、试验报告、试验项目信息、试验过程中产生的试验数据,以及试验经验知识进行统一管理,供各级试验人员和管理人员进行查询浏览。各级领导还可以对试验项目的执行状态、试验问题的处理状态、整体试验任务的完成状态等进行动态实时的监控。

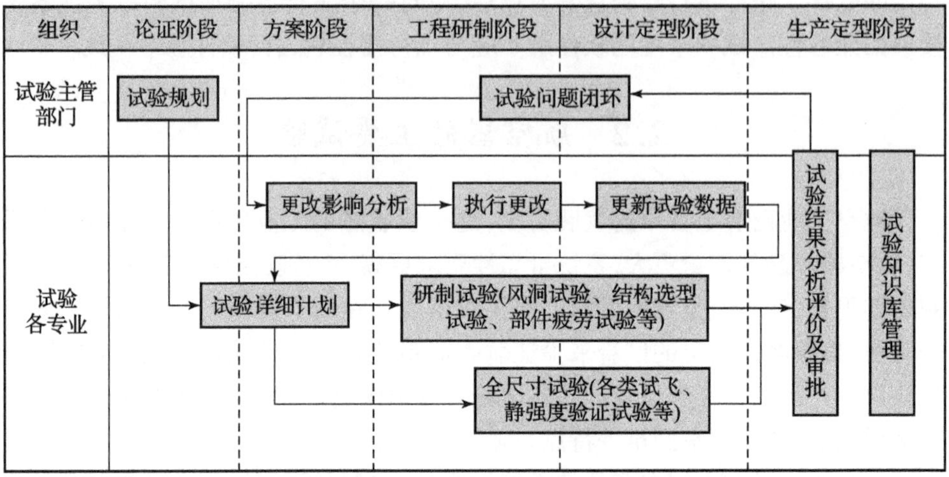

图 2.5　航空试验业务流程

2.2.2　商用飞机试验体系

商用飞机是各类航空器中最为复杂的一类产品。这种复杂性体现在项目规模上,比如波音公司在波音 777 项目中投入了约 6500 名研发人员;空客为研制 A380 动用了近 6000 名工程师,此外,还有 34000 名员工直接参加了项目。一辆汽车大概有 7000 个零件,而一架飞机的零件数量则高达 600 万个。波音 777 飞机的研制过程中,产生了 75000 张图样,由 450 万个零件构成,飞机上的全部导线总长 219km,有 5 个起落架支柱,4 套液压系统,组装一台 777 飞机需要 1000 万个工时。可见商用飞机代表了航空器研制的最高水平,其试验体系可以作为航空器试验体系的典型参考。

商用飞机的制造商均有自己的标准化试验体系指南,各个型号研制在其基础上开展适用性裁剪或扩展,达到指导型号研制的目的。下面主要以波音公司为例介绍试验体系。

波音公司的试验验证体系由波音公司的发展、测试和评估部门负责,包括 10 个方面的内容,如图 2.6 所示。

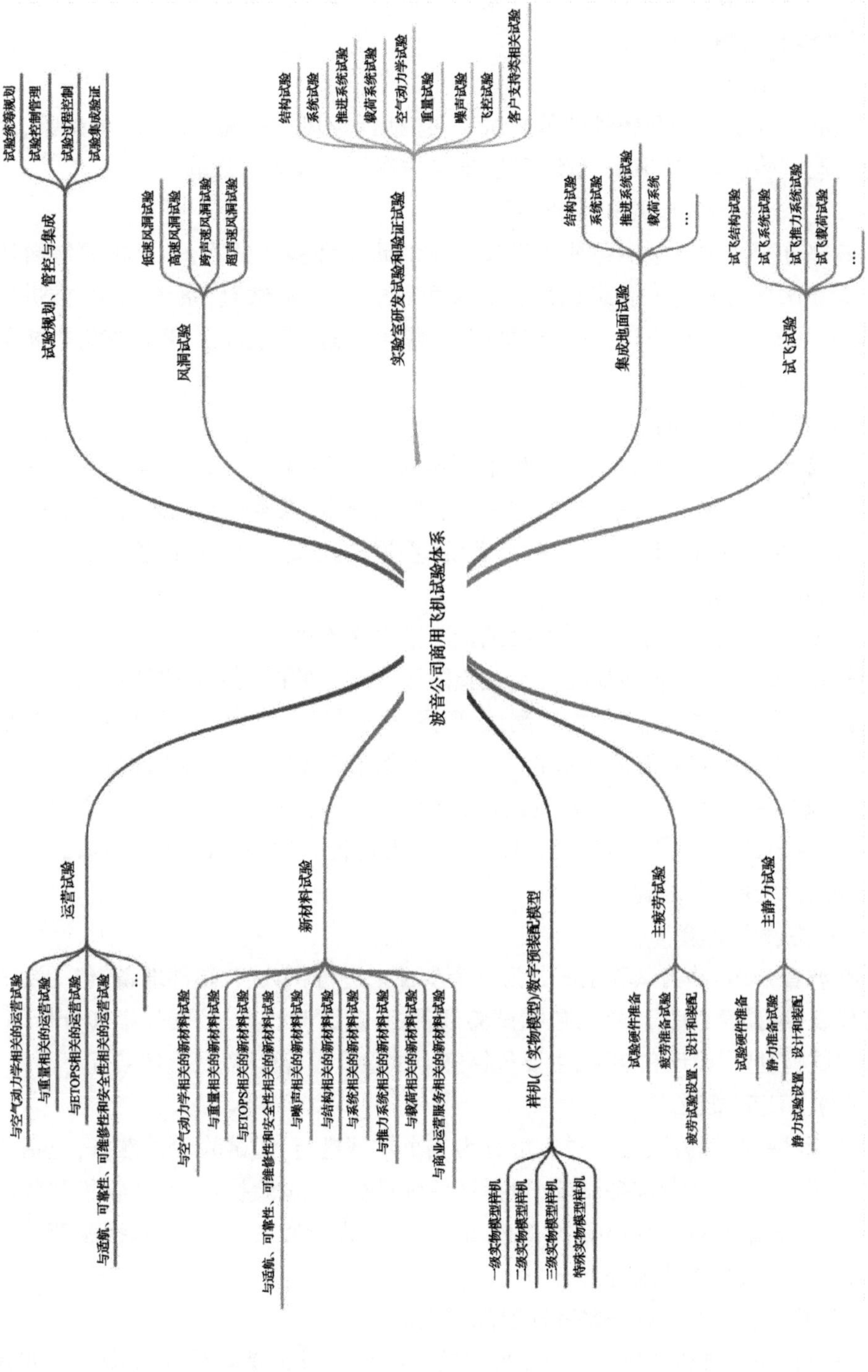

图 2.6 波音公司商用飞机试验体系

(1)试验规划、管控与集成。

试验规划、管控与集成主要是开展试验统筹规划,试验的控制管理,过程控制,以及试验的集成验证。

(2)风洞试验。

风洞试验主要是开展各种风洞试验,包括低速风洞试验、高速风洞试验、跨声速风洞试验、超声速风洞试验等,以支持方案设计及确认试验。

(3)实验室研发试验和验证试验。

该部分职能主要包括各种在实验室做的研发和验证试验,是民机研制阶段最重要和比重最大的试验组成部分。又可细分为结构试验、系统试验、推进系统、载荷系统、空气动力学试验、重量试验、噪声试验、飞控试验、客户支持类相关试验等几个部分。

(4)集成地面试验。

完成上述各个系统的单独实验室测试后,接下来就是集成地面试验。这部分基本上也是按照结构、系统、推进系统、载荷、重量、噪声等类别来分类的,包括结构试验、系统试验、推进系统、载荷系统、重量试验和声学噪声试验等。

(5)试飞试验。

试飞试验是商用飞机研制阶段试验图谱中必不可少的一环。它也是一个飞机型号能否取得型号合格证的关键试验阶段。波音的试飞试验主要包括基础适航试验、后续试飞试验、产品出厂测试、研发试飞试验。其中,研发试飞试验是最多的一类,主要的飞行开发试验都在这个阶段进行,包括试飞结构试验、试飞系统试验、试飞推力系统试验、试飞载荷试验、试飞飞控试验、试飞空气动力学试验、试飞噪声试验、试飞重量试验,以及在试飞过程必须完成的客户要求的或者销售合同规定的试飞试验。

(6)主静力试验。

在波音公司,静力试验主要分为三个步骤来进行:①试验硬件准备,包括测试仪器仪表等;②静力准备试验,包括试验硬件标定、试验执行、数据收集和分析等;③静力试验设置、设计和装配,主要包括静力试验设置、设计以及整体装配等。

(7)主疲劳试验。

疲劳试验和静力试验一样也可分为三个步骤进行:①试验硬件准备,包括测试仪器仪表等;②疲劳准备试验,包括试验硬件标定、试验执行、数据收集和数据精简分析、数据分析和存档等;③疲劳试验设置、设计和装配,主要包括疲劳试验设置、设计以及整体装配等。

(8)样机(实物模型)/数字预装配模型。

一般在商用飞机研制过程中,实物模型或者样机也是必须的一步。在波音公司内部,样机实物模型分为四级:一级实物模型样机、二级实物模型样机、三级实物模型样机和特殊实物模型样机。其中前三级实物模型样机后面一个实物样机都比上一个实物样机更接近真机并且增加了更多的功能。而且这三级实物模型样机对应着不同的研制阶段。特殊实物模型样机是针对某种特殊机型而设计的。

(9)新材料试验。

新型材料尤其是新型复合材料在民用飞机中得到了越来越多的应用。由于新材料的特殊性,波音把与新材料有关的试验单独分类出来研究。所有与某种新材料有关的试验都必须经过严格的试验后才可能应用于型号。具体与新材料相关的试验包括:与空气动力学相关的新材料试验;与重量相关的新材料试验;与扩展范围双发飞机操作性能标准(Extended - range Twin - engine Operational Performance Standards,ETOPS)相关的新材料试验;与适航、可靠性、可维修性和安全性相关的新材料试验;与噪声相关的新材料试验;与结构相关的新材料试验;与系统相关的新材料试验;与推力系统相关的新材料试验;与载荷相关的新材料试验;与商业运营服务相关的新材料试验。

(10)运营试验。

民用飞机研制的最终目的是进入运营为客户创造价值。波音单独把与运营有关的试验作为一类来研究。主要包括:与空气动力学相关的运营试验;与重量相关的运营试验;与 ETOPS 相关的运营试验;与适航、可靠性、可维修性和安全性相关的运营试验;与噪声相关的运营试验;与结构相关的运营试验;与系统相关的运营试验;与载荷相关的运营试验;与商业运营服务相关的运营试验。

2.3 导弹的主要试验

导弹试验,是为鉴定导弹性能和质量所进行的试验。导弹从零件、组件、分系统到全系统都需进行各种严格的强度、环境和性能试验。各分系统装配成整机后,还需进行全弹综合试验。导弹武器的研制都要经历设计 - 试验 - 鉴定 - 重新设计(或改进)的过程。导弹武器试验鉴定是在导弹武器系统或分系统的研制、生产和使用期间进行的实验、试验和分析,以及应用所获得数据进行的分析评估研究。其主要任务是将设计的模型或产品在规定的环境下进行试验,将试验结果与技术要求进行比较,然后将结果反馈到有关单位,进行重新设计或改进,最后使设计的导弹武器系统的试验结果与研制任务书中规定的技术要求相一致。对研制单位来说,要根据试验的反馈信息不断改进设计,最后使方案、试件或产品达到预期的结果或满足设计规范;对计划管理者来说,是以试验鉴定结果作为其决策的依据,随着科学技术的发展,导弹使用的技术和作战环境日益复杂,试验鉴定的任务也日益扩大,发展试验鉴定技术的目的是要以最经济的手段和最短的试验周期使导弹武器的技术性能和作战使用性能得到有效的验证。

不同导弹的全弹综合试验项目不尽相同。飞航导弹的试验程序和方法,以及试验的技术手段与航空器试验大体相近。而弹道导弹则与航天器中的运载器试验相近,主要包括振动特性试验、地面试车、运输试验、风载试验、对接与协调试验、飞行试验、储存试验和环境试验等。

2.3.1 飞航导弹试验

飞航导弹也称为有翼导弹,是依靠喷气发动机的推力和翼面产生的升力在大气层内飞行,并利用翼面控制其飞行轨迹的导弹,包括多数反飞机导弹、反舰导弹、反坦克导弹和巡航导弹等。下面以美国为例介绍飞航导弹的试验鉴定程序,所谓试验鉴定程序主要指试验的阶段安排、试验方法(或模式)、组织管理和计划的制定等,以达到初步认识飞航导弹试验体系的目的。

美国飞航导弹武器系统的试验鉴定过程可分为5个阶段,即概念研究、演示验证(或称为预研)、全面工程研制、生产装备和服役。计划批准时和中间各阶段开始前,国防系统采购评价委员会都要对计划进行一次审查,并确定计划是否继续进行,所以此时称为决策里程碑,各决策里程碑顺次称为里程碑0、里程碑Ⅰ……里程碑Ⅴ。对较复杂的系统,在全面工程研制阶段中,即在里程碑Ⅱ和里程碑Ⅲ之间,通常设置ⅢA、ⅢB、ⅢC几个小里程碑。

飞航导弹的试验鉴定分为研制、作战和生产验收等3个试验鉴定。对应于各研制阶段,研制试验鉴定在前4个阶段分别称为研制试验Ⅰ、Ⅱ、Ⅲ(包括技术鉴定试验)和Ⅳ,在服役阶段基本上不再有研制试验。相应的,作战试验鉴定在概念研制阶段称为作战试验Ⅰ,在演示验证阶段称为作战试验Ⅱ,又称为前期作战试验鉴定(1),在全面工程研制阶段,称为作战试验Ⅲ,还包括作战鉴定试验,该阶段的试验又称为前期作战试验鉴定(2),在生产装备阶段称为作战试验Ⅳ,又称为后续作战试验鉴定(1),在服役阶段称为作战试验Ⅴ,又称为后续作战试验鉴定(2),图2.7中表示出了它们之间的关系。

2.3.1.1 概念研究阶段

概念研究阶段从计划正式批准(里程碑0)开始到里程碑Ⅰ结束,时间通常为1年左右,在此阶段,通常有两家以上的公司参加竞争,主要进行探索性研究和方案论证工作,重点解决方案的可行性问题,一般不制造试验件进行试验,少数采用了重大新技术的方案,可能借用现有导弹的弹体对新技术进行一些可行性研究。最后由各公司提出一份方案论证报告供审查。在该阶段的作战试验鉴定,主要是根据公司提出的不同方案,制定作战试验鉴定的总计划,提出各方案的关键问题,以及初步评估各方案的作战保障问题,一般不进行实际试验。

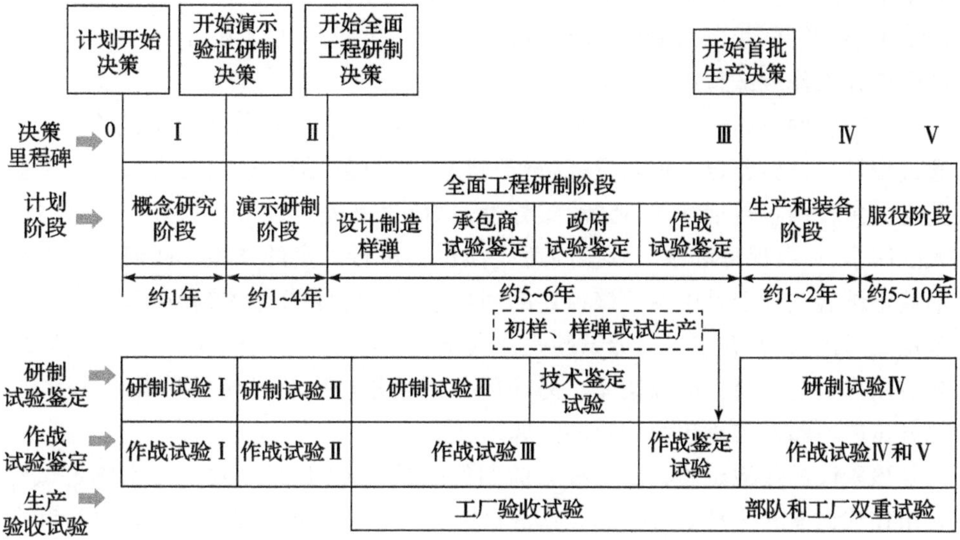

图 2.7　飞航导弹试验鉴定过程

在该阶段结束时，对各公司的方案进行一次审查（里程碑Ⅰ），根据当时的国家政策和形势、方案的成熟性以及所需的经费等情况确定计划是否继续进行。如果计划可以继续进行，则做出计划转入演示验证阶段的决定。

2.3.1.2　演示验证阶段（预研阶段）

当决定进行演示验证研制后，多家公司的方案中选择技术上能满足作战要求（不一定最先进）、总费用低、风险性小的两个方案（两家公司）继续进行竞争研制，此阶段一般为期 15 个月，重点是使设计的风险减到最小。

在此阶段，研制试验鉴定的工作量相当大。各承包商要分别设计、制造和试验 10 多枚试验弹。所进行的试验包括地面发射、空中或水面和水下发射及分离控制飞行等试验。

在该阶段的作战试验鉴定仍无重大的实际试验，主要是根据作战要求，观察了解情况，提出满足作战要求的改进建议，充实和改进作战试验鉴定的总计划，并对两竞争方案的作战性能和适应性进行初步评估等。

在该阶段后期，通过审查这两种竞争方案（里程碑Ⅰ），确定计划是否继续进行。如果继续进行，则选定其中一个公司转入全面工程研制阶段。

2.3.1.3　全面工程研制阶段

本阶段包括以下几个分阶段：设计发展分系统、导弹及有关的试验设备；承包商试验鉴定；政府试验和鉴定；作战试验鉴定部队进行的作战试验鉴定。除在整个阶段结束时进行审查（里程碑Ⅱ）外，在上述各分阶段结束时也进行审查，分别依次用里程碑ⅢA、ⅢB 和ⅢC 表示。在该阶段承包商要生产几种试验弹(如动力试验弹、控制试验弹、全制导试验弹等)供研制试验用,生产一定数量的试生产弹供作战试验用。整个阶段需 5 ~6 年。

该阶段的研制试验鉴定包括承包商试验鉴定以及政府技术鉴定试验。产品通过设计 - 试验鉴定 - 重新设计(或改进)几次反复,最后达到设计要求。试验鉴定的主要内容包括性能、环境、维修性、适应性和安全性等。另外,对操作性、人的因素、后勤保障和系统联接的适应性也要进行一定的试验。政府进行的技术鉴定试验实际上是由主管该计划的用户进行。这种试验是在承包商研制试验鉴定之后进行的,并有一部分试验是重复的,以验证承包商试验数据的置信度,同时用户也建立自己的数据库。另一部分试验是进行超出规范要求的试验,这部分试验不涉及与承包商的合同问题。

该阶段的作战试验鉴定也称为前期作战试验鉴定,是在政府技术鉴定试验后由作战试验鉴定部队进行的。作战试验鉴定的内容主要是通过系留飞行和自由飞行来评估导弹武器的作战有效性和适应性(包括可用性、兼容性、操作性、可靠性、可维修性、人机因素、后勤保障和训练要求等),该阶段的作战试验鉴定的结果是做出首批生产决策的重要依据。

在整个全面工程研制阶段结束时,即前期作战试验鉴定之后,再进行一次审查(里程碑Ⅲ),确定计划是否可以转入生产装备阶段。如果是,则做出首批生产决策。

2.3.1.4 生产装备阶段

在做出首批生产决策后便转入生产装备阶段。首批生产的导弹主要用于后续作战试验鉴定及试装备,这个阶段一般为期 1 ~2 年。这个阶段的后续作战试验鉴定的主要任务是完成前期作战试验鉴定中没有完成的工作,并在部队装备条件下进行试验、操作和维修。另外还要编写使用操作说明书、有关文件、资料及作战人员使用手册等。试验中发现的问题仍反馈到负责研制的承包商,由承包商负责改进和试验,这就是该阶段需要进行的研制性试验。

在本阶段结束时,最后进行一次审查(里程碑Ⅴ),如果问题都得到解决,便批准进入批量生产。

2.3.1.5 服役阶段

进入批量生产后,部队也开始全面装备。在这个阶段,基本上没有研制试验鉴定工作。如果要装备新的机种(舰种)或进行改型设计,应另行签定合同。但此阶段仍有作战试验鉴定工作。在这个阶段要对系统的性能、适应性进行例行试验。另外要对新的应用环境以及新威胁进行试验鉴定。该阶段一般需 5 ~10 年。

2.3.1.6 生产验收试验鉴定

生产验收试验鉴定是对生产的导弹(包括试验弹、试生产弹和批生产弹)进行质量鉴定。试验弹和试生产弹由工厂进行验收试验,批生产弹由国防部有关单位根据生产合同进行验收试验,主要进行可靠性方面的试验,试验目的除了确定产品是否满足生产合同要求外,还要保证长期生产有稳定的质量。

前面按不同的阶段讨论了研制试验鉴定和作战试验鉴定。它们的主要区别是:①研制试验鉴定是按合同要求进行的技术性能方面的试验,目的是使导弹达到技术指标,而作战试验鉴定是验证导弹是否满足有关使用性、后勤保障和适应性等作战使用方面的要求;②研制试验鉴定在零部件、分系统和系统各级进行,而作战试验鉴定主要在系统级进行;③在测定方法上,研制试验鉴定常常固定某些参数以观察另外一些参数的影响,因而也可能要进行一些重复试验,而作战试验鉴定是在给定环境条件下获取试验结果,不存在重复问题;④研制试验鉴定参加的人员主要是技术人员,而作战试验鉴定的参加人员主要是军事人员。概括而言,“研制试验鉴定是科学,作战试验鉴定是艺术”。表2.1和表2.2以空射飞航导弹为例,分别列出了研制试验鉴定和作战试验鉴定的类型和事项。

表2.1 空射飞航导弹研制试验

试验类型	试验事项	所属阶段
工程研制和设计保障试验	(1)性能试验(实验室台架试验、导弹——飞机地面模拟试验、系留飞行和自由飞行试验)	整个研制过程
	(2)全弹、全系统和兼容性试验	演示验证和全面工程研制阶段
	(3)环境试验(机械模式、环境适应和环境鉴定)	整个研制过程
	(4)可靠性试验(实验室故障试验、可靠性增长试验、分析、修正、作战可靠性、系留飞行发射和自由飞行)	演示验证和全面工程研制阶段
零部件合格性试验	关键部件和非标准件(电池、陀螺、射频部件、集成电路)的合格性试验	全面工程研制阶段
承包商研制试验	(1)环境和安全的合格性验证(设计验证试验和合格性试验) (2)可靠性验证(实验室仿真作战系留飞行) (3)维修性验证试验 (4)第一个产品(导弹)结构试验	工程研制阶段中的承包商试验阶段ⅢB
政府技术鉴定试验	(1)性能试验(导弹——飞机地面模拟、系留飞行、发射和自由飞行) (2)可靠性试验(导弹——飞机地面模拟、系留飞行、发射和自由飞行) (3)保障性鉴定(维修性和后勤保障)	工程研制阶段内的政府技术鉴定试验阶段

表 2.2　空射飞航导弹作战试验

试验类型	试验事项	所属阶段
前期作战试验鉴定（1）	（1）为验证阶段的计划和试验确定辅助保障工作	概念研究和演示验证阶段
	（2）在全面工程研制决策做出之前为评定计划的价值制定试验辅助计划	演示验证阶段
	（3）监视试验并为参加特定的研制试验活动制定辅助计划，监视和审查的试验也包括政府的技术鉴定试验	全面工程研制阶段
前期作战试验鉴定（2）	（1）作战有效性： ①性能试验（导弹——飞机地面模拟试验、系留飞行、发射和自由飞行）； ②可靠性试验（同上）	整个工程研制阶段
	（2）作战适应性（维修性、保障性、兼容性、操作性、人机因素、培训、充分性、技术资料）	
后续作战试验鉴定	（1）结构冻结弹的鉴定	生产装备阶段
	（2）交付	
	（3）为早期外场评估的特种可靠性试验	

2.3.2　弹道导弹试验

弹道导弹是指在火箭发动机推力作用下按预定程序飞行，关机后按自由抛物体轨迹飞行的导弹。其飞行弹道一般分为主动段和被动段：主动段（又称动力飞行段或助推段）是导弹在火箭发动机推力和制导系统作用下，从发射点起飞到火箭发动机关机时的飞行路径；被动段包括自由飞行段和再入段，是导弹按照在主动段终点获得的给定速度和弹道仪角作惯性飞行，到弹头起爆的路径。

弹道导弹有多种分类方式：按作战使用分为战略弹道导弹和战术弹道导弹；按发射点与目标位置分为地地弹道导弹和潜地弹道导弹；按射程分为洲际、远程、中程和近程弹道导弹；按使用推进剂分为液体推进剂和固体推进剂弹道导弹；按结构分为单级和多级弹道导弹。

弹道导弹系统的研制和生产过程通常由几个阶段所组成。例如，美国的弹道式战略导弹研制计划包括以下几个阶段。

（1）论证新导弹武器系统的必要性，并制定战术技术要求（初步设计）；

（2）进行导弹系统各主要组成部分的技术设计；

(3)试制导弹及发射设备的样机；
(4)样机试验；
(5)根据样机的试验资料更改设计；
(6)对导弹及发射设备样机进行必要的改进；
(7)进行第二次试验并为批生产作准备；
(8)批生产首批导弹及发射设备；
(9)向部队交付批生产的导弹系统；
(10)新导弹武器系统装备使用。
(11)进行原先未预计到的设计更改；
(12)对导弹和发射设备进行具体改进；
(13)试验改进后的导弹系统；
(14)批生产改进后的导弹系统；
(15)交付改进后的导弹系统。

上述各阶段都是密切相关的，只有在前面各阶段的工作圆满完成之后，才可进行下一阶段的工作。阶段(11)～阶段(15)为研制周期中可能包含的附加阶段。

在弹道导弹武器系统的研制计划中，上述各个阶段可归纳为设计、试制、试验及试验研制、批生产、交付部队、装备使用几个方面的工作，如图2.8所示。

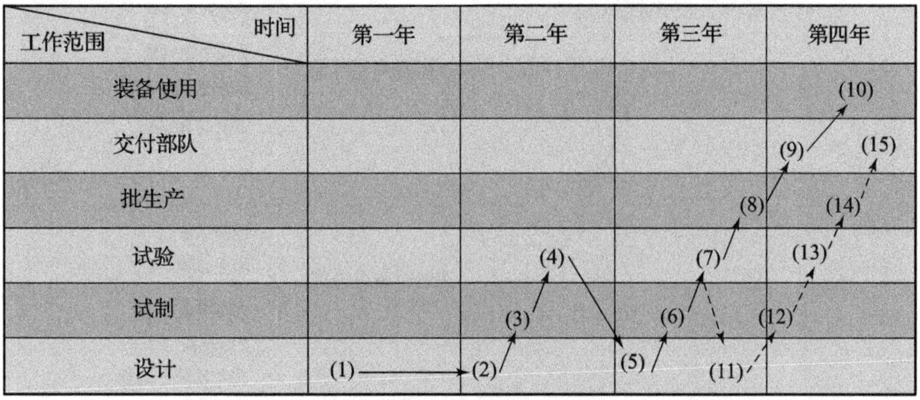

图2.8　弹道导弹研制的主要阶段及工作内容

在最初研制阶段中，从设计到试验有两次转折。此外，如果第二次试验结果不顺利，还需再更改设计，并做补充试验。只有当全部设计和试验阶段都圆满地完成后才能转到批生产阶段。在这段时间里，按期完成各阶段的工作极为重要。

在弹道式导弹的研制过程中，涉及的试验与航天运载器类似，大部分试验可以根据航天器试验标准和要求剪裁得到。然而，作为武器系统，弹道导弹还需要满足武器装备试验与评估的要求。武器装备试验与评估,是指通过一系列的工程试验,获取足够有价值的数据信息,并对其进行处理、逻辑组合和综合分析,将结果与装备研制要求中规定的战术指标和作战使用要求进行分析比较,对研制、仿制的新型武器装备或改进、改型及加改装的武器装备的技术性能进行的全面考核与评估。其目的是考核武器装备满足设计指标的程度,为装备的定型工作、部队使用、研制单位验证设计思想和检验生产工艺提供科学决策依据。就弹道导弹而言,除与一般运载器相似的试验外,还应至少包括用于导弹精度评估的飞行试验和用于导弹毁伤效应评估的靶场试验。按试验的性质、对象、内容和条件,弹道导弹试验有多种分类方法,具体分类见图 2.9。

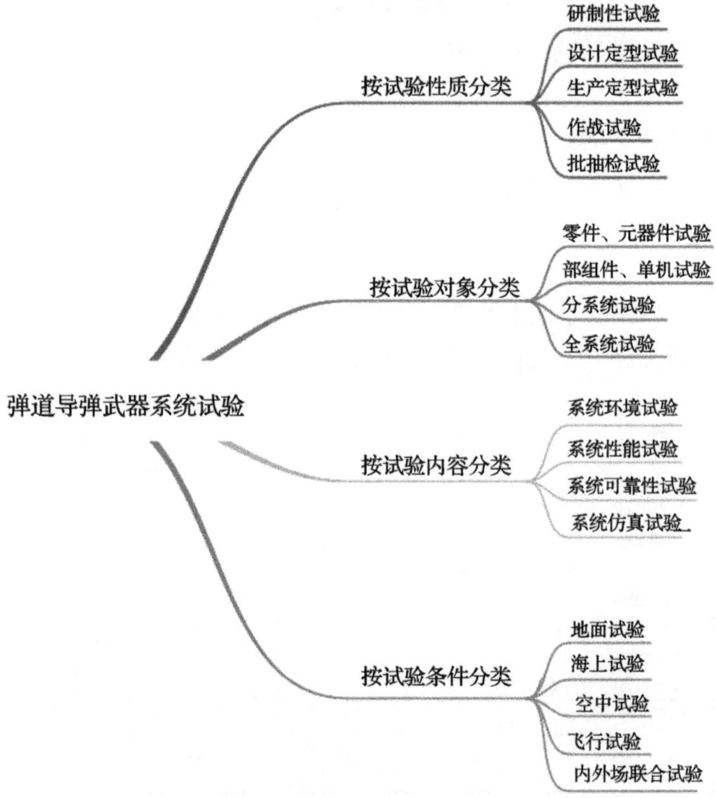

图 2.9　弹道导弹武器系统试验

2.3.2.1　按试验性质分类

对于导弹武器系统试验,涉及最多的就是按试验性质分类。一般可分为研制性试验、设计定型试验、生产定型试验、作战试验和批抽检试验。

(1)研制性试验。

当军方提出一种导弹研制需求并批复研制任务书之后,研制部门依据批复的任务书，开展导弹总体方案设计、分系统方案设计，以及单机设计与制造，同时伴随上述设计与研制，开展一系列的单机、分系统和全系统地面试验。在经过充分的地面试验之后，研制飞行试验提到试验计划之中，研制飞行试验分多种阶段或状态，每一阶段都有其阶段性试验目的、任务和条件，通过研制飞行试验验证总体设计的正确性、合理性及导弹或分系统的性能。研制性飞行试验一般由研制部门提供试验大纲和完成试验结果分析报告。

(2)设计定型试验。

通过研制试验验证了导弹性能满足总体设计要求，主管部门批准可以转入设计定型试验。定型试验条件是导弹武器系统的技术状态良好、稳定、资料完备规范，并且其他试验条件具备。设计定型试验分为试验基地试验和部队试验，试验基地试验由试验基地负责编写基地定型试验大纲、制定一系列的技术文件，并组织试验实施和编写试验结果报告，由定型委员会批准；部队试验一般由部队编写部队定型大纲，组织试验实施和编写试验结果报告，由定型委员会批准。通过设计定型试验，检验导弹武器系统战术技术性能和作战使用性能是否达到了批复的研制任务书要求，为设计定型和装备部队提供依据。

(3)生产定型试验。

生产定型试验是设计定型后需要转厂或批量生产时而进行的一种试验，主要从生产的工艺、质量角度来检验导弹的工作性能、使用性能、可靠性等性能指标。

(4)作战试验。

在导弹武器系统研制的早期，考虑的主要问题是技术问题，而容易忽视作战使用性能问题，前期的试验与鉴定主要是技术试验与鉴定。随着试验技术的发展和导弹作战使用的客观要求，作战试验与鉴定越来越受到重视。作战试验与鉴定是由独立作战试验机构为确定导弹武器系统的军事用途、作战效能和作战适用性而在尽可能接近真实作战使用条件下对导弹武器系统进行试验与鉴定的过程。作战试验与鉴定一般由部队和试验基地相互配合组织实施。

(5)批抽检试验。

批抽检试验是指对生产批的导弹，随机抽取一定数量样本，对生产质量进行检验的飞行试验。批抽检试验与鉴定由试验基地负责组织实施，部队作战平台及兵力参加保障试验任务。

2.3.2.2 按试验对象分类

按试验对象分为零件、元器件试验，部、组件、单机试验，分系统试验和全武器系统试验。这主要是针对导弹武器系统组成的级别划分，如结构的零部件与组件、电子设备的元器件、单机、武器系统的分系统与全系统等，对象不同，试验的内容也不同。

2.3.2.3 按试验内容分类

按试验内容可分为系统环境试验、系统性能试验、系统可靠性试验和系统仿真试验。

(1)系统环境试验。

导弹要在预定的环境中存在和工作,导弹及其弹上设备就必须进行环境试验,以考核或改进其对环境的适应能力。环境试验贯穿于导弹的研制、定型和批生产等阶段,其间的差别在于试验项目、试验要求和试验数量有所不同。各阶段的环境试验,保证着导弹的品质,研制阶段的环境试验尤其重要,具有决定性的意义。环境试验主要包括自然环境试验、力学环境试验和电磁环境试验。自然环境试验的目的主要是考核导弹适应一定自然环境要求的能力,分为弹上设备自然环境试验和导弹自然环境试验,主要包括高温、低温、温度冲击、湿热、霉菌、盐雾、砂尘、淋雨等环境试验项目,这些环境试验项目,大多是根据导弹的储存、运输和使用寿命期,予以人工模拟等效或加速试验来考核其适应性。力学环境试验的目的主要是考核导弹适应一定力学环境要求的能力,导弹力学环境试验分为弹上设备力学环境试验和导弹力学环境试验,主要包括冲击、碰撞颠震、加速度、振动、公路运输、铁路运输、舰载运输、机载运输等试验项目。由于导弹武器系统装备着各种复杂的电子设备,在导弹工作时,其内部和外部都存在着复杂的电磁环境。在导弹武器系统研制过程中,必须进行电磁环境试验,以检验导弹武器系统是否满足电磁兼容的设计要求,电磁环境试验一般分为三个等级进行,即分系统级、系统级和导弹武器系统级。

(2)系统性能试验。

系统性能试验指导弹武器系统研制过程中,在导弹飞行试验前所进行的系统交联性能的试验,涉及导弹弹体、弹上各分系统、载体上各分系统的战术技术指标的实现及其相互间的协同交联关系,试验规模较大,持续时间较长,耗资较多。系统性能试验主要包括导弹结构静力试验、导弹结构模态试验、导弹制导系统地面联试、全弹试车、发控对接试验、火控系统精度试验、全系统联试等。导弹结构静力试验是对导弹的承力零件、部件、构件进行强度验证,并对结构设计、强度与刚度计算中的简化模型和计算方法以及工艺品质等做出结论。导弹结构模态试验主要是为了解决结构、控制系统和总体设计中遇到的各种振动问题,具体包括激振响应测量、数据采集和数据分析等。导弹制导系统地面联试是涉及弹上控制系统、末制导系统、电气系统及遥测系统的综合性能试验,用以检验诸分系统之间的协调性能。全弹试车是导弹发动机在地面工作条件下,检验弹上诸分系统协调工作的性能。发控对接试验是检验火控系统的交联试验,检验该系统装定导弹射击诸元,实施射前检查和发射控制的正确性及协调性。火控系统精度试验是检验火控系统各设备测量目标及导弹发射载体的运动参数和计算、装定导弹射击诸元的精确度。全系统联试是利用导弹发射平台携带导弹,模拟导弹飞行,检验火控系统和导弹弹上各系统之间工作的协同一致性。

(3)系统可靠性试验。

系统可靠性试验的目的是在真实环境条件下,评价、分析导弹产品的可靠性和提高导弹产品的可靠性水平。导弹系统可靠性试验可以在使用现场进行,也可以通过实验室模拟方法来实现。导弹系统可靠性试验主要在导弹设备级进行,全弹设备达到了可靠性指标是导弹达到可靠性要求的基础,再用飞行试验进行验证考核。可靠性试验贯穿导弹研制全过程。导弹研制期间,为了确定各设备可靠性特征量的数值,需做可靠性测定试验;导弹研制过程中,为了通过改进,争取排除失效机理,提高各设备可靠性,需要做可靠性增长试验;导弹研制成后,为了验证各设备能否满足可靠性指标,需做可靠性鉴定试验;导弹批量生产后,为了验证各设备能否在规定条件下满足规定的性能及可靠性要求,需做可靠性验收试验。所有的可靠性试验的目的,都是为了收集有关故障信息,通过分析研究,确定设备或工艺的改进措施,提高导弹固有的可靠性,做出合格与否的判决。

(4)系统仿真试验。

导弹仿真试验本质上就是建模与仿真技术在导弹试验与鉴定中的应用,具体定义:利用计算机系统和模型,对导弹武器系统或分系统建立相应仿真系统,在仿真系统上对导弹武器系统或分系统在一定的仿真条件下进行试验,并对试验结果进行分析与评估的过程。按在工程应用中参与仿真的模型种类的不同,导弹仿真试验分为数学仿真、物理仿真、硬件在回路仿真和人在回路仿真。按人和装备真实程度,导弹仿真试验分为构造仿真、虚拟仿真和实况仿真。与飞行试验相比,仿真试验具有如下优点:仿真试验不具有破坏性,试验次数不受限制;仿真试验不受试验条件的限制;仿真试验还能对飞行试验获取的各类数据进行分析和验证,对飞行试验结果给予评估。虽然仿真试验具有上述优点,但仿真试验不可能完全取代飞行试验,也有不足之处:仿真试验的精度和可信度取决于仿真模型的准确性;飞行试验的优点是可以在接近真实作战环境下验证武器系统及其各分系统的工作性能和可靠程度,直观检验导弹的杀伤效果,考核全武器系统的性能,这些是仿真试验无法做到的。仿真试验和飞行试验二者有各自解决的领域,不能完全替代。

2.3.2.4 按试验条件分类

按试验条件分为地面试验、海上试验、空中试验、飞行试验和内外场联合试验。

(1)地面试验。

地面试验可以细分出许多更深层次的试验项目,包括导弹风洞试验、力学环境试验、自然环境试验、电磁环境试验、弹体结构静力与结构模态试验、发动机试车试验、战斗部静态爆炸试验、引信静态试验、岸基或地面试验平台的火控系统对接联调与精度试验、地空导弹地面系统校飞试验等。

(2)海上试验。

海上试验主要指舰载试验平台火控系统或舰面系统的码头系泊试验、火控系统精度试验以及舰空导弹舰面系统校飞试验等。

(3)空中试验。

空中试验是以飞机为载体进行的空中条件下的试验,可以是机载系统(如空舰、空地导弹的火控系统或机载制导设备等)的环境试验和性能试验,也可以是导弹弹上系统的模拟试验,如机载火控系统的瞄准精度试验、弹上惯导系统的空中精度试验、末制导系统的机载跟踪试验等。空舰或空地导弹称为带飞试验,防空导弹称为挂飞试验。

(4)飞行试验。

导弹飞行试验是在研制、定型批生产等不同阶段进行最终检验、考核导弹武器系统的实践手段,通过飞行试验可以比较全面地检验导弹武器系统的战术技术性能,以及各分系统的工作性能和相互间的协调性,飞行试验是任何其他试验手段无法替代的。飞行试验按试验性质可分为研制性飞行试验、设计定型飞行试验、生产定型飞行试验、批抽检飞行试验等。研制性飞行试验主要是为检验型号设计方案、产品品质以及分系统之间的系统协调性,是为验证设计而进行的飞行试验。研制性飞行试验又分为阶段性飞行试验和综合性飞行试验。阶段性飞行试验是为检验导弹系统某一部件或分系统的性能是否满足设计要求而进行的飞行试验;综合性飞行试验是为了检验导弹武器系统各部分的协调性及全系统的综合性能而进行的飞行试验。设计定型飞行试验主要是检验导弹武器系统的设计是否满足使用方提出的战术技术要求。生产定型飞行试验主要是检验导弹武器系统生产的工艺流程、工装和生产技术条件,能否保证生产的产品满足规定的战术技术指标。设计定型和生产定型飞行试验是由研制部门提出申请,由国家定型委员会委托试验基地组织实施。批抽检飞行试验是检验导弹武器系统成批生产产品质量的稳定性而进行的试验,批抽检飞行试验按使用方与工厂签订的合同规定,由试验基地组织实施。

(5)内外场联合试验。

随着作战平台由机械化向信息化、由注重型号向注重体系建设方向发展,以及导弹武器向远程化、智能化方向,综合电子信息系统向网络化、一体化方向发展，要求靶场紧贴未来战场、面向作战部队、聚焦战斗力建设，走靶场与战场接轨之路；靶场试验要适应导弹武器装备体系化发展需要，从单一武器系统考核向多系统武器平台和多平台作战体系一体化考核转变，既检验导弹武器装备战术技术指标，又考核作战使用性能、评估作战效能；要能够在贴近实战的复杂电磁、复杂水文气象、复杂地形以及对抗条件下进行试验；要从传统的试验技术手段向以信息和信息技术为主导的试验手段转变。如果不考虑干扰因素，导弹外场试验模式是可行、有效的。但外场试验无法实现复杂、多样的干扰模式，无法构建战场环境，也无法获取有效的统计数据和战场环境的边界数据。外场试验鉴定面临的困难和挑战，说明要有效应对复杂的战场环境，必须改革试验鉴定模式，充分利用信息技术，实现外场试验与内场试验的有机结合、实物试验与仿真试验的有机结合，弥补外场试验能力和条件的不足，使试验更加充分、评定更加科学、结论更加准确。

内外场联合试验是一种全新的试验模式，即依托靶场试验信息网络，采用靶场测控通信手段，综合集成靶场真实资源、模拟资源和构造资源，将地域上分散的外场试验资源（包括野外靶场、导弹武器实装、实兵、模拟器）和内场试验资源（数学仿真试验系统、半实物仿真试验系统）互联、互通、互操作，由试验指挥控制中心统一调度，形成内外融合、功能互补、实时运行、统一控制的内外场联合试验系统，构建一个具有高逼真度和高置信水平的导弹内外场合成试验环境，支持开展导弹边界条件、复杂环境条件下抗干扰以及基于平台级作战系统的导弹攻防对抗内外场联合试验。

3 飞行器试验设计方法

飞行器试验,是飞行器研制过程中用以验证和辅助设计、鉴定性能和检验工艺质量的实践手段。航空、航天的各个工程领域都广泛应用各种试验技术和设备来进行科学实验、数学和物理的模拟试验以及各种工程试验,验证所选取的方案和设计参数是否正确,检查各个分系统的协调性、可靠性和工艺质量,鉴定飞行器的性能并为改进飞行器提供依据。飞行器是一个极其复杂的系统,它由上万个、甚至几十万个、几百万个零部件组成。自飞行器问世以来,世界范围内发生多起因航天器内部零件故障导致飞行器爆炸坠毁的事故,1986 年 1 月 28 日,“挑战者”号航天飞机在升空 73s 后爆炸坠毁,7 名宇航员在该次事故中丧生,该事故仅仅是由于右侧固体火箭助推器尾部连接处的密封垫圈失效造成的;无独有偶,1970 年“阿波罗”13 号飞船液氧贮箱爆炸,登月失败,3 名宇航员死里逃生,这次事故也是由一个零件不合格造成的。这一系列的航天事故表明了飞行器试验的重要性。因此,试验是任何飞行器的设计、鉴定和验收所不可缺少的一项工作。

什么是试验设计?通俗地说,我们把事先选择样本数据集合的过程称为试验设计。以飞行器的可靠性试验举例,飞行器由众多零件组成,假设一个飞行器由一百万个元件组成,一般来说,若元件的可靠性为 99.9999%,飞行器的可靠性只有 37%;要使飞行器安全,整体可靠性应达到 0.999,其元件的可靠性则应达 0.999999999,就是说,抽检 1 亿个零件,不可靠的不得多于 1 个。如果对零件一一进行试验,需要耗费大量的人力物力进行上万次试验,甚至几十万、上百万次试验,试验周期大大增加,有可能导致飞行器发射任务延迟,带来不可预估的影响。在飞行器的可靠性试验中,试验设计即设计一个良好的试验方案,在试验方案中,事先选择需要试验的飞行器零件的种类的集合(即样本数据集合),以期在有限次数的试验中,达到较好的预期目的。

不只在航天、航空工程,在其他生产和科学研究中,同样经常需要做试验,但如何做试验,这里面大有学问。好的试验,试验次数不多,就能达到预期的目的;坏的试验,会事倍功半,甚至劳而无功。搞好一个试验要多很多工作,如何设计一个好的试验,其中有两部分工作非常重要:一是试验方案的设计;二是试验结果的数学分析。试验设计(Design Experiments)是以概率论与数理统计为理论基础,经济、科学地制定试验方案,以便对试验数据进行有效的统计分析的数学理论和方法。

3.1　试验设计的原理

我们先看几个简单例子。

例 3.1　飞行器结构设计使用新型材料,选 A、B、C 三种品种进行试验,看哪一种新型材料更适合这种飞行器结构。

为了准确地验证 A、B、C 三种新型材料飞行器结构的强度,飞行器设计师甲、乙两人各提出一种试验方法。甲提出的试验方法是把三种新型材料的飞行器结果放置在如图 3.1(a)所示的三种热真空环境里进行试验。如果试验的结果是新型材料 A 的结构强度最高,B 次之,C 最少,则认为新型材料 A 最适合当前的新型飞行器。乙提出的方案是把热真空环境分成均匀的九块小环境,如图 3.1(b)所示,为每种新型材料的飞行器结构随机选择三块不在同一行和同一列的小热真空环境。如果这时的试验结果依旧是新型材料 A 的结构强度最高,B 次之,C 最少,则认为新型材料 A 最适合当前的新型飞行器结构。

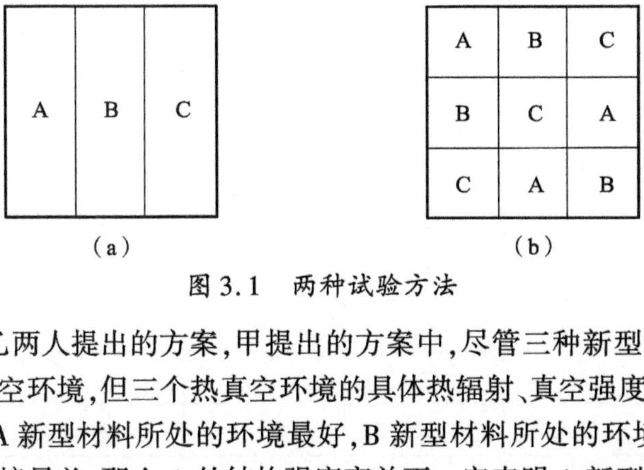

(a)　　　　(b)

图 3.1　两种试验方法

分析甲、乙两人提出的方案,甲提出的方案中,尽管三种新型材料放置在相邻的三个热真空环境,但三个热真空环境的具体热辐射、真空强度等情况不会完全一样,如果 A 新型材料所处的环境最好,B 新型材料所处的环境次之,C 新型材料所处的环境最差,那么 A 的结构强度高并不一定表明 A 新型材料最适合当前的新型飞行器结构。这时新型材料的好坏和热真空环境的情况等非试验因素混杂在一起,给我们如何下结论带来麻烦。相反,乙提出的这种设计比甲提出的方法要好,乙把三种不同的试验件随机放置在不处于同一行、同一列的三块小环境中,不论从纵向来看,还是从横向来看,每一大的热真空实验环境中,均有三种不同新型材料的飞行器结构件,它大大削弱热真空环境差异等因素对试验的影响,得到的结论更可靠。如果整个热真空环境划分的区域越多,试验的结果更精确,但同时也会造成试验的工作量增大。从这个简单的例子可以看出试验设计是何等重要。

该飞行器设计方案为了进一步找到适合新工艺所需配套技术,研究了新型材料 A、密度 B、结构强化措施 C 和热防护措施 D 这 4 个因素对飞行器新结构的结构强度的影响。这次试验的飞行器结构新型材料选择 A 新型材料的三个子新型材料 A1、A2、A3,密度、结构强化措施和热防护措施分别初选三个不同的水平。

针对此次试验,甲、乙两人再一次提出自己的方案,甲认为应当将新型材料、密度、结构强化措施和热防护措施 4 个因素的三个水平一一组合进行全面试验(表 3.1),这样才能得到更为可靠的结论。乙认为甲提出的方案虽然能够得出较为可靠的结论,但进行全面试验即使不考虑飞行器具体的工作环境情况,四因素三水平的试验需要 3^4 块热真空试验环境,试验的次数多,需要浪费大量人力物力。乙提出用正交试验的方法,选择 $L_9(3^4)$ 型正交表,只需要进行 9 次试验就能够得到较为可靠的结论。

表 3.1　A、B、C、D 四因素三水平的正交试验设计

处理号	A	B	C	D	处理组合
1	1	1	1	1	$A_1B_1C_1D_1$
2	1	2	2	2	$A_1B_2C_2D_2$
3	1	3	3	3	$A_1B_3C_3D_3$
4	2	1	2	3	$A_2B_1C_2D_3$
5	2	2	3	1	$A_2B_2C_3D_1$
6	2	3	1	2	$A_2B_3C_1D_2$
7	3	1	3	2	$A_3B_1C_3D_2$
8	3	2	1	3	$A_3B_2C_1D_3$
9	3	3	2	1	$A_3B_3C_2D_1$

由上面的两个例子可以看出,当因素较多时,既要考虑试验次数少,又要得出可靠的结论,这就需要用科学的方法对试验进行合理的设计。

国内外实践表明,试验设计可以帮助我们有效地解决如下问题:

(1)科学、合理地安排试验,可以减少试验次数,缩短试验周期,节约人力、物力,提高经济效益,尤其当因素水平较多时,效果更为显著;

(2)在产品的设计和制造中,影响指标值的因素往往很多,通过对试验的设计和结果分析能使我们在众多的因素中分清主次,找出影响指标的主要因素;

(3)通过试验设计,可以分析因素之间交互作用影响的大小;

(4)通过方差分析,可以分析出试验误差影响的大小,提高试验的精度;

(5)通过试验设计能尽快地找出较优的设计参数或生产工艺条件,并通过对试验结果的分析、比较,找出达到最优化方案进一步试验的方向;

(6)能够对最优方案的指标值进行预测。

3.1.1 试验设计的基本术语和统计模型

3.1.1.1 因素、水平与处理

在一项试验中,把要考虑可能对试验指标有影响的变量简称为因素,如例3.1中新型材料、密度、结构强化措施和热防护措施等。若因素的取值可以在某一连续区间内连续变化,称其为定量因素,如结构强化措施、热防护措施等;若因素只能取有限个类别,或不能用数量表示的,称其为定性因素,如新型材料等。我们常用A,B,C,…表示因素。因素所处的不同状态称为水平,如例3.1中结构强化措施是因素C,它的取值范围是一级~三级,在此范围内我们取一级、二级、三级处做试验,则这些时间称为因素C的水平,并记为C_1=一级,C_2=二级,C_3=三级。把因素间的不同水平组合称为处理,如新型材料A_1、密度B_1、结构强化措施C_1和热防护措施D_1是一个处理。

3.1.1.2 指标与效应

试验需要考虑的结果称为试验指标(简称为指标),是用于衡量试验效果的指示性状,一般用y表示试验指标(响应值)。一个试验中可以选用单个指标,也可以选用多个指标。例如农作物新型材料比较试验中,衡量新型材料的优劣、适用或不适用,需要围绕育种目标考察早熟性、丰产性、抗病性、抗虫性、耐逆性等多种指标。各种专业领域的研究对象不同,试验指标各异。例如,研究火箭推进器和燃料的组合时,射程是试验指标;研究航天器的可靠性时,以航天器系统的可靠程度(能否正常工作)作为指标。同试验因素一样,试验指标也分为定量指标和定性指标。可以直接用数量表示的称为定量指标;不能用数量表示的称为定性指标。定性指标可以按评定结果打分或者评出等级,可以用数量表示,称为定性指标的定量化。

试验因素对试验指标所起的增加或减少的作用称为试验效应(Experimental Effect)。例如,某化工厂生产某燃料收率试验,反应温度为30℃时,收率为60%,反应温度为40℃时,收率为78%,则在反应温度为30℃的基础上,增加10℃的效应记为78% - 60% = 18%。这一试验为单因素试验,在同一个因素内

两种不同水平间试验指标的相差属于简单效应。在多因素试验中,不仅要考虑因素的简单效应,还要考虑各因素的平均效应和因素间的交互作用。

一个因素内的各简单效应的平均数称为平均效应,也称主要效应,简称主效。两个因素简单效应间的平均差异称为交互作用效应,简称互作。它反映一个因素的各水平在另一因素的不同水平中反应不一致的现象。两个因素间的互作称为一级互作,一级互作易于理解,实际意义明确,三个因素间的互作称为二级互作,其余类推。

3.1.1.3 准确性与精确性

准确性(Accuracy)也称为准确度,指在调查或试验中某一试验指标的观测值与真值接近的程度。

精确性(Precision)也称为精确度(或密集度),指在调查或试验中某一试验指标的重复观测值彼此间接近的程度。

设某一试验指标的真值为μ,观测值为y,若y和μ相差的绝对值$|y-\mu|$小,则观测值y的准确性高,反之则低。若观测值彼此接近,即任意两个观测值y_i和y_j相差的绝对值$|y_i-y_j|$小,则观测值的精确性高,反之则低。

调查或试验的准确性、精确性合称为正确性。在调查或试验中应严格按照调查或试验计划进行,准确地进行观测记录,力求避免人为差错,特别要注意试验条件的一致性,避免非试验因素(潜在变量)的影响,并通过合理的调查或试验努力提高试验的准确性和精确性。由于真值常常未知,所以准确性不易度量,但利用统计方法可度量精确性。

3.1.1.4 试验误差

试验误差是试验测量值(包括直接和间接测量值)与真值之差。试验误差的来源很多,因为在试验中总存在一些不可控制的因素,如气温、湿度、原材料内部问题、操作人员的差异等。根据其误差来源不同,试验误差大致分为三类:一是系统误差,由一些固定因素引起,应在相同条件下做多次测量,其误差值的大小和正负恒定,或误差随条件改变按一定规律变化;二是随机误差,由某些不易控制的因素引起,随机误差服从分布规律,与测量次数相关;三是错失误差,这类误差多是由于试验人员失误造成,如读数错误、记录错误,应在处理数据时剔除。试验误差具有以下三种性质。

(1)试验误差是普遍存在的,所有的试验都有误差,试验误差可以减小,但无法消除;

(2)试验误差具有随机性,在相同的条件下做试验,其响应不尽相同,其波动反映了随机误差的大小,试验结果具有不确定性;

(3)试验误差是未知的,通常情况下由于真值未知,研究误差一般从偏差入手。

一个好的试验设计,可以大大降低随机误差的干扰,体现出试验设计的威力,而数理统计为试验者提供了各种数据分析方法,帮助其从随机误差干扰中去伪存真,找到客观规律。

3.1.1.5 方差分析模型

设因素 A 有 r 个水平 1,2,…,r,并在每个水平下作 n_i 次重复试验,试验模型为线性可加模型,设为

$$y_{ij}=\mu_i+\varepsilon_{ij},\quad i=1,2,\cdots,r,\quad j=1,2,\cdots,n_i \tag{3.1.1}$$

式中:y 表示在水平 i 下的第 j 次试验的响应值;n_i 表示水平 i 下的试验重复次数;ε_{ij}表示水平 i 下的第 j 次试验的随机误差;μ_i 表示响应 y 在水平 i 下的真值。

假定 $E(\varepsilon_{ij})=0$,$\mathrm{Var}(\varepsilon_{ij})=\sigma^2$,$\{\varepsilon_{ij}\}$ 相互独立。通过试验结果 $\{y_{ij}\}$ 我们可以用最小二乘法估计出所有的 μ_{ij} 及 σ^2,若已知随机误差 ε_{ij} 的概率分布,也可以用极大似然估计法估计所有的 μ_{ij} 及 σ^2。令

$$\mu=\frac{1}{r}\sum_{i=1}^{r}\mu_i$$

$$\beta_i=\mu_i-\mu,\quad i=1,2,\cdots,r$$

则模型(3.1.1)又可表示为

$$y=\mu+\beta_1x_1+\cdots+\beta_rx_r+\varepsilon_{ij},\quad i=1,2,\cdots,r,\quad j=1,2,\cdots,n_i \tag{3.1.2}$$

其中:

$$x_i=\begin{cases}1, & \text{如果是因素 A 的水平 } i\\ 0, & \text{如果不是}\end{cases}$$

β_i 表示因素 A 第 i 水平的主效应,μ 表示响应的总均值,β_i 满足:

$$\sum_{i=1}^{r}n_i\beta_i=0$$

当所有的 β_i 都接近于 0 时,因素 A 对响应的影响不大;当 β_i 的值较大时,表明因素 A 对响应的影响大,由于随机误差的大小会干扰试验的结果,所以 β_i 值波动的大小必须与 σ 的大小相比较,方差分析及其 F 检验就是用来进行这种相对比较。根据 F 检验结果可给出关于因素对响应的影响是否显著的结论。一个好的试验就是用最少的试验次数对 β_i 和 σ^2 获得精度最佳的估计。

3.1.2 试验设计的基本原则

试验设计的三个基本原则是重复、随机、对照。这些原则是为了避免和减少试验误差并取得可靠试验结论所必须和始终遵循的。

3.1.2.1 重复原则

一方面,精确可靠的试验结果应能在相同试验条件下重现,能够充分重现的试验才是可靠的试验。另一方面,不能单凭一次试验的结果就草率得出结论,样本容量较小时,试验的结果存在机会变异性,结论并不可靠。由以往所学的数理统计不难看出,目标参数估计量的标准差与样本容量成反比,适当地增加试验的重复次数,可有效降低试验误差。例如,同一处理分别做 4 次和 9 次,已知反映该处理误差大小的标准差 $\sigma=1$,则重复次数不同的两个标准误差分别为

$$\sigma=\frac{1}{\sqrt{4}}=\frac{1}{2};\quad \sigma=\frac{1}{\sqrt{9}}=\frac{1}{3}$$

显然,后者的标准误差比前者的标准误差小,这是重复试验对降低试验误差所起的作用。试验的重复次数可按试验的要求指定,一般来说,各水平试验通常可重复进行 3 ~6 次,重复次数越多,试验误差越小。

另外,重复试验还对估计试验误差有决定作用,如果某处理不设重复试验,即只有一个观察值,则无法估计试验误差。同一处理必须要有两次以上的重复,才能从这些重复间的差异估计试验误差。所以为了估计试验误差,应有两次以上的重复试验才行。

3.1.2.2 随机原则

随机原则是使每个试验对象在接受分组处理时均具有相等的机会。用随机抽样的方法对试验对象进行分组,使各组在各方面都相似,以避免系统性的偏差。随机抽样的作用:一是使得非试验因素(即潜在变量)对各处理影响所造成的误差大致相等,从而能够获得无偏的试验误差估计;二是尽量使抽取的样本能够代表总体,减少抽样误差。随机化的方法有抽签法、查随机数表法、计算机的随机数字法等。

3.1.2.3 对照原则

要比较就需要对照,以确定处理因素对试验指标的影响。对照原则要求处理组和对照组除处理因素以外,其他可能影响试验结果的非试验因素应保持一致,所以在试验中常常把全部试验空间按重复次数划分为条件相似的几个局部空间。由于局部空间中的试验条件差异较小,从而可以更好地控制非试验因素对试验的影响。这种用局部空间控制误差的手段即为局部控制。降低试验误差是局部控制的主要作用,便于操作管理则是局部控制的次要作用。区组越小对控制和降低误差所引起的作用就越大。

试验设计的三个基本原则,即重复、随机和对照,三者之间的关系及作用如图 3.2 所示。

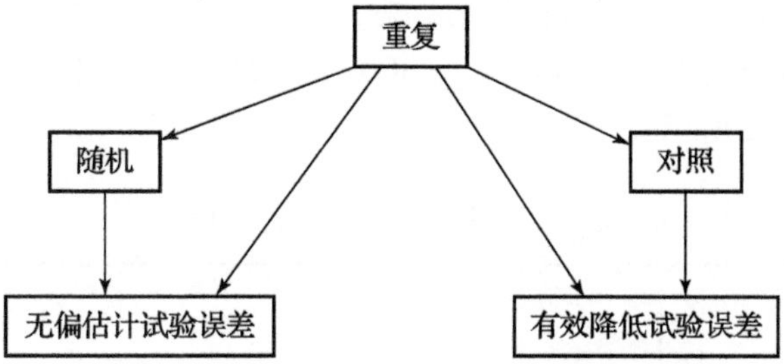

图 3.2 设计的三个原则间的关系及作用

3.2 试验设计的方差分析

方差分析是数理统计学中常用的数据处理方法之一，是生产和科学研究中分析试验数据的一种有效的工具。方差分析(Analysis of Variance, ANOVA)，又称为变量分析，是把多个样本的观察值作为一个整体，把观察值的总变异根据变异来源进行分解，做出数量估计，从而发现各种变异在总变异中所占的重要程度的分析方法。方差分析除了可以帮助我们解决多个对照水平(也称处理)间的比较，还可以分析各个因素的主效、各因素间的互作效应等。例如，在化工生产中，需要考虑原料成分、原料剂量、反应温度、反应时间等因素对产品收率的影响，并希望知道哪些因素影响显著；在农业生产中，需要考察种子、土质、肥料、雨水、耕作技术等不同因素对农作物收获量有无显著影响等，这些都是方差分析所解决的问题。

3.2.1 方差分析的基本原理

在一个试验中可以得到一系列不等的观察值。即使是同一个对照水平，几个重复的观察值也不一定相等。造成观察值不等的原因是多方面的，但主要分为两大类：一类是由于试验材料的因素水平不同引起的，即处理效应(包括各个因素的主效及各因素间的互作效应)；另一类是由于试验过程中非试验因素引起的，即误差效应。而方差分析的核心思想就是把所有的观察值作为一个整体，把观察值的总变异根据变异的来源进行分解。

极差、方差、标准差和变异系数都是衡量观察值变异程度的指标，在方差中选用方差即均方差(Mean Squares)来反映输出的变异程度。我们可以分别计算出处理效应的均方和误差效应的均方，并利用 F 检验，从而发现各种指标波动来源在指标总的波动中所占的比重，这就是方差分析的基本原理。

下面用一个简单实例来说明方差分析的基本原理。

例 3.2 考察生产某燃料时反应温度 A(℃)对合格率 y(%)的影响。为此,比较两个反应温度 $A_1=30℃$,$A_2=40℃$。这是一个单因素二水平的试验,试验的结果如表 3.2 所示。

表 3.2 某燃料合格率试验数据表

水平 \ 试验号	1	2	3	4	5	平均值/%
A_1(30℃)	75	78	60	61	83	$\bar{y}_1=71.4$
A_2(40℃)	89	62	93	71	85	$\bar{y}_2=80.0$

显然,如果试验没有误差,那么只要对 A_1 和 A_2 各做一次试验,直接比较其合格率大小,就可以判断反应温度高低的好坏。然而,试验的结果总是受误差的影响。我们不能从第 1 号试验的两个结果中,由于 89 > 75 就说 A_2 比 A_1 好,因为我们不能判断这个结果究竟是由 A_2 比 A_1 的不同所引起的,还是由误差的影响构成的。同样,我们也不能从第 2 号试验的结果做出相反的结论。是否可以直接比较其平均值的大小,由于 $\bar{y}_2>\bar{y}_1$ 就说 A_2 比 A_1 好呢?还是很难说。虽然平均值的代表性强一些,受误差的影响小一些,但由于不知道误差的大小,仍旧不能判断这个差别是否是由于因素水平的改变所引起的。因此,为了能做出一种合理的判断,首先必须对误差影响的大小或误差引起的指标的波动有一个定量的估计。同时,对指标总的波动以及因素水平改变所引起的指标的波动也应以数量表示。然后加以适当的比较,就可以得出比较可靠的结论。

我们知道,全部 10 个试验数据与总的平均值($\bar{y}=75.7$)之差的离差平方和反映了指标观察值的总的波动,记为 SS,即

$$SS=(75-75.7)^2+(78-75.7)^2+\cdots+(85-75.7)^2=1294.10$$

假设因素水平改变对指标不发生影响,而且也不存在试验误差,那么全部试验数据应该一样,此时 SS 应该等于零。但实际 SS 不为零,说明 SS 是由因素水平改变引起的指标波动和误差引起的指标波动两部分组成。

另一方面,如果没有试验误差,A_1 条件下的 5 个试验数据应该相同,A_2 条件下的 5 个试验数据应该相同,实际上,两个条件下的 5 个数据各不相同,说明存在试验误差。试验误差对指标影响的大小或者误差引起指标的波动可用误差离差平方和 SSE 来表示,即

$$\begin{aligned}SSE&=(75-71.4)^2+(78-71.4)^2+\cdots+(83-71.4)^2\\&\quad+(89-80.0)^2+(62-80.0)^2+\cdots+(85-80.0)^2\\&=429.20+680=1109.20\end{aligned}$$

对于因素 A 来说,当它取水平 1 时,平均合格率为 71.4,这个平均值可以用来近似表示水平 1 各次试验对指标的影响;当取水平 2 时,平均合格率为 80.0,这个平均值可以用来近似表示水平 2 各次试验对指标的影响。因而,5 个 71.4 和 5 个 80.0 与总平均值 75.7 之差的平方和为

$$SST = 5\ (71.4-75.7)^2 + 5\ (80.0-75.7)^2 = 184.90$$

反映了因素水平的改变引起指标波动的大小,当然这其中也包含了试验误差的影响。

对比 SS、SST、SSE,可以看出:

$$SS = SST + SSE = 1109.20 + 184.90 = 1294.10$$

即指标总的离差平方和等于因素水平改变引起的离差平方和加上误差离差平方和,或指标总的波动可以分解成因素水平改变引起的指标波动和试验误差引起的指标波动两部分。这就是所谓的平方和分解公式。

虽然有了 SSE 和 SST,但并不能直接比较出由于因素水平的变化引起的指标波动和试验误差引起的指标波动之间的差异,因为离差平方和不仅与数据本身有关,而且还与数据的个数有关。为此,必须消除数据个数的影响,采用平均离差平方和 SST/f_T、SSE/f_E 进行比较,并以此做出推断,其中的 f_T 和 f_E 分别表示 SST 和 SSE 的自由度(即离差平方和公式中独立数据的个数),自由度的一般计算公式为随机数据的数量减去描述这些随机数据的公式的数量。

对 SSE 来说,其离差平方和公式的 10 个数据满足以下两个关系式:

$$\frac{75+78+60+61+83}{5} = 71.4$$

$$\frac{89+62+93+71+85}{5} = 80.0$$

因此,SSE 的自由度 $f_E = 10-2 = 8$。

同理,对于 SST,其 2 个数据满足一个关系式:

$$\frac{71.4+80.0}{2} = 75.7$$

因此,SST 的自由度 $f_T = 2-1 = 1$。

对于 SS,因为其 10 个数据满足一个关系式:

$$\frac{75+78+60+61+83+89+62+93+71+85}{10} = 75.7$$

显然,SS 的自由度 $f = 10-2 = 8$。

从 SS、SST、SSE 对应的自由度 f、f_T、f_E 不难看出:

$$f = f_T + f_E = 1 + 8 = 9$$

即SS的自由度等于SST的自由度加上SSE的自由度,这就是自由度的分解公式。

将指标总的离差平方和SS分解为SST和SSE,SS的自由度分解为SST和SSE自由度。这样,我们就可以比较由于因素水平的变化引起的指标波动和试验误差引起的指标波动之间的差异。令:

$$F_{\mathrm{A}}=\frac{\mathrm{SST}/f_{\mathrm{T}}}{\mathrm{SSE}/f_{\mathrm{E}}}$$

从定性的角度比较,考虑其值,如果 F 的值接近于1,则说明因素水平的改变对指标的影响与试验误差对指标的影响相近,这时,可以认为因素水平之间没有显著差异或因素对指标影响不明显;反之,则可以认为因素水平之间有显著差异或因素对指标影响显著。

从定量的角度比较,在一些假定条件下,可以证明 F_{A} 服从自由度为 $f_{\mathrm{T}}, f_{\mathrm{E}}$ 的 F 分布。在给定的显著水平 α,查 F 分布表可得一个临界值 $F_{\alpha}(f_{\mathrm{T}}, f_{\mathrm{E}})$,若 $F_{\mathrm{A}}>F_{\alpha}(f_{\mathrm{T}}, f_{\mathrm{E}})$,则认为因素A对指标的影响显著,当 $F_{\mathrm{A}} \leqslant F_{\alpha}(f_{\mathrm{T}}, f_{\mathrm{E}})$ 时,则认为因素A对指标的影响不显著。

本例中,因

$$F_{\mathrm{A}}=\frac{184.90/1}{1109.20/8}=1.33$$

对 $\alpha=0.05$,查得 $F_{0.05}(1,8)=5.3$,因 $F_{\mathrm{A}}=1.33<5.3$,故可以认为在水平 $\alpha=0.05$ 下,反应温度A对指标合格率的影响不显著,或反应温度30℃和40℃对合格率的影响没有明显差异,试验结果出现的波动主要是由试验误差造成的。

在例3.2中,我们利用方差分析的方法分析了化工生产中,因素反应温度对指标合格率的影响大小。通过实例验证了方差分析的基本原理是:首先从数量上将因素对指标的影响和试验误差对指标的影响加以区分并做出估计,然后对他们加以比较检验,从而做出因素对指标的影响是否显著或者因素各水平之间的差异是否显著的推断,且在使用方差分析时应满足以下基本假定:

(1)正态性:对于因素的每一个水平,其观测值是来自正态分布总体的简单随机样本,且观测值是相互独立的。

(2)方差齐性:因素的每一个水平,各个正态分布总体的方差 σ^2 必须相等。

(3)可加性:方差分析的数学模型均为线性可加模型,即

$$y=\mu+\beta_1 x_1+\cdots+\beta_r x_r+\varepsilon_{ij}$$

其理论分析是建立在线性统计模型的基础上。

3.2.2 单因素方差分析

在一项试验中,若只有一个因素的水平在改变,而其他因素的水平固定不

变,试验的目的在于比较因素各水平上指标值之间的差别,这就称为单因素分析。

设有一单因素试验,因素A取r个水平,每个水平重复做n_i次试验,所得试验结果$y_{ij}(i=1,2,\cdots,r;j=1,2,\cdots,n_i)$表示因素A的第$i$水平$A_i$在第$j$次重复试验的响应值,由式(3.1.2)可知方差分析的线性可加模型为

$$y_{ij}=\mu+\beta_1x_1+\cdots+\beta_rx_r\ ,\quad i=1,2,\cdots,r\ ,\quad j=1,2,\cdots,n_i$$

其中,

$$x_i=\begin{cases}1, & 如果是因素A的水平i\\0, & 如果不是\end{cases}$$

β_i表示因素A第i水平的主效应,μ表示响应的总均值,β_i满足

$$\sum_{i=1}^{r}n_i\beta_i=0$$

且$\varepsilon_{ij}\sim N(0,\sigma^2)$,则因素A水平的改变对响应$y$是否有显著影响的问题变为检验假设问题$H_0:\beta_1=\beta_2=\cdots=\beta_r=0,H_1:\beta_1,\beta_2,\cdots,\beta_r$至少有一个不为0是否成立的问题。

3.2.2.1 参数估计

似然函数为

$$L(\mu,\beta_1,\cdots,\beta_r,\sigma^2)=\left(\frac{1}{\sqrt{2\pi}\sigma}\right)^n\mathrm{e}^{-\frac{1}{2\sigma^2}\sum_{i=1}^{r}\sum_{j=1}^{n_i}(y_{ij}-\mu-\beta_i)^2}$$

其中,$n=\sum_{i=1}^{r}n_i$,取对数得:

$$\ln L=-\frac{n}{2}\ln2\pi-\frac{n}{2}\ln\sigma^2-\frac{1}{2\sigma^2}\sum_{i=1}^{r}\sum_{j=1}^{n_i}(y_{ij}-\mu-\beta_i)^2$$

令

$$\frac{\partial\ln L}{\partial\mu}=\frac{1}{\sigma^2}\sum_{i=1}^{r}\sum_{j=1}^{n_i}(y_{ij}-\mu-\beta_i)=0$$

$$\frac{\partial\ln L}{\partial\beta_i}=\frac{1}{\sigma^2}\sum_{j=1}^{n_i}(y_{ij}-\mu-\beta_i)=0$$

$$\frac{\partial\ln L}{\partial\sigma^2}=-\frac{n}{2\sigma^2}+\frac{1}{2\sigma^4}\sum_{i=1}^{r}\sum_{j=1}^{n_i}(y_{ij}-\mu-\beta_i)^2=0$$

解此方程组并记$\bar{y}_i=\frac{1}{n_i}\sum_{j=1}^{n_i}y_{ij}$,$\bar{y}=\frac{1}{n}\sum_{i=1}^{r}\sum_{j=1}^{n_i}y_{ij}$,得

$$\hat{\mu}=\bar{y}$$

$$\hat{\beta}_i=\bar{y}_i-\bar{y}\ ,\quad i=1,2,\cdots,r$$

$$\hat{\sigma}^2 = \frac{1}{n}\sum_{i=1}^{r}\sum_{j=1}^{n_i}(y_{ij} - \bar{y}_i)^2$$

可以证明$\hat{\mu}$,$\hat{\beta}_i$分别是μ和β_i的无偏估计量。

3.2.2.2 离差平方和与自由度分解

记

$$SS = \sum_{i=1}^{r}\sum_{j=1}^{n_i}(y_{ij} - \bar{y})^2$$

SS表示响应值的总波动,称为总离差平方和。

$$SS = \sum_{i=1}^{r}\sum_{j=1}^{n_i}(y_{ij} - \bar{y})^2 = \sum_{i=1}^{r}\sum_{j=1}^{n_i}(y_{ij} - \bar{y}_i + \bar{y}_i - \bar{y})^2$$

$$= \sum_{i=1}^{r}\sum_{j=1}^{n_i}(y_{ij} - \bar{y}_i)^2 + \sum_{i=1}^{r}n_i(\bar{y}_i - \bar{y})^2 + 2\sum_{i=1}^{r}\sum_{j=1}^{n_i}(y_{ij} - \bar{y}_i)(\bar{y}_i - \bar{y})$$

上式中,$2\sum_{i=1}^{r}\sum_{j=1}^{n_i}(y_{ij} - \bar{y}_i)(\bar{y}_i - \bar{y}) = 0$。化简上式,并记

$$SSE = \sum_{i=1}^{r}\sum_{j=1}^{n_i}(y_{ij} - \bar{y}_i)^2$$

$$SST = \sum_{i=1}^{r}n_i(\bar{y}_i - \bar{y})^2$$

则有:

$$SS = SSE + SST$$

SSE和SST分别表示误差平方和和处理平方和,SSE反映了试验误差引起的响应值的波动,而SST反映了因素A水平改变引起的响应值的波动,上式称为离差平方和分解公式。

在上一节中,我们令f、f_T和f_E分别表示SS、SST和SSE的自由度(即离差平方和公式中独立数据的个数),自由度的一般计算公式为:随机数据的数量减去描述这些随机数据的公式的数量。

为了计算方便,SS、SSE和SST采用以下的简化算法:

$$SS = \sum_{i=1}^{r}\sum_{j=1}^{n_i}y_{ij}^2 - \frac{1}{n}\left(\sum_{i=1}^{r}\sum_{j=1}^{n_i}y_{ij}\right)^2$$

$$SSE = \sum_{i=1}^{r}\sum_{j=1}^{n_i}y_{ij}^2 - \sum_{i=1}^{r}\frac{1}{n_i}\left(\sum_{j=1}^{n_i}y_{ij}\right)^2$$

$$SST = \sum_{i=1}^{r}\frac{1}{n_i}\left(\sum_{j=1}^{n_i}y_{ij}\right)^2 - \frac{1}{n}\left(\sum_{i=1}^{r}\sum_{j=1}^{n_i}y_{ij}\right)^2$$

对于方差分析的一般的数学模型，自由度f、f_T和f_E分别记为

$$f=n-1$$

$$f_T=r-1$$

$$f_E=n-r$$

不难看出，$f=f_T+f_E$成立，称其为自由度分解公式，该公式表示总自由度=组间自由度+组内自由度。

3.2.2.3 F假设检验

响应值的线性可加模型为式(3.1.1)，且$\varepsilon_{ij}\sim N(0,\sigma^2)$，则$y_{ij}\sim N(\mu_i,\sigma^2)$，$\bar{y}_i\sim N\left(\mu_i,\frac{\sigma^2}{n_i}\right)$，$i=1,2,\cdots,r$，及$\bar{y}\sim N\left(\mu,\frac{\sigma^2}{n}\right)$，$n=\sum_{i=1}^{r}n_i$，因此

$$E(\mathrm{SSE})=\sum_{i=1}^{r}(n_i-1)\sigma^2=(n-r)\sigma^2$$

$$E(\mathrm{SST})=\sum_{i=1}^{n_i}n_i\beta_i^2+(r-1)\sigma^2$$

故有

$$E\left(\frac{\mathrm{SSE}}{n-r}\right)=\sigma^2$$

$$E\left(\frac{\mathrm{SST}}{r-1}\right)=\frac{1}{r-1}\sum_{i=1}^{r}n_i\beta_i^2+\sigma^2$$

可知当H_0成立时，即$\beta_1=\beta_2=\cdots=\beta_r=0$，$E\left(\frac{\mathrm{SSE}}{n-r}\right)=E\left(\frac{\mathrm{SST}}{r-1}\right)=\sigma^2$，反之$E\left(\frac{\mathrm{SSE}}{n-r}\right)\leqslant E\left(\frac{\mathrm{SST}}{r-1}\right)$，因此当$H_0$不成立时，比值为

$$F_A=\frac{\mathrm{SST}/f_T}{\mathrm{SSE}/f_E}$$

有偏大的趋势，所以F_A可作为检验H_0的统计量。

若H_0成立，则$y_{ij}\sim N(\mu,\sigma^2)$，

$$\frac{\mathrm{SS}}{\sigma^2}=\sum_{i=1}^{r}\sum_{j=1}^{n_i}\left(\frac{y_{ij}-\bar{y}}{\sigma}\right)^2\sim\chi^2(n-1)$$

且$\frac{\mathrm{SSE}}{\sigma^2}=\frac{1}{\sigma^2}\sum_{i=1}^{r}\sum_{j=1}^{n_i}(y_{ij}-\bar{y}_i)^2$，满足$r$个约束条件$\sum_{j=1}^{n_i}(y_{ij}-\bar{y}_i)=0(i=1,2,\cdots,r)$，二次型$\frac{\mathrm{SSE}}{\sigma^2}$的自由度为$n-r$。$\frac{\mathrm{SST}}{\sigma^2}=\frac{1}{\sigma^2}\sum_{i=1}^{r}n_i(\bar{y}_i-\bar{y})^2$满足一个约束条件$\sum_{i=1}^{r}n_i(\bar{y}_i-\bar{y})=0$，二次型$\frac{\mathrm{SST}}{\sigma^2}$的自由度为$r-1$。因为

$$f\left(\frac{\text{SSE}}{\sigma^2}\right)+f\left(\frac{\text{SST}}{\sigma^2}\right)=n-r+r-1=n-1=f\left(\frac{\text{SS}}{\sigma^2}\right)$$

由科克伦(Cochran)定理知$\frac{\text{SSE}}{\sigma^2}\sim\chi^2(n-r)$,$\frac{\text{SST}}{\sigma^2}\sim\chi^2(r-1)$,且 SSE 和 SST 相互独立。

由 F 分布的定义知,在 H_0 成立的条件下:

$$F_{\text{A}}=\frac{\text{SST}/(r-1)}{\text{SSE}/(n-r)}\sim F(r-1,n-r)$$

对于给定的显著水平 α,由 F 分布临界值表查出 $F_\alpha(r-1,n-r)$的值,使得

$$P\{F_{\text{A}}\geqslant F_\alpha(r-1,n-r)\}=\alpha$$

一次抽样后由样本计算 F_{A} 的数值,若 $F_{\text{A}}\geqslant F_\alpha(r-1,n-r)$,则拒绝假设 H_0,即认为在显著水平 α 下,因素 A 的不同水平对试验结果有显著影响;反之,则接受 H_0,即认为在显著水平 α 下,因素 A 的不同水平对试验结果无显著影响。F 检验中,如果 $F<1$,不必查表即可确定在检验水平 $\alpha=0.05$ 时,应接受 H_0。将以上的分析过程列为方差分析表 3.3。

表 3.3　方差分析表

方差来源	离差平方和	自由度	平均离差平方和	F 值	显著性
处理	SST	$r-1$	$\text{SST}/(r-1)$	$F_{\text{A}}=\frac{\text{SST}/(r-1)}{\text{SSE}/(n-r)}$	
误差	SSE	$n-r$	$\text{SSE}/(n-r)$		
总和	SS	$n-1$			

3.2.3　两因素不重复试验的方差分析

上一节中我们构建了单因素试验方差分析的一般模型,但实际上生产和科学研究中,影响响应值波动的因素不止一个,可能有两个、三个,甚至更多。这一节通过建立一个简单的两因素不重复试验的方差分析模型,来分析不考虑各因素交互作用的多因素对响应值波动的影响。

下面叙述两因素不重复试验模型的一般情形。

设影响试验指标的有 A,B 两个因素,因素 A 有 r 个不同的水平 $\text{A}_1,\text{A}_2,\cdots,\text{A}_r$,因素 B 有 s 个不同的水平 $\text{B}_1,\text{B}_2,\cdots,\text{B}_s$,A 与 B 的每一水平组合只做一次试验,A 的第 i 水平与 B 的第 j 水平组合进行试验的结果用 y_{ij}表示,列于表 3.4中。

表 3.4 试验数据表

A \ B	B_1	B_2	…	B_j	…	B_s	$\bar{y}_{i\cdot}$
A_1	y_{11}	y_{12}	…	y_{1j}	…	y_{1s}	$\bar{y}_{1\cdot}$
A_2	y_{21}	y_{22}	…	y_{2j}	…	y_{2s}	$\bar{y}_{2\cdot}$
⋮	⋮	⋮	…	⋮	…	⋮	⋮
A_i	y_{i1}	y_{i2}	…	y_{ij}	…	y_{is}	$\bar{y}_{i\cdot}$
⋮	⋮	⋮	…	⋮	…	⋮	⋮
A_r	y_{r1}	y_{r2}	…	y_{rj}	…	y_{rs}	$\bar{y}_{r\cdot}$
$\bar{y}_{\cdot j}$	$\bar{y}_{\cdot 1}$	$\bar{y}_{\cdot 2}$	…	$\bar{y}_{\cdot j}$	…	$\bar{y}_{\cdot s}$	$\bar{y}$

其中：

$$\bar{y}_{i\cdot}=\frac{1}{s}\sum_{j=1}^{s}y_{ij}$$

$$\bar{y}_{\cdot j}=\frac{1}{r}\sum_{i=1}^{r}y_{ij}$$

$$\bar{y}=\frac{1}{rs}\sum_{i=1}^{r}\sum_{j=1}^{s}y_{ij}$$

试问：A，B 两个因素对响应有无显著影响，或者因素 A 各水平之间是否存在显著差异？又或者说因素 B 各水平之间是否存在显著差异？对于显著因素，显著的差异存在哪些水平？

这种对每个组合水平$(A_i,B_j)$$(i=1,2,\cdots,r,j=1,2,\cdots,s)$各做一次试验的情形称为两因素非重复试验。

假定 $y_{ij}\sim N(\mu_{ij},\sigma^2)$，令

$$\mu_{ij}=\mu+\alpha_i+\beta_j\,,\quad i=1,2,\cdots,r\,,\quad j=1,2,\cdots,s$$

其中：α_i 称为因素 A 在第 i 水平 A_i 的主效应，β_j 称为因素 B 在第 j 水平 B_j 的主效应，且满足

$$\sum_{i=1}^{r}\alpha_i=0\,,\quad \sum_{j=1}^{s}\beta_j=0$$

有上述假设建立响应值 y_{ij}的数学模型：

$$y_{ij}=\mu+\alpha_1x_1+\cdots+\alpha_rx_r+\beta_1z_1+\cdots+\beta_sz_s+\varepsilon_{ij}$$

其中：

$$x_i = \begin{cases} 1, & \text{如果是因素 A 的水平 } i \\ 0, & \text{如果不是} \end{cases}$$

$$z_j = \begin{cases} 1, & \text{如果是因素 B 的水平 } j \\ 0, & \text{如果不是} \end{cases}$$

$\varepsilon_{ij} \sim N(0,\sigma^2)$，$i=1,2,\cdots,r$，$j=1,2,\cdots,s$，且 ε_{ij} 相互独立。推断因素 A 的影响是否显著等价于检验假设 $H_{01}:\alpha_1=\alpha_2=\cdots=\alpha_r=0$，$H_{11}:\alpha_1,\alpha_2,\cdots,\alpha_s$ 至少有一个不为 0；推断因素 B 的影响是否显著等价于检验假设 $H_{02}:\beta_1=\beta_2=\cdots=\beta_s=0$，$H_{12}:\beta_1,\beta_2,\cdots,\beta_s$ 至少有一个不为 0。

仿照单因素试验方差分析的方法，先做离差平方和和自由度的分解：

$$\begin{aligned}
\mathrm{SS} &= \sum_{i=1}^{r}\sum_{j=1}^{s}(y_{ij}-\bar{y})^2 \\
&= \sum_{i=1}^{r}\sum_{j=1}^{s}[(y_{ij}-\bar{y}_{i\cdot}-\bar{y}_{\cdot j}+\bar{y})+(\bar{y}_{i\cdot}-\bar{y})+(\bar{y}_{\cdot j}-\bar{y})]^2 \\
&= \sum_{i=1}^{r}\sum_{j=1}^{s}(y_{ij}-\bar{y}_{i\cdot}-\bar{y}_{\cdot j}+\bar{y})^2 + s\sum_{i=1}^{r}(\bar{y}_{i\cdot}-\bar{y})^2 \\
&\quad + r\sum_{j=1}^{s}(\bar{y}_{\cdot j}-\bar{y})^2 + 2\sum_{i=1}^{r}\sum_{j=1}^{s}(y_{ij}-\bar{y}_{i\cdot}-\bar{y}_{\cdot j}+\bar{y})(\bar{y}_{i\cdot}-\bar{y}) \\
&\quad + 2\sum_{i=1}^{r}\sum_{j=1}^{s}(y_{ij}-\bar{y}_{i\cdot}-\bar{y}_{\cdot j}+\bar{y})(\bar{y}_{\cdot j}-\bar{y}) \\
&\quad + 2\sum_{i=1}^{r}\sum_{j=1}^{s}(\bar{y}_{i\cdot}-\bar{y})(\bar{y}_{\cdot j}-\bar{y}) \\
&= \sum_{i=1}^{r}\sum_{j=1}^{s}(y_{ij}-\bar{y}_{i\cdot}-\bar{y}_{\cdot j}+\bar{y})^2 + s\sum_{i=1}^{r}(\bar{y}_{i\cdot}-\bar{y})^2 \\
&\quad + r\sum_{j=1}^{s}(\bar{y}_{\cdot j}-\bar{y})^2
\end{aligned}$$

则

$$\mathrm{SS} = \mathrm{SSE} + \mathrm{SSA} + \mathrm{SSB}$$

其中：简化后的总离差平方和（注：后续的离差平方和公式均为简化后的公式）为

$$\mathrm{SS} = \sum_{i=1}^{r}\sum_{j=1}^{s}(y_{ij}-\bar{y})^2 = \sum_{i=1}^{r}\sum_{j=1}^{s}y_{ij}^2 - \frac{1}{rs}\left(\sum_{i=1}^{r}\sum_{j=1}^{s}y_{ij}\right)^2$$

因素 A 的离差平方和为

$$SSA = s\sum_{i=1}^{r}(\bar{y}_{i\cdot} - \bar{y})^2$$
$$= \frac{1}{s}\sum_{i=1}^{r}\left(\sum_{j=1}^{s} y_{ij}\right)^2 - \frac{1}{rs}\left(\sum_{i=1}^{r}\sum_{j=1}^{s} y_{ij}\right)^2$$

因素 B 的离差平方和为

$$SSB = r\sum_{j=1}^{s}(\bar{y}_{\cdot j} - \bar{y})^2$$
$$= \frac{1}{r}\sum_{j=1}^{s}\left(\sum_{i=1}^{r} y_{ij}\right)^2 - \frac{1}{rs}\left(\sum_{i=1}^{r}\sum_{j=1}^{s} y_{ij}\right)^2$$

误差的平方和为

$$SSE = \sum_{i=1}^{r}\sum_{j=1}^{s}(y_{ij} - \bar{y}_{i\cdot} - \bar{y}_{\cdot j} + \bar{y})^2$$
$$= \sum_{i=1}^{r}\sum_{j=1}^{s} y_{ij}^2 - \frac{1}{s}\sum_{i=1}^{r}\left(\sum_{j=1}^{s} y_{ij}\right)^2 - \frac{1}{r}\sum_{j=1}^{s}\left(\sum_{i=1}^{r} y_{ij}\right)^2 + \frac{1}{rs}\left(\sum_{i=1}^{r}\sum_{j=1}^{s} y_{ij}\right)^2$$
$$= SS - SSA - SSB$$

各平方和的自由度的计算公式为

$$f = rs - 1$$
$$f_A = r - 1$$
$$f_B = s - 1$$
$$f_E = f - f_A - f_B = (r-1)(s-1)$$

如同单因素方差分析,用

$$F_A = \frac{SSA/f_A}{SSE/f_E} = \frac{SSA/(r-1)}{SSE/[(r-1)(s-1)]}$$

作为检验假设 H_{01} 是否成立的统计量,用

$$F_B = \frac{SSB/f_B}{SSE/f_E} = \frac{SSB/(s-1)}{SSE/[(r-1)(s-1)]}$$

作为检验假设 H_{02} 是否成立的统计量。不难证明在 H_{01} 成立的条件下,F_A 服从 $F(r-1,(r-1)(s-1))$ 分布;在 H_{02} 成立的条件下,F_B 服从 $F(s-1,(r-1)(s-1))$ 分布。对于给定的检验水平 α,由 F 分布表查出 $F_\alpha(r-1,(r-1)(s-1))$,$F_\alpha(s-1,(r-1)(s-1))$,使得:

$$P\{F_A \geqslant F_\alpha(r-1,(r-1)(s-1))\} = \alpha$$
$$P\{F_B \geqslant F_\alpha(s-1,(r-1)(s-1))\} = \alpha$$

当 $F_A \geqslant F_\alpha(r-1,(r-1)(s-1))$ 时,拒绝假设 H_{01},即认为因素 A 的影响显著,否则认为因素 A 的影响不显著;若 $F_B \geqslant F_\alpha(s-1,(r-1)(s-1))$,则拒绝假

设 H_{02},认为因素 B 的影响显著,反之,则接受 H_{02},认为因素 B 的影响不显著。

仿照单因素分析,我们同样将以上方差分析的过程建立方差分析表 3.5。

表 3.5 方差分析表

方差来源	离差平方和	自由度	平均离差平方和	F 值	显著性
因素 A	SSA	$r-1$	$\mathrm{SSA}/(r-1)$	$F_{\mathrm{A}}=\dfrac{\mathrm{SSA}/(r-1)}{\mathrm{SSE}/(r-1)(s-1)}$	
因素 B	SSB	$s-1$	$\mathrm{SSB}/(s-1)$	$F_{\mathrm{B}}=\dfrac{\mathrm{SSB}/(s-1)}{\mathrm{SSE}/(r-1)(s-1)}$	
误差 E	SSE	$(r-1)(s-1)$	$\mathrm{SSE}/(r-1)(s-1)$		
总和	SS	$rs-1$			

例 3.3 一种火箭是使用了四种燃料、三种推进器做射程试验。每种燃料和每种推进器的组合各做一次试验,试验结果如表 3.6 所示。试问不同的燃料、不同的推进器对射程有无显著影响?

表 3.6 试验数据表

推进器 B / 燃料 A	B_1	B_2	B_3
A_1	58.2	56.2	65.3
A_2	49.1	54.1	51.6
A_3	60.1	70.9	39.2
A_4	75.8	58.2	48.7

为简化计算,对分析表中原数据作变换:

$$y'_{ij}=\frac{y_{ij}-58.2}{1/10}$$

按照给定的离差平方和计算公式,得

$$\mathrm{SS}=112350-\frac{1}{4\times 3}\times(-110)^2=111341.7$$

$$\mathrm{SSA}=\frac{1}{3}\times 50302-\frac{1}{4\times 3}\times(-110)^2=15759$$

$$\mathrm{SSB}=\frac{1}{4}\times 93752-\frac{1}{4\times 3}\times(-110)^2=22429.7$$

$$\mathrm{SSE}=\mathrm{SS}-\mathrm{SSA}-\mathrm{SSB}=111341.7-15759-22429.7=73153$$

$$f=4\times3-1=11\ ,\quad f_{\mathrm{A}}=4-1=3,$$

$$f_{\mathrm{B}}=3-1=2\ ,\quad f_{E}=(3-1)\times(4-1)=6$$

将以上计算结果列成方差分析表3.7。

表3.7 方差分析表

方差来源	离差平方和	自由度	平均离差平方和	F 值	显著性
因素 A	15759	3	5253	0.43 <4.76	不显著
因素 B	22429.7	2	11214.85	0.92 <5.14	不显著
误差 E	73153	6	12192.2		
总和	111341.7	11			

由方差分析得知各种燃料的差异或各种推进器的差异对射程都没有显著影响。但从表3.7可以看出,误差的平均离差平方和为12199.7,它比因素A和B的平均离差平方和都大,所以 F 值都比较小。根据误差平均离差平方和的意义,它主要反映了随机误差所引起的波动的大小,本应该不大的,而现在竟出现较大的数值,这可能是因为没有考虑两种因素搭配起来的交互作用。对本例来说,很可能存在某种燃料与某种推进器组合时,火箭射程最大。表3.6的数据表明,A_4 和 B_1 的组合或 A_3 和 B_2 的组合,其射程可能最好,而 A_3 和 B_3 的组合效果可能最差。但上述试验对每种组合只做一次试验,无法分辨出交互作用。

3.3 常用试验设计方法

采用设置重复、随机化和局部控制三原则进行试验设计,可以有效降低试验误差。不同的试验设计需要采用不同的统计方法。用适当的统计方法和试验设计相匹配,既能估计无偏的、最小的试验误差,又能使不同因素水平之间的比较准确可靠。良好的试验设计是正确的统计分析的前提和条件。以下介绍在试验设计中,合理运用试验设计的三个原则所形成的一些常用的试验设计方法。

3.3.1 对比设计

例3.4 2019年以来,因新冠病毒导致的疫情在全球范围内持续发生,严重危害人类的生命安全,某医疗机构试图通过混合药物a和b以制备针对新冠病毒的特效药,从其中选取三个相关因素各三个水平进行试验,因素和水平如表3.8所示。

表3.8 特效药制备试验因素水平表

水平＼因素	A（配比）	B（反应温度）/℃	C（反应时间）/min
1	1:1	150	50
2	1:2	160	55
3	2:5	170	70

将 A 的三个水平用 A_1、A_2 和 A_3 表示，因素 B、C 的表示方法也相同。该采用什么方法来安排试验能取得满意的效果呢？一般有两种方法，一种是简单对比法，另一种是全面试验法。

3.3.1.1 简单对比法

简单对比法的思想是变化其中一个因素而固定其他因素，对变化的因素进行试验，比较试验结果，进而推断最优组合。

简单对比法的流程是先固定 A 和 B 在 A_1 和 B_1 的水平，变化 C 因素。

$$A_1B_1 \begin{cases} C_1 \\ C_2 \\ C_3 \end{cases}$$

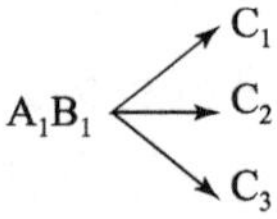

假设试验结果 C_2 最好，然后固定 A_1C_2，变化 B 因素。

$$A_1C_2 \begin{cases} B_1 \\ B_2 \\ B_3 \end{cases}$$

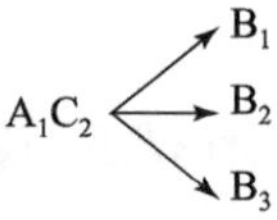

假设试验结果 B_3 最好，然后固定 B_3C_2，变化 A 因素。

$$B_3C_2 \begin{cases} A_1 \\ A_2 \\ A_3 \end{cases}$$

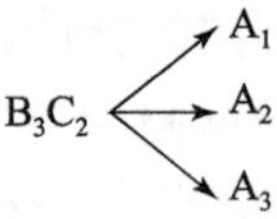

同样假设结果 A_2 是最好，我们能否下结论说 $A_2B_3C_2$ 最好？根据当前已知的试验结果，可得 $A_2B_3C_2$ 组合最好，但是事实上，$A_2B_3C_2$ 组合并不一定是最好的条件。运用简单对比法试验次数较少，一般来说能得到一定的效果，但是其缺点明显。

(1) 试验点不具代表性。考察的因素水平仅局限于局部区域，不能全面地反映因素的所有情况。

(2) 无法分清因素的主次。

(3)如果不进行重复试验,试验误差就估计不出来,因此无法确定最佳分析条件的精度。

(4)无法利用数理统计方法对试验结果进行分析,提出展望条件。

3.3.1.2 全面试验法

在试验设计中,为了获得全面的试验信息,对所选取的试验因素的所有水平组合全部实施一次以上,这种试验方法称为全面试验法。它适用于因素和水平都不多的试验,主要用于单因素和双因素试验。如例 3.4,运用全面试验法分析其制备药物的最优条件,将药物新型材料、反应温度和反应时间三个因素的三个水平任意组合,即

$$
\begin{matrix}
A_1B_1C_1 & A_2B_1C_1 & A_3B_1C_1 \\
A_1B_1C_2 & A_2B_1C_2 & A_3B_1C_2 \\
A_1B_1C_3 & A_2B_1C_3 & A_3B_1C_3 \\
A_1B_2C_1 & A_2B_2C_1 & A_3B_2C_1 \\
A_1B_2C_2 & A_2B_2C_2 & A_3B_2C_2 \\
A_1B_2C_3 & A_2B_2C_3 & A_3B_2C_3 \\
A_1B_3C_1 & A_2B_3C_1 & A_3B_3C_1 \\
A_1B_3C_2 & A_2B_3C_2 & A_3B_3C_2 \\
A_1B_3C_3 & A_2B_3C_3 & A_3B_3C_3
\end{matrix}
$$

这样共需要做 $3^3=27$ 次试验。一般若有 m 个因素,每个因素有 $n_k(k=1,2,\cdots,m)$ 个水平,那么全部的试验次数是 $n_1\times n_2\times\cdots\times n_m$。通过全面试验的方法,试验结果可以将各因素与试验指标之间的关系剖析得比较清楚,但其也有较明显的缺点。

(1)试验次数太多,浪费大量人力、物力,当因素水平比较多时,试验无法完成。

(2)不做重复试验无法估计误差。

(3)无法区分因素的主次。

3.3.2 正交设计

正交试验设计是用于多因素试验的一种方法,用正交表所作的试验设计,即用正交表从全面试验中挑选出部分有代表的试验方案进行试验,这些试验方案具有“均匀”和“整齐”的特点,并且可以通过对这些试验方案结果的分析,推断出最优方案。正交试验设计是部分因子设计(Fractional Factorial Designs)的主要方法,重点考察了因素间的综合作用,具有很高的效率及广泛的应用。运用正

交试验设计方法能够弄明白因素的主次、因素与指标的关系,以及选出较好的处理组合。

3.3.2.1 正交表

正交表是正交试验设计的基本工具,它是根据均衡分散的思想,运用组合数学理论在拉丁方和正交拉丁方基础上构造的一种表格。

正交表具有机会均等与组合均衡的特点。这些特点即为正交表的"正交性"含义。正交表记号的形式为 $L_n(t^q)$:L 是正交表代号;字母 t 表示因素的水平为 t;q 是正交表列数,表示最多可安排 q 个因素;n 为正交表行数,表示要做 n 次试验。

常用的正交表中,主要有下列四种类型。

(1)$L_{t^u}(t^q)$型正交表:属于这一类正交表的有 $L_4(2^3)$,$L_8(2^7)$,$L_{16}(2^{15})$,$L_9(3^4)$,$L_{27}(3^{13})$,$L_{16}(4^5)$,$L_5(5^6)$,…。这类正交表最大的特点是 $q=(t^u-1)/(t-1)$,是饱和正交表,即列数已达到最大值。

(2)$L_{4k}(2^{4k-1})$型正交表:属于这类正交表的有 $L_{12}(2^{11})$,$L_{20}(2^{19})$,$L_{24}(2^{23})$,…,它也是饱和正交表。

(3)$L_{\lambda p^2}(p^{2p+1})$型正交表:属于这类正交表的有 $L_{18}(3^7)$,$L_{32}(4^9)$,$L_{50}(5^{11})$,…,它是非饱和正交表。

(4)混合型正交表:属于这类正交表的有 $L_8(4\times2^4)$,$L_{12}(3\times2^4)$,$L_{12}(6\times2^2)$,$L_{16}(4\times2^{12})$,…。

表 3.9 和表 3.10 分别列出了正交表 $L_8(2^7)$ 和正交表 $L_9(3^4)$。

表 3.9 正交表 $L_8(2^7)$

试验号	列号						
	1	2	3	4	5	6	7
1	1	1	1	2	2	1	2
2	2	1	2	2	1	1	1
3	1	2	2	2	2	2	1
4	2	2	1	2	1	2	2
5	1	1	2	1	1	2	2
6	2	1	1	1	2	2	1
7	1	2	1	1	1	1	1
8	2	2	2	1	2	1	2

表 3.10 正交表 $L_9(3^4)$

试验号	列号			
	1	2	3	4
1	1	1	3	2
2	2	1	1	1
3	3	1	2	3
4	1	2	2	1
5	2	2	3	3
6	3	2	1	2
7	1	3	1	3
8	2	3	2	2
9	3	3	3	1

3.3.2.2 正交试验设计的基本方法

我们通过一个实例来介绍运用正交设计安排试验的基本方法。

例 3.5 研究新型材料、密度、结构强化措施和热防护措施 4 个因素对发动机强度的影响，试验的目的是希望能够从中找到适合的新材料用于新型飞行器设计，运用正交设计的方法描述如下。

1）确定因素和水平数

确定新型材料为 A 因素，有 A_1、A_2、A_3、A_4 四个水平；密度为 B 因素，有 B_1 和 B_2 两个水平；结构强化措施为 C 因素，有 C_1 和 C_2 两个水平；结构强化措施为 D 因素，有 D_1 和 D_2 两个水平。为了表示清楚，把因素和水平综合列于表 3.11。

表 3.11 因素和水平表

因素	水平数			
新型材料	A_1	A_2	A_3	A_4
密度	B_1	B_2		
结构强化措施	C_1	C_2		
热防护措施	D_1	D_2		

2）选择正交表

选用正交表，首先根据因素的水平数，来选用几个水平的正交表，然后再根据因素的个数，来决定选择多大的表。选择正交表的原则为：正交表中的水平数与供试因素水平数相一致;正交表中可以安排的因素数不少于供试因素数;选用试验次数较少的正交表,即处理组合数能少则少,若考虑交互作用,则选择较大的正交表,若不考虑交互作用,可选择较小的正交表。本例中因素的水平数不同,选择混合型的 $L_8(4^1+2^4)$ 正交表即可。

(1)设计表头。

正交表选好之后,就要考虑如何把各试验因素分别放在正交表的适当列上,称为表头设计。本例中拟选用 $L_8(4^1+2^4)$ 的正交表,因为只有第一列有 4 个水平(表内的数字 1、2、3、4 代表水平),所以把新型材料即因素 A 放在第 1 列。而第 2 ~5 列都是 2 个水平,当因素之间没有或有不显著的交互作用时,可以在这些列上任意安排 2 个水平的因素,现把结构强化措施即 C 因素放在第 2 列,热防护措施 D 因素放在第 3 列,密度 B 因素放在第 5 列,见表 3.12。

(2)拟定试验方案。

把因素 A、B、C、D 各列下面的水平组合起来,即得这个试验方案的 8 个处理组合(表 3.12)。这 8 个处理组合是从全面试验的 32 个处理组合中选出的代表,这种代表性体现在两个方面:首先,同一因素的各个不同水平在这些处理组合中出现了相同的次数,如 A 因素的 1、2、3、4 水平在 8 个处理组合中都出现了 2 次,而 B、C、D 因素的 1、2 水平则在 8 个处理组合中都出现了 4 次;其次,任何两个因素的各种不同水平间的组合次数相等,如 A 和 B、A 和 C 及 A 和 D 因素间的水平搭配为(1,1)、(1,2)、(2,1)、(2,2)、(3,1)、(3,2)、(4,1)、(4,2),分别出现在 8 个处理组合中,且每种组合都出现了 1 次,但是,B 和 C、B 和 D 及 C 和 D 因素间的水平搭配为(1,1)、(1,2)、(2,1)、(2,2),分别在 8 个处理组合中都出现了 2 次。正交表的这两个性质称为正交性,换句话说,具有这两个性质的表即为正交表。由于正交表具有正交性,使正交设计的部分处理组合能够比较全面地反映各因素各水平对指标影响的综合作用。因此,正交设计是一种适合于多因素多水平的理想的部分试验,能够用较少的试验次数获得相当可靠的试验结论。

表 3.12 A、B、C、D 四因素的正交试验设计

处理号	A	C	D		B	处理组合
1	1	1	1	1	1	$A_1B_1C_1D_1$
2	1	2	2	2	2	$A_1B_2C_2D_2$
3	2	1	1	2	2	$A_2B_2C_1D_1$
4	2	2	2	1	1	$A_2B_1C_2D_2$
5	3	1	2	1	2	$A_3B_2C_1D_2$

续表

处理号	A	C	D		B	处理组合
6	3	2	1	2	1	$A_3B_1C_2D_1$
7	4	1	2	2	1	$A_4B_1C_1D_2$
8	4	2	1	1	2	$A_4B_2C_2D_1$

对正交试验的结果,可用极差进行直观分析,也可进行方差分析。空列可以提供对误差的估计,如表 3.12 的第五列就可提供对误差的估计值。

通过上述正交设计的分析过程,可以得到正交试验法优点如下:

(1)试验点代表性强,试验次数少。

(2)不需做重复试验,就可以估计试验误差。

(3)可以分清因素的主次。

(4)可以使用数理统计的方法处理试验结果,有利于展望好条件。

3.3.3 均匀设计

正交试验法可以进行部分试验而得到基本上反映全面情况的试验结果,但是,当试验中因素数或水平数比较大时,正交试验的次数也会很大。如 5 个因素 5 个水平,用正交表需要安排 $5\times5=25$ 次试验。这就需要创新的方法,才能更大程度上提升试验效益。

2018 年 5 月 28 日,习近平在中国科学院第十九次院士大会、中国工程院第十四次院士大会开幕会上强调,“要矢志不移自主创新,坚定创新信心,着力增强自主创新能力”“在更高起点上推进自主创新”。而航空航天领域的创新,是在我国航空航天事业独立自主发展道路上,由一代代的科学家、工程师发挥聪明才智和不断探索中得出的,均匀设计方法就是自主创新的典型案例。

1978 年,中华人民共和国第七机械工业部由于导弹设计的要求,提出了一个五因素的试验,希望每个因素的水平数要多于 10,而试验总数又不超过 50,显然优选法和正交设计都不能用,方开泰与王元教授经过几个月的共同研究,提出了一个新的试验设计,即“均匀设计”,将这一方法用于导弹设计,取得了成效。

均匀设计(Uniform Design)又称均匀试验设计法,能够用较少的试验次数获得期望的结果。1978 年,方开泰和王元教授创立了均匀设计理论与方法,揭示了均匀设计与古典因子设计、近代最优设计、超饱和设计、组合设计深刻的内在联系,证明均匀设计比上述传统试验设计具有更好的稳健性。该项工作涉及数论、函数论、试验设计、随机优化、计算复杂性等领域,开创了一个新的研究方向,形成了中国人创立的学派,并获得国际认可,在国内外诸如航天、化工、制药、材料、汽车和农业领域得到广泛的应用。

3.3.3.1 均匀设计的基本思想

均匀设计的数学原理是数论中的一致分布理论,此方法借鉴了“近似分析中的数论方法”这一领域的研究成果,将数论和多元统计相结合,是属于伪蒙特卡罗方法的范畴。均匀设计只考虑试验点在试验范围内均匀散布,挑选试验代表点的出发点是“均匀分散”,而不考虑“整齐可比”,它可保证试验点具有均匀分布的统计特性,可使每个因素的每个水平做一次且仅做一次试验,任意两个因素的试验点在平面的格子点上,每行每列有且仅有一个试验点。它着重在试验范围内考虑试验点均匀散布,以求通过最少的试验来获得最多的信息,因而其试验次数比正交设计明显减少,均匀设计特别适合于多因素多水平的试验和系统模型完全未知的情况。

当试验中有 m 个因素,每个因素有 n 个水平时,如果进行全面试验,共有 n^m 种组合,正交设计可从这些组合中挑选出 n^2 个试验,而均匀设计是利用数论中的一致分布理论选取 n 个点试验,而且应用数论方法使试验点在积分范围内散布得十分均匀,并使分布点与被积函数的各种值充分接近,因此便于计算机统计建模。例如,某试验有 5 个因素,均为 10 个水平,则全面试验次数为 10^5 次,即做 100000 次试验,正交设计是做 10^2 次,即做 100 次试验,而均匀设计只做 10 次,可见其优越性非常突出。

同正交试验设计,均匀设计也是部分因素设计的主要方法之一。正交设计有“均匀分散,整齐可比”的特点,“均匀分散”的性质使试验点均匀地分布在试验范围内,让每个试验点有充分的代表性。但是我们注意到为了让试验设计有“整齐可比”性,对任两个因素必须进行全面试验,每个因素的各水平必须有重复,这样试验点在其试验范围内并不能做到充分均匀分散,同时试验的数量就必须比较多。而均匀设计是单纯地从试验点均匀散布在试验范围内的均匀性出发,使得试验点散布得更均匀,更具代表性。不仅可以得到偏差更小的点,还使得试验次数大大减少,有效地降低了试验的成本。

3.3.3.2 均匀设计表

根据均匀设计的思想也造了一套类似于正交表的均匀设计表,表 3.13 就是其中之一。均匀设计表用 $U_n(m^k)$ 表示:U 表示均匀设计表;n 表示该表的行数,即试验方案中试验次数或水平组合数;m 表示因素的水平数;k 表示安排 k 试验因素。如表 3.13 的代号是 $U_5(5^4)$,其中,U 表示均匀设计表,U 的下标“5”表示要做 5 次试验,括号内的“5”表示每个因素都有 5 个水平,指数“4”表示最多只能安排 4 个因素。我们知道,由于六阶正交拉丁方不存在,要安排 4 个六水平因素的试验,如用正交表,36 次试验都不行,至少需要 72 次,而用均匀设计 6 次试验就能安排了,这是均匀设计的很大优点。

表 3.13 均匀设计表 $U_5(5^4)$

试验号＼列号	1	2	3	4
1	1	2	3	4
2	2	4	1	3
3	3	1	4	2
4	4	3	2	1
5	5	5	5	5

均匀设计表具有如下特点:

(1)每个因素每个水平只做一次试验。

(2)任意两个因素的试验画在平面的格子点上,每行每列恰有一个试验点。

(3)均匀设计表任意两列之间不一定平等。

(4)把水平数为奇数的均匀设计表去除最后一行,就能得到水平数为偶数的均匀设计表。

(5)当水平数增加时,试验次数按水平数的增加量增加。

3.3.3.3 均匀设计的步骤

(1)明确试验目的,确定试验指标。试验指标可以有一个或者几个,如果考察的试验指标有多个,需要对试验指标进行综合分析。

(2)选择试验因素。根据专业知识和实践经验选择试验因素,选择对试验指标影响较大的因素进行试验。

(3)确定因素水平。根据试验条件和以往的实践经验,首先确定各因素的取值范围,然后在此范围内设置适当的水平。

(4)选择均匀设计表,安排因素水平。根据因素数、水平数,选择合适的均匀设计表,进行因素水平数据排布。

(5)明确试验方案,进行试验操作。

(6)试验结果分析。建议采用回归分析的方法对试验结果进行分析,进而发现优化的试验条件。依试验目的和支持条件的不同,也可采用直接观察法取得最好的试验条件(不再进行数据的分析处理)。

(7)优化条件的试验验证。通过回归分析方法计算得出优化试验条件,一般需要进行优化试验条件的实际试验验证(可进一步修正回归模型)。

(8)缩小试验范围,进行更精确的试验,寻找更好的试验条件,直至达到试验目的为止。

4 随机过程导论

飞行器试验统计学这门学科的建立,是基于对飞行器试验过程中的随机现象进行分析和统计处理,因而概率论与随机过程的一些概念和方法是飞行器试验统计学的重要基础。这一章在假定读者已具备概率论基础,但随机过程知识不足,因此对该部分作一些必要的介绍。

4.1 随机过程

4.1.1 随机过程的概念

自然界中事物变化的过程可以广泛地分为两类:一类是变化过程具有确定的形式,或者说有必然的变化规律;另一类是变化过程没有确定的变化形式,没有必然的变化规律。用数学语言来说,确定性过程可以用一个(或多个)关于时间 t 的确定函数来描绘,而非确定性过程不能用一个(或多个)关于时间 t 的确定函数来描绘。严格来说,实际存在的变化过程都是非确定性的,确定性过程只是实际过程中忽略不确定性因素而得到的一种理想化描述。例如,飞行器的飞行具有一定的规律可循,但由于各种不确定性因素(如风)的干扰,使得飞行器的运动具有不确定性。因此飞行器的飞行轨道是试验前不可准确预知的,进行多次试验也不可能有任何两次完全相同的结果出现。单次试验的结果仅是无限次可能结果中的一次,一次飞行试验得到的飞行器飞行轨道是时间的函数,它是随机现象的一次表现,称为样本函数,而所有可能产生的样本函数的集合就称为随机过程。

定义 4.1 随机过程是依赖于时间 t 的一族随机变量,常记为

$$\{X(t),t\in T\}$$

其中:T 是时间 t 的变化范围,对于每一个固定的时间 $t_1\in T$,$X(t_1)$ 是随机变量。$X(t)$ 的每一次表现(或称为实现)$x(t)$ 为时间的确定性函数,称为样本函数。

定义 4.2 在测量运动目标的距离时存在误差,若以 $\varepsilon(t)$ 表示在时刻 t 的

测量误差，则它是一个随机变量。当目标随时间 t 的变化按一定规律运动时，测量误差也随时间 t 而变化，换句话说，$\varepsilon(t)$ 是依赖于时间 t 的一族随机变量，亦即 $\varepsilon(t)$ 是一随机过程。

例 4.1 设随机相位余弦波 $X(t)=a\cos(\omega t+\theta)$，其中，$a,\omega$ 为常数，θ 是在 $[0,2\pi]$ 上服从均匀分布的随机变量，显然 $X(t)$ 是一个随机过程。对于每一个固定的时刻，$t=t_1$，$X(t_1)=a\cos(\omega t_1+\theta)$ 是一个随机变量；在 $[0,2\pi]$ 上随机地取一数 θ_i，相应地得到这个随机过程的一个样本函数：

$$x(t)=a\cos(\omega t+\theta_i),\quad \theta_i\in[0,2\pi]$$

图 4.1 画出了这个随机函数的三条样本曲线。

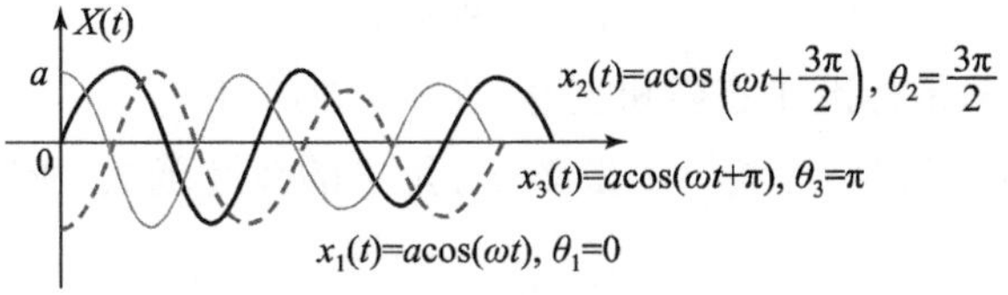

图 4.1　随机相位余弦波的样本函数

随机现象在工程技术中几乎随处可见。例如地震波幅、结构物承受的风载荷、船舶甲板“上浪”的次数，以及通信系统、自动控制系统中的各种噪声和干扰等的变化过程，都可以用随机过程这一数学模型来描绘，不过实际中绝大多数的随机过程不能像随机相位余弦波那样可具体地用时间和随机变量的关系式来表示，其主要原因在于自然界产生随机因素的机理是极为复杂的，甚至是不可能被观测到的。因而对于这样的随机过程，只有通过分析由测量所得到的样本函数集合才能掌握它们随时间变化的统计规律性。

随机过程 $\{X(t),t\in T\}$ 可按状态分为连续型随机过程和离散型随机过程。连续型随机过程在任意给定的时刻均为连续型随机变量；离散型随机过程在任意给定的时刻均为离散型随机变量。

另一方面，随机过程 $\{X(t),t\in T\}$ 按其时间参数集 T 的性质分为连续时间随机过程和离散时间随机过程。连续时间随机过程常简称为随机过程，其时间参数集 T 为连续时间集合，如 $T=\{t,t_0\leqslant t\leqslant t_n\}$ 或 $T=\{t,t\geqslant t_0\}$；离散时间随机过程也称为随机序列，其时间参数集为离散时间集合，如 $T=\{t_k,k=0,1,\cdots,N\}$ 或 $T=\{t_k,k=0,1,2,\cdots\}$。

4.1.2 随机过程的概率分布

随机过程是依赖于时间的一族随机变量。类似于随机变量，可以定义随机过程的概率分布函数和概率密度函数。

设$X(t)$是一随机过程，对于每一个固定的时刻$t_1 \in T$，$X(t_1)$是一个随机变量，它的分布函数一般与t_1有关，记为

$$F_1(x_1, t_1) = P\{X(t_1) \leqslant x_1\} \tag{4.1.1}$$

称$F_1(x_1, t_1)$为随机过程$X(t)$的一维分布函数。

若$F_1(x_1, t_1)$关于x_1的偏导数存在，记为

$$f_1(x_1, t_1) = \frac{\partial F_1(x_1, t_1)}{\partial x_1} \tag{4.1.2}$$

称$f_1(x_1, t_1)$为随机过程$X(t)$的一维概率密度函数。

例4.2 考虑随机过程：

$$X(t) = Y\cos\omega t$$

式中：ω是常数；Y是标准正态随机变量，即$Y \sim \mathcal{N}(0,1)$。

在一个给定的时刻t_1，随机变量$X(t_1)$是Y的线性函数，所以$X(t)$的一维概率密度为

$$f_1(x_1, t_1) = \frac{1}{|\cos\omega t_1|} \cdot \frac{1}{\sqrt{2\pi}} \exp\left\{ -\frac{1}{2}\left(\frac{x_1}{\cos\omega t_1}\right)^2 \right\}$$

一维分布仅给出随机过程$X(t)$的最简单的概率分布特性，它只表征随机过程在单独固定时刻t_1的统计特性，不能反映出随机过程各个时刻之间的内在联系。因此，下面引入随机过程$X(t)$的二维分布。

若给定两个时刻t_1和t_2，随机变量$X(t_1)$和$X(t_2)$的联合概率分布与t_1和t_2有关。记为

$$F_2(x_1, x_2; t_1, t_2) = P\{X(t_1) \leqslant x_1, X(t_2) \leqslant x_2\} \tag{4.1.3}$$

称为随机过程$X(t)$的二维分布函数。

如果$F_2(x_1, x_2; t_1, t_2)$关于x_1和x_2的二阶混合偏导数存在，记为

$$f_2(x_1, x_2; t_1, t_2) = \frac{\partial^2 F_2(x_1, x_2; t_1, t_2)}{\partial x_1 \partial x_2} \tag{4.1.4}$$

称为随机过程$X(t)$的二维概率密度函数。

随机过程的二维概率分布比一维概率分布包含了更多的信息，但还不能完整地反映出随机过程$X(t)$的全部特性。用类推的方法，可以建立$X(t)$的n维概率分布函数和n维概率密度函数。

一般地，当t取任意n个数值$t_1, t_2, \cdots, t_n$时，n维随机变量$X(t_1), X(t_2), \cdots, X(t_n)$的分布函数记为

$$F_n(x_1, x_2, \cdots, x_n; t_1, t_2, \cdots, t_n) = P\{X(t_1) \leqslant x_1, X(t_2) \leqslant x_2, \cdots, X(t_n) \leqslant x_n\} \tag{4.1.5}$$

称为随机过程 $X(t)$ 的 n 维分布函数。

如果 $F_n(x_1,x_2,\cdots,x_n;t_1,t_2,\cdots,t_n)$ 关于 $x_1,x_2,\cdots,x_n$ 的 n 阶混合偏导数存在,则

$$f_n(x_1,x_2,\cdots,x_n;t_1,t_2,\cdots,t_n)=\frac{\partial^n F_n(x_1,x_2,\cdots,x_n;t_1,t_2,\cdots,t_n)}{\partial x_1\partial x_2\cdots\partial x_n},(\forall n,t_1,\cdots,t_n) \tag{4.1.6}$$

为随机过程 $X(t)$ 的 n 维概率密度函数。

对于任意确定的 n,以及任意的 $(t_1,t_2,\cdots,t_n)$,$(x_1,x_2,\cdots,x_n)$,分布函数 $F_n(x_1,x_2,\cdots,x_n;t_1,t_2,\cdots,t_n)$ 描述了随机过程 $X(t)$ 的统计特性,但要确定 F_n 却不是容易的事。因此在工程实践中,常用分布的某些特性去刻画随机过程的主要性质。

4.1.3 随机过程的数字分布

这一节,像引入随机变量的数字特性那样有必要引入随机过程的基本数字特征。这些数字特征应该能刻画随机过程的重要特征,又便于进行运算和实际测量。对于随机过程数字特征的研究是随机过程理论的一个重要方面。

对于一维随机变量,基本的数字特征为数字期望和方差;对于二维随机变量,最常用的是相关矩和相关系数。可以把上述随机变量的数字特征推广到随机过程中去。但必须注意,随机过程的数字特征不再是确定的数,而是确定的时间函数。

4.1.3.1 数学期望

设 $X(t)$ 是一随机过程,固定 t_1,$X(t_1)$ 是一随机变量,它的均值或数学期望一般与 t_1 有关,记为

$$m_X(t_1)=E[X(t_1)]=\begin{cases}\int_{-\infty}^{\infty} xf_1(x,t_1)\mathrm{d}x, & X(t)\text{ 是连续的}\\ \sum_{i=1} x_iP\{X(t_1)=x_i\}, & X(t)\text{ 是离散的}\end{cases} \tag{4.1.7}$$

其中:$f_1(x,t_1)$ 为随机过程 $X(t)$ 的一维概率密度。

$m_X(t_1)=E[X(t_1)]$ 是随机过程 $X(t)$ 的所有样本函数在时刻 t_1 的函数值的平均,通常称这种平均为集平均或统计平均。必须注意,对于不同时刻 t,$m_X(t)$ 的值不一定相等。因此 $m_X(t)$ 是随时间而变化的。确切地说,它是随机过程 $X(t)$ 的均值函数。均值 $m_X(t)$ 表示了随机过程 $X(t)$ 在各个时刻的摆动中心。如图 4.2 所示。

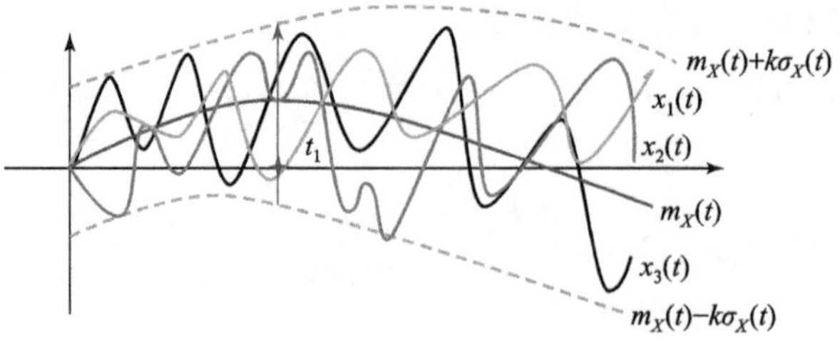

图 4.2　随机过程的均值和方差

4.1.3.2　方差

定义随机过程 $X(t)$ 的方差：

$$\sigma_X^2(t)=D[X(t)]=\begin{cases}\displaystyle\int_{-\infty}^{\infty}[x-m_X(t)]^2 f_1(x,t)\,\mathrm{d}x, & X(t)\ \text{是连续的}\\ \displaystyle\sum_{i=1}[x_i-m_X(t)]^2 P\{X(t)=x_i\}, & X(t)\ \text{是离散的}\end{cases} \tag{4.1.8}$$

方差 $\sigma_X^2(t)$ 是时间 t 的确定性函数。它表示诸样本函数偏离均值函数 $m_X(t)$ 的分散程度。方差的平方根 $\sigma_X(t)$ 称为随机过程 $X(t)$ 的均方根差，它表示随机过程 $X(t)$ 在时刻 t 对于均值 $m_X(t)$ 的偏离程度，见图 4.2。

方差为二阶中心矩，记随机过程 $X(t)$ 的二阶原点矩为 $\Psi_X^2(t)$，则

$$\Psi_X^2(t)=E[X^2(t)] \tag{4.1.9}$$

称 $\Psi_X^2(t)$ 为随机过程 $X(t)$ 的均方值。

表 4.1 为随机过程 $X(t)$ 与随机变量 X 的数字特征对应比较。

表 4.1　随机过程 $X(t)$ 与随机变量 X 的数字特征对应比较

$X(t)$、$Y(t)$ 为随机过程，$g(t)$ 为确定性函数		X、Y 为随机变量，C 为常数	
均值函数性质	$E[g(t)]=g(t)$	数学期望性质	$E[C]=C$
	$E[g(t)X(t)]=g(t)E[X(t)]$		$E[CX]=CE[X]$
	$E[X(t)+Y(t)]=E[X(t)]+E[Y(t)]$		$E[X+Y]=E[X]+E[Y]$
	$E[g(t)+X(t)]=g(t)+E[X(t)]$		$E[C+X]=C+E[X]$
	$X(t)$ 和 $Y(t)$ 相互独立，则 $E[X(t)\cdot Y(t)]=E[X(t)]\cdot E[Y(t)]$		X 和 Y 相互独立，则 $E[X\cdot Y]=E[X]\cdot E[Y]$
方差性质	$D[g(t)]=0$	方差性质	$D[C]=0$
	$D[g(t)X(t)]=g^2(t)D[X(t)]$		$D[CX]=C^2D[X]$
	$D[g(t)+X(t)]=D[X(t)]$		$D[C+X]=D[X]$
	$X(t)$ 和 $Y(t)$ 相互独立，则 $D[X(t)\pm Y(t)]=D[X(t)]+D[Y(t)]$		X 和 Y 相互独立，则 $D[X\pm Y]=D[X]+D[Y]$

从上述可以看出,均值和方差仅涉及随机过程的一维分布,只刻画随机过程 $X(t)$ 在各个孤立时刻的概率统计特性。反映不出随机过程 $X(t)$ 的内在相关性。为了描绘随机过程在两个不同时刻状态之间的联系。还需利用二维概率密度引入新的数字特征——相关函数。

4.1.3.3 自相关函数与自协方差函数

设 $X(t_1)$ 和 $X(t_2)$ 是随机过程 $X(t)$ 在任意两个时刻 t_1 和 t_2 的状态,$f_2(x_1, x_2; t_1, t_2)$ 是相应的二维概率密度,则 $X(t_1)$ 与 $X(t_2)$ 的二阶中心混合矩为

$$C_X(t_1,t_2) = E[\mathring{X}(t_1)\mathring{X}(t_2)]$$
$$= \int_{-\infty}^{+\infty}\int_{-\infty}^{+\infty}[x_1 - m_X(t_1)][x_2 - m_X(t_2)]f_2(x_1,x_2;t_1,t_2)\mathrm{d}x_1\mathrm{d}x_2 \tag{4.1.10}$$

其中:$\mathring{X}(t) = X(t) - m_X(t)$,称 $C_X(t_1,t_2)$ 为随机过程 $X(t)$ 的自协方差函数。它反映了随机过程 $X(t)$ 在任意两个不同时刻取值之间的相关性。

类似地,可以定义随机过程 $X(t)$ 的二阶原点混合矩:

$$R_X(t_1,t_2) = E[X(t_1)X(t_2)] \tag{4.1.11}$$

R_X 称为随机过程的自相关函数。现把式(4.1.7) ~ 式(4.1.11)定义的诸数字特征之间的关系描述如下:

$$R_X(t_1,t_2) = C_X(t_1,t_2) + m_X(t_1)m_X(t_2) \tag{4.1.12}$$

$$\sigma_X^2(t) = C_X(t,t) \tag{4.1.13}$$

$$\Psi_X^2(t) = R_X(t,t) = C_X(t,t) + m_X^2(t) \tag{4.1.14}$$

由式(4.1.12) ~ 式(4.1.14)可知,随机过程 $X(t)$ 的诸数字特征中,最主要的是均值 $m_X(t)$ 和自相关函数 $R_X(t_1,t_2)$。

若任意时刻随机过程的数学期望都等于零,则 R_X 与 C_X 完全相等。

若取 $t_1 = t_2 = t$,则有:

$$C_X(t_1,t_2) = E\{[X(t_1) - m_X(t_1)]^2\} = D[X(t)] = \sigma_X^2(t)$$

此时,自协方差函数就是方差函数。如果对于任意 t_1、t_2 都有 $C_X(t_1,t_2) = 0$,我们就说随机过程的任意两个时刻间是不相关的。相关函数的性质如表 4.2 所示。

表 4.2 相关函数的性质

$C_X(t_1,t_2)$ 性质名称	$C_X(t_1,t_2)$ 性质公式
对称性	$C_X(t_1,t_2) = C_X(t_2,t_1)$
非负定性	对 $t_1,t_2,\cdots,t_n \in T$ 和任意的实函数 $g(t)$,$t\in T$,有 $\sum_{i=1}^{n}\sum_{j=1}^{n} C_X(t_i,t_j)g(t_i)g(t_j) \geqslant 0$

续表

$C_X(t_1,t_2)$性质名称	$C_X(t_1,t_2)$性质公式
$X(t)$与普通函数之和	$g(t)$是普通函数,若 $Y(t)=X(t)+g(t)$,则 $C_Y(t_1,t_2)=C_X(t_2,t_1)$
$X(t)$与普通函数之积	$g(t)$是普通函数,若 $Y(t)=X(t)g(t)$,则 $C_Y(t_1,t_2)=g(t_1)g(t_2)C_X(t_2,t_1)$
$X(t)+Y(t)$($X(t)$、$Y(t)$为相互独立)	若 $Z(t)=X(t)+Y(t)$则 $C_Z(t_1,t_2)=C_X(t_2,t_1)+C_Y(t_1,t_2)$
$C_X(t_1,t_2)$的绝对值不超过对应的方差函数的几何平均	$\lvert C_X(t_1,t_2)\rvert\leqslant\sqrt{D_X(t_1)D_X(t_2)}$

例 4.3 设随机相位余弦波 $X(t)=a\cos(\omega t+\theta)$,其中,$\theta$ 在$[0,2\pi]$上服从均匀分布,a 和 ω 为常数。

解:θ 的概率密度函数为

$$f(\theta)=\begin{cases}\dfrac{1}{2\pi}, & 0\leqslant\theta\leqslant2\pi\\ 0, & \text{其他}\end{cases}$$

故由定义知 $X(t)$的均值为

$$m_X(t)=E[a\cos(\omega t+\theta)]=\int_0^{2\pi}a\cos(\omega t+\theta)\frac{1}{2\pi}\mathrm{d}\theta=0$$

自相关函数(或协方差函数)为

$$\begin{aligned}C_X(t_1,t_2)&=a^2E[\cos(\omega t_1+\theta)\cos(\omega t_2+\theta)]\\&=a^2\int_0^{2\pi}\cos(\omega t_1+\theta)\cos(\omega t_2+\theta)\frac{1}{2\pi}\mathrm{d}\theta\\&=\frac{a^2}{2}\cos\omega(t_1-t_2)\end{aligned}$$

方差为

$$\sigma_X^2(t)=C_X(t,t)=\frac{a^2}{2}$$

例 4.4 设 X 和 Y 是均值为零、方差为 1 的相互独立的随机变量。设

$$Z(t)=X+Yt$$

显然,$Z(t)$是一随机过程,其样本函数是一条直线。不难求出其数字特征如下:

$$m_2(t)=E[Z(t)]=E[X+Yt]$$
$$=E[X]+tE[Y]=0$$
$$C_z(t_1,t_2)=E[Z(t_1)Z(t_2)]$$
$$=E[(X+Yt_1)(X+Yt_2)]$$
$$=E[X^2+(t_1+t_2)XY+t_1t_2Y^2]$$
$$=E[X^2]+(t_1+t_2)E[XY]+t_1t_2E[Y^2]$$
$$=1+t_1t_2$$
$$\sigma_z^2(t)=C_z(t,t)=1+t^2$$

例 4.5 设随机过程 $X(t)=Vg(t),t\in T$,其中 $g(t)$ 是普通函数,V 是随机变量,$E[V]=5,D[V]=6$,求 $X(t)$ 的均值函数、自协方差函数、方差函数和自相关函数。

解:

$$m_X(t)=E[X(t)]=E[Vg(t)]=g(t)E[V]=5g(t)$$
$$C_X(t_1,t_2)=E[((Vg(t_1)-m_X(t_1))(Vg(t_2)-m_X(t_2))]$$
$$=E[(V-5)g(t_1)(V-5)g(t_2)]$$
$$=g(t_1)g(t_2)E[(V-5)^2]=6g(t_1)g(t_2)$$
$$D(t)=C_X(t,t)=6g^2(t)$$
$$R_X(t_1,t_2)=C_X(t_1,t_2)-m_X(t_1)m_X(t_2)=6g(t_1)g(t_2)$$
$$+25g(t_1)g(t_2)=31g(t_1)g(t_2)$$

例 4.6 若随机过程 $X(t)$ 为

$$X(t)=At,\quad -\infty<t<\infty$$

式中:A 为在(0,1)上均匀分布的随机变量,求 $E[X(t)]$ 及 $R_X(t_1,t_2)$。

解:由于 X 和 A 之间有确定的函数关系 $x=at$,故二者的概率分布函数相等,即

$$F_X(at)=F_A(a)$$

$$E[X(t)]=\int_{-\infty}^{\infty}xf_X(x,t)\,\mathrm{d}x=\int_{-\infty}^{\infty}x\,\mathrm{d}F_X(x,t)=\int_{-\infty}^{\infty}(at)\,\mathrm{d}F_X(at)$$
$$=\int_{-\infty}^{\infty}(at)\,\mathrm{d}F_A(a)=\int_{-\infty}^{\infty}(at)f_A(a)\,\mathrm{d}a=\int_0^1(at)\,\mathrm{d}a=\frac{t}{2}$$

考虑到

$$E[g(X)]=\int_{-\infty}^{\infty}g(x)f_X(x)\,\mathrm{d}x$$

故有

$$R_X(t_1,t_2)=\int_{-\infty}^{\infty}(at_1)(at_2)f_A(a)\,\mathrm{d}a=\int_0^1a^2t_1t_2\,\mathrm{d}a=\frac{1}{3}t_1t_2$$

4.1.4 随机过程的基本分类

随机过程可以按其分布函数或概率密度函数的不同特性进行分类。

4.1.4.1 按统计特性分类

随机过程按统计特性可分为平稳随机过程和非平稳随机过程。平稳随机过程是一类非常重要的随机过程,其特点是:过程的统计特性不随时间的平移而变化(或者说不随时间原点的选取而变化)。严格地说,若对于时间 t 的任意 n 个数值,$t_1,t_2,\cdots,t_n$ 和任意实数 τ,随机过程 $X(t)$ 的 n 维分布函数满足关系式

$$\begin{aligned}&F_n(x_1,x_2,\cdots,x_n;t_1,t_2,\cdots,t_n)\\&=F_n(x_1,x_2,\cdots,x_n;t_1+\tau,t_2+\tau,\cdots,t_n+\tau),\\&n=1,2,\cdots\end{aligned} \tag{4.1.15}$$

则称 $X(t)$ 为平稳随机过程,或简称为平稳过程。

显然,不满足上式的随机过程,也就是过程的统计特性随时间的平移而变化的过程则为非平稳随机过程。事实上,模拟物理现象的多数随机过程是非平稳的。特别是,一切具有瞬变特性或某种阻尼性质的实际过程都是非平稳的。例如强烈地震产生的地面运动、飞行器在大气中的飞行、季度的温度变化和流行病的模型等都是用非平稳的随机过程表示的。当然,在自然界中也有许多随机过程,它们的统计特性与它们的参数(时间 t)没有显著的依赖关系。例如,在稳态下电路中的热噪声关于时间的变化、在工程材料中杂质作为位置的函数等均可用平稳随机过程表述。由于平稳随机过程在实际中的重要性,将在后面对其性质进行专门讨论。

4.1.4.2 按记忆特性分类

1)独立随机过程

按照记忆特性,最简单的随机过程是没有记忆的随机过程,称为纯粹随机过程或独立随机过程。这类随机过程的特点是:过程在任一时刻的状态和任何其他时刻的状态之间是互不影响的。严格地说,就是对于时间 t 的任意 n 个数值 $t_1,t_2,\cdots,t_n$,如果随机变量 $X(t_1),X(t_2),\cdots,X(t_n)$ 是相互独立的,或者说随机过程 $X(t)$ 的 n 维分布函数可以表示为

$$F_n(x_1,x_2,\cdots,x_n;t_1,t_2,\cdots,t_n)=\prod_{k=1}^{n}F_1(x_k,t_k),\quad n=2,3,\cdots \tag{4.1.16}$$

则称 $X(t)$ 为独立随机过程。由(4.1.16)可知,独立随机过程的一维分布函数包含了该过程的全部统计信息。但是连续参数的独立随机过程从物理观点来看是

不存在的。事实上，当 t_1 和 $t_2(t_2>t_1)$ 充分接近时，完全有理由断言状态 $X(t_2)$ 将依赖于 $X(t_1)$ 的统计信息。所以连续参数的独立随机过程被认为是一种理想化的随机过程，它在数学处理上有简单方便的优点。连续参数的独立随机过程的一个重要例子是白噪声。

在实际中，独立随机变量序列是存在的。例如在时刻 $t=1,2,\cdots,n$ 独立地重复抛一枚硬币，正面对应数 1，反面对应数 0，X_n 表示 $t=n$ 时的抛掷结果，那么 $X_1,X_2,\cdots,X_n$ 就是独立随机变量序列。

2）马尔可夫（Markov）过程

比独立随机过程复杂一点的是它的统计信息完全包含在其二阶概率分布函数中的过程。这类随机过程犹如某些可以用通常的微分方程初值问题所描述的物理过程。它的特点是：当过程在时刻 t_0 所处的状态为已知的条件下，过程在时刻 $t(t>t_0)$ 所处的状态与过程在 t_0 时刻之前的状态无关，这个特性称为无后效性。用分布函数来描述就是：如果对时间 t 的任意 n 个数值 $t_1<t_2\cdots<t_n$ $(n>3)$，在条件 $X(t_i)=x_i, i=1,2,\cdots,n-1$ 下 $X(t_n)$ 的分布函数恰好等于在条件 $X(t_{n-1})=x_{n-1}$ 下 $X(t_n)$ 的分布函数，即

$$
\begin{aligned}
&F(x_n;t_n \mid x_{n-1},x_{n-2},\cdots,x_1;t_{n-1},t_{n-2},\cdots,t_1) \\
&=F(x_n;t_n \mid x_{n-1};t_{n-1}),\quad n=3,4,\cdots
\end{aligned}
\tag{4.1.17}
$$

则称 $X(t)$ 为马尔可夫过程或简称为马氏过程。而式（4.1.17）右端的条件分布函数

$$
F(x_j;t_j \mid x_i,t_i)=P\{X(t_j)\leqslant x_j \mid X(t_i)=x_i\},t_j>t_i \tag{4.1.18}
$$

称为马尔可夫过程的转移概率。

如果条件概率密度 f 存在，那么式（4.1.17）等价于

$$
\begin{aligned}
&f(x_n;t_n \mid x_{n-1},x_{n-2},\cdots,x_1;t_{n-1},t_{n-2},\cdots,t_1) \\
&=f(x_n;t_n \mid x_{n-1};t_{n-1}),\quad n=3,4,\cdots
\end{aligned}
\tag{4.1.19}
$$

并由此可以证明 $X(t)$ 的 n 维概率密度为

$$
\begin{aligned}
&f_n(x_1,x_2,\cdots,x_n;t_1,t_2,\cdots,t_n) \\
&=f_1(x_1;t_1)\prod_{i=1}^{n-1}f(x_{i+1};t_{i+1} \mid x_i;t_i),\quad n=2,3,\cdots
\end{aligned}
\tag{4.1.20}
$$

当取 t_1 为初始时刻时，$f_1(x_1,t_1)$ 表示初始分布密度。于是式（4.1.20）表明：马尔可夫过程的统计特性完全由它的初始分布（密度）和转移概率（密度）所确定。

马尔可夫过程在近代物理、生物（生灭过程）、公用事业、信息处理、自动控制以及数字计算机方法等方面都具有重要的应用。

3)独立增量过程

这类随机过程的特点是:在任一时间间隔上过程状态的改变并不影响未来任一时间间隔上状态的改变。详细地说,设随机过程 $X(t)$,对于任意 n 个时刻 $t_1, t_2, \cdots, t_n$ 构造随机变量:

$$Y_i = X(t_i) - X(t_{i-1}), \quad i = 2, 3, \cdots, n$$

若 $Y_2, Y_3, \cdots, Y_n$ 是相互独立的(n 任意),就称 $X(t)$ 是一个独立增量过程。独立增量过程是一类特殊的马尔可夫过程。

4.1.4.3 按概率分布特征分类

按概率分布特征分类,还有一类随机过程称为高斯(Gauss)随机过程,也称正态随机过程,它是在实践中最为常用的一类随机过程。

一个随机过程 $X(t)$ 被称为正态随机过程,是指它的 n 维概率密度服从正态分布,即

$$\begin{aligned} & f_n(x_1, x_2, \cdots, x_n; t_1, t_2, \cdots, t_n) \\ & = (2\pi) - \frac{n}{2} \mid \boldsymbol{C} \mid ^{-\frac{1}{2}} \exp\left[-\frac{1}{2}(\boldsymbol{x} - \boldsymbol{m})^{\mathrm{T}} \boldsymbol{C}^{-1}(\boldsymbol{x} - \boldsymbol{m}) \right] \end{aligned} \quad (4.1.21)$$

其中:

$$\boldsymbol{x} = [x_1 x_2 \cdots x_n]^{\mathrm{T}}$$

$$\boldsymbol{m} = [m_X(t_1) m_X(t_2) \cdots m_X(t_n)]^{\mathrm{T}}$$

而 $\boldsymbol{C}$ 是协方差矩阵,即

$$\boldsymbol{C} = \begin{bmatrix} C_X(t_1, t_1) & C_X(t_1, t_2) & \cdots & C_X(t_1, t_n) \\ C_X(t_2, t_1) & C_X(t_2, t_2) & \cdots & C_X(t_2, t_n) \\ \vdots & \vdots & \cdots & \vdots \\ C_X(t_n, t_1) & C_X(t_n, t_2) & \cdots & C_X(t_n, t_n) \end{bmatrix}$$

$\boldsymbol{C}$ 中的矩阵元素为

$$\begin{aligned} C_X(t_i, t_j) &= E\{[X(t_i) - m_X(t_i)][X(t_j) - m_X(t_j)]\} \\ &= C_X(t_j, t_i), \quad i, j = 1, 2, \cdots, n \end{aligned}$$

可见,正态随机过程的均值和自协方差函数完全确定了它的概率密度族。特别地,如果正态过程同时又是独立随机过程(简称独立正态过程),那么由随机变量的独立性可知 $C_X(t_i, t_j) = 0, i \neq j; C_X(t_i, t_i) = \sigma_X^2(t_i)$。于是,独立正态过程的概率密度完全由它的均值和方差所决定。总之,对于正态随机过程而言,在相关理论范围内可以确定它的全部统计特性。

4.1.5 两个随机过程的联合分布和数字特征

在实际问题中,有时还必须同时考虑两个或两个以上的随机过程。这时除

了对各个随机过程的统计特性加以研究外，还必须对几个随机过程之间的联合特性加以研究。

4.1.5.1 两个随机过程的联合分布

设有两个随机过程 $X(t)$ 和 $Y(t)$，对任意取定的 n、m 时刻 $t_1, t_2, \cdots, t_n$ 和 $\tau_1, \tau_2, \cdots \tau_m$ 是任意两组实数，考虑 $n+m$ 个随机变量

$$X(t_1), X(t_2), \cdots, X(t_n); Y(\tau_1), Y(\tau_2), \cdots, Y(\tau_m)$$

的联合分布函数：

$$\begin{aligned} & F_{n,m}(x_1, x_2, \cdots, x_n : t_1, t_2, \cdots, t_n; y_1, y_2, \cdots, y_m : \tau_1, \tau_2, \cdots, \tau_m) \\ & = \mathrm{P}\{X(t_1) \leqslant x_1, X(t_2) \leqslant x_2, \cdots, X(t_n) \leqslant x_n; \\ & \quad Y(\tau_1) \leqslant y_1, Y(\tau_2) \leqslant y_2, \cdots, Y(\tau_m) \leqslant y_m\} \end{aligned} \tag{4.1.22}$$

称式(4.1.22)为随机过程 $X(t)$ 和 $Y(t)$ 的 $n+m$ 维联合分布函数。如 $X(t)$ 和 $Y(t)$ 的 $2+1$ 维联合分布函数可记为 $F_{2,1}(x_1, x_2 : t_1, t_2; y, \tau)$。相应地，$X(t)$ 和 $Y(t)$ 的 $n+m$ 维联合概率密度为

$$\begin{aligned} & f_{n,m}(x_1, x_2, \cdots, x_n : t_1, t_2, \cdots, t_n; y_1, y_2, \cdots, y_m : \tau_1, \tau_2, \cdots, \tau_m) \\ & = \frac{\partial^{n+m} F_{n,m}(x_1, x_2, \cdots, x_n : t_1, t_2, \cdots, t_n; y_1, y_2, \cdots, y_m : \tau_1, \tau_2, \cdots, \tau_m)}{\partial x_1 \partial x_2 \cdots \partial x_n \partial y_1 \partial y_2 \cdots \partial y_m} \end{aligned} \tag{4.1.23}$$

如果对于任意整数 n 和 m 以及任意数组 $t_1, t_2, \cdots, t_n$ 和 $\tau_1, \tau_2, \cdots \tau_m$，$X(t)$ 和 $Y(t)$ 的 $n+m$ 维联合分布函数满足关系式如下：

$$\begin{aligned} & F_{n,m}(x_1, x_2, \cdots, x_n : t_1, t_2, \cdots, t_n; y_1, y_2, \cdots, y_m : \tau_1, \tau_2, \cdots, \tau_m) \\ & = F_{X_n}(x_1, x_2, \cdots, x_n : t_1, t_2, \cdots, t_n) \cdot F_{Y_m}(y_1, y_2, \cdots, y_m : \tau_1, \tau_2, \cdots, \tau_m) \end{aligned} \tag{4.1.24}$$

则称随机过程 $X(t)$ 和 $Y(t)$ 相互独立。其中 F_{X_n}、F_{Y_m} 分别为 $X(t)$ 的 n 维分布函数和 $Y(t)$ 的 m 维分布函数。

4.1.5.2 互相关函数

在研究含多个随机过程的问题时，关于数字特征，最常用的是由过程 $X(t)$ 和 $Y(t)$ 的二维联合概率密度所确定的二阶中心混合矩，即

$$\begin{aligned} C_{XY}(t_1, t_2) & = E[\mathring{X}(t_1)\mathring{Y}(t_2)] \\ & = \int_{-\infty}^{+\infty} \int_{-\infty}^{+\infty} [x - m_X(t_1)][y - m_Y(t_2)] f(x : t_1; y : t_2)\, \mathrm{d}x \mathrm{d}y \end{aligned} \tag{4.1.25}$$

式中：$f(x : t_1; y : t_2)$ 是过程 $X(t)$ 和 $Y(t)$ 的二维联合概率密度函数，$\mathring{X}(t) = X(t) - m_X(t)$，称 $C_{XY}(t_1, t_2)$ 为随机过程 $X(t)$ 和 $Y(t)$ 的互协方差函数。

类似地，

$$R_{XY}(t_1, t_2) = E[X(t_1)Y(t_2)] \tag{4.1.26}$$

为两个随机过程 $X(t)$ 和 $Y(t)$ 的互相关函数。

若对任意的 t_1、$t_2 \in T$ 都有 $R_{XY}(t_1, t_2) = 0$，称 $X(t)$ 和 $Y(t)$ 是正交过程，此时：

$$R_{XY}(t_1,t_2) = -m_X(t_1)m_Y(t_2) \tag{4.1.27}$$

如果被研究的两个随机过程 $X(t)$ 和 $Y(t)$，对于任意的 t_1 和 t_2 都有 $R_{XY}(t_1, t_2)=0$，则称随机过程 $X(t)$ 和 $Y(t)$ 是互不相关的。

两个随机过程如果是相互独立的，则它们必然不相关，反之不一定。但对于两个正态过程而言，互不相关与相互独立是完全一致的。

在许多应用问题中，经常要研究几个随机过程之和(例如，将信号和噪声同时输入到一个线性系统的情形)的统计特性，现考虑三个随机过程 $X(t)$，$Y(t)$ 和 $Z(t)$ 之和的情形，令

$$W(t) = X(t) + Y(t) + Z(t) \tag{4.1.28}$$

显然，$W(t)$ 的均值为

$$m_W(t) = m_X(t) + m_Y(t) + m_Z(t) \tag{4.1.29}$$

而 $W(t)$ 的自相关函数可以根据定义得到：

$$\begin{aligned} R_W(t_1,t_2) = & R_X(t_1,t_2) + R_{XY}(t_1,t_2) + R_{XZ}(t_1,t_2) \\ & + R_{YX}(t_1,t_2) + R_Y(t_1,t_2) + R_{YZ}(t_1,t_2) \\ & + R_{ZX}(t_1,t_2) + R_{ZY}(t_1,t_2) + R_Z(t_1,t_2) \end{aligned} \tag{4.1.30}$$

式(4.1.29)表明：随机过程之和的自相关函数可以表示为各个随机过程的自相关函数与随机过程的互相关函数之和。

如果上述三个随机过程是互不相关的，则诸互相关函数等于零，此时 $W(t)$ 的自相关函数简单地等于各个过程的自相关函数的和，即

$$R_W(t_1,t_2) = R_X(t_1,t_2) + R_Y(t_1,t_2) + R_Z(t_1,t_2) \tag{4.1.31}$$

特别地，令 $t_1 = t_2 = t$，由式(4.1.30)可得 $W(t)$ 的方差为

$$\sigma_W^2(t) = R_W(t,t) = \sigma_X^2(t) + \sigma_Y^2(t) + \sigma_Z^2(t) \tag{4.1.32}$$

互相关函数有如下性质：

性质1：

$$R_{XY}(t_1,t_2) = R_{YX}(t_2,t_1)$$

性质2：$X(t)$ 和 $Y(t)$ 为随机过程，$g_1(t)$ 和 $g_2(t)$ 是普通函数，若 $X_1(t) = X(t) + g_1(t)$，$Y_2(t) = Y(t) + g_2(t)$，则

$$R_{X_1Y_1}(t_1,t_2) = R_{XY}(t_1,t_2)$$

性质3：$X(t)$ 和 $Y(t)$ 为随机过程，$g_1(t)$ 和 $g_2(t)$ 是普通函数，若 $X_1(t) = X(t)g_1(t)$，$Y_2(t) = Y(t)g_2(t)$，则

$$R_{X_1Y_1}(t_1,t_2) = g_1(t_1)g_2(t_2)R_{XY}(t_1,t_2)$$

性质4：若 $X(t)$ 和 $Y(t)$ 为互不相关的，$Z(t) = X(t) + Y(t)$，则

$$R_Z(t_1,t_2) = R_X(t_1,t_2) + R_Y(t_1,t_2)$$

例 4.7 已知两个随机过程 $X(t)$ 和 $Y(t)$，设 $Z(t) = aX(t) + bY(t)$，其中 a，

b 为常数,则

$$R_Z(t_1,t_2)=a^2R_X(t_1,t_2)+b^2R_Y(t_1,t_2)+abR_{XY}(t_1,t_2)+abR_{XY}(t_2,t_1)$$

证明:

$$\begin{aligned}R_Z(t_1,t_2)&=\mathrm{cov}(aX(t_1)+bY(t_1),aX(t_2)+bY(t_2))\\&=\mathrm{cov}(aX(t_1)+bY(t_1),aX(t_2))+\mathrm{cov}(aX(t_1)+bY(t_1),bY(t_2))\\&=\mathrm{cov}(aX(t_1),aX(t_2))+\mathrm{cov}(bY(t_1),aX(t_2))\\&\quad+\mathrm{cov}(aX(t_1),bY(t_2))+\mathrm{cov}(bY(t_1),bY(t_2))\\&=a^2\mathrm{cov}(X(t_1),X(t_2))+ab\mathrm{cov}(Y(t_1),X(t_2))\\&\quad+ab\mathrm{cov}(X(t_1),Y(t_2))+b^2\mathrm{cov}(Y(t_1),Y(t_2))\\&=a^2R_X(t_1,t_2)+b^2R_Y(t_1,t_2)+abR_{XY}(t_1,t_2)+abR_{XY}(t_2,t_1)\end{aligned}$$

4.2 平稳随机过程

根据统计规律,随机过程按形态可分为平稳随机过程和非平稳随机过程。平稳随机过程是一类特殊而又应用广泛的随机过程。在自然界中出现的许多随机过程的统计特性与其参数的平移没有显著的依从关系,均可视为平稳随机过程。由于对平稳过程的研究存在有效的数学工具,因此这类随机过程在实际应用中是最重要的一类过程。

4.2.1 平稳随机过程的定义及其特点

平稳随机过程一般分为严格平稳(或狭义平稳)和广义平稳(或宽平稳)两类。

4.2.1.1 严格平稳随机过程

例 4.8 设 $\{X(t),t\in T\}$ 为一随机过程,若对任意正整数 n、任意的实数 t_1,$t_2,\cdots,t_n$ 与 τ,随机变量 $X(t_1),X(t_2),\cdots,X(t_n)$ 的 n 维分布函数与 $X(t_1+\tau)$,$X(t_2+\tau),\cdots,X(t_n+\tau)$ 的 n 维分布函数相同,即

$$F_n(x_1,x_2,\cdots,x_n;t_1,t_2,\cdots,t_n)=F_n(x_1,x_2,\cdots,x_n;t_1+\tau,t_2+\tau,\cdots,t_n+\tau) \tag{4.2.1}$$

则称 $X(t)$ 为严格随机平稳过程。

换句话说,若随机过程 $\{X(t),t\in T\}$ 的任意有限维分布函数沿时间轴作平移时不改变,则称 $X(t)$ 为严格平稳过程,也称狭义平稳过程。

若随机过程 $\{X(t),t\in T\}$ 的概率密度函数存在,则严格平稳条件等价于

$$\begin{aligned}&f_n(x_1,x_2,\cdots,x_n;t_1,t_2,\cdots,t_n)\\=&f_n(x_1,x_2,\cdots,x_n;t_1+\tau,t_2+\tau,\cdots,t_n+\tau)\end{aligned} \tag{4.2.2}$$

概率密度不随时间平移而变化的这一特性反映在平稳过程的数字特征方面必然有它自己的个性。下面就来讨论这一点。

设$X(t)$是一平稳过程,令$\tau=-t_1$,则它的一维概率密度函数为

$$f_1(x_1,t_1)=f_1(x_2,t_1+\tau)=f_1(x_1,0) \tag{4.2.3}$$

故可写成

$$f_1(x,t)=f_1(x) \tag{4.2.4}$$

这说明平稳随机过程的一维概率密度函数与时间无关。于是得到平稳随机过程$X(t)$的均值为

$$E[X(t)]=\int_{-\infty}^{+\infty} xf_1(x)\mathrm{d}x=m_X \tag{4.2.5}$$

这意味着$X(t)$的均值是一个不随时间变化的常数。同样其均值和方差也为常数,分别记为ψ_X^2,σ_X^2,即

$$\Psi_X^2=E[X^2(t)]=\int_{-\infty}^{+\infty} x^2f_1(x)\mathrm{d}x \tag{4.2.6}$$

$$\sigma_X^2=E[\dot{X}^2(t)]=\int_{-\infty}^{+\infty} (x-m_X)^2f_1(x)\mathrm{d}x \tag{4.2.7}$$

平稳随机过程的所有样本曲线都在水平直线$x(t)=m_X$的周围波动,偏移的程度以σ_X来衡量。

令$\tau=-t_1$,根据其二维概率密度有

$$f_2(x_1,x_2;t_1,t_2)=f_2(x_1,x_2;t_1+\tau,t_2+\tau)=f_2(x_1,x_2;0,t_2-t_1) \tag{4.2.8}$$

这说明二维概率密度仅依赖于时间间隔t_2-t_1,而与时间的起点或终点无关。故又写成

$$f_2(x_1,x_2;t_1,t_2)=f_2(x_1,x_2;0,t_2-t_1)=f_2(x_1,x_2,\tau) \tag{4.2.9}$$

当设$t_1=t,t_2=t_1+\tau$时,$X(t)$的自相关函数仅是单变量τ的函数,即

$$R_X(\tau)=E[X(t)X(t+\tau)]=\int_{-\infty}^{+\infty}\int_{-\infty}^{+\infty} x_1x_2f_2(x_1,x_2;\tau)\mathrm{d}x_1\mathrm{d}x_2 \tag{4.2.10}$$

如果均值$m_X=0$,式(4.2.10)中令$\tau=0$,得到均值为零的方差

$$\sigma_X^2=R_X(0) \tag{4.2.11}$$

由上可知,严格平稳随机过程的均值为常数,自相关函数为单变量$\tau=t_2-t_1$的函数。后一特点表明状态$X(t_2)$与$X(t_1)$之间的线性依从关系只与时间差t_2-t_1有关。

严格平稳随机过程要求其有限维分布函数满足平稳性条件,这往往过于严格且难以实现。因此在工程实际中,常常只在二阶矩范围内考虑平稳性条件,从而引入广义平稳随机过程。实际上,对于工程技术中常遇到的一些随机过程,如果知道它们的一二阶矩,往往就能使问题得到较好的解决。

4.2.1.2 广义平稳随机过程

定义 4.3 设$\{X(t), t\in T\}$为一随机过程,如果:①$E[X(t)] = m_X =$常数;②$E[X^2(t)] < +\infty$;③$E[X(t)X(t+\tau)] = R_X(\tau)$,则称$X(t)$为广义平稳随机过程或宽平稳随机过程。

必须注意,严格平稳随机过程只有满足$E[X^2(t)] < +\infty$时,才是宽平稳随机过程。由于宽平稳随机过程仅涉及与一维、二维概率密度有关的数字特征的一、二阶矩,因此宽平稳随机过程不一定是严格平稳随机过程。但是,对于高斯随机过程,由于其概率密度完全由均值和自相关函数确定,因而严格平稳过程必为宽平稳过程,反之亦然。

本书中以后提到平稳随机过程,若未加说明均指宽平稳随机过程。

当同时考虑两个平稳过程$X(t)$和$Y(t)$时,如果它们的互相关函数仅是单变量的函数,即

$$E[X(t)Y(t+\tau)] = R_{XY}(\tau) \tag{4.2.12}$$

则称$X(t)$和$Y(t)$是平稳相关的,或称这两个过程是联合宽平稳的。

例 4.9 设随机过程$X(t) = tY$,其中Y为均匀分布于$[0,1]$上的随机变量,试问$X(t)$是否平稳?

解:因为

$$m_X(t) = E[X(t)] = E[tY] = tE[Y] = \frac{1}{2}t$$

$$R_X(t_1,t_2) = E[X(t_1)X(t_2)] = t_1t_2E[Y^2] = \frac{1}{3}t_1t_2$$

可见$X(t)$不是平稳的。

例 4.10 设随机相位余弦波$X(t) = \cos(\omega t+\theta)$,其中$\omega$为常数,$\theta$是在区间$[0,2\pi]$上均匀分布的随机变量,即

$$f(\theta) = \begin{cases} \dfrac{1}{2\pi}, & 0\leqslant\theta\leqslant 2\pi \\ 0, & \text{其他} \end{cases}$$

试判断过程$X(t)$的平稳性。

解:因为

$$\begin{aligned} E[X(t)] &= E[\cos(\omega t+\theta)] \\ &= E[\cos\omega t\cos\theta - \sin\omega t\sin\theta] \\ &= \cos\omega t\cdot E[\cos\theta] - \sin\omega t\cdot E[\sin\theta] = 0 \end{aligned}$$

$$
\begin{aligned}
R_X(t_1,t_2) &= E[\cos(\omega t_1+\theta)\cos(\omega t_2+\theta)] \\
&= E\left[\frac{1}{2}\cos(\omega t_2-\omega t_1)+\frac{1}{2}\cos(2\theta+\omega t_2+\omega t_1)\right] \\
&= \frac{1}{2}\cos\omega(t_2-t_1)+\frac{1}{2}E[\cos(2\theta+\omega t_2+\omega t_1)] \\
&= \frac{1}{2}\cos\omega(t_2-t_1) \\
&= K_X(t_2-t_1)
\end{aligned}
$$

可见随机相位余弦波是平稳随机过程。

4.2.2 平稳随机过程相关函数性质

一般说来,用数字特性描述随机过程比用分布函数(或概率密度函数)来得简便。这种描述虽然没有分布函数描述那样完整,但仍能满足大量实际问题的要求。描述随机过程的基本数字特性是数学期望和相关函数。如高斯随机过程,它的均值和相关函数完全刻画了该过程的统计特性。对于平稳随机过程,由于它的数学期望是一常数,从而描述平稳过程的主要统计特征是相关函数。下面着重讨论平稳随机过程相关函数的性质。

自相关函数的性质:平稳随机过程 $X(t)$ 的自相关函数 $R_X(\tau)$ 是单变量 τ 的函数,它的主要性质综述如下。

(1) $R_X(\tau)$ 是偶函数,即

$$R_X(\tau)=R_X(-\tau) \tag{4.2.13}$$

(2)关于自相关函数有如下不等式:

$$|R_X(\tau)|\leqslant R_X(0)=\sigma_X^2 \tag{4.2.14}$$

这是因为

$$E\{[X(t)\pm X(t+\tau)]^2\}=E[X^2(t)\pm 2X(t)X(t+\tau)+X(t+\tau)]\geqslant 0$$

利用平稳特性

$$E[X^2(t)]=E[X^2(t+\tau)]=K_X(0)$$

从而有

$$2R_X(0)\pm 2R_X(\tau)\geqslant 0$$

即

$$|R_X(\tau)|\leqslant R_X(0)$$

上式表明自相关函数在 $\tau=0$ 处取得最大值。

(3) $R_X(\tau)$ 是非负定的,即对任意数组 $g_1,g_2,\cdots,g_n$ 和 $t_1,t_2,\cdots,t_n$ 都有

$$\sum_{i,j=1}^{n}R_X(t_i-t_j)g_ig_j\geqslant 0 \tag{4.2.15}$$

事实上，根据自相关函数的定义和均值运算性质即有

$$\begin{aligned}\sum_{i,j=1}^{n} R_X(t_i - t_j)g_i g_j &= \sum_{i,j=1}^{n} E[X(t_i)X(t_j)]g_i g_j \\ &= E\left\{\sum_{i,j=1}^{n}[X(t_i)X(t_j)g_i g_j]\right\} \\ &= E\left[\sum_{i=1}^{n} X(t_i)g_i\right]^2 \geqslant 0\end{aligned}$$

对于平稳过程而言，自相关函数的非负定性是最本质的。这是因为理论上可以证明：任一连续函数，只要具有非负定性，那么该函数必是某平稳过程的自相关函数。

(4)在实际中往往有下式成立：

$$\lim_{\tau\to\infty} R_X(\tau) = R_X(\infty) = 0 \tag{4.2.16}$$

也就是说，平稳过程时间间隔充分大的两个状态可以认为是不相关的。无线电技术中，对于非周期性噪声和干扰往往可以作如此假定。

(5)如果平稳随机过程 $X(t)$ 满足 $X(t) = X(t+T)$，则称它为周期平稳过程，T 为过程的周期。周期平稳过程的自相关函数必是周期函数，其周期与过程的周期相同。

事实上，由自相关函数的定义和周期性条件即知

$$\begin{aligned}R_X(t+T) &= E[X(t)X(t+\tau+T)] \\ &= E[X(t)X(t+\tau)] = R_X(\tau)\end{aligned} \tag{4.2.17}$$

例 4.11 非周期平稳随机过程 $X(t)$ 的自相关函数为

$$r_X(\tau) = 16 + \frac{9}{1+3\tau^2}$$

求其数学期望及方差。

解：根据式(4.2.16)，由于

$$m_X^2 = R_X(\infty)$$

可求出随机过程 $X(t)$ 的数学期望：

$$m_X = \sqrt{R_X(\infty)} = \sqrt{16} = \pm 4$$

注意这里无法确定熟悉期望的符号。再由式(4.2.11)，即

$$\sigma_X^2 = R_X(0) - R_X(\infty)$$

得到方差：

$$\sigma_X^2 = R_X(0) - R_X(\infty) = 25 - 16 = 9$$

因此，随机过程 $X(t)$ 的数学期望为 ± 4，方差为 9。

4.2.3 平稳随机过程的相关系数和相关时间

除了用自相关函数和自协方差函数来表征随机过程在两个不同时刻的状态之间的线性关联程度外,还经常引用相关系数 $r_X(\tau)$ 和相关时间 τ_0 的概念。

4.2.3.1 相关系数

相关系数 $r_X(\tau)$ 定义为归一化自相关函数,即

$$r_X(\tau)=\frac{C_X(\tau)}{\sigma_X^2}=\frac{R_X(\tau)-m_X^2}{\sigma_X^2}$$

其中,协方差

$$\begin{aligned}C_X(\tau)&=E[(X-E(X))(X(t+\tau)-E(X(t+\tau)))]\\&=E[XX(t+\tau)]-m_X^2=R_X(\tau)-m_X^2\end{aligned}$$

可见,$0\leqslant|r_X(\tau)|\leqslant1$ 且 $r_X(\tau)=r_X(-\tau)$。

4.2.3.2 相关时间

相关时间 τ_0 是另一个表示相关程度的量,它是利用相关系数定义的。相关时间有两种定义方法。

定义 4.4 在工程上,把满足关系式

$$|r_X(\tau)|\leqslant0.05$$

时的 τ 作为相关时间 τ_0,其物理意义为:若随机过程 $X(t)$ 的相关时间为 τ_0,则认为随机过程的时间间隔大于 τ_0 的两个时刻的取值是不相关的。

定义 4.5 将 $r_X(\tau)$ 曲线在 $[0,\infty)$ 之间的面积等效为高 $r_X(0)=1$,底为 τ_0 的矩形面积,即

$$\tau_0=\int_0^{\infty}r_X(\tau)\mathrm{d}\tau$$

当用自相关函数表征随机过程的相关性大小时,不能用直接比较其值大小的方法来决定,因为自相关函数包括随机过程的数学期望和方差。协方差函数虽不包括数学期望,但仍然包含方差。相关系数是对数学期望和方差归一化的结果,不存在数学期望和方差的影响。因此,相关系数可直观地说明两个随机过程相关程度的强弱,或随机过程随机起伏的快慢,通常当 $r_X(\tau)=1$,称随机过程强相关;$r_X(\tau)=0$,称随机过程在任意两个时刻不相关。

4.2.4 互相关函数及其性质

对于两个平稳相依的随机过程,描述它们之间关联程度的数字特性是互相关函数。两个平稳相关的随机过程 $X(t)$ 和 $Y(t)$,其互相关函数也是单变量 τ 的函数,但不一定是偶函数。$R_{XY}(\tau)$ 具有如下性质:

(1) $$R_{XY}(-\tau)=R_{YX}(\tau) \tag{4.2.18}$$

这是因为

$$\begin{aligned}R_{XY}(-\tau)&=E[X(t)Y(t-\tau)]\\&=E[Y(t-\tau)X(t)]=R_{YX}(\tau)\end{aligned}$$

(2) $$|R_{XY}(\tau)|^2\leqslant\sigma_X^2\sigma_Y^2 \tag{4.2.19}$$

利用柯西－施瓦兹(Cauchy－Schwarz)不等式：

$$E^2[XY]\leqslant E[X^2]E[Y^2]$$

故

$$\begin{aligned}|R_{XY}(\tau)|^2&=E^2[X(t)Y(t+\tau)]\\&\leqslant E[X^2(t)]E[Y^2(t+\tau)]\\&=K_X(0)K_Y(0)=\sigma_X^2\sigma_Y^2\end{aligned}$$

(3)若随机过程 $X(t)$ 和 $Y(t)$ 是平稳相关的，则 $X(t)$ 和 $Y(t)$ 的任一线性函数 $Z(t)=aX(t)+bY(t)+c$ 是一平稳过程，其中 a,b,c 为任意确定性常数。这是由于均值为

$$m_Z(t)=E[Z(t)]=am_X+bm_Y+c\triangleq m_Z=\text{常数} \tag{4.2.20}$$

自相关函数为

$$\begin{aligned}R_Z(t,t+\tau)&=E[Z(t)Z(t+\tau)]\\&=E\{[aX(t)+bY(t)][aX(t+\tau)+bY(t+\tau)]\}\\&=a^2R_X(\tau)+b^2R_Y(\tau)+abR_{XY}(\tau)+abR_{YX}(\tau)\\&\triangleq R_Z(\tau)\end{aligned} \tag{4.2.21}$$

故知 $Z(t)$ 是一平稳过程。

如果 $X(t)$ 和 $Y(t)$ 互不相关，则有

$$R_Z(\tau)=a^2R_X(\tau)+b^2R_Y(\tau) \tag{4.2.22}$$

例 4.12 设两个随机平稳过程 $X(t)=\cos(t+\Phi)$ 和 $Y(t)=\sin(t+\Phi)$，其中 Φ 是在 $(0,2\pi)$ 上独立均匀分布的随机变量。试问这两个过程是否联合平稳？它们是否正交、不相关、统计独立？请说明。

解：因为平稳随机过程 $X(t)$ 和 $Y(t)$ 的互相关函数：

$$\begin{aligned}R_{XY}(t,t+\tau)&=E[X(t)Y(t+\tau)]\\&=E[\cos(t+\Phi)\sin(t+\tau+\Phi)]\\&=\frac{1}{2}E[\sin(2t+\tau+2\Phi)+\sin\tau]\\&=\frac{1}{2}\sin\tau\\&=R_{XY}(\tau)\end{aligned}$$

故这两个过程是联合平稳的。

由于 $R_{XY}(t,t+\tau)=\frac{1}{2}\sin\tau$，仅在 $t=n\pi(n=0,\pm1,\pm2,\cdots)$ 时等于零，这时 $X(t)$ 和 $Y(t)$ 的取值（随机变量）才是正交的。而对于其他 τ 值，都不能满足式(4.2.11)，故过程 $X(t)$ 和 $Y(t)$ 互不正交。

又因为 $X(t)$ 和 $Y(t)$ 的均值分别为

$$m_X(t)=E[X(t)]=E[\cos(t+\Phi)]=0$$

$$m_Y(t+\tau)=E[Y(t+\tau+\Phi)]=0$$

故得到互协方差函数

$$\begin{aligned}R_{XY}(t,t+\tau)&=R_{XY}(t,t+\tau)-m_X(t)m_Y(t+\tau)\\&=R_{XY}(t,t+\tau)\\&=R_{XY}(\tau)\end{aligned}$$

即

$$R_{XY}(\tau)=\frac{1}{2}\sin\tau$$

由于 $R_{XY}(\tau)$ 仅在 $t=n\pi(n=0,\pm1,\pm2,\cdots)$ 时等于零，此时，过程 $X(t)$ 和 $Y(t)$ 的状态（随机变量）才是不相关的；而在 $E\neq n\pi$ 时，$R_{XY}(t)\neq0$，故从整体来看，过程 $X(t)$ 和 $Y(t)$ 是相关的，因而，它们是统计不独立的。

4.2.5 联合正态随机过程

定义 4.6 如果正态随机过程 $X(t)$ 满足：

(1) $m_X(t_i)=m_{X_i}\quad(i=1,2,\cdots,n)$；

(2) $R_X(t_i,t_k)=R_X(\tau_{k-i}),\quad \tau_{k-i}=t_k-t_i\quad(i,k=1,2,\cdots,n)$。

则称此正态过程为宽平稳正态随机过程。其 n 维概率密度为

$$f_x(x_1,x_2,\cdots,x_n;\tau_1,\tau_2,\cdots,\tau_{n-1})=\frac{1}{(2\pi)^{n/2}R^{1/2}\sigma_X^n}$$

$$\exp\left[-\frac{1}{2R\sigma_X^2}\sum_{i=1}^{n}\sum_{k=1}^{n}R_{ik}(x_i-m_X)(x_k-m_X)\right]\tag{4.2.23}$$

式(4.2.23)中，R 是由相关系数 r_{ik} 构成的行列式，即

$$R=\begin{vmatrix}r_{11}&r_{12}&\cdots&r_{1n}\\r_{21}&r_{22}&\cdots&r_{2n}\\\vdots&\vdots&&\vdots\\r_{n1}&r_{n2}&\cdots&r_{n}\end{vmatrix}=\begin{vmatrix}1&r_{12}&\cdots&r_{1n}\\r_{21}&1&&\\\vdots&\vdots&&\vdots\\r_{n1}&r_{n2}&\cdots&1\end{vmatrix}$$

R_{ik} 为行列式中元素 r_{ik} 的代数余子式。由式(4.2.23)知，此时 $X(t)$ 的概率

密度仅取决于时间差值 $\tau_1,\tau_2,\cdots,\tau_{n-1}$，而与计时起点无关，所以 $X(t)$ 也是严平稳的。也就是说，对于正态过程而言，宽平稳和严平稳是等价的。

与式(4.2.23)相应，平稳随机过程 $X(t)$ 的 n 维特征函数为

$$\Psi_X(\omega_1,\omega_2,\cdots,\omega_n;\tau_1,\tau_2,\cdots,\tau_{n-1})=\exp\left[jm\sum_{i=1}^{n}\omega_i-\frac{1}{2}\sum_{i=1}^{n}\sum_{k=1}^{n}C_X(\tau_{k-i})\omega_i\omega_k\right]$$

上式中，$C_X(\tau_{k-i})=r(\tau_{k-i})\sigma_X^2$ 为随机变量 X_k、X_i 的协方差函数。

在式(4.2.23)中分别令 $n=1$ 和 $n=2$，得平稳正态过程的一维和二维概率密度：

$$f_X(x)=\frac{1}{\sqrt{2\pi}\sigma_X}\cdot\exp\left[-\frac{(x-m_X)^2}{2\sigma_X^2}\right]$$

$$f_X(x_1,x_2;\tau)=\frac{1}{(2\pi)\sigma_X^2\sqrt{1-r_X^2(\tau)}}\cdot\exp\left[-\frac{(x_1-m_X)^2-2r_X(\tau)(x_1-m_X)(x_2-m_X)+(x_2-m_X)^2}{2\sigma_X^2(1-r_X^2(\tau))}\right]$$

同理，在式(4.2.23)中分别令 $n=1$ 和 $n=2$ 可得平稳正态过程的一维和二维特征函数：

$$\Psi_X(\omega)=\exp\left(jm_X\omega-\frac{1}{2}\sigma_X^2\omega^2\right)$$

$$\Psi_X(\omega_1,\omega_2;\tau)=\exp\left\{jm_X(\omega_1+\omega_2)-\frac{1}{2}\sigma_X^2[\omega_1^2+\omega_2^2+2r_X(\tau)\omega_1\omega_2]\right\}$$

正态随机过程具有许多重要性质，使它具有许多数学上的优点。下面介绍几个重要性质。

性质1：正态随机过程完全由它的均值函数和协方差函数(相关函数)决定(该性质由定义可知)。

性质2：如果正态随机过程在 n 个不同时刻 $t_1,t_2,\cdots,t_n$ 采样，所得一组随机变量 $X_1,X_2,\cdots,X_n$ 为两两互不相关，即

$$C_{ik}=C_X(t_i,t_k)=E[(X_i-m_i)(X_k-m_k)]=0(i\neq k,X_i=X(t_i))$$

则这些随机变量也相互独立。

证明：此时，式(4.2.23)为

$$\begin{aligned}f_X(x_1,x_2,\cdots,x_n;t_1,t_2,\cdots,t_n)&=\frac{1}{(2\pi)^{n/2}\sigma_1\sigma_2\cdots\sigma_n}\exp\left[-\frac{1}{2}\sum_{i=1}^{n}\frac{(x_i-m_1)^2}{\sigma_i^2}\right]\\&=\prod_{i=1}^{n}\frac{1}{\sqrt{2\pi}\sigma_i}\exp\left[-\frac{(x_i-m_i)^2}{2\sigma_i^2}\right]\\&=f_X(x_1;t_1)f_X(x_2;t_2)\cdots f_X(x_n;t_n)\end{aligned}$$

可见,在 $C_{ik}=0(i\neq k)$ 的条件下,n 维正态概率密度等于 n 个一维正态概率密度的连乘积。所以,对于一个正态过程来说,不相关与独立是等价的。

证毕。

性质3:若 $\boldsymbol{X}^{(k)}=[X_1^{(k)},X_2^{(k)},\cdots,X_n^{(k)}]^{\mathrm{T}}$ 为 n 维正态随机变量,且 $\boldsymbol{X}^{(k)}$ 均方收敛于 $\boldsymbol{X}=[X_1,X_2,\cdots,X_n]^{\mathrm{T}}$,即对于每个 i,有

$$\lim_{k\to\infty}E[\,|X_i^{(k)}-X_i|^2\,]=0\quad(0\leqslant i\leqslant n)$$

则 $\boldsymbol{X}$ 为正态分布的随机向量。

证明:若 $\boldsymbol{X}^{(k)}$、$\boldsymbol{X}$ 的均值向量和协方差矩阵分别记为

$$E[\boldsymbol{X}^{(k)}]=\boldsymbol{m}^{(k)}=[m_1^{(k)}\quad m_2^{(k)}\quad\cdots\quad m_n^{(k)}]^{\mathrm{T}}$$

$$E[\boldsymbol{X}]=\boldsymbol{m}=[m_1\quad m_2\quad\cdots\quad m_n]^{\mathrm{T}}$$

$$E[(\boldsymbol{X}^{(k)}-\boldsymbol{m}^{(k)})(\boldsymbol{X}^{(k)}-\boldsymbol{m}^{(k)})^{\mathrm{T}}]=\boldsymbol{C}^{(k)}$$

$$E[(\boldsymbol{X}-\boldsymbol{m})(\boldsymbol{X}^{(k)}-\boldsymbol{m})^{\mathrm{T}}]=\boldsymbol{C}^{(k)}$$

因为 $\boldsymbol{X}^{(k)}$ 均方收敛于 $\boldsymbol{X}$,故

$$\lim_{k\to\infty}\mathrm{m}_i^{(k)}=\lim_{k\to\infty}E[X_i^{(k)}]=E[\lim_{k\to\infty}X_i^{(k)}]=E[X_i]=m_i,0\leqslant i\leqslant n$$

$$\lim_{k\to\infty}\sigma_{ij}^{(k)}=\sigma_{ij},\quad i\geqslant 1,\ j\leqslant n$$

若以 $\Psi_K(\omega_1,\omega_2,\cdots,\omega_n)$ 和 $\Psi(\omega_1,\omega_2,\cdots,\omega_n)$ 分别代表 $\boldsymbol{X}^{(k)}$ 和 $\boldsymbol{X}$ 的 n 维特征函数,由于 $\boldsymbol{X}^{(k)}$ 为 n 维正态分布的随机变量,故

$$\Psi_k(\omega_1,\omega_2,\cdots,\omega_n)=\exp\left[j\boldsymbol{\omega}^{\mathrm{T}}m^{(k)}-\frac{1}{2}\boldsymbol{\omega}^{\mathrm{T}}\boldsymbol{C}^{(k)}\boldsymbol{\omega}\right]$$

又由上述两极限表示式可得

$$\begin{aligned}\lim_{k\to\infty}\Psi_k(\omega_1,\omega_2,\cdots,\omega_n)&=\exp\left[j\boldsymbol{\omega}^{\mathrm{T}}(\lim_{k\to\infty}m^{(k)})-\frac{1}{2}\boldsymbol{\omega}^{\mathrm{T}}(\lim_{k\to\infty}\boldsymbol{C}^{(k)})\boldsymbol{\omega}\right]\\&=\exp\left[j\boldsymbol{\omega}^{\mathrm{T}}m-\frac{1}{2}\boldsymbol{\omega}^{\mathrm{T}}\boldsymbol{C}\boldsymbol{\omega}\right]\end{aligned}$$

根据 $\boldsymbol{X}^{(k)}$ 均方收敛于 $\boldsymbol{X}$,因此,$\Psi_K(\omega_1,\omega_2,\cdots,\omega_n)$ 收敛于 $\Psi(\omega_1,\omega_2,\cdots,\omega_n)$,即

$$\Psi(\omega_1,\omega_2,\cdots,\omega_n)=\lim_{k\to\infty}\Psi_K(\omega_1,\omega_2,\cdots,\omega_n)=\exp\left[j\boldsymbol{\omega}^{\mathrm{T}}m-\frac{1}{2}\boldsymbol{\omega}^{\mathrm{T}}\boldsymbol{C}\boldsymbol{\omega}\right]$$

所以 $\boldsymbol{X}$ 也是 n 维正态分布的随机向量。

证毕。

例4.13 设有随机过程 $X(t)=A\cos\omega_0 t+B\sin\omega_0 t$。其中 A 和 B 是两个相互独立的正态随机变量,且有:$E(A)=E(B)=0$、$E(A^2)=E(B^2)=\sigma^2$;而 ω_0 为常数。求随机过程 $X(t)$ 的一、二维概率密度。

解:在任意时刻 t_i 对随机过程 $X(t)$ 进行采样,则 $X(t_i)$ 是个随机变量,因为它是正态随机变量 A 和 B 的线性组合,故 $X(t_i)$ 也是正态分布的,因而 $X(t)$ 是一正态过程。为了确定正态过程 $X(t)$ 的概率密度,只要求出 $X(t)$ 的均值函数和协方差函数即可。

$$E[X(t)]=E[A\cos\omega_0 t+B\sin\omega_0 t]=E[A]\cos\omega_0 t+E[B]\sin\omega_0 t=0=m_X$$

$$\begin{aligned}R_X(t,t+\tau)&=E[X(t)X(t+\tau)]\\&=E\{(A\cos\omega_0 t+B\sin\omega_0 t)\cdot[A\cos\omega_0(t+\tau)+B\sin\omega_0(t+\tau)]\}\\&=E[A^2]\cos\omega_0 t\cos\omega_0(t+\tau)+E[B^2]\sin\omega_0 t\sin\omega_0(t+\tau)\\&\quad+E[AB]\cos\omega_0 t\sin\omega_0(t+\tau)+E[AB]\sin\omega_0 t\cos\omega_0(t+\tau)\end{aligned}$$

因为随机变量 A 和 B 统计独立,所以有

$$E(AB)=E(A)\cdot E(B)=0$$

这时

$$\begin{aligned}R_X(t,t+\tau)&=E[A^2]\cos\omega_0 t\cos\omega_0(t+\tau)+E[B^2]\sin\omega_0 t\sin\omega_0(t+\tau)\\&=\sigma^2\cos\omega_0\tau=R_X(\tau)\end{aligned}$$

这样,$X(t)$ 的方差为

$$\sigma_X^2=R_X(0)-m_X^2=\sigma^2$$

由上面分析可知,正态过程 $X(t)$ 是平稳的,其均值为零、方差为 σ^2,它的一维概率密度函数与 t 无关,即

$$f_X(x)=\frac{1}{\sqrt{2\pi}\sigma}\mathrm{e}^{-x^2/2\sigma^2}$$

为了确定平稳正态过程 $X(t)$ 的二维概率密度,只需求出随机变量 $X(t_1)$ 和 $X(t_2)$ 的相关系数 $r_X(\tau)$,这里 $t_1=t,t_2=t+\tau$,可容易求得:

$$r_X(\tau)=\frac{C_X(\tau)}{\sigma_X^2}=\frac{R_X(\tau)-m_X^2}{\sigma_X^2}=\frac{R_X(\tau)}{\sigma^2}=\cos\omega_0\tau$$

参看式(4.2.23),则随机过程 $X(t)$ 的二维概率密度函数为

$$f_X(x_1,x_2;\tau)=\frac{1}{2\pi\sigma^2\sqrt{1-\cos^2\omega_0\tau}}\cdot\exp\left(-\frac{x_1^2-2x_1x_2\cos\omega_0\tau+x_2^2}{2\sigma^2(1-\cos^2\omega_0\tau)}\right)$$

4.2.6 平稳过程的各态历经性

到目前为止,讨论随机过程的数字特征时,意味着所涉及的都是大量样本函数的集合。也就是说,要得到随机过程的数字特征,就需要知道随机过程一族样本函数,或是一维、二维概率密度函数。而这些特征一般在实际问题中是无法给定的,为了确定这些特征,可以用统计实验的方法。例如,可以把平稳随机过程

的均值和自相关函数近似地表示为

$$m_X \approx \frac{1}{N}\sum_{k=1}^{N} x_k(t) \tag{4.2.24}$$

$$R_X(t_2 - t_1) \approx \frac{1}{N}\sum_{k=1}^{N} \mathring{x}_k(t_1)\mathring{x}_k(t_2) \tag{4.2.25}$$

其中：$\mathring{x}_k(t) = x_k(t) - m_X$。

按这种方法，需要对一个平稳过程重复进行大量观测以便获得数量很多的样本函数 $x_k(t)$，$k=1,2,\cdots,N$，而这正是实际困难所在。

但是，平稳过程的统计特性是与时间原点的选取无关的。人们自然期望在一个很长的时间内观测得到的一个样本曲线，可以作为得到这个过程的数字特征的充分依据。

本节将要介绍的各态历经性定理将证实：对于平稳随机过程，只要满足一些较宽的条件，那么样本平均（均值和相关函数等）实际上可以用一个样本函数在整个时间轴上的平均来代替。这样，在解决实际问题时就节省了大量的工作。

为了说明各态历经性，先介绍时间平均的概念。设平稳随机过程$\{X(t), t\in(-\infty, +\infty)\}$，$x(t)$为$X(t)$的一个样本函数，则称

$$A[x(t)] \triangleq \lim_{T\to\infty}\frac{1}{2T}\int_{-T}^{T} x(t)\,\mathrm{d}t \tag{4.2.26}$$

$$A[\mathring{x}(t)\mathring{x}(t+\tau)] \triangleq \lim_{T\to\infty}\frac{1}{2T}\int_{-T}^{T} \mathring{x}(t)\mathring{x}(t+\tau)\,\mathrm{d}t \tag{4.2.27}$$

为样本函数 $x(t)$ 的样本时间均值和样本时间相关函数，其中 $\mathring{x}(t)=x(t)-m_X$。

通常随机过程对于不同的样本函数具有不同的时间均值和时间相关函数。考虑随机过程的所有样本函数的集合，则有相应的时间均值集合和时间相关函数集合，记为

$$A[X(t)] \triangleq \lim_{T\to\infty}\frac{1}{2T}\int_{-T}^{T} X(t)\,\mathrm{d}t \tag{4.2.28}$$

$$A[\mathring{X}(t)\mathring{X}(t+\tau)] \triangleq \lim_{T\to\infty}\frac{1}{2T}\int_{-T}^{T} \mathring{X}(t)\mathring{X}(t+\tau)\,\mathrm{d}t \tag{4.2.29}$$

其中：$\mathring{X}(t) = X(t) - m_X$。

下面就来讨论时间平均与样本平均之间的关系。

例 4.14 设随机相位余弦波 $X(t)=\cos(\omega t+\theta)$，$\theta$ 为$[0,2\pi]$上的均匀分布，计算 $X(t)$ 在 $\theta=\theta$ 时对应的样本函数的时间平均 $A[x(t)]$ 和 $A[\mathring{x}(t)\mathring{x}(t+\tau)]$。

解：

$$\mathrm{A}[x(t)] = \lim_{T\to\infty}\frac{1}{2T}\int_{-T}^{T}\cos(\omega t+\theta)\,\mathrm{d}t$$

$$=\lim_{T\to\infty}\frac{\cos\theta\sin\omega T}{\omega' T}=0$$

由例2.6.2知

$$m_X=0$$

$$R_X(\tau)=\frac{1}{2}\cos\omega\tau$$

则

$$A[\mathring{x}(t)\mathring{x}(t+\tau)]=\lim_{T\to\infty}\frac{1}{2T}\int_{-T}^{T}\cos(\omega t+\theta)\cos[\omega(t+\tau)+\theta]\mathrm{d}t=\frac{1}{2}\cos\omega\tau$$

可见

$$A[x(t)]=E[X(t)]=m_X$$

$$A[\mathring{x}(t)\mathring{x}(t+\tau)]=E[\mathring{X}(t)\mathring{X}(t+\tau)]=K_X(\tau)$$

这表明随机相位余弦波的时间平均等于样本平均。

上述性质并非是随机相位余弦波所独有的。下面引入一般的概念。

定义4.7 设$\{X(t),t\in(-\infty,+\infty)\}$是一平稳随机过程,$x(t)$为$X(t)$的任意样本函数:

$$A[x(t)]=E[X(t)]=m_X \tag{4.2.30}$$

依概率1成立,即对任意的$\varepsilon>0$,有

$$P\{|A[x(t)]-m_X|\leqslant\varepsilon|x(t)\in\{X(t),t\in(-\infty,+\infty)\}\}=1 \tag{4.2.31}$$

则称$X(t)$的均值具有各态历经性。

(1)如果

$$A[\mathring{x}(t)\mathring{x}(t+\tau)]=E[\mathring{X}(t)\mathring{X}(t+\tau)]=R_X(\tau) \tag{4.2.32}$$

依概率1成立,即对任意的$\varepsilon>0$,有

$$P|A[\mathring{X}(t)\mathring{X}(t+\tau)]-R_X(\tau)|\leqslant\varepsilon|x(t)\in\{X(t),t\in(-\infty,+\infty)\}=1 \tag{4.2.33}$$

则称$X(t)$的自相关函数(协方差函数)具有各态历经性。特别地,当$\tau=0$时称方差具有各态历经性。

(2)如果$X(t)$的均值和自相关函数都具有各态历经性,则称$X(t)$是各态历经过程,或者说$X(t)$是各态历经的。

定义中"依概率1成立"是对$X(t)$的所有样本函数而言的。

各态历经性有时也称为遍历性或埃尔戈德(Ergodic)性。各态历经性的本质,就是可以通过对随机过程中一个样本的长时间观测,实现对这个随机过程统计特性的掌握,从而不用再开展多次试验,进行多个样本的数据收集与分析。这对于飞行器的研究而言至关重要,因为飞行器研究的高价值性,开展多次试验成

本难以承受。最简单的想法就是,通过一次试验、尽可能地获得该随机过程的全部统计特征,这样就可以最大化利用试验来研究飞行器的性能。

并不是任何一个平稳随机过程都是各态历经的。例如平稳过程

$$X(t) = Y$$

其中:Y为方差异于零的随机变量,不是各态历经的。事实上,$A[X(t)] = A[Y] = Y$,亦即时间均值随Y取不同可能值而不同,这样$A[X(t)]$就不可能依概率1等于常数$E[X(t)] = E[Y]$。

根据定义判断随机过程的各态历经性往往是困难的,那么一个随机过程应该满足怎样的条件才是各态历经的呢?下面两个定理从理论上回答了这个问题。

定理4.1 (均值各态历经定理)平稳过程$\{X(t), t \in (-\infty, +\infty)\}$的均值具有各态历经性的充要条件为

$$\lim_{T \to +\infty} \frac{1}{T} \int_0^{2T} \left(1 - \frac{\tau}{2T}\right) R_X(\tau)\,\mathrm{d}\tau = 0 \tag{4.2.34}$$

证:$A[X(t)] = m_X$依概率1成立的充要条件为$D[A[X(t)]] = 0$或$D[A[\mathring{X}(t)]] = 0$,而

$$A[\mathring{X}(t)] = \lim_{T \to +\infty} \frac{1}{2T} \int_{-T}^{T} \mathring{X}(t)\,\mathrm{d}t$$

$$\begin{aligned} D[A[\mathring{X}(t)]] &= E\left\{\lim_{T \to +\infty} \frac{1}{4T^2} \left[\int_{-T}^{T} \mathring{X}(t)\,\mathrm{d}t\right]^2\right\} \\ &= \lim_{T \to +\infty} \frac{1}{4T^2} \int_{-T}^{T} \int_{-T}^{T} E[\mathring{X}(t_1)\mathring{X}(t_2)]\,\mathrm{d}t_1\,\mathrm{d}t_2 \\ &= \lim_{T \to +\infty} \frac{1}{4T^2} \int_{-T}^{T} \int_{-T}^{T} E[\mathring{X}(t_1)\mathring{X}(t_2)]\,\mathrm{d}t_1\,\mathrm{d}t_2 \end{aligned}$$

引入变量替换$\tau_1 = t_1 + t_2, \tau_2 = -t_1 + t_2$,此时变换的Jacobi式为

$$\left|\frac{\partial(t_1, t_2)}{\partial(\tau_1, \tau_2)}\right| = \frac{1}{2}$$

而积分区域按图4.3转换。

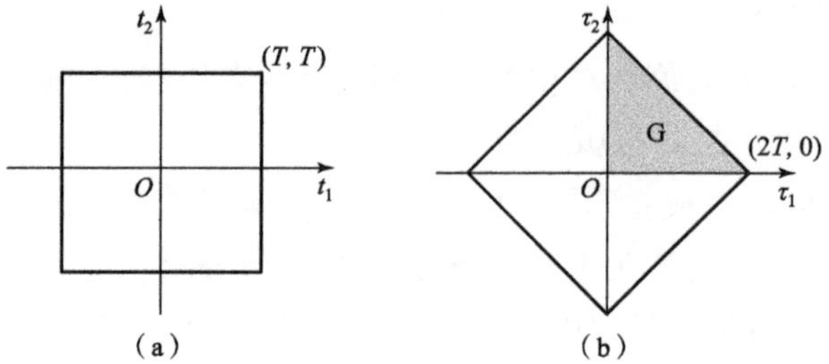

图4.3 积分区域图示

于是

$$\int_{-T}^{T}\int_{-T}^{T}R_X(t_2-t_1)\mathrm{d}t_1\mathrm{d}t_2=\iint_{\diamond}R_X(\tau_2)\ \frac{1}{2}\mathrm{d}\tau_1\mathrm{d}\tau_2$$

其中：◇为图 4.3(b)所示的正方形。注意到被积函数 $R_X(\tau_2)$ 为 τ_2 的偶函数，且与 τ_1 无关，因而积分值为图中阴影区域 G 上积分值的 4 倍，即

$$\begin{aligned}&\int_{-T}^{T}\int_{-T}^{T}R_X(t_2-t_1)\mathrm{d}t_1\mathrm{d}t_2\\&=4\iint_{G}R_X(\tau_2)\ \frac{1}{2}\mathrm{d}\tau_1\mathrm{d}\tau_2\\&=2\int_0^{2\pi}\mathrm{d}\tau_2\int_0^{2T-\tau_2}R_X(\tau_2)\mathrm{d}\tau_1\\&=2\int_0^{2T}(2T-\tau_2)R_X(\tau_2)\mathrm{d}\tau_2\end{aligned}$$

所以 $D[A[\mathring{X}(t)]]=0$ 等价于

$$\begin{aligned}D[A[\mathring{X}(t)]]&=\lim_{T\to+\infty}\frac{1}{2T^2}\int_0^{2T}(2T-\tau)R_X(\tau)\mathrm{d}\tau\\&=\lim_{T\to+\infty}\frac{1}{T}\int_0^{2T}\left(1-\frac{\tau}{2T}\right)R_X(\tau)\mathrm{d}\tau=0\end{aligned}$$

也即 $X(t)$ 的均值具有各态历经的充要条件为

$$\lim_{T\to+\infty}\frac{1}{T}\int_0^{2T}\left(1-\frac{\tau}{2T}\right)R_X(\tau)\mathrm{d}\tau=0$$

由此定理可证。

定理 4.2 （自相关函数各态历经定理）平稳过程 $\{X(t),t\in(-\infty,+\infty)\}$ 的自相关函数 $K_X(\tau)$ 具有各态经历性的充要条件为

$$\lim_{T\to+\infty}\frac{1}{T}\int_0^{2T}\left(1-\frac{\tau_1}{2T}\right)[B(\tau_1)-R_X^2(\tau)]\mathrm{d}\tau_1=0 \tag{4.2.35}$$

其中：$B(\tau_1)=E[\mathring{X}(t)\mathring{X}(t+\tau)\mathring{X}(t+\tau_1)\mathring{X}(t+\tau_1+\tau)]$。

证：构造新的随机过程 $Y(t)$：

$$Y(t)=\mathring{X}(t)\mathring{X}(t+\tau)$$

则根据定理 4.2，$Y(t)$ 的均值 $m_Y=R_X(\tau)$ 具有各态历经性的充要条件为

$$\lim_{T\to+\infty}\frac{1}{T}\int_0^{2T}\left(1-\frac{\tau_1}{2T}\right)R_Y(\tau_1)\mathrm{d}\tau_1=0$$

而

$$\begin{aligned}R_Y(\tau_1)&=E\{[Y(t)-m_Y][Y(t+\tau_1)-m_Y]\}\\&=E\{[\mathring{X}(t)\mathring{X}(t+\tau)-R_X(\tau)]\cdot[\mathring{X}(t+\tau_1)\mathring{X}(t+\tau+\tau_1)-R_X(\tau)]\}\end{aligned}$$

$$=E[\mathring{X}(t)\mathring{X}(t+\tau)\mathring{X}(t+\tau_1)\mathring{X}(t+\tau_1+\tau)]-R_X^2(\tau)$$
$$=B(\tau_1)-R_X^2(\tau)$$

定理得证。

在式(4.2.35)中令 $\tau=0$ 即得方差具有各态历经性的充要条件。

在实际应用中通常只考虑定义在 $0\leqslant t<+\infty$ 上的平稳过程。此时 $X(t)$ 的时间平均定义为

$$A[X(t)]=\lim_{T\to+\infty}\frac{1}{T}\int_0^T X(t)\,\mathrm{d}t \tag{4.2.36}$$

$$A[\mathring{X}(t)\mathring{X}(t+\tau)]=\lim_{T\to+\infty}\frac{1}{T}\int_0^T \mathring{X}(t)\mathring{X}(t+\tau)\,\mathrm{d}t \tag{4.2.37}$$

如果实际测试时只在时间$[0,T]$上进行,则

$$A[X(t)]\approx\frac{1}{T}\int_0^T X(t)\,\mathrm{d}t \tag{4.2.38}$$

$$A[\mathring{X}(t)\mathring{X}(t+\tau)]\approx\frac{1}{T-\tau}\int_0^{T-\tau} \mathring{X}(t)\mathring{X}(t+\tau)\,\mathrm{d}t \tag{4.2.39}$$

把$[0,T]$等分为 N 个长度为 $\Delta t=\dfrac{T}{N}$的小区间,然后在时刻 $t_k=\left(k-\dfrac{1}{2}\right)\Delta t$,$k=1,2,\cdots,N$,对样本函数 $x(t)$进行取样得 N 个函数值 $x_k=x(t_k)$,$k=1,2,\cdots,N$(根据采样定理,Δt 应保证取样信号不失真)。于是

$$A[x(t)]\approx\frac{1}{N}\sum_{k=1}^{N}x_k \tag{4.2.40}$$

对于 $\tau=\tau_r=r\Delta t$ 有

$$\begin{aligned}A[x(t)x(t+\tau_r)]&\approx\frac{1}{T-\tau_r}\sum_{k=1}^{N-\tau}x(t_k)x(t_k+\tau_r)\Delta t\\&=\frac{1}{N-r}\sum_{k=1}^{N-r}x_k x_{k+r}\end{aligned} \tag{4.2.41}$$

若认为 $X(t)$具有各态历经性,则 $X(t)$的均值和自相关函数的估计为

$$\hat{m}_X=\frac{1}{N}\sum_{k=1}^{N}x_k \tag{4.2.42}$$

$$\hat{R}_X(\tau_r)=\frac{1}{N-r}\sum_{k=1}^{N-r}(x_k-\hat{m}_X)(x_{k+r}-\hat{m}_X) \tag{4.2.43}$$

各态历经定理的条件是比较宽的,工程上遇到的平稳过程大多数都能满足这个条件。不过,要去检验它们是否成立都十分困难。因此在实际问题中,通常先假定所研究的平稳过程具有各态历经性,然后根据试验来检验这个假设是否合理。

4.3　向量随机过程

$\{\boldsymbol{X}(t), t\in T\}$为 m 维向量随机过程,记为

$$\boldsymbol{X}(t)=\begin{pmatrix} X_1(t) \\ X_2(t) \\ \vdots \\ X_m(t) \end{pmatrix} \tag{4.3.1}$$

其中:$X_i(t), i=1,2,\cdots,m$ 为向量随机过程的分量。

4.3.1　向量随机过程的概率特性

类似于一维随机过程,可以建立 m 维向量随机过程$\{\boldsymbol{X}(t), t\in T\}$的概率分布函数和概率分布密度函数。

过程 $\boldsymbol{X}(t)$在时刻 t 的分布函数为

$$F_X(x,t)=P\{\boldsymbol{X}(t)\leqslant \boldsymbol{x}\} \tag{4.3.2}$$

其中:

$$\boldsymbol{x}=\begin{pmatrix} x_1 \\ x_2 \\ \vdots \\ x_m \end{pmatrix}$$

相应的概率密度函数为

$$f_{\boldsymbol{X}}(x,t)=\frac{\partial^m F_{\boldsymbol{X}}(x,t)}{\partial x}=\frac{\partial^m F_{\boldsymbol{X}}(x,t)}{\partial x_1,\partial x_2,\cdots,\partial x_m} \tag{4.3.3}$$

并且有

$$F_{\boldsymbol{X}}(x,t)=\int_{-\infty}^{x_1}\cdots\int_{-\infty}^{x_m} f_{\boldsymbol{X}}(x,t)\,\mathrm{d}x_1\cdots\mathrm{d}x_m \tag{4.3.4}$$

向量随机过程$\{\boldsymbol{X}(t), t\in T\}$的联合概率分布函数为

$$\begin{aligned} & F_n(\boldsymbol{x}^{(1)},\boldsymbol{x}^{(2)},\cdots,\boldsymbol{x}^{(n)};t_1,t_2,\cdots,t_n) \\ &=P\{\boldsymbol{X}(t_1)\leqslant\boldsymbol{x}^{(1)},\boldsymbol{X}(t_2)\leqslant\boldsymbol{x}^{(2)},\cdots,\boldsymbol{X}(t_n)\leqslant\boldsymbol{x}^{(n)}\} \end{aligned} \tag{4.3.5}$$

其中

$$\boldsymbol{x}^{(i)}=\begin{pmatrix} x_1^{(i)} \\ x_2^{(i)} \\ \vdots \\ x_m^{(i)} \end{pmatrix}, i=1,2,\cdots,n$$

上标(i)对应于时刻t_i。

相应的联合概率密度函数为

$$
\begin{aligned}
&f_n(\boldsymbol{x}^{(1)},\boldsymbol{x}^{(2)},\cdots,\boldsymbol{x}^{(n)};t_1,t_2,\cdots,t_n)\\
&=\frac{\partial^{mn}f_n(\boldsymbol{x}^{(1)},\boldsymbol{x}^{(2)},\cdots,\boldsymbol{x}^{(n)};t_1,t_2,\cdots,t_n)}{\partial x_1^{(1)}\cdots\partial x_m^{(1)}\partial x_1^{(2)}\cdots\partial x_m^{(2)}\cdots\partial x_1^{(n)}\cdots\partial x_m^{(n)}}
\end{aligned}
\tag{4.3.6}
$$

4.3.2 向量随机过程的数字特征

m维向量随机过程的均值向量函数为

$$
\boldsymbol{m}_X(t)=E[\boldsymbol{X}(t)]=\begin{pmatrix}E[X_1(t)]\\E[X_2(t)]\\\vdots\\E[X_m(t)]\end{pmatrix}\tag{4.3.7}
$$

其中:

$$
E[X_i(t)]=\int_{-\infty}^{+\infty}\cdots\int_{-\infty}^{+\infty}x_i f_X(x,t)\,\mathrm{d}x_1\cdots\mathrm{d}x_m\tag{4.3.8}
$$

$\boldsymbol{X}(t)$的相关函数矩阵为

$$
\boldsymbol{R}_{\boldsymbol{X}}(t_1,t_2)=E[\boldsymbol{X}(t_1)\boldsymbol{X}^{\mathrm{T}}(t_2)]\tag{4.3.9}
$$

其方差矩阵为

$$
\boldsymbol{P}_{\boldsymbol{X}}(t)=E[\mathring{\boldsymbol{X}}(t)\mathring{\boldsymbol{X}}^{T}(t)]\tag{4.3.10}
$$

其中:

$$
\mathring{\boldsymbol{X}}(t)=\boldsymbol{X}(t)-\boldsymbol{m}_X(t)\tag{4.3.11}
$$

向量随机过程的方差阵为对称正定的矩阵。

对于两个向量随机过程$\boldsymbol{X}(t)$和$\boldsymbol{Y}(t)$,它们的互相关函数矩阵定义为

$$
\boldsymbol{R}_{XY}(t_1,t_2)=E[\mathring{\boldsymbol{X}}(t_1)\mathring{\boldsymbol{Y}}^{\mathrm{T}}(t_2)]\tag{4.3.12}
$$

4.3.3 向量随机过程的独立与不相关

若向量随机过程$\{\boldsymbol{X}(t),t\in T\}$在$t\in T$的任意$n$个时刻$t_1,t_2\cdots,t_n$上,其联合概率分布函数满足

$$
F_n(\boldsymbol{x}^{(1)},\boldsymbol{x}^{(2)},\cdots,\boldsymbol{x}^{(n)};t_1,t_2,\cdots,t_n)=\prod_{i=1}^{n}F(\boldsymbol{x}^{(i)},t_i)\tag{4.3.13}
$$

则称此向量随机过程$\{\boldsymbol{X}(t),t\in T\}$为独立向量随机过程。如正态白噪声向量。

若有两个向量随机过程$\{\boldsymbol{X}(t),t\in T\}$和$\{\boldsymbol{Y}(t),t\in T\}$,对任意的$n$和$r$以及属于$T$的数组$t_1,t_2\cdots,t_n$和$\tau_1,\tau_2,\cdots,\tau_r$,其联合概率分布满足

$$F(\boldsymbol{x}^{(1)},\boldsymbol{x}^{(2)},\cdots,\boldsymbol{x}^{(n)};t_1,t_2,\cdots,t_n:\boldsymbol{y}^{(1)},\boldsymbol{y}^{(2)},\cdots,\boldsymbol{y}^{(r)};\tau_1,\tau_2,\cdots,\tau_r)$$
$$=F_X(\boldsymbol{x}^{(1)},\boldsymbol{x}^{(2)},\cdots,\boldsymbol{x}^{(n)};t_1,t_2,\cdots,t_n)\cdot F_Y(\boldsymbol{y}^{(1)},\boldsymbol{y}^{(2)},\cdots,\boldsymbol{y}^{(r)};\tau_1,\tau_2,\cdots,\tau_r) \tag{4.3.14}$$

则称这两向量随机过程相互独立。

若对于向量随机过程 $\boldsymbol{X}(t)$ 有

$$R_X(t_1,t_2)=0,\quad t_1\neq t_2 \tag{4.3.15}$$

则称此向量随机过程为不相关向量随机过程,如白噪声过程。

若有两个向量随机过程 $\{\boldsymbol{X}(t),t\in T\}$ 和 $\{\boldsymbol{Y}(t),t\in T\}$,对于任意的 $t_1,t_2\in T$ 有

$$R_{XY}(t_1,t_2)=0 \tag{4.3.16}$$

则称这两随机过程互不相关。

顺便指出,向量随机过程的独立性可以导出其不相关性,反之不然。但对于正态过程,两者完全一致。

5 线性模型参数估计的最小二乘理论

线性模型未知参数的估计,在飞行器试验统计分析中有着重要的应用。这里所说的估计,主要是线性估计。对于线性估计,最小二乘(Least Square,LS)估计已被广泛地应用于工程技术的各个领域。最小二乘理论的基础是由 Gauss (1809 年)与随后的 Markov(1900 年)所奠定的,它在统计估值方面具有极其深远的影响。因此本章将对线性模型参数的最小二乘估计理论,作一个比较系统的论述。

5.1 线性模型的表达

设在 t_i 时刻的观测量为 $z_i, i=1,2,\cdots,n$,且 z_i 可表示为未知参数 $\theta_1,\theta_2,\cdots\theta_m$ 的线性函数和扰动项 ε_i 之和,即

$$z_i = b_{i1}\theta_1 + b_{i2}\theta_2 + \cdots + b_{im}\theta_m + \varepsilon_i,\ \ i=1,2,\cdots,n \tag{5.1.1}$$

假定观测之间是不相关的,且对任意的 $i=1,2,\cdots,n$,有 $E[\varepsilon_i]=0, \mathrm{Var}[\varepsilon_i]=\sigma^2$,如果记

$$\boldsymbol{Z}=\begin{pmatrix} z_1 \\ \vdots \\ z_n \end{pmatrix}, \boldsymbol{X}=\begin{pmatrix} \theta_1 \\ \vdots \\ \theta_m \end{pmatrix}, \boldsymbol{\varepsilon}=\begin{pmatrix} \varepsilon_1 \\ \vdots \\ \varepsilon_n \end{pmatrix}$$

$$\boldsymbol{H}=\begin{pmatrix} b_{11} & b_{12} & \cdots & b_{1m} \\ \vdots & \vdots & \cdots & \vdots \\ b_{n1} & b_{n2} & \cdots & b_{nm} \end{pmatrix}$$

则称 $\boldsymbol{Z}$ 为观测向量,$\boldsymbol{H}$ 为已知的系数矩阵(也称设计矩阵),$\boldsymbol{X}$ 为未知的常值参数向量,$\boldsymbol{\varepsilon}$ 为观测误差向量。此处:

$$\boldsymbol{Z}=\boldsymbol{HX}+\boldsymbol{\varepsilon} \tag{5.1.2}$$

$$E[\boldsymbol{\varepsilon}]=0, \mathrm{Var}[\boldsymbol{\varepsilon}]=E[\boldsymbol{\varepsilon\varepsilon}^{\mathrm{T}}]=\sigma^2\boldsymbol{I}$$

于是

$$\begin{cases} E[\boldsymbol{Z}]=\boldsymbol{HX} \\ \mathrm{Var}[\boldsymbol{Z}]=\sigma^2\boldsymbol{I} \end{cases} \tag{5.1.3}$$

式(5.1.3)为线性模型最基本的表述,称为 Gauss - Markov 结构。要解决的问题是根据观测向量 $\boldsymbol{Z}$ 去估计未知参数向量 $\boldsymbol{X}$ 和 σ^2。

比式(5.1.3)稍为一般的结构,由 Aitken(1935 年)引入:

$$\begin{cases} E[\boldsymbol{Z}] = \boldsymbol{HX} \\ \mathrm{Var}[\boldsymbol{Z}] = \sigma^2\boldsymbol{G}, \boldsymbol{G} > 0 \end{cases} \tag{5.1.4}$$

模型(5.1.4)表示观测之间是相关的。其中 $\boldsymbol{G}$ 假定是已知的,即观测的相关性已知,而 $\boldsymbol{X},\sigma^2$ 为未知。易知模型式(5.1.4)可归化为式(5.1.3),事实上,做变换:

$$\boldsymbol{Y} = \boldsymbol{G}^{-\frac{1}{2}}\boldsymbol{Z}$$

其中:$\boldsymbol{G}^{-\frac{1}{2}}$ 为 $\boldsymbol{G}^{\frac{1}{2}}$ 的逆,$\boldsymbol{G}^{\frac{1}{2}}$ 为对称正定阵 $\boldsymbol{G}$ 的平方根矩阵,它满足 $\boldsymbol{G}^{\frac{1}{2}}\boldsymbol{G}^{\frac{1}{2}} = \boldsymbol{G}$。于是

$$\begin{aligned} E[\boldsymbol{Y}] &= \boldsymbol{G}^{-\frac{1}{2}}\boldsymbol{HX} \triangleq U\boldsymbol{X} \\ \mathrm{Var}[\boldsymbol{Y}] &= \boldsymbol{E}[(\boldsymbol{Y} - \boldsymbol{UX})(\boldsymbol{Y} - \boldsymbol{UX})^{\mathrm{T}}] \\ &= \boldsymbol{E}[\boldsymbol{G}^{-\frac{1}{2}}(\boldsymbol{Z} - \boldsymbol{HX})(Z - \boldsymbol{HX})^{\mathrm{T}}(\boldsymbol{G}^{-\frac{1}{2}})^{\mathrm{T}}] \\ &= \boldsymbol{G}^{-\frac{1}{2}}\sigma^2\boldsymbol{G}\boldsymbol{G}^{-\frac{1}{2}} = \sigma^2\boldsymbol{I} \end{aligned}$$

即式(5.1.4)化为

$$\begin{cases} E[\boldsymbol{Y}] = \boldsymbol{HX} \\ \mathrm{Var}[\boldsymbol{Y}] = \sigma^2\boldsymbol{I} \end{cases} \tag{5.1.5}$$

很显然,式(5.1.5)与式(5.1.3)是一致的。式(5.1.4)的一个特殊情况:

$$\begin{cases} E[\boldsymbol{Z}] = \boldsymbol{HX} \\ \mathrm{Var}[\boldsymbol{Z}] = \boldsymbol{G}, \boldsymbol{G} > 0 \end{cases} \tag{5.1.6}$$

其中 $\boldsymbol{G}$ 为已知。经过变换 $\boldsymbol{Y} = \boldsymbol{G}^{-\frac{1}{2}}\boldsymbol{Z}$,则有

$$\begin{cases} E[\boldsymbol{Y}] = \boldsymbol{UX}, \boldsymbol{U} = \boldsymbol{G}^{-\frac{1}{2}}\boldsymbol{H} \\ \mathrm{Var}[\boldsymbol{Y}] = \boldsymbol{I} \end{cases} \tag{5.1.7}$$

于是,式(5.1.5)与式(5.1.6)均可归化为式(5.1.3),因此线性模型之下的参数估计总可以用模型式(5.1.2)作为代表来讨论。它可记为 $\boldsymbol{Z},\boldsymbol{HX},\sigma^2\boldsymbol{I},n,m$,其中 n 为观测向量 $\boldsymbol{Z}$ 的维数,m 为参数向量 $\boldsymbol{X}$ 的维数。

线性模型在工程实践中的重要性是不言而喻的。从下面几个例子可见其一般。

例 5.1　设

$$E[z(t)] = \theta_1 + \theta_2 t + \cdots + \theta_m t^{m-1}$$

其中,$\theta_1,\theta_2,\cdots\theta_m$ 是未知待定的系数,而在 $t_1,t_2,\cdots t_n$ 时刻所获得的观测值为

$$z(t_i) \triangleq z_i = \theta_1 + \theta_2 t_i + \cdots + \theta_m t_i^{m-1} + \varepsilon_i, \quad i = 1, 2, \cdots, n$$

引入向量矩阵记号：

$$\boldsymbol{X} = [\theta_1 \quad \theta_2 \quad \cdots \quad \theta_m]^{\mathrm{T}}$$

$$\boldsymbol{\varepsilon} = [\varepsilon_1 \quad \varepsilon_2 \quad \cdots \quad \varepsilon_n]^{\mathrm{T}}$$

$$\boldsymbol{Z} = [z_1 \quad z_2 \quad \cdots \quad z_n]^{\mathrm{T}}$$

$$\boldsymbol{H} = \begin{pmatrix} 1 & t_1 & t_1^2 & \cdots & t_1^{m-1} \\ 1 & t_2 & t_2^2 & \cdots & t_2^{m-1} \\ 1 & t_n & t_n^2 & \cdots & t_n^{m-1} \end{pmatrix}$$

则

$$\boldsymbol{Z} = \boldsymbol{HX} + \boldsymbol{\varepsilon}$$

这是熟知的多项式拟合模型。当然，曲线拟合也可以用其他不同于多项式的函数来进行，比如用

$$E[z] = \theta_1 + \theta_2 \sin t + \theta_1 \mathrm{e}^{-t}$$

作为拟合曲线。此时，$\boldsymbol{X}$ 为三维向量，而

$$\boldsymbol{H} = \begin{pmatrix} 1 & \sin t_1 & \mathrm{e}^{-t_1} \\ 1 & \sin t_2 & \mathrm{e}^{-t_2} \\ \vdots & \vdots & \vdots \\ 1 & \sin t_n & \mathrm{e}^{-i_n} \end{pmatrix}$$

为 $n \times 3$ 的矩阵。

例 5.2 线性时变离散系统初态 $\boldsymbol{X}(0)$ 的识别问题。考虑线性离散系统

$$\boldsymbol{X}(k+1) = \boldsymbol{\Phi}(k+1, k)\boldsymbol{X}(k)$$

其中：$\boldsymbol{X}(k)$ 为 t_k 时刻系统所处的状态，$\boldsymbol{\Phi}(k+1, k)$ 为转移矩阵。设观测与状态之间由下列关系给出：

$$\boldsymbol{Z}(k) = \boldsymbol{H}(k)\boldsymbol{X}(k) + \boldsymbol{\varepsilon}(k), \quad k = 1, 2, \cdots, n$$

于是根据

$$\boldsymbol{X}(k) = \boldsymbol{\Phi}(k, 0)\boldsymbol{X}(0)$$

且记

$$\boldsymbol{Z} = [Z(1) \quad Z(2) \quad \cdots \quad Z(n)]^{\mathrm{T}}$$

$$\boldsymbol{\varepsilon} = [\varepsilon(1) \quad \varepsilon(2) \quad \cdots \quad \varepsilon(n)]^{\mathrm{T}}$$

$$\boldsymbol{H} = \begin{pmatrix} \boldsymbol{\Phi}(1, 0) \\ \boldsymbol{\Phi}(2, 0) \\ \vdots \\ \boldsymbol{\Phi}(n, 0) \end{pmatrix}$$

则

$$\boldsymbol{Z}=\boldsymbol{H}\cdot \boldsymbol{X}(0)+\boldsymbol{\varepsilon}$$

由给定的观测向量 $\boldsymbol{Z}$ 估计系统之初态 $\boldsymbol{X}(0)$，这是系统初态识别问题。

例 5.3 考虑滑动和

$$Y(k)=\sum_{i=1}^{N} W_i x(k-i)$$

其中：$x(k-1),\cdots,x(k-n)$ 为线性系统的输入序列，$W_i(i=1,2,\cdots,N)$ 为权系数，输出信号 $Y(k)$ 的测量值为

$$Z(j)=Y(j)+\varepsilon(j),\quad j=k-p,k-p+1,\cdots,k$$

于是由观测值 $Z(k-p),\cdots,Z(k)$ 去估计系数 $W_1,W_2,\cdots,W_N$ 的线性模型可写为

$$\boldsymbol{Z}=\boldsymbol{H}\cdot \boldsymbol{W}+\boldsymbol{\varepsilon}$$

其中：

$$\boldsymbol{Z}=[Z(k-p)\quad Z(k-p+1)\quad \cdots\quad Z(k)]^{\mathrm{T}}$$

$$\boldsymbol{W}=[W_1\quad W_2\quad \cdots\quad W_N]^{\mathrm{T}}$$

$$\boldsymbol{\varepsilon}=[\varepsilon(k-P)\quad \varepsilon(k-p+1)\quad \cdots\quad \varepsilon(k)]^{\mathrm{T}}$$

$$\boldsymbol{H}=\begin{pmatrix} x(k-p-1) & x(k-p-2) & \cdots & x(k-p-N)\\ \vdots & \vdots & & \vdots\\ x(k-2) & x(k-3) & \cdots & x(k-N-1)\\ x(k-1) & x(k-2) & \cdots & x(k-N)\end{pmatrix}$$

5.2 线性模型参数的最小二乘估计及其性质

对于模型 $\boldsymbol{Z},\boldsymbol{HX},\sigma^2\boldsymbol{I},n,m$，若 $\boldsymbol{b}$ 为 $\boldsymbol{X}$ 的某一估计，则以 $\boldsymbol{Hb}$ 拟合 $\boldsymbol{Z}$ 造成的残差为

$$\boldsymbol{e}=\boldsymbol{Z}-\boldsymbol{Hb}\tag{5.2.1}$$

残差的平方和为 $S(\boldsymbol{b})=\boldsymbol{e}^{\mathrm{T}}\boldsymbol{e}$，或者有

$$\begin{aligned}S(\boldsymbol{b})&=(\boldsymbol{Z}-\boldsymbol{Hb})^{\mathrm{T}}(\boldsymbol{Z}-\boldsymbol{Hb})\\&=\boldsymbol{Z}^{\mathrm{T}}\boldsymbol{Z}-2\boldsymbol{b}^{\mathrm{T}}\boldsymbol{H}^{\mathrm{T}}\boldsymbol{Z}+\boldsymbol{b}^{\mathrm{T}}\boldsymbol{H}^{\mathrm{T}}\boldsymbol{Hb}\end{aligned}\tag{5.2.2}$$

$S(\boldsymbol{b})$ 越小，则以 $\boldsymbol{Hb}$ 拟合 $\boldsymbol{Z}$ 的性能越好。使拟合的残差平方和最小的估计通常称为最小二乘(Least Square)估计，式(5.2.2)关于向量 $\boldsymbol{b}$ 求偏导数并令其等于零，得

$$\frac{\partial S(\boldsymbol{b})}{\partial \boldsymbol{b}}=-2\boldsymbol{H}^{\mathrm{T}}\boldsymbol{Z}+2\boldsymbol{H}^{\mathrm{T}}\boldsymbol{Hb}=0\tag{5.2.3}$$

即

$$H^{\mathrm{T}}Hb = H^{\mathrm{T}}Z \tag{5.2.4}$$

式(5.2.4)即为最小二乘的正则方程。假定 H 是列满秩的,即 $\mathrm{rank}[H] = m < n$,则 $H^{\mathrm{T}}H$ 的逆矩阵存在,于是可得待估参数 X 的最小二乘(LS)估计:

$$\hat{X}_{\mathrm{LS}} = H^{\mathrm{T}}H^{-1}H^{\mathrm{T}}Z \tag{5.2.5}$$

式(5.2.5)为在等精度观测之下参数 X 的最小二乘估计公式。对于更一般的模型如(Z,HX,Σ,n,m),作变换 $Y=\Sigma^{-\frac{1}{2}}Z$,模型变为(Y,UX,I,n,m),其中 $U=\Sigma^{-\frac{1}{2}}H$,则 X 的 LS 估计为

$$\begin{aligned}
\hat{X}_{\mathrm{LS}} &= U^{\mathrm{T}}U^{-1}U^{\mathrm{T}}Y \\
&= [(\Sigma^{-\frac{1}{2}}H)^{\mathrm{T}}\Sigma^{-\frac{1}{2}}H]^{-1}(\Sigma^{-\frac{1}{2}}H)^{\mathrm{T}}\Sigma^{-\frac{1}{2}}Z \\
&= (H^{\mathrm{T}}\Sigma^{-\frac{1}{2}}\Sigma^{-\frac{1}{2}}H)^{-1}H^{\mathrm{T}}\Sigma^{-\frac{1}{2}}\Sigma^{-\frac{1}{2}}Z \\
&= H^{\mathrm{T}}\Sigma^{-1}H^{-1}H^{\mathrm{T}}\Sigma^{-1}Z
\end{aligned} \tag{5.2.6}$$

称式(5.2.6)为 X 的加权最小二乘估计,Σ^{-1}为权系数矩阵。

将式(5.2.5)代入式(5.2.1)可得最小二乘(LS)估计式(5.2.5)造成的残差为

$$\begin{aligned}
e &= Z - H\hat{X}_{\mathrm{LS}} \\
&= Z - H\,(H^{\mathrm{T}}H)^{-1}H^{\mathrm{T}}Z \\
&= [1 - H\,(H^{\mathrm{T}}H)^{-1}H^{\mathrm{T}}]Z \\
&= RZ
\end{aligned} \tag{5.2.7}$$

其中:

$$R = I - H\,(H^{\mathrm{T}}H)^{-1}H^{\mathrm{T}} \tag{5.2.8}$$

矩阵 R 和$(I-R)$都属于基本的投影矩阵,具有以下性质:

(1)对称性,即 $R^{\mathrm{T}}=R$,$(I-R)^{\mathrm{T}}=I-R$;

(2)幂等性,即 $R^2=RR=R$,$(I-R)^2=I-R$,如

$$\begin{aligned}
R^2 = RR &= [I - H\,(H^{\mathrm{T}}H)^{-1}H^{\mathrm{T}}][I - H\,(H^{\mathrm{T}}H)^{-1}H^{\mathrm{T}}] \\
&= I - 2H(H^{\mathrm{T}}H)^{-1}H^{\mathrm{T}} + H\,(H^{\mathrm{T}}H)^{-1}H^{\mathrm{T}}\cdot H\,(H^{\mathrm{T}}H)^{-1}H^{\mathrm{T}} \\
&= I - 2H\,(H^{\mathrm{T}}H)^{-1}H^{\mathrm{T}} + H\,(H^{\mathrm{T}}H)^{-1}H^{\mathrm{T}} \\
&= I - H\,(H^{\mathrm{T}}H)^{-1}H^{\mathrm{T}} = R
\end{aligned}$$

LS 估计造成的残差平方和为

$$\begin{aligned}
\mathrm{SSE} &= e^{\mathrm{T}}e = (RZ)^{\mathrm{T}}RZ \\
&= Z^{\mathrm{T}}R^{\mathrm{T}}RZ = Z^{\mathrm{T}}RZ \\
&= Z^{\mathrm{T}}[I - H\,(H^{\mathrm{T}}H)^{-1}H^{\mathrm{T}}]Z \\
&= Z^{\mathrm{T}}Z - Z^{\mathrm{T}}H\,(H^{\mathrm{T}}H)^{-1}H^{\mathrm{T}}Z
\end{aligned} \tag{5.2.9}$$

注意到正则方程 $\boldsymbol{H}^{\mathrm{T}}\boldsymbol{Z}=\boldsymbol{H}^{\mathrm{T}}\boldsymbol{H}\hat{\boldsymbol{X}}_{\mathrm{LS}}$，则 SSE 也可表示为

$$\begin{aligned}\mathrm{SSE}&=\boldsymbol{Z}^{\mathrm{T}}\boldsymbol{Z}-\boldsymbol{Z}^{\mathrm{T}}\boldsymbol{H}\hat{\boldsymbol{X}}_{\mathrm{LS}}\\&=\boldsymbol{Z}^{\mathrm{T}}\boldsymbol{e}\end{aligned}\tag{5.2.10}$$

最小二乘(LS)估计的性质如下：

(1)无偏性。

在模型假设下，$\hat{\boldsymbol{X}}_{\mathrm{LS}}$为 $\boldsymbol{X}$ 的无偏估计。

事实上，

$$\begin{aligned}\hat{\boldsymbol{X}}_{\mathrm{LS}}&=(\boldsymbol{H}^{\mathrm{T}}\boldsymbol{H})^{-1}\boldsymbol{H}^{\mathrm{T}}\boldsymbol{Z}\\&=(\boldsymbol{H}^{\mathrm{T}}\boldsymbol{H})^{-1}\boldsymbol{H}^{\mathrm{T}}(\boldsymbol{H}\boldsymbol{X}+\boldsymbol{\varepsilon})\\&=\boldsymbol{X}+(\boldsymbol{H}^{\mathrm{T}}\boldsymbol{H})^{-1}\boldsymbol{H}^{\mathrm{T}}\boldsymbol{\varepsilon}\end{aligned}\tag{5.2.11}$$

两边取数学期望，并注意到 $E[\boldsymbol{\varepsilon}]=0$，得

$$E[\hat{\boldsymbol{X}}_{\mathrm{LS}}]=\boldsymbol{X}\tag{5.2.12}$$

(2)估计的方差阵为

$$\boldsymbol{P}\triangleq\mathrm{Var}[\hat{\boldsymbol{X}}_{\mathrm{LS}}]=\sigma^2\boldsymbol{H}^{\mathrm{T}}\boldsymbol{H}^{-1}\tag{5.2.13}$$

事实上，

$$\begin{aligned}\mathrm{Var}[\hat{\boldsymbol{X}}_{\mathrm{LS}}]&=E[(\hat{\boldsymbol{X}}_{\mathrm{LS}}-E[\hat{\boldsymbol{X}}_{\mathrm{LS}}])(\hat{\boldsymbol{X}}_{\mathrm{LS}}-E[\hat{\boldsymbol{X}}_{\mathrm{LS}}])^{\mathrm{T}}]\\&=E[(\hat{\boldsymbol{X}}_{\mathrm{LS}}-\boldsymbol{X})(\hat{\boldsymbol{X}}_{\mathrm{LS}}-\boldsymbol{X})^{\mathrm{T}}]\\&=E[(\boldsymbol{H}^{\mathrm{T}}\boldsymbol{H})\boldsymbol{H}^{\mathrm{T}}\boldsymbol{\varepsilon}\cdot\boldsymbol{\varepsilon}^{\mathrm{T}}\boldsymbol{H}(\boldsymbol{H}^{\mathrm{T}}\boldsymbol{H})^{\mathrm{T}}]\\&=(\boldsymbol{H}^{\mathrm{T}}\boldsymbol{H})^{-1}\boldsymbol{H}^{\mathrm{T}}\sigma^2\boldsymbol{I}\cdot\boldsymbol{H}(\boldsymbol{H}^{\mathrm{T}}\boldsymbol{H})^{-1}\\&=\sigma^2(\boldsymbol{H}^{\mathrm{T}}\boldsymbol{H})^{-1}\end{aligned}$$

加权最小二乘估计 $\hat{\boldsymbol{X}}_{\mathrm{LS}}=\boldsymbol{H}^{\mathrm{T}}\boldsymbol{\Sigma}^{-1}\boldsymbol{H}^{-1}\boldsymbol{H}^{\mathrm{T}}\boldsymbol{\Sigma}^{-1}\boldsymbol{Z}$ 的方差阵为

$$\boldsymbol{P}=\boldsymbol{H}^{\mathrm{T}}\boldsymbol{\Sigma}^{-1}\boldsymbol{H}^{-1}\tag{5.2.14}$$

(3)在等精度观测下，如果 $\boldsymbol{H}$ 具有最大秩，则 σ^2 的无偏估计为

$$\hat{\sigma}^2=\frac{\mathrm{SSE}}{n-m}\tag{5.2.15}$$

要证明此结果，只要证明 $E[\mathrm{SSE}]=(n-m)\sigma^2$ 即可。注意到，

$$\begin{aligned}\boldsymbol{e}&=\boldsymbol{Z}-\boldsymbol{H}\hat{\boldsymbol{X}}_{\mathrm{LS}}=\boldsymbol{H}\boldsymbol{X}+\boldsymbol{\varepsilon}-\boldsymbol{H}(\boldsymbol{H}^{\mathrm{T}}\boldsymbol{H})^{-1}\boldsymbol{H}^{\mathrm{T}}(\boldsymbol{H}\boldsymbol{X}+\boldsymbol{\varepsilon})\\&=[\boldsymbol{I}-\boldsymbol{H}(\boldsymbol{H}^{\mathrm{T}}\boldsymbol{H})^{-1}\boldsymbol{H}^{\mathrm{T}}]\boldsymbol{\varepsilon}\\&=\boldsymbol{R}\boldsymbol{\varepsilon}\end{aligned}$$

$$\begin{aligned}E[\mathrm{SSE}]&=E[\boldsymbol{e}^{\mathrm{T}}\boldsymbol{e}]=E[\boldsymbol{\varepsilon}^{\mathrm{T}}\boldsymbol{R}\boldsymbol{e}]\\&=E[\mathrm{tr}(\boldsymbol{R}\boldsymbol{\varepsilon}\boldsymbol{\varepsilon}^{\mathrm{T}})]\end{aligned}$$

$$
\begin{aligned}
&= \mathrm{tr}(\boldsymbol{R} \cdot \sigma^2 \boldsymbol{I}) = \sigma^2 \mathrm{tr}\boldsymbol{R} \\
&= \sigma^2 \mathrm{tr}\boldsymbol{I}_n - \sigma^2 \mathrm{tr}[\boldsymbol{H}(\boldsymbol{H}^{\mathrm{T}}\boldsymbol{H})^{-1}\boldsymbol{H}^{\mathrm{T}}] \\
&= \sigma^2 \mathrm{tr}\boldsymbol{I}_n - \sigma^2 \mathrm{tr}[(\boldsymbol{H}^{\mathrm{T}}\boldsymbol{H})^{-1}\boldsymbol{H}^{\mathrm{T}}\boldsymbol{H}] \\
&= \sigma^2 n - \sigma^2 m \\
&= (n-m)\sigma^2
\end{aligned}
$$

即

$$
E\left[\frac{\mathrm{SSE}}{n-m}\right] = \sigma^2
$$

可见 $\hat{\sigma}^2 = \mathrm{SSE}/(n-m)$ 为 σ^2 的无偏估计。

(4)测量误差为正态向量时,$\frac{\mathrm{SSE}}{\sigma^2}$为$(n-m)$个自由度的$\chi^2$ 分布,即

$$
\frac{\mathrm{SSE}}{\sigma^2} \sim \chi^2(n-m) \tag{5.2.16}
$$

这是因为

$$
\boldsymbol{e} = \boldsymbol{R\varepsilon} \sim N(0, \sigma^2 \boldsymbol{R})
$$

作单位正交变换 $\boldsymbol{Q}$ 使 $\boldsymbol{R}$ 对角化得

$$
\boldsymbol{QRQ}^{\mathrm{T}} = \sigma^2 \begin{pmatrix} I_{n-m} & 0 \\ \sigma & 0_m \end{pmatrix}
$$

于是

$$
\boldsymbol{Y} = \boldsymbol{Q}\frac{e}{\sigma} \sim N(0, \sigma^{-2}\boldsymbol{QRQ}^{\mathrm{T}}) \sim N\left(0, \begin{pmatrix} I_{n-m} & 0 \\ \sigma & 0_m \end{pmatrix}\right)
$$

$$
\boldsymbol{Y}^{\mathrm{T}}\boldsymbol{Y} \sim \chi^2(n-m)
$$

也即$\frac{\mathrm{SSE}}{\sigma^2} = \frac{1}{\sigma^2}\sigma \boldsymbol{Q}^{\mathrm{T}}\boldsymbol{Y}^{\mathrm{T}}\sigma\boldsymbol{Q}^{\mathrm{T}}\boldsymbol{Y} = \boldsymbol{Y}^{\mathrm{T}}\boldsymbol{Y} \sim \chi^2(n-m)$。

例 5.4 设 $\boldsymbol{x}$ 为一维的未知量,对其进行观测

$$
z_i = \boldsymbol{x} + \varepsilon_i, \quad i = 1, 2, \cdots, n
$$

其中,ε_i 为第 i 次测量中的随机误差,假定测量是等精度的,其方差为 σ^2,此时记

$$
\begin{aligned}
\boldsymbol{H} &= [1 \quad 1 \quad \cdots \quad 1]^{\mathrm{T}} \\
\boldsymbol{Z} &= [z_1 \quad z_2 \quad \cdots \quad z_n]^{\mathrm{T}} \\
\boldsymbol{\varepsilon} &= [\varepsilon_1 \quad \varepsilon_2 \quad \cdots \quad \varepsilon_n]^{\mathrm{T}}
\end{aligned}
$$

则

$$
\begin{cases}
\boldsymbol{Z} = \boldsymbol{Hx} + \boldsymbol{\varepsilon} \\
E[\boldsymbol{\varepsilon}] = 0, \mathrm{Var}[\boldsymbol{\varepsilon}] = \sigma^2 \boldsymbol{I}
\end{cases}
$$

$\boldsymbol{x}$ 的 LS 估计为

$$\hat{\boldsymbol{x}}_{\mathrm{LS}} = \boldsymbol{H}^{\mathrm{T}}\boldsymbol{H}^{-1}\boldsymbol{H}^{\mathrm{T}}\boldsymbol{Z} = \frac{1}{n}\boldsymbol{H}^{\mathrm{T}}\boldsymbol{Z}$$
$$= \frac{1}{n}\sum_{i=1}^{n} z_i$$

估计的方差为

$$P = \sigma^2 \boldsymbol{H}^{\mathrm{T}}\boldsymbol{H}^{-1} = \sigma^2/n$$

在此情况下,LS 估计即为测量值的平均值,这是早已熟知的结果。

例 5.5 在靶场试验时,飞行器的某性能参数 a 用两种设备进行测量,且已知第一种设备的测量误差方差为 σ_1^2,第二种设备的测量误差的方差为 σ_2^2,今在同一时刻对 a 进行观测,且两种设备的测量是互不相关的,试确定 a 的最小二乘估计。

解:记

$$\begin{cases} z_1 = a + \varepsilon_1 \\ z_2 = a + \varepsilon_2 \end{cases}$$

其中,ε_1,ε_2 分别为两种设备的测量误差,且

$$E[\varepsilon_1] = E[\varepsilon_2] = 0, E[\varepsilon_1^2] = \sigma_1^2, E[\varepsilon_2^2] = \sigma_2^2, E[\varepsilon_1\varepsilon_2] = 0$$

引入向量

$$\boldsymbol{Z} = \begin{bmatrix} z_1 \\ z_2 \end{bmatrix}, \boldsymbol{H} = \begin{bmatrix} 1 \\ 1 \end{bmatrix}, \boldsymbol{\varepsilon} = \begin{bmatrix} \varepsilon_1 \\ \varepsilon_2 \end{bmatrix}$$

则由加权最小二乘估计公式得:

$$\hat{a} = \boldsymbol{H}^{\mathrm{T}}\boldsymbol{\Sigma}^{-1}\boldsymbol{H}^{-1}\boldsymbol{H}^{\mathrm{T}}\boldsymbol{\Sigma}^{-1}\boldsymbol{Z}$$
$$= \left(\frac{1}{\sigma_1^2} + \frac{1}{\sigma_2^2}\right)^{-1}\left(\frac{1}{\sigma_1^2}z_1 + \frac{1}{\sigma_2^2}z_2\right)$$
$$= \frac{\sigma_2^2}{\sigma_1^2 + \sigma_2^2}z_1 + \frac{\sigma_1^2}{\sigma_1^2 + \sigma_2^2}z_2$$

这就是熟知的加权平均的表达式。此时估计的方差为

$$\mathrm{Var}[\hat{a}] = \boldsymbol{H}^{\mathrm{T}}\boldsymbol{\Sigma}^{-1}\boldsymbol{H}^{-1} = \frac{\sigma_1^2\sigma_2^2}{\sigma_1^2 + \sigma_1^2}$$

显然有:

$$\mathrm{Var}[\hat{a}] < \sigma_1^2$$
$$\mathrm{Var}[\hat{a}] < \sigma_2^2$$

因此,用加权平均比单独测量时的方差要小,也就是说,比单独用一种设备时提高了精度,可见,综合运用数据进行参数估计,充分利用测量设备,可以提高

估值的精度。

例 5.6 设未知参数向量为二维向量,今有三次观测值 z_1, z_2, z_3,如下:

$$\begin{cases} z_1 = 2 = x_1 + x_2 + \varepsilon_1 \\ z_2 = 1 = x_2 + \varepsilon_2 \\ z_3 = 4 = x_1 + 2x_2 + \varepsilon_3 \end{cases}$$

且观测方差为

$$\mathrm{Var}\begin{bmatrix} \varepsilon_1 \\ \varepsilon_2 \\ \varepsilon_3 \end{bmatrix} = \boldsymbol{\Sigma} = \begin{pmatrix} 1 & 0 & 0 \\ 0 & 1 & 0 \\ 0 & 0 & 1 \end{pmatrix}$$

即为等精度不相关观测。试确定 $\boldsymbol{X} = \begin{pmatrix} x_1 \\ x_2 \end{pmatrix}$ 的估计。

解:记

$$\boldsymbol{Z} = \begin{pmatrix} z_1 \\ z_2 \\ z_3 \end{pmatrix} = \begin{pmatrix} 2 \\ 1 \\ 4 \end{pmatrix}, \quad \boldsymbol{H} = \begin{pmatrix} 1 & 1 \\ 0 & 1 \\ 1 & 2 \end{pmatrix}$$

应用 LS 估计得

$$\hat{\boldsymbol{X}} = (\boldsymbol{H}^{\mathrm{T}}\boldsymbol{H})^{-1}\boldsymbol{H}^{\mathrm{T}}\boldsymbol{Z} = \begin{pmatrix} 1 \\ \dfrac{4}{3} \end{pmatrix}$$

估计的方差为

$$\mathrm{Var}[\hat{\boldsymbol{X}}] = (\boldsymbol{H}^{\mathrm{T}}\boldsymbol{H})^{-1} = \begin{pmatrix} 2 & -1 \\ -1 & \dfrac{2}{3} \end{pmatrix}$$

5.3 递推最小二乘估计

最小二乘估计式(5.2.5)和式(5.2.6)的形式虽然简洁,但如果观测数据增加时,$\hat{\boldsymbol{x}}_{\mathrm{LS}}$就要重新计算,这在计算上是不方便的。当新的实验数据能够连续提供时,我们希望用这些新的信息来改进原来的参数估计。因此可对式(5.2.5)和式(5.2.6)所示的基本最小二乘解推导出一个递推算法,并称其为递推最小二乘(Recursive Least Square)估计。其特点是估计值可以不断刷新,而不必重复对式(5.2.5)和式(5.2.6)中的矩阵求逆。递推估计也称为序贯估计或在线估计。因此,递推最小二乘(RLS)估计也称为序贯最小二乘估计或在线最小二乘估计。可在下列模型之下讨论递推最小二乘估计问题。

观测模型为

$$z_i = b_{i1}\theta_1 + b_{i2}\theta_2 + \cdots + b_{im}\theta_m + \varepsilon_i, \quad i = 1, 2, \cdots, n \tag{5.3.1}$$

且

$$E[\varepsilon_i] = 0, \quad \mathrm{Var}[\varepsilon_i] = \sigma_i^2$$
$$E[\varepsilon_i \varepsilon_j] = 0, \quad i \neq j$$

记

$$\boldsymbol{X} = [\theta_1 \quad \theta_2 \quad \cdots \quad \theta_m]^{\mathrm{T}}$$
$$\boldsymbol{B}_i = [b_{i1} \quad b_{i2} \quad \cdots \quad b_{im}]^{\mathrm{T}}$$

则式(5.3.1)可表示为

$$z_i = \boldsymbol{B}_i^{\mathrm{T}}\boldsymbol{X} + \varepsilon_i, \quad i = 1, 2, \cdots, n \tag{5.3.2}$$

进一步记

$$\overline{\boldsymbol{Z}}_n = \begin{bmatrix} z_1 \\ \vdots \\ z_n \end{bmatrix}, \quad \overline{\boldsymbol{\varepsilon}}_n = \begin{bmatrix} \varepsilon_1 \\ \vdots \\ \varepsilon_n \end{bmatrix}, \quad \boldsymbol{H}_n = \begin{bmatrix} \boldsymbol{B}_1^{\mathrm{T}} \\ \vdots \\ \boldsymbol{B}_m^{\mathrm{T}} \end{bmatrix}$$

则联合观测模型可记为

$$\overline{\boldsymbol{Z}}_n = \boldsymbol{H}_n\boldsymbol{X} + \overline{\boldsymbol{\varepsilon}}_n \tag{5.3.3}$$

且

$$\mathrm{Var}[\overline{\boldsymbol{\varepsilon}}_n] \triangleq \boldsymbol{R}_n = \begin{bmatrix} \sigma_1^2 & & 0 \\ & \ddots & \\ 0 & & \sigma_n^2 \end{bmatrix}$$

记 n 次观测后,未知参数 $\boldsymbol{X}$ 的 LS 估计为 $\hat{\boldsymbol{X}}_n$,则

$$\begin{aligned} \hat{\boldsymbol{X}}_n &= (\boldsymbol{H}_n^{\mathrm{T}}\boldsymbol{R}_n^{-1}\boldsymbol{H}_n)^{-1}\boldsymbol{H}_n^{\mathrm{T}}\boldsymbol{R}_n^{-1}\overline{\boldsymbol{Z}}_n \\ &= \left(\sum_{i=1}^{n} \frac{1}{\sigma_i^2}\boldsymbol{B}_i\boldsymbol{B}_i^{\mathrm{T}}\right)^{-1} \sum_{i=1}^{n} \frac{1}{\sigma_i^2}\boldsymbol{B}_i z_i \end{aligned} \tag{5.3.4}$$

如果是等精度观测,即 $\sigma_i^2 = \sigma^2, i = 1, \cdots, n$,则

$$\hat{\boldsymbol{X}}_n = (\sum_{i=1}^{n} \boldsymbol{B}_i\boldsymbol{B}_i^{\mathrm{T}})^{-1} \sum_{i=1}^{n} \boldsymbol{B}_i z_i \tag{5.3.5}$$

对于式(5.3.4)记

$$\boldsymbol{W}_n = \sum_{i=1}^{n} \frac{1}{\sigma_i^2}\boldsymbol{B}_i\boldsymbol{B}_i^{\mathrm{T}} \tag{5.3.6}$$

则

$$\boldsymbol{W}_n = \boldsymbol{W}_{n-1} + \frac{1}{\sigma_n^2}\boldsymbol{B}_n\boldsymbol{B}_n^{\mathrm{T}} \tag{5.3.7}$$

$$\hat{\boldsymbol{X}}_{n-1} = \boldsymbol{W}_{n-1}^{-1}\sum_{i=1}^{n-1}\frac{1}{\sigma_i^2}\boldsymbol{B}_i z_i \tag{5.3.8}$$

即

$$\boldsymbol{W}_{n-1}\hat{\boldsymbol{X}}_{n-1} = \sum_{i=1}^{n-1}\frac{1}{\sigma_i^2}\boldsymbol{B}_i z_i \tag{5.3.9}$$

于是

$$\begin{aligned}
\hat{\boldsymbol{X}}_n &= \boldsymbol{W}_n^{-1}\sum_{i=1}^{n}\frac{1}{\sigma_i^2}\boldsymbol{B}_i z_i \\
&= \boldsymbol{W}_n^{-1}\left(\sum_{i=1}^{n}\frac{1}{\sigma_i^2}\boldsymbol{B}_i z_i + \frac{1}{\sigma_n^2}\boldsymbol{B}_n z_n\right) \\
&= \boldsymbol{W}_n^{-1}\left(\boldsymbol{W}_{n-1}\hat{\boldsymbol{X}}_{n-1} + \frac{1}{\sigma_n^2}\boldsymbol{B}_n z_n\right) \\
&= \boldsymbol{W}_n^{-1}\left[\left(\boldsymbol{W}_n - \frac{1}{\sigma_n^2}\boldsymbol{B}_n\boldsymbol{B}_n^{\mathrm{T}}\right)\hat{\boldsymbol{X}}_{n-1} + \frac{1}{\sigma_n^2}\boldsymbol{B}_n z_n\right] \\
&= \boldsymbol{W}_n^{-1}\left[\boldsymbol{W}_n\hat{\boldsymbol{X}}_{n-1} + \frac{1}{\sigma_n^2}\boldsymbol{B}_n(z_n - \boldsymbol{B}_n^{\mathrm{T}}\hat{\boldsymbol{X}}_{n-1})\right] \\
&= \hat{\boldsymbol{X}}_{n-1} + \frac{1}{\sigma_n^2}\boldsymbol{W}_n^{-1}\boldsymbol{B}_n(z_n - \boldsymbol{B}_n^{\mathrm{T}}\hat{\boldsymbol{X}}_{n-1})
\end{aligned} \tag{5.3.10}$$

综合式(5.3.10)与式(5.3.7)得模型式(5.3.2)中参数 $\boldsymbol{X}$ 的递推估计算法：

$$\begin{cases}\hat{\boldsymbol{X}}_n = \hat{\boldsymbol{X}}_{n-1} + \dfrac{1}{\sigma_n^2}\boldsymbol{W}_n^{-1}\boldsymbol{B}_n(z_n - \boldsymbol{B}_n^{\mathrm{T}}\hat{\boldsymbol{X}}_{n-1}) \\ \boldsymbol{W}_n = \boldsymbol{W}_{n-1} + \dfrac{1}{\sigma_n^2}\boldsymbol{B}_n\boldsymbol{B}_n^{\mathrm{T}}\end{cases} \tag{5.3.11}$$

对于式(5.3.11)，在第 $n-1$ 个观测时刻只须存储 $\hat{\boldsymbol{X}}_{n-1}$ 和 $\boldsymbol{W}_{n-1}$，其他的历史数据都可以抛弃，然后根据第 n 个观测时刻的观测值及其观测误差方差即可求得第 n 个观测时刻的 $\hat{\boldsymbol{X}}_n$ 和 $\boldsymbol{W}_n$，充分体现了“获得新的观测信息时，实时地刷新原有估计”的这一思想。

递推算法式(5.3.11)每递推一步都得进行一次 m 阶方阵求逆的运算，在运用时仍有不方便之处，下面给出式(5.3.11)的另一种等价的形式。

引入

$$\boldsymbol{P}_n = \boldsymbol{W}_n^{-1} \tag{5.3.12}$$

用 $\boldsymbol{P}_n,\boldsymbol{P}_{n-1}$代替式(5.3.11)中的 $\boldsymbol{W}_n,\boldsymbol{W}_{n-1}$，需要应用矩阵求逆引理。

引理 5.1 假设矩阵 $\boldsymbol{A},\boldsymbol{B},\boldsymbol{C},\boldsymbol{D}$ 的维数使得 $\boldsymbol{BCD}$ 和 $\boldsymbol{A}+\boldsymbol{BCD}$ 存在，且 $\boldsymbol{A},\boldsymbol{C}$

为可逆的方阵,于是有

$$(\boldsymbol{A}+\boldsymbol{BCD})^{-1}=\boldsymbol{A}^{-1}-\boldsymbol{A}^{-1}\boldsymbol{B}(\boldsymbol{DA}^{-1}\boldsymbol{B}+\boldsymbol{C}^{-1})^{-1}\boldsymbol{DA}^{-1} \tag{5.3.13}$$

证明:

$$\begin{aligned}
&\boldsymbol{A}+\boldsymbol{BCD}[\boldsymbol{A}^{-1}-\boldsymbol{A}^{-1}\boldsymbol{B}(\boldsymbol{DA}^{-1}\boldsymbol{B}+\boldsymbol{C}^{-1})^{-1}\boldsymbol{DA}^{-1}]\\
&=\boldsymbol{I}+\boldsymbol{BCDA}^{-1}-\boldsymbol{B}(\boldsymbol{DA}^{-1}\boldsymbol{B}+\boldsymbol{C}^{-1})\boldsymbol{DA}^{-1}-\boldsymbol{BCDA}^{-1}\boldsymbol{B}(\boldsymbol{DA}^{-1}\boldsymbol{B}+\boldsymbol{C}^{-1})^{-1}\boldsymbol{DA}^{-1}\\
&=\boldsymbol{I}+\boldsymbol{BCDA}^{-1}-\boldsymbol{B}(\boldsymbol{CDA}^{-1}\boldsymbol{B}+\boldsymbol{I})(\boldsymbol{DA}^{-1}\boldsymbol{B}+\boldsymbol{C}^{-1})^{-1}\boldsymbol{DA}^{-1}\\
&=\boldsymbol{I}+\boldsymbol{BCDA}^{-1}-\boldsymbol{BC}(\boldsymbol{DA}^{-1}\boldsymbol{B}+\boldsymbol{C}^{-1})(\boldsymbol{DA}^{-1}\boldsymbol{B}+\boldsymbol{C}^{-1})^{-1}\boldsymbol{DA}^{-1}\\
&=\boldsymbol{I}+\boldsymbol{BCDA}^{-1}-\boldsymbol{BCDA}^{-1}\\
&=\boldsymbol{I}
\end{aligned}$$

证毕。

应用式(5.3.13)求:

$$\boldsymbol{P}_n=\left(\boldsymbol{P}_{n-1}^{-1}+\boldsymbol{B}_n\frac{1}{\sigma_n^2}\boldsymbol{B}_n^{\mathrm{T}}\right)^{-1}$$

在式(5.3.13)中取 $\boldsymbol{A}=\boldsymbol{P}_{n-1}^{-1},\boldsymbol{B}=\boldsymbol{B}_n,\boldsymbol{C}=1/\sigma_n^2,\boldsymbol{D}=\boldsymbol{B}_n^{\mathrm{T}}$,得

$$\boldsymbol{P}_n=\boldsymbol{P}_{n-1}-\boldsymbol{B}_n(\boldsymbol{B}_n^{\mathrm{T}}\boldsymbol{P}_{n-1}\boldsymbol{B}_n+\sigma_n^2)^{-1}\boldsymbol{B}_n^{\mathrm{T}}\boldsymbol{P}_{n-1}$$

注意到,$\boldsymbol{B}_n^{\mathrm{T}}\boldsymbol{P}_{n-1}\boldsymbol{B}_n+\sigma_n^2$ 为 1×1 的矩阵,故

$$\boldsymbol{P}_n=\boldsymbol{P}_{n-1}-\frac{\boldsymbol{P}_{n-1}\boldsymbol{B}_n\boldsymbol{B}_n^{\mathrm{T}}\boldsymbol{P}_{n-1}}{\sigma_n^2+\boldsymbol{B}_n^{\mathrm{T}}\boldsymbol{P}_{n-1}\boldsymbol{B}_n} \tag{5.3.14}$$

于是,式(5.3.11)中记

$$\begin{aligned}
\boldsymbol{K}_n&\triangleq\frac{1}{\sigma_n^2}\boldsymbol{W}_n^{-1}\boldsymbol{B}_n\\
&=\frac{1}{\sigma_n^2}\boldsymbol{P}_n\boldsymbol{B}_n\\
&=\frac{1}{\sigma_n^2}\left(\boldsymbol{P}_{n-1}-\frac{\boldsymbol{P}_{n-1}\boldsymbol{B}_n\boldsymbol{B}_n^{\mathrm{T}}\boldsymbol{P}_{n-1}}{\sigma_n^2+\boldsymbol{B}_n^{\mathrm{T}}\boldsymbol{P}_{n-1}\boldsymbol{B}_n}\right)\boldsymbol{B}_n\\
&=\frac{\boldsymbol{P}_{n-1}\boldsymbol{B}_n}{\sigma_n^2+\boldsymbol{B}_n^{\mathrm{T}}\boldsymbol{P}_{n-1}\boldsymbol{B}_n}
\end{aligned} \tag{5.3.15}$$

进而,式(5.3.14)可表示为

$$\boldsymbol{P}_n=\boldsymbol{P}_{n-1}-\boldsymbol{K}_n\boldsymbol{B}_n^{\mathrm{T}}\boldsymbol{P}_{n-1}=(\boldsymbol{I}-\boldsymbol{K}_n\boldsymbol{B}_n^{\mathrm{T}})\boldsymbol{P}_{n-1} \tag{5.3.16}$$

因此,对于模型(5.3.2)有如下递推算法:

$$\begin{cases}
\hat{\boldsymbol{X}}_n=\hat{\boldsymbol{X}}_{n-1}+\boldsymbol{K}_n(z_n-\boldsymbol{B}_n^{\mathrm{T}}\hat{\boldsymbol{X}}_{n-1})\\
\boldsymbol{K}_n=\dfrac{\boldsymbol{P}_{n-1}\boldsymbol{B}_n}{\sigma_n^2+\boldsymbol{B}_n^{\mathrm{T}}\boldsymbol{P}_{n-1}\boldsymbol{B}_n}
\end{cases} \tag{5.3.17}$$

式(5.3.17)与式(5.3.11)是递推最小二乘(RLS)估计算法的两种形式。由于式(5.3.17)不需进行矩阵求逆运算,因而比式(5.3.11)更为方便。式(5.3.17)的计算流程可用图5.1表示。

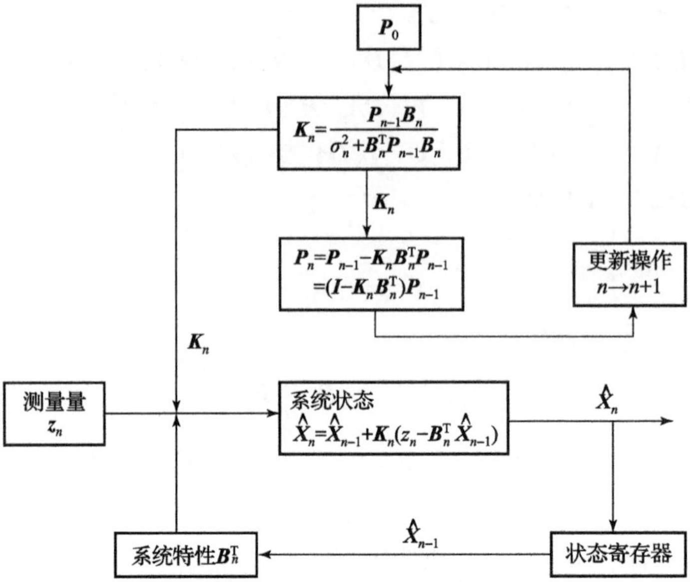

图5.1 RLS估计计算框图

对于式(5.3.17)再作如下说明:

(1)当在时刻t_{n-1}已经算好了$\hat{\boldsymbol{X}}_{n-1}$和$\boldsymbol{P}_{n-1}$之后,式(5.3.17)可以非常方便地获得$\hat{\boldsymbol{X}}_n$和$\boldsymbol{P}_n$,可以看出,为求第$n$个时刻观测后的未知参数估计$\hat{\boldsymbol{X}}_n$,只须将第$n-1$时刻的估计值$\hat{\boldsymbol{X}}_{n-1}$加以修正即可,这个修正项为

$$\boldsymbol{K}_n(z_n-\boldsymbol{B}_n^{\mathrm{T}}\hat{\boldsymbol{X}}_{n-1})=\Delta\hat{\boldsymbol{X}}_n$$

非常明显,它依赖于t_n时刻的观测值z_n和观测方差σ_n^2以及前一时刻的估计$\hat{\boldsymbol{X}}_{n-1}$和估计误差方差$\boldsymbol{P}_{n-1}$。$\Delta\hat{\boldsymbol{X}}_n$的计算比非递推LS估计方法去计算$\boldsymbol{X}_{n-1}$要方便得多。它避免了矩阵求逆运算,而且由于运用了递推算法,它不用存储历史数据,特别适用于计算机编程运算。因此,这种方法常被应用于实时跟踪等一类问题中。

(2)递推运算中,必须首先给出初始运算条件$\hat{\boldsymbol{X}}_0$及$\boldsymbol{P}_0$。它可以这样给出,在开头的几个时刻,采用非递推的最小二乘公式。例如已经获得了观测数据z_k,及观测方差σ_k^2,$k=1,2,\cdots,t_0$,则有

$$\boldsymbol{P}(t_0)=\left(\sum_{k=1}^{t_0}\frac{1}{\sigma_k^2}\boldsymbol{B}_k\boldsymbol{B}_k^{\mathrm{T}}\right)^{-1}$$

$$\hat{\boldsymbol{X}}(t_0) = \boldsymbol{P}(t_0)\sum_{k=1}^{t_0}\frac{1}{\sigma_k^2}\boldsymbol{B}_k\boldsymbol{Z}_k$$

上两式中，t_0 不一定取得太大，只要保证矩阵可以求逆即可。以 $\hat{\boldsymbol{X}}(t_0)$，$\boldsymbol{P}(t_0)$ 作为递推运算的起始条件，即令 $\hat{\boldsymbol{X}}_0 = \hat{\boldsymbol{X}}(t_0)$，$\boldsymbol{P}_0 = \boldsymbol{P}(t_0)$，往后的计算就可以用式(5.3.17)进行。

(3)递推 LS 估计的渐近特性在所给的模型假设下，当 $n\to\infty$时，$\hat{\boldsymbol{X}}_n\to\boldsymbol{X}$，事实上，

$$\begin{aligned}\hat{\boldsymbol{X}}_n &= \left(\sum_{i=1}^{n}\frac{1}{\sigma_i^2}\boldsymbol{B}_i\boldsymbol{B}_i^{\mathrm{T}}\right)^{-1}\sum_{i=1}^{n}\boldsymbol{B}_i\boldsymbol{z}_i\\ &= \left(\sum_{i=1}^{n}\frac{1}{\sigma_i^2}\boldsymbol{B}_i\boldsymbol{B}_i^{\mathrm{T}}\right)^{-1}\left(\sum_{i=1}^{n}\frac{1}{\sigma_k^2}\boldsymbol{B}_i\boldsymbol{B}_i^{\mathrm{T}}\boldsymbol{X} + \sum_{i=1}^{n}\frac{1}{\sigma_i^2}\boldsymbol{B}_i\boldsymbol{\varepsilon}_i\right)\\ &= \boldsymbol{X} + \left(\frac{1}{n}\sum_{i=1}^{n}\frac{1}{\sigma_i^2}\boldsymbol{B}_i\boldsymbol{B}_i^{\mathrm{T}}\right)^{-1}\left(\frac{1}{n}\sum_{i=1}^{n}\frac{1}{\sigma_i^2}\boldsymbol{B}_i\boldsymbol{\varepsilon}_i\right)\end{aligned}$$

当 n 很大时，$\frac{1}{n}\sum_{i=1}^{n}\frac{1}{\sigma_i^2}\boldsymbol{B}_i\boldsymbol{\varepsilon}_i$ 趋于其均值，而模型假设 $\boldsymbol{B}_i$ 为确定量，$\boldsymbol{\varepsilon}_i$ 为零均值的随机噪声，于是有 $\frac{1}{n}\sum_{i=1}^{n}\frac{1}{\sigma_i^2}\boldsymbol{B}_i\boldsymbol{\varepsilon}_i\to 0$；另一方面，$n$ 很大时，$\left(\frac{1}{n}\sum_{i=1}^{n}\frac{1}{\sigma_i^2}\boldsymbol{B}_i\boldsymbol{B}_i^{\mathrm{T}}\right)^{-1}$ 存在且有界，因此 $\hat{\boldsymbol{X}}_n$ 随 n 的增大渐近收敛于其真值 $\boldsymbol{X}$。

例 5.7 续例 5.6 用递推 LS 估计算法求未知参数的估计。先计算初始运算条件。它可以根据开头二次测量数据求得。

解：注意到

$$\boldsymbol{B}_1 = \begin{pmatrix}1\\1\end{pmatrix},\boldsymbol{B}_2 = \begin{pmatrix}0\\1\end{pmatrix}$$

$$\boldsymbol{P}_2 = (\boldsymbol{B}_1\boldsymbol{B}_1^{\mathrm{T}} + \boldsymbol{B}_2\boldsymbol{B}_2^{\mathrm{T}})^{-1} = \begin{pmatrix}1 & 1\\1 & 2\end{pmatrix}^{-1} = \begin{pmatrix}2 & -1\\-1 & 1\end{pmatrix}$$

$$\hat{\boldsymbol{X}}_2 = \boldsymbol{P}_2(\boldsymbol{B}_1 z_1 + \boldsymbol{B}_2 z_2) = \begin{pmatrix}2 & -1\\-1 & 1\end{pmatrix}\begin{pmatrix}2\\3\end{pmatrix} = \begin{pmatrix}1\\2\end{pmatrix}$$

往下的计算，应用递推公式：

$$\hat{\boldsymbol{X}}_3 = \hat{\boldsymbol{X}}_2 + \boldsymbol{K}_3(z_3 - \boldsymbol{B}_3^{\mathrm{T}}\hat{\boldsymbol{X}}_2)$$
$$\boldsymbol{K}_3 = \boldsymbol{P}_2\boldsymbol{B}_3/(\sigma_3^2 + \boldsymbol{B}_3^{\mathrm{T}}\boldsymbol{P}_2\boldsymbol{B}_3)$$
$$\boldsymbol{P}_3 = (\boldsymbol{I} - \boldsymbol{K}_3\boldsymbol{B}_3^{\mathrm{T}})\boldsymbol{P}_2$$

为此，先计算 $\boldsymbol{K}_3$，注意到 $\sigma_3^2 = 1$，$\boldsymbol{B}_3 = [1,2]^{\mathrm{T}}$，于是

$$\boldsymbol{K}_3 = \begin{pmatrix}2 & -1\\-1 & 1\end{pmatrix}\begin{pmatrix}1\\2\end{pmatrix}\Big/\left(1 + (1\quad 2)\begin{pmatrix}2 & -1\\-1 & 1\end{pmatrix}\begin{pmatrix}1\\2\end{pmatrix}\right)$$

$$=\frac{1}{3}\begin{pmatrix}0\\1\end{pmatrix}$$

$$\hat{\boldsymbol{X}}_3=\begin{pmatrix}1\\1\end{pmatrix}+\frac{1}{3}\begin{pmatrix}0\\1\end{pmatrix}\left(4-(1\quad 2)\begin{pmatrix}1\\1\end{pmatrix}\right)$$

$$=\begin{pmatrix}1\\1\end{pmatrix}+\frac{1}{3}\begin{pmatrix}0\\1\end{pmatrix}=\begin{pmatrix}1\\4/3\end{pmatrix}$$

$$\boldsymbol{P}_3=\begin{pmatrix}2&-1\\-1&1\end{pmatrix}-\frac{1}{3}\begin{pmatrix}0\\1\end{pmatrix}(1\quad 2)\begin{pmatrix}2&-1\\-1&1\end{pmatrix}=\begin{pmatrix}2&-1\\-1&2/3\end{pmatrix}$$

由上式可以看出,三次观测后,估值误差的方差较之二次观测后的误差有了一些改进。

本例中三次观测后获得的估值及估计误差方差与例 5.6 中非递推算法的结果是一致的。此处似乎看不出递推算法有多少好处,但是当观测数据较多而且不断增加时,递推算法就显示出明显的优越性,因为递推算法不用求逆矩阵,且计算过程具有循环程序的优点,这就加快了运算速度。

5.4 多维递推最小二乘估计

在 LS 递推估计式(5.3.17)中,每一时刻的观测 $\boldsymbol{Z}_k$ 为一纯量。如果它为向量:

$$\boldsymbol{Z}_k=\boldsymbol{H}_k\boldsymbol{X}+\boldsymbol{\varepsilon}_k,\quad k=1,2,\cdots,n \tag{5.4.1}$$

且

$$\mathrm{Var}[\boldsymbol{\varepsilon}_k]=E[\boldsymbol{\varepsilon}_k\boldsymbol{\varepsilon}_k^{\mathrm{T}}]=\boldsymbol{R}_k$$

$$E[\boldsymbol{\varepsilon}_j\boldsymbol{\varepsilon}_l^{\mathrm{T}}]=0,j\neq l$$

其中,$\boldsymbol{Z}_k$ 为 p 维的观测向量,$\boldsymbol{X}$ 为 m 维的参数向量,$\boldsymbol{H}_k$ 为 $p\times m$ 维的系数矩阵,$\boldsymbol{\varepsilon}_k$ 为 p 维的观测误差向量。为了获得 $\boldsymbol{X}$ 的递推 LS 解,记:

$$\overline{\boldsymbol{Z}}_n=\begin{pmatrix}Z_1\\\cdots\\Z_2\\\cdots\\\vdots\\\cdots\\Z_n\end{pmatrix},\quad \overline{\boldsymbol{\varepsilon}}_n=\begin{pmatrix}\varepsilon_1\\\cdots\\\varepsilon_2\\\cdots\\\vdots\\\cdots\\\varepsilon_n\end{pmatrix}$$

$$\overline{\boldsymbol{H}}_n=\begin{pmatrix}H_1\\ \cdots\\ H_2\\ \cdots\\ \vdots\\ \cdots\\ H_n\end{pmatrix},\ \overline{\boldsymbol{R}}_n=\begin{pmatrix}R_1&0&0&0\\0&R_2&0&0\\0&0&\ddots&0\\0&0&0&R_n\end{pmatrix}$$

则线性模型可写为

$$\overline{\boldsymbol{Z}}_n=\overline{\boldsymbol{H}}_n\boldsymbol{X}+\overline{\boldsymbol{\varepsilon}}_n \tag{5.4.2}$$

于是 $\boldsymbol{X}$ 的 LS 估计为

$$\hat{\boldsymbol{X}}_n=\left(\sum_{i=1}^{n}\overline{\boldsymbol{H}}_i^{\mathrm{T}}\overline{\boldsymbol{R}}_i^{-1}\overline{\boldsymbol{H}}_i\right)^{-1}\sum_{i=1}^{n}\overline{\boldsymbol{H}}_i^{\mathrm{T}}\overline{\boldsymbol{R}}_i^{-1}\overline{\boldsymbol{Z}}_i \tag{5.4.3}$$

将 $\overline{\boldsymbol{H}}_n,\overline{\boldsymbol{R}}_n,\overline{\boldsymbol{Z}}_n$ 按分块矩阵的形式代入式(5.4.3)得

$$\hat{\boldsymbol{X}}_n=\left(\sum_{i=1}^{n}\boldsymbol{H}_i^{\mathrm{T}}\boldsymbol{R}_i^{-1}\boldsymbol{H}_i\right)^{-1}\sum_{i=1}^{n}\boldsymbol{H}_i^{\mathrm{T}}\boldsymbol{R}_i^{-1}\boldsymbol{Z}_i \tag{5.4.4}$$

估计方差为

$$\begin{aligned}\boldsymbol{P}_n&=(\boldsymbol{H}_n^{\mathrm{T}}\overline{\boldsymbol{R}}_n^{-1}\overline{\boldsymbol{H}}_n)^{-1}\\&=\left(\sum_{i=1}^{n}\boldsymbol{H}_i^{\mathrm{T}}\boldsymbol{R}_i^{-1}\boldsymbol{H}_i\right)^{-1}\end{aligned} \tag{5.4.5}$$

下面推导 $\hat{\boldsymbol{X}}_n$ 的推递表示形式。

因为

$$\hat{\boldsymbol{X}}_{n-1}=\boldsymbol{P}_{n-1}\sum_{i=1}^{n-1}\boldsymbol{H}_i^{\mathrm{T}}\boldsymbol{R}_i^{-1}\boldsymbol{Z}_i$$

则

$$\sum_{i=1}^{n-1}\boldsymbol{H}_i^{\mathrm{T}}\boldsymbol{R}_i^{-1}\boldsymbol{Z}_i=(\boldsymbol{P}_n^{-1}-\boldsymbol{H}_n^{\mathrm{T}}\boldsymbol{R}_n^{-1}\boldsymbol{H}_n)$$

将上式代入式(5.4.3)得

$$\begin{aligned}\hat{\boldsymbol{X}}_n&=\boldsymbol{P}_n[(\boldsymbol{P}_n^{-1}-\boldsymbol{H}_n^{\mathrm{T}}\boldsymbol{R}_n^{-1}\boldsymbol{H}_n)\hat{\boldsymbol{X}}_{n-1}+\boldsymbol{H}_n^{\mathrm{T}}\boldsymbol{R}_n^{-1}\boldsymbol{Z}_n]\\&=\hat{\boldsymbol{X}}_{n-1}+\boldsymbol{P}_n\boldsymbol{H}_n^{\mathrm{T}}\boldsymbol{R}_n^{-1}(\boldsymbol{Z}_n-\boldsymbol{H}_n\hat{\boldsymbol{X}}_{n-1})\end{aligned} \tag{5.4.6}$$

于是递推算法可以写成

$$\begin{cases}\hat{\boldsymbol{X}}_n=\hat{\boldsymbol{X}}_{n-1}+\boldsymbol{K}_n(\boldsymbol{Z}_n-\boldsymbol{H}_n\hat{\boldsymbol{X}}_{n-1})\\ \boldsymbol{K}_n=\boldsymbol{P}_n\boldsymbol{H}_n^{\mathrm{T}}\boldsymbol{R}_n^{-1}\\ \boldsymbol{P}_n^{-1}=\boldsymbol{P}_{n-1}^{-1}+\boldsymbol{H}_n^{\mathrm{T}}\boldsymbol{R}_n^{-1}\boldsymbol{H}_n\end{cases} \tag{5.4.7}$$

利用矩阵求逆引理可得 $\boldsymbol{P}_n$ 的另一种表示：

$$\boldsymbol{P}_n = \boldsymbol{P}_{n-1} - \boldsymbol{P}_{n-1}\boldsymbol{H}_n^{\mathrm{T}}[\boldsymbol{H}_n\boldsymbol{P}_{n-1}\boldsymbol{H}_n^{\mathrm{T}} + \boldsymbol{R}_n]^{-1}\boldsymbol{H}_n\boldsymbol{P}_{n-1} \tag{5.4.8}$$

将式(5.4.8)代入式(5.4.6)得

$$\begin{aligned}\boldsymbol{K}_n &= \boldsymbol{P}_{n-1}\boldsymbol{H}_n^{\mathrm{T}}\boldsymbol{R}_n^{-1} - \boldsymbol{P}_{n-1}\boldsymbol{H}_n^{\mathrm{T}}[\boldsymbol{H}_n\boldsymbol{P}_{n-1}\boldsymbol{H}_n^{\mathrm{T}} + \boldsymbol{R}_n]^{-1}\boldsymbol{H}_n\boldsymbol{P}_{n-1}\boldsymbol{H}_n^{\mathrm{T}}\boldsymbol{R}_1^{-1}\\
&= \boldsymbol{P}_{n-1}\boldsymbol{H}_n^{\mathrm{T}}\boldsymbol{R}_n^{-1} - \boldsymbol{P}_{n-1}\boldsymbol{H}_n^{\mathrm{T}}[\boldsymbol{H}_n\boldsymbol{P}_{n-1}\boldsymbol{H}_n^{\mathrm{T}} + \boldsymbol{R}_n]^{-1}(\boldsymbol{H}_a\boldsymbol{P}_{n-1}\boldsymbol{H}_n^{\mathrm{T}} + \boldsymbol{R}_n - \boldsymbol{R}_n)\boldsymbol{R}_n^{-1}\\
&= \boldsymbol{P}_{n-1}\boldsymbol{H}_n^{\mathrm{T}}\boldsymbol{R}_n^{-1} - \boldsymbol{P}_{n-1}\boldsymbol{H}_n^{\mathrm{T}}[\boldsymbol{I} - (\boldsymbol{H}_n\boldsymbol{P}_{n-1}\boldsymbol{H}_n^{\mathrm{T}} + \boldsymbol{R}_n)^{-1}\boldsymbol{R}_n]\boldsymbol{R}_n^{-1}\\
&= \boldsymbol{P}_{n-1}\boldsymbol{H}_n^{\mathrm{T}}[\boldsymbol{H}_n\boldsymbol{P}_{n-1}\boldsymbol{H}_n^{\mathrm{T}} + \boldsymbol{R}_n]^{-1}\end{aligned} \tag{5.4.9}$$

于是可得多维递推 LS 估计的另一种形式：

$$\begin{cases}\hat{\boldsymbol{X}}_n = \hat{\boldsymbol{X}}_{n-1} + \boldsymbol{K}_n(\boldsymbol{Z}_n - \boldsymbol{H}_n\hat{\boldsymbol{X}}_{n-1})\\
\boldsymbol{K}_n = \boldsymbol{P}_{n-1}\boldsymbol{H}_n^{\mathrm{T}}[\boldsymbol{H}_n\boldsymbol{P}_{n-1}\boldsymbol{H}_n^{\mathrm{T}} + \boldsymbol{R}_n]^{-1}\\
\boldsymbol{P}_n = (\boldsymbol{I} - \boldsymbol{K}_n\boldsymbol{H}_n)\boldsymbol{P}_{n-1}\end{cases} \tag{5.4.10}$$

例 5.8 人造地球卫星的轨道改进问题。

轨道改进的任务是利用多圈的光学测量或无线电观测的资料，在考虑摄动的情况下，计算出某个时刻的初始轨道根数的改正量，从而获得精度较高的轨道根数，它所依据的方法是轨道摄动理论和最小二乘估计法。观测资料一般有如下几种：光学资料，观测的量为赤经 α、赤纬 δ；雷达测量资料，观测的量为斜矩 ρ、方位角 A 及高低 E(或者 ρ,α,δ)；多普勒测频资料，观测的量为频率 f(或 ρ)。

首先指出：对于任意一种观测矢量 $\boldsymbol{Z}$ 来说，它总可以表示为六个轨道根数所组成的状态向量 $\boldsymbol{X}$ 的函数，即

$$\boldsymbol{Z} = h(\boldsymbol{X})$$

其中：

$$\boldsymbol{X} = \begin{pmatrix} a\\ e\\ \omega\\ \Omega\\ i\\ M\end{pmatrix}$$

式中：a 为椭圆轨道的长半轴；e 为椭圆轨道的偏心率；ω 为升交点至近地点的角距；Ω 为春分点至升交点的角距；i 为轨道倾角；M 为平近点角。以雷达观测为例，有

$$\begin{cases}x - X = \rho\cos\delta\cos\alpha\\ y - Y = \rho\cos\delta\sin\alpha\\ z - Z = \rho\sin\delta\end{cases}$$

其中，(x,y,z)为卫星在地心赤道坐标系内的位置，(X,Y,Z)为测站坐标，ρ为卫星对于测站的斜距，α,δ为赤经、赤纬。如图5.2所示。于是

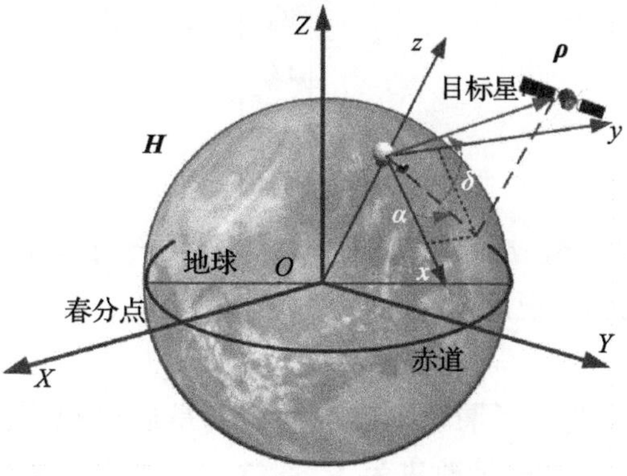

图5.2　卫星观测坐标图示

$$
\begin{cases}
\rho = \sqrt{(x-X)^2 + (y-Y)^2 + (z-Z)^2} \\
\alpha = \operatorname{ctg} \dfrac{y-Y}{x-X} \\
\delta = \arcsin \dfrac{z-Z}{\rho}
\end{cases}
$$

此外

$$\bar{r} = a(\cos E - e)\bar{P} + a\sqrt{1-e^2}\sin E\bar{Q}$$

其中，$\bar{r}$ 的投影为 x,y,z 即 $\bar{r} = \{x,y,z\}$，而 $\bar{P},\bar{Q}$ 的投影表示为

$$
\begin{aligned}
\bar{P} = \{ & \cos\omega\cos\Omega - \sin\omega\sin\Omega\cos i, \\
& \cos\omega\sin\Omega + \sin\omega\cos\Omega\cos i, \sin\omega\sin i\}
\end{aligned}
$$

$$
\begin{aligned}
\bar{Q} = \{ & -\sin\omega\cos\Omega - \cos\omega\sin\Omega\cos i, \\
& -\sin\omega\sin\Omega + \cos\omega\cos\Omega\cos i, \cos\omega\sin i\}
\end{aligned}
$$

这样，将 $\bar{r},\bar{P},\bar{Q}$ 的上述关系式代入观测方程，即可知道 ρ,α,δ 为六个轨道根数的函数，即

$$\boldsymbol{Z} = h(\boldsymbol{X})$$

有了上述这些关系，可记观测方程为

$$\boldsymbol{Z}_i = h(\boldsymbol{X}) + \boldsymbol{V}_i, \quad i = 1,2,\cdots,k$$

其中，$\boldsymbol{V}_i$ 为观测误差向量，它的协方差矩阵记作 $\boldsymbol{R}_i$，在初轨的计算中，已经得到了初始轨道根数 $a_c,e_c,\omega_c,i_c,M_c,\Omega_c$，记

$$X_c=\begin{pmatrix}a_c\\e_c\\\omega_c\\\Omega_c\\i_c\\M_c\end{pmatrix}$$

即 $\boldsymbol{X}_c$ 为初始轨道根数组成的状态向量。在卫星飞行过程中，实际的轨道根数向量 $\boldsymbol{X}$ 与 $\boldsymbol{X}_c$ 是有差别的，记此偏差为

$$\Delta\boldsymbol{X}=\boldsymbol{X}-\boldsymbol{X}_c$$

且认为 $\Delta\boldsymbol{X}$ 是微小偏差。所谓轨道改进问题就是通过观测，将偏差量 $\Delta\boldsymbol{X}$ 估计出来，从而对 $\boldsymbol{X}_c$ 加以改进(即改进为 $\boldsymbol{X}_c+\Delta\boldsymbol{X}$)，以得出比较精确的轨道根数。

为此，先将 $h(\boldsymbol{X})$ 在 $\boldsymbol{X}_c$ 近旁线性化，此时有

$$h(\boldsymbol{X})=h(\boldsymbol{X}_c)+\left.\frac{\partial h}{\partial\boldsymbol{X}^{\mathrm{T}}}\right|_{X=X_c}\Delta\boldsymbol{X}+o(\Delta\boldsymbol{X})+\boldsymbol{V}_i$$

其中，$\frac{\partial h}{\partial\boldsymbol{X}^{\mathrm{T}}}$为 h 关于 $\boldsymbol{X}$ 的 Jacobi 矩阵。在雷达测量中，它为

$$\frac{\partial h}{\partial\boldsymbol{X}^{\mathrm{T}}}=\begin{pmatrix}\frac{\partial\rho}{\partial a}&\frac{\partial\rho}{\partial e}&\frac{\partial\rho}{\partial\omega}&\frac{\partial\rho}{\partial\Omega}&\frac{\partial\rho}{\partial i}&\frac{\partial\rho}{\partial M}\\\frac{\partial\alpha}{\partial a}&\frac{\partial\alpha}{\partial e}&\frac{\partial\alpha}{\partial\omega}&\frac{\partial\alpha}{\partial\Omega}&\frac{\partial\alpha}{\partial i}&\frac{\partial\alpha}{\partial M}\\\frac{\partial\delta}{\partial a}&\frac{\partial\delta}{\partial e}&\frac{\partial\delta}{\partial\omega}&\frac{\partial\delta}{\partial\Omega}&\frac{\partial\delta}{\partial\hat{l}}&\frac{\partial\delta}{\partial M}\end{pmatrix}$$

记

$$\left.\frac{\partial h}{\partial\boldsymbol{X}^{\mathrm{T}}}\right|_{X=X_c}=H_c$$

$$h(\boldsymbol{X})-h(\boldsymbol{X}_c)=\Delta\boldsymbol{Z}$$

则

$$\begin{aligned}\Delta\boldsymbol{Z}_i&=\boldsymbol{Z}_i-h(\boldsymbol{X}_c)=h(\boldsymbol{X})+\boldsymbol{V}_i-h(\boldsymbol{X}_c)\\&\approx\boldsymbol{H}_c\Delta\boldsymbol{X}+\boldsymbol{V}_i,\quad i=1,2,\cdots,k\end{aligned}$$

于是组成了 $\Delta\boldsymbol{Z}_i$ 关于 $\Delta\boldsymbol{X}$ 的一个线性观测模型，此时可以用最小二乘法估计 $\Delta\boldsymbol{X}$，它使残差平方和 S^2 取最小值 Min，即

$$S^2=\sum_{i=1}^{k}(\Delta\boldsymbol{Z}_i-\boldsymbol{H}_c\Delta\boldsymbol{X})^{\mathrm{T}}R_i^{-1}(\Delta\boldsymbol{Z}_i-\boldsymbol{H}_c\Delta\boldsymbol{X})=\mathrm{Min}$$

用第一节中同样的方法，可以求得 $\Delta\boldsymbol{X}$ 的最小二乘估计为

$$\Delta\hat{X} = \left(\sum_{i=1}^{k} \boldsymbol{H}_{c}^{T}\boldsymbol{R}_{i}^{-1}\boldsymbol{H}_{c}\right)^{-1} \sum_{i=1}^{k} \boldsymbol{H}_{c}^{T}\boldsymbol{R}_{i}^{-1}\Delta\boldsymbol{Z}_{i}$$

估值误差的协方差矩阵为

$$\boldsymbol{P} = \left[\sum_{i=1}^{k} \boldsymbol{H}_{c}^{T}\boldsymbol{R}_{i}^{-1}\boldsymbol{H}_{c}\right]^{-1}$$

获得了 $\Delta\boldsymbol{X}$ 以后,可得新的轨道根数为

$$\boldsymbol{X} = \boldsymbol{X}_{c} + \Delta\hat{\boldsymbol{X}}$$

这个方法就是在测轨中常用的所谓最小二乘轨道改进方法。这里只是叙述了解此问题的思想方法,下一节将给出卫星轨道确定的详细过程。

5.5 应用实例:基于最小二乘的卫星轨道确定

轨道确定是指利用地基或天基测量,结合卫星运动的测量信息和运动方程,使用估计算法计算精确的卫星轨道。卫星定轨是基于统计学原理的参数估计过程,其中涉及三个关键因素:一是能精确描述卫星运动状态的状态模型(动力学模型和运动学模型),即能准确表征卫星在实际力作用下的运动现实;二是精确建模的观测模型,包括几何模型和误差(系统误差和随机误差)模型,即能表征测轨数据的真实几何测量并能描述测轨数据的可信程度;三是最优参数估计方法,即在某种应用需求的准则下使得估计轨道在状态模型和观测模型间达到最佳拟合。

对于轨道确定问题,其动力学模型和观测模型通常都不是十分精确。轨道估计的基本问题就是针对一个并非精确已知的动力学过程,使用带有随机误差的观测数据,以某种意义下的最佳估计方法,求解轨道状态参数。对于非线性的轨道动力学方程,常常在参考状态 $\boldsymbol{X}^*$ 处作线性化展开,问题转化为求解相对于参考轨道的最佳改进值 $\delta\hat{\boldsymbol{X}}$,因而又称为轨道改进。轨道确定的基本流程如图 5.3 所示。

5.5.1 轨道确定的动力学模型

卫星在围绕地球运动的过程中会受到多种作用力的影响。总的来讲,这些作用力可分为两大类:一类为保守力,另一类为耗散力。保守力包括地球引力,日、月、行星对卫星的引力以及地球的潮汐现象导致的引力场变化等;耗散力包括大气阻力、太阳辐射、地球红外辐射对卫星造成的压力以及卫星姿态控制的动力等。在惯性坐标系中,应用牛顿第二定律可得到运动方程如下:

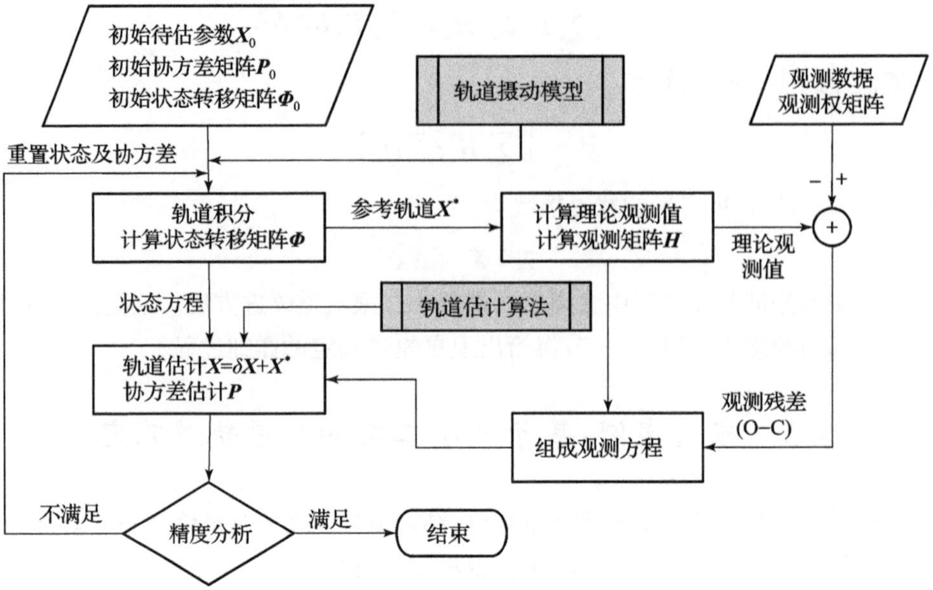

图 5.3　轨道确定的基本流程

$$\ddot{\boldsymbol{r}} = \boldsymbol{f}_{TB} + \boldsymbol{f}_{NS} + \boldsymbol{f}_{NBS} + \boldsymbol{f}_{NBL} + \boldsymbol{f}_{TD} + \boldsymbol{f}_{RL} + \boldsymbol{f}_{SR} + \boldsymbol{f}_{AL} + \boldsymbol{f}_{DG} + \boldsymbol{f}_{TH} + \boldsymbol{w} \quad (5.5.1)$$

式中：$\boldsymbol{r}$ 为卫星在惯性坐标系中的位置矢量；$\ddot{\boldsymbol{r}}$ 为卫星在惯性坐标系中的加速度矢量。式(5.5.1)右端为作用在卫星单位质量上的力，包括：二体问题作用力 $\boldsymbol{f}_{TB}$，即地心对卫星的引力；日、月引力 $\boldsymbol{f}_{NBS}$、$\boldsymbol{f}_{NBL}$；地球非球形部分对卫星的引力 $\boldsymbol{f}_{NS}$；地球形变摄动力 $\boldsymbol{f}_{TD}$，包括固体潮、海潮、大气潮汐；相对论效应对卫星运动的影响 $\boldsymbol{f}_{RL}$；太阳辐射对卫星造成的压力 $\boldsymbol{f}_{SR}$；地球红外辐射和地球反射太阳光对卫星产生的压力 $\boldsymbol{f}_{AL}$；地球大气对卫星的阻力 $\boldsymbol{f}_{DG}$；卫星姿态控制的动力 $\boldsymbol{f}_{TH}$；作用在卫星上的其他作用力 $\boldsymbol{w}$。

式(5.5.1)列出了卫星在运行过程中所受到的各种作用力，在这些作用力中，二体问题作用力占支配地位，其他作用力相对于二体问题作用力相当小，它们统称为摄动力，但在精密定轨中也是必须考虑的。

对于式(5.5.1)给出的卫星运动方程，由于难以得到精确的解析解，常使用数值法求解，初始条件为

$$\boldsymbol{r}(t_0) = \boldsymbol{r}_0,\ \dot{\boldsymbol{r}}(t_0) = \dot{\boldsymbol{r}}_0 \quad (5.5.2)$$

式中：t_0 是起始历元。给出力 $\boldsymbol{f}$ 的具体数学模型，利用初始条件式(5.5.2)，就可以直接积分式(5.5.1)，得到任意 $t \geqslant t_0$ 时刻的卫星运动状态。但是，卫星初始运动状态 $\boldsymbol{r}_0$、$\dot{\boldsymbol{r}}_0$无法预先精确知道，必须对卫星进行跟踪观测，使用跟踪观测数据进行估值，即轨道确定。

轨道确定中需要估计的参数还包括影响动力学模型和观测模型的一些动力学参数(如光压系数等)、运动学参数(如测站坐标误差等),令

$$\boldsymbol{X}=[\boldsymbol{r}\quad \dot{\boldsymbol{r}}\quad \boldsymbol{p}_{\mathrm{D}}\quad \boldsymbol{p}_{\mathrm{K}}]^{\mathrm{T}} \tag{5.5.3}$$

式中:$\boldsymbol{p}_{\mathrm{D}}$、$\boldsymbol{p}_{\mathrm{K}}$ 为常数,分别表示待估计的动力学和运动学参数。

式(5.5.1)中除$\boldsymbol{f}_{\mathrm{TH}}$和 $\boldsymbol{w}$ 外其余各项都是卫星位置和速度的函数,为简单起见,假设卫星处于自由运动状态($\boldsymbol{f}_{\mathrm{TH}}=0$),注意到系统扰动 $\boldsymbol{w}$ 是线性加入,连续性系统动力学方程可写为

$$\dot{\boldsymbol{X}}=\mathcal{F}^{\mathrm{c}}(\boldsymbol{X})+\boldsymbol{G}\boldsymbol{w} \tag{5.5.4}$$

式中:$\boldsymbol{G}=[0_{3\times3}\quad \boldsymbol{I}_{3\times3}\quad 0\quad 0]^{\mathrm{T}}$;$\boldsymbol{w}$ 为高斯白噪声随机过程噪声向量,即

$$E[\boldsymbol{w}(t)]=0,\quad E[\boldsymbol{w}(t)\boldsymbol{w}^{\mathrm{T}}(\tau)]=\boldsymbol{Q}(t)\delta(t-\tau)$$

式中:$\boldsymbol{Q}(t)$是系统过程噪声向量 $\boldsymbol{w}$ 的方差强度阵,为对称非负定矩阵;$\delta(t-\tau)$为 Dirac 函数,它满足

$$\delta(t-\tau)=\begin{cases}0 & t\neq\tau\\ \infty & t=\tau\end{cases},\quad \int\delta(\tau)\mathrm{d}\tau=1$$

式(5.5.4)是一个非线性方程,常对其作线性化处理,在参考状态 $\boldsymbol{X}^*$ 处进行泰勒展开:

$$\mathcal{F}^{\mathrm{c}}(\boldsymbol{X})=\mathcal{F}^{\mathrm{c}}(\boldsymbol{X}^*)+\left.\frac{\partial\mathcal{F}^{\mathrm{c}}(\boldsymbol{X})}{\partial\boldsymbol{X}}\right|_{\boldsymbol{X}=\boldsymbol{X}^*}(\boldsymbol{X}-\boldsymbol{X}^*)+\cdots$$

带入式(5.5.4)并略去高阶项,可得:

$$\dot{\boldsymbol{X}}=\dot{\boldsymbol{X}}^*+\boldsymbol{F}(t)(\boldsymbol{X}-\boldsymbol{X}^*)+\boldsymbol{G}\boldsymbol{w} \tag{5.5.5}$$

式中:$\boldsymbol{F}(t)$为动力学矩阵。

$$\boldsymbol{F}(t)=\left.\frac{\partial\mathcal{F}^{\mathrm{c}}(\boldsymbol{X})}{\partial\boldsymbol{X}}\right|_{\boldsymbol{X}=\boldsymbol{X}^*}=\begin{bmatrix}0 & \boldsymbol{I}_{3\times3} & 0 & 0\\ \dfrac{\partial\mathcal{F}^{\mathrm{c}}}{\partial\boldsymbol{r}} & \dfrac{\partial\mathcal{F}^{\mathrm{c}}}{\partial\dot{\boldsymbol{r}}} & \dfrac{\partial\mathcal{F}^{\mathrm{c}}}{\partial\boldsymbol{p}_{\mathrm{D}}} & 0\\ 0 & 0 & 0 & 0\\ 0 & 0 & 0 & 0\end{bmatrix}_{|\boldsymbol{X}=\boldsymbol{X}^*} \tag{5.5.6}$$

令 $\delta\boldsymbol{X}=\boldsymbol{X}-\boldsymbol{X}^*$,则式(5.5.5)可表示为

$$\delta\dot{\boldsymbol{X}}=\boldsymbol{F}(t)\delta\boldsymbol{X}+\boldsymbol{G}\boldsymbol{w} \tag{5.5.7}$$

式(5.5.7)以状态增量形式给出了随机线性连续系统的状态方程,它的一般解为

$$\delta\boldsymbol{X}=\boldsymbol{\Phi}(t,t_0)\delta\boldsymbol{X}_0+\boldsymbol{G}\int_{t_0}^{t}\boldsymbol{\Phi}(t,\tau)\boldsymbol{w}(\tau)\mathrm{d}\tau \tag{5.5.8}$$

式中：$\boldsymbol{\Phi}(t,t_0)$是系统状态转移矩阵，它是下列矩阵方程的解。

$$\dot{\boldsymbol{\Phi}}(t,t_0)=\boldsymbol{F}(t)\boldsymbol{\Phi}(t,t_0),\quad \boldsymbol{\Phi}(t_0,t_0)=\boldsymbol{I} \tag{5.5.9}$$

式中：$\boldsymbol{I}$是与$\boldsymbol{F}(t)$同维的单位阵。$\boldsymbol{\Phi}(t,t_0)$还具备如下性质：

$$\boldsymbol{\Phi}(t,\tau)\boldsymbol{\Phi}(\tau,t_0)=\boldsymbol{\Phi}(t,t_0),\quad [\boldsymbol{\Phi}(t,\tau)]^{-1}=\boldsymbol{\Phi}(\tau,t)$$

由式(5.5.9)可得：

$$\boldsymbol{\Phi}(t,t_0)=e^{\boldsymbol{F}(t)(t-t_0)} \tag{5.5.10}$$

5.5.2 轨道确定的观测模型

轨道确定的观测数据包括地面站跟踪测量和星间相对测量两大类观测数据。目前，地面站跟踪测量主要依靠无线电测距（伪距）、多普勒测速和角度测量（如方位角和高度角）；星间链路的测量则主要是星间伪距测量，星间方向观测用于改进自主定轨的秩亏问题。因此，这里主要给出星地伪距和星间伪距观测模型，如图5.4所示。

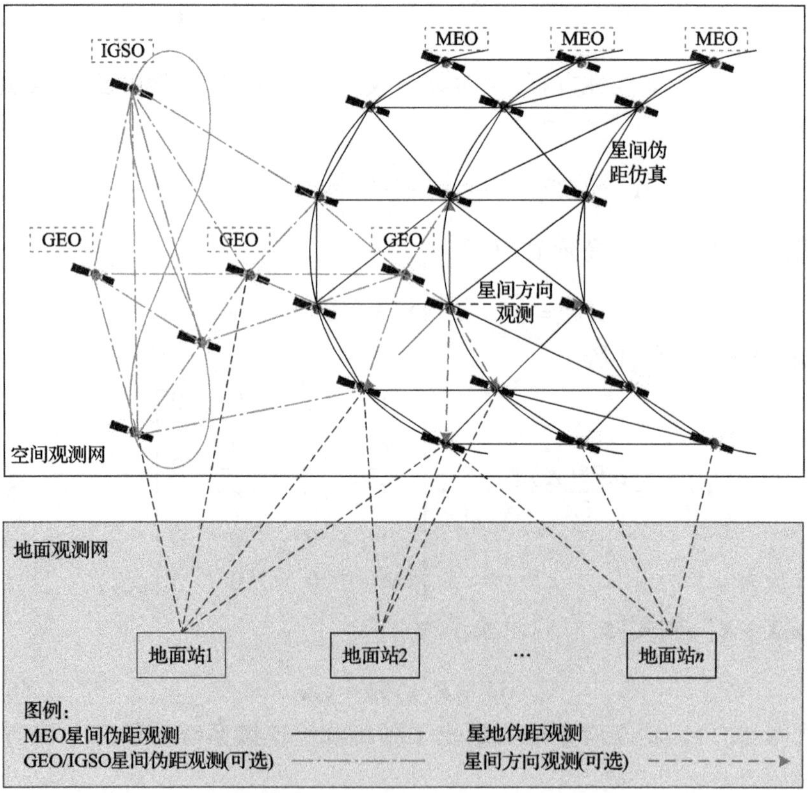

图5.4　北斗星间－星地联合估计定轨的观测网示意图

5.5.2.1 星地伪距观测模型

假设测量过程中地面设备延迟已经过标校，则星地伪距观测模型写为

$$\begin{aligned}\rho_i &= (t_G - t_i) \cdot c \\ &= d(\boldsymbol{X}_i, \boldsymbol{X}_G) + c \cdot (\Delta t_i - \Delta t_G) + \Delta\rho_{CH} + \Delta\rho_{IO} + \Delta\rho_{TR} + \Delta\rho_{ML} + \varepsilon_i \end{aligned} \tag{5.5.11}$$

式中：ρ_i 表示地面站 G 对卫星 i 的测量伪距；c 表示光速；Δt_i 表示卫星 i 的钟差；Δt_G 表示地面站的钟差，由站间时间同步确定；$\Delta\rho_{CH}$表示卫星 i 发射机延迟误差；$\Delta\rho_{IO}$表示电离层延迟误差；$\Delta\rho_{TR}$表示对流层延迟误差；$\Delta\rho_{ML}$表示多径效应；ε_i 表示接收机热噪声；$d(\boldsymbol{X}_i, \boldsymbol{X}_G) = \sqrt{(X_i - X_G)^2 + (Y_i - Y_G)^2 + (Z_i - Z_G)^2}$表示两点之间几何距离；$\boldsymbol{X}_i$、$\boldsymbol{X}_G$ 分别表示卫星 i 和地面站 G 在惯性系中的位置。

伪距观测值式(5.5.11)是卫星轨道和钟差的函数，假定除卫星钟差外其他系统测量误差都可以修正或消除，未能完全消除的观测误差与接收机热噪声 ε_i 都归入随机测量误差，则式(5.5.11)写为

$$\rho_i = h(\boldsymbol{X}_i, \Delta t_i) + v_i \tag{5.5.12}$$

式中：v_i 表示测量误差。

将非线性观测方程(5.5.12)在参考状态 $\boldsymbol{X}_i^*$ 处展开，并线性化得

$$\rho_i = d(\boldsymbol{X}_i^*, \boldsymbol{X}_G) + \left.\frac{\partial h}{\partial \boldsymbol{X}}\right|_{X = X^*} (\boldsymbol{X}_i - \boldsymbol{X}_i^*) + \cdots + c \cdot \Delta t_i + v_i \tag{5.5.13}$$

式中：$\boldsymbol{X}_i^*$ 对应于式(5.5.3)的卫星轨道状态，偏导数

$$\left.\frac{\partial \mathrm{h}}{\partial \boldsymbol{X}}\right|_{X = X^*} = \begin{bmatrix} \dfrac{x_i - x_G}{d(\boldsymbol{X}_i^*, \boldsymbol{X}_G)} & \dfrac{y_i - y_G}{d(\boldsymbol{X}_i^*, \boldsymbol{X}_G)} & \dfrac{z_i - z_G}{d(\boldsymbol{X}_i^*, \boldsymbol{X}_G)} \end{bmatrix}^{\mathrm{T}} \tag{5.5.14}$$

忽略高阶项，观测残差(O－C)表示为

$$z_i = \rho_i - d(\boldsymbol{X}_i^*, \boldsymbol{X}_G) = \tilde{\boldsymbol{H}} \delta \boldsymbol{X}_i + c \cdot \Delta t_i + v_i \tag{5.5.15}$$

式中：$\delta \boldsymbol{X}_i = \boldsymbol{X}_i - \boldsymbol{X}_i^*$；$\tilde{\boldsymbol{H}} = \left.\dfrac{\partial h}{\partial \boldsymbol{X}}\right|_{X = X^*}$ 表示观测矩阵。

5.5.2.2 星间伪距观测模型

星间双向伪距测量含卫星距离和钟差信息的改化伪距：

$$\rho_{ij} = d(\boldsymbol{X}_i, \boldsymbol{X}_j) + c \cdot (\Delta t_i - \Delta t_j) + v_{ij} \tag{5.5.16}$$

式中：$d(\boldsymbol{X}_i, \boldsymbol{X}_j)$表示卫星 i、j 之间的几何距离；$v$ 表示观测误差，包括随机误差和未能消除的所有其他误差之和。式(5.5.16)同样可写为

$$\rho_{ij} = h(\boldsymbol{X}_i, \boldsymbol{X}_i, \Delta t_j, \Delta t_j) + v_{ij} \tag{5.5.17}$$

将非线性观测方程(5.5.17)在参考状态 $\boldsymbol{X}_i^*$、$\boldsymbol{X}_j^*$ 处展开，并线性化得

$$\rho_{ij} = d(\boldsymbol{X}_i^*, \boldsymbol{X}_j^*) + \left.\frac{\partial h}{\partial \boldsymbol{X}_i}\right|_{X_i = X_i^*} \delta \boldsymbol{X}_i + \left.\frac{\partial h}{\partial \boldsymbol{X}_j}\right|_{X_j = X_j^*} \delta \boldsymbol{X}_j \cdots + c \cdot (\Delta t_i - \Delta t_j) + v_{ij} \tag{5.5.18}$$

式中：$\delta\boldsymbol{X}_{\mathrm{i}}=\boldsymbol{X}_{\mathrm{i}}-\boldsymbol{X}_{\mathrm{i}}^{*}$；$\delta\boldsymbol{X}_{\mathrm{j}}=\boldsymbol{X}_{\mathrm{j}}-\boldsymbol{X}_{\mathrm{j}}^{*}$；偏导数

$$\left.\frac{\partial h}{\partial \boldsymbol{X}_{\mathrm{i}}}\right|_{\boldsymbol{X}_{\mathrm{i}}=\boldsymbol{X}_{\mathrm{i}}^{*}}=-\left.\frac{\partial h}{\partial \boldsymbol{X}_{\mathrm{j}}}\right|_{\boldsymbol{X}_{\mathrm{j}}=\boldsymbol{X}_{\mathrm{j}}^{*}}=\begin{bmatrix}\dfrac{x_{\mathrm{i}}-x_{\mathrm{j}}}{d(\boldsymbol{X}_{\mathrm{i}}^{*},\boldsymbol{X}_{\mathrm{j}}^{*})} & \dfrac{y_{\mathrm{i}}-y_{\mathrm{j}}}{d(\boldsymbol{X}_{\mathrm{i}}^{*},\boldsymbol{X}_{\mathrm{j}}^{*})} & \dfrac{z_{\mathrm{i}}-z_{\mathrm{j}}}{d(\boldsymbol{X}_{\mathrm{i}}^{*},\boldsymbol{X}_{\mathrm{j}}^{*})}\end{bmatrix}^{\mathrm{T}} \tag{5.5.19}$$

表示为观测残差(O－C)的形式为

$$z_{\mathrm{ij}}=\rho_{\mathrm{ij}}-d(\boldsymbol{X}_{\mathrm{i}}^{*},\boldsymbol{X}_{\mathrm{j}}^{*})=\tilde{\boldsymbol{H}}(\delta\boldsymbol{X}_{\mathrm{i}}-\delta\boldsymbol{X}_{\mathrm{j}})+c\cdot(\Delta t_{\mathrm{i}}-\Delta t_{\mathrm{j}})+v_{\mathrm{ij}} \tag{5.5.20}$$

式中：$\tilde{\boldsymbol{H}}$ 即式(5.5.19)的偏导数矩阵。

5.5.3 轨道确定的计算过程

轨道确定的基本方法是：将某观测弧段$[t_0,t]$上得到 m 维观测值(包括星地和星间观测值)$\boldsymbol{z}=[z_1\quad z_2\quad\cdots\quad z_m]^{\mathrm{T}}$，通过状态转移矩阵归算到某一历元(如初始历元 t_0)。

$$\begin{aligned}\boldsymbol{z}&=\tilde{\boldsymbol{H}}\delta\boldsymbol{X}+\boldsymbol{v}\\&=\boldsymbol{H}\delta\boldsymbol{X}_0+\boldsymbol{v}\end{aligned} \tag{5.5.21}$$

式中：$\boldsymbol{z}$ 对应式(5.5.15)或式(5.5.20)的星地或星间观测残差(O－C)；$\boldsymbol{H}=\tilde{\boldsymbol{H}}\boldsymbol{\Phi}(t,t_0)$；$\boldsymbol{X}$ 为轨道状态，定义为

$$\boldsymbol{X}=[\boldsymbol{r}_1^{\mathrm{T}}\quad \boldsymbol{v}_1^{\mathrm{T}}\quad \boldsymbol{p}_{\mathrm{LD1}}^{\mathrm{T}}\quad \boldsymbol{r}_2^{\mathrm{T}}\quad \boldsymbol{v}_2^{\mathrm{T}}\quad \boldsymbol{p}_{\mathrm{LD2}}^{\mathrm{T}}\quad\cdots\quad \boldsymbol{r}_n^{\mathrm{T}}\quad \boldsymbol{v}_n^{\mathrm{T}}\quad \boldsymbol{p}_{\mathrm{LD}n}^{\mathrm{T}}\quad \boldsymbol{p}_{\mathrm{GK}}^{\mathrm{T}}]^{\mathrm{T}} \tag{5.5.22}$$

式中：$\boldsymbol{p}_{\mathrm{LD}}$为每颗卫星的局部动力学参数；$\boldsymbol{p}_{\mathrm{GK}}$与观测有关的全局运动学参数；总的待估参数维数为 $N=(N_{\boldsymbol{p}_{\mathrm{LD}}}+6)n+N_{\boldsymbol{p}_{\mathrm{GK}}}$，$n$ 为提供星间测量的卫星数目。

轨道确定问题归结为求解 t_0 时刻的最佳估计 $\delta\hat{\boldsymbol{X}}_0$，这是一个典型的线性最小二乘(LS)问题。实践中一般要求高斯－马可夫定理(Gauss－Markoff)假设下式成立。

$$E(\boldsymbol{z})=\boldsymbol{H}\delta\boldsymbol{X}_0,\quad E(\boldsymbol{v}\boldsymbol{v}^{\mathrm{T}})=\boldsymbol{R}=\mathrm{diag}(\sigma_1^2,\cdots,\sigma_m^2) \tag{5.5.23}$$

令 $\boldsymbol{x}=\delta\boldsymbol{X}_0$，轨道改进对应的 LS 问题描述为：对 $\boldsymbol{H}\in\mathbb{R}^{m\times n}$，$\boldsymbol{z}\in\mathbb{R}^{m}$ 求解 $\boldsymbol{x}\in\mathbb{R}^{n}$，满足：

$$\rho(\boldsymbol{x})=\|\boldsymbol{H}\boldsymbol{x}-\boldsymbol{z}\|_2=\min_{\boldsymbol{\nu}\in\mathbb{R}^n}\|\boldsymbol{H}\boldsymbol{\nu}-\boldsymbol{z}\|_2 \tag{5.5.24}$$

LS 问题(5.5.24)的一般解为

$$\boldsymbol{x}=\boldsymbol{H}^{\dagger}\boldsymbol{z}+(\boldsymbol{I}-\boldsymbol{O}_{\boldsymbol{H}^{\mathrm{T}}})\boldsymbol{y}=\boldsymbol{H}^{\dagger}\boldsymbol{z}+\boldsymbol{O}_{\boldsymbol{H}^{\mathrm{T}}}^{\perp}\boldsymbol{y} \tag{5.5.25}$$

式中：$\boldsymbol{H}^{\dagger}$ 表示 $\boldsymbol{H}$ 的广义逆；$\boldsymbol{O}_{\boldsymbol{H}^{\mathrm{T}}}^{\perp}$表示到$\mathbb{R}(\boldsymbol{O}_{\boldsymbol{H}^{\mathrm{T}}})$的正交投影算子；$\boldsymbol{y}\in\mathbb{R}^{n}$，式(5.5.24)有唯一的极小范数解 $\boldsymbol{x}_{\mathrm{LS}}=\boldsymbol{H}^{\dagger}\boldsymbol{z}$，它同时满足式(5.5.24)和

$$\|\boldsymbol{x}_{\mathrm{LS}}\|_2=\min_{\boldsymbol{x}\in\mathbb{S}}\|\boldsymbol{x}\|_2$$

上式中,$\mathbb{S}$为 LS 问题(5.5.24)的解集。又当 $\boldsymbol{H}$ 的列向量线性无关时,LS 问题(5.5.24)有唯一解 $\boldsymbol{x}_{\mathrm{LS}}=\boldsymbol{H}^{\dagger}\boldsymbol{z}$。

由于观测方程(5.5.21)中含有测量误差,实践中需要采用加权最小二乘估计方法(WLSE),以保持尽量多的有用信息。问题描述为求 $\boldsymbol{x}\in\mathbb{R}^n$,满足:

$$\rho(\boldsymbol{x})=\|\boldsymbol{W}^{1/2}(\boldsymbol{Hx}-\boldsymbol{z})\|_2^2=\min_{\boldsymbol{\nu}\in\mathbb{R}^n}(\boldsymbol{H\nu}-\boldsymbol{z})^{\mathrm{T}}\boldsymbol{W}(\boldsymbol{H\nu}-\boldsymbol{z})=\min_{\boldsymbol{\nu}\in\mathbb{R}^n}\|\boldsymbol{W}^{1/2}(\boldsymbol{H\nu}-\boldsymbol{z})\|_2^2 \tag{5.5.26}$$

式中:$\boldsymbol{W}$ 为实对称权矩阵,实际应用中可取 $\boldsymbol{W}=\boldsymbol{R}^{-1}$。式(5.5.26)的极小范数解为

$$\boldsymbol{x}=\boldsymbol{Bz} \tag{5.5.27}$$

式中:$\boldsymbol{B}=(\boldsymbol{W}^{\frac{1}{2}}\boldsymbol{H})^{\dagger}\boldsymbol{W}^{\frac{1}{2}}$为矩阵 $\boldsymbol{H}$ 的加权广义逆。

实际计算时,状态方程和测量方程是基于参考轨道线性化的,因此轨道改进是一个迭代过程。设第 $k+1$ 次迭代得到的解为 $\delta\hat{\boldsymbol{X}}_{0,k+1}$,则被估状态的最新估值为

$$\hat{\boldsymbol{X}}_{0,k+1}=\hat{\boldsymbol{X}}_{0,k}+\hat{\boldsymbol{x}}_{0,k+1}=\boldsymbol{X}_0^*+\sum_{k=1}^{k+1}\hat{\boldsymbol{x}}_{0,k} \tag{5.5.28}$$

式中:$\boldsymbol{X}_0^*$ 为参考状态矢量。

迭代过程的收敛准则如下:

(1)各卫星位置矢量最新估值的方差小于预先指定的判据 $\mathrm{POS}_{\min}$。即

$$(\sigma_{x,k}^2+\sigma_{y,k}^2+\sigma_{z,k}^2)^{1/2}<\mathrm{POS}_{\min} \tag{5.5.29}$$

式中:$\sigma_{x,k}$、$\sigma_{y,k}$、$\sigma_{z,k}$为第 i 颗卫星在第 k 次迭代所得位置分量的方差,可由协方差矩阵的对角线元素得到。

(2)观测残差的均方差满足:

$$\frac{|\mathrm{RMS}-\mathrm{RMSP}|}{\mathrm{RMS}}<\varepsilon \tag{5.5.30}$$

式中:ε 为预先指定的一个小量;RMS 为观测残差的均方根,其定义为

$$\mathrm{RMS}=\left[\frac{1}{\sum_m\boldsymbol{R}^{-1}}(\boldsymbol{v}_k^{\mathrm{T}}\boldsymbol{R}^{-1}\boldsymbol{v}_k)\right]^{1/2} \tag{5.5.31}$$

式中:$\boldsymbol{v}_k$ 第 k 次迭代中观测数据的残差(O-C);$\sum_m\boldsymbol{R}^{-1}$ 表示对参加估值的观测数据的权求和。

RMSP 为观测残差均方根的线性预报值:

$$\mathrm{RMSP}=\left[\frac{1}{\sum_m\boldsymbol{R}^{-1}}((\boldsymbol{z}_k-\boldsymbol{H}\hat{\boldsymbol{x}}_{0,k+1})^{\mathrm{T}}\boldsymbol{R}^{-1}(\boldsymbol{z}_k-\boldsymbol{H}\hat{\boldsymbol{x}}_{0,k+1}))\right]^{1/2} \tag{5.5.32}$$

当条件(1)或(2)有一个满足时,再迭代一次即认为估计过程正常收敛而终止。

参照批处理定轨的一般过程,基于最小二次定轨的主要过程描述如图5.5所示。

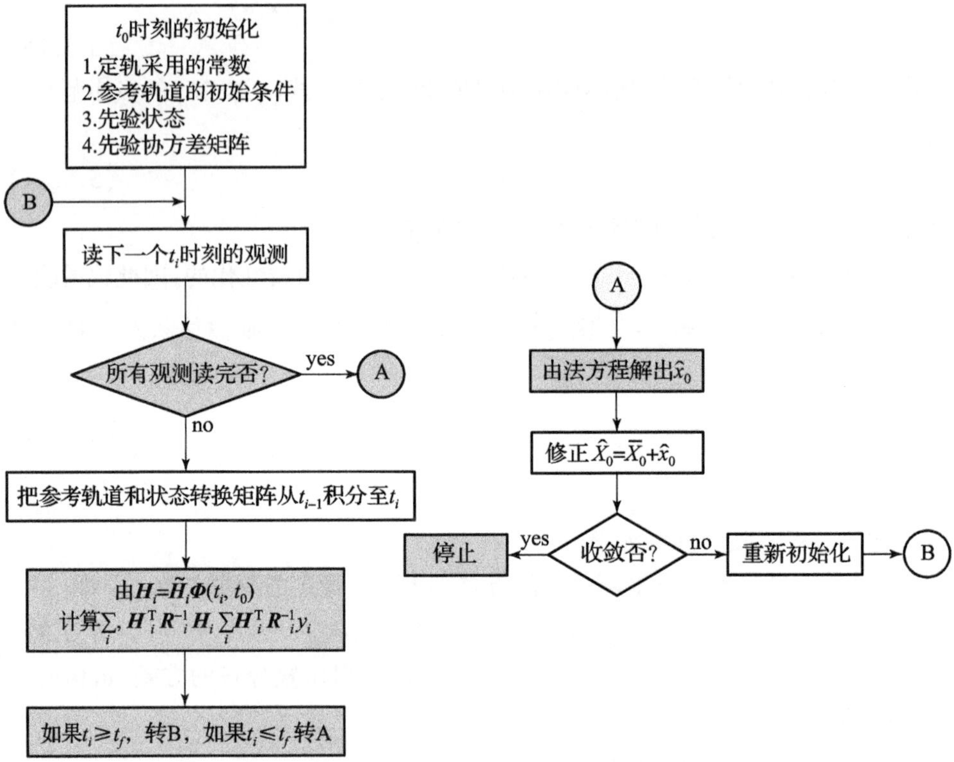

图5.5 基于WLS的定轨算法流程

5.5.4 仿真算例与结果分析

仿真过程主要包括两部分。

(1)卫星轨道仿真。产生卫星轨道"真值"、星地距离观测值和星间距离观测值。

(2)卫星轨道估计。产生卫星轨道的估计值,与上述"真轨道"比较,分析定轨精度。

轨道仿真的基本场景设置参见表5.1,国内监测站概略位置见表5.2。

表 5.1 轨道仿真模块描述

<table>
<tr><th colspan="2">功能模块</th><th>描述</th></tr>
<tr><td rowspan="2">初始化</td><td>导航星座</td><td>Walker 24/3/2:55 °,22116km</td></tr>
<tr><td>轨道类型</td><td>MEO 卫星,偏心率 $e<1.0\times10^{-4}$</td></tr>
<tr><td rowspan="6">力模型</td><td>地球引力场</td><td>JGM3(36 ×36)</td></tr>
<tr><td>第三体摄动</td><td>太阳、月球(JPL 星历表)</td></tr>
<tr><td>太阳光压</td><td>考虑锥形地影和月影,经验光压因子</td></tr>
<tr><td>相对论效应</td><td>考虑由地、日、月引起的相对论摄动</td></tr>
<tr><td>地球定向参数</td><td>IERS96,插值计算</td></tr>
<tr><td>潮汐摄动</td><td>IERS96</td></tr>
<tr><td rowspan="5">观测模型</td><td rowspan="2">星间链路</td><td>UHF 链路方案,测量频度 30min/次,星间伪距测量考虑各种测量误差,测量误差总计考虑 0.5m(1σ)</td></tr>
<tr><td>Ka 链路方案,测量频度 30min/次,星间伪距测量考虑各种测量误差,测量误差总计考虑 0.1m(1σ)</td></tr>
<tr><td>星地链路</td><td>考虑 8 个国内监测站,最小观测仰角设为 10 °,星地链路考虑各种测量误差,测距误差总计 3m(1σ)</td></tr>
<tr><td>对流层模型</td><td>Hopfield/ Marini 模型</td></tr>
<tr><td>电离层模型</td><td>Klobuchar 模型</td></tr>
<tr><td></td><td>天线相位中心改正模型</td><td>RTN 模型</td></tr>
<tr><td>轨道积分</td><td>积分器</td><td>KSG 二阶固定步长多步积分器、固定步长 10s</td></tr>
<tr><td>主要输出</td><td>卫星“真轨道”</td><td>位置、速度的时间序列</td></tr>
<tr><td></td><td>观测值</td><td>星地距离观测值、星间双向距离观测值</td></tr>
</table>

表 5.2 国内监测站概略位置

监测站	高度/m	经度/(°)	纬度/(°)	监测站	高度/m	经度/(°)	纬度/(°)
XIAMEN	500	118	23.5	SYIA	460	109.5	18.5

续表

监测站	高度/m	经度/(°)	纬度/(°)	监测站	高度/m	经度/(°)	纬度/(°)
KASHI	700	76	39	URUM	100	87	43
BJING	500	116	40	KUNM	500	130	46
LHASA	300	91	29.5	XIAN	200	108	34

定轨仿真分析,采用 WLS 估计算法,定轨过程中的轨道积分采用 7(8)阶龙格库塔变步长积分器。比较传统星地定轨方案和星地、星间联合整网定轨方案的定轨精度。计算弧段为 1 天(约 2 个轨道周期,UTC:2001 年 6 月 1 日 0 时 0 分 0 秒至 2001 年 6 月 2 日 0 时 0 分 0 秒)。初始轨道误差 σ_{X_0}及协方差矩阵 $\boldsymbol{P}_0$ 分别设为

$$\sigma_{X_0,\mathrm{SVN}} = [1000 \quad 1000 \quad 1000 \quad 10 \quad 10 \quad 10] \quad (\mathrm{SVN}=1,\cdots,n)$$

$$\boldsymbol{P}_0 = \mathrm{diag}(\boldsymbol{P}_{0,1} \quad \boldsymbol{P}_{0,2} \quad \cdots \quad \boldsymbol{P}_{0,n})$$

其中:$\boldsymbol{P}_{0,\mathrm{SVN}} = \mathrm{diag}(10^6, 10^6, 10^6, 10^2, 10^2, 10^2)$,SVN $=1,\cdots,n$。

卫星定轨位置误差取定轨结果与“真轨道”之差,即

$$\boldsymbol{\varepsilon}_{\mathrm{SVN}}^{\mathrm{T}} = (\hat{\boldsymbol{X}}_{\mathrm{SVN}} - \boldsymbol{X}_{\mathrm{SVN}})^{\mathrm{T}} \cdot [\boldsymbol{e}_{\mathrm{R}} \quad \boldsymbol{e}_{\mathrm{A}} \quad \boldsymbol{e}_{\mathrm{C}}]$$

式中:$\boldsymbol{e}_{\mathrm{R}}$、$\boldsymbol{e}_{\mathrm{A}}$、$\boldsymbol{e}_{\mathrm{C}}$ 为轨道径向、沿迹方向和法向单位矢量。位置误差标准差由下式计算:

$$\sigma = \sqrt{\sigma_{\mathrm{R}}^2 + \sigma_{\mathrm{A}}^2 + \sigma_{\mathrm{C}}^2}$$

$$\sigma_{\mathrm{R}}^2 = \boldsymbol{e}_{\mathrm{R}}^{\mathrm{T}} \cdot \begin{bmatrix} \sigma_{xx}^2 & \sigma_{xy}^2 & \sigma_{xz}^2 \\ \sigma_{yx}^2 & \sigma_{yy}^2 & \sigma_{yz}^2 \\ \sigma_{zx}^2 & \sigma_{zy}^2 & \sigma_{zz}^2 \end{bmatrix} \cdot \boldsymbol{e}_{\mathrm{R}}$$

相应地可以求其他两个方向的标准差 σ_{A}^2、σ_{C}^2,则整个星座的平均位置误差标准差以及星座的平均 SISRE 为

$$\sigma_{\mathrm{constellation}} = \sqrt{\frac{1}{n}\sum_{i=1}^{n}\sigma_i^2}$$

$$\sigma_{\mathrm{SISRE,constellation}} = \sqrt{\frac{1}{n}\sum_{i=1}^{n}\sigma_{\mathrm{SISRE},i}^2}$$

方案 1:传统定轨方案,即仅有星地链路测量。

方案 2:星地链路 + UHF 星间链路,采用星间 – 星地联合整网定轨方案。

方案 3:星地链路 + Ka 星间链路,采用星间 – 星地联合整网定轨方案。

定轨过程考虑 Gauss – Markoff 理想条件,且未考虑的因素有时间同步误差、

轨道动力学模型误差等。表5.3给出了定轨的收敛结果;图5.6~图5.8给出了三种方案的定轨误差(P—位置,R—径向,A—沿迹方向,C—轨道面法向);图5.9~图5.12给出了3种方案的定轨结果的RMS误差比较。

需要说明的是,考虑到导航卫星的星历精度一般都在地心固联坐标系(ECEF)下评定,这里给出的轨道误差也基于ECEF下的轨道坐标给出。如无特殊说明,论文中的卫星轨道误差均在ECEF下。

表5.3 定轨收敛结果比较

定轨方案	法矩阵条件数	迭代次数	观测残差加权 RMS/m	$\sigma_{\text{constellation}}$/m	$\sigma_{\text{SISRE,constellation}}$/m
方案1	70440	7	14.991	5.484	1.2080
方案2	19229	6	6.394	0.692	0.1602
方案3	31130	6	2.159	0.410	0.0898

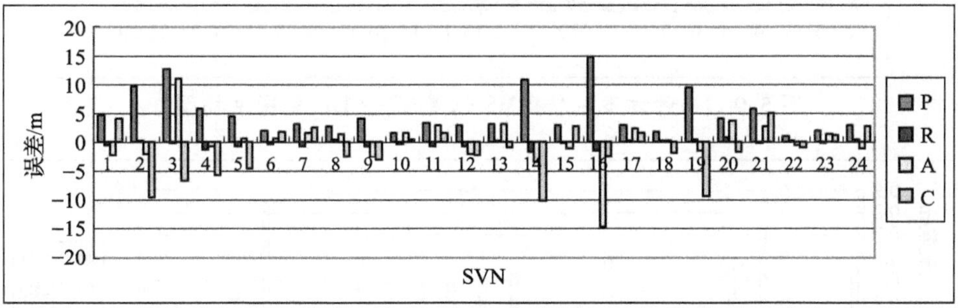

图5.6 方案1定轨位置误差(彩图见插页)

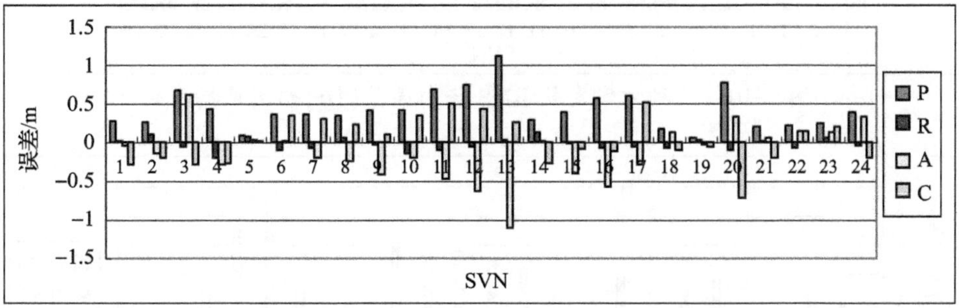

图5.7 方案2定轨位置误差(彩图见插页)

分析:在算例给定的条件下,方案1定轨误差最大,位置误差最大达到15m,主要误差来自于沿迹向和法向;方案2定轨误差小于1.5m,方案3定轨误差小于1.0m,由于星间链路增加了轨道沿迹向和法向的约束,定轨误差显著减小。

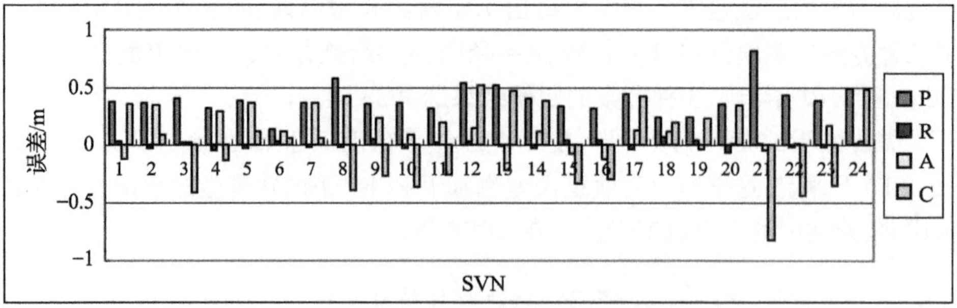

图 5.8　方案 3 定轨位置误差(彩图见插页)

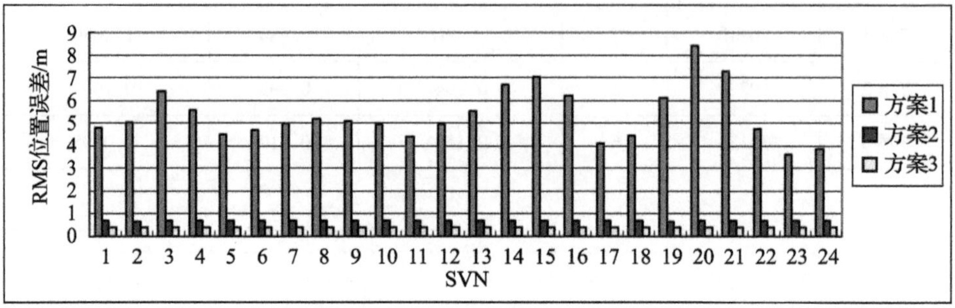

图 5.9　三种方案定轨 RMS 位置误差(1σ,彩图见插页)

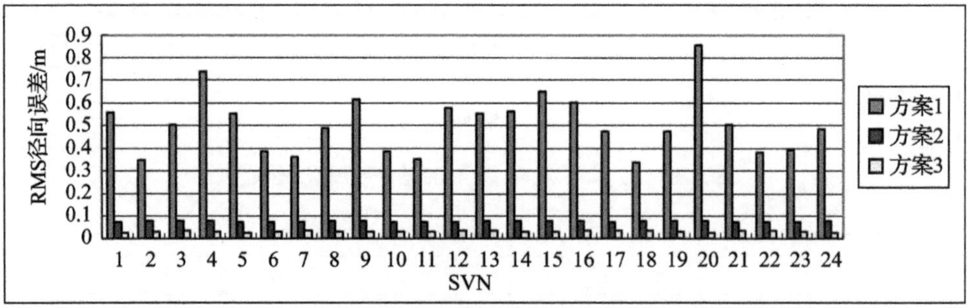

图 5.10　三种方案定轨 RMS 径向误差(1σ,彩图见插页)

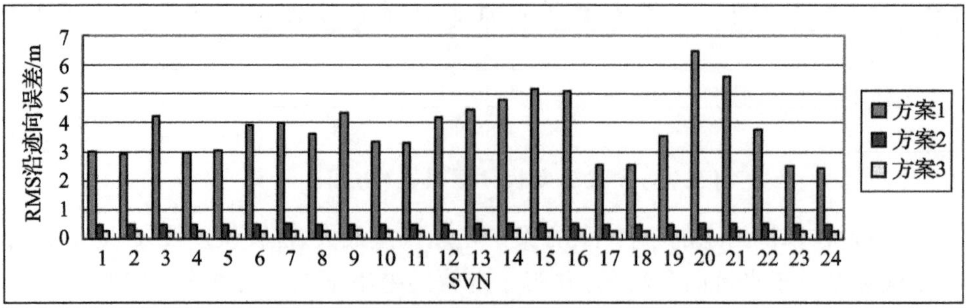

图 5.11　三种方案定轨 RMS 沿迹向误差(1σ,彩图见插页)

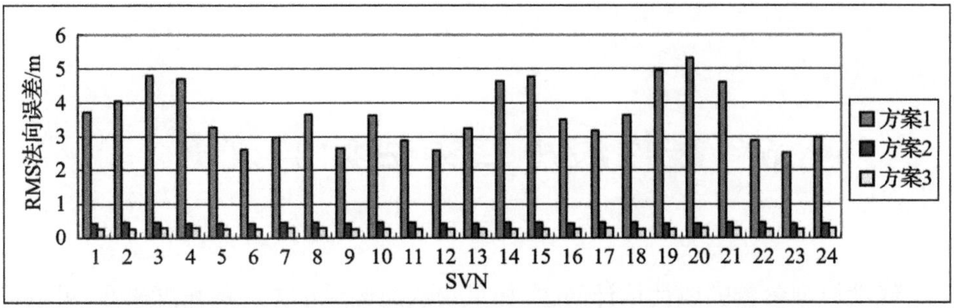

图 5.12 三种方案定轨 RMS 法向误差(1σ,彩图见插页)

分析:在算例给定的条件下,利用 1 天的观测弧度进行批处理定轨,方案 1 的 RMS 定轨误差小于 3m(1σ);采用整网估计,方案 2 和方案 3 的定轨误差小于 0.3m(1σ),其中方案 3 的定轨误差最小。

结论:①仅利用国内监测网,观测弧段足够长时,批处理定轨精度较高,其中径向定轨精度高于沿迹方向和法向定轨精度;②在地面系统支持下,星地联合整网估计的精度远高于传统定轨精度,定轨精度主要取决于星间观测的精度。

6 线性最小二乘估计的改进

线性模型参数的线性估计问题,如果仅从无偏最小方差的角度来看,可以证明 Gauss – Markov 的最小二乘估计已经是最优的估计。但是,人们在广泛应用最小二乘估计时发现,即使是线性估计,也还存在不少值得探讨的问题。例如,从估计的优良性指标来看,在实际中那种坚守无偏最小方差的要求并不总是必要的,特别是在小子样场合,人们关心的是估计量和未知参数间的距离越小越好,至于是否有偏不一定那么重要,因为无偏性仅对期望值而言,它只有在大容量之下才显示出重要性。因此,引入"无偏最小方差"的估计优良性指标,由此导出参数的估计方法,就是有必要的了。这一章将在最小二乘估计理论的基础上提出线性估计中存在的问题,并讨论对 LS 估计的一些改进方法。

6.1 最小二乘估计存在的弊端

众所周知,最小二乘方法在工程技术中具有广泛的应用,但 LS 方法也有个"实现"问题。也就是说,LS 估计方法并不是在所有的场合都适用。例如,在实际运用中,由于线性模型的近似性,以及在解正则方程时遇到的病态特性,这时,难以获得良好的结果。事实上,设有线性模型$(\boldsymbol{Z},\boldsymbol{HX},\sigma^2\boldsymbol{I},n,m)$ $(B>m)$,$\boldsymbol{X}$ 的 LS 估计 $\hat{\boldsymbol{X}}_{\mathrm{LS}}$使得:

$$\|\boldsymbol{Z}-\boldsymbol{H}\hat{\boldsymbol{X}}_{\mathrm{LS}}\|^2=(\boldsymbol{Z}-\boldsymbol{H}\hat{\boldsymbol{X}}_{\mathrm{LS}})^{\mathrm{T}}(\boldsymbol{Z}-\boldsymbol{H}\hat{\boldsymbol{X}}_{\mathrm{LS}})=\mathrm{Min} \tag{6.1.1}$$

此时要去解下列正则方程

$$\boldsymbol{H}^{\mathrm{T}}\boldsymbol{H}\hat{\boldsymbol{X}}_{\mathrm{LS}}=\boldsymbol{H}^{\mathrm{T}}\boldsymbol{Z} \tag{6.1.2}$$

如果 $\boldsymbol{H}$ 是列满秩的,则 $\boldsymbol{H}^{\mathrm{T}}\boldsymbol{H}$ 的逆矩阵存在,此时 $\boldsymbol{X}$ 的最小二乘估计由下式给出:

$$\hat{\boldsymbol{X}}_{\mathrm{LS}}=(\boldsymbol{H}^{\mathrm{T}}\boldsymbol{H})^{-1}\boldsymbol{H}^{\mathrm{T}}\boldsymbol{Z} \tag{6.1.3}$$

这是早就熟知的结果,现在来考察 LS 估计方法的实质。根据式(6.1.1),可以得到的估计 $\hat{\boldsymbol{X}}_{\mathrm{LS}}$使 $\boldsymbol{H}\hat{\boldsymbol{X}}_{\mathrm{LS}}$最符合于观测值,即所谓"残差"的平方和为最小。

进一步,再考虑估值对于真值 $\boldsymbol{X}$ 的偏离程度,由于

$$\begin{aligned} E\|\hat{\boldsymbol{X}}_{\mathrm{LS}}-\boldsymbol{X}\|^2 &= E[(\hat{\boldsymbol{X}}_{\mathrm{LS}}-\boldsymbol{X})^{\mathrm{T}}(\hat{\boldsymbol{X}}_{\mathrm{LS}}-\boldsymbol{X})] \\ &= E[\mathrm{tr}(\hat{\boldsymbol{X}}_{\mathrm{LS}}-\boldsymbol{X})(\hat{\boldsymbol{X}}_{\mathrm{LS}}-\boldsymbol{X})^{\mathrm{T}}] \\ &= \mathrm{tr}[E(\hat{\boldsymbol{X}}_{\mathrm{LS}}-\boldsymbol{X})(\hat{\boldsymbol{X}}_{\mathrm{LS}}-\boldsymbol{X})^{\mathrm{T}}] \\ &= \sigma^2\mathrm{tr}(\boldsymbol{H}^{\mathrm{T}}\boldsymbol{H})^{-1} \end{aligned} \tag{6.1.4}$$

或者有

$$E\|\hat{X}_{\mathrm{LS}}\|^2=\sigma^2\mathrm{tr}(\boldsymbol{H}^{\mathrm{T}}\boldsymbol{H})^{-1}+\|X\|^2 \tag{6.1.5}$$

由于 $\boldsymbol{H}^{\mathrm{T}}\boldsymbol{H}$ 为对称正定矩阵,于是存在单位正交阵 $\boldsymbol{Q}$,使

$$\boldsymbol{Q}^{\mathrm{T}}\boldsymbol{H}^{\mathrm{T}}\boldsymbol{H}\boldsymbol{Q}=\boldsymbol{\Lambda}=\begin{pmatrix}\lambda_1 & & 0\\ & \ddots & \\ 0 & & \lambda_m\end{pmatrix}$$

$\lambda_1\geqslant\lambda_2\geqslant\cdots\geqslant\lambda_m>0$ 为 $\boldsymbol{H}^{\mathrm{T}}\boldsymbol{H}$ 的特征根,于是

$$\begin{aligned} \boldsymbol{H}^{\mathrm{T}}\boldsymbol{H}^{-1} &= \boldsymbol{Q}\boldsymbol{\Lambda}\boldsymbol{Q}^{\mathrm{T}} \\ (\boldsymbol{H}^{\mathrm{T}}\boldsymbol{H})^{-1} &= \boldsymbol{Q}\boldsymbol{\Lambda}^{-1}\boldsymbol{Q}^{\mathrm{T}} \\ \mathrm{tr}(\boldsymbol{H}^{\mathrm{T}}\boldsymbol{H})^{-1} &= \mathrm{tr}(\boldsymbol{Q}\boldsymbol{\Lambda}^{-1}\boldsymbol{Q}^{\mathrm{T}}) \\ &= \mathrm{tr}\boldsymbol{\Lambda}^{-1}=\sum_{i=1}^{m}\frac{1}{\lambda_i} \end{aligned} \tag{6.1.6}$$

则

$$E\|\hat{\boldsymbol{X}}_{\mathrm{LS}}-\boldsymbol{X}\|^2=\sigma^2\sum_{i=1}^{m}\frac{1}{\lambda_i} \tag{6.1.7}$$

或

$$E\|\hat{\boldsymbol{X}}_{\mathrm{LS}}\|^2=\sigma^2\sum_{i=1}^{m}\frac{1}{\lambda_i}+\|\boldsymbol{X}\|^2 \tag{6.1.8}$$

可见,$E\|\hat{\boldsymbol{X}}_{\mathrm{LS}}\|^2$ 总是偏离 $\|\boldsymbol{X}\|^2$,而且如果矩阵 $\boldsymbol{H}^{\mathrm{T}}\boldsymbol{H}$ 出现病态时,$\lambda_i,i=1,\cdots,m$ 中存在很小的特征根,这时 $\hat{\boldsymbol{X}}_{\mathrm{LS}}$的长度从期望的角度来看将变得很大,从而偏离真正的 $\boldsymbol{X}$,因此估计值 $\hat{\boldsymbol{X}}_{\mathrm{LS}}$将是不可信的。$\boldsymbol{H}^{\mathrm{T}}\boldsymbol{H}$ 的特征根的大小,可以用来分析 $\hat{\boldsymbol{X}}_{\mathrm{LS}}$的可信程度,通常记

$$\mathrm{Cond}(\boldsymbol{H}^{\mathrm{T}}\boldsymbol{H})=\frac{\lambda_1}{\lambda_m} \tag{6.1.9}$$

为 $\boldsymbol{H}^{\mathrm{T}}\boldsymbol{H}$ 的条件数。也就是说,对于一个对称正定矩阵,其条件数表示其最大特征根与最小特征根的比值。如果 $\mathrm{Cond}(\boldsymbol{H}^{\mathrm{T}}\boldsymbol{H})$ 太大,则正则方程将是病态的。此时获得的 $\hat{\boldsymbol{X}}_{\mathrm{LS}}$虽然为 $\boldsymbol{X}$ 的无偏估计,然而由式(6.1.7)或式(6.1.8)可知,这种

估计是不可取的。

因此,在实际应用中,总是设法避免这种病态特性,而使估值的“长度”控制在一定限度之内。为此,人们设想了各种方法。例如,宁可放弃无偏性的要求,而使估值尽可能地接近于真值。下面讨论在实际工程中常用的几种改进方法。大致地说,如给予 $\boldsymbol{X}$ 以某种约束,使其不会无限地扩大;加入验前信息改进病态方程;改变估计的形式,使逆矩阵 $\boldsymbol{H}^{\mathrm{T}}\boldsymbol{H}$ 的计算得到改善等。

6.2 具有超椭球约束的最小二乘估计

仍考虑线性模型$(\boldsymbol{Z},\boldsymbol{HX},\sigma^2\boldsymbol{I},n,m)$:

$$\boldsymbol{Z}=\boldsymbol{HX}+\varepsilon$$

其中,$\boldsymbol{Z}$ 为 n 维观测向量,$\boldsymbol{X}=(x_1,x_2,\cdots,x_m)^{\mathrm{T}}$ 为待估的参数向量,

$$E[\boldsymbol{e}]=0,E[\varepsilon\varepsilon^2]=\sigma^2\boldsymbol{I}$$

在估计之前,我们已经知道下列约束:

$$|x_i|\leqslant c_i,c_i>0,\quad i=1,\cdots,m \tag{6.2.1}$$

现在要来确定 $\boldsymbol{X}$ 的估计,它在上述约束之下使

$$S(\boldsymbol{X})=(\boldsymbol{Z}-\boldsymbol{HX})^{\mathrm{T}}(\boldsymbol{Z}-\boldsymbol{HX})=\mathrm{Min} \tag{6.2.2}$$

式(6.2.1)是 m 个不等式约束,我们将它换成下列约束条件:

$$\sum_{i=1}^{m}\left(\frac{x_i}{c_i}\right)^2\leqslant p,p\in(0,m] \tag{6.2.3}$$

式(6.2.3)为超椭球约束。如果 $S(\boldsymbol{X})$关于 $\boldsymbol{X}$ 的无条件极小值使

$$\sum_{i=1}^{m}\left(\frac{x_i}{c_i}\right)^2\geqslant p$$

则约束条件下的极小值必在超椭球域的边界上取得。于是,解超椭球约束式(6.2.3)之下的最小二乘问题可分两个步骤进行。

(1)先求解 $S(\boldsymbol{X})$的无条件极小值,如果 $S(\boldsymbol{X})=\mathrm{Min}$ 的解使

$$\sum_{i=1}^{m}\left(\frac{x_i}{c_i}\right)^2\leqslant p$$

则这样解(即 $\hat{\boldsymbol{X}}_{\mathrm{LS}}$)就是所需要的解;如果 $S(\boldsymbol{X})=\mathrm{Min}$ 的解使

$$\sum_{i=1}^{m}\left(\frac{x_i}{c_i}\right)^2>p$$

则进入下一步求解。

(2)解在超椭球面约束之下的最小二乘问题,即是解下列方程:

$$\begin{cases} S(\boldsymbol{X}) = (\boldsymbol{Z}-\boldsymbol{HX})^{\mathrm{T}}(\boldsymbol{Z}-\boldsymbol{HX}) = \mathrm{Min} \\ \sum_{i=1}^{m}\left(\dfrac{x_i}{c_i}\right)^2 = p \end{cases} \tag{6.2.4}$$

为解式(6.2.4)可采用拉格朗日(Lagrange)乘子法,记

$$\begin{aligned} L(\boldsymbol{X},\lambda) &= S(\boldsymbol{X}) + \lambda\left[\sum_{i=1}^{n}\left(\frac{x_i}{c_i}\right)^2 - p\right] \\ &= S(\boldsymbol{X}) + \lambda[(\boldsymbol{DX})^{\mathrm{T}}\boldsymbol{DX} - p] \\ &= S(\boldsymbol{X}) + \lambda[\boldsymbol{X}^{\mathrm{T}}\boldsymbol{D}^{\mathrm{T}}\boldsymbol{DX} - p] \end{aligned}$$

其中,λ 为 Lagrange 乘子,而

$$\boldsymbol{D} = \begin{bmatrix} \dfrac{1}{c_1} & & & 0 \\ & \dfrac{1}{c_2} & & \\ & & \ddots & \\ 0 & & & \dfrac{1}{c_m} \end{bmatrix}$$

为求$\dfrac{\partial L}{\partial \boldsymbol{X}}$、$\dfrac{\partial L}{\partial \lambda}$,注意到:

$$\frac{\partial S(\boldsymbol{X})}{\partial \boldsymbol{X}} = -2\boldsymbol{H}^{\mathrm{T}}\boldsymbol{Z} + 2\boldsymbol{H}^{\mathrm{T}}\boldsymbol{HX}$$

故

$$\begin{cases} \dfrac{\partial L(\boldsymbol{X},\lambda)}{\partial \boldsymbol{X}} = -2\boldsymbol{H}^{\mathrm{T}}\boldsymbol{Z} + 2\boldsymbol{H}^{\mathrm{T}}\boldsymbol{HX} + 2\lambda\boldsymbol{D}^{\mathrm{T}}\boldsymbol{DX} \\ \dfrac{\partial L(\boldsymbol{X},\lambda)}{\partial \lambda} = \boldsymbol{X}^{\mathrm{T}}\boldsymbol{D}^{\mathrm{T}}\boldsymbol{DX} - p \end{cases}$$

令$\dfrac{\partial L(\boldsymbol{X},\lambda)}{\partial \boldsymbol{X}} = 0$,$\dfrac{\partial L(\boldsymbol{X},\lambda)}{\partial \lambda} = 0$,即得

$$(\boldsymbol{H}^{\mathrm{T}}\boldsymbol{H} + \lambda\boldsymbol{D}^{\mathrm{T}}\boldsymbol{D})\boldsymbol{X} = \boldsymbol{H}^{\mathrm{T}}\boldsymbol{Z} \tag{6.2.5}$$

$$\boldsymbol{X}^{\mathrm{T}}\boldsymbol{D}^{\mathrm{T}}\boldsymbol{DX} = p \tag{6.2.6}$$

记满足上式的 $\boldsymbol{X}$ 的解为 $\hat{\boldsymbol{X}}_{\mathrm{T}}$,则由式(6.2.5)得

$$\hat{\boldsymbol{X}}_{\mathrm{T}}(\lambda) = (\boldsymbol{H}^{\mathrm{T}}\boldsymbol{H} + \lambda\boldsymbol{D}^{\mathrm{T}}\boldsymbol{D})^{-1}\boldsymbol{H}^{\mathrm{T}}\boldsymbol{Z} \tag{6.2.7}$$

将上式代入约束条件式(6.2.6),则有

$$\hat{\boldsymbol{X}}_{\mathrm{T}}^{\mathrm{T}}(\lambda)\boldsymbol{D}^{\mathrm{T}}\boldsymbol{D}\hat{\boldsymbol{X}}_{\mathrm{T}}(\lambda) = p \tag{6.2.8}$$

或者

$$\boldsymbol{Z}^{\mathrm{T}}\boldsymbol{H}(\boldsymbol{H}^{\mathrm{T}}\boldsymbol{H} + \lambda\boldsymbol{D}^{\mathrm{T}}\boldsymbol{D})^{-1}\boldsymbol{D}^{\mathrm{T}}\boldsymbol{D}(\boldsymbol{H}^{\mathrm{T}}\boldsymbol{H} + \lambda\boldsymbol{D}^{\mathrm{T}}\boldsymbol{D})^{-1}\boldsymbol{H}^{\mathrm{T}}\boldsymbol{Z} = p \tag{6.2.9}$$

式(6.2.9)为关于 λ 的方程,要想由此而获得 λ 的显式解是很困难的。当 $\lambda=0$ 时,式(6.2.7)即为 $\boldsymbol{X}$ 在自由条件下的 LS 估计,即

$$\hat{\boldsymbol{X}}_{\mathrm{LS}}=\hat{\boldsymbol{X}}_{\mathrm{T}}(0) \tag{6.2.10}$$

在实际问题中,约束条件不会使估计 $\hat{\boldsymbol{X}}_{\mathrm{T}}(\lambda)$ 的值远离 $\hat{\boldsymbol{X}}_{\mathrm{LS}}$,否则约束条件的真实性就值得怀疑。因此 λ 应当取值在 0 的近旁,那么 λ 的取值是正还是负呢? 记:

$$f(\lambda)=\hat{\boldsymbol{X}}_{\mathrm{T}}^{\mathrm{T}}(\lambda)\boldsymbol{D}^{\mathrm{T}}\boldsymbol{D}\hat{\boldsymbol{X}}_{\mathrm{T}}(\lambda)$$

由于超椭球面约束之下的最小二乘解是在自由条件之下的最小二乘解不满足约束条件时而进行的,则有

$$f(0)=\hat{\boldsymbol{X}}_{\mathrm{LS}}\boldsymbol{D}^{\mathrm{T}}\boldsymbol{D}\hat{\boldsymbol{X}}_{\mathrm{LS}}>p$$

再记:

$$\boldsymbol{B}_{\mathrm{T}}(\lambda)=\boldsymbol{H}^{\mathrm{T}}\boldsymbol{H}+\lambda\boldsymbol{D}^{\mathrm{T}}\boldsymbol{D}$$

则

$$f(\lambda)=\boldsymbol{Z}^{\mathrm{T}}\boldsymbol{H}\boldsymbol{B}_{\mathrm{T}}^{-1}(\lambda)\boldsymbol{D}^{\mathrm{T}}\boldsymbol{D}\boldsymbol{B}_{\mathrm{T}}^{-1}(\lambda)\boldsymbol{H}^{\mathrm{T}}\boldsymbol{Z}$$

应用逆矩阵求导的公式:

$$\begin{aligned}\frac{\mathrm{d}\boldsymbol{B}_{\mathrm{T}}^{-1}(\lambda)}{\mathrm{d}\lambda}&=-\boldsymbol{B}_{\mathrm{T}}^{-1}(\lambda)\frac{\mathrm{d}\boldsymbol{B}_{\mathrm{T}}(\lambda)}{\mathrm{d}\lambda}\boldsymbol{B}_{\mathrm{T}}^{-1}(\lambda)\\&=-\boldsymbol{B}_{\mathrm{T}}^{-1}\boldsymbol{D}^{\mathrm{T}}\boldsymbol{D}\boldsymbol{B}_{\mathrm{T}}^{-1}(\lambda)\end{aligned}$$

则有

$$\frac{\mathrm{d}f(\lambda)}{\mathrm{d}\lambda}=-2\boldsymbol{Z}^{\mathrm{T}}\boldsymbol{H}\boldsymbol{B}_{\mathrm{T}}^{-1}\boldsymbol{D}^{\mathrm{T}}\boldsymbol{D}\boldsymbol{B}_{\mathrm{T}}^{-1}(\lambda)\boldsymbol{D}^{\mathrm{T}}\boldsymbol{D}\boldsymbol{B}_{\mathrm{T}}^{-1}(\lambda)\boldsymbol{H}^{\mathrm{T}}\boldsymbol{Z}$$

那么

$$\left.\frac{\mathrm{d}f(\lambda)}{\mathrm{d}\lambda}\right|_{\lambda=0}=-2\boldsymbol{Z}^{\mathrm{T}}\boldsymbol{H}\,(\boldsymbol{H}^{\mathrm{T}}\boldsymbol{H})^{-1}\boldsymbol{D}^{\mathrm{T}}\boldsymbol{D}\,(\boldsymbol{H}^{\mathrm{T}}\boldsymbol{H})^{-1}$$
$$\boldsymbol{D}^{\mathrm{T}}\boldsymbol{D}\,(\boldsymbol{H}^{\mathrm{T}}\boldsymbol{H})^{-1}\boldsymbol{H}^{\mathrm{T}}\boldsymbol{Z}<0\quad(\boldsymbol{Z}\neq 0)$$

因此 $f(\lambda)$ 在 0 的近旁是单调递减函数。于是由 $f(\lambda)=p<f(0)$ 可知 $\lambda>0$,因此解关于 λ 的方程(6.2.9)时,取其大于零的解记为 λ,于是得到超椭球面约束之下的最小二乘解为

$$\hat{\boldsymbol{X}}_{\mathrm{T}}(\lambda_*)=(\boldsymbol{H}^{\mathrm{T}}\boldsymbol{H}+\lambda_*\boldsymbol{D}^{\mathrm{T}}\boldsymbol{D})^{-1}\boldsymbol{H}^{\mathrm{T}}\boldsymbol{Z} \tag{6.2.11}$$

由上述方法可以看到,关键问题是 p 的确定,在讨论 p 的选定之前,先给出估值 $\hat{\boldsymbol{X}}_{\mathrm{T}}(\lambda_*)$ 的一些性质是有帮助的。

(1) $\hat{\boldsymbol{X}}_{\mathrm{T}}(\lambda_*)$ 为 $\boldsymbol{X}$ 的有偏估计。

事实上

$$
\begin{aligned}
E[\hat{\boldsymbol{X}}_{\mathrm{T}}(\lambda_*)] &= E[\boldsymbol{B}_{\mathrm{T}}^{-1}(\lambda_*)\boldsymbol{H}^{\mathrm{T}}\boldsymbol{Z}] \\
&= \boldsymbol{B}_{\mathrm{T}}^{-1}(\lambda_*)\boldsymbol{H}^{\mathrm{T}}\boldsymbol{H}\boldsymbol{X} \\
&= \boldsymbol{B}_{\mathrm{T}}^{-1}(\lambda_*)(\boldsymbol{H}^{\mathrm{T}}\boldsymbol{H}+\lambda_*\boldsymbol{D}^{\mathrm{T}}\boldsymbol{D}-\lambda_*\boldsymbol{D}^{\mathrm{T}}\boldsymbol{D})\boldsymbol{X} \\
&= [\boldsymbol{I}-\lambda_*\boldsymbol{B}_{\mathrm{T}}^{-1}(\lambda_*)\boldsymbol{D}^{\mathrm{T}}\boldsymbol{D}]\boldsymbol{X}
\end{aligned} \tag{6.2.12}
$$

由于 $\lambda_*>0$，$\boldsymbol{B}_{\mathrm{T}}(\lambda_*)$ 为对称正定矩阵，于是由式(6.2.12)即知 $\hat{\boldsymbol{X}}_{\mathrm{T}}(\lambda_*)$ 为 $\boldsymbol{X}$ 的有偏估计。

(2) $\hat{\boldsymbol{X}}_{\mathrm{T}}(\lambda_*)$ 的方差阵为

$$
\begin{aligned}
\mathrm{Var}[\hat{\boldsymbol{X}}_{\mathrm{T}}(\lambda_*)] &= E[\hat{\boldsymbol{X}}_{\mathrm{T}}(\lambda_*)-E(\hat{\boldsymbol{X}}_{\mathrm{T}}(\lambda_*))]\cdot[\hat{\boldsymbol{X}}_{\mathrm{T}}(\lambda_*)-E(\hat{\boldsymbol{X}}_{\mathrm{T}}(\lambda_*))]^{\mathrm{T}} \\
&= \sigma^2\boldsymbol{B}_{\mathrm{T}}^{-1}(\lambda_*)\boldsymbol{H}^{\mathrm{T}}\boldsymbol{H}\boldsymbol{B}_{\mathrm{T}}^{-1}(\lambda_*)
\end{aligned} \tag{6.2.13}
$$

只要注意到

$$
\begin{aligned}
\hat{\boldsymbol{X}}_{\mathrm{T}}(\lambda_*)-E(\hat{\boldsymbol{X}}_{\mathrm{T}}(\lambda_*)) &= \boldsymbol{B}_{\mathrm{T}}^{-1}(\lambda_*)\boldsymbol{H}^{\mathrm{T}}\boldsymbol{Z}-\boldsymbol{B}_{\mathrm{T}}^{-1}(\lambda_*)\boldsymbol{H}^{\mathrm{T}}\boldsymbol{H}\boldsymbol{X} \\
&= \boldsymbol{B}_{\mathrm{T}}^{-1}(\lambda_*)\boldsymbol{H}^{\mathrm{T}}\boldsymbol{\varepsilon}
\end{aligned}
$$

由此即可得到式(6.2.13)。

(3) 在给定观测 $\boldsymbol{Z}$ 之下，$\lambda>0$ 时 $\hat{\boldsymbol{X}}_{\mathrm{T}}(\lambda)$ 的长度是 λ 的单调递减函数，且

$$
\lim_{\lambda\to+\infty}\|\hat{\boldsymbol{X}}_{\mathrm{T}}(\lambda)\|=0 \tag{6.2.14}
$$

事实上，注意到

$$
\begin{aligned}
\|\hat{\boldsymbol{X}}_{\mathrm{T}}(\lambda)\|^2 &= \hat{\boldsymbol{X}}_{\mathrm{T}}(\lambda)\hat{\boldsymbol{X}}_{\mathrm{T}}(\lambda) \\
&= \boldsymbol{Z}^{\mathrm{T}}\boldsymbol{H}\boldsymbol{B}_{\mathrm{T}}^{-1}(\lambda)\boldsymbol{B}_{\mathrm{T}}^{-1}(\lambda)\boldsymbol{H}^{\mathrm{T}}\boldsymbol{Z}
\end{aligned}
$$

将其关于 λ 求导得

$$
\frac{\mathrm{d}\|\hat{\boldsymbol{X}}_{\mathrm{T}}(\lambda)\|^2}{\mathrm{d}\lambda} = -\boldsymbol{Z}^2\boldsymbol{H}\boldsymbol{B}_{\mathrm{T}}^{-1}(\lambda)[\boldsymbol{D}^{\mathrm{T}}\boldsymbol{D}\boldsymbol{B}_{\mathrm{T}}^{-1}(\lambda)+\boldsymbol{B}_{\mathrm{T}}^{-1}(\lambda)\boldsymbol{D}^{\mathrm{T}}\boldsymbol{D}]\boldsymbol{B}_{\mathrm{T}}^{-1}(\lambda)\boldsymbol{H}^{\mathrm{T}}\boldsymbol{Z}
$$

由于 $\lambda_*>0$，$\boldsymbol{B}_{\mathrm{T}}(\lambda_*)$ 为对称正定矩阵，则上式为负定二次型，于是

$$
\frac{\mathrm{d}\|\hat{\boldsymbol{X}}_{\mathrm{T}}(\lambda)\|^2}{\mathrm{d}\lambda}<0 \qquad (\boldsymbol{H}^{\mathrm{T}}\boldsymbol{Z}\neq 0)
$$

因此 $\|\hat{\boldsymbol{X}}_{\mathrm{T}}(\lambda)\|^2$ 为 λ 的单调递减函数。而

$$
\lim_{t\to+\infty}\|\hat{\boldsymbol{x}}_r(\lambda)\|=0
$$

是显而易见的，因为 $\lambda\to+\infty$ 时 $\boldsymbol{B}_{\mathrm{T}}^{-1}(\lambda)\to 0$。

(4) 在 $\boldsymbol{Z}$ 给定条件下，残差的平方和为

$$
S(\lambda) = \|\boldsymbol{Z}-\boldsymbol{H}\hat{\boldsymbol{X}}_{\mathrm{T}}(\lambda)\|^2
$$

为 λ 的单调递增函数；而由前可知 $p=f(x)=\hat{\boldsymbol{X}}_{\mathrm{T}}(\lambda)\boldsymbol{D}^{\mathrm{T}}\boldsymbol{D}\hat{\boldsymbol{X}}_{\mathrm{T}}(\lambda)$ 为 λ 的单调递减

函数,因此 $S(\lambda)$ 作为 p 的函数时为 p 的单调递减函数。此性质留给读者自己证明。

(5)$\mathrm{tr}[\mathrm{Var}(\hat{\boldsymbol{X}}_{\mathrm{T}}(\lambda))]$ 为 λ 的单调递减函数,这是因为

$$\frac{\mathrm{dtr}[\mathrm{Var}(\hat{\boldsymbol{X}}_{\mathrm{T}}(\lambda))]}{\mathrm{d}\lambda}=\mathrm{tr}\frac{\mathrm{d}[\boldsymbol{B}_{\mathrm{T}}^{-}(\lambda)\boldsymbol{H}^{\mathrm{T}}\boldsymbol{H}\boldsymbol{B}_{\mathrm{T}}^{-1}(\lambda)]}{\mathrm{d}\lambda}$$
$$=-\mathrm{tr}\{\boldsymbol{B}_{\mathrm{T}}^{-1}(\lambda)[\boldsymbol{D}^{\mathrm{T}}\boldsymbol{D}\boldsymbol{B}_{\mathrm{T}}^{-1}(\lambda)\boldsymbol{H}^{\mathrm{T}}\boldsymbol{H}+\boldsymbol{H}^{\mathrm{T}}\boldsymbol{H}\boldsymbol{B}_{\mathrm{T}}^{-1}(\lambda)\boldsymbol{D}^{\mathrm{T}}\boldsymbol{D}]\boldsymbol{B}_{\mathrm{T}}^{-1}(\lambda)\}<0$$

再注意到 λ 与 p 的关系,由此可知 $\mathrm{tr}[\mathrm{Var}(\hat{\boldsymbol{X}}_{\mathrm{T}}(\lambda))]$ 为 p 的单调递增函数。

下面讨论 p 的选定问题。

如果仅从

$$\mathrm{tr}[\mathrm{Var}(\hat{\boldsymbol{X}}_{\mathrm{T}}(\lambda))]=\mathrm{tr}[\boldsymbol{B}_{\mathrm{T}}^{-1}(\lambda)\boldsymbol{H}^{\mathrm{T}}\boldsymbol{H}\boldsymbol{B}_{\mathrm{T}}^{-1}(\lambda)]$$

出发来讨论,p 越小则上式越小。但是在超椭球约束下,p 的取值并不能任意地小,否则将使估值 $\hat{\boldsymbol{X}}_{\mathrm{T}}(\lambda)$ 严重失真;另一方面,如果从超椭球约束 LS 方法的残差平方和考虑,它为 p 的单调递减函数,即 p 取值较大,将有较小的残差。因此,综合这两方面的考虑,可以这样去确定 p(或 λ),使

$$\boldsymbol{Q}=\mathrm{tr}[\mathrm{Var}(\hat{\boldsymbol{X}}_{\mathrm{T}}(\lambda))]+S(\lambda)=\mathrm{Min} \tag{6.2.15}$$

此外,还有其他确定 p 的方法。一个近似确定 p 的简单方法如下:令 $p=1,2,\cdots,m$。这里 m 为 $\boldsymbol{X}$ 的维数,于是有 m 个超椭球面:

$$\sum_{n=1}^{n}\left(\frac{x_i}{c_i}\right)^2=p,\quad p=1,2,\cdots,m$$

对于每个 p 求解超椭球面约束之下的最小二乘问题,记此时的解为 $\hat{\boldsymbol{X}}(p)$,$p=1,2,\cdots,m$,除去不满足约束条件 $|x_i|\leqslant c_i$,$i=1,\cdots,m$ 的解,剩下的 r 个解记为

$$\hat{\boldsymbol{X}}(p_i),\quad i=1,2,\cdots,r$$

确定最优的 p 使

$$\phi=\mathrm{tr}[\mathrm{Var}(\hat{\boldsymbol{X}}(p))]+\|\Delta\boldsymbol{X}\|^2=\mathrm{Min},p\in\{p_1,\cdots p_r\}$$

其中:

$$\Delta\boldsymbol{X}=\hat{\boldsymbol{X}}(p)-\hat{\boldsymbol{X}}_{\mathrm{LS}}$$

由于 p 只取有限个值,因此 ϕ 关于 p 的最小值总是存在的。

超椭球约束 LS 方法在工程实践中已引起人们的注意。由上述讨论可知,这种方法的实质是通过约束来控制估值的长度,而以牺牲残差作为代价来换取较小的估计方差。

6.3 岭估计方法

前已述及,对于线性模型$(\boldsymbol{Z},\boldsymbol{HX},\sigma^2\boldsymbol{I},n,m)$,当矩阵$\boldsymbol{H}^{\mathrm{T}}\boldsymbol{H}$的条件数甚大时,最小二乘估计$\hat{\boldsymbol{X}}_{\mathrm{LS}}$的长度将严重地放大。解决这个方法的另一种方法就是“岭”(Ridge)方法。

对任意取定的$\boldsymbol{X}$的估值$\hat{\boldsymbol{X}}$,残差平方和可以进行如下分解:

$$
\begin{aligned}
S &= \|\boldsymbol{Z}-\boldsymbol{H}\hat{\boldsymbol{X}}\|^2 \\
&= (\boldsymbol{Z}-\boldsymbol{H}\hat{\boldsymbol{X}}_{\mathrm{LS}})^{\mathrm{T}}(\boldsymbol{Z}-\boldsymbol{H}\hat{\boldsymbol{X}}_{\mathrm{LS}}) + (\hat{\boldsymbol{X}}_{\mathrm{LS}}-\hat{\boldsymbol{X}})\boldsymbol{H}^{\mathrm{T}}\boldsymbol{H}(\hat{\boldsymbol{X}}_{\mathrm{LS}}-\hat{\boldsymbol{X}}) + \Delta \\
&= S_{\mathrm{LS}} + (\hat{\boldsymbol{X}}_{\mathrm{LS}}-\hat{\boldsymbol{X}})\boldsymbol{H}^{\mathrm{T}}\boldsymbol{H}(\hat{\boldsymbol{X}}_{\mathrm{LS}}-\hat{\boldsymbol{X}}) + \Delta
\end{aligned}
\tag{6.3.1}
$$

忽略乘积项Δ,以式(6.3.1)右端第二项来衡量$\hat{\boldsymbol{X}}_{\mathrm{LS}}$与$\hat{\boldsymbol{X}}$之差别而引起的残差平方和的改变量,记为$\Delta S$,即

$$\Delta S = (\hat{\boldsymbol{X}}_{\mathrm{LS}}-\hat{\boldsymbol{X}})^{\mathrm{T}}\boldsymbol{H}^{\mathrm{T}}H(\hat{\boldsymbol{X}}_{\mathrm{LS}}-\hat{\boldsymbol{X}})$$

$\Delta S\geqslant 0$,当$\hat{\boldsymbol{X}}\neq\hat{\boldsymbol{X}}_{\mathrm{LS}}$时,$\Delta S>0$因此,取不同于LS方法的估计时,总是要作出使残差增大的这种“牺牲”。此外,在下面的讨论中,如果在估计之前具有关于$\boldsymbol{X}$的验前信息,这种验前信息以$\boldsymbol{X}$的验前估计的均值$\boldsymbol{X}_0$以及它的方差阵$\boldsymbol{V}_0$给出,在这种场合下,设计出一种估计方法使估值$\hat{\boldsymbol{X}}$满足约束条件:

$$\Delta S = (\hat{\boldsymbol{X}}_{\mathrm{LS}}-\hat{\boldsymbol{X}})^{\mathrm{T}}\boldsymbol{H}^{\mathrm{T}}\boldsymbol{H}(\hat{\boldsymbol{X}}_{\mathrm{LS}}-\hat{\boldsymbol{X}}) = \phi_0 \tag{6.3.2}$$

且使

$$(\hat{\boldsymbol{X}}-\hat{\boldsymbol{X}}_0)^{\mathrm{T}}\boldsymbol{V}_0^{-1}(\hat{\boldsymbol{X}}-\hat{\boldsymbol{X}}_0) = \mathrm{Min} \tag{6.3.3}$$

用这种方法所得到的估计称为$\boldsymbol{X}$的岭(Ridge)估计。图6.1为岭估计形象图。

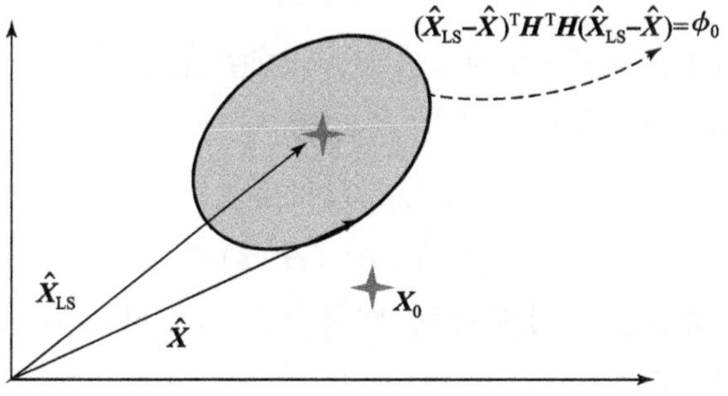

图6.1 岭估计形象图

岭估计的物理景象就是在超椭球式(6.3.2)上找出一点 $\hat{\boldsymbol{X}}_{\mathrm{R}}$,使之与 $\boldsymbol{X}_0$ 的距离 $\|\hat{\boldsymbol{X}}_{\mathrm{R}}-\boldsymbol{X}_0\|_{V_0-1}^2$ 为最短(这个距离常被称为马氏距离(Mahalanobis 距离))。

确定岭估计 $\hat{\boldsymbol{X}}_{\mathrm{R}}$ 是容易的,只需运用 Lagrange 乘子法即可。为此,记:

$$F(\boldsymbol{X},\lambda)=(\boldsymbol{X}-\boldsymbol{X}_0)^{\mathrm{T}}\boldsymbol{V}_0^{-1}(\boldsymbol{X}-\boldsymbol{X}_0)+\lambda[(\hat{\boldsymbol{X}}_{\mathrm{LS}}-\boldsymbol{X})^{\mathrm{T}}\boldsymbol{H}^{\mathrm{T}}\boldsymbol{H}(\hat{\boldsymbol{X}}_{\mathrm{LS}}-\boldsymbol{X})-\phi_0]$$

其中,λ 为 Lagrange 乘子,令 $\frac{\partial F}{\partial \boldsymbol{X}}=0,\frac{\partial F}{\partial \lambda}=0$ 有

$$\begin{cases}\dfrac{\partial F}{\partial \boldsymbol{X}}=2\boldsymbol{V}_0^{-1}(\boldsymbol{X}-\boldsymbol{X}_0)+2\lambda\boldsymbol{H}^{\mathrm{T}}\boldsymbol{H}(\boldsymbol{X}-\hat{\boldsymbol{X}}_{\mathrm{LS}})=0\\ \dfrac{\partial F}{\partial \lambda}=(\hat{\boldsymbol{X}}_{\mathrm{LS}}-\boldsymbol{X})^{\mathrm{T}}\boldsymbol{H}^{\mathrm{T}}\boldsymbol{H}(\hat{\boldsymbol{X}}_{\mathrm{LS}}-\boldsymbol{X})-\phi_0=0\end{cases}\tag{6.3.4}$$

由此得

$$\hat{\boldsymbol{X}}_{\mathrm{R}}=(\lambda\boldsymbol{H}^{\mathrm{T}}\boldsymbol{H}+\boldsymbol{V}_0^{-1})^{-1}(\lambda\boldsymbol{H}^{\mathrm{T}}\boldsymbol{H}\hat{\boldsymbol{X}}_{\mathrm{LS}}+\boldsymbol{V}_0^{-1}\boldsymbol{X}_0)$$

令 $k=\frac{1}{\lambda}$ 得

$$\hat{\boldsymbol{X}}_{\mathrm{R}}=(\boldsymbol{H}^{\mathrm{T}}\boldsymbol{H}+k\boldsymbol{V}_0^{-1})^{-1}(\boldsymbol{H}^{\mathrm{T}}\boldsymbol{Z}+k\boldsymbol{V}_0^{-1}\boldsymbol{X}_0)\tag{6.3.5}$$

$\hat{\boldsymbol{X}}_{\mathrm{R}}$ 满足约束条件:

$$(\hat{\boldsymbol{X}}_{\mathrm{LS}}-\boldsymbol{X})^{\mathrm{T}}\boldsymbol{H}^{\mathrm{T}}\boldsymbol{H}(\hat{\boldsymbol{X}}_{\mathrm{LS}}-\boldsymbol{X})=\phi_0\tag{6.3.6}$$

将式(6.3.5)代入式(6.3.6)获得关于 k 的方程,然后解出 k,即可得到式(6.3.5)中 k 的解。

对于岭估计,可得出如下性质:

(1)

$$E[\hat{\boldsymbol{X}}_{\mathrm{R}}]=\boldsymbol{X}-k(\boldsymbol{H}^{\mathrm{T}}\boldsymbol{H}+k\boldsymbol{V}_0^{-1})^{-1}\boldsymbol{V}_0^{-1}(\boldsymbol{X}-\boldsymbol{X}_0)\tag{6.3.7}$$

可见,当验前均值 $\boldsymbol{X}_0\neq\boldsymbol{X}$ 时,岭估计总是有偏的。

(2)

$$\mathrm{Var}[\hat{\boldsymbol{X}}_{\mathrm{R}}]=\sigma^2(\boldsymbol{H}^{\mathrm{T}}\boldsymbol{H}+k\boldsymbol{V}_0^{-1})^{-1}\boldsymbol{H}^{\mathrm{T}}\boldsymbol{H}(\boldsymbol{H}^{\mathrm{T}}\boldsymbol{H}+k\boldsymbol{V}_0^{-1})^{-1}\tag{6.3.8}$$

于是可以看出,当 $\boldsymbol{V}_0=\infty\cdot\boldsymbol{I}$ 时,$V_0^{-1}=0$,此时:

$$\hat{\boldsymbol{X}}_R=(\boldsymbol{H}^{\mathrm{T}}\boldsymbol{H})^{-1}\boldsymbol{H}^{\mathrm{T}}\boldsymbol{Z}$$

$$\mathrm{Var}[\boldsymbol{X}_{\mathrm{R}}]=\sigma^2(\boldsymbol{H}^{\mathrm{T}}\boldsymbol{H})^{-1}$$

这就是 LS 估计的情况。还可以看到,如果令 $\boldsymbol{X}_0=0,k\boldsymbol{V}_0^{-1}=\lambda_*\boldsymbol{D}^{\mathrm{T}}\boldsymbol{D}$,则岭估计就是超椭球约束估计。

对于岭估计,同样重要的问题是 ϕ_0(或者 k)的选取。可以用类似于确定超椭球约束 LS 估计 p 那样进行。

实际中常用的岭估计表示为

$$\hat{\boldsymbol{X}}_{\mathrm{R}}(k)=(\boldsymbol{H}^{\mathrm{T}}\boldsymbol{H}+k\boldsymbol{I})^{-1}\boldsymbol{H}^{\mathrm{T}}\boldsymbol{Z} \tag{6.3.9}$$

而广义岭估计为

$$\begin{aligned}\hat{\boldsymbol{X}}_{\mathrm{R}}(\boldsymbol{K})&=(\boldsymbol{H}^{\mathrm{T}}\boldsymbol{H}+\boldsymbol{QKQ}^{\mathrm{T}})^{-1}\boldsymbol{H}^{\mathrm{T}}\boldsymbol{Z}\\&=\boldsymbol{Q}(\boldsymbol{\Lambda}+\boldsymbol{K})^{-1}\boldsymbol{Q}^{\mathrm{T}}\boldsymbol{H}^{\mathrm{T}}\boldsymbol{Z}\end{aligned} \tag{6.3.10}$$

其中：

$$\boldsymbol{K}=\begin{pmatrix}k_1 & & 0\\ & \ddots & \\ 0 & & k_m\end{pmatrix},\quad k_i\geqslant 0,i=1,2,\cdots,m$$

$\boldsymbol{Q}$ 为单位正交阵,使

$$\boldsymbol{Q}^{\mathrm{T}}\boldsymbol{H}^{\mathrm{T}}\boldsymbol{HQ}=\boldsymbol{\Lambda}=\begin{pmatrix}\lambda_1 & & \\ & \ddots & \\ & & \lambda_m\end{pmatrix}$$

可以看出,式(6.3.9)是将 $\boldsymbol{H}^{\mathrm{T}}\boldsymbol{H}$ 的每个特征根都加 k,式(6.3.10)是将每个特征根分别加 k,其目的都是对估计的“长度”进行压缩。

6.4 线性估计的改进问题

在前面几节的讨论中,为了解决工程实践中应用 LS 估计方法所出现的问题,讨论了超椭球约束估计、岭估计等方法。从某种意义上讲,这些方法改进了经典的 LS 方法,这一节将讨论对于线性估计的一般改进问题,仍考虑线性模型 $(\boldsymbol{Z},\boldsymbol{HX},\sigma^2\boldsymbol{I},n,m)$。

为改进 LS 估计,通常引入均方误差(Mean Square Error,MSE)作为衡量参数估计优良性的准则。以 $\hat{\boldsymbol{X}}$ 作为 $\boldsymbol{X}$ 的估计,其均方误差定义为

$$\mathrm{MSE}(\hat{\boldsymbol{X}})=E\|\hat{\boldsymbol{X}}-\boldsymbol{X}\|^2 \tag{6.4.1}$$

MSE 从一定角度描述了参数估计与真值的接近程度。

在线性估计类里,对于 $\boldsymbol{X}$ 的线性估计 $\boldsymbol{AZ}+b$ 有

$$\begin{aligned}\mathrm{MSE}(\boldsymbol{AZ}+b)&=E\|\boldsymbol{AZ}+b-\boldsymbol{X}\|^2\\&=E[(\boldsymbol{AZ}+b-\boldsymbol{X})^{\mathrm{T}}(\boldsymbol{AZ}+b-\boldsymbol{X})]\end{aligned} \tag{6.4.2}$$

如果能确定出式(6.4.2)的下确界 $\mathrm{Inf}_{\boldsymbol{A},b}\mathrm{MSE}(\boldsymbol{AZ}+b)$,就可以根据这个下确界来讨论线性估计的优良性问题。

有如下性质：

(1)

$$\mathrm{MSE}(\boldsymbol{AZ}+b)=[(\boldsymbol{AH}-\boldsymbol{I})\boldsymbol{X}+b]^{\mathrm{T}}[(\boldsymbol{AH}-\boldsymbol{I})\boldsymbol{X}+b]+\sigma^2\mathrm{tr}(\boldsymbol{A}^{\mathrm{T}}\boldsymbol{A}) \tag{6.4.3}$$

这个结果可由 MSE 的定义直接计算出来。

(2)对于非齐次估计,使得 MSE = Min 的 $\boldsymbol{A}$,b 为

$$\hat{\boldsymbol{A}}=0 \quad \hat{b}=-(\hat{\boldsymbol{A}}\boldsymbol{H}-\boldsymbol{I})\boldsymbol{X}$$

因此:

$$\hat{\boldsymbol{X}}=\hat{\boldsymbol{A}}\boldsymbol{Z}+\hat{b}=\boldsymbol{X}$$

事实上,根据式(6.4.3),由于右端的第二项与 b 无关,因此由 $\mathrm{MSE}(\boldsymbol{AZ}+b)=\mathrm{Min}$ 知

$$\hat{b}=-(\boldsymbol{AH}-\boldsymbol{I})\boldsymbol{X}$$

由式(6.4.3)的第二项,令

$$\frac{\partial \mathrm{tr}\boldsymbol{A}^{\mathrm{T}}\boldsymbol{A}}{\partial \boldsymbol{A}}=2A=0$$

得

$$\hat{\boldsymbol{A}}=0$$

由性质(2)可知,$\boldsymbol{X}$ 的非齐次估计为 $\hat{\boldsymbol{X}}=\boldsymbol{X}$,这是没有什么实际意义的。因此在线性估计中我们只需考虑 $\boldsymbol{X}$ 的齐次线性估计就可以了。

(3)对于 $\boldsymbol{X}$ 的齐次估计 $\boldsymbol{AZ}$,使 MSE = Min 的 $\boldsymbol{X}$ 的估计为

$$\boldsymbol{X}=\boldsymbol{AZ} \tag{6.4.4}$$

其中:

$$\hat{\boldsymbol{A}}=\boldsymbol{XX}^{\mathrm{T}}\boldsymbol{H}^{\mathrm{T}}(\sigma^2\boldsymbol{I}+\boldsymbol{HXX}^{\mathrm{T}}\boldsymbol{H}^{\mathrm{T}})^{-1} \tag{6.4.5}$$

事实上,由于

$$\mathrm{MSE}(\boldsymbol{AZ})=\boldsymbol{X}^{\mathrm{T}}(\boldsymbol{AH}-\boldsymbol{I})^{\mathrm{T}}(\boldsymbol{AH}-\boldsymbol{I})\boldsymbol{X}+\sigma^2\mathrm{tr}(\boldsymbol{A}^{\mathrm{T}}\boldsymbol{A}) \tag{6.4.6}$$

令

$$\frac{\partial \mathrm{MSE}(\boldsymbol{AZ})}{\partial \boldsymbol{A}}=2\boldsymbol{AHXX}^{\mathrm{T}}\boldsymbol{H}^{\mathrm{T}}-2\boldsymbol{XX}^{\mathrm{T}}\boldsymbol{H}^{\mathrm{T}}+2\sigma^2\boldsymbol{A}=0$$

得

$$\boldsymbol{A}(\sigma^2\boldsymbol{I}+\boldsymbol{HXX}^{\mathrm{T}}\boldsymbol{H}^{\mathrm{T}})=\boldsymbol{XX}^{\mathrm{T}}\boldsymbol{H}^{\mathrm{T}}$$

于是

$$\hat{\boldsymbol{A}}=\boldsymbol{XX}^{\mathrm{T}}\boldsymbol{H}^{\mathrm{T}}(\sigma^2\boldsymbol{I}+\boldsymbol{HXX}^{\mathrm{T}}\boldsymbol{H}^{\mathrm{T}})^{-1}$$

则使 MSE = Min 的“最优”齐次估计为

$$\hat{\boldsymbol{X}}_*=\hat{\boldsymbol{A}}\boldsymbol{Z}=\boldsymbol{XX}^{\mathrm{T}}\boldsymbol{H}^{\mathrm{T}}(\sigma^2\boldsymbol{I}+\boldsymbol{HX}^{\mathrm{T}}\boldsymbol{H}^{\mathrm{T}})^{-1}\boldsymbol{Z} \tag{6.4.7}$$

值得注意的是,这种“最优”估计在实际中是无法实现的,因为 $\hat{X}$ 与位置参数 X 及 σ^2 有关,实际应用只能得到式(6.4.7)的某种近似。

(4)对于式(6.4.7)的 $\hat{X}$,有

$$\mathrm{MSE}[\hat{X}]=(1-X^{\mathrm{T}}H^{\mathrm{T}}DHX)^2\|X\|^2+\sigma^2\|DHX\|^2\|X\|^2 \tag{6.4.8}$$

其中:

$$D=(\sigma^2 I+HXX^{\mathrm{T}}H^{\mathrm{T}})^{-1}$$

事实上

$$\begin{aligned}\mathrm{MSE}[\hat{X}]&=\mathrm{E}\|\hat{A}Z-X\|^2\\&=X^{\mathrm{T}}H^{\mathrm{T}}\hat{A}^{\mathrm{T}}\hat{A}HX-2X^{\mathrm{T}}\hat{A}HX+X^{\mathrm{T}}X+\sigma^2\mathrm{tr}(\hat{A}^{\mathrm{T}}\hat{A})\end{aligned}$$

将 $A=XX^{\mathrm{T}}H^{\mathrm{T}}D$ 代入上式得

$$\begin{aligned}X^{\mathrm{T}}H^{\mathrm{T}}\hat{A}^{\mathrm{T}}\hat{A}HX&=X^{\mathrm{T}}H^{\mathrm{T}}DHXX^{\mathrm{T}}XX^{\mathrm{T}}H^{\mathrm{T}}DHX\\&=(X^{\mathrm{T}}H^{\mathrm{T}}DHX)^2\|X\|^2\end{aligned}$$

$$\begin{aligned}X^{\mathrm{T}}\hat{A}HX&=X^{\mathrm{T}}XX^{\mathrm{T}}H^{\mathrm{T}}DHX\\&=(X^{\mathrm{T}}H^{\mathrm{T}}DHX)\|X\|^2\end{aligned}$$

$$\begin{aligned}\mathrm{tr}(\hat{A}^{\mathrm{T}}\hat{A})&=\mathrm{tr}(DHXX^{\mathrm{T}}XX^{\mathrm{T}}H^{\mathrm{T}}D)\\&=\|X\|^2\mathrm{tr}(D\dot{H}XX^{\mathrm{T}}H^{\mathrm{T}}D)\\&=\|DHX\|^2\|X\|^2\end{aligned}$$

于是得式(6.4.8)。

(5)不存在常数矩阵 A,使得 MSE(AZ)在 X 的每个值上都达到下确界式(6.4.8),即估计不同下确界也不同,不存在统一的下确界。

这是因为使 MSE(AZ)达到下确界式(6.4.8)的 A 依赖 X,且 $\|X\|$ 越小则 MSE(AZ)越小,因此不存在一个常值矩阵使其达到下确界式(6.4.8),也不存在一个估计量 A^*Z,使它一致地优于其他估计量 AZ,其中 $A\neq A^*$。

下面来考虑齐次最优估计 $\hat{X}_*$ 与最小二乘估计 $\hat{X}_{\mathrm{LS}}$ 之间的关系。此处:

$$\hat{X}_*=XX^{\mathrm{T}}H^{\mathrm{T}}(\sigma^2 I+HXX^{\mathrm{T}}H^{\mathrm{T}})^{-1}Z$$

$$\hat{X}_{\mathrm{LS}}=(H^{\mathrm{T}}H)^{-1}H^{\mathrm{T}}Z$$

注意到下列矩阵求逆的公式:

$$(A+xy^{\mathrm{T}})^{-1}=A^{-1}-\frac{A^{-1}xy^{\mathrm{T}}A^{-1}}{1+y^{\mathrm{T}}A^{-1}x}$$

其中,x,y 为向量。于是

$$(\sigma^2\boldsymbol{I}+\boldsymbol{HXX}^{\mathrm{T}}\boldsymbol{H}^{\mathrm{T}})^{-1}=\sigma^{-2}\boldsymbol{I}-\frac{\sigma^{-2}\boldsymbol{HXX}^{\mathrm{T}}\boldsymbol{H}^{\mathrm{T}}\sigma^{-2}}{1+\boldsymbol{X}^{\mathrm{T}}\boldsymbol{H}^{\mathrm{T}}\sigma^{2}\boldsymbol{HX}}$$

$$=\sigma^{-2}\left(\boldsymbol{I}-\frac{\boldsymbol{HXX}^{\mathrm{T}}\boldsymbol{H}^{\mathrm{T}}}{\sigma^2+\boldsymbol{X}^{\mathrm{T}}\boldsymbol{H}^{\mathrm{T}}\boldsymbol{HX}}\right)$$

$$\boldsymbol{X}_*=\sigma^{-2}\boldsymbol{XX}^{\mathrm{T}}\boldsymbol{H}^{\mathrm{T}}\left(\boldsymbol{I}-\frac{\boldsymbol{HXX}^{\mathrm{T}}\boldsymbol{H}^{\mathrm{T}}}{\sigma^2+\boldsymbol{X}^{\mathrm{T}}\boldsymbol{H}^{\mathrm{T}}\boldsymbol{HX}}\right)\boldsymbol{Z}$$

$$=\sigma^{-2}\left(\boldsymbol{XX}^{\mathrm{T}}-\frac{\boldsymbol{XX}^{\mathrm{T}}\boldsymbol{H}^{\mathrm{T}}\boldsymbol{HXX}^{\mathrm{T}}}{\sigma^2+\boldsymbol{X}^{\mathrm{T}}\boldsymbol{H}^{\mathrm{T}}\boldsymbol{HX}}\right)\boldsymbol{H}^{\mathrm{T}}\boldsymbol{Z}$$

$$=\sigma^{-2}\left[\boldsymbol{XX}^{\mathrm{T}}-\frac{\boldsymbol{X}(\boldsymbol{X}^{\mathrm{T}}\boldsymbol{H}^{\mathrm{T}}\boldsymbol{HX})\boldsymbol{X}^{\mathrm{T}}}{\sigma^2+\boldsymbol{X}^{\mathrm{T}}\boldsymbol{H}^{\mathrm{T}}\boldsymbol{HX}}\right]\boldsymbol{H}^{\mathrm{T}}\boldsymbol{Z}$$

$$=\sigma^{-2}\left(1-\frac{\boldsymbol{X}^{\mathrm{T}}\boldsymbol{H}^{\mathrm{T}}\boldsymbol{HX}}{\sigma^2+\boldsymbol{X}^{\mathrm{T}}\boldsymbol{H}^{\mathrm{T}}\boldsymbol{HX}}\right)\boldsymbol{XX}^{\mathrm{T}}\boldsymbol{H}^{\mathrm{T}}\boldsymbol{Z}$$

$$=\frac{\boldsymbol{XX}^{\mathrm{T}}}{\sigma^2+\boldsymbol{X}^{\mathrm{T}}\boldsymbol{H}^{\mathrm{T}}\boldsymbol{HX}}\boldsymbol{H}^{\mathrm{T}}\boldsymbol{Z}$$

注意到 $\boldsymbol{H}^{\mathrm{T}}\boldsymbol{Z}=\boldsymbol{H}^{\mathrm{T}}\boldsymbol{H}\hat{\boldsymbol{X}}_{\mathrm{LS}}$，于是

$$\hat{\boldsymbol{X}}_*=\frac{\boldsymbol{XX}^{\mathrm{T}}\boldsymbol{H}^{\mathrm{T}}\boldsymbol{H}}{\sigma^2+\boldsymbol{X}^{\mathrm{T}}\boldsymbol{H}^{\mathrm{T}}\boldsymbol{HX}}\hat{\boldsymbol{X}}_{\mathrm{LS}} \tag{6.4.9}$$

所获得的 $\hat{\boldsymbol{X}}$ 具有如下统计特性：

$$\mathrm{MSE}(\hat{\boldsymbol{X}})=\mathrm{Min}\leqslant\mathrm{MSE}(\hat{\boldsymbol{X}}_{\mathrm{LS}}) \tag{6.4.10}$$

$$E[\hat{\boldsymbol{X}}_*]=\frac{\boldsymbol{XX}^{\mathrm{T}}\boldsymbol{H}^{\mathrm{T}}\boldsymbol{HX}}{\sigma^2+\boldsymbol{X}^{\mathrm{T}}\boldsymbol{H}^{\mathrm{T}}\boldsymbol{HX}}=\left(1-\frac{\sigma^2}{\sigma^2+\boldsymbol{X}^{\mathrm{T}}\boldsymbol{H}^{\mathrm{T}}\boldsymbol{HX}}\right)\boldsymbol{X} \tag{6.4.11}$$

由此可见 $\hat{\boldsymbol{X}}_*$ 是 $\boldsymbol{X}$ 的有偏估计，且 $\hat{\boldsymbol{X}}_*$ 的均值总比 $\boldsymbol{X}$ 来得小。进一步，我们看看估计的“长度”。

$$E\|\hat{\boldsymbol{X}}_{\mathrm{LS}}\|^2=\|\boldsymbol{X}\|^2+\sigma^2\mathrm{tr}\,(\boldsymbol{H}^{\mathrm{T}}\boldsymbol{H})^{-1} \tag{6.4.12}$$

$$\begin{aligned}E\|\hat{\boldsymbol{X}}_*\|^2&=(\sigma^2+\boldsymbol{X}^{\mathrm{T}}\boldsymbol{H}^{\mathrm{T}}\boldsymbol{HX})^{-2}\cdot\mathrm{tr}[\boldsymbol{XX}^{\mathrm{T}}\boldsymbol{H}^{\mathrm{T}}\boldsymbol{H}E(\hat{\boldsymbol{X}}_{\mathrm{LS}}\hat{\boldsymbol{X}}_{\mathrm{LS}}^{\mathrm{T}})\boldsymbol{H}^{\mathrm{T}}\boldsymbol{HXX}^{\mathrm{T}}]\\&=(\sigma^2+\boldsymbol{X}^{\mathrm{T}}\boldsymbol{H}^{\mathrm{T}}\boldsymbol{HX})^{-2}\cdot\mathrm{tr}\{\boldsymbol{XX}^{\mathrm{T}}\boldsymbol{H}^{\mathrm{T}}\boldsymbol{H}[\sigma^2(\boldsymbol{H}^{\mathrm{T}}\boldsymbol{H})^{-1}+\boldsymbol{XX}^{\mathrm{T}}]\boldsymbol{H}^{\mathrm{T}}\boldsymbol{HXX}^{\mathrm{T}}\}\\&=(\sigma^2+\boldsymbol{X}^{\mathrm{T}}\boldsymbol{H}^{\mathrm{T}}\boldsymbol{HX})^{-2}\cdot\mathrm{tr}[\sigma^2\boldsymbol{XX}^{\mathrm{T}}\boldsymbol{HXX}^{\mathrm{T}}+\boldsymbol{XX}^{\mathrm{T}}\boldsymbol{H}^{\mathrm{T}}\boldsymbol{HXX}^{\mathrm{T}}\boldsymbol{H}^{\mathrm{T}}\boldsymbol{HXX}^{\mathrm{T}}]\\&=(\sigma^2+\boldsymbol{X}^{\mathrm{T}}\boldsymbol{H}^{\mathrm{T}}\boldsymbol{HX})^{-2}[\sigma^2\boldsymbol{X}^{\mathrm{T}}\boldsymbol{H}^{\mathrm{T}}\boldsymbol{HX}+(\boldsymbol{X}^{\mathrm{T}}\boldsymbol{H}^{\mathrm{T}}\boldsymbol{HX})^2]\|\boldsymbol{X}\|^2\\&=\left(1-\frac{\sigma^2}{\sigma^2+\boldsymbol{X}^{\mathrm{T}}\boldsymbol{H}^{\mathrm{T}}\boldsymbol{HX}}\right)\|\boldsymbol{X}\|^2\end{aligned} \tag{6.4.13}$$

可见，$\sigma^2\neq0$ 时：

$$E\|\hat{\boldsymbol{X}}_{\mathrm{LS}}\|^2>\|\boldsymbol{X}\|^2 \tag{6.4.14}$$

$$E\|\hat{\boldsymbol{X}}_*\|^2<\|\boldsymbol{X}\|^2 \tag{6.4.15}$$

$$E\|\hat{\boldsymbol{X}}_*\|^2 < \|\boldsymbol{X}_{\mathrm{LS}}\|^2 \tag{6.4.16}$$

这再一次说明 LS 估计偏“长”,存在“优于”$\hat{\boldsymbol{X}}_{\mathrm{LS}}$的估计如 $\hat{\boldsymbol{X}}_*$,其长度比 $\hat{\boldsymbol{X}}_{\mathrm{LS}}$的长度要小(统计平均意义上)。因此,“压缩”$\hat{\boldsymbol{X}}_{\mathrm{LS}}$的长度来改进估计的性能就是可以理解的了。前面讨论的岭估计,如

$$\hat{\boldsymbol{X}}_{\mathrm{R}}(k)=(\boldsymbol{H}^{\mathrm{T}}\boldsymbol{H}+k\boldsymbol{I})^{-1}\boldsymbol{H}^{\mathrm{T}}\boldsymbol{Z},k\geqslant 0$$

也是一种压缩估计,这种估计的好坏取决于 k 的选取。能否选定 k,使在 MSE 优良性准则之下 $\hat{\boldsymbol{X}}_{\mathrm{R}}(k)$优于 $\hat{\boldsymbol{X}}_{\mathrm{LS}}$。

7　卡尔曼滤波方法

滤波是从被干扰的信号中确定出有效信号的一种方法,也称信号滤波。如收音机的调频就是一个滤波过程,它是从无线电信号中取出所需要的电台频率信号。信号滤波普遍应用于通信技术中,一般以电路的形式具体体现在设备中。这里要介绍的滤波是根据统计特性的规律,将信号从含有干扰的测量中确定出来的一种滤波,称为统计滤波。统计滤波时,通常要求某种统计意义上误差性能最优,如“最小方差”等,这样得最优滤波。从统计学的观点看,滤波属于一类统计估值方法。

在实际工程技术问题中,滤波问题是屡见不鲜的。例如对飞行器进行观测,通过观测到的量去确定飞行器在每一不同时刻的位置、速度等,以便对该飞行器进行导航、跟踪或拦截。又如具有数字计算机的所谓“最佳控制过程”的实现问题。在数字控制系统中,测量装置对于被控制过程的内部状态(记作向量 $\boldsymbol{X}$)进行测量,而最佳控制规律为 $\boldsymbol{X}$ 的函数,记此规律为 $\boldsymbol{U}=\boldsymbol{U}(\boldsymbol{X})$。因此,滤波问题就是从带有噪声的测量信息 $\boldsymbol{Z}$ 中对状态向量 $\boldsymbol{X}$ 进行估计,确定出在某种意义之下的 $\boldsymbol{X}$ 的最佳估值 $\hat{\boldsymbol{X}}$,在此基础上,数字计算机给出最佳控制规律 $\boldsymbol{U}=\boldsymbol{U}(\hat{\boldsymbol{X}})$,同时在控制过程中,由于随机干扰 $\boldsymbol{N}$ 的作用,内部状态 $\boldsymbol{X}$ 也是随机的。此时测量装置不断获得新的信号 $\boldsymbol{Z}$ 作为数字计算机的反馈信息。这样,滤波的过程就是对状态向量 $\boldsymbol{X}$ 的不断估计以实现最佳控制。它的结构如图 7.1 所示。

又如惯性导航系统,由于陀螺的漂移,使惯性导航系统产生误差,而这种误差的积累对长时间的导航系统是不容许的。因此为了提高惯导系统的精度,必须对系统进行校正和重调。惯导系统中的初始校正以及陀螺漂移率的估计及其补偿等问题都必须应用滤波技术。

例子是不胜枚举的,它们的共同特点是滤波为重要的一环。因此,需要从这种共性中,研究规律性的东西,然后再回到具体的实践中去,解决专业实践中可能遇到的实际工程问题。

滤波的方法是多种多样的。早在 1809 年,高斯(Gauss)为了从已知测量数据中确定天体运行的轨道,提出了一种最早的最优滤波方法,称为最小二乘法。虽然它的滤波性能较差,但因为它具有不需要信号的验前统计知识这个突出的优点,所以至今尚在不少技术领域中使用。

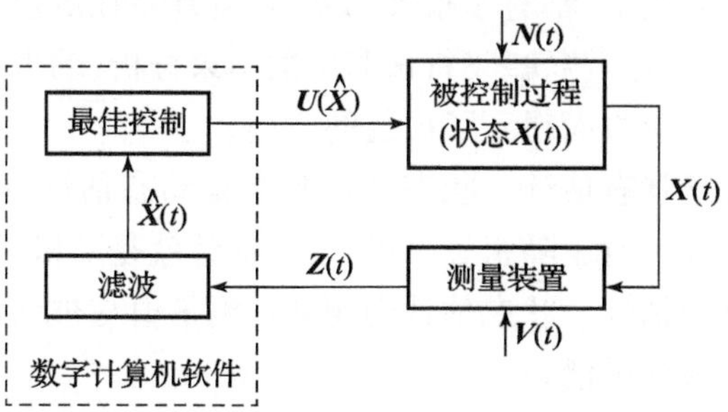

图 7.1 最佳控制过程示意图

20 世纪 40 年代,维纳(Wiener)为了火力控制上的需要而提出一种线性最小方差滤波方法,称为 Wiener 滤波。虽然这种方法充分利用了信号和测量值的统计特性,但它仅适用于平稳随机信号。它是在频率域范围内进行讨论,需要把整个一段时间内所获得的观测数据(信号值)存储起来,然后同时处理全部信息以获得系统的最佳传递函数。因此,这种滤波理论的实用价值受到一定的限制。尽管这样,它仍在不少工程领域中被广泛应用。

60 年代,Kalman 推广了 Wiener 滤波模型,发展了一种更为实用的滤波方法——卡尔曼(Kalman)滤波,它具有如下特点:

(1)它不但考虑了信号与测量值的基本统计特性(一、二阶统计特性),而且由于采用了状态空间的概念,用状态方程描述系统,信号作为状态,所以它既能估计平稳的一维信号随机过程,又能估计非平稳的多维(向量)信号随机过程。

(2)卡尔曼滤波采用递推计算的方法。它不要求存储历史数据,只需根据当前时刻的测量值和前一时刻的估计,按照一套递推公式,利用数字计算机这个现代计算工具,实时地计算出所需信号的估计。即使被处理的状态的维数较大(例如在导航系统中有应用 50 维左右的状态向量),在计算机上的实现也不是困难的。因此,卡尔曼滤波又称为递推线性最小方差估计,其作用可由图 7.2 概略地表示。

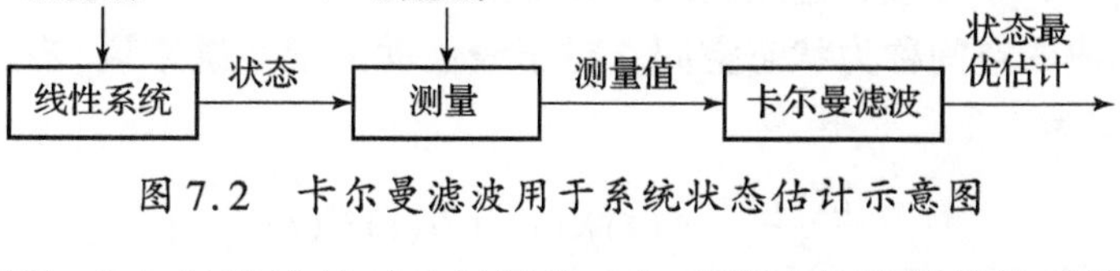

图 7.2 卡尔曼滤波用于系统状态估计示意图

由此可见,卡尔曼滤波的对象是用状态方程描述的随机线性系统,它按照估计误差的方差最小的准则,从被测量噪声“污染”了的测量值中实时估计出系统的状态值。

卡尔曼滤波的提出奠定了现代控制的基础。多年来,卡尔曼滤波无论在理论上还是在实践的方法上,都有了很大的发展,特别是在潜艇导航、飞行器导航、控制器件精度的鉴定以及测轨、飞行试验中的结果分析、动力系统与工业生产的最优控制和气象预报等方面得到了广泛的应用。

卡尔曼滤波属于状态估计。状态估计常常是动态估计,而前面讲过的参数估计一般是静态估计。对于随机量来讲,动态估计就是随机过程的估计,而静态估计则是随机变量的估计。状态估计问题常按测量值与被估计值的时间关系分为三类,即滤波、预报和平滑。

设 $\boldsymbol{X}(t)$ 为被估计的随机过程,$\boldsymbol{Z}(t)$ 为测量值,测量方程为

$$\boldsymbol{Z}(t)=\boldsymbol{H}(\boldsymbol{X}(t),\boldsymbol{V}(t),t)$$

式中:$\boldsymbol{V}(t)$ 为测量噪声,$\boldsymbol{H}(\cdot)$ 是 $\boldsymbol{X}(t)$,$\boldsymbol{V}(t)$ 和 t 的已知函数。所谓状态估计就是利用 t_0 到 t 过程的测量值 $\boldsymbol{Z}(t)$ $(t_0<\tau\leqslant t)$ 去估计 t' 时刻的状态 $\boldsymbol{X}(t')$,记为 $\hat{\boldsymbol{X}}(t'/\boldsymbol{Z}(t),t_0<\tau\leqslant t)$,简记为 $\hat{\boldsymbol{X}}(t'/t)$,如果 $t'=t$,则称 $\hat{\boldsymbol{X}}(t'/t)$ 为滤波(或实时滤波,实时估计);如果 $t'>t$,则称 $\hat{\boldsymbol{X}}(t'/t)$ 为预报;如果 $t'<t$,则称 $\hat{\boldsymbol{X}}(t'/t)$ 为平滑(或平滑滤波)。

7.1 线性系统的表示

物理现象总呈现出某种规律性,因此,为了运用统计学方法描述这种现象,首先必须建立反映这种客观规律性的模型,或者说系统的描述。例如,用微分方程、差分方程、偏微分方程等去描述。在不同的场合将用不同的系统描述方法,为此,我们对于线性系统的表示作一些必要的回顾。

按照近代控制理论中的状态空间的观点,系统“状态”由状态变量描述。所谓状态,是指为了预测系统将来的运动而必须了解有关系统过去运动的最小的信息量,这组最小数目的信息量称为该系统的状态变量。例如,描述导弹在空间的运动,记 (x,y,z) 为导弹在发射坐标系内的位置,$(\dot{x},\dot{y},\dot{z})$ 为其速度坐标,那么由位置的三个分量和速度的三个分量便组成了导弹运动的状态变量。由状态变量所构成的空间称为状态空间。对于线性动力学系统来说,当用微分方程描述时,可写为

$$\frac{\mathrm{d}\boldsymbol{X}(t)}{\mathrm{d}t}=\boldsymbol{A}(t)\boldsymbol{X}(t)+\boldsymbol{B}(t)\boldsymbol{U}(t) \tag{7.1.1}$$

其中:$\boldsymbol{X}(t)$ 为 n 维状态向量,$\boldsymbol{U}(t)$ 为 r 维系统输入,$\boldsymbol{A}(t)$ 为 $n\times n$ 阶系数矩阵,$\boldsymbol{B}(t)$ 为 $n\times r$ 阶矩阵。式(7.1.1)的结构图如图 7.3 所示(其中 $1/S$ 为积分环节)。

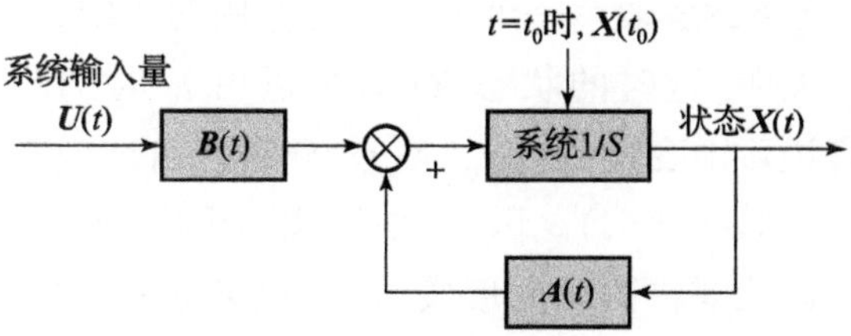

图 7.3 线性系统的向量矩阵结构图

式(7.1.1)称为状态方程。后面所讨论的滤波问题,其动力学模型都用状态方程来表示。

为了求解方程(7.1.1),首先讨论齐次线性微分方程的解的情况。设有向量微分方程

$$\frac{\mathrm{d}\boldsymbol{X}(t)}{\mathrm{d}t}=\boldsymbol{A}(t)\boldsymbol{X}(t) \tag{7.1.2}$$

其初始条件为

$$\boldsymbol{X}(t)\big|_{t=t_0}=\boldsymbol{X}(t_0)$$

则式(7.1.2)的解为

$$\boldsymbol{X}(t)=\boldsymbol{\Phi}(t,t_0)\boldsymbol{X}(t_0) \tag{7.1.3}$$

其中,$\boldsymbol{\Phi}(t,t_0)$为 $n\times n$ 阶非奇异矩阵,它满足下列微分方程:

$$\frac{\mathrm{d}}{\mathrm{d}t}\boldsymbol{\Phi}(t,t_0)=\boldsymbol{A}(t)\boldsymbol{\Phi}(t,t_0) \tag{7.1.4}$$

$$\boldsymbol{\Phi}(t,t_0)\big|_{t=t_0}=\boldsymbol{I} \tag{7.1.5}$$

就是说 $\boldsymbol{\Phi}(t,t_0)$是在初始条件式(7.1.5)之下齐次方程(7.1.4)的特解。事实上,注意到:

$$\begin{aligned}\frac{\mathrm{d}\boldsymbol{X}(t)}{\mathrm{d}t}&=\frac{\mathrm{d}}{\mathrm{d}t}[\boldsymbol{\Phi}(t,t_0)\boldsymbol{X}(t_0)]\\&=\frac{\mathrm{d}}{\mathrm{d}t}[\boldsymbol{\Phi}(t,t_0)]\boldsymbol{X}(t_0)\\&=\boldsymbol{A}(t)\boldsymbol{\Phi}(t,t_0)\boldsymbol{X}(t_0)\\&=\boldsymbol{A}(t)\boldsymbol{X}(t)\end{aligned}$$

因此式(7.1.3)的 $\boldsymbol{X}(t)$确实满足方程(7.1.2)。而且很显然,式(7.1.3)满足初始条件,因为

$$\boldsymbol{X}(t)\big|_{t=t_0}=\boldsymbol{\Phi}(t,t_0)\boldsymbol{X}(t_0)\big|_{t=t_0}=\boldsymbol{X}(t_0)$$

当进一步考察式(7.1.2)的解的形式式(7.1.3)时,会感到问题并没有解决。因为解方程(7.1.2)的问题转化为解方程(7.1.4),所不同的仅是初始条件而已。需要指出的是解方程(7.1.3)的形式的物理意义。已知式(7.1.2)在

$\boldsymbol{X}(t)|_{t=t_0}=\boldsymbol{X}(t_0)$之下的解表示一个未受外力作用的系统在任一时刻 t 所处的状态。式(7.1.3)表明，这时的状态 $\boldsymbol{X}(t)$ 可以由 t_0 时的状态左乘一个矩阵 $\boldsymbol{\Phi}(t,t_0)$即可，或者说可由变换 $\boldsymbol{\Phi}(t,t_0)X(t_0)$获得。由这个变换，$t_0$ 时刻的状态即转变为任一时刻的状态 $\boldsymbol{X}(t)$。因此，如果能确定出 $\boldsymbol{\Phi}(t,t_0)$来，那么线性齐次方程解的形式可以用非常简单的形式(7.1.3)来表示。式(7.1.3)表示了系统在两个不同时刻的状态之间的线性关系，对于分析系统状态误差的传递带来了很大的方便。例如，当初始条件具有误差时，设

$$\boldsymbol{X}(t)|_{t=t_0}=\boldsymbol{X}(t_0)=\boldsymbol{X}_0+\boldsymbol{\varepsilon}$$

其中，$\boldsymbol{\varepsilon}$ 为随机向量，且 $E[\boldsymbol{\varepsilon}]=0$，$\mathrm{Var}[\boldsymbol{\varepsilon}]=Q$，在此初始条件下，如何求取系统在任意时刻的状态 $\boldsymbol{X}(t)$的误差方差呢？由微分方程(7.1.2)的数值解来求取显然是困难的，而由式(7.1.3)解却极为方便，易知有

$$\begin{aligned}\mathrm{var}[\boldsymbol{X}(t)]&=\boldsymbol{\Phi}(t,t_0)\,\mathrm{var}[\boldsymbol{X}(t_0)]\,\boldsymbol{\Phi}^{\mathrm{T}}(t,t_0)\\&=\boldsymbol{\Phi}(t,t_0)\boldsymbol{Q}\boldsymbol{\Phi}^{\mathrm{T}}(t,t_0)\end{aligned}\tag{7.1.6}$$

在工程实际问题中，常称 $\boldsymbol{\Phi}(t,t_0)$为状态向量 $\boldsymbol{X}(t)$的转移矩阵。这个转移矩阵反映了动力学系统的物理特性，它在滤波问题中是一个最基本的特性函数。$\boldsymbol{\Phi}(t,t_0)$具有下列性质：

(1)

$$\boldsymbol{\Phi}(t_2,t_1)\boldsymbol{\Phi}(t_1,t_0)=\boldsymbol{\Phi}(t_2,t_0)\tag{7.1.7}$$

事实上，由于

$$\begin{aligned}\boldsymbol{X}(t_2)&=\boldsymbol{\Phi}(t_2,t_1)\boldsymbol{X}(t_1)\\&=\boldsymbol{\Phi}(t_2,t_1)\boldsymbol{\Phi}(t_1,t_0)\boldsymbol{X}(t_0)\end{aligned}$$

另一方面

$$\boldsymbol{X}(t_2)=\boldsymbol{\Phi}(t_2,t_0)\boldsymbol{X}(t_0)$$

于是

$$\boldsymbol{\Phi}(t_2,t_1)\boldsymbol{\Phi}(t_1,t_0)\boldsymbol{X}(t_0)=\boldsymbol{\Phi}(t_2,t_0)\boldsymbol{X}(t_0)$$

由于 $\boldsymbol{X}(t_0)$的任意性，则有式(7.1.7)成立。

(2)对于任意 t，$\boldsymbol{\Phi}(t,t_0)$必有逆，且

$$\boldsymbol{\Phi}(t,t_0)=\boldsymbol{\Phi}^{-1}(t_0,t)\tag{7.1.8}$$

事实上，在式(7.1.7)中令 $t_2=t_0$ 得

$$\boldsymbol{\Phi}(t_0,t_1)\boldsymbol{\Phi}(t_1,t_0)=\boldsymbol{\Phi}(t_0,t_0)=\boldsymbol{I}$$

于是有式(7.1.8)。

(3)式(7.1.2)的共轭系统为

$$\dot{\boldsymbol{Y}}(t)=-\boldsymbol{A}^{\mathrm{T}}(t)\boldsymbol{Y}(t)\tag{7.1.9}$$

记 $\boldsymbol{\Phi}(t,t_0)$ 为式(7.1.2)的转移矩阵,则 $\boldsymbol{\Phi}^{\mathrm{T}}(t_0,t)$ 为共轭系统的转移矩阵。事实上,注意到

$$\boldsymbol{\Phi}(t,t_0)\boldsymbol{\Phi}(t_0,t)=\boldsymbol{I}$$

将上式关于 t 微分

$$\frac{\mathrm{d}}{\mathrm{d}t}[\boldsymbol{\Phi}(t,t_0)\boldsymbol{\Phi}(t_0,t)]=\dot{\boldsymbol{\Phi}}(t,t_0)\boldsymbol{\Phi}(t_0,t)+\boldsymbol{\Phi}(t,t_0)\dot{\boldsymbol{\Phi}}(t_0,t)=0$$

由于 $\boldsymbol{\Phi}(t,t_0)$ 为式(7.1.2)的转移矩阵,故上式又可写为

$$\boldsymbol{A}(t)\boldsymbol{\Phi}(t,t_0)\boldsymbol{\Phi}(t_0,t)+\boldsymbol{\Phi}(t,t_0)\dot{\boldsymbol{\Phi}}(t_0,t)=0$$

即

$$-\boldsymbol{A}(t)=\boldsymbol{\Phi}(t,t_0)\dot{\boldsymbol{\Phi}}(t_0,t)$$

或者

$$\dot{\boldsymbol{\Phi}}(t_0,t)=-\boldsymbol{\Phi}^{-1}(t,t_0)\boldsymbol{A}(t)=-\boldsymbol{\Phi}(t_0,t)\boldsymbol{A}(t)$$

两边转置,即得

$$\dot{\boldsymbol{\Phi}}^{\mathrm{T}}(t_0,t)=-\boldsymbol{A}^{\mathrm{T}}(t)\boldsymbol{\Phi}^{\mathrm{T}}(t_0,t)$$

这就说明了 $\boldsymbol{\Phi}^{\mathrm{T}}(t_0,t)$ 为共轭系统的转移矩阵。

求转移矩阵的直接方法就是解下列线性矩阵微分方程:

$$\begin{cases}\dfrac{\mathrm{d}\boldsymbol{\Phi}(t,t_0)}{\mathrm{d}t}=\boldsymbol{A}(t)\boldsymbol{\Phi}(t,t_0)\\ \boldsymbol{\Phi}(t_0,t_0)=\boldsymbol{I}\end{cases}$$

当 $|t-t_0|$ 较小时,常常用近似方法求解。事实上,只需将 $\boldsymbol{\Phi}(t,t_0)$ 在 t_0 近旁展开为矩阵形式的 Taylor 级数:

$$\boldsymbol{\Phi}(t,t_0)=\boldsymbol{\Phi}(t_0,t_0)+\left.\frac{\mathrm{d}\boldsymbol{\Phi}(t,t_0)}{\mathrm{d}t}\right|_{t=t_0}(t-t_0)+\frac{1}{2}\left.\frac{\mathrm{d}^2\boldsymbol{\Phi}(t,t_0)}{\mathrm{d}t^2}\right|_{t=t_0}(t-t_0)^2+o((t-t_0)^3) \tag{7.1.10}$$

由于

$$\boldsymbol{\Phi}(t_0,t_0)=\boldsymbol{I}$$

$$\left.\frac{\mathrm{d}\boldsymbol{\Phi}(t,t_0)}{\mathrm{d}t}\right|_{t=t_0}=\boldsymbol{A}(t_0)\boldsymbol{\Phi}(t_0,t_0)=\boldsymbol{A}(t_0)$$

$$\begin{aligned}\left.\frac{\mathrm{d}^2\boldsymbol{\Phi}(t,t_0)}{\mathrm{d}t^2}\right|_{t=t_0}&=\frac{\mathrm{d}}{\mathrm{d}t}[\boldsymbol{A}(t)\boldsymbol{\Phi}(t,t_0)]|_{t=t_0}\\&=\dot{\boldsymbol{A}}(t_0)+\boldsymbol{A}(t_0)\boldsymbol{A}(t_0)\boldsymbol{\Phi}(t_0,t_0)\end{aligned}$$

$$= \dot{\boldsymbol{A}}(t_0) + \boldsymbol{A}^2(t_0)$$

将上述关系代入式(7.1.10),即得

$$\boldsymbol{\Phi}(t,t_0) = \boldsymbol{I} + \boldsymbol{A}(t_0)(t-t_0) + \frac{1}{2}[\dot{\boldsymbol{A}}(t_0) + \boldsymbol{A}^2(t_0)](t-t_0)^2 + o((t-t_0)^3) \tag{7.1.11}$$

这个公式在实际计算中是常被应用的。

最后,考虑一个特殊情况。如果 $\boldsymbol{A}$ 是常系数矩阵,那么有下列结果:

(1) $\boldsymbol{\Phi}(t,\tau)$ 只与时间间隔 $t-\tau$ 有关,而与 t,τ 所处的位置无关。这是定常系统的一个性质。因此,对于定常系统,转移矩阵常以 $\boldsymbol{\Phi}(t)$ 表之。这里 $\boldsymbol{\Phi}(t)$ 表示状态由 $\boldsymbol{X}(0)$ 转移至 $\boldsymbol{X}(t)$ 的转移矩阵。

(2) 式(7.1.11)可以写为

$$\boldsymbol{\Phi}(t) = 1 + \boldsymbol{A}t + \frac{\boldsymbol{A}^2}{2!}t^2 + \frac{\boldsymbol{A}^3}{3!}t^3 + \cdots \triangleq e^{\boldsymbol{A}t} \tag{7.1.12}$$

(采用此记号的理由是因为 $e^{\boldsymbol{A}t} = 1 + \boldsymbol{A}t + \frac{\boldsymbol{A}^2}{2!}t^2 + \frac{\boldsymbol{A}^3}{3!}t^3 + \cdots$,$\boldsymbol{A}$ 为常量)

(3) $\boldsymbol{\Phi}(t)$ 为 $\frac{\mathrm{d}\boldsymbol{\Phi}(t)}{\mathrm{d}t} = \boldsymbol{A}\cdot\boldsymbol{\Phi}(t)$ 在初始条件 $\boldsymbol{\Phi}(0) = \boldsymbol{I}$ 之下的解。

(4) $\boldsymbol{\Phi}(t)$ 可以由 Laplace 变换的方法获得,即

$$\boldsymbol{\Phi}(t) = \boldsymbol{L}^{-1}[(S\boldsymbol{I}-\boldsymbol{A})^{-1}] \tag{7.1.13}$$

其中 $\boldsymbol{L}^{-1}$ 表示 Laplace 逆变换。事实上,由

$$\begin{cases} \dot{\boldsymbol{\Phi}}(t) = \boldsymbol{A}\cdot\boldsymbol{\Phi}(t) \\ \boldsymbol{\Phi}(0) = \boldsymbol{I} \end{cases}$$

进行 Laplace 变换,则有

$$L[\dot{\boldsymbol{\Phi}}(t)] = \boldsymbol{A}\boldsymbol{\Phi}(S)$$

而

$$L[\dot{\boldsymbol{\Phi}}(t)] = S\boldsymbol{\Phi}(S) - \boldsymbol{\Phi}(0)$$

所以

$$S\boldsymbol{\Phi}(S) - \boldsymbol{I} = \boldsymbol{A}\boldsymbol{\Phi}(S)$$

$$\boldsymbol{\Phi}(S) = (S\boldsymbol{I}-\boldsymbol{A})^{-1}$$

进行 Laplace 逆变换得

$$\boldsymbol{\Phi}(t) = L^{-1}[(S\boldsymbol{I}-\boldsymbol{A})^{-1}]$$

例 7.1 设有线性方程组

$$\begin{cases}\dot{x}_1 = x_2 \\ \dot{x}_2 = 0\end{cases}$$

试确定其转移矩阵。

解:将上述方程写成向量形式为

$$\frac{\mathrm{d}\boldsymbol{X}}{\mathrm{d}t} = \frac{\mathrm{d}}{\mathrm{d}t}\begin{bmatrix} x_1 \\ x_2 \end{bmatrix} = \begin{bmatrix} 0 & 1 \\ 0 & 0 \end{bmatrix}\begin{bmatrix} x_1 \\ x_2 \end{bmatrix} = \begin{bmatrix} 0 & 1 \\ 0 & 0 \end{bmatrix}\boldsymbol{X}$$

令 $x_1(t_0) = 1, x_2(t_0) = 0$,得到解:

$$\boldsymbol{X}^{(1)}(t) = \begin{bmatrix} x_1^{(1)}(t) \\ x_2^{(1)}(t) \end{bmatrix} = \begin{bmatrix} 1 \\ 0 \end{bmatrix}$$

再令 $x_1(t_0) = 0, x_2(t_0) = 1$,得到另一个解:

$$\boldsymbol{X}^{(2)}(t) = \begin{bmatrix} x_1^{(2)}(t) \\ x_2^{(2)}(t) \end{bmatrix} = \begin{bmatrix} t - t_0 \\ 1 \end{bmatrix}$$

将上述两组解作为列向量组成基本解矩阵,它即为转移矩阵:

$$\boldsymbol{\Phi}(t, t_0) = \begin{bmatrix} 1 & t - t_0 \\ 0 & 1 \end{bmatrix}$$

本例中 $\boldsymbol{\Phi}(t,t_0)$ 的获得也可以用级数法、Laplace 变换法等求解,具体解法留给读者自己去进行。

例 7.2 试确定二阶环节 $\ddot{x}(t) + \dot{x}(t) = u(t)$ 的转移矩阵。

解:首先将二阶系统表示为下列线性方程组:

$$\begin{cases}\dfrac{\mathrm{d}x_1}{\mathrm{d}t} = x_2(t) \\ \dfrac{\mathrm{d}x_2}{\mathrm{d}t} = -x_2(t) + u(t)\end{cases}$$

于是可写成向量方程的形式:

$$\frac{\mathrm{d}\boldsymbol{X}(t)}{\mathrm{d}t} = \boldsymbol{A} \cdot \boldsymbol{X}(t) + \boldsymbol{U}(t)$$

此处

$$\boldsymbol{X}(t) = \begin{bmatrix} x_1(t) \\ x_2(t) \end{bmatrix}, \quad \boldsymbol{A} = \begin{bmatrix} 0 & 1 \\ 0 & -1 \end{bmatrix}, \quad \boldsymbol{U}(t) = \begin{bmatrix} 0 \\ u(t) \end{bmatrix}$$

方法一:对于定常系统,有

$$\boldsymbol{\Phi}(t) = \boldsymbol{I} + \boldsymbol{A}t + \frac{\boldsymbol{A}^2}{2!}t^2 + \cdots$$

注意到

$$A=\begin{bmatrix}0 & 1\\0 & -1\end{bmatrix}$$

$$A^2=\begin{bmatrix}0 & -1\\0 & 1\end{bmatrix}$$

$$A^3=\begin{bmatrix}0 & 1\\0 & -1\end{bmatrix}$$

$$A^4=\begin{bmatrix}0 & -1\\0 & 1\end{bmatrix}$$

$$\vdots$$

于是

$$\begin{aligned}\boldsymbol{\Phi}(t)&=\begin{bmatrix}1 & 0\\0 & 1\end{bmatrix}+\begin{bmatrix}0 & 1\\0 & -1\end{bmatrix}t+\frac{1}{2!}\begin{bmatrix}0 & -1\\0 & 1\end{bmatrix}t^2+\cdots\\&=\begin{bmatrix}1 & t-\dfrac{t^2}{2!}+\dfrac{t^3}{3!}-\cdots\\0 & 1-t+\dfrac{t^2}{2!}-\dfrac{t^3}{3!}+\cdots\end{bmatrix}\\&=\begin{bmatrix}1 & 1-e^{-t}\\0 & e^{t}\end{bmatrix}\end{aligned}$$

方法二：$\boldsymbol{\Phi}(t)$是齐次方程：

$$\frac{\mathrm{d}\boldsymbol{\Phi}(t)}{\mathrm{d}t}=A\cdot\boldsymbol{\Phi}(t)$$

在初始条件：

$$\boldsymbol{\Phi}(0)=\begin{bmatrix}1 & 0\\0 & 1\end{bmatrix}$$

之下的解。

记

$$\boldsymbol{\Phi}=[\varphi_{ij}],i,j=1,2$$

于是

$$\frac{\mathrm{d}}{\mathrm{d}t}\begin{bmatrix}\varphi_{11} & \varphi_{12}\\\varphi_{21} & \varphi_{22}\end{bmatrix}=A\boldsymbol{\Phi}=\begin{bmatrix}\varphi_{21} & \varphi_{22}\\-\varphi_{21} & -\varphi_{22}\end{bmatrix}$$

写成分量形式为

$$\begin{cases}\dfrac{d\varphi_{11}}{dt}=\varphi_{21}\\ \dfrac{d\varphi_{12}}{dt}=\varphi_{22}\\ \dfrac{d\varphi_{21}}{dt}=-\varphi_{21}\\ \dfrac{d\varphi_{22}}{dt}=-\varphi_{22}\end{cases}$$

其初始条件为 $\varphi_{11}(0)=\varphi_{22}(0)=1,\varphi_{12}(0)=\varphi_{21}(0)=0$。

由于$\dfrac{d\varphi_{21}}{dt}=-\varphi_{21}$,即$\dfrac{d\varphi_{21}}{dt}+\varphi_{21}=0$,此系统无输入作用,且初始条件为 $\varphi_{21}(0)=0$,因此,系统无输出,故

$$\varphi_{21}(t)\equiv 0$$

再由$\dfrac{d\varphi_{11}}{dt}=\varphi_{21}$得

$$\frac{d\varphi_{11}}{dt}=0,\varphi_{11}(0)=1$$

解上述方程,立即获得

$$\varphi_{11}(t)=1$$

因

$$\frac{d\varphi_{22}}{dt}=-\varphi_{22},\varphi_{22}(0)=1$$

故

$$-\frac{d\varphi_{22}}{\varphi_{22}}=dt,\ -\int_0^t\frac{d\varphi_{22}}{\varphi_{22}}=t$$

$$\ln\varphi_{22}(t)\big|_0^t=-t$$

$$\ln\varphi_{22}(t)=-t$$

$$\varphi_{22}(t)=e^{-t}$$

由于$\dfrac{d\varphi_{12}}{dt}=\varphi_{22}$,故

$$\frac{d\varphi_{12}}{dt}=e^{-t},\varphi_{12}(0)=0$$

解得

$$\varphi_{12}(t)=1-e^{-t}$$

因此转移矩阵为

$$\boldsymbol{\varphi}(t)=\begin{bmatrix}1 & 1-e^{-t}\\0 & e^{-t}\end{bmatrix}$$

方法三:应用 Laplace 变换方法,注意

$$\boldsymbol{A}=\begin{bmatrix}(0 & 1)\\0 & -1\end{bmatrix}$$

故

$$S\boldsymbol{I}-\boldsymbol{A}=\begin{bmatrix}S & 0\\0 & S\end{bmatrix}-\begin{bmatrix}0 & 1\\0 & -1\end{bmatrix}=\begin{bmatrix}S & -1\\0 & S+1\end{bmatrix}$$

$$(S\boldsymbol{I}-\boldsymbol{A})^{-1}=\frac{1}{S(S+1)}\begin{bmatrix}S+1 & 1\\0 & S\end{bmatrix}=\begin{bmatrix}\frac{1}{S} & \frac{1}{S}-\frac{1}{S+1}\\0 & \frac{1}{S+1}\end{bmatrix}$$

将上述矩阵进行 Laplace 反变换,则有

$$\boldsymbol{\varphi}(t)=\boldsymbol{L}^{-1}[(S\boldsymbol{I}-\boldsymbol{A})^{-1}]=\begin{bmatrix}1 & 1-e^{-t}\\0 & e^{-t}\end{bmatrix}$$

给出非齐次状态向量方程的解的表示,可一般地用来解线性非齐次状态向量方程

$$\frac{\mathrm{d}\boldsymbol{X}(t)}{\mathrm{d}t}=\boldsymbol{A}(t)\boldsymbol{X}(t)+\boldsymbol{B}(t)\boldsymbol{U}(t) \tag{7.1.14}$$

在初始条件

$$\boldsymbol{X}(t)\big|_{t=t_0}=\boldsymbol{X}(t_0) \tag{7.1.15}$$

之下的解。由线性微分方程的结构可知,如果能确定出线性非齐次方程的一个特解,那么式(7.1.14)的通解可由齐次方程的通解和一个非齐次方程的特解之和组成。为了确定式(7.1.14)的一个特解,可以用通常的常数变易法。这个方法是在齐次方程的通解

$$\boldsymbol{X}(t)=\boldsymbol{\Phi}(t,t_0)\boldsymbol{C} \tag{7.1.16}$$

中,将常向量 $\boldsymbol{C}$ 看作 t 的函数,然后将它代入非齐次方程(7.1.14),从而决定出 $\boldsymbol{C}$。记

$$\boldsymbol{X}(t)=\boldsymbol{\Phi}(t,t_0)\boldsymbol{C}(t) \tag{7.1.17}$$

将式(7.1.17)代入式(7.1.14)左端,得

$$\frac{\mathrm{d}\boldsymbol{X}(t)}{\mathrm{d}t}=\frac{\mathrm{d}}{\mathrm{d}t}\boldsymbol{\Phi}(t,t_0)\boldsymbol{C}(t)+\boldsymbol{\Phi}(t,t_0)\frac{\mathrm{d}\boldsymbol{C}(t)}{\mathrm{d}t}$$

由于 $\boldsymbol{\Phi}(t,t_0)$ 是转移矩阵,因此上式右端中的$\frac{\mathrm{d}}{\mathrm{d}t}\boldsymbol{\Phi}(t,t_0)$可写为

$$\frac{\mathrm{d}}{\mathrm{d}t}\boldsymbol{\Phi}(t,t_0)=\boldsymbol{A}(t)\boldsymbol{\Phi}(t,t_0)$$

故

$$\begin{aligned}\frac{\mathrm{d}\boldsymbol{X}(t)}{\mathrm{d}t}&=\boldsymbol{A}(t)\boldsymbol{\phi}(t,t_0)\boldsymbol{C}(t)+\boldsymbol{\Phi}(t,t_0)\frac{\mathrm{d}}{\mathrm{d}t}\boldsymbol{C}(t)\\&=\boldsymbol{A}(t)\boldsymbol{X}(t)+\boldsymbol{\Phi}(t,t_0)\frac{\mathrm{d}}{\mathrm{d}t}\boldsymbol{C}(t)\end{aligned}\tag{7.1.18}$$

比较式(7.1.14)和式(7.1.18),则

$$\boldsymbol{\Phi}(t,t_0)\frac{\mathrm{d}}{\mathrm{d}t}\boldsymbol{C}(t)=\boldsymbol{B}(t)\boldsymbol{U}(t)$$

$$\frac{\mathrm{d}}{\mathrm{d}t}\boldsymbol{C}(t)=\boldsymbol{\Phi}^{-1}(t,t_0)\boldsymbol{B}(t)\boldsymbol{U}(t)$$

于是

$$\begin{aligned}\int_{t_0}^{t}\mathrm{d}\boldsymbol{C}(t)&=\int_{t_0}^{t}\boldsymbol{\Phi}^{-1}(\tau,t_0)\boldsymbol{B}(\tau)\boldsymbol{U}(\tau)\mathrm{d}\tau\\\boldsymbol{C}(t)&=\boldsymbol{C}(t_0)+\int_{t_0}^{t}\boldsymbol{\Phi}^{-1}(\tau,t_0)\boldsymbol{B}(\tau)\boldsymbol{U}(\tau)\mathrm{d}\tau\end{aligned}\tag{7.1.19}$$

注意到式(7.1.17),$\boldsymbol{C}(t)=\boldsymbol{\Phi}^{-1}(t,t_0)\boldsymbol{X}(t)$,因此

$$\boldsymbol{C}(t_0)=\boldsymbol{\Phi}^{-1}(t_0,t_0)\boldsymbol{X}(t_0)=\boldsymbol{X}(t_0)\tag{7.1.20}$$

将式(7.1.19)、式(7.1.20)代入式(7.1.17)则有

$$\begin{aligned}\boldsymbol{X}(t)&=\boldsymbol{\Phi}(t,t_0)\left[\boldsymbol{X}(t_0)+\int_{t_0}^{t}\boldsymbol{\Phi}^{-1}(\tau,t_0)\boldsymbol{B}(\tau)\boldsymbol{U}(\tau)\mathrm{d}t\right]\\&=\boldsymbol{\Phi}(t,t_0)\boldsymbol{X}(t_0)+\int_{t_0}^{t}\boldsymbol{\Phi}(t,t_0)\boldsymbol{\Phi}(t_0,\tau)\boldsymbol{B}(\tau)\boldsymbol{U}(\tau)\mathrm{d}\tau\\&=\boldsymbol{\Phi}(t,t_0)\boldsymbol{X}(t_0)+\int_{t_0}^{t}\boldsymbol{\Phi}(t,\tau)\boldsymbol{B}(\tau)\boldsymbol{U}(\tau)\mathrm{d}\tau\end{aligned}\tag{7.1.21}$$

这样就确定了非齐次方程(7.1.14)的一个特解。可以看到

$$\boldsymbol{X}(t)\big|_{t=t_0}=\boldsymbol{\Phi}(t_0,t_0)\boldsymbol{X}(t_0)=\boldsymbol{X}(t_0)$$

因此解式(7.1.21)满足初始条件式(7.1.15),也就是说式(7.1.21)就是所需要的方程(7.1.14)解的表达式。这个解的物理意义是明显的:它由两部分组成,第一部分 $\boldsymbol{\Phi}(t_0,t_0)\boldsymbol{X}(t_0)$ 表示了线性动力系统在初始条件下的响应(过渡过程);第二部分 $\int_{t_0}^{t}\boldsymbol{\Phi}(t,\tau)\boldsymbol{B}(\tau)\boldsymbol{U}(\tau)\mathrm{d}\tau$ 表示系统的输入 $\boldsymbol{B}(t)\boldsymbol{U}(t)$ 所引起的响应。如果将积分改写为

$$\int_{t_0}^{t}\boldsymbol{\Phi}(t,\tau)\boldsymbol{B}(\tau)\boldsymbol{U}(\tau)\mathrm{d}\tau=\lim\sum_{k=1}^{n}\boldsymbol{\Phi}(t,\tau_K)\boldsymbol{B}(\tau_K)\boldsymbol{U}(\tau_K)\Delta\tau_K\tag{7.1.22}$$

式(7.1.22)对 $n\to\infty$,$\max|\Delta\tau_K|\to 0$ 求极限。注意到 $\boldsymbol{\Phi}(t,\tau_K)$ 可理解为在 τ_K 时

刻输入一个单位脉冲时系统在 t 时的输出。而 $\boldsymbol{\Phi}(t,\tau_K)\boldsymbol{B}(\tau_K)\boldsymbol{U}(\tau_K)\Delta\tau_K$ 可理解为在 τ_K 时刻输入一个强度为 $\boldsymbol{B}(\tau_K)\boldsymbol{U}(\tau_K)\Delta\tau_K$ 的脉冲时系统在 t 时刻的输出。而 τ_K 由 t_0 变化至 t，因此式(7.1.22)右端的和式表示了系统输入强度 $\boldsymbol{B}(\tau_K)\boldsymbol{U}(\tau_K)\Delta\tau_K(K=1,\cdots,n)$ 的脉冲时系统在 t 时刻所引起的输出量。于是积分 $\int_{t_0}^{t}\boldsymbol{\Phi}(t,\tau)\boldsymbol{B}(\tau)\boldsymbol{U}(\tau)\mathrm{d}\tau$ 表示了连续不断地输入强度为 $\boldsymbol{B}(\tau)\boldsymbol{U}(\tau)\mathrm{d}(\tau)$，$t_0\leqslant\tau<t$ 的脉冲时刻系统在 t 时刻的总输出。

向量矩阵形式的解式(7.1.21)在滤波问题中是分析系统特性的一个基础。在数字控制系统中，常将式(7.1.21)进行离散化。

记 $t=t_K$，$t_0=t_{K-1}$，当 $\Delta t_K=t_K-t_{K-1}$ 取得甚小时，可认为 $\boldsymbol{U}(t)$ 在 $t_{K-1}\leqslant t<t_K$ 上保持常值。这样，式(7.1.21)可以写为如下近似方式：

$$\begin{aligned}\boldsymbol{X}(t_K) &= \boldsymbol{\Phi}(t_K,t_{K-1})\boldsymbol{X}(t_{K-1}) + \int_{t_{K-1}}^{t_K}\boldsymbol{\Phi}(t_K,\tau)\boldsymbol{B}(\tau)\boldsymbol{U}(\tau)\mathrm{d}\tau \\ &= \boldsymbol{\Phi}(t_K,t_{K-1})\boldsymbol{X}(t_{K-1}) + \int_{t_{K-1}}^{t_K}\boldsymbol{\Phi}(t_K,\tau)\boldsymbol{B}(\tau)\mathrm{d}\tau\boldsymbol{U}(t_{K-1}) \\ &= \boldsymbol{\Phi}(t_K,t_{K-1})\boldsymbol{X}(t_{K-1}) + \boldsymbol{\Gamma}(t_K,t_{K-1})\boldsymbol{U}(t_{K-1})\end{aligned} \tag{7.1.23}$$

其中：

$$\boldsymbol{\Gamma}(t_K,t_{K-1}) = \int_{t_{K-1}}^{t_K}\boldsymbol{\Phi}(t_K,\tau)\boldsymbol{B}(\tau)\mathrm{d}\tau \tag{7.1.24}$$

为方便计算，用下标“K”表示时刻“t_K”，于是式(7.1.23)可改写为

$$\boldsymbol{X}_K=\boldsymbol{\Phi}_{K,K-1}\boldsymbol{X}_{K-1}+\boldsymbol{\Gamma}_{K,K_{-1}}\boldsymbol{U}_{k-1} \tag{7.1.25}$$

这就是线性动力学系统的离散化表达形式。

例 7.3 设有下列线性方程组描述的系统

$$\begin{cases}\dfrac{\mathrm{d}x_1}{\mathrm{d}t}=x_2 \\ \dfrac{\mathrm{d}x_2}{\mathrm{d}t}=-x_2+u^*(t)\end{cases}$$

其中，$u^*(t)$ 是控制量(或者在某些场合下为干扰量)，它在每一采样周期中保持常量，即

$$u^*(t)=u(kT),kT\leqslant t<(k+1)T,k=0,1,2,\cdots$$

其中，T 为采样周期，试将上述系统化为离散系统。

解：引入状态向量

$$\boldsymbol{X}(t)=[x_1(t)\quad x_2(t)]^{\mathrm{T}}$$

记

$$\boldsymbol{A}=\begin{bmatrix}0 & 1\\ 0 & -1\end{bmatrix},\quad \boldsymbol{U}(t)=\begin{bmatrix}0\\ u^*(t)\end{bmatrix}$$

于是线性系统的状态方程可表示为

$$\frac{\mathrm{d}\boldsymbol{X}}{\mathrm{d}t}=\boldsymbol{A}\boldsymbol{X}+\boldsymbol{U}(t)$$

在例 7.2 中,已求得转移矩阵

$$\boldsymbol{\Phi}(T)=\begin{bmatrix}1 & 1-e^{-T}\\0 & e^{-T}\end{bmatrix}$$

其中,T 为时间间隔。于是$\frac{\mathrm{d}\boldsymbol{X}}{\mathrm{d}t}=\boldsymbol{A}\boldsymbol{X}+\boldsymbol{U}(t)$可以离散化为

$$\boldsymbol{X}(t_{K+1})=\boldsymbol{\Phi}(T)\boldsymbol{X}(t_K)+\boldsymbol{\Gamma}(T)\boldsymbol{U}(t_K)$$

其中,$\boldsymbol{\Gamma}(T)$ 由式(7.1.24)表示为

$$\begin{aligned}\boldsymbol{\Gamma}(T)&=\int_{t_K}^{t_{K+1}}\boldsymbol{\Phi}(t_{K+1},\tau)\mathrm{d}\tau\\&=\int_{t_K}^{t_{K+1}}\boldsymbol{\Phi}(t_{K+1}-\tau)\mathrm{d}\tau\\&=\int_0^{t_{K+1}-t_K}\boldsymbol{\Phi}(t)\mathrm{d}t\\&=\int_0^T\boldsymbol{\Phi}(t)\mathrm{d}t=\int_0^T\begin{bmatrix}1 & 1-e^{-t}\\0 & e^{-t}\end{bmatrix}\mathrm{d}t\\&=\begin{bmatrix}T & T-1+e^{-T}\\0 & 1-e^{-T}\end{bmatrix}\end{aligned}$$

7.2 状态估计问题

状态估计就是从带有噪声的观测结果中确定出被观测系统的未知状态。一般来说,观测量与未知待估的状态之间具有某种联系,在线性测量的情况下有:

$$\boldsymbol{Z}_K=\boldsymbol{H}_K\boldsymbol{X}_K+\boldsymbol{V}_K \tag{7.2.1}$$

式中:$\boldsymbol{Z}_K$ 表示 t_K 时刻的观测量;$\boldsymbol{X}_K$ 表示 t_K 时刻的状态;$\boldsymbol{V}_K$ 表示 t_K 刻的观测噪声;$\boldsymbol{H}_K$ 表示 t_K 时刻观测量关于状态的系数矩阵,常称为观测矩阵。式(7.2.1)常称为系统的观测方程。

对于状态估计来说,在不同的要求以及不同的估值指标之下,有各种不同的估计方法。在线性估计类中,人们常常采用无偏最小方差估计。

例如某一飞行器在沿某一方向上的运动方程为

$$\frac{\mathrm{d}x}{\mathrm{d}t}=f(x,t) \tag{7.2.2}$$

对该飞行器进行观测,设在时刻 $t_1,\cdots,t_K$ 所测得的量为

$$z_1, \cdots, z_K$$

观测到的量与 x 之间的联系以下列方程(称为观测方程)给出:

$$z(t) = h(x(t)) + v(t) \tag{7.2.3}$$

此处,$v(t)$ 为 t 时刻的观测误差。下面为讨论说明问题简明起见,设 $h(x(t)) = x(t)$,这种情况称为直接观测,且设 $\sigma_{v(t)} = \sigma$(等精度观测),现在要求用最小方差估计方法给出 $x(t)$ 在各观测时刻的实时估计,这里所谓实时估计就是当观测进行到某一时刻时就需立即给出该时刻的估计值。

这一问题属于最简单的测轨问题。在无偏最小方差的意义下来解决这一问题,首先从 t_0 时刻开始,假定在 t_0 时刻已经获得了关于 x_0 的某些信息,记 x_0 为 t_0 时刻 $x(t_0)$ 的初始估值,这个估值的获得可以有各种不同的方法,例如最简单的可以把 t_0 时的一次观测值 z_0 作为 x_0 的初始估值。

由 $(t_0, \hat{x}_0)$ 出发,以 $\hat{x}_0$ 作为式(7.2.2)的初始条件,解此运动方程至 t_1 时刻,于是可获得 t_1 时刻的积分值,记作 $\hat{x}_{1/0}$,这个积分值常称为 $x(t)$ 在 t_1 时刻的预测值,这个预测值在 t_1 时刻的观测之前就可以获得。当进行了 t_1 时刻的观测以后,获得了 z_1(图 7.4)。

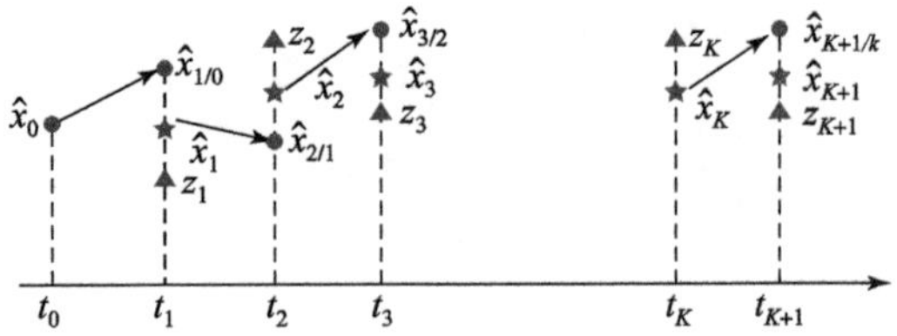

图 7.4 递推最小方差估计图示

组合 $\hat{x}_{1/0}$ 和 z_1 这两个量,用 $\hat{x}_{1/0}$ 和 z_1 的加权线性组合作为 t_1 时刻 $x(t_1)$ 的估值,即记

$$\hat{x}_1 = (1 - K_1)\hat{x}_{1/0} + K_1 z_1 = \hat{x}_{1/0} + K_1(z_1 - \hat{x}_{1/0}) \tag{7.2.4}$$

作为 $x(t_1)$ 的估值,其中 K 为待定的系数。为了使 $\hat{x}_1$ 具有无偏最小方差特性,要求

$$E[\hat{x}_1] = x_1$$

且

$$E[(\hat{x}_1 - x_1)^2] = \min \tag{7.2.5}$$

其中,x_1 为 t_1 时刻的真值,是未知的,由式(7.2.4)可知

$$\begin{aligned} E[(\hat{x}_1 - x_1)^2] &= D[\hat{x}_1] \\ &= (1 - K_1)^2 D[\hat{x}_{1/0}] + K_1^2 D[z_1] \\ &= (1 - K_1)^2 \sigma_{1/0}^2 + K_1^2 \sigma^2 \end{aligned} \tag{7.2.6}$$

其中：

$$\sigma_{1/0}^2 = D[\hat{x}_{1/0}],\sigma^2 = D[z_1]$$

记满足式(7.2.5)的 $\hat{x}_1$ 为 $\hat{x}_{1/1}$，于是必有

$$\begin{aligned}\frac{\partial}{\partial K_1}D[\hat{x}_1] &= \frac{\partial}{\partial K_1}E[(\hat{x}_1 - x_1)^2]\\ &= \frac{\partial}{\partial K_1}[(1 - K_1)^2\sigma_{1/0}^2 + K_1^2\sigma^2] = 0\end{aligned}$$

即

$$-2(1 - K_1)\sigma_{1/0}^2 + 2K_1\sigma^2 = 0$$

故

$$K_1 = \frac{\sigma_{1/0}^2}{\sigma_{1/0}^2 + \sigma^2} \tag{7.2.7}$$

于是

$$\hat{x}_{1/1} = \hat{x}_{1/0} + \frac{\sigma_{1/0}^2}{\sigma_{1/0}^2 + \sigma^2}(z_1 - \hat{x}_{1/0}) \tag{7.2.8}$$

由式(7.2.8)可以看出，在 t_1 观测后的实时估值 $\hat{x}_{1/1}$ 由两部分组成，即 $\hat{x}_{1/0}$ 及 $K_1(z_1 - \hat{x}_{1/0})$，第一部分表示了预测估值，第二部分表示了 t_1 观测进行后，对于预测值的修正。在获得了 $x_{1/1}$ 以后，以 $x_{1/1}$ 作为 t_1 时刻的起始估值的条件，重复上述步骤便可获得在 t_2 时刻观测之后的 $x(t_2)$ 的实时最小方差估值 $x_{2/2}$。依此类推便可获得各观测时刻的实时估值。

上面讨论的方法虽然只是一种最简单的特例，但是这种解决问题的思想方法却具有普遍的意义。可以看出，估值是循序地给出的，在获得新的估值时，例如，在 t_k 时刻的估值，无须将所有的历史数据都加以处理，而只应用当前的数据 z_k 和预测估值。因此，这个方法在工程实际应用中的优越性是明显的。在计算过程中不用存储历史数据，易于在近代电子计算机中实现。因此在工程实际应用中已被广泛采用，而这种估值的形式（实时估值 = 预测估值 + 对于预测估值的修正）在统计估值问题中是典型的。

7.3 卡尔曼滤波的基本方程

前面讨论了一个简单的递推最小方差的滤波方法。可将这种特殊的问题推广到一般的场合，讨论多维情况下的最小方差估值问题，首先给出估值的数学模型，弄清楚给定模型中各种量的关系及所满足的条件（前提），其次给出递推滤波的一般公式。公式的来由将以直观的方法予以解释。对于滤波公式作物理景

象上的分析，以便读者较深刻地了解其实质。

7.3.1 卡尔曼滤波的数学模型及有关模型参数的解释

通过观测（或应用某种设备进行测试）对状态向量进行估值的时候，首先要考虑两个方面的问题：一个是被观测对象的变化（运动）规律，它是以状态向量微分方程来描述的；另一个是观测到的量和状态向量之间的关系。前者称为状态向量的动力学模型，后者称为观测模型。例如考虑惯性制导中的滤波问题，动力学模型就是制导方程，而观测方程就是加速度表的测量方程，在下面的讨论中对于动力学模型及观测模型给予一些必要的假设条件，在这些假设下，再给出滤波的基本方程。

关于动力学模型，假设状态方程已经离散化为如下的线性向量差分方程：

$$\boldsymbol{X}_{K+1}=\boldsymbol{\Phi}_{K+1,K}\boldsymbol{X}_K+\boldsymbol{\Gamma}_{K+1,K}\boldsymbol{U}_K+\boldsymbol{W}_K \tag{7.3.1}$$

其中："K"表示对应于 t_K 的离散时刻；$\boldsymbol{X}_K$ 为 t_K 时刻的 n 维状态向量；$\boldsymbol{\Phi}_{K+1,K}$ 为 $n\times n$ 维的状态转移矩阵；$\boldsymbol{U}_K$ 是 $t_K\sim t_{K+1}$ 时间间隔内取常量的 p 维控制向量；$\boldsymbol{\Gamma}_{K+1,K}$ 是 $n\times p$ 维矩阵，常称为状态向量对控制的灵敏系数矩阵。

关于式(7.3.1)的获得，在前面已进行了讨论，其关键的部分是转移矩阵 $\boldsymbol{\Phi}_{K+1,K}$ 的计算。在时间间隔较小的场合，$\boldsymbol{\Phi}_{K+1,K}$ 的计算常用级数展开方法进行，此时

$$\boldsymbol{\Phi}_{K+1,K}\approx\boldsymbol{I}+\boldsymbol{A}(t_K)\Delta t_K+\frac{1}{2!}[\dot{\boldsymbol{A}}(t_K)+\boldsymbol{A}^2(t_K)]\Delta t_K^2 \tag{7.3.2}$$

在式(7.3.1)中，$\boldsymbol{W}_K$ 为作用于观测对象的随机干扰序列，假定它具有下列统计特性：

$$E[\boldsymbol{W}_K]=0,E[\boldsymbol{W}_K\boldsymbol{W}_j^{\mathrm{T}}]=\boldsymbol{Q}_K\delta_{Kj} \tag{7.3.3}$$

其中，δ_{Kj} 称为克罗内克 δ 函数，它满足下列关系：

$$\delta_{Kj}=\begin{cases}1,K=j\\0,K\neq j\end{cases}$$

而式(7.3.3)中的 $\boldsymbol{Q}_K$ 假设为已知的 $n\times n$ 维非负定矩阵。

关于观测模型，假定观测向量 $\boldsymbol{Z}$ 和状态向量间具有下列关系：

$$\boldsymbol{Z}_K=\boldsymbol{H}_K\boldsymbol{X}_K+\boldsymbol{V}_K \tag{7.3.4}$$

即是说，观测方程是关于状态向量 $\boldsymbol{X}_K$ 的线性方程。在下面讨论中，假定 $\boldsymbol{Z}_K$ 为 m 维向量，也就是说在每一时刻 t_K 都可以获得 m 个观测值。$\boldsymbol{H}_K$ 为已知 $m\times n$ 维矩阵，称为观测矩阵 $\boldsymbol{V}_K$ 为 t_K 时刻的观测噪声，假定它满足下列条件：

$$E[\boldsymbol{V}_K]=0,\quad E[\boldsymbol{V}_K\boldsymbol{V}_j^{\mathrm{T}}]=\boldsymbol{R}_K\delta_{Kj} \tag{7.3.5}$$

此处 $\boldsymbol{R}_K$ 为 $m\times m$ 阶正定矩阵。

除了上述这些假定之外,还假定随机向量序列 $\boldsymbol{V}_K,\boldsymbol{W}_K$ 和初始状态向量 $\boldsymbol{X}_0$ 彼此都是不相关的。用统计数学公式描述时,它们满足下列关系式:

$$\begin{cases} E[\boldsymbol{V}_K\boldsymbol{W}_j^{\mathrm{T}}]=0, \text{对任意 } K,j \\ E[\boldsymbol{V}_K\boldsymbol{X}_0^{\mathrm{T}}]=0, \text{对所有 } K \\ E[\boldsymbol{W}_K\boldsymbol{X}_0^{\mathrm{T}}]=0, \text{对所有 } K \end{cases} \tag{7.3.6}$$

上面这些假定是我们讨论滤波方程的基础。这里对于模型问题再作一些必要的说明。

(1)$\boldsymbol{W}_K$ 表示动力学模型中的干扰项,它由很多因素综合而成。例如,动力学方程中未加考虑的一些随机作用量,方程的简化引起的误差,方程中某些参数不确切所引起的误差等。其次,假定 $\boldsymbol{W}_K$ 满足式(7.3.3)。它表示了 $\boldsymbol{W}_K$ 的均值为零,且在任意两个不同时刻 $\boldsymbol{W}_K$ 和 $\boldsymbol{W}_j$ 是不相关的,这种序列常称为白噪声序列。如果 $\boldsymbol{W}_K$ 是正态的,那么式(7.3.3)表示了 $\boldsymbol{W}_K$ 为零均值的独立序列。

(2)$\boldsymbol{Q}_K$ 在假定的模型中为给定的非负定矩阵,它可以在关于动力学模型的多次模拟中确定出来。

(3)$\boldsymbol{V}_K$ 为观测噪声,由于 $E[\boldsymbol{V}_K]=0$,它表示在观测中不存在系统性误差。$\boldsymbol{V}_K$ 仍假定为白噪声序列,它说明了在任何两个不同时刻,观测的随机噪声是不相关的。$\boldsymbol{R}_K$ 可以在观测设备的精度鉴定中加以确定(通过多次观测用统计方法确定)。

7.3.2 卡尔曼滤波的基本公式

在给出滤波的基本公式之前,先介绍一些有关的符号及统计术语。

$\hat{\boldsymbol{X}}_{K+1/K+1}$:基于观测数据 $Z_1,Z_2,\cdots \boldsymbol{Z}_{K+1}$ 而获得的状态向量 $\boldsymbol{X}(t_{K+1})$ 的最佳估计,这里所谓"最佳"是指具有无偏最小方差的特性。

$\hat{\boldsymbol{X}}_{K+1/K}$:$t_{K+1}$ 时刻的状态 X_{K+1} 的预测估值。

$\boldsymbol{P}_{K+1/K+1}=E[(\hat{\boldsymbol{X}}_{K+1/K+1}-\boldsymbol{X}_{K+1})(\hat{\boldsymbol{X}}_{K+1/K+1}-\boldsymbol{X}_{K+1})^{\mathrm{T}}]$ 为估值 $\hat{\boldsymbol{X}}_{K+1}$ 的方差矩阵。

$\boldsymbol{P}_{K+1/K}=E[(\hat{\boldsymbol{X}}_{K+1/K}-\boldsymbol{X}_{K+1})(\hat{\boldsymbol{X}}_{K+1/K}-\boldsymbol{X}_{K+1})^{\mathrm{T}}]$ 为预测估值 $\hat{\boldsymbol{X}}_{K+1/K}$ 的方差矩阵。

下面讨论状态向量的递推无偏最小方差估计。

模型为

$$\begin{cases} \boldsymbol{X}_{K+1}=\boldsymbol{\Phi}_{K+1,K}\boldsymbol{X}_K+\boldsymbol{\Gamma}_{K+1,K}\boldsymbol{U}_K+\boldsymbol{W}_K \\ \boldsymbol{Z}_K=\boldsymbol{H}_K\boldsymbol{X}_K+\boldsymbol{V}_K \end{cases}$$

根据线性估计的性质，$\hat{\boldsymbol{X}}_{K+1/K+1}$ 为 $\boldsymbol{Z}_1,\boldsymbol{Z}_2,\cdots,\boldsymbol{Z}_K,\boldsymbol{Z}_{K+1}$ 的线性函数，$\hat{\boldsymbol{X}}_{K/K}$ 为 $\boldsymbol{Z}_1,\boldsymbol{Z}_2,\cdots,\boldsymbol{Z}_K$ 的线性函数，于是可知 $\hat{\boldsymbol{X}}_{K+1/K+1}$ 可以表示为 $\hat{\boldsymbol{X}}_{K/K}$ 与 $\boldsymbol{Z}_{K+1}$ 的线性组合，即

$$\hat{\boldsymbol{X}}_{K+1/K+1}=\boldsymbol{A}_{K+1}\hat{\boldsymbol{X}}_{K/K}+\boldsymbol{K}_{K+1}\boldsymbol{Z}_{K+1}+\boldsymbol{C}_{K+1} \tag{7.3.7}$$

其中，$\boldsymbol{A}_{K+1},\boldsymbol{K}_{K+1},\boldsymbol{C}_{K+1}$ 为与 $\hat{\boldsymbol{X}}_{K/K}$ 和 $\boldsymbol{Z}_{K+1}$ 无关的矩阵或向量。下面根据无偏最小方差准则确定 $\boldsymbol{A}_{K+1},\boldsymbol{K}_{K+1},\boldsymbol{C}_{K+1}$。

由无偏性知

$$E[\hat{\boldsymbol{X}}_{K+1/K+1}-\boldsymbol{X}_{K+1}]=0 \tag{7.3.8}$$

即

$$E[\boldsymbol{A}_{K+1}\hat{\boldsymbol{X}}_{K/K}+\boldsymbol{K}_{K+1}(\boldsymbol{H}_{K+1}\boldsymbol{X}_{K+1}+\boldsymbol{V}_{K+1})+\boldsymbol{C}_{K+1}-\boldsymbol{X}_{K+1}]=0$$

$$\begin{aligned}E[\boldsymbol{A}_{K+1}\hat{\boldsymbol{X}}_{K/K}&+(\boldsymbol{K}_{K+1}\boldsymbol{H}_{K+1}-\boldsymbol{I})(\boldsymbol{\Phi}_{K+1,K}\boldsymbol{X}_K+\boldsymbol{\Gamma}_{K+1,K}\boldsymbol{U}_K+\boldsymbol{W}_K)\\&+\boldsymbol{K}_{K+1}\boldsymbol{V}_{K+1}+\boldsymbol{C}_{K+1}]=0\end{aligned}$$

注意到 $E[\hat{\boldsymbol{X}}_{K/K}]=\boldsymbol{X}_K,E[\boldsymbol{W}_K]=0,E[\boldsymbol{V}_{K+1}]=0$，则上式变为

$$\begin{aligned}&\boldsymbol{A}_{K+1}\boldsymbol{X}_K+(\boldsymbol{K}_{K+1}\boldsymbol{H}_{K+1}-\boldsymbol{I})\boldsymbol{\Phi}_{K+1,K}\boldsymbol{X}_K\\&+(\boldsymbol{K}_{K+1}\boldsymbol{H}_{K+1}-\boldsymbol{I})\boldsymbol{\Gamma}_{K+1,K}\boldsymbol{U}_K+\boldsymbol{C}_{K+1}=0\end{aligned}$$

上式必须对任意的 $\boldsymbol{X}_K$ 均成立，因此有

$$\boldsymbol{A}_{K+1}=(\boldsymbol{I}-\boldsymbol{K}_{K+1}\boldsymbol{H}_{K+1})\boldsymbol{\Phi}_{K+1,K}$$

$$\boldsymbol{C}_{K+1}=(\boldsymbol{I}-\boldsymbol{K}_{K+1}\boldsymbol{H}_{K+1})\boldsymbol{\Gamma}_{K+1,K}\boldsymbol{U}_K$$

于是式(7.3.7)变为

$$\begin{aligned}\hat{\boldsymbol{X}}_{K+1/K+1}&=(I-\boldsymbol{K}_{K+1}\boldsymbol{H}_{K+1})\boldsymbol{\Phi}_{K+1,K}\hat{\boldsymbol{X}}_{K/K}+\boldsymbol{K}_{K+1}\boldsymbol{Z}_{K+1}\\&\quad+(\boldsymbol{I}-\boldsymbol{K}_{K+1}\boldsymbol{H}_{K+1})\boldsymbol{\Gamma}_{K+1,K}\boldsymbol{U}_K\\&=\boldsymbol{\Phi}_{K+1,K}\hat{\boldsymbol{X}}_{K/K}+\boldsymbol{\Gamma}_{K+1,K}\boldsymbol{U}_K\\&\quad+\boldsymbol{K}_{K+1}[\boldsymbol{Z}_{K+1}-\boldsymbol{H}_{K+1}(\boldsymbol{\Phi}_{K+1,K}\hat{\boldsymbol{X}}_{K/K}+\boldsymbol{\Gamma}_{K+1,K}\boldsymbol{U}_K)]\end{aligned} \tag{7.3.9}$$

注意到状态 $\hat{\boldsymbol{X}}_{K+1}$ 的预测估值为

$$\hat{\boldsymbol{X}}_{K+1/K}=\boldsymbol{\Phi}_{K+1,K}\hat{\boldsymbol{X}}_{K/K}+\boldsymbol{\Gamma}_{K+1,K}\boldsymbol{U}_K \tag{7.3.10}$$

于是式(7.3.9)可写成

$$\hat{\boldsymbol{X}}_{K+1/K+1}=\hat{\boldsymbol{X}}_{K+1/K}+\boldsymbol{K}_{K+1}[\boldsymbol{Z}_{K+1}-\boldsymbol{H}_{K+1}\hat{\boldsymbol{X}}_{K+1/K}] \tag{7.3.11}$$

式(7.3.11)再一次体现了“实时估值 = 预测估值 + 对于预测估值的修正”的递推估计思想，其中，$\boldsymbol{K}_{K+1}$ 为修正系数或叫滤波增益，由最小方差(或最小均方差)的特性即令 $\mathrm{tr}\boldsymbol{P}_{K+1/K+1}=\mathrm{Min}$ 来确定。

由于 $\hat{X}_{K+1/K+1}$是 X_{K+1}的无偏估计，则有

$$P_{K+1/K+1}=E[(\hat{X}_{K+1/K+1}-X_{K+1})(\hat{X}_{K+1/K+1}-X_{K+1})^{\mathrm{T}}] \tag{7.3.12}$$

注意到

$$\begin{aligned}\hat{X}_{K+1/K+1}-X_{K+1}&=\hat{X}_{K+1/K}+K_{K+1}(Z_{K+1}-H_{K+1}\hat{X}_{K+1/K})-X_{K+1}\\&=\hat{X}_{K+1/k}-X_{K+1}+K_{K+1}(H_{K+1}X_{K+1}+V_{K+1}-H_{K+1}\hat{X}_{K+1/K})\\&=(I-K_{K+1}H_{K+1})X_{K+1/K}+K_{K+1}V_{K+1}\end{aligned} \tag{7.3.13}$$

其中：

$$\tilde{X}_{K+1/K}=\hat{X}_{K+1/K}-X_{K+1}$$

为预测估值误差，且

$$\begin{aligned}\tilde{X}_{K+1/K}&=\Phi_{K+1,K}\hat{X}_{K/K}+\Gamma_{K+1,K}U_K-(\Phi_{K+1,K}X_K+\Gamma_{K+1,K}U_K+W_K)\\&=\Phi_{K+1,K}\tilde{X}_{K/K}-W_K\end{aligned} \tag{7.3.14}$$

式(7.3.14)中：

$$\tilde{X}_{K/k}=\hat{X}_{K/K}-X_K$$

为估值误差。

于是

$$\begin{aligned}P_{K+1/K+1}&=E[\tilde{X}_{K+1/K+1}\tilde{X}^{\mathrm{T}}_{K+1/K+1}]\\&=E\{[(I-K_{K+1}H_{K+1})\tilde{X}_{K+1/K}+K_{K+1}V_{K+1}]\\&\quad[(I-K_{K+1}H_{K+1})\tilde{X}_{K+1/K}+K_{K+1}V_{K+1}]^{\mathrm{T}}\}\\&=(I-K_{K+1}H_{K+1})E[\tilde{X}_{K+1/K}\tilde{X}_{K+1/K}{}^{\mathrm{T}}](I-K_{K+1}H_{K+1})^{\mathrm{T}}\\&\quad+K_{K+1}E[V_{K+1}V^{\mathrm{T}}_{K+1}]K^{\mathrm{T}}_{K+1}\\&\quad+(I-K_{K+1}H_{K+1})E[\tilde{X}_{K+1/k}V^{\mathrm{T}}_{K+1}]K^{\mathrm{T}}_{K+1}\\&\quad+K_{K+1}E[V_{K+1}\tilde{X}^{\mathrm{T}}_{K+1/K}](I-K_{K+1}H_{K+1})^{\mathrm{T}}\end{aligned} \tag{7.3.15}$$

注意到

$$E[X_{K+1/K}X^{\mathrm{T}}_{K+1/K}]=P_{K+1/K}$$

$$E[V_{K+1}V^{\mathrm{T}}_{K+1}]=R_{K+1}$$

又由于 $E[V_iW_j^x]=0,E[V_iX_0^{\mathrm{T}}]=0$，所以

$$E[V_{K+1}\tilde{X}^{\mathrm{T}}_{K+1/K}]=E[V_{K+1}(\Phi_{K+1,K}\tilde{X}_{K/K}+W_K)^{\mathrm{T}}]=0$$

将上式进行转置有

$$E[\boldsymbol{X}_{K+1/K}\boldsymbol{V}_{K+1}^{\mathrm{T}}]=0$$

于是式(7.3.15)成为

$$\boldsymbol{P}_{K+1/K+1}=(\boldsymbol{I}-\boldsymbol{K}_{K+1}\boldsymbol{H}_{K+1})\boldsymbol{P}_{K+1/K}(\boldsymbol{I}-\boldsymbol{K}_{K+1}\boldsymbol{H}_{K})^{\mathrm{T}} + \boldsymbol{K}_{K+1}\boldsymbol{R}_{K+1}\boldsymbol{K}_{K+1}^{\mathrm{T}} \tag{7.3.16}$$

将式(7.3.16)展开,则有

$$\begin{aligned}\boldsymbol{P}_{K+1/K+1}=&\boldsymbol{P}_{K+1/K}+\boldsymbol{K}_{K+1}\boldsymbol{H}_{K+1}\boldsymbol{P}_{K+1}\boldsymbol{H}_{K+1}^{\mathrm{T}}\boldsymbol{K}_{K+1}^{\mathrm{T}}+\boldsymbol{K}_{K+1}\boldsymbol{R}_{K+1}\boldsymbol{K}_{K+1}^{\mathrm{T}}\\&-\boldsymbol{K}_{K+1}\boldsymbol{H}_{K+1}\boldsymbol{P}_{K+1/K}-\boldsymbol{P}_{K+1/K}\boldsymbol{H}_{K+1}^{\mathrm{T}}\boldsymbol{K}_{K+1}^{N}\end{aligned} \tag{7.3.17}$$

对式(7.3.17)取 trace 并关于 $\boldsymbol{K}_{K+1}$求偏导数得

$$\begin{aligned}\frac{\partial \mathrm{tr}\boldsymbol{P}_{K+1/K+1}}{\partial \boldsymbol{K}_{K+1}}=&2\boldsymbol{K}_{K+1}\boldsymbol{H}_{K+1}\boldsymbol{P}_{K+1/K}\boldsymbol{H}_{K+1}^{\mathrm{T}}\\&+2\boldsymbol{K}_{K+1}\boldsymbol{R}_{K+1}\\&-\boldsymbol{P}_{K+1/K}\boldsymbol{H}_{K+1}^{\mathrm{T}}-\boldsymbol{P}_{K+1/K}\boldsymbol{H}_{K+1}^{\mathrm{T}}\end{aligned}$$

令上式右端等于0,则有

$$\boldsymbol{K}_{K+1}(\boldsymbol{H}_{K+1}\boldsymbol{P}_{K+1/K}\boldsymbol{H}_{K+1}^{\mathrm{T}}+\boldsymbol{R}_{K+1})=\boldsymbol{P}_{K+1/K}\boldsymbol{H}_{K+1}^{\mathrm{T}}$$

于是

$$\boldsymbol{K}_{K+1}=\boldsymbol{P}_{K+1/K}\boldsymbol{H}_{K+1}^{\mathrm{T}}(\boldsymbol{H}_{K+1}\boldsymbol{P}_{K+1/K}\boldsymbol{H}_{K+1}^{\mathrm{T}}+\boldsymbol{R}_{K+1})^{-1} \tag{7.3.18}$$

再看 $\boldsymbol{P}_{K+1/K}$的表达式

$$\begin{aligned}\boldsymbol{P}_{K+1/K}&=E[\tilde{\boldsymbol{X}}_{K+1/K}\tilde{\boldsymbol{X}}_{K+1/K}^{\mathrm{T}}]\\&=E[(\boldsymbol{\Phi}_{K+1,K}\tilde{\boldsymbol{X}}_{K/K}-\boldsymbol{W}_{K})(\boldsymbol{\Phi}_{K+1,K}\tilde{\boldsymbol{X}}_{K/K}-\boldsymbol{W}_{K})^{\mathrm{T}}]\end{aligned}$$

由于$\{\boldsymbol{W}_K\}$为白噪声序列且与 $\boldsymbol{X}_0$ 不相关,因此 $E[\boldsymbol{W}_K\boldsymbol{X}_{K/K}]=0$,则上式为

$$\begin{aligned}\boldsymbol{P}_{K+1/K}&=E[\boldsymbol{\Phi}_{K+1,K}\tilde{\boldsymbol{X}}_{K/K}^{\mathrm{T}}\tilde{\boldsymbol{X}}_{K/K}\boldsymbol{\Phi}_{K+1/K}^{\mathrm{T}}]+E[\boldsymbol{W}_K\boldsymbol{W}_K^{\mathrm{T}}]\\&=\boldsymbol{\Phi}_{K+1,K}\boldsymbol{P}_{K/K}\boldsymbol{\Phi}_{K+1,K}^{\prime}+\boldsymbol{Q}_K\end{aligned} \tag{7.3.19}$$

关于估值误差的方差矩阵 $\boldsymbol{P}_{K+1/K+1}$ 还可以写成另外的形式,只需注意到式(7.3.18):

$$\boldsymbol{K}_{K+1}(\boldsymbol{H}_{K+1}\boldsymbol{P}_{K+1/K}\boldsymbol{H}_{K+1}^{\mathrm{T}}+\boldsymbol{R}_{K+1})^{-1}\boldsymbol{K}_{K+1}^{\mathrm{T}}=\boldsymbol{P}_{K+1/K}\boldsymbol{H}_{K+1}^{\mathrm{T}}\boldsymbol{K}_{K+1}^{\mathrm{T}}$$

于是由式(7.3.17)可知

$$\begin{aligned}\boldsymbol{P}_{K+1/K+1}&=\boldsymbol{P}_{K+1/K}+\boldsymbol{P}_{K+1/K}\boldsymbol{H}_{K+1}^{\mathrm{T}}\boldsymbol{K}_{K+1}^{\mathrm{T}}\\&\quad-\boldsymbol{K}_{K+1}\boldsymbol{H}_{K+1}\boldsymbol{P}_{K+1/K}-\boldsymbol{P}_{K+1/K}\boldsymbol{H}_{K+1}^{\mathrm{T}}\boldsymbol{K}_{K+1}^{\mathrm{T}}\\&=(\boldsymbol{I}-\boldsymbol{K}_{K+1}\boldsymbol{H}_{K+1})\boldsymbol{P}_{K+1/K}\end{aligned} \tag{7.3.20}$$

综上,获得了卡尔曼滤波的基本方程。

被观测的对象,其动力学模型用线性向量差分方程表示为

$$\boldsymbol{X}_{K+1}=\boldsymbol{\Phi}_{K+1,K}\boldsymbol{X}_K+\boldsymbol{\Gamma}_{K+1,K}\boldsymbol{U}_K+\boldsymbol{W}_K \tag{7.3.21}$$

而观测模型为线性观测方程：

$$\boldsymbol{Z}_K=\boldsymbol{H}_K\boldsymbol{X}_K+\boldsymbol{V}_K \tag{7.3.22}$$

$\boldsymbol{W}_K$ 和 $\boldsymbol{V}_K$ 具有如下已知的统计特性：

$$E[\boldsymbol{W}_K]=0, E[\boldsymbol{W}_K\boldsymbol{W}_j^{\mathrm{T}}]=\boldsymbol{Q}_K\delta_{Kj}$$

$$E[\boldsymbol{V}_K]=0, E[\boldsymbol{V}_K\boldsymbol{V}_j^{\mathrm{T}}]=\boldsymbol{R}_K\delta_{Kj}$$

其中：$\boldsymbol{Q}_K$ 为非负定的矩阵；$\boldsymbol{R}_K$ 为正定矩阵。

$\boldsymbol{V}_K$，$\boldsymbol{W}_K$ 和 $\boldsymbol{X}_0$ 互不相关。在上述条件之下卡尔曼滤波的基本方程如下：

$$\hat{\boldsymbol{X}}_{K+1/K+1}=\hat{\boldsymbol{X}}_{K+1/K}+\boldsymbol{K}_{K+1}[\boldsymbol{Z}_{K+1}-\boldsymbol{H}_{K+1}\hat{\boldsymbol{X}}_{K+1/K}] \tag{7.3.23}$$

$$\hat{\boldsymbol{X}}_{K+1/K}=\boldsymbol{\Phi}_{K+1,K}\hat{\boldsymbol{X}}_{K/K}+\boldsymbol{\Gamma}_{K+1/K}\boldsymbol{U}_K \tag{7.3.24}$$

$$\boldsymbol{K}_{K+1}=\boldsymbol{P}_{K+1/K}\boldsymbol{H}_{K+1}^{\mathrm{T}}[\boldsymbol{H}_{K+1}\boldsymbol{P}_{K+1/K}\boldsymbol{H}_{K+1}^{\mathrm{T}}+\boldsymbol{R}_{K+1}]^{-1} \tag{7.3.25}$$

$$\boldsymbol{P}_{K+1/K}=\boldsymbol{\Phi}_{K+1,K}\boldsymbol{P}_{K/K}\boldsymbol{\Phi}_{K+1,K}^{\mathrm{T}}+\boldsymbol{Q}_K \tag{7.3.26}$$

$$\boldsymbol{P}_{K+1/K+1}=(\boldsymbol{I}-\boldsymbol{K}_{K+1}\boldsymbol{H}_{K+1})\boldsymbol{P}_{K+1/K}(\boldsymbol{I}-\boldsymbol{K}_{K+1}\boldsymbol{H}_{K+1})^{\mathrm{T}}+\boldsymbol{K}_{K+1}\boldsymbol{R}_{K+1}\boldsymbol{K}_{K+1}^{\mathrm{T}} \tag{7.3.27}$$

$$=(\boldsymbol{I}-\boldsymbol{K}_{K+1}\boldsymbol{H}_{K+1})\boldsymbol{P}_{K+1/K} \tag{7.3.28}$$

式(7.3.21)～式(7.3.28)为一套完整的卡尔曼滤波基本公式，其中：$\hat{\boldsymbol{X}}_{K+1/K+1}$为最佳估值，$\hat{\boldsymbol{X}}_{K+1/K}$为状态预报，$\boldsymbol{K}_{K+1}$为修正系数或称滤波增益矩阵，$\boldsymbol{P}_{K+1/K}$为预测估值的方差矩阵，$\boldsymbol{P}_{K+1/K+1}$为估值方差矩阵。下面对这一套公式做一些必要的说明。

(1)这一套公式可以用来进行状态向量 $\boldsymbol{X}(t)$ 在各观测时刻的实时估计，具体步骤如下：

首先必须给出一个初始运算条件 $\hat{\boldsymbol{X}}_{0/0}$及 $\boldsymbol{P}_{0/0}$，即给出初始时刻 t_0 的状态的无偏估计 $\hat{\boldsymbol{X}}_{0/0}$及估值方差矩阵 $\boldsymbol{P}_{0/0}$

由 $\boldsymbol{X}_{0/0}$根据式(7.3.24)即可算得 $\hat{\boldsymbol{X}}_{1/0}$：

$$\hat{\boldsymbol{X}}_{1/0}=\boldsymbol{\Phi}_{1,0}\hat{\boldsymbol{X}}_{0/0}+\boldsymbol{\Gamma}_{1,0}\boldsymbol{U}_0$$

由 $\boldsymbol{P}_{0/0}$根据式(7.3.26)即可算得 $\boldsymbol{P}_{1/0}$：

$$\boldsymbol{P}_{1/0}=\boldsymbol{\Phi}_{1,0}\boldsymbol{P}_{0/0}\boldsymbol{\Phi}_{1,0}^{\mathrm{T}}+\boldsymbol{Q}_0$$

按式(7.3.25)计算滤波增益 $\boldsymbol{K}_1$：

$$\boldsymbol{K}_1=\boldsymbol{P}_{1/0}\boldsymbol{H}_1^{\mathrm{T}}[\boldsymbol{H}_1\boldsymbol{P}_{1/0}\boldsymbol{H}_1^{\mathrm{T}}+\boldsymbol{R}_1]^{-1}$$

在 t_1 时刻进行了观测以后，获得了 $\boldsymbol{Z}_1$，于是按式(7.3.23)获得 t_1 时刻的实时最佳估值：

$$\hat{\boldsymbol{X}}_{1/1}=\hat{\boldsymbol{X}}_{1/0}+\boldsymbol{K}_1[\boldsymbol{Z}_1-\boldsymbol{H}_1\hat{\boldsymbol{X}}_{1/0}]$$

按式(7.3.27)或式(7.3.28)计算 $\boldsymbol{P}_{1/1}$：

$$\boldsymbol{P}_{1/1}=\boldsymbol{I}-\boldsymbol{K}_1\boldsymbol{H}_1\boldsymbol{P}_{1/0}$$

在获得了 $\hat{\boldsymbol{X}}_{1/1}$ 及 $\boldsymbol{P}_{1/1}$ 以后，开始下一步滤波。重复上述步骤即可获得各观测时刻状态向量的最优实时估值。

上述滤波步骤的计算框图见图 7.5。

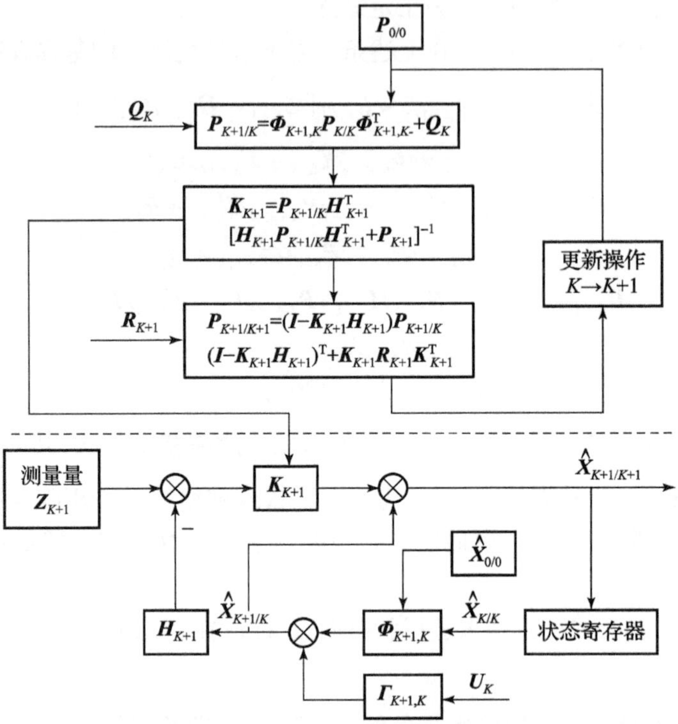

图 7.5　滤波框图

(2)关于最佳估值误差的方差矩阵 $\boldsymbol{P}_{K+1/K+1}$，已给出了两个计算公式(7.3.27)和(7.3.28)，一般说来，在应用中式(7.3.27)比式(7.3.28)要好。因为在滤波计算过程中，特别是较长时间的滤波过程中，由于计算中的截断误差，有可能使 $\boldsymbol{P}_{K+1/K+1}$ 成为不对称的矩阵，而式(7.3.27)却不会发生这种情形。此外，如果 $\boldsymbol{K}_{K+1}$ 在计算中具有误差 $\delta\boldsymbol{K}_{K+1}$，不难知道应用式(7.3.27)计算 $\boldsymbol{P}_{K+1/K+1}$ 将有比式(7.3.28)更高的精度。事实上，应用式(7.3.27)计算时(下面计算中略去 $\boldsymbol{K}$，$\boldsymbol{H}$，$\boldsymbol{R}$ 的下标)：

$$\begin{aligned}\delta\boldsymbol{P}_{K+1/K+1}=&[\boldsymbol{I}-(\boldsymbol{K}+\delta\boldsymbol{K})\boldsymbol{H}]\boldsymbol{P}_{K+1/K}[\boldsymbol{I}-(\boldsymbol{K}+\delta\boldsymbol{K})\boldsymbol{H}]^{\mathrm{T}}\\&+(\boldsymbol{K}+\delta\boldsymbol{K})\boldsymbol{R}(\boldsymbol{K}+\delta\boldsymbol{K})^{\mathrm{T}}\\&-[I-\boldsymbol{KH}]\boldsymbol{P}_{K+1/K}[I-\boldsymbol{KH}]^{x}-\boldsymbol{KRK}^{\mathrm{T}}\end{aligned}$$

$$
\begin{aligned}
&= \delta\boldsymbol{K}[\boldsymbol{R}\boldsymbol{K}^{\mathrm{T}} - \boldsymbol{H}\boldsymbol{P}_{K+1/K}(\boldsymbol{I}-\boldsymbol{K}\boldsymbol{H})^{\mathrm{T}}] \\
&\quad + [\boldsymbol{K}\boldsymbol{R} - (\boldsymbol{I}-\boldsymbol{K}\boldsymbol{H})\boldsymbol{P}_{K+1/K}\boldsymbol{H}^{\mathrm{T}}]\delta\boldsymbol{K} \\
&\quad + \delta\boldsymbol{K}[\boldsymbol{H}\boldsymbol{P}_{K+1/K}\boldsymbol{H}^{\mathrm{T}} + \boldsymbol{R}]\delta\boldsymbol{K}^{\mathrm{T}}
\end{aligned}
$$

注意到

$$
\boldsymbol{K} = \boldsymbol{P}_{K+1/K}\boldsymbol{H}^{\mathrm{T}}[\boldsymbol{H}\boldsymbol{P}_{K+1/K}\boldsymbol{H}^{\mathrm{T}} + \boldsymbol{R}]^{-1}
$$

于是

$$
\boldsymbol{K}[\boldsymbol{H}\boldsymbol{P}_{K+1/K}\boldsymbol{H}^{\mathrm{T}} + \boldsymbol{R}] = \boldsymbol{P}_{K+1/K}\boldsymbol{H}^{\mathrm{T}}
$$

$$
\boldsymbol{K}\boldsymbol{R} = (\boldsymbol{I}-\boldsymbol{K}\boldsymbol{H})\boldsymbol{P}_{K+1/K}\boldsymbol{H}^{\mathrm{T}}
$$

或

$$
\boldsymbol{R}\boldsymbol{K}^{\mathrm{T}} = \boldsymbol{H}\boldsymbol{P}_{K+1/K}(\boldsymbol{I}-\boldsymbol{K}\boldsymbol{H})^{\mathrm{T}}
$$

将上两式代入 $\delta\boldsymbol{P}_{K+1/K+1}$ 中，于是有

$$
\delta\boldsymbol{P}_{K+1/K+1} = \delta\boldsymbol{K}(\boldsymbol{H}\boldsymbol{P}_{K+1/k}\boldsymbol{H}^{\mathrm{T}} + \boldsymbol{R})\delta\boldsymbol{K}^{\mathrm{T}} = \boldsymbol{O}(\delta\boldsymbol{K}^2)
$$

但是，如果应用式(7.3.28)计算则有

$$
\begin{aligned}
\delta\boldsymbol{P}_{K+1/K+1} &= [\boldsymbol{I} - (\boldsymbol{K}+\delta\boldsymbol{K})\boldsymbol{H}]\boldsymbol{P}_{K+1/K} - (\boldsymbol{I}-\boldsymbol{K}\boldsymbol{H})\boldsymbol{P}_{K+1/K} \\
&= -\delta\boldsymbol{K}\boldsymbol{H}\boldsymbol{P}_{K+1/K} = \boldsymbol{O}(\delta\boldsymbol{K})
\end{aligned}
$$

由此看出，应用式(7.3.27)计算时确实具有较高的精度。

(3)关于初始运算条件。

初始运算条件有各种不同的确定方法。最常用的一种方法是直接利用首次观测结果，经过一些转换以后，计算出初始估值。具体地说，可以如下进行，设在首次观测中，记

$$
\boldsymbol{Z}_1 = \boldsymbol{H}_1\boldsymbol{X}_1 + \boldsymbol{V}_1 \tag{7.3.29}
$$

$\boldsymbol{V}_1$ 的方差矩阵为 $\boldsymbol{R}_1$，此时，按照加权最小二乘方法可得：

$$
\hat{\boldsymbol{X}}_{1/1} = (\boldsymbol{H}_1^{\mathrm{T}}\boldsymbol{R}_1^{-1}\boldsymbol{H}_1)^{-1}\boldsymbol{H}_1^{\mathrm{T}}\boldsymbol{R}_1^{-1}\boldsymbol{Z}_1 \tag{7.3.30}
$$

而该估值的方差矩阵可表示为

$$
\boldsymbol{P}_{1/1} = (\boldsymbol{H}_1^{\mathrm{T}}\boldsymbol{R}_1^{-1}\boldsymbol{H}_1)^{-1} \tag{7.3.31}
$$

于是，可以用 $\hat{\boldsymbol{X}}_{1/1}$，$\boldsymbol{P}_{1/1}$ 作为滤波的初始运算条件。

这里需要特别指出一点，如果观测向量 $\boldsymbol{Z}_1$ 的维数小于状态向量 $\boldsymbol{X}_1$ 的维数，此时 $\boldsymbol{H}_1^{\mathrm{T}}\boldsymbol{R}_1^{-1}\boldsymbol{H}_1$ 将是退化矩阵，因此它不能求逆。在这样的场合下，可以取下列形式：

$$
\hat{\boldsymbol{X}}_{1/1} = [\varepsilon\boldsymbol{I} + \boldsymbol{H}_1'\boldsymbol{R}_1^{-1}\boldsymbol{H}_1]^{-1}\boldsymbol{H}_1^{\mathrm{T}}\boldsymbol{R}_1^{-1}\boldsymbol{Z}_1 \tag{7.3.32}
$$

$$
\boldsymbol{P}_{1/1} = [\varepsilon\boldsymbol{I} + \boldsymbol{H}_1^{\mathrm{T}}\boldsymbol{R}_1^{-1}\boldsymbol{H}_1]^{-1} \tag{7.3.33}
$$

其中，$\boldsymbol{I}$ 为 n 阶单位矩阵，ε 为一个很小的正数。

用式(7.3.32)和式(7.3.33)作为滤波的初始条件，就避免了不能求逆的困

难。这样做，在开始滤波时的估值精度要差一些，但滤波数步之后，估值的精度（表现在 $\boldsymbol{P}_{K/K}$ 的对角元素）将逐步提高。

如果关于滤波的验前信息一无所知，还可以取 $\hat{\boldsymbol{X}}_{0/0}$ 为任意值，而 $\boldsymbol{P}_{0/0}=\boldsymbol{DI}$，$\boldsymbol{D}\to+\infty$。

(4) 关于估值的无偏性。

如果初始估值 $\hat{\boldsymbol{X}}_{0/0}$ 为 $\boldsymbol{X}_0$ 的无偏估计，那么卡尔曼滤波所得到的 $\hat{\boldsymbol{X}}_{K/K}$ 必为 $\boldsymbol{X}_K$ 的无偏估计。事实上，如果 $\hat{\boldsymbol{X}}_{0/0}$ 为 $\boldsymbol{X}_0$ 的无偏估计，则

$$E[\hat{\boldsymbol{X}}_{0/0}-\boldsymbol{X}_0]=0$$

而

$$\hat{\boldsymbol{X}}_{1/0}=\boldsymbol{\Phi}_{1,0}\hat{\boldsymbol{X}}_{0/0}+\boldsymbol{\Gamma}_{1,0}\boldsymbol{U}_0$$

$$\begin{aligned}E[\hat{\boldsymbol{X}}_{1/0}-\boldsymbol{X}_1]&=E[\boldsymbol{\Phi}_{1,0}\hat{\boldsymbol{X}}_{0/0}+\boldsymbol{\Gamma}_{1,0}\boldsymbol{U}_0-(\boldsymbol{\Phi}_{1,0}\boldsymbol{X}_0+\boldsymbol{\Gamma}_{1,0}\boldsymbol{U}_0+\boldsymbol{W}_0)]\\&=E[\boldsymbol{\Phi}_{1,0}(\hat{\boldsymbol{X}}_{0/0}-\boldsymbol{X}_0)-\boldsymbol{W}_0]\\&=0\end{aligned}$$

故

$$\begin{aligned}E[\hat{\boldsymbol{X}}_{1/1}-\boldsymbol{X}_1]&=E[\hat{\boldsymbol{X}}_{1/0}-\boldsymbol{X}_1+\boldsymbol{K}_1(\boldsymbol{Z}_1-\boldsymbol{H}_1\hat{\boldsymbol{X}}_{1/0})]\\&=E[\hat{\boldsymbol{X}}_{1/0}-\boldsymbol{X}_1]+\boldsymbol{K}_1E[\boldsymbol{H}_1(\boldsymbol{X}_1-\hat{\boldsymbol{X}}_{1/0})+\boldsymbol{V}_1]\\&=0\end{aligned}$$

这就说明了 $\hat{\boldsymbol{X}}_{1/1}$ 是 $\boldsymbol{X}_1$ 的无偏估计。用数学归纳法即知 $\hat{\boldsymbol{X}}_{K/K}$ 是 $\boldsymbol{X}_K$ 的无偏估计。

例 7.4 应用卡尔曼滤波进行信息处理。设有如下形式的信号：

$$y(t)=a\cos\omega t$$

其中，ω 为已知，观测方程为

$$z(t)=y(t)+v(t)$$

此处 $v(t)$ 为观测噪声，方差为 1。试用卡尔曼滤波方程给出信号及其变化率的实时估值。

解： 记状态向量为

$$\boldsymbol{X}(t)=\begin{bmatrix}y(t)\\\dot{y}(t)\end{bmatrix}\triangleq\begin{bmatrix}x_1(t)\\x_2(t)\end{bmatrix}$$

则

$$\dot{x}_1(t)=-a\omega\sin\omega t=\dot{y}(t)=x_2(t)$$

$$\dot{x}_2(t)=\ddot{y}(t)=-a\omega^2\cos\omega t=-\omega^2x_1(t)$$

于是

$$\dot{\boldsymbol{X}}(t)=\begin{bmatrix}\dot{x}_1(t)\\ \dot{x}_2(t)\end{bmatrix}=\begin{bmatrix}0 & 1\\ -\omega^2 & 0\end{bmatrix}\begin{bmatrix}x_1(t)\\ x_2(t)\end{bmatrix}$$

而

$$z(t)=[1,0]\begin{bmatrix}x_1(t)\\ x_2(t)\end{bmatrix}+v(t)$$

这样 $\boldsymbol{X}(t)$ 为 2 维状态向量，观测量为一维的（纯量）。将上述方程离散化，注意：

$$x_1(t)=a\cos\omega t$$

$$x_2(t)=-a\omega\sin\omega t$$

当离散周期 T 甚小时：

$$\begin{aligned}x_1(t+T)&=a\cos\omega(t+T)\\&=a(\cos\omega t\cos\omega T-\sin\omega t\sin\omega T)\\&\approx x_1(t)+x_2(t)T\end{aligned}$$

$$\begin{aligned}x_2(t+T)&=-a\omega\sin\omega(t+T)=-a\omega\sin\omega t\cos\omega T-a\omega\cos\omega t\sin\omega T\\&=\cos\omega Tx_2(t)-\omega\sin\omega Tx_1(T)\approx x_2(t)-\omega^2Tx_1(T)\end{aligned}$$

于是有

$$\begin{bmatrix}x_1(t_{K+1})\\ x_2(t_{K+1})\end{bmatrix}=\begin{bmatrix}1 & \Delta t\\ -\omega^2\Delta t & 1\end{bmatrix}\begin{bmatrix}x_1(t_K)\\ x_2(t_K)\end{bmatrix}$$

而

$$z_K=[1,0]\begin{bmatrix}x_1(t_K)\\ x_2(t_k)\end{bmatrix}+v(t_K)$$

于是

$$\boldsymbol{\Phi}_{k+1,K}=\begin{bmatrix}1 & \Delta t\\ -\omega^2\Delta t & 1\end{bmatrix}$$

$$\boldsymbol{H}_K=[1,0]$$

$$\boldsymbol{Q}_K=0$$

$$\boldsymbol{R}_K=1$$

这样，在适当选取了初始运算条件 $\hat{\boldsymbol{X}}_{0/0}$ 及 $\boldsymbol{P}_{0/0}$ 以后，由 $\hat{\boldsymbol{X}}_{0/0},\boldsymbol{P}_{0/0},z(t_K)(K=1,2\cdots,)$ 出发便可用式(7.3.23) ~ 式(7.3.27)进行滤波计算而获得在各个观测时刻的信号及其变化率的最佳估值。

例 7.5 设某一活动目标的某个分量 x 按二次曲线变化。今对目标进行跟

踪，观测模型为

$$x_K = x_K + v_K, K = 1, 2\cdots,$$

v_K 为 t_K 时刻的观测误差，它为零均值的白噪声，且 $\sigma_{v_K}^2 = r_K^2$。观测是等步长的。试用最小方差滤波方法给出各观测时刻目标的实时位置(x)，速度($\dot{x}$)和加速度($\ddot{x}$)的估值。

解：这是一个最简单的测轨问题，只需给出滤波的模型就可以了。关键的问题是写出转移矩阵。为此记

$$\boldsymbol{X}(t) = [x_1(t) x_2(t) x_3(t)]^{\mathrm{T}}$$

其中，$x_1(t)$ 为 t 时刻目标的位置，$x_2(t)$ 为 t 时刻目标的速度，$x_3(t)$ 为 t 时刻目标的加速度。

于是目标的某个坐标分量适合下列微分方程：

$$\begin{cases} \dot{x}_1(t) = x_2(t) \\ \dot{x}_2(t) = x_3(t) \\ \dot{x}_3(t) = 0 \end{cases}$$

今用 Taylor 级数展开，可得

$$\begin{cases} x_1(t) = x_1(t_0) + (t - t_0)\dot{x}_1(t_0) + \dfrac{1}{2}(t - t_0)^2 \ddot{x}_1(t_0) \\ \qquad\quad = x_1(t_0) + (t - t_0)x_2(t_0) + \dfrac{1}{2}(t - t_0)^2 x_3(t_0) \\ x_2(t) = x_2(t_0) + (t - t_0)x_3(t_0) \\ x_3(t) = x_3(t_0) \end{cases}$$

其中，t_0 为任意确定的某时刻，于是

$$\boldsymbol{X}(t_K) = \begin{bmatrix} 1 & t_K - t_0 & \dfrac{1}{2}(t_K - t_0)^2 \\ 0 & 1 & t_K - t_0 \\ 0 & 0 & 1 \end{bmatrix} \begin{bmatrix} x_1(t_0) \\ x_2(t_0) \\ x_3(t_0) \end{bmatrix}$$

$$= \boldsymbol{\Phi}(t_K - t_0)\boldsymbol{X}(t_0) \begin{bmatrix} x_1(t_0) \\ x_2(t_0) \\ x_3(t_0) \end{bmatrix}$$

由于观测是等步长的，记 $t_0 = t_{K-1}$，$t_K - t_{K-1} = T$，于是

$$\boldsymbol{X}_K = \boldsymbol{\Phi}_T \boldsymbol{X}_{K-1}$$

其中：

$$\boldsymbol{\Phi}_T = \begin{bmatrix} 1 & T & \frac{1}{2}T^2 \\ 0 & 1 & T \\ 0 & 0 & 1 \end{bmatrix}$$

这样便决定了转移矩阵。于是,在给定了初始运算条件 $\hat{\boldsymbol{X}}(t_0)$ 及 $\boldsymbol{P}_{0/0}$之后,便可以应用递推滤波公式实时地给出各时刻的状态向量 $\boldsymbol{X}(t)$ 的估值。

7.3.3 卡尔曼滤波的另一种形式

关于滤波的基本方程组尚要作一些必要的说明。它们虽然给出了递推关系,因而适合于数值计算,但对某些理论分析并不一定方便。例如,如果关于滤波的验前信息一无所知,因此,对观测者来说,只能认为验前给出的状态估计方差阵 $\boldsymbol{P}_{0/0}$为$\infty \boldsymbol{I}$ 或者 $\boldsymbol{P}_{0/0}^{-1}=0$。这样就不可能用基本滤波方程中的式(7.3.25)直接计算增益矩阵 $\boldsymbol{K}_{K+1}$,又如,在多设备的联合测量情况下,测量维数较高,而 $\boldsymbol{R}_K$ 却是以分块矩阵的形式出现,按式(7.3.25)计算 $\boldsymbol{K}_{K+1}$,要对高维的矩阵求逆,计算量较大。为此,常把基本方程变换成包含 $\boldsymbol{P}^{-1}$的另外一种形式。

首先,注意矩阵求逆引理,如果

$$\boldsymbol{A}=\boldsymbol{B}-\boldsymbol{B}\boldsymbol{H}^{\mathrm{T}}\ (\boldsymbol{H}\boldsymbol{B}\boldsymbol{H}^{\mathrm{T}}+\boldsymbol{R})^{-1}\boldsymbol{H}\boldsymbol{B}$$

则

$$\boldsymbol{A}^{-1}=\boldsymbol{B}^{-1}+\boldsymbol{H}^{\mathrm{T}}\boldsymbol{R}^{-1}\boldsymbol{H}$$

其中,$\boldsymbol{R}$ 和 $\boldsymbol{B}$ 为正定阵。其次,再由下列关系式:

$$\begin{aligned}\boldsymbol{P}_{K+1/K+1}&=\boldsymbol{P}_{K+1/K}\\&\quad-\boldsymbol{P}_{K+1/K}\boldsymbol{H}_{K+1}^{\mathrm{T}}[\boldsymbol{H}_{K+1}\boldsymbol{P}_{K+1/K}\boldsymbol{H}_{K+1}^{\mathrm{T}}+\boldsymbol{R}_{K+1}]^{-1}\boldsymbol{H}_{K+1}\boldsymbol{P}_{K+1/K}\end{aligned} \tag{7.3.34}$$

在求逆引理中,令 $\boldsymbol{A}=\boldsymbol{P}_{K+1/K+1}$,$\boldsymbol{H}=\boldsymbol{H}_{K+1}$,$\boldsymbol{R}=\boldsymbol{R}_{K+1}$,$\boldsymbol{B}=\boldsymbol{P}_{K+1/K}$,则得

$$\boldsymbol{P}_{K+1/K+1}^{-1}=\boldsymbol{P}_{K+1/K}^{-1}+\boldsymbol{H}_{K+1}^{\mathrm{T}}\boldsymbol{R}_K^{-1}\boldsymbol{H}_{K+1}$$

再看增益矩阵的表达式

$$\boldsymbol{K}_{K+1}=\boldsymbol{P}_{K+1/K}\boldsymbol{H}_{K+1}^{\mathrm{T}}[\boldsymbol{H}_{K+1}\boldsymbol{P}_{K+1/K}\boldsymbol{H}_{K+1}^{\mathrm{T}}+\boldsymbol{R}_{K+1}]^{-1}$$

上式左变为式(7.3.34),得

$$\begin{aligned}\boldsymbol{P}_{K+1/K+1}^{-1}\boldsymbol{K}_{K+1}&=\boldsymbol{H}_{K+1}^{\mathrm{T}}[\boldsymbol{H}_{K+1}\boldsymbol{P}_{K+1/K}\boldsymbol{H}_{K+1}^{\mathrm{T}}+\boldsymbol{R}_{K+1}]^{-1}\\&\quad+\boldsymbol{H}_{K+1}^{\mathrm{T}}\boldsymbol{R}_{K+1}^{-1}\boldsymbol{H}_{K+1}\cdot\boldsymbol{P}_{K+1/K}\boldsymbol{H}_{K+1}^{\mathrm{T}}[\boldsymbol{H}_{K+1}\boldsymbol{P}_{K+1/K}\boldsymbol{H}_{K+1}^{\mathrm{T}}+\boldsymbol{R}_{K+1}]^{-1}\\&=\boldsymbol{H}_{k+1}^{\mathrm{T}}\boldsymbol{R}_{K+1}^{-1}[\boldsymbol{R}_{K+1}+\boldsymbol{H}_{K+1}\boldsymbol{P}_{K+1/K}\boldsymbol{H}_{K+1}^{\mathrm{T}}]\cdot\\&\quad[\boldsymbol{H}_{K+1}\boldsymbol{P}_{K+1/K}\boldsymbol{H}_{K+1}^{\mathrm{T}}+\boldsymbol{R}_{K+1}]^{-1}\\&=\boldsymbol{H}_{K+1}^{\mathrm{T}}\boldsymbol{R}_{K+1}^{-1}\end{aligned}$$

于是

$$\boldsymbol{K}_{K+1}=\boldsymbol{P}_{K+1/K+1}\boldsymbol{H}_{K+1}^{\mathrm{T}}\boldsymbol{R}_{K+1}^{-1} \tag{7.3.35}$$

式(7.3.34)中的 $\boldsymbol{P}_{K+1/K}$ 仍由式(7.3.36)给出，即

$$\boldsymbol{P}_{K+1/K}=\boldsymbol{\Phi}_{K+1,K}\boldsymbol{P}_{K/K}\boldsymbol{\Phi}_{K+1,K}^{\mathrm{T}}+\boldsymbol{Q}_K \tag{7.3.36}$$

这样，式(7.3.35)、式(7.3.36)、式(7.3.34)就构成了计算最佳增益的另一套递推公式，其计算框图如图 7.6 所示。

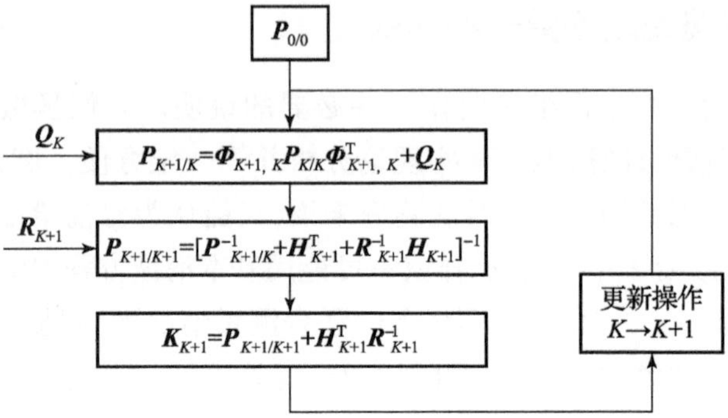

图 7.6　计算 $\boldsymbol{K}_{K+1}$ 的另一递推公式方块图

7.4　连续-离散滤波方程

在实际应用中，除了广泛运用时间离散的滤波方法外，对于时间连续情况下的估计问题也是屡见不鲜的。1961 年 Kalman 和 Bucy 将时间离散的滤波方法扩充到时间连续的情况，给出了一套类似于式(7.3.21)~式(7.3.28)的滤波方程。

建立时间连续的线性无偏最小方差估计的方程可以有多种方法。这里采用从已经得到的时间离散滤波方程极限过渡的方法。

假设状态 $\boldsymbol{X}(t)$ 向量满足的动力学方程为

$$\frac{\mathrm{d}\boldsymbol{X}(t)}{\mathrm{d}t}=\boldsymbol{F}(t)\boldsymbol{X}(t)+\boldsymbol{G}(t)\boldsymbol{W}(t) \tag{7.4.1}$$

而连续的线性观测方程为

$$\boldsymbol{Z}(t)=\boldsymbol{H}(t)\boldsymbol{X}(t)+\boldsymbol{V}(t) \tag{7.4.2}$$

其中，$\boldsymbol{X}(t)$ 为 n 维状态向量，$\boldsymbol{Z}(t)$ 为 m 维观测向量，$\boldsymbol{F}(t)$ 为 $n\times n$ 阶系数矩阵，$\boldsymbol{G}(t)$ 为 $n\times r$ 阶系数矩阵，$\boldsymbol{H}(t)$ 为 $m\times n$ 阶观测矩阵，$\boldsymbol{W}(t)$ 和 $\boldsymbol{V}(t)$ 分别为作用于观测对象的 r 维扰动噪声和附加于测量中的 m 维测量噪声，假定它们都是零均值的白噪声，且互不相关，即

$$E[\boldsymbol{W}(t)]=0,\forall t;E[\boldsymbol{W}(t)\boldsymbol{W}^{\mathrm{T}}(\tau)]=\boldsymbol{Q}(t)\delta(t-\tau)$$
$$E[\boldsymbol{V}(t)]=0,\forall t;E[\boldsymbol{V}(t)\boldsymbol{V}^{\mathrm{T}}(\tau)]=\boldsymbol{R}(t)\delta(t-\tau)$$
$$E[\boldsymbol{W}(t)\boldsymbol{V}^{\mathrm{T}}(\tau)]=0,\forall t,\tau$$

其中,$\boldsymbol{Q}(t)$和$\boldsymbol{R}(t)$分别为白噪声过程$\boldsymbol{W}(t)$和$\boldsymbol{V}(t)$的强度矩阵,且假定$\boldsymbol{Q}(t)$为$r\times r$阶非负定矩阵,$\boldsymbol{R}(t)$为$m\times m$阶正定矩阵。$\delta(t)$为Diracδ函数。被估状态$\boldsymbol{X}(t)$初始值的验前统计特性为

$$E[\boldsymbol{X}(0)]=\mu_0$$
$$E[\boldsymbol{X}(0)-\mu_0\quad \boldsymbol{X}(0)-\mu_0{}^{\mathrm{T}}]=\boldsymbol{P}_0$$

此外,假定$\boldsymbol{X}(0)$与$\boldsymbol{W}(t)$和$\boldsymbol{V}(t)$互不相关,即

$$E[(\boldsymbol{X}(0)\boldsymbol{W}^{\mathrm{T}}(t)]=0,E[\boldsymbol{X}(0)\boldsymbol{V}^{\mathrm{T}}(t)]=0,\forall t$$

在上述假定之下,要解决的估计问题是:当已知观测结果$\boldsymbol{Z}(\sigma)(0\leqslant\sigma\leqslant\tau)$时,确定出$\boldsymbol{X}(t)$的线性、无偏最小方差估计$\hat{\boldsymbol{X}}(t/\tau)$。对于滤波问题,$t=\tau$,即求滤波值$\hat{\boldsymbol{X}}(t/\tau)$,或简记为$\hat{\boldsymbol{X}}(t)$。下面来确定滤波值$\hat{\boldsymbol{X}}(t/\tau)$所要满足的方程。

从t_0开始,以Δt作为时间间隔划分时间为小区间段$[t_i,t_i+\Delta t)$,$i=0,1,2\cdots$,且记:

$$\boldsymbol{W}_i=\frac{1}{\Delta t}\int_{t_i}^{t_i+\Delta t}\boldsymbol{W}(\tau)\mathrm{d}\tau \tag{7.4.3}$$

$$\boldsymbol{V}_i=\frac{1}{\Delta t}\int_{t_i}^{t_i+\Delta t}\boldsymbol{V}(\tau)\mathrm{d}\tau \tag{7.4.4}$$

且规定$t_i<\tau<t_i+\Delta t$,以$\boldsymbol{W}_i$和$\boldsymbol{V}_i$代替在$[t_i,t_i+\Delta t)$上的$\boldsymbol{W}(t)$和$\boldsymbol{V}(t)$。这样,白噪声过程$\boldsymbol{W}(t)$和$\boldsymbol{V}(t)$就近似地转化为白噪声序列$\{\boldsymbol{W}_i\}$,$\{\boldsymbol{V}_i\}$,且有$E[\boldsymbol{W}_i]=0$。

7.5 卡尔曼滤波与最小二乘估计的关系

在卡尔曼滤波模型中,如果状态向量$\boldsymbol{X}(t)$为常量,此时观测模型为

$$\boldsymbol{Z}_i=\boldsymbol{H}_i\boldsymbol{X}+\boldsymbol{V}_i,i=1,2,\cdots,K \tag{7.5.1}$$

其中:

$$E[\boldsymbol{V}_i]=0,E[\boldsymbol{V}_i\boldsymbol{V}_j^{\mathrm{T}}]=\boldsymbol{R}_i\delta_{ij}$$

因此,当$\boldsymbol{R}_i=\sigma^2\boldsymbol{I}$时,所讨论的滤波问题就是前面曾讨论过的多维观测之下的线性模型未知参数的估计问题,它成为卡尔曼滤波的一种特殊情形。在线性模型未知参数的LS估计中,曾运用了递推公式。显然,这组递推公式是卡尔曼滤波公式的一个特例而已。反过来,由卡尔曼滤波公式,也不难获得线性估计中的LS估计公式。这一节将运用卡尔曼滤波的另一种表示形式来讨论其与线性

模型未知参数估计的关系。

对于上述模型来说，动力学方程可写为

$$X_{i+1} = IX_i \tag{7.5.2}$$

此处 $\boldsymbol{\Phi} = \boldsymbol{I}$，且 $\boldsymbol{W}_i = 0$，首先，由式

$$P_{i/i}^{-1} = P_{i/i-1}^{-1} + H_i^{\mathrm{T}} R_i^{-1} H_i \tag{7.5.3}$$

注意到

$$P_{i/i-1} = \Phi_{i,i-i} P_{i-1/i-1} \Phi_{i,i-1}^{\mathrm{T}} = P_{i-1/i-1}$$

在下面的讨论中，不妨记 $P_i = P_{i/i}$，于是有：

$$P_i^{-1} = P_{i-1}^{-1} + H_i^{\mathrm{T}} R_i^{-1} H_i \tag{7.5.4}$$

按照 i 的不同取值，列写上式：

$$\begin{cases} P_1^{-1} = P_0^{-1} + H_1^{\mathrm{T}} R_1^{-1} H_1 \\ P_2^{-1} = P_1^{-1} + H_2^{\mathrm{T}} R_2^{-1} H_2 \\ \quad\vdots \\ P_K^{-1} = P_{K-1}^{-1} + H_K^{\mathrm{T}} R_K^{-1} H_K \end{cases}$$

将上述各式相加，即得 P_K 的非递推的表达式：

$$P_K^{-1} = P_0^{-1} + \sum_{i=1}^{K} H_i^{\mathrm{T}} R_i^{-1} H_i \tag{7.5.5}$$

考虑到 $\hat{X}_{K/K-1} = \hat{X}_{K-1/K-1}$，今用 $\hat{X}_K$ 代表 $\hat{X}_{K/K}$，则最佳状态估值为

$$\begin{aligned} \hat{X}_K &= \hat{X}_{K-1} + K_K(Z_K - H_K \hat{X}_{K-1}) \\ &= (I - K_K H_K)\hat{X}_{K-1} + K_K Z_K \end{aligned} \tag{7.5.6}$$

同理：

$$\hat{X}_{K-1} = (I - K_{K-1} H_{K-1})\hat{X}_{K-2} + K_{K-1} Z_{K-1} \tag{7.5.7}$$

$$\begin{aligned} &\hat{X}_{K-2} = (I - K_{K-2} H_{K-2})\hat{X}_{K-3} + K_{K-2} Z_{K-2} \\ &\quad\vdots \end{aligned} \tag{7.5.8}$$

依次将式(7.5.7)、式(7.5.8)，代入式(7.5.6)，得

$$\begin{aligned} \hat{X}_K = & (I - K_K H_K)(I - K_{K-1} H_{K-1}) \cdots (I - K_1 H_1)\hat{X}_0 \\ & + K_K Z_K + (I - K_K H_K) K_{K-1} Z_{K-1} \\ & + (I - K_K H_K)(I - K_{K-1} H_{K-1}) K_{K-2} Z_{K-2} + \cdots \\ & + (I - K_K H_K)(I - K_{K-1} H_{K-1}) \cdots (I - K_2 H_2) K_1 Z_1 \end{aligned} \tag{7.5.9}$$

注意到

$$K_K = P_K H_K^{\mathrm{T}} R_K^{-1},\ P_K^{-1} = P_{K-1}^{-1} + H_K^{\mathrm{T}} R_K^{-1} H_K$$

于是

$$\boldsymbol{I}-\boldsymbol{K}_K\boldsymbol{H}_K=\boldsymbol{I}-\boldsymbol{P}_K\boldsymbol{H}_K^{\mathrm{T}}\boldsymbol{R}_K^{-1}\boldsymbol{H}_K=\boldsymbol{P}_K\cdot\boldsymbol{P}_{K-1}^{-1} \tag{7.5.10}$$

同理：

$$\begin{cases}\boldsymbol{I}-\boldsymbol{K}_{K-1}\boldsymbol{H}_{K-1}=\boldsymbol{P}_{K-1}\cdot\boldsymbol{P}_{K-2}^{-1}\\ \qquad\vdots\\ \boldsymbol{I}-\boldsymbol{K}_1\boldsymbol{H}_1=\boldsymbol{P}_1\boldsymbol{P}_0^{-1}\end{cases} \tag{7.5.11}$$

将式(7.5.11)、式(7.5.10)代入式(7.5.9)得

$$\begin{aligned}\hat{\boldsymbol{X}}_K&=\boldsymbol{P}_K\cdot\boldsymbol{P}_0^{-1}\hat{\boldsymbol{X}}_0+\boldsymbol{P}_K\sum_{i=1}^{K}\boldsymbol{H}_i^{\mathrm{T}}\boldsymbol{R}_i^{-1}\boldsymbol{Z}_i\\&=\boldsymbol{P}_K[\boldsymbol{P}_0^{-1}\hat{\boldsymbol{X}}_0+\sum_{i=1}^{K}\boldsymbol{H}_i^{\mathrm{T}}\boldsymbol{R}_i^{-1}\boldsymbol{Z}_i]\end{aligned} \tag{7.5.12}$$

为了得到前面已获得的线性模型参数估计的同样的表达式，引入联合观测向量 $\boldsymbol{Z}_K$：

$$\bar{\boldsymbol{Z}}_K=\begin{bmatrix}\boldsymbol{Z}_1\\ \vdots\\ \boldsymbol{Z}_K\end{bmatrix}$$

它为 $Km\times1$ 维的向量。

相应地，引入观测噪声：

$$\bar{\boldsymbol{V}}_K=\begin{bmatrix}\boldsymbol{V}_1\\ \vdots\\ \boldsymbol{V}_K\end{bmatrix}$$

且 $\boldsymbol{E}[\bar{\boldsymbol{V}}_K]=0$，

$$E[\boldsymbol{V}_K\boldsymbol{V}_K^{\mathrm{T}}]=\bar{\boldsymbol{R}}_K=\begin{bmatrix}\boldsymbol{R}_1 & & & 0\\ & \boldsymbol{R}_2 & & \\ & & \ddots & \\ 0 & & & \boldsymbol{R}_K\end{bmatrix} \tag{7.5.13}$$

于是式(7.5.1)可写成更紧凑的向量模型：

$$\bar{\boldsymbol{Z}}_K=\bar{\boldsymbol{H}}_K\boldsymbol{X}_K+\bar{\boldsymbol{V}}_K \tag{7.5.14}$$

其中：

$$\bar{\boldsymbol{H}}_K=\begin{bmatrix}\boldsymbol{H}_1\\ \boldsymbol{H}_2\\ \vdots\\ \boldsymbol{H}_K\end{bmatrix}$$

由分块矩阵乘法公式得：

$$\begin{cases}\sum_{i=1}^{K}\boldsymbol{H}_i^{\mathrm{T}}\boldsymbol{R}_i^{-1}\boldsymbol{H}_i = \overline{\boldsymbol{H}}_K^{\mathrm{T}}\overline{\boldsymbol{R}}_K^{-1}\overline{\boldsymbol{H}}_K \\ \sum_{i=1}^{K}\boldsymbol{H}_i^{\mathrm{T}}\boldsymbol{R}_i^{-1}\boldsymbol{Z}_i = \overline{\boldsymbol{H}}_K^{\mathrm{T}}\overline{\boldsymbol{R}}_K^{-1}\overline{\boldsymbol{Z}}_K\end{cases} \tag{7.5.15}$$

将式(7.5.15)代入式(7.5.5)和式(7.5.12)得

$$\boldsymbol{P}_K^{-1} = \boldsymbol{P}_0^{-1} + \boldsymbol{H}_K^{\mathrm{T}}\boldsymbol{R}_K^{-1}\boldsymbol{H}_K \tag{7.5.16}$$

$$\hat{\boldsymbol{X}}_K = \boldsymbol{P}_K(\boldsymbol{P}_0^{-1}\hat{\boldsymbol{X}}_0 + \overline{\boldsymbol{H}}_K\overline{\boldsymbol{R}}_K^{-1}\overline{\boldsymbol{Z}}_K) \tag{7.5.17}$$

如果没有关于 $\boldsymbol{X}$ 的任何验前信息,则对任意的验前估计 $\hat{\boldsymbol{X}}_0$,均有 $\boldsymbol{P}_0^{-1}=0$。此外,$\boldsymbol{H}_K$ 为 $Km\times n$ 的矩阵,通常 $Km>n$,且 $\boldsymbol{H}_K$ 的秩为 n,$\overline{\boldsymbol{H}}_K^{\mathrm{T}}\overline{\boldsymbol{R}}_K^{-1}\overline{\boldsymbol{H}}_K$ 为满秩的 n 方阵,其逆存在。因此

$$\boldsymbol{P}_K = (\overline{\boldsymbol{H}}_K^{\mathrm{T}}\overline{\boldsymbol{R}}_K^{-1}\overline{\boldsymbol{H}}_K)^{-1} \tag{7.5.18}$$

$$\hat{\boldsymbol{X}}_K = (\overline{\boldsymbol{H}}_K^{\mathrm{T}}\overline{\boldsymbol{R}}_K^{-1}\overline{\boldsymbol{H}}_K)^{-1}\overline{\boldsymbol{H}}_K\overline{\boldsymbol{R}}_K^{-1}\overline{\boldsymbol{Z}}_K \tag{7.5.19}$$

式(7.5.18)、式(7.5.19)即为线性模型参数的加权最小二乘估计公式。如果 $\boldsymbol{R}_i=\sigma^2\boldsymbol{I}$,则式(7.5.18)、式(7.5.19)退化为最小二乘意义下的未知参数的估计。

这里顺便指出在应用上重要的一个结果。如果对应于某次试验(或观测)结果 $\boldsymbol{Z}_i$ 所获得的 $\boldsymbol{X}$ 的最小方差估计为 $\hat{\boldsymbol{X}}_1$,其估值方差阵为 $\boldsymbol{P}_1$;而对应于另一次试验结果 $\boldsymbol{Z}_2$ 所获得的 $\boldsymbol{X}$ 的最小方差估计为 $\hat{\boldsymbol{X}}_2$,其估值方差阵为 $\boldsymbol{P}_2$。那么在两次试验互不相关的情况之下,由式(7.5.16)和式(7.5.17)即得 $\boldsymbol{X}$ 的最终最小方差估计为

$$\hat{\boldsymbol{X}} = \boldsymbol{P}(\boldsymbol{P}_1^{-1}\hat{\boldsymbol{X}}_1 + \boldsymbol{P}_2^{-1}\hat{\boldsymbol{X}}_2) \tag{7.5.20}$$

其中:

$$\boldsymbol{P}^{-1} = \boldsymbol{P}_1^{-1} + \boldsymbol{P}_2^{-1} \tag{7.5.21}$$

$\boldsymbol{P}$ 为 $\boldsymbol{X}$ 的估计方差阵。

7.6 应用实例:最佳弹道估计

在飞行试验的结果分析中,必须处理两类误差:随机误差和系统误差。对于只存在随机误差的场合,处理试验结果的方法可以用熟知的线性模型中的统计估值方法。对于系统误差,问题就要复杂一些,因为这种误差常伴随于模型误差之中,要把它分离出来则需要一些特殊的手段和方法。无疑,这个工作在实践中是很有意义的。如果在不增加设备的情况下,合理地应用统计数学方法,对试验

结果进行分析,使随机误差的影响尽可能地减小,而使系统误差进行分离,从而进行补偿。这样,提高性能参数分析的精度,对于产品的精度鉴定和定型都是十分重要的。

飞行试验结果中最为突出的问题是弹道参数的最佳估计。它往往要对多种测量数据进行综合处理,因为测量工具通常包括弹上的惯性测量装置与外弹道测量设备。弹道估计是在飞行试验之后进行的。飞行试验观测示意图如图 7.7 所示。

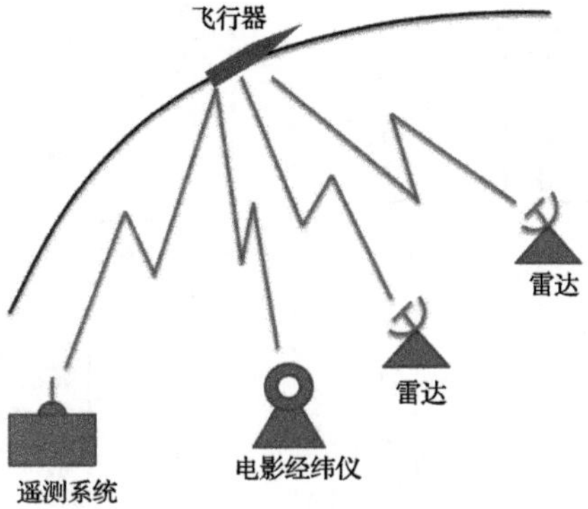

图 7.7 飞行试验观测示意图

弹道参数的最佳估计,其意义在于:

(1)由弹道特性参数的估计,分析试验弹道与标准弹道的偏差情况;

(2)由遥测、外测参数的性能分析,分析动力装置系统及制导系统的精度;

(3)由弹道主动段关机点的轨道参数精度,结合被动段的摄动,进行导弹落点偏差分析;

(4)进行试射后有关的精度分析与鉴定工作。

本章重点讨论测量中的系统误差的分离方法。对象为地－地弹道式导弹(具有遥测装置)的飞行试验或试射中的精度分析,目的是最佳地综合各种测量信息以提高弹道参数估计的精度。采用雷达测量、光学测量及遥测数据,运用卡尔曼滤波中的"测量求差法"(或称"简接估计"方法)分离出系统性偏倚,从而进行补偿和给出弹道的最佳估计。尽管本章讨论的方法仅限于这种特殊的弹道估计问题,但应用的方法具有普遍的意义。

7.6.1 最佳弹道估计的基本思想

在飞行试验过程中,测量装置包括各种雷达、光学测量装置以及和弹上惯性传感器相联系的遥测系统。观测过程中存在误差(随机的和系统的)。过去数据处理中,光遥测数据分别处理,结果不能统一,所作分析各抒己见。特别是对于常值偏倚误差,还有待进一步分析。这里,我们将测量装置的系统性偏倚作为状态变量来估计,应用的动力学模型为测量装置误差的状态方程;而观测量为雷测(或光测)与弹上惯性测量之差。滤波的输出为惯性测量系统和雷达测量的系统误差的估值。将这些估值对于测量值进行补偿(校正)后,可以分别获得弹道的最佳估计。最后综合所得的弹道参数估计,用加权最小二乘法给出弹道参数的最佳估计。其计算框图如图 7.8 所示。由框图可以看出,整个数据处理的过程包含以下四次估计运算。

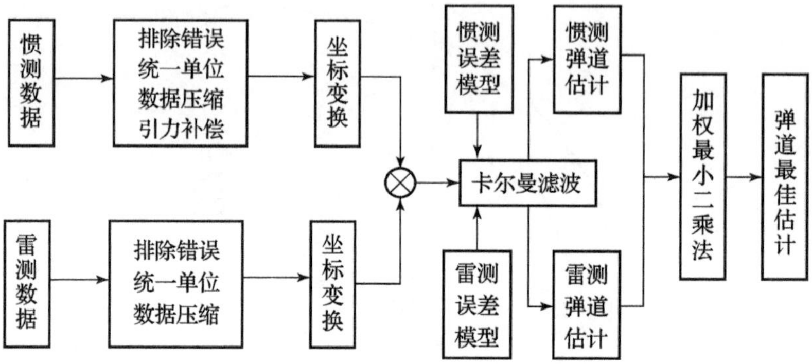

图 7.8　数据处理计算框图

(1)数据压缩运算。由于不同的测量装置有不同的数据率,因此进入滤波运算之前要统一(压缩)数据率。其次,数据压缩还可以减小滤波计算的频率,使计算要求降低。数据压缩的方法是将测得的高数据率数据按要求的采样间隔分组,每一组用平滑方法找出其代表值,且求出它的方差。例如最常用的是中点平滑方法,设在每一采样间隔分组中共有 n 个测量数据,这 n 个数据常用直线或二次曲线拟合,如图 7.9 所示。如果用直线拟合时,在中点处的代表值为

$$\hat{Z}_{\frac{n+1}{2}} = \frac{1}{R}\sum_{i=1}^{n} Z_i$$

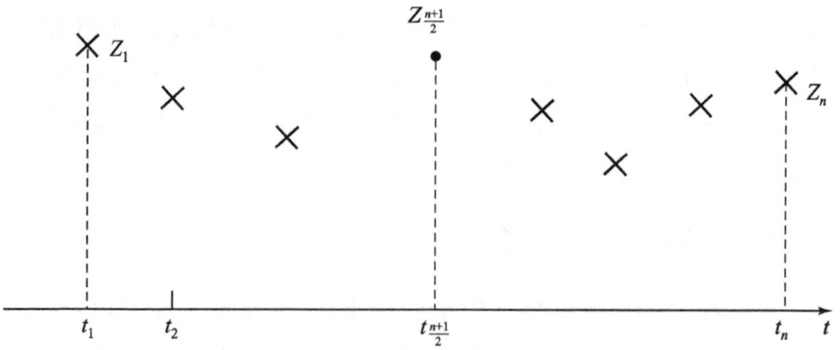

图 7.9　数据压缩图示

其中，Z_i 为 t_i 时刻的测量值，即在线性拟合时，中点处的值为 n 个测量值的平均，此时该均值的均方根差为

$$\sigma_{\hat{Z}_{\frac{n+1}{2}}} = \frac{\sigma}{\sqrt{n}}$$

其中，σ_z 为每次观测中测量误差的均方根差（假定每次观测是独立的，且为等精度的）。如果应用二次曲线拟合，此时在中点处的代表值可取

$$\hat{Z}_{\frac{n+1}{2}} = \sum_{n=1}^{n} W_{n-i} \cdot Z_i$$

其中：

$$W_{n-i} = \frac{1}{n} - \frac{n^2-1}{12S(2,n)}\left[\left(i-\frac{n+1}{2}\right)^2 - \frac{n^2-1}{12}\right]$$

$$S(2,n) = \sum_{i=1}^{n} [P_2(i)]^2$$

$$P_2(i) = \left(i-\frac{n+1}{2}\right)^2 - \frac{n^2-1}{12}, \quad i = 1,\cdots,n$$

且

$$\hat{\sigma}_{\frac{n+1}{2}} = \sum_{i=1}^{n} W_{n-i}^2 \sigma_z^2$$

（2）卡尔曼滤波计算。目的为分离误差，它给出惯性测量和雷达测量中的系统误差估计。

（3）惯性测量和雷达测量的弹道最佳估计。当系统误差进行补偿以后，便可以用通常的数据平滑方法确定出雷测和惯测弹道。

（4）融合惯性和雷测弹道的计算。最终给出弹道参数的最佳估计。框图中排除错误主要是指反常结果的剔除。如果有残缺数据，则还必须补充这些空白。可以应用内插法（平滑）给出。图中引力补偿是指惯性测量结果考虑引力的作用时所进行的补偿。例如加速度计的测量结果，它给出的是除了引力以外的加速度值。坐标变换是指不同测量所测得的结果变换到统一的坐标系中，以便相减后给出滤波输入所要求的测量值。

7.6.2　运用卡尔曼滤波进行误差分离的方法

运用卡尔曼滤波方法的过程，实际上是建立测量模型和动力学模型的问题。为了建立分离测量误差的模型，必须在测量模型中把系统性误差当作状态参数来处理，从而建立起滤波的模型。为此，先讨论系统误差的模型。

假定应用的测量装置包含惯性测量和雷达测量两部分。

7.6.2.1 惯性测量装置的系统误差模型

假定惯性测量装置为安装在陀螺平台上的三个互相垂直的轴向加速度计，它只敏感非引力加速度。加速度的误差包含两部分：加速度计本身的误差，例如常值偏倚误差、加速度敏感误差、比例因子误差、加速度平方敏感误差等，下面的讨论中仅考虑常值偏倚误差；另一部分误差为加速度计输入轴相对于要求测量方向的偏移，这里仅考虑初始定位误差和平台的常值漂移误差。

设 $X_0Y_0Z_0$ 为惯性参考系。$X_rY_rZ_r$ 为平台坐标系，加速度计的输入轴就在这个坐标轴方向上如图 7.10 所示。由于平台初始安装的误差以及平台的漂移，使平台坐标系和惯性参考系的轴线并不一致，相差一个很小的角度。记平台的误差为 $\varphi_x,\varphi_y,\varphi_z$，于是

$$\begin{cases}\varphi_x=\varphi_x^0+d_xt\\ \varphi_y=\varphi_y^0+d_yt\\ \varphi_z=\varphi_z^0+d_zt\end{cases}$$

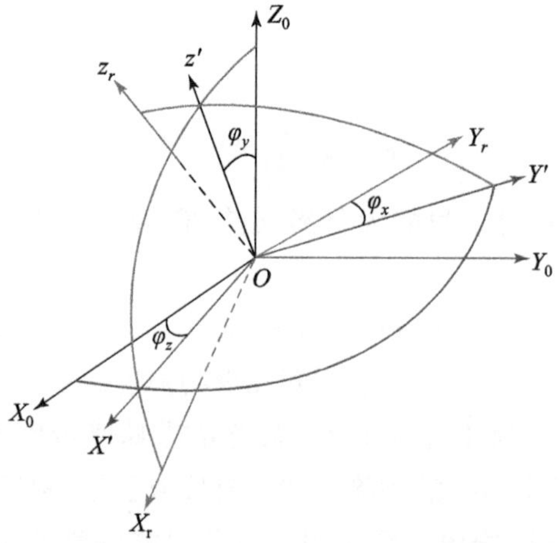

图 7.10 平台坐标系和惯性坐标系图示

其中，$\varphi_x^0,\varphi_y^0,\varphi_z^0$ 为平台初始安装误差角，d_x,d_y,d_z 为平台在三个方向上的常值漂移率，式中的 t 为加速度计从开始时刻 $t=0$ 算起的时间。

注意到加速度计测出的量为沿平台坐标系 $X_rY_rZ_r$ 的三个轴向非引力加速度分量，我们所关心的是在惯性参考系内的测量模型。因此需要进行两个坐标系之间的变换，将坐标系 $X_0Y_0Z_0$ 顺次绕 Z_0 轴、Y_0 轴和 X_0 轴逆时针方向旋转 $\varphi_z,\varphi_y,\varphi_x$ 角，则两坐标轴重合，由于 $\varphi_x,\varphi_y,\varphi_z$ 较小，于是两坐标系之间的关系可表示为

$$\begin{bmatrix} X_r \\ Y_r \\ Z_r \end{bmatrix} = \boldsymbol{A} \cdot \begin{bmatrix} X_0 \\ Y_0 \\ Z_0 \end{bmatrix}$$

上式中 $\boldsymbol{A}$ 为变换矩阵：

$$\boldsymbol{A} = \begin{bmatrix} \cos\varphi_y\cos\varphi_z & \cos\varphi_y\sin\varphi_z & -\sin\varphi_y \\ \sin\varphi_z\sin\varphi_y\cos\varphi_z - \cos\varphi_z\sin\varphi_z & \sin\varphi_z\sin\varphi_y\sin\varphi_z + \cos\varphi_x\cos\varphi_z & \sin\varphi_z\cos\varphi_y \\ \cos\varphi_x\sin\varphi_y\cos\varphi_z + \sin\varphi_x\sin\varphi_z & \cos\varphi_x\sin\varphi_y\sin\varphi_z - \sin\varphi_x\cos\varphi_z & \cos\varphi_x\cos\varphi_y \end{bmatrix}$$

$$\cong \begin{bmatrix} 1 & \varphi_z & -\varphi_y \\ -\varphi_z & 1 & \varphi_z \\ \varphi_y & -\varphi_z & 1 \end{bmatrix} = \begin{bmatrix} 1 & \varphi_z^0 + d_z t & -\varphi_y^0 - d_y t \\ -\varphi_z^0 - d_z t & 1 & \varphi_x^0 + d_x t \\ \varphi_y^0 + d_y t & -\varphi_x^0 - d_x t & 1 \end{bmatrix}$$

反之，

$$\begin{bmatrix} X_0 \\ Y_0 \\ Z_0 \end{bmatrix} = \boldsymbol{A}^{1-} \begin{bmatrix} X_r \\ Y_r \\ Z_r \end{bmatrix} = \boldsymbol{A}^{\mathrm{T}} \begin{bmatrix} X_r \\ Y_r \\ Z_r \end{bmatrix}$$

记 $\dot{W}_X,\dot{W}_Y,\dot{W}_Z$ 为沿惯性参考系 $X_0Y_0Z_0$ 轴向的非引力加速度分量；$\dot{W}_X^b,\dot{W}_Y^b,\dot{W}_Z^b$ 为沿惯性参考系 $X_0Y_0Z_0$ 轴向的加速度计的常值偏倚误差；$\dot{W}_X^n,\dot{W}_Y^n,\dot{W}_Z^n$ 为加速度计的测量值，则

$$\boldsymbol{A}^{\mathrm{T}} = \begin{bmatrix} \dot{W}_X^n \\ \dot{W}_Y^n \\ \dot{W}_Z^n \end{bmatrix} = \begin{bmatrix} \dot{W}_X \\ \dot{W}_Y \\ \dot{W}_Z \end{bmatrix} + \begin{bmatrix} \dot{W}_X^b \\ \dot{W}_Y^b \\ \dot{W}_Z^b \end{bmatrix}$$

或者

$$\begin{bmatrix} \dot{W}_X^n \\ \dot{W}_Y^n \\ \dot{W}_Z^n \end{bmatrix} = \begin{bmatrix} \dot{W}_X \\ \dot{W}_Y \\ \dot{W}_Z \end{bmatrix} + \begin{bmatrix} \dot{W}_X^b \\ \dot{W}_Y^b \\ \dot{W}_Z^b \end{bmatrix} + \begin{bmatrix} 0 & \varphi_z & -\varphi_y \\ -\varphi_z & 0 & \varphi_x \\ \varphi_y & -\varphi_z & 0 \end{bmatrix} \begin{bmatrix} \dot{W}_x^n \\ \dot{W}_y^n \\ \dot{W}_z^n \end{bmatrix}$$

这里没有考虑测量噪声，因为加速度计的测量噪声一般很小，可以忽略不计。式右端最后一项为由于平台漂移和初始安装所引起的加速度计测量误差，上式中由 $\varphi_x,\varphi_y,\varphi_z$ 式给出。

如果引力补偿计算不受加速计测量误差的影响,则式两端加上引力加速度沿平台轴向的分量,就得到导弹的惯性速度测量方程:

$$\begin{bmatrix} a_X^n \\ a_Y^n \\ a_Z^n \end{bmatrix} = \begin{bmatrix} a_X \\ a_Y \\ a_Z \end{bmatrix} + \begin{bmatrix} \dot{W}_X^b \\ \dot{W}_Y^b \\ \dot{W}_Z^b \end{bmatrix} + \begin{bmatrix} 0 & \varphi_z & -\varphi_y \\ -\varphi_z & 0 & \varphi_x \\ \varphi_y & -\varphi_z & 0 \end{bmatrix} \begin{bmatrix} a_X^n \\ a_Y^n \\ a_Z^n \end{bmatrix}$$

记

$$\ddot{\boldsymbol{R}}_l = [a_X^n \quad a_Y^n \quad a_Z^n]^{\mathrm{T}}$$

$$\ddot{\boldsymbol{R}} = [a_X \quad a_Y \quad a_Z]^{\mathrm{T}}$$

$$\dot{\boldsymbol{W}}^b = [\dot{W}_X^b \quad \dot{W}_Y^b \quad \dot{W}_Z^b]^{\mathrm{T}}$$

$$\boldsymbol{M}_\varphi = \begin{bmatrix} 0 & \varphi_z^0 & -\varphi_y^0 \\ -\varphi_z^0 & 0 & \varphi_x^0 \\ \varphi_y^0 & -\varphi_z^0 & 0 \end{bmatrix}$$

$$\boldsymbol{M}_d = \begin{bmatrix} 0 & d_z & -d_y \\ -d_z & 0 & d_x \\ d_y & -d_z & 0 \end{bmatrix}$$

可以用向量的形式表示为

$$\ddot{\boldsymbol{R}}_l = \ddot{\boldsymbol{R}} + \dot{\boldsymbol{W}}^b + [\boldsymbol{M}_\varphi + \boldsymbol{M}_a t]\ddot{\boldsymbol{R}}_l$$

对于上式由 0 ~ t 二次积分,则上式左端为

$$\begin{aligned}\int_0^l \left(\int_0^t \ddot{\boldsymbol{R}}_l \mathrm{d}t\right)\mathrm{d}t &= \int_0^t \dot{\boldsymbol{R}}_l \Big|_0^t \mathrm{d}t = \int_0^t [\dot{\boldsymbol{R}}_t(t) - \dot{\boldsymbol{R}}_l(0)]\mathrm{d}t \\ &= \boldsymbol{R}_l(t)\Big|_0^t - \dot{\boldsymbol{R}}_l(0)t \\ &= \boldsymbol{R}_l(t) - \boldsymbol{R}_l(0)\end{aligned}$$

此外,注意到

$$\begin{aligned}\int_0^t \left(\int_0^t t \cdot \ddot{\boldsymbol{R}}_l \mathrm{d}t\right)\mathrm{d}t &= \int_0^t \left[\dot{\boldsymbol{R}}_l t - \int_0^t \dot{\boldsymbol{R}}_l \mathrm{d}t\right]\mathrm{d}t \\ &= \int_0^t \dot{\boldsymbol{R}}_t t\mathrm{d}t - \int_0^t [\boldsymbol{R}_l(t) - \boldsymbol{R}_l(0)]\mathrm{d}t \\ &= t\boldsymbol{R}_l(t)\Big|_0^t - \int_0^t \boldsymbol{R}_l(t)\mathrm{d}t - \int_0^t [\boldsymbol{R}_l(t) - \boldsymbol{R}_l(0)]\mathrm{d}t\end{aligned}$$

$$= \boldsymbol{R}_l(t) \cdot t - 2\int_0^t \boldsymbol{R}_l(t)\,\mathrm{d}t + \boldsymbol{R}_l(0) \cdot t$$

上述诸表达式中，$\boldsymbol{R}_l(t) \triangleq \boldsymbol{R}_l = [\boldsymbol{X}_l \quad \boldsymbol{Y}_l \quad \boldsymbol{Z}_l]^{\mathrm{T}}$ 为 t 时刻由加速度计测量值换算至参考系 $X_0Y_0Z_0$ 中的测量值：

$$\boldsymbol{R}_l(0) \triangleq \boldsymbol{R}_0 = [X_0 \quad Y_0 \quad Z_0]^{\mathrm{T}}$$

$$\dot{\boldsymbol{R}}_l(0) \triangleq \dot{\boldsymbol{R}}_0 = [\dot{X}_0 \quad \dot{Y}_0 \quad \dot{Z}_0]^{\mathrm{T}}$$

分别为导弹坐标和速度的起始误差。

二次积分表达式推到可得：

$$\boldsymbol{R}_l(t) = \boldsymbol{R}(t) + \boldsymbol{R}_0 + \dot{\boldsymbol{R}}_0 t + \frac{t^2}{2}\dot{\boldsymbol{W}}^b + \boldsymbol{M}_\varphi \boldsymbol{R}_l + \boldsymbol{M}_d\left(\boldsymbol{R}_l t - 2\int_0^t \boldsymbol{R}_l(t)\,\mathrm{d}t + \boldsymbol{R}_l(0)t\right)$$

上式即为以位置坐标表示的惯性测量方程。

7.6.2.2 雷达测量误差模型

对于雷测，设测量值为斜距 r，方位角 α 和高低角 β，它们可分别地表示为

$$\begin{cases} r_n = r + \Delta r_b + k_r r_n + n_r \\ \alpha_n = \alpha + \Delta\alpha_b + n_a \\ \beta_n = \beta + \Delta\beta_b + n_\beta \end{cases}$$

式中：r,α,β 分别为真实斜距、方位角和高低角；$\Delta r_b,\Delta\alpha_b,\Delta\beta_b$ 为对应的常值测量偏差；$k_r r_n$ 为比例误差；n_r,n_a,n_β 为测量噪声。

7.6.2.3 滤波中测量模型的建立

应用间接滤波方法需将惯性测量和雷达测量结果求差。因此首先要将测量到的量统一到同一坐标系中，现在将它们变换到导弹相对于地心惯性坐标系的位置坐标来表示。设地心惯性坐标系 $OX_{\mathrm{m}}Y_{\mathrm{m}}Z_{\mathrm{m}}$ 的指向与前述惯性坐标系 $X_0Y_0Z_0$ 方向相同。因此可以得到惯性测量方程，再看雷测结果。雷达测量建立在当地雷达坐标系 $SX_{\mathrm{g}}Y_{\mathrm{g}}Z_{\mathrm{g}}$ 之内，如图 7.11 所示。

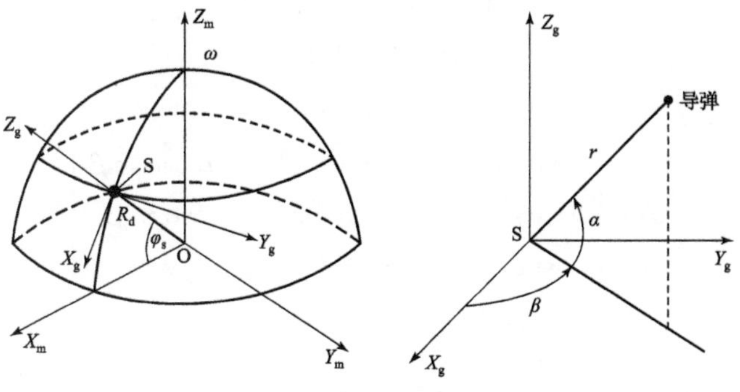

图 7.11 雷达坐标系图示

记 R_d 为地球半径，φ_s 为雷达站的纬度，ω 为地球自转角速度。于是雷达坐标系与地心惯性坐标系之间的关系为

$$\begin{bmatrix} X_m \\ Y_m \\ Z_m \end{bmatrix} = \boldsymbol{B} \begin{bmatrix} X_g \\ Y_g \\ Z_g + R_d \end{bmatrix}$$

其中：

$$\boldsymbol{B} = \begin{bmatrix} \sin\varphi_s \cos\omega t & -\sin\omega t & \cos\varphi_s \cos\omega t \\ \sin\varphi_s \sin\omega t & \cos\omega t & \cos\varphi_s \sin\omega t \\ -\cos\varphi_s & 0 & \sin\varphi_s \end{bmatrix}$$

对于雷测来说，

$$\begin{bmatrix} X_g \\ Y_g \\ Z_g \end{bmatrix} = \begin{bmatrix} r\cos\alpha\cos\beta \\ r\cos\alpha\sin\beta \\ r\sin\alpha \end{bmatrix}$$

于是雷测数据计算到导弹相对于地心惯性坐标系内的坐标测量向量为

$$\begin{bmatrix} X_s^n \\ Y_s^n \\ Z_s^n \end{bmatrix} = \boldsymbol{B} \begin{bmatrix} r_n \cos\alpha_n \cos\beta_n \\ r_n \cos\alpha_n \sin\beta_n \\ r_n \sin\alpha_n + R_d \end{bmatrix} = \boldsymbol{B} \begin{bmatrix} X_g^n \\ X_g^n \\ Z_g^n + R_d \end{bmatrix}$$

式中：r_n，α_n，β_n 为雷测值。上述方程为非线性的。为了表示测量向量与状态向量之间的线性关系，将雷测方程绕 r，α，β 展开为 Taylor 级数，且取一阶项，于是

$$\begin{bmatrix} X_g^n \\ Y_g^n \\ Z_g^n \end{bmatrix} = \begin{bmatrix} X_g \\ Y_g \\ Z_g \end{bmatrix} + \begin{bmatrix} \cos\alpha\cos\beta & -r\sin\alpha\cos\beta & -r\cos\alpha\sin\beta \\ \cos\alpha\sin\beta & -r\sin\alpha\sin\beta & r\cos\alpha\cos\beta \\ \sin\alpha & r\cos\alpha & 0 \end{bmatrix} \begin{bmatrix} \Delta r \\ \Delta\alpha \\ \Delta\beta \end{bmatrix} \triangleq \begin{bmatrix} X_g \\ Y_g \\ Z_g \end{bmatrix} + D \cdot \begin{bmatrix} \Delta r \\ \Delta\alpha \\ \Delta\beta \end{bmatrix}$$

其中：

$$\begin{cases} \Delta r = \Delta r_b + k_r r_n + n_r \\ \Delta\alpha = \Delta\alpha_b + n_\alpha \\ \Delta\beta = \Delta\beta_b + n_\beta \end{cases}$$

$$D = \begin{bmatrix} \cos\alpha\cos\beta & -r\sin\alpha\cos\beta & -r\cos\alpha\sin\beta \\ \cos\alpha\sin\beta & -r\sin\alpha\sin\beta & r\cos\alpha\cos\beta \\ \sin\alpha & r\cos\alpha & 0 \end{bmatrix}$$

于是可改写为

$$\begin{bmatrix} X_s^n \\ Y_s^n \\ Z_s^n \end{bmatrix} = B\begin{bmatrix} X_g \\ Y_g \\ Z_g + R_d \end{bmatrix} + \boldsymbol{B} \cdot \boldsymbol{D}\begin{bmatrix} \Delta r \\ \Delta\alpha \\ \Delta\beta \end{bmatrix}$$

上式右端第一项即导弹在惯性坐标系内的位置向量,即

$$\begin{bmatrix} X \\ Y \\ Z \end{bmatrix} = \boldsymbol{R}$$

于是

$$\begin{bmatrix} X_s^n \\ Y_s^n \\ Z_s^n \end{bmatrix} = \begin{bmatrix} X \\ Y \\ Z \end{bmatrix} + \boldsymbol{B} \cdot \boldsymbol{D}\begin{bmatrix} \Delta r \\ \Delta\alpha \\ \Delta\beta \end{bmatrix}$$

将惯测和雷测之差形成测量向量 $\boldsymbol{Z}(t)$:

$$\boldsymbol{Z}(t) = \begin{bmatrix} X_l \\ Y_l \\ Z_l \end{bmatrix} - \begin{bmatrix} X_s^n \\ Y_s^n \\ Z_s^n \end{bmatrix}$$

$$= \boldsymbol{R}_0 + \dot{\boldsymbol{R}}_0 t + \frac{t^2}{2}\dot{\boldsymbol{W}}^0 + \boldsymbol{M}_\varphi \boldsymbol{R}_l + \boldsymbol{M}_d\left(\boldsymbol{R}_l t - 2\int_0^t \boldsymbol{R}_l \mathrm{d}t + \boldsymbol{R}_l(0)t\right)$$

$$- \boldsymbol{BD}\begin{bmatrix} \Delta r_b \\ \Delta\alpha_b \\ \Delta\beta_b \end{bmatrix} - \boldsymbol{BD}\begin{bmatrix} k_r r_n \\ 0 \\ 0 \end{bmatrix} - \boldsymbol{BD}\begin{bmatrix} n_r \\ n_\alpha \\ n_\beta \end{bmatrix}$$

记状态向量为 $\boldsymbol{X}_k$:

$$\boldsymbol{X}_k^{\mathrm{T}} = [X_0, Y_0, Z_0, \dot{X}_0, \dot{Y}_0, \dot{Z}_0, \dot{W}_X^b, \dot{W}_Y^b, W_Z^b, \varphi_x^0, \varphi_y^0, \varphi_z^0, d_x, d_y, d_z, \Delta r_b, \Delta\alpha_b, \Delta\beta_b, k_r]$$

则 $\boldsymbol{Z}_k$ 可以写成如下形式:

$$\boldsymbol{Z}_k = \boldsymbol{H}_k \boldsymbol{X}_x + \boldsymbol{V}_k$$

这里 $\boldsymbol{H}_k$ 为 3×19 阶矩阵,$\boldsymbol{V}_k = -\boldsymbol{B} \cdot \boldsymbol{D}\begin{bmatrix} n_r \\ n_\alpha \\ n_\beta \end{bmatrix}$为噪声部分,记为

$$\boldsymbol{n} = \begin{bmatrix} n_r \\ n_\alpha \\ n_\beta \end{bmatrix}$$

$$\boldsymbol{R}_k = E[\boldsymbol{V}_k \cdot \boldsymbol{V}_k^{\mathrm{T}}] = \boldsymbol{BD}E[\boldsymbol{n} \cdot \boldsymbol{n}^{\mathrm{T}}]\boldsymbol{D}^{\mathrm{T}}\boldsymbol{B}^{\mathrm{T}}$$

滤波的动力学模型为

$$X_{k+1}=\Phi\cdot X_k$$

其中 $\Phi=I$ 为 19 阶单位矩阵。这样，建立了测量模型和状态模型之后，在给定了初始条件 $\hat{X}_{0/0}$ 及 $P_{0/0}$ 便可由 Z_k 的值不断地给出各种偏倚项的估计 $\hat{X}_{k/k}$。

7.6.3 弹道参数的最佳综合

当确定了各偏倚项的估计之后，我们便确定了初始位置误差 X_0,Y_0,Z_0，初始速度误差 $\dot{X}_0,\dot{Y}_0,\dot{Z}_0$，加速度计的常值偏倚 $\dot{W}_X^b,W_Y^b,\dot{W}_Z^b$，平台的初始安装误差角 $\varphi_x^0,\varphi_y^0,\varphi_z^0$，陀螺的常值漂移率 d_x,d_y,d_z，雷达测量中的系统误差 $\Delta r_b,\Delta\alpha_b,\Delta\beta_b$ 以及比例系数 k_r，于是便可进行系统性的补偿。在地心惯性坐标系之下对于惯性测量值，对 $\dot{W}_X^b,\dot{W}_Y^b,W_Z^b,\varphi_x,\varphi_y,\varphi_z$ 进行补偿之后，便可以应用最小二乘法拟合出 $a_X(t),a_Y(t),a_Z(t)$，进行一次及二次积分，便可获得在地心惯性坐标系之下的惯测弹道，记此弹道参数所组成的状态向量为 $X_1(t)$：

$$X_1(t)=[X(t)\quad Y(t)\quad Z(t)\quad \dot{X}(t)\quad \dot{Y}(t)\quad \dot{Z}(t)]^{\mathrm{T}}$$

对于雷测方程，对 $\Delta r_b,\Delta\alpha_b,\Delta\beta_b$ 以及 k_r 进行补偿后，应用最小二乘法可拟合出雷测弹道。记雷测弹道估计为 $\hat{X}_2(t)$，估值误差的方差阵为 $P_2(t)$，最后，便可进行惯测和雷测弹道的最佳(具有最小方差)综合，此时弹道的最佳估计为

$$\hat{X}^*(t)=P(t)[P_1^{-1}(t)\hat{X}_1(t)+P_2^{-1}(t)\hat{X}_2(t)]$$

$P(t)$ 为 $\hat{X}^*$ 的估计误差的方差矩阵，且

$$P^{-1}(t)=P_1^{-1}(t)+P_2^{-1}(t)$$

8 非线性模型下的卡尔曼滤波方法

前面讨论的滤波方法在理论上是严谨的。但需要指出的是，所获得的线性无偏最小方差估计仅是在卡尔曼滤波假设的前提下才是可能的。事实上，在工程实际问题中涉及的滤波问题常常不易满足所假设的条件。先举几个例子作一些说明。

例 8.1 测轨问题。通过对飞行器的观测以确定飞行器轨迹的这一类问题称为测轨问题。例如卫星的测轨问题，通常可应用光测或雷达观测的方法确定卫星的轨道。经典的定轨方法采用最小二乘法。现在，如果想用卡尔曼滤波技术进行定轨（初轨计算及轨道的改正），必须首先建立滤波的模型，这个模型包含动力学方程及观测方程。

建立动力学模型。假定测轨工作在地心惯性坐标系内进行。地心惯性坐标系是指原点在地心 O，OX 轴指向某固定点，OZ 轴指向北极，而 $OXYZ$ 组成一个右手坐标系的一种固定的坐标系。对于卫星的运动来说，除了受地心引力作用外，还受大气阻力以及地球扁率、日月引力作用等因素的影响。因此卫星运行的轨道比较复杂，但是，主要是受地心引力的作用。所以在研究卫星的测轨问题时，总是先考虑主要矛盾，即主要考虑地心引力的作用，而将其他因素当作摄动。因此在定轨过程中，首先研究地心引力下的运动（此时即所谓二体问题），然后定出轨道（初轨）；再建立摄动方程，从而对上述初轨进行修正（轨道改正）。现在来看，卫星作为二体问题考虑时的动力学方程。设 m 为卫星质量，则由引力定理：

$$m\ddot{\vec{r}} = -KMm\frac{\vec{r}^{\,0}}{r^2}$$

其中：$\vec{r}$ 为地心至卫星的矢径；$\vec{r}^{\,0}$ 为单位矢径；K 为引力常数；M 为地球质量。于是

$$\ddot{\vec{r}} = -\mu\frac{\vec{r}}{r^3},\ \mu = KM$$

其中

$$r = \sqrt{X^2 + Y^2 + Z^2}$$

引入状态向量 $\boldsymbol{X}=[X \quad Y \quad Z \quad U \quad V \quad W]^{\mathrm{T}}$

其中 $U=\dot{X},V=\dot{Y},W=\dot{Z}$，于是卫星运动方程可用向量的形式来表示：

$$\dot{\boldsymbol{X}}=f(\boldsymbol{X}) \tag{8.0.1}$$

此处 $\boldsymbol{f}^{\mathrm{T}}=[f_1 \quad f_2 \quad f_3 \quad f_4 \quad f_5 \quad f_6 \quad f_6]$，而

$$\begin{cases} f_1=U \\ f_2=V \\ f_3=W \\ f_4=-\dfrac{\mu X}{r^3} \\ f_5=-\dfrac{\mu Y}{r^3} \\ f_6=-\dfrac{\mu Z}{r^3} \end{cases}$$

式(8.0.1)就是卫星在地心坐标系之下的运动方程。它不是状态 $\boldsymbol{X}$ 的线性方程。因此卡尔曼滤波方法不能直接应用。

再来看测量模型，如果应用雷达测量方法，可测得卫星对于雷达观测站的斜距 ρ，斜距变化率 $\dot{\rho}$，高低角 E 以及方位角 A。

记

$$\boldsymbol{Z}=\begin{bmatrix} \rho \\ \dot{\rho} \\ E \\ A \end{bmatrix}$$

那么 $\boldsymbol{Z}$ 组成观测向量，它与状态向量 $\boldsymbol{X}$ 之间的关系也不是线性的。例如可记作

$$\boldsymbol{Z}=h(\boldsymbol{X})+\boldsymbol{V}$$

其中，$\boldsymbol{V}$ 为观测噪声向量。这样，对于卫星的测轨来说，无论是动力学模型还是观测模型，都不是线性的。因此，为了要应用卡尔曼滤波方法，就必须应用线性化的方法（这种方法将在本章讨论）。

例 8.2 惯性导航系统的滤波问题。这里举一个简化了的导航系统的滤波问题。假设某航行器在地球的表面沿着一条子午线运动。设地球为球体，且不考虑其自转对导航所产生的影响。惯性测量数据由一个装在围绕垂直子午面的轴线旋转的平台上的加速度表测得，且假定加速度扰动具有指数衰减的自相关函数。平台的方向由一个自由度陀螺控制。平台得到送给陀螺的信号指令以后可以按给定的速度转动，平台也可能由于陀螺的漂移而引起转动。假定陀螺的

漂移率在某一起始偏倚上发生随机游动。要解决的问题是通过加速度表的测量以产生航行器的位置和速度的滤波值。简化了的惯导系统如图 8.1 所示。

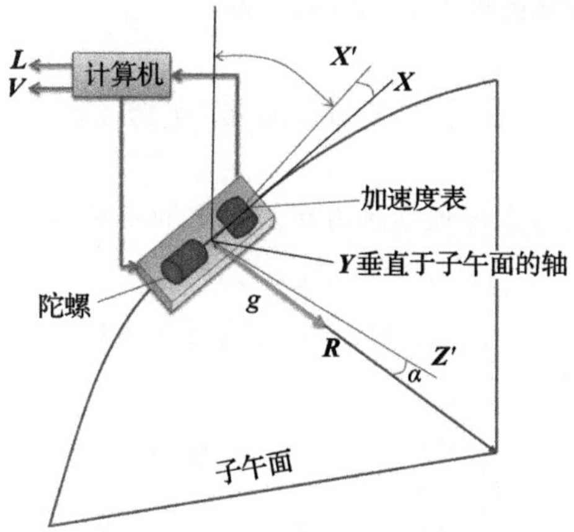

图 8.1　简化导航系统图

为了进行卡尔曼滤波,须建立动力学方程及测量模型。为此,引入状态向量 $\boldsymbol{X}=[a \quad V \quad L \quad \alpha \quad d]^{\mathrm{T}}$,其中 a 为航行器的加速度,V 为速度,L 为纬度,α 为平台相对子垂线的误差角,d 为陀螺的漂移率。于是可以建立如下动力学方程:

$$\begin{cases}\dot{a}=-\lambda a+n_a\\ \dot{V}=a\\ \dot{L}=V/R\\ \dot{\alpha}=V/R+d+\varepsilon\\ \dot{d}=n_d\end{cases} \tag{8.0.2}$$

式(8.0.2)中的第一式是由于扰动加速度具有指数衰减自相关函数这个假定而获得,称 λ 为加速度的逆相关时间。n_a 为飞行器加速度的白噪声输入。α 的方程是这样来的:设 C 为控制量,当真实垂线旋转 V/R 时,平台旋转 V/R,以保持它和垂线一致。此外,平台还受到陀螺漂移率 d 所产生的力矩作用。因此已知的控制量 $C=-\hat{V}/R-\hat{d}$。n_d 为输入陀螺漂移中的白噪声。

再来看测量模型。加速度表的测量值可由下式表出:

$$m=a\cos\alpha+[g-V^2/R]\sin\alpha+n_m \tag{8.0.3}$$

其中:g 为重力加速度;n_m 为测量噪声。

由此,可以看到动力学模型(8.0.2)是线性的,但是测量模型是非线性的。因此,卡尔曼滤波的方法在这里也不能立即应用。类似上述这种非线性的工程实际问题是屡见不鲜的。为了能在实际问题中运用卡尔曼滤波技术,就必须首先进行线性化的工作。

本章将讨论非线性模型之下的滤波方法。线性化方法是一种基本手段。然而,用线性化来描述非线性系统,本身就只能是近似的方法,因此还将讨论由于线性化方法给估值带来的影响,例如估值偏倚问题。

8.1 线性化滤波方法

一般的非线性状态方程和观测方程对于离散系统,形如

$$\begin{cases} \boldsymbol{X}_{K+1}=\phi(\boldsymbol{X}_K,\boldsymbol{W}_K,K) \\ \boldsymbol{Z}_{K+1}=h(\boldsymbol{X}_{K+1},\boldsymbol{V}_{K+1},K+1) \end{cases} \tag{8.1.1}$$

对于连续系统,它们是

$$\begin{cases} \dfrac{\mathrm{d}\boldsymbol{X}(t)}{\mathrm{d}t}=\phi(\boldsymbol{X}(t),\boldsymbol{W}(t),t) \\ \boldsymbol{Z}(t)=h(\boldsymbol{X}(t),\boldsymbol{V}(t),t) \end{cases} \tag{8.1.2}$$

其中:ϕ,h 是非线性函数。一般地,去研究上述系统的状态滤波问题是相当复杂的,因为 $\boldsymbol{W}(t),\boldsymbol{V}(t)$(或 $\boldsymbol{W}_K,\boldsymbol{V}_K$)经过非线性的函数变换之后,其概率特性的描述并不简单,在此仅讨论下列非线性模型:

$$\begin{cases} \boldsymbol{X}_{K+1}=\phi(\boldsymbol{X}_K,K)+\boldsymbol{W}_K \\ \boldsymbol{Z}_{K+1}=h(\boldsymbol{X}_{K+1},K+1)+\boldsymbol{V}_{K+1} \end{cases} \tag{8.1.3}$$

或者

$$\begin{cases} \dfrac{\mathrm{d}\boldsymbol{X}(t)}{\mathrm{d}t}=f(\boldsymbol{X}(t),t)+\boldsymbol{W}(t) \\ \boldsymbol{Z}(t)=h(\boldsymbol{X}(t),t)+\boldsymbol{V}(t) \end{cases} \tag{8.1.4}$$

这种模型对于噪声来说,具有"加"的性质。下面就以这种模型作为讨论的出发点。

在下面的讨论中,模型(8.1.3)和(8.1.4)总是假定 $\boldsymbol{W}_K,\boldsymbol{V}_K,\boldsymbol{W}(t),\boldsymbol{V}(t)$ 满足第七章卡尔曼滤波中的基本假设。此外,假定 ϕ,h 或者 f 可以在"标称状态"近旁展开为 Taylor 公式,所谓"标称状态"(有时也称标称轨道)就是没有噪声作用下的状态,例如,对连续系统来说,标称状态 $\boldsymbol{X}(t)=\boldsymbol{X}^*(t)$ 就是下列方程的解:

$$\begin{cases} \dfrac{\mathrm{d}\boldsymbol{X}^*(t)}{\mathrm{d}t}=f[\boldsymbol{X}^*(t),t] \\ \boldsymbol{X}^*(t)\big|_{t=t_0}=\boldsymbol{X}^*(t_0) \end{cases}$$

8.1.1 关于离散形式的非线性模型的线性化滤波方法

设有模型(8.1.3),只需将 ϕ 和 h 在标称状态近旁 Taylor 展开,且取一阶

项。这样，模型归化为近似于线性的，于是用通常的线性滤波方法就可以了。

为此，注意标称状态序列$\{\boldsymbol{X}_K^*\}$满足：

$$\boldsymbol{X}_{K+1}^* = \phi(\boldsymbol{X}_K^*, K)$$

其初始条件为 $\boldsymbol{X}_K^*|_{K=0} = \boldsymbol{X}_0^*$。

将实际的动力学方程中的 $\phi(\boldsymbol{X}_K, K)$ 在 $\boldsymbol{X}_K^*$ 近旁线性化，于是

$$\boldsymbol{X}_{K+1} = \phi(\boldsymbol{X}_K^*, K) + \left(\frac{\partial\phi}{\partial\boldsymbol{X}_K}\right)_{\boldsymbol{X}_K^*}(\boldsymbol{X}_K - \boldsymbol{X}_K^*) + \text{高阶项} + \boldsymbol{W}_K$$

记

$$\delta\boldsymbol{X}_K = \boldsymbol{X}_K - \boldsymbol{X}_K^*$$

得

$$\delta\boldsymbol{X}_{K+1} \cong \left(\frac{\partial\phi}{\partial\boldsymbol{X}_K^{\mathrm{T}}}\right)_{\boldsymbol{X}_K^*}\delta\boldsymbol{X}_K + \boldsymbol{W}_K$$

对于观测模型，同理可得

$$\delta\boldsymbol{Z}_{K+1} \cong \left(\frac{\partial h}{\partial\boldsymbol{X}_{K+1}}\right)_{\boldsymbol{X}_{K+1}^*}\delta\boldsymbol{X}_{K+1} + \boldsymbol{V}_{K+1}$$

其中，$\dfrac{\partial\phi}{\partial\boldsymbol{X}_K^{\mathrm{T}}}$，$\dfrac{\partial h}{\partial\boldsymbol{X}_{K+1}^{\mathrm{T}}}$为 Jacobi 矩阵。

对于上述离散线性模型，可以直接写出卡尔曼滤波的五个方程如下：

$$\hat{\delta}\boldsymbol{X}_{K+1/K+1} = \hat{\delta}\boldsymbol{X}_{K+1/K} + \boldsymbol{K}_{K+1}\left[\delta\boldsymbol{Z}_{K+1} - \left(\frac{\partial h}{\partial\boldsymbol{X}_{K+1}}\right)_{\boldsymbol{X}_{K+1}^*}\hat{\delta}\boldsymbol{X}_{K+1/K}\right]$$

$$\hat{\delta}\boldsymbol{X}_{K+1/K} = \left(\frac{\partial\phi}{\partial\boldsymbol{X}_K^{\mathrm{T}}}\right)_{\boldsymbol{X}_K^*}\hat{\delta}\boldsymbol{X}_{K/K}$$

$$\boldsymbol{K}_{K+1} = \boldsymbol{P}_{K+1/K}\boldsymbol{H}_{K+1}^{\mathrm{T}}[\boldsymbol{H}_{K+1}\boldsymbol{P}_{K+1/K}\boldsymbol{H}_{K+1}^{\mathrm{T}} + \boldsymbol{R}_{K+1}]^{-1}$$

$$\boldsymbol{P}_{K+1/K} = \left(\frac{\partial\phi}{\partial\boldsymbol{X}_K^{\mathrm{T}}}\right)_{\boldsymbol{X}_K^*}\boldsymbol{P}_{K/K}\left(\frac{\partial\phi}{\partial\boldsymbol{X}_K^{\mathrm{T}}}\right)_{\boldsymbol{X}_K^*}^{\mathrm{T}} + \boldsymbol{Q}_K$$

$$\boldsymbol{P}_{K+1/K+1} = [\boldsymbol{I} - \boldsymbol{K}_{K+1}\boldsymbol{H}_{K+1}]\boldsymbol{P}_{K+1/K}$$

其中：

$$\boldsymbol{H}_{K+1} = \left(\frac{\partial h}{\partial\boldsymbol{X}_{K+1}^{\mathrm{T}}}\right)_{\boldsymbol{X}_{K+1}^*}$$

初始运算条件为

$$\hat{\delta}\boldsymbol{X}_{0/0} = \hat{\delta}\boldsymbol{X}_0$$

$$\mathrm{Var}\,\hat{\delta}\boldsymbol{X}_0 = \boldsymbol{P}_0$$

于是当获得了 $\hat{\delta}\boldsymbol{X}_{K+1/K+1}$之后，即得

$$\hat{\boldsymbol{X}}_{K+1/K+1} = \boldsymbol{X}_{K+1}^{*} + \hat{\delta}\boldsymbol{X}_{K+1/K+1}$$

8.1.2 关于时间连续系统

考虑模型(8.1.4)对于标称状态 $\boldsymbol{X}^{*}(t)$,它满足方程:

$$\frac{\mathrm{d}\boldsymbol{X}^{*}(t)}{\mathrm{d}t} = f(\boldsymbol{X}^{*}(t), t)$$

而实际系统为

$$\frac{\mathrm{d}\boldsymbol{X}(t)}{\mathrm{d}t} = f(\boldsymbol{X}(t), t) + \boldsymbol{W}(t)$$

将f在 $\boldsymbol{X}^{*}(t)$ 近旁展开为 Taylor 公式,取一阶项,此时可建立如下线性方程:

$$\frac{\mathrm{d}\delta\boldsymbol{X}(t)}{\mathrm{d}t} \cong \boldsymbol{F}(t)\delta\boldsymbol{X}(t) + \boldsymbol{W}(t)$$

其中,

$$\delta\boldsymbol{X}(t) = \boldsymbol{X}(t) - \boldsymbol{X}^{*}(t)$$

$\boldsymbol{F}(t) = \left(\dfrac{\partial f}{\partial \boldsymbol{X}^{\mathrm{T}}}\right)_{\boldsymbol{X}^{*}(t)}$ 为 Jacobi 矩阵。对观测系统,有

$$\delta\boldsymbol{Z}(t) \cong \boldsymbol{H}(t)\delta\boldsymbol{X}(t) + \boldsymbol{V}(t)$$

其中,

$$\boldsymbol{H}(t) = \left(\frac{\partial h}{\partial \boldsymbol{X}^{\mathrm{T}}}\right)_{\boldsymbol{X}^{*}(t)}$$

在应用上,常将连续系统离散化,从而以离散的形式写出滤波方程。此时,离散模型为

$$\begin{cases} \delta\boldsymbol{X}_{K+1} = \boldsymbol{\Phi}_{K+1,K}\delta\boldsymbol{X}_{K} + \boldsymbol{W}_{K} \\ \delta\boldsymbol{Z}_{K} = \boldsymbol{H}_{K}\delta\boldsymbol{X}_{K} + \boldsymbol{V}_{K} \end{cases}$$

其中,

$$\boldsymbol{\Phi}_{K+1,K} = \boldsymbol{I} + \boldsymbol{F}(t_K)\Delta t + \frac{1}{2}[\dot{\boldsymbol{F}}(t_K) + \boldsymbol{F}^{2}(t_K)]\Delta t^{2} + \mathrm{O}(\Delta t^{2})$$

于是可得线性化后的形式同于上面的卡尔曼滤波公式。

问题看似已经解决。然而,仔细考虑时,这种解决的方法是有前提的。首先,要求给出标称轨道 $\boldsymbol{X}^{*}(t)$。一般地,它是通过某些其他途径而获得的。例如选定方程 $\mathrm{d}\boldsymbol{X}/\mathrm{d}t = f(\boldsymbol{X}(t))$ 的某一个初始条件,然后解此方程,即可获得一条参考轨道。但是,如果初始条件的选定具有误差,那么所获得的解 $\boldsymbol{X} = \boldsymbol{X}^{*}(t)$ 就具有较大的误差,而且离开初始时刻越远误差越大。其次,如果给出的 $\boldsymbol{X}^{*}(t)$ 较之 $\boldsymbol{X}(t)$ 具有较大的误差,那么上述那种只取一阶项的 Taylor 展开就有问题

了。此时 Taylor 展开具有较大的截断误差,反映在状态向量的估值中,便产生偏倚误差。这样获得的估值也就失去了真实的意义。此外,用上面这种线性化方法进行滤波时,要求存储标称轨道的数据,这在运算上也是不方便的。为了改进这种情况,下面将讨论所谓分段外推标称轨道的方法。

8.2 广义/扩展卡尔曼滤波

仍从模型(8.1.3)开始讨论。为了改进只用一条标称轨道带来的弊病,在前一步获得了滤波值 $\hat{\boldsymbol{X}}_{K/K}$之后,将 $\hat{\boldsymbol{X}}_{K/K}\phi(\boldsymbol{X}_K,K)$ 在 $\hat{\boldsymbol{X}}_{K/K}$近旁展开为 Taylor 公式。例如,对动力学模型,有:

$$\boldsymbol{X}_{K+1}=\phi(\hat{\boldsymbol{X}}_{K/K},K)+\left(\frac{\partial\phi}{\partial\boldsymbol{X}_K^{\mathrm{T}}}\right)_{\hat{\boldsymbol{X}}_{K/K}}(\boldsymbol{X}_K-\hat{\boldsymbol{X}}_{K/K})+\text{高阶项}+\boldsymbol{W}_K$$

或者

$$\begin{aligned}\boldsymbol{X}_{K+1}&\approx\left(\frac{\partial\phi}{\partial\boldsymbol{X}_K^{\mathrm{T}}}\right)_{\hat{\boldsymbol{X}}_{K/K}}\boldsymbol{X}_K+\left[\phi(\hat{\boldsymbol{X}}_{K/K},K)-\left(\frac{\partial\phi}{\partial\boldsymbol{X}_K^{\mathrm{T}}}\right)_{\hat{\boldsymbol{X}}_{K/K}}\hat{\boldsymbol{X}}_{K/K}\right]+\boldsymbol{W}_K\\&\triangleq\left(\frac{\partial\phi}{\partial\boldsymbol{X}_K^{\mathrm{T}}}\right)_{\hat{\boldsymbol{X}}_{K/K}}\boldsymbol{X}_K+\boldsymbol{U}_K+\boldsymbol{W}_K\end{aligned}\tag{8.2.1}$$

此处

$$\boldsymbol{U}_K=\phi(\hat{\boldsymbol{X}}_{K/K},K)-\left(\frac{\partial\phi}{\partial\boldsymbol{X}_K^{\mathrm{T}}}\right)_{\hat{\boldsymbol{X}}_{K/K}}\hat{\boldsymbol{X}}_{K/K}$$

对于观测模型,将 $h(\boldsymbol{X}_{K+1},K+1)$ 在 $\hat{\boldsymbol{X}}_{K+1/K}$的近旁线性化,于是有

$$\begin{aligned}\boldsymbol{Z}_{K+1}&=h(\hat{\boldsymbol{X}}_{K+1/K},K+1)+\left(\frac{\partial h}{\partial\boldsymbol{X}_{k+1}^{\mathrm{T}}}\right)_{\hat{\boldsymbol{X}}_{K+1/K}}(\boldsymbol{X}_{K+1}-\hat{\boldsymbol{X}}_{K+1/K})+\text{高阶项}+\boldsymbol{V}_{K+1}\\&\approx\left(\frac{\partial h}{\partial\boldsymbol{X}_{K+1}^{\mathrm{T}}}\right)_{\hat{\boldsymbol{X}}_{K+1/K}}\boldsymbol{X}_{K+1}+\boldsymbol{r}_{K+1}+\boldsymbol{V}_{K+1}\end{aligned}\tag{8.2.2}$$

其中:

$$\boldsymbol{r}_{K+1}=h(\hat{\boldsymbol{X}}_{K+1/K},K+1)-\left(\frac{\partial h}{\partial\boldsymbol{X}_{K+1}^{\mathrm{T}}}\right)_{\hat{\boldsymbol{X}}_{K+1/K}}\hat{\boldsymbol{X}}_{K+1/K}$$

这样,式(8.2.1)、式(8.2.2)成为线性模型,所不同的只是增加了动力学模型中的 $\boldsymbol{U}_K$(可以看作控制输入项)以及观测模型中的 $\boldsymbol{r}_{K+1}$。当估值 $\hat{\boldsymbol{X}}_{K/K}$已经获得之后,可把它们看作是非随机的。

于是可以直接写出如下的五个滤波方程:

$$\hat{\boldsymbol{X}}_{K+1/K+1}=\hat{\boldsymbol{X}}_{K+1/K}+\boldsymbol{K}_{K+1}\left[\boldsymbol{Z}_{K+1}-\boldsymbol{r}_{K+1}-\left(\frac{\partial h}{\partial\boldsymbol{X}_{K+1}^{\mathrm{T}}}\right)_{\hat{\boldsymbol{X}}_{K+1/K}}\hat{\boldsymbol{X}}_{K+1/K}\right]$$

$$\hat{\boldsymbol{X}}_{K+1/K}=\left(\frac{\partial\phi}{\partial\boldsymbol{X}_K^{\mathrm{T}}}\right)_{\hat{\boldsymbol{X}}_{K/K}}\hat{\boldsymbol{X}}_{K/K}+\boldsymbol{U}_K=\phi(\hat{\boldsymbol{X}}_{K/K},K)$$

$$\boldsymbol{K}_{K+1}=\boldsymbol{P}_{K+1/K}\boldsymbol{H}_{K+1}^{\mathrm{T}}[\boldsymbol{H}_{K+1}\boldsymbol{P}_{K+1/K}\boldsymbol{H}_{K+1}^{\mathrm{T}}+\boldsymbol{R}_{K+1}]^{-1}$$

其中：

$$\boldsymbol{H}_{K+1}=\left(\frac{\partial h(\boldsymbol{X}_{K+1},K+1)}{\partial\boldsymbol{X}_{K+1}^{\mathrm{T}}}\right)_{\hat{\boldsymbol{X}}_{K+1/K}}$$

$$\boldsymbol{P}_{K+1/K}=\left(\frac{\partial\phi}{\partial\boldsymbol{X}_K^{\mathrm{T}}}\right)_{\hat{\boldsymbol{X}}_{K/K}}\boldsymbol{P}_{K/K}\left(\frac{\partial\phi}{\partial\boldsymbol{X}_K^{\mathrm{T}}}\right)_{\hat{\boldsymbol{X}}_{K/K}}^{\mathrm{T}}+\boldsymbol{Q}_K$$

$$\boldsymbol{P}_{K+1/K+1}=[\boldsymbol{I}-\boldsymbol{K}_{K+1}\boldsymbol{H}_{K+1}]\boldsymbol{P}_{K+1/K}$$

初始运算条件为给定 $\hat{\boldsymbol{X}}_{0/0},\boldsymbol{P}_{0/0}$。

下面讨论时间为连续的非线性模型的分段标称轨道的线性化滤波方法，此时的模型为(8.1.4)。我们来给出由 $t_k\sim t_{k+1}$ 的滤波方程。

解法一：直接解法。

注意到当 $\hat{\boldsymbol{X}}_{K/K}$ 已经获得时。以此作为初始条件，解下列方程：

$$\frac{\mathrm{d}\boldsymbol{X}^*(t)}{\mathrm{d}t}=f(\boldsymbol{X}^*(t),t)$$

在 $\hat{\boldsymbol{X}}_{K/K}$ 基础上，去获得标称方程在 $t_K\leqslant t\leqslant t_{K+1}$ 中的标称解，得

$$\boldsymbol{X}^*(t)=\hat{\boldsymbol{X}}(t\mid t_K),\ t_K\leqslant t\leqslant t_{K+1}$$

求解过程：将 $f(\boldsymbol{X}(t),t)$ 在标称轨道 $\hat{\boldsymbol{X}}(t\mid t_K)$ 近旁展开为 Taylor 公式，则得

$$\begin{aligned}\frac{\mathrm{d}\boldsymbol{X}(t)}{\mathrm{d}t}&=f(\boldsymbol{X}(t),t)+\boldsymbol{W}(t)\\&=f(\hat{\boldsymbol{X}}(t\mid t_K),t)+\left(\frac{\partial f}{\partial\boldsymbol{X}^{\mathrm{T}}}\right)_{\hat{\boldsymbol{X}}(t\mid t_K)}(\boldsymbol{X}(t)-\hat{\boldsymbol{X}}(t\mid t_K))+\text{高阶项}+\boldsymbol{W}(t)\end{aligned}\tag{8.2.3}$$

注意到

$$\hat{\boldsymbol{X}}_{K/K}=E[\boldsymbol{X}_K\mid\boldsymbol{Z}^K]$$

其中，$\boldsymbol{Z}^K$ 为直到 t_K 时刻的观测集，对式(8.2.3)两边取条件数学期望，则有

$$\begin{aligned}E\left[\frac{\mathrm{d}\boldsymbol{X}(t)}{\mathrm{d}t}\,\middle|\,\boldsymbol{Z}^K\right]&=\frac{\mathrm{d}}{\mathrm{d}t}[E(\boldsymbol{X}(t)\mid\boldsymbol{Z}^K)]\\&=f(\hat{\boldsymbol{X}}(t\mid t_K),t)+\left(\frac{\partial f}{\partial\boldsymbol{X}^{\mathrm{T}}}\right)_{\hat{\boldsymbol{X}}(t\mid t_K)}E[\boldsymbol{X}(t)-\hat{\boldsymbol{X}}(t\mid t_K)]\end{aligned}$$

由于 $\hat{\boldsymbol{X}}_{K/K}$ 为 $\boldsymbol{X}_K$ 的无偏估计。则 $\hat{\boldsymbol{X}}(t\mid t_K)$ 是 $\boldsymbol{X}(t)$ 的无偏估计，则有

$$\frac{\mathrm{d}\hat{\boldsymbol{X}}(t\mid t_K)}{\mathrm{d}t}=f(\hat{\boldsymbol{X}}(t\mid t_K),t)$$

以 $\hat{\boldsymbol{X}}(t\mid t_K)\mid_{t=t_K}=\hat{\boldsymbol{X}}_{K/K}$作为初始条件，解上述方程至 $t=t_{K+1}$即可获得（直接方法）：

$$\hat{\boldsymbol{X}}(t_{K+1}\mid t_K)=\hat{\boldsymbol{X}}_{K+1/K}$$

解法二：近似解法。

$\hat{\boldsymbol{X}}_{K+1/K}$的计算也可用下列近似方法进行，将 $\hat{\boldsymbol{X}}(t\mid t_K)$在 $t=t_K$ 处展开为 Taylor 公式，有

$$\hat{\boldsymbol{X}}(t\mid t_k)=\hat{\boldsymbol{X}}(t_K\mid t_K)+\left.\frac{\mathrm{d}\hat{\boldsymbol{X}}(t\mid t_K)}{\mathrm{d}t}\right|_{t=t_K}(t-t_K)$$
$$+\frac{1}{2}\left.\frac{\mathrm{d}^2\hat{\boldsymbol{X}}(t\mid t_K)}{\mathrm{d}t^2}\right|_{t=t_K}(t-t_K)^2+o((t-t_K)^2)$$

其中

$$\left.\frac{\mathrm{d}\hat{\boldsymbol{X}}(t\mid t_K)}{\mathrm{d}t}\right|_{t=t_K}=f(\hat{\boldsymbol{X}}(t_K\mid t_K),t_K)=f(\hat{\boldsymbol{X}}_{K/K},t_K)$$

$$\frac{\mathrm{d}^2\hat{\boldsymbol{X}}(t\mid t_K)}{\mathrm{d}t^2}=\frac{\mathrm{d}}{\mathrm{d}t}[f(\hat{\boldsymbol{X}}(t\mid t_K),t)]$$

$$=\left.\frac{\partial f}{\partial \boldsymbol{X}^{\mathrm{T}}}\right|_{\boldsymbol{X}=\hat{\boldsymbol{X}}(t\mid t_K)}\cdot\frac{\mathrm{d}\hat{\boldsymbol{X}}(t\mid t_K)}{\mathrm{d}t}+\frac{\partial f}{\partial t}$$

$$\left.\frac{\mathrm{d}^2\hat{\boldsymbol{X}}(t\mid t_K)}{\mathrm{d}t^2}\right|_{t=t_K}=\left.\frac{\partial f}{\partial \boldsymbol{X}^{\mathrm{T}}}\right|_{t=t_K}f(\hat{\boldsymbol{X}}_{K/K},t_K)+\left.\frac{\partial f}{\partial t}\right|_{t=t_K}$$

因此

$$\hat{\boldsymbol{X}}_{K+1/K}\cong\hat{\boldsymbol{X}}_{K/K}+f(\hat{\boldsymbol{X}}_{K/K},t_K)\Delta t$$
$$+\frac{1}{2}\left[[\boldsymbol{F}(t_K)f(\hat{\boldsymbol{X}}_{K/K},t_K)+\left.\frac{\partial f}{\partial t}\right|_{\substack{t=t_K\\ \boldsymbol{X}=\hat{\boldsymbol{X}}_{K/K}}}\right]\Delta t^2$$

此处

$$\boldsymbol{F}(t)=\left(\frac{\partial f}{\partial \boldsymbol{X}^{\mathrm{T}}}\right)_{\hat{\boldsymbol{X}}_{K/K}}$$

$$f=f(\boldsymbol{X}(t),t)$$

$$\Delta t=t_{K+1}-t_K$$

在 $t_K\sim t_{K+1}$这一段的滤波，应用线性化滤波公式，可得在 t_{K+1}时刻的滤波值为

$$\hat{\boldsymbol{X}}_{K+1/K+1}=\hat{\boldsymbol{X}}_{K+1/K}+\boldsymbol{K}_{K+1}[\boldsymbol{Z}_{K+1}-h(\hat{\boldsymbol{X}}_{K+1/K},t_{K+1})]\tag{8.2.4}$$

$$\boldsymbol{K}_{K+1}=\boldsymbol{P}_{K+1/K}\boldsymbol{H}_{K+1}^{\mathrm{T}}[\boldsymbol{H}_{K+1}\boldsymbol{P}_{K+1/K}\boldsymbol{H}_{K+1}^{\mathrm{T}}+\boldsymbol{R}_{K+1}]^{-1} \tag{8.2.5}$$

$$\boldsymbol{P}_{K+1/K}=\boldsymbol{\Phi}_{K+1,K}\boldsymbol{P}_{K/K}\boldsymbol{\Phi}_{K+1,K}^{\mathrm{T}}+\boldsymbol{Q}_k \tag{8.2.6}$$

$$\boldsymbol{P}_{K+1/K+1}=[\boldsymbol{I}-\boldsymbol{K}_{K+1}\boldsymbol{H}_{K+1}]\boldsymbol{P}_{K+1/K} \tag{8.2.7}$$

其中：

$$\boldsymbol{H}_{K+1}=\left(\frac{\partial h}{\partial \boldsymbol{X}^{\mathrm{T}}}\right)_{\substack{t=t_K\\ x=\hat{X}_{K/K}}} \tag{8.2.8}$$

而 $\boldsymbol{\Phi}_{K+1,K}$ 可用下式近似计算：

$$\boldsymbol{\Phi}_{K+1,K}\cong\boldsymbol{I}+\boldsymbol{F}(t_K)\Delta t+\frac{1}{2}[\boldsymbol{F}(t_K)+\boldsymbol{F}^2(t_K)]\Delta t^2$$

式(8.2.4)～式(8.2.8)就是常说的扩展卡尔曼滤波公式,其计算框图如图8.2所示。

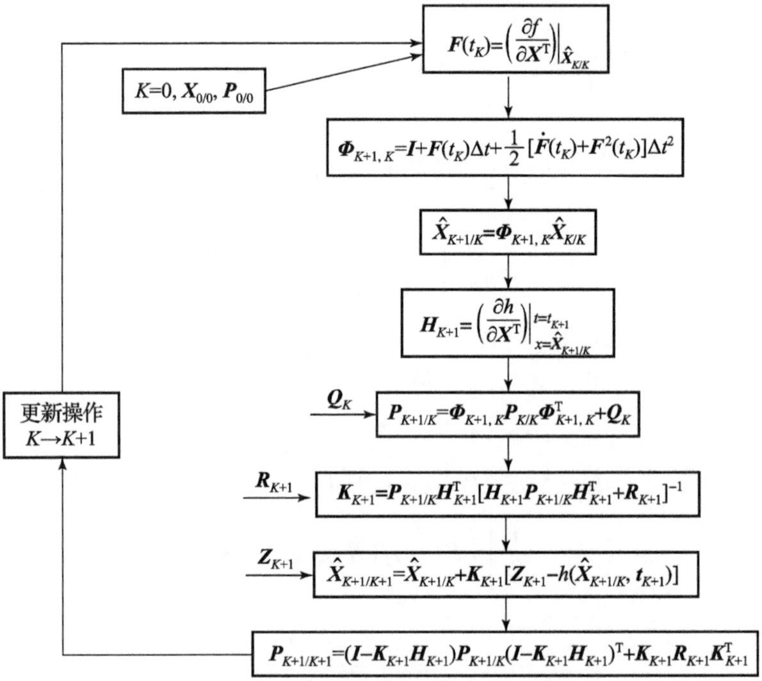

图 8.2　扩展卡尔曼滤波流程图

例 8.3　将例 8.1 进行适当简化以此说明扩展卡尔曼滤波的应用。设用一部雷达跟踪弹道目标,在忽略地球自转、扁率及空气阻力影响的情况下,目标相对雷达测量直角坐标系的平面运动方程为

$$\begin{cases}\dfrac{\mathrm{d}x}{\mathrm{d}t}=V_x\\[2mm]\dfrac{\mathrm{d}y}{\mathrm{d}t}=V_y\\[2mm]\dfrac{\mathrm{d}V_x}{\mathrm{d}t}=-\mu\dfrac{x}{r^3}\\[2mm]\dfrac{\mathrm{d}V_y}{\mathrm{d}t}=-\mu\dfrac{y+R}{r^3}\end{cases}$$

其中:μ 为地球引力常数,R 为地球平均半径,$r=\sqrt{x^2+(y+R)^2}$,雷达测量为目标的斜距 ρ 及高低角 ε,于是

$$\begin{cases}\rho=\sqrt{x^2+y^2}+v_\rho\\[2mm]\varepsilon=\arctan\dfrac{y}{x}+v_\varepsilon\end{cases}$$

且设 v_ρ,v_ε 为零均值的白噪声,而 $\sigma_{v_\rho}^2=\sigma_\rho^2$,$\sigma_{v_e}^2=\sigma_\varepsilon^2$,试由雷达测量的采样值给出目标的位置、速度的最佳估值。

解:按滤波计算的流程图,只需计算 $\boldsymbol{F}$,$\boldsymbol{\Phi}$,$\boldsymbol{H}$ 等矩阵就可以了,为此,令

$$\boldsymbol{X}=[x\quad y\quad V_x\quad V_y]^{\mathrm{T}}$$

则

$$\begin{aligned}\frac{\mathrm{d}\boldsymbol{X}}{\mathrm{d}t}&=f(\boldsymbol{X})\triangleq[f_1\quad f_2\quad f_3\quad f_4]^{\mathrm{T}}\\&=\left[V_x\quad V_y\quad -\mu\frac{x}{r^3}\quad -\mu\frac{y+R}{r^3}\right]^{\mathrm{T}}\end{aligned}$$

其中,

$$\begin{cases}f_1=V_x\\f_2=V_y\\f_3=-\mu\dfrac{x}{r^3}\\[2mm]f_4=-\mu\dfrac{y+R}{r^3}\end{cases}$$

于是

$$\boldsymbol{F}(\hat{\boldsymbol{X}}_{K/K})=\left.\frac{\mathrm{d}f}{\mathrm{d}\boldsymbol{X}^{\mathrm{T}}}\right|_{\boldsymbol{X}=\hat{\boldsymbol{X}}_{K/K}}=\begin{bmatrix}0&0&1&0\\0&0&0&1\\a_{11}(t)&a_{12}(t)&0&0\\a_{21}(t)&a_{22}(t)&0&0\end{bmatrix}_{\hat{\boldsymbol{X}}_{K/K}}$$

其中：

$$a_{11}=\frac{\partial f_3}{\partial x}=-\frac{\mu}{r^3}+3\mu\frac{x^2}{r^5}$$

$$a_{12}=\frac{\partial f_3}{\partial y}=\frac{3\mu}{r^5}x(y+R)=a_{21}=\frac{\partial f_4}{\partial x}$$

$$a_{22}=\frac{\partial f_4}{\partial y}=-\frac{\mu}{r^3}+3\mu\frac{(y+R)^2}{r^5}$$

再计算 $\boldsymbol{\Phi}_{K+1,K}$：

$$\boldsymbol{\Phi}_{K+1,K}\approx\boldsymbol{I}+\boldsymbol{F}(\hat{\boldsymbol{X}}_{K/K})\Delta t$$

$$=\begin{bmatrix}1 & 0 & \Delta t & 0\\ 0 & 1 & 0 & \Delta t\\ a_{11}\Delta t & a_{12}\Delta t & 1 & 0\\ a_{22}\Delta t & a_{22}\Delta t & 0 & 1\end{bmatrix}_{\hat{X}_{K/K}}$$

关于观测系统，记

$$\boldsymbol{Z}=h(\boldsymbol{X})+\boldsymbol{V}=\begin{bmatrix}h_1(\boldsymbol{X})\\ h_2(\boldsymbol{X})\end{bmatrix}+\begin{bmatrix}U_\rho\\ U_\varepsilon\end{bmatrix}$$

其中：

$$\begin{cases}h_1(\boldsymbol{X})=\sqrt{x^2+y^2}\\ h_2(\boldsymbol{X})=\arctan\dfrac{y}{x}\end{cases}$$

于是

$$\boldsymbol{H}_{K+1}=\frac{\mathrm{d}h}{\mathrm{d}\boldsymbol{X}^{\mathrm{T}}}\bigg|_{\hat{X}_{K+1/K}}=\begin{bmatrix}\dfrac{\partial h_1}{\partial x} & \dfrac{\partial h_1}{\partial y} & \dfrac{\partial h_1}{\partial V_x} & \dfrac{\partial h_1}{\partial V_y}\\ \dfrac{\partial h_2}{\partial x} & \dfrac{\partial h_2}{\partial y} & \dfrac{\partial h_2}{\partial V_z} & \dfrac{\partial h_2}{\partial V_y}\end{bmatrix}_{\hat{X}_{K+1/K}}$$

$$=\begin{bmatrix}\dfrac{x}{\rho} & \dfrac{y}{\rho} & 0 & 0\\ -y & \dfrac{x}{x^2+y^2} & 0 & 0\end{bmatrix}_{\hat{X}_{K+1/K}}$$

其中：

$$\hat{\boldsymbol{X}}_{K+1/K}=\hat{\boldsymbol{X}}_{K/K}+\boldsymbol{f}(\hat{\boldsymbol{X}}_{K/K})\Delta t+\frac{1}{2}\boldsymbol{F}(\hat{\boldsymbol{X}}_{K/K})\cdot\boldsymbol{f}(\hat{\boldsymbol{X}}_{K/K})\Delta t^2$$

而

$$R_K = E[V \cdot V^{\mathrm{T}}] = \begin{bmatrix} \sigma_\rho^2 & 0 \\ 0 & \sigma_\varepsilon^2 \end{bmatrix}$$

这样,计算的准备工作已经齐全,在给定初始运算条件下,当不断输入雷达测量信息时,便可对目标的位置、速度进行最佳估值了。

例 8.4 以例 8.1 为例,应用广义卡尔曼滤波公式对状态向量 $X = [a \quad V \quad L \quad \alpha \quad d]^{\mathrm{T}}$ 进行实时估计,记

$$\boldsymbol{f} = [f_1 \quad f_2 \quad f_3 \quad f_4 \quad f_5]^{\mathrm{T}}$$

其中:

$$f_1 = -\lambda a$$

$$f_2 = a$$

$$f_3 = V/R$$

$$f_4 = V/R + d + C$$

$$f_5 = 0$$

于是

$$F = \begin{bmatrix} -\lambda & 0 & 0 & 0 & 0 \\ 1 & 0 & 0 & 0 & 0 \\ 0 & R^{-1} & 0 & 0 & 0 \\ 0 & R^{-1} & 0 & 0 & 1 \\ 0 & 0 & 0 & 0 & 0 \end{bmatrix}$$

$$\boldsymbol{\Phi}_{K+1,K} \cong I + F\Delta t = \begin{bmatrix} 1-\lambda\Delta t & 0 & 0 & 0 & 0 \\ \Delta t & 1 & 0 & 0 & 0 \\ 0 & R^{-1}\Delta t & 1 & 0 & 0 \\ 0 & R^{-1}\Delta t & 0 & 1 & \Delta t \\ 0 & 0 & 0 & 0 & 1 \end{bmatrix}$$

观测方程 $h(X)$ 是非线性的,它为一维的观测量,因此记

$$Z = m = h(X) = a\cos\alpha + \left[g - \frac{V^2}{R}\right]\sin\alpha + n_m$$

于是

$$H = \left[\cos\alpha \quad -2(V/R)\sin\alpha \quad 0 \quad -a\sin\alpha + \left(g - \frac{V^2}{R}\right)\cos\alpha \quad 0\right]$$

由于 α 非常小,因此 $\cos\alpha \approx 1, \sin\alpha \approx \alpha \approx 0$,此时可记为

$$H = [1 \quad 0 \quad 0 \quad g - \hat{V}^2/R \quad 0]$$

动力学模型中的噪声方差矩阵可记为

$$
\boldsymbol{Q}=\begin{bmatrix} A & & & & O \\ & 0 & & & \\ & & 0 & & \\ & & & 0 & \\ O & & & & D \end{bmatrix}
$$

其中：

$$
E[n_a(t)n_a(\tau)]=A\delta(t-\tau)
$$

$$
E[n_d(t)n_d(\tau)]=D\delta(t-\tau)
$$

而观测噪声的方差为 $R_m=E[n_m^2]$。

这样，当给定采样间隔 Δt 以及 $\boldsymbol{Q}$(或 A、D)、$\boldsymbol{R}_m$ 和给定 $\hat{X}_{0/0}$ 及 $\hat{X}_{0/0}$ 之下，通过加速度的不断测量，便可进行状态向量的实时估计。

8.3 扩展卡尔曼滤波的简化

除了上一节讨论中述及的 $\boldsymbol{\Phi}_{K+1,K}$ 以及预测估计 $\hat{\boldsymbol{X}}_{K+1/K}$ 的近似计算以外，这里重点讨论增益矩阵在计算过程中的简化问题。

关于 $\boldsymbol{K}_K$ 的计算，我们这样设想：在时间间隔 $\Delta\tau=N\Delta t$ 内共用一个增益矩阵，例如，在 $t=t_K,t_{K+1},\cdots,t_{K+N}$ 时，用一个 $\boldsymbol{K}_K$，而在时刻 $t_{K+N+1},\cdots,t_{K+2N}$，则采用另一个增益矩阵。这样，递推运算的过程中具有分段的增益阵。这种简化虽然降低了估值的精度，但计算的工作量却大为减少。这种方法在不少实际问题中应用，如预警雷达中目标的搜索，飞行器试验安全控制中的实时弹道估计等。

为表达方便起见，称 $t_0\sim t_K$ 的递推运算为 $\boldsymbol{K}_1$ 区的递推，由 $t_N\sim t_{2N}$ 的递推运算为 $\boldsymbol{K}_{N+1}$ 区递推，如图 8.3 所示。

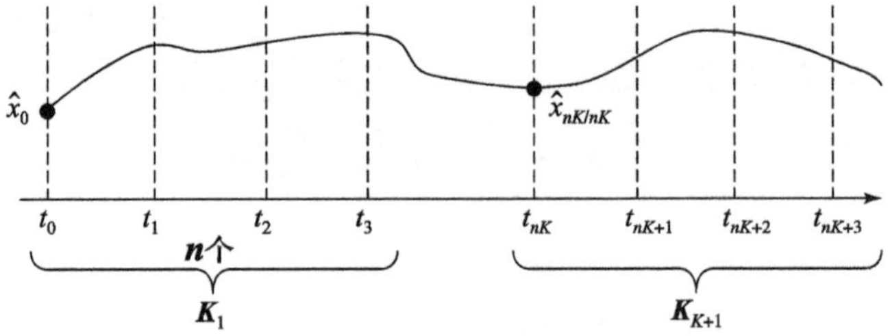

图 8.3　递推过程

在给定 $\hat{\boldsymbol{X}}_{0/0}$，$\boldsymbol{P}_{0/0}$ 之下，在 $\boldsymbol{K}_1$ 区递推运算的状态预测和最佳估计由下式给出：

$$\hat{\boldsymbol{X}}_{K/K-1} = \hat{\boldsymbol{X}}_{K-1/K-1} + f(\hat{\boldsymbol{X}}_{K-1/K-1}, t_{K-1})\Delta t$$

$$\hat{\boldsymbol{X}}_{K/K} = \hat{\boldsymbol{X}}_{K/K-1} + K_1[\boldsymbol{Z}_K - h(\hat{\boldsymbol{X}}_{K/K-1}, t_K)]$$

其中，$K=1,2,\cdots,N$

$$\boldsymbol{K}_1 = \boldsymbol{P}_{1/0}\boldsymbol{H}_1^{\mathrm{T}}[\boldsymbol{H}_1\boldsymbol{P}_{1/0}\boldsymbol{H}_1^{\mathrm{T}} + \boldsymbol{R}_1]^{-1}$$

式中：

$$\boldsymbol{P}_{1/0} = \boldsymbol{\Phi}_{1,0}\boldsymbol{P}_{0/0}\boldsymbol{\Phi}_{1,0}^{\mathrm{T}} + \boldsymbol{Q}_0, \boldsymbol{H}_1 = \left(\frac{\partial h}{\partial \boldsymbol{X}^{\mathrm{T}}}\right)_{\substack{t=t_1 \\ x=\hat{\boldsymbol{X}}_{1/0}}}$$

$$\boldsymbol{\Phi}_{1,0} = \boldsymbol{I} + \left(\frac{\partial f}{\partial \boldsymbol{X}^{\mathrm{T}}}\right)_{\substack{t=t_0 \\ x=\hat{\boldsymbol{X}}_{0/0}}} \Delta t$$

在 $\boldsymbol{K}_{N+1}$ 区递推运算开始时，只要由 $\hat{\boldsymbol{X}}_{N+N}$ 及 $\boldsymbol{P}_{N/N}$ 作为初始条件，重复上面的运算就行了。

$$\boldsymbol{K}_{K+1} = \boldsymbol{P}_{nK+1/nK}\boldsymbol{H}_{nK+1}^{\mathrm{T}}[\boldsymbol{H}_{nK+1}\boldsymbol{P}_{nK+1/nK}\boldsymbol{H}_{nK+1}^{\mathrm{T}} + \boldsymbol{R}_{nK+1}]^{-1}$$

$$\boldsymbol{P}_{nK+1/nK} = \boldsymbol{\Phi}_{nK+1,nK}\boldsymbol{P}_{nK/nK}\boldsymbol{\Phi}_{nK+1,nK}^{\mathrm{T}} + \boldsymbol{Q}_{nK}$$

$$\boldsymbol{\Phi}_{nK+1,nK} = \boldsymbol{I} + \left(\frac{\partial f}{\partial \boldsymbol{X}^{\mathrm{T}}}\right)_{t=t_{nK}, x=\hat{\boldsymbol{X}}_{nK/nK}} \Delta t$$

$$\boldsymbol{H}_{nK+1} = \left(\frac{\partial h}{\partial \boldsymbol{X}^{\mathrm{T}}}\right)_{t=t_{nK+1}, x=\hat{\boldsymbol{X}}_{nK+1/nK}}$$

我们知道，$\boldsymbol{P}_{N/N}$ 可由下式递推而得：

$$\boldsymbol{P}_{K/K} = \boldsymbol{P}_{K/K-1} - \boldsymbol{K}_1\boldsymbol{H}_K\boldsymbol{P}_{K/K-1}$$

$$\boldsymbol{P}_{K/K-1} = \boldsymbol{\Phi}_{K,K-1}\boldsymbol{P}_{K-1/K-1}\boldsymbol{\Phi}_{K,K-1}^{N} + \boldsymbol{Q}_{K-1}$$

其中，$K=1,2,\cdots,N$。

当 $K=N$ 时，即可获得 $\boldsymbol{P}_{N/N}$。这种一步一步递推运算的方法仍是花时间的，为进一步进行简化，可将 $t_0 \sim t_N$ 的时间间隔 $N\Delta t = \Delta\tau$ 作为一个采样间隔，于是有

$$\boldsymbol{P}_{N/N}^{(1)} = \boldsymbol{P}_{N/0} - \boldsymbol{P}_{N/0}\boldsymbol{H}_N^{\mathrm{T}}[\boldsymbol{H}_N\boldsymbol{P}_{N/0}\boldsymbol{H}_N^{\mathrm{T}} + \boldsymbol{R}_N]^{-1}\boldsymbol{H}_N\boldsymbol{P}_{N/0}$$

其中：

$$\boldsymbol{P}_{N/0} = \boldsymbol{\Phi}_{N,0}\boldsymbol{P}_{0/0}\boldsymbol{\Phi}_{N,0}^{\mathrm{T}} + \boldsymbol{Q}_0$$

$$\boldsymbol{\Phi}_{n,0} = \boldsymbol{I} + \left(\frac{\partial f}{\partial \boldsymbol{X}^{\mathrm{T}}}\right)_{t=t_{nK}, x=\hat{\boldsymbol{X}}_{nK/nK}} (n\Delta t)$$

用上述公式计算出来的 $\boldsymbol{P}_{N/N}^{(1)}$ 显然并非所需的 $\boldsymbol{P}_{N/N}$。因为 $\boldsymbol{P}_{N/N}^{(1)}$ 仅表示了由 $t_0 \sim t_N$ 的一步滤波估计误差的方差阵，此时应用的观测仅是 $\boldsymbol{Z}_N$。但是在 K_1 区，卡尔曼滤波在 $t_1,\cdots,t_{N-1},t_N$ 都是进行了的，为了计算 $\boldsymbol{P}_{N/N}$，可以用另一种

思考方法。可以这样认为：在 $t_1,\cdots,t_N$ 上的滤波，作为一种预先的对观测数据 $Z_1,\cdots,Z_N$ 的平滑，而到 t_N 时刻，观测数据的方差阵已不是 $\boldsymbol{R}_N$ 了。也就是说，如果在 t_N 时刻要用一个观测量来代表 $t_1,\cdots,t_N$ 时的观测量 $Z_1,\cdots,Z_N$，可以用 $Z_1,\cdots,Z_N$ 经过平滑处理后得到 t_N 的量作为 t_N 时刻的观测。当然该观测量的噪声方差矩阵就不是 $\boldsymbol{R}_N$ 了（$\boldsymbol{R}_N$ 仅是单一时刻观测量 $\boldsymbol{Z}_N$ 的噪声方差阵）。为此，以

$$\boldsymbol{R}_N^* = \frac{\boldsymbol{R}_N}{N}$$

代替 $\boldsymbol{R}_N$，从而以 $\boldsymbol{P}_{N/N}^{(1)}$ 作为 $\boldsymbol{P}_{N/N}$ 的近似计算公式，这样

$$\boldsymbol{P}_{N/N} \approx \boldsymbol{P}_{N/0} - \boldsymbol{P}_{N/0}\boldsymbol{H}_N^{\mathrm{T}}[\boldsymbol{H}_N\boldsymbol{P}_{N/0}\boldsymbol{H}_N^{\mathrm{T}} + \boldsymbol{R}_N^*]^{-1}\boldsymbol{H}_N\boldsymbol{P}_{N/0}$$

有了 $\hat{\boldsymbol{X}}_{N/N}$ 及 $\boldsymbol{P}_{N/N}$，便可在 $\boldsymbol{K}_{N+1}$ 区进行递推运算了。此时，$K=N+1$ 开始直至 $K=2N$ 状态的预测及最佳估计为

$$\hat{\boldsymbol{X}}_{K/K-1} = \hat{\boldsymbol{X}}_{K-1/K-1} + f(\hat{\boldsymbol{X}}_{K-1/K-1}, t_{K-1})\Delta t$$

$$\hat{\boldsymbol{X}}_{K/K} = \hat{\boldsymbol{X}}_{K/K-1} + \boldsymbol{K}_{X+1}[\boldsymbol{Z}_K - h(\hat{\boldsymbol{X}}_{K/K-1}, t_K)]$$

其中：

$$K = N+1, N+2, \cdots, 2N$$

$$\boldsymbol{K}_{N+1} = \boldsymbol{P}_{N+1/N}\boldsymbol{H}_{N+1}^{\mathrm{T}}[\boldsymbol{H}_{N+1}\boldsymbol{P}_{N+1/N}\boldsymbol{H}_{N+1}^{\mathrm{T}} + \boldsymbol{R}_{N+1}]^{-1}$$

$$\boldsymbol{P}_{N+1/N} = \boldsymbol{\Phi}_{N+1,N}\boldsymbol{P}_{N/N}\boldsymbol{\Phi}_{N+1,N}^{\mathrm{T}} + \boldsymbol{Q}_N$$

$$\boldsymbol{\Phi}_{N+1,N} = \boldsymbol{I} + \left(\frac{\partial f}{\partial \boldsymbol{X}^{\mathrm{T}}}\right)_{t=t_K, x=\hat{\boldsymbol{X}}_{K/K}}\Delta t$$

在 $\boldsymbol{K}_{N+1}$ 区递推运算最后一个状态估计 $\hat{\boldsymbol{X}}_{2N/2N}$ 的误差方差阵 $\boldsymbol{P}_{2N/2N}$ 可由下式近似算得：

$$\boldsymbol{P}_{2N/2N} \cong \boldsymbol{P}_{2N/N} - \boldsymbol{P}_{2N/N}\boldsymbol{H}_{2N}^{\mathrm{T}}\left[\boldsymbol{H}_{2N}\boldsymbol{P}_{2N/N}\boldsymbol{H}_{2N}^{\mathrm{T}} + \frac{\boldsymbol{R}_{2N}}{N}\right]^{-1}\boldsymbol{H}_{2N}\boldsymbol{P}_{2N/N}$$

其中

$$\boldsymbol{P}_{2N/N} = \boldsymbol{\Phi}_{2N,N}\boldsymbol{P}_{X/X}\boldsymbol{\Phi}_{2N,N}^{\mathrm{T}} + \boldsymbol{Q}_N$$

$$\boldsymbol{\Phi}_{2N,N} = \boldsymbol{I} + \left(\frac{\partial f}{\partial \boldsymbol{X}^{\mathrm{T}}}\right)_{t=t_K, x=\hat{\boldsymbol{X}}_{K/K}}(N\Delta t)$$

重复上面的步骤进行后续的递推运算。

上述这种方法似有商榷之处。因为 Δt 取法没有一种遵循的准则，只能视实际问题而定；此外，$\boldsymbol{P}_{N/N}$，$\boldsymbol{P}_{2N/2N}\cdots$ 的近似公式和一步一步地递推运算所得的估值误差方差阵之间的差异究竟如何，也是需要讨论的问题。

8.4　应用实例:基于EKF的卫星跟飞编队自主导航

导航是控制的基础,只有精确地确定编队卫星的相对运动关系,才能够采用合适控制策略,达到构型控制的目的。编队卫星导航可由地面测控站进行通信导航,也可以由星载设备进行自主导航。由于经地面定轨后给出导航信息在时效性和成本上都具有较大的劣势,所以,现阶段的编队导航研究大多集中于星载设备自主导航方面。

编队自主导航就是通过星上设备自主测量得到卫星本体的绝对状态(惯性空间中的位置、速度和姿态),并通过相对状态测量得到双星相对运动状态(卫星相对坐标系中的相对位置、速度和姿态)。有关自主导航领域的研究工作着重在如下三个方面:①动力学模型的建立;②导航测量的类型及导航敏感器;③导航算法。由于测量设备的精度在很大程度上取决于设备制造技术,所以设备测量精度很难在短时间内有较大的提高。由此,可在动力学模型和导航算法上进行必要的改进,从而提高自主相对导航的精度。

8.4.1　跟飞编队自主导航建模

8.4.1.1　自主导航问题分析

目前,航天目标间相对状态测量方法主要有两种。

一种是首先测量目标的绝对状态,进而转换为相对状态,如跟踪与数据中继卫星法、GPS/GLONASS导航定位法等。由于GPS处于较高的运行轨道,所以一般的低轨道编队卫星可采用导航卫星进行相对导航,相互合作的编队卫星可通过载波相位差分GPS达到1cm的相对位置精度和0.3mm/s的相对速度精度。利用绝对定轨方法不但解算速度较慢,而且加重了地面支持系统的任务。并且,对于非合作航天器之间的编队导航问题,只能依靠被控卫星自身携带的测量设备获取自身绝对运动信息,通过对目标卫星的预报,再转化为相对运动状态的方式,导航精度较低。

另一种是直接进行相对状态的测量。该方法不仅速度快,而且可以实现不依赖于地面设备的自主测量,特别适合空间应用环境。基于光学方式进行星间相对测量,是实现相对导航的另一种重要方式。与星间无线电测量方法相比,基于光学的测量方法能够提供高精度的角度测量信息,特别适合于相对姿态确定精度要求高的任务。

由于测量手段的约束,需要以滤波和估计算法进行相对状态的估计,测量参数融合估计、衰减记忆滤波算法和非线性传感器融合技术等都可应用于相对状态估计中,提高相对状态估计精度。本案例假设跟踪卫星采用对地三轴姿态稳定方式运行,且卫星的体坐标系与相对运动参考系保持一致,因此以跟踪卫星的体坐标系作为相对运动的参考系。如图 8.4 所示,目标星位于跟踪星可视区域内时,能够满足测量条件,图中 Δ 是跟踪卫星观测器的最大视场角。

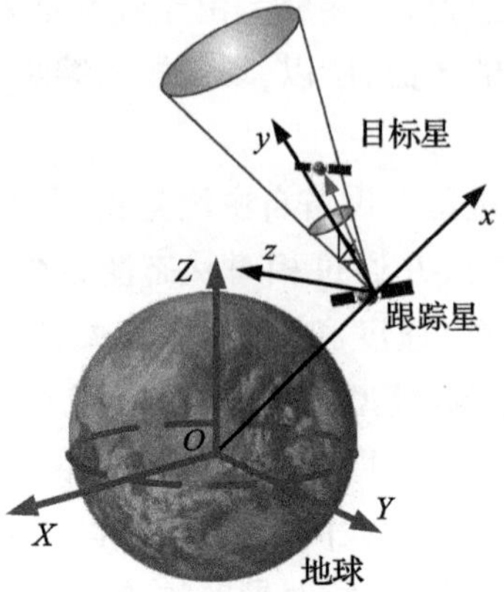

图 8.4　跟飞编队测量示意图

如图 8.5,定义相对位置矢量 $\boldsymbol{\rho}$,在跟踪星当地水平面(LVLH 坐标系 $yS_{\mathrm{Fol}}z$ 平面)上的投影 $S_{\mathrm{Fol}}A$ 与卫星飞行方向(LVLH 坐标系 y 轴正方向)的夹角为水平偏离角,记为 α;$\boldsymbol{\rho}$ 与当地水平面之间的夹角为高低角,记为 β。两个角度均以逆时针旋转为正,于是,相对位置矢量 $\boldsymbol{\rho}$ 在跟踪星 LVLH 坐标系的表达式为

$$\boldsymbol{\rho}=\begin{bmatrix}x\\y\\z\end{bmatrix}=\begin{bmatrix}-\rho\sin\beta\\\rho\cos\beta\cos\alpha\\\rho\cos\beta\sin\alpha\end{bmatrix}\tag{8.4.1}$$

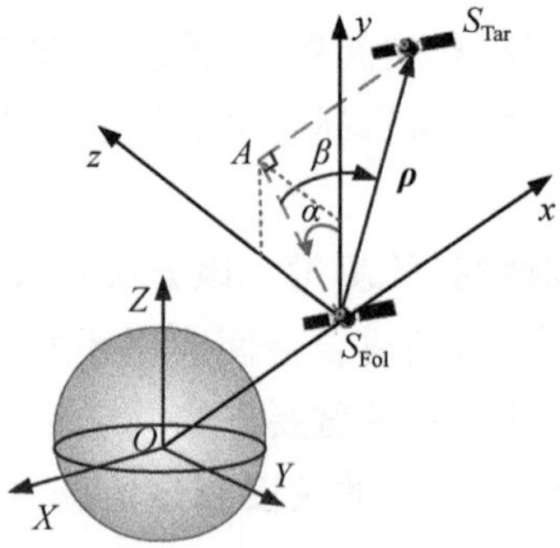

图 8.5　跟飞编队测量角度示意图

由观测量$\boldsymbol{\rho}$、α和β再结合相应的状态估计算法，便可以确定目标星在跟踪星LVLH坐标系中的位置$\boldsymbol{x}=[x,y,z]^{\mathrm{T}}$以及速度$\boldsymbol{v}=[v_x,v_y,v_z]^{\mathrm{T}}$，从而为编队控制提供系统状态参数。

8.4.1.2 系统状态模型

在描述编队相对运动时，是以相对运动坐标系作为动力学方程的基准坐标系。由于相对运动坐标系是飞行器当地坐标系，以飞行质心为坐标原点，所以相对运动坐标系定义的基准航天器称为参考航天器或者参考星。其意义是以基准航天器的运动状态为参考，定义相对运动状态。以下推导编队相对动力学方程，以目标星为参考星。如图8.6给出了以目标星为参考星的编队坐标系示意，其中$\boldsymbol{H}$是目标星轨道角动量矢量。Ω、ϖ、θ、u和i分别为目标星升交点赤经、近地点角距、真近点角、纬度幅角和轨道倾角。

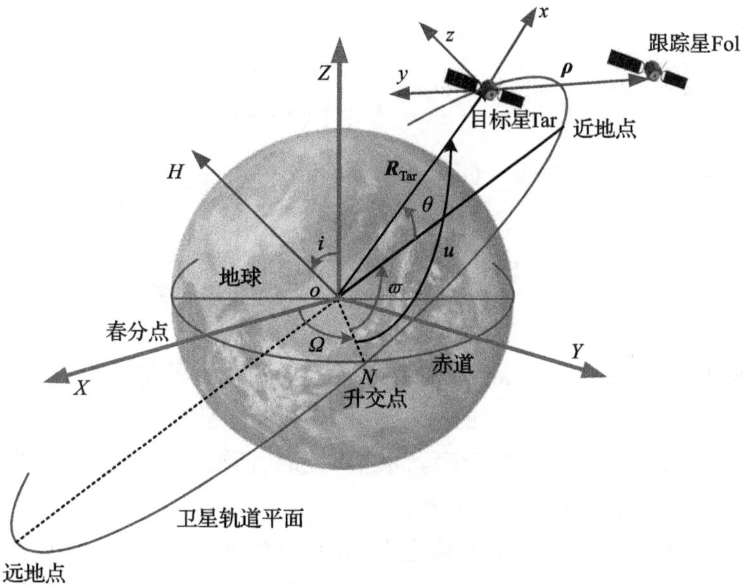

图8.6 编队坐标系角度关系

目标星和跟踪星地心惯性系中的位置矢量分别用$\boldsymbol{R}_{\mathrm{Tar}}$、$\boldsymbol{R}_{\mathrm{Fol}}$表示，则两卫星在惯性系中的相对位置矢量表示为

$$\boldsymbol{\rho}=\boldsymbol{R}_{\mathrm{Fol}}-\boldsymbol{R}_{\mathrm{Tar}} \tag{8.4.2}$$

在地心惯性系中，目标星和跟踪星的运动动力学方程可表示为

$$\ddot{\boldsymbol{R}}_{\mathrm{Tar}}=-\frac{\mu\boldsymbol{R}_{\mathrm{Tar}}}{R_{\mathrm{Tar}}^3}+\boldsymbol{F}_{\mathrm{Tar}},\ \ddot{\boldsymbol{R}}_{\mathrm{Fol}}=-\frac{\mu\boldsymbol{R}_{\mathrm{Fol}}}{R_{\mathrm{Fol}}^3}+\boldsymbol{F}_{\mathrm{Fol}} \tag{8.4.3}$$

式中：μ为地球引力常数，$\boldsymbol{F}_{\mathrm{Tar}}$、$\boldsymbol{F}_{\mathrm{Fol}}$分别表示目标星和跟踪星所受到除地球中心

引力之外,所有摄动力和控制力带来的加速度。由式(8.4.2)和式(8.4.3)可得:

$$\ddot{\boldsymbol{\rho}} = -\mu\left(\frac{\boldsymbol{R}_{\mathrm{Fol}}}{R_{\mathrm{Fol}}^3} - \frac{\boldsymbol{R}_{\mathrm{Tar}}}{R_{\mathrm{Tar}}^3}\right) + \boldsymbol{F}_{\mathrm{Fol}} - \boldsymbol{F}_{\mathrm{Tar}} \tag{8.4.4}$$

为了能够在相对运动坐标系 LVLH 内描述相对运动关系,将式(8.4.4)转换到相对坐标系,表示为

$$\ddot{\boldsymbol{\rho}} + 2\boldsymbol{\omega}\times\dot{\boldsymbol{\rho}} + \boldsymbol{\omega}\times(\boldsymbol{\omega}\times\boldsymbol{\rho}) + \dot{\boldsymbol{\omega}}\times\boldsymbol{\rho} = -\mu\left(\frac{\boldsymbol{R}_{\mathrm{Fol}}}{R_{\mathrm{Fol}}^3} - \frac{\boldsymbol{R}_{\mathrm{Tar}}}{R_{\mathrm{Tar}}^3}\right) + \boldsymbol{F}_{\mathrm{Fol}} - \boldsymbol{F}_{\mathrm{Tar}} \tag{8.4.5}$$

式(8.4.5)中,$\boldsymbol{\omega}$ 为 LVLH 相对于惯性系 ECI 的旋转角速度。式(8.4.5)即为两卫星间的相对运动关系在 LVLH 坐标系中的矢量表达式。在目标星 LVLH 坐标系中,相对距离 $\boldsymbol{\rho} = [x,y,z]^{\mathrm{T}}$,$\boldsymbol{\omega} = [\omega_x,\omega_y,\omega_z]^{\mathrm{T}}$,$\boldsymbol{r}_{\mathrm{Tar}} = [r,0,0]^{\mathrm{T}}$,$\boldsymbol{r}_{\mathrm{Fol}} = [r+x,y,z]^{\mathrm{T}}$,其中 $r = R_{\mathrm{Tar}}$ 为目标星的地心距,由此可将式(8.4.5)转化为标量形式:

$$\begin{cases}\ddot{x} - \dot{\omega}_z y - 2\omega_z\dot{y} - \omega_z^2 x + \omega_x\omega_z z = \dfrac{\mu}{r^2} - \dfrac{\mu(r+x)}{[(r+x)^2+y^2+z^2]^{\frac{3}{2}}} + \Delta f_x \\ \ddot{y} + \dot{\omega}_z x - \dot{\omega}_x z + 2\omega_z\dot{x} - (\omega_z^2+\omega_x^2)y = -\dfrac{\mu y}{[(r+x)^2+y^2+z^2]^{\frac{3}{2}}} + \Delta f_y \\ \ddot{z} + \dot{\omega}_x y + 2\omega_x\dot{y} + \omega_x\omega_z x - \omega_x^2 z = -\dfrac{\mu z}{[(r+x)^2+y^2+z^2]^{\frac{3}{2}}} + \Delta f_z\end{cases} \tag{8.4.6}$$

式(8.4.6)中:$\Delta f_x,\Delta f_y,\Delta f_z$ 分别为两颗卫星所受到的加速度差($\boldsymbol{F}_{\mathrm{Fol}} - \boldsymbol{F}_{\mathrm{Tar}}$)在目标星 LVLH 坐标系三轴上的分量。由于以上标量方程形式比较复杂,很难求得解析形式的解,所以在进行工程问题研究时,需要根据工程实际进行必要的简化,从而得到简单易用的解析方程。

如果假设目标星运行在椭圆轨道上,并只受到地球引力,不考虑地球非球形引力,在二体假设下,目标星当地相对运动坐标系相对于地球惯性坐标系的旋转角速度为

$$\boldsymbol{\omega} = [0,0,\dot{\theta}]^{\mathrm{T}},\ \dot{\theta} = \frac{h}{r^2} = \frac{\sqrt{\mu a(1-e^2)}}{r^2} = \frac{n\ (1+e\cos\theta)^2}{(1-e^2)^{3/2}} = \omega \tag{8.4.7}$$

$n = \sqrt{\mu/a^3}$ 为椭圆轨道平均角速率,a 为椭圆轨道半长轴,e 为轨道偏心率,$\dot{\theta}$ 为真近点角变化率,是一个随着卫星地心距而变化的变量。将式(8.4.7)代入式(8.4.6)可得:

$$\begin{cases}\ddot{x}-\dot{\omega}y-2\omega\dot{y}-\omega^2x=\dfrac{\mu}{r^2}-\dfrac{\mu(r+x)}{[(r+x)^2+y^2+z^2]^{\frac{3}{2}}}+\Delta f_x\\ \ddot{y}+\dot{\omega}x+2\omega\dot{x}-\omega^2y=-\dfrac{\mu y}{[(r+x)^2+y^2+z^2]^{\frac{3}{2}}}+\Delta f_y\\ \ddot{z}=-\dfrac{\mu z}{[(r+x)^2+y^2+z^2]^{\frac{3}{2}}}+\Delta f_z\end{cases} \tag{8.4.8}$$

地心距 r 可以表示为

$$r=\frac{a(1-e^2)}{1+e\cos\theta}=\frac{\mu^{1/3}}{n^{2/3}}\frac{(1-e^2)}{(1+e\cos\theta)} \tag{8.4.9}$$

由于编队构型的相对尺寸远小于目标星的地心距，将式(8.4.7)和式(8.4.9)代入式(8.4.8)，进行线性化并忽略二阶以上小量，得到 T－H 方程的时域表达式：

$$\begin{cases}\ddot{x}-\left(\dot{\theta}^2+2n^2\left(\dfrac{1+e\cos\theta}{1-e^2}\right)^3\right)x-\ddot{\theta}y-2\dot{\theta}\dot{y}=\Delta f_x\\ \ddot{y}+\ddot{\theta}x+2\dot{\theta}\dot{x}-\left(\dot{\theta}^2-n^2\left(\dfrac{1+e\cos\theta}{1-e^2}\right)^3\right)y=\Delta f_y\\ \ddot{z}+n^2\left(\dfrac{1+e\cos\theta}{1-e^2}\right)^3z=\Delta f_z\end{cases} \tag{8.4.10}$$

由于此方程无法得到解析解，利用绝对导数与相对导数的关系：

$$(\dot{\ })=(\cdot)'\dot{\theta}\quad(\ddot{\ })=(\cdot)''\dot{\theta}^2+\dot{\theta}\cdot\dot{\theta}'\cdot(\cdot)' \tag{8.4.11}$$

将变量对时间的导数转换为真近点角 θ 的导数，从而将 T－H 方程从时域转换至 θ 域，并写成状态方程的形式：

$$\begin{bmatrix}\dfrac{d^2x}{d\theta^2}\\ \dfrac{dx}{d\theta}\\ \dfrac{d^2y}{d\theta^2}\\ \dfrac{dy}{d\theta}\end{bmatrix}=\begin{bmatrix}\dfrac{2e\sin\theta}{1+e\cos\theta} & \dfrac{3+e\cos\theta}{1+e\cos\theta} & 2 & \dfrac{-2e\sin\theta}{1+e\cos\theta}\\ 1 & 0 & 0 & 0\\ -2 & \dfrac{2e\sin\theta}{1+e\cos\theta} & \dfrac{2e\sin\theta}{1+e\cos\theta} & \dfrac{e\cos\theta}{1+e\cos\theta}\\ 0 & 0 & 1 & 0\end{bmatrix}\begin{bmatrix}\dfrac{dx}{d\theta}\\ x\\ \dfrac{dy}{d\theta}\\ y\end{bmatrix}$$

$$+\frac{(1-e^2)^3}{(1+e\cos\theta)^4n^2}\begin{bmatrix}1 & 0\\ 0 & 0\\ 0 & 1\\ 0 & 0\end{bmatrix}\begin{bmatrix}\Delta f_x\\ \Delta f_y\end{bmatrix} \tag{8.4.12}$$

$$\begin{bmatrix} \frac{\mathrm{d}^2 z}{\mathrm{d}\theta^2} \\ \frac{\mathrm{d}z}{\mathrm{d}\theta} \end{bmatrix} = \begin{bmatrix} \frac{2e\sin\theta}{1+e\cos\theta} & \frac{-1}{1+e\cos\theta} \\ 1 & 0 \end{bmatrix} \begin{bmatrix} \frac{\mathrm{d}z}{\mathrm{d}\theta} \\ z \end{bmatrix} + \frac{(1-e^2)^3}{(1+e\cos\theta)^4 n^2} \begin{bmatrix} 1 \\ 0 \end{bmatrix} \Delta f_z \tag{8.4.13}$$

式(8.4.6)已经给出了以目标星为参考坐标系原点的相对动力学方程。同理,以跟踪星为坐标原点的相对动力学方程具有相同的形式,只是 $\boldsymbol{\omega} = [\omega_x, \omega_y, \omega_z]^{\mathrm{T}}$ 为跟踪星 LVLH 相对于惯性系 ECI 的旋转角速度,$r = R_{\mathrm{Fol}}$ 为跟踪星的地心距。

若目标星在跟踪卫星体系的坐标为 $\boldsymbol{x} = [x, y, z]^{\mathrm{T}}$,将椭圆参考轨道相对动力学方程(8.4.8)改写为以下形式:

$$\begin{cases} \ddot{x} - \dot{\omega}y - 2\omega\dot{y} - \omega^2 x = \frac{\mu}{r^2} - \frac{\mu(r+x)}{[(r+x)^2 + y^2 + z^2]^{3/2}} + u_x + w_x \\ \ddot{y} + \dot{\omega}x + 2\omega\dot{x} - \omega^2 y = -\frac{\mu y}{[(r+x)^2 + y^2 + z^2]^{3/2}} + u_y + w_y \\ \ddot{z} = -\frac{\mu z}{[(r+x)^2 + y^2 + z^2]^{3/2}} + u_z + w_z \end{cases} \tag{8.4.14}$$

其中将两颗卫星所受到的加速度差($\boldsymbol{F}_{\mathrm{Tar}} - \boldsymbol{F}_{\mathrm{Fol}}$)在跟踪星 LVLH 坐标系三轴上的分量 $\Delta f_x, \Delta f_y, \Delta f_z$,写为控制量与摄动量和的形式。控制输入的加速度和为 $\boldsymbol{U} = [u_x, u_y, u_z]^{\mathrm{T}}$,两颗星所受到除地球中心引力之外各种摄动力加速度的和为 $\boldsymbol{w} = [w_x, w_y, w_z]^{\mathrm{T}}$。由于 $\boldsymbol{w}$ 在卫星在线测量控制中无法测量,所以将其作为模型误差。设系统状态量为 $\boldsymbol{X} = [v_x, v_y, v_z, x, y, z]^{\mathrm{T}} = [\dot{x}, \dot{y}, \dot{z}, x, y, z]^{\mathrm{T}}$,将式(8.4.14)写为矩阵方程形式:

$$\dot{\boldsymbol{X}} = \boldsymbol{f}(\boldsymbol{X}, \boldsymbol{U}, \boldsymbol{w}) = [f_1, f_2, f_3, f_4, f_5, f_6]^{\mathrm{T}}$$

$$= \begin{bmatrix} 2\omega\dot{y} + \dot{\omega}y + \omega^2 x + \frac{\mu}{r^2} - \frac{\mu(r+x)}{[(r+x)^2 + y^2 + z^2]^{3/2}} + u_x + w_x \\ -2\omega\dot{x} - \dot{\omega}x + \omega^2 y - \frac{\mu y}{[(r+x)^2 + y^2 + z^2]^{3/2}} + u_y + w_y \\ -\frac{\mu z}{[(r+x)^2 + y^2 + z^2]^{3/2}} + u_z + w_z \\ \dot{x} \\ \dot{y} \\ \dot{z} \end{bmatrix} \tag{8.4.15}$$

式(8.4.15)即为本文所使用的系统状态方程。

8.4.1.3 系统测量模型

由式(8.4.1)对相对距离 ρ,水平偏离角 α 和高低角 β 的定义,可知观测量

与状态量的相互关系为

$$\begin{cases}\rho = \sqrt{x^2 + y^2 + z^2} \\ \alpha = \arctan\left(\dfrac{z}{y}\right) \\ \beta = \arctan\left(\dfrac{-x}{\sqrt{z^2 + y^2}}\right)\end{cases} \tag{8.4.16}$$

设观测量为 $\boldsymbol{Z} = [\rho, \alpha, \beta]^{\mathrm{T}}$，将式(10.31)写为矩阵方程形式：

$$\boldsymbol{Z} = \boldsymbol{h}(\boldsymbol{X}) = \left[\sqrt{x^2 + y^2 + z^2},\quad \arctan\left(\frac{z}{y}\right),\quad \arctan\left(\frac{-x}{\sqrt{z^2 + y^2}}\right)\right]^{\mathrm{T}} \tag{8.4.17}$$

式(8.4.17)即为本文所使用的系统测量方程。

8.4.2 基于 EKF 的导航算法

在处理观测数据时，一般采用最小二乘法和卡尔曼滤波两种在线估计方法。卡尔曼滤波的实时性强，占用内存较小，目前已广泛用于自主导航计算。应用扩展卡尔曼滤波(EKF)进行非线性系统的状态估计是比较成熟而且有效的方法。分析和仿真结果表明，卡尔曼滤波器能够有效提高相对位置确定精度并给出相对速度的高精度估计。但由于扩展卡尔曼滤波对状态方程要进行线性化，导致此估计有偏差。滤波过程有时会出现发散现象，对卫星导航的安全性不利。这时需要采用控制发散的滤波算法(如自适应滤波、有限记忆滤波和衰减记忆滤波等)解决滤波发散问题。

8.4.2.1 非线性状态模型线性离散化

使用扩展卡尔曼滤波进行非线性系统的状态估计，需要对非线性系统状态方程和测量方程进行线性离散化。由系统状态方程(8.4.15)，在 $\boldsymbol{X}_0 = [\dot{x}_0, \dot{y}_0, \dot{z}_0, x_0, y_0, z_0]^{\mathrm{T}}$ 附近进行线性化，并取系统状态量为 $\Delta\boldsymbol{X} = [\Delta\dot{x}, \Delta\dot{y}, \Delta\dot{z}, \Delta x, \Delta y, \Delta z]^{\mathrm{T}}$，进行线性化后的线性系统方程为

$$\Delta\dot{\boldsymbol{X}} = \boldsymbol{A}\Delta\boldsymbol{X} + \boldsymbol{B}\boldsymbol{U} + \boldsymbol{w} \tag{8.4.18}$$

其中，$\boldsymbol{w}$ 为各种模型误差造成的随机变量。线性系统的系数矩阵 $\boldsymbol{A}, \boldsymbol{B}$ 为

$$\boldsymbol{A} = \left(\frac{\partial f}{\partial \boldsymbol{X}^{\mathrm{T}}}\right) = \begin{pmatrix}\dfrac{\partial f_1}{\partial X_1} & \cdots & \dfrac{\partial f_1}{\partial X_6} \\ \vdots & \ddots & \vdots \\ \dfrac{\partial f_6}{\partial X_1} & \cdots & \dfrac{\partial f_6}{\partial X_6}\end{pmatrix}_{|\boldsymbol{X}_0} \tag{8.4.19}$$

$$\boldsymbol{B} = \left(\frac{\partial f}{\partial \boldsymbol{U}^{\mathrm{T}}}\right)_{|\boldsymbol{X}_0} \tag{8.4.20}$$

在求取函数$f(\boldsymbol{X},\boldsymbol{U},\boldsymbol{w})$的偏导数时，需要进行必要的近似处理。相对于地心距 r，编队飞行的构型尺寸 x，y 和 z 为小量。函数 f_1 的非线性项：

$$\frac{\mu(r+x)}{[(r+x)^2+y^2+z^2]^{3/2}} \approx \frac{\mu}{(r+x)^2} \tag{8.4.21}$$

于是：

$$\frac{\partial f_1}{\partial x} = \omega^2 + \frac{2\mu}{(r+x)^3} \approx \omega^2 + \frac{2\mu}{r^3} \tag{8.4.22}$$

根据轨道角速度和地心距的计算公式：

$$R = \frac{a(1-e^2)}{1+e\cos\theta} \tag{8.4.23}$$

$$\dot{\theta} = \frac{h}{R^2} = \frac{\sqrt{\mu a(1-e^2)}}{R^2} = \frac{n\,(1+e\cos\theta)^2}{(1-e^2)^{3/2}} = \sqrt{\mu/a^3} \times \frac{(1+e\cos\theta)^2}{(1-e^2)^{3/2}} \tag{8.4.24}$$

得到下式：

$$\frac{\mu}{r^3} = \frac{\omega^2}{1+e\cos\theta} \tag{8.4.25}$$

将式(8.4.25)代入式(8.4.22)可得：

$$\frac{\partial f_1}{\partial x} = \omega^2 + \frac{2\omega^2}{1+e\cos\theta} \tag{8.4.26}$$

同理得：

$$\frac{\mu y}{[(r+x)^2+y^2+z^2]^{3/2}} \approx \frac{\mu y}{r^3} \Rightarrow \frac{\partial f_2}{\partial y} = \omega^2 - \frac{\omega^2}{1+e\cos\theta} \tag{8.4.27}$$

$$\frac{\mu z}{[(r+x)^2+y^2+z^2]^{3/2}} \approx \frac{\mu z}{r^3} \Rightarrow \frac{\partial f_3}{\partial z} = -\frac{\omega^2}{1+e\cos\theta} \tag{8.4.28}$$

由此，得到椭圆轨道下的线性化系数转移矩阵为

$$\boldsymbol{A} = \begin{bmatrix} \boldsymbol{A}_{11} & \boldsymbol{A}_{12} \\ \boldsymbol{I}_3 & \boldsymbol{O}_3 \end{bmatrix}, \boldsymbol{B} = \begin{bmatrix} \boldsymbol{I}_3 \\ \boldsymbol{O}_3 \end{bmatrix} \tag{8.4.29}$$

其中：$\boldsymbol{O}_3$ 为 3 × 3 零矩阵，$\boldsymbol{I}_3$ 为 3 × 3 单位矩阵，$\boldsymbol{A}_{11} = 2\omega\begin{bmatrix} 0 & 1 & 0 \\ -1 & 0 & 0 \\ 0 & 0 & 0 \end{bmatrix}$，$\boldsymbol{A}_{12} =$

$$\begin{bmatrix} \omega^2+\dfrac{2\omega^2}{1+e\cos\theta} & \dot{\omega} & 0 \\ -\dot{\omega} & \omega^2-\dfrac{\omega^2}{1+e\cos\theta} & 0 \\ 0 & 0 & -\dfrac{\omega^2}{1+e\cos\theta} \end{bmatrix}。$$

将式(8.4.18)的状态量 $\Delta\boldsymbol{X}=[\Delta\dot{x},\Delta\dot{y},\Delta\dot{z},\Delta x,\Delta y,\Delta z]^{\mathrm{T}}$ 写为 $\boldsymbol{X}=[\dot{x},\dot{y},\dot{z},x,y,z]^{\mathrm{T}}$,系统状态方程变为

$$\dot{\boldsymbol{X}}=\boldsymbol{AX}+\boldsymbol{BU}+\boldsymbol{w} \tag{8.4.30}$$

系数矩阵 $\boldsymbol{A}$,$\boldsymbol{B}$ 在无控标称状态运行时,轨道角速度 ω 和真近点角 θ 可由下式求得:

$$M=M_0+n\Delta t,n=\sqrt{\frac{\mu}{a^3}} \tag{8.4.31}$$

$$\begin{aligned}\theta=&M+\left(2e-\frac{1}{4}e^3+\frac{5}{96}e^5\right)\sin M+\left(\frac{5}{4}e^2-\frac{11}{24}e^4+\frac{17}{192}e^6\right)\sin 2M\\&+\left(\frac{13}{12}e^3-\frac{43}{64}e^5\right)\sin 3M+\left(\frac{103}{96}e^4-\frac{451}{480}e^6\right)\sin 4M\\&+\frac{1097}{960}e^5\sin 5M+\frac{1223}{960}e^6\sin 6M+O(e^7)\end{aligned} \tag{8.4.32}$$

$$\omega=\dot{\theta}=\frac{h}{r^2}=\frac{\sqrt{\mu a(1-e^2)}}{r^2}=\frac{n\,(1+e\cos\theta)^2}{(1-e^2)^{3/2}} \tag{8.4.33}$$

$$\begin{aligned}\dot{\omega}&=\frac{-2n(1+e\cos\theta)e\sin\theta}{(1-e^2)^{3/2}}\dot{\theta}\\&=\frac{-2n(1+e\cos\theta)e\sin\theta}{(1-e^2)^{3/2}}\omega=\frac{-2n^2(1+e\cos\theta)^3e\sin\theta}{(1-e^2)^3}\end{aligned} \tag{8.4.34}$$

其中:n 为轨道平均角速度;M_0 为卫星开始编队时的平近点角;Δt 为开始编队时刻与当前的时差;e 为轨道偏心率;a 为轨道半长轴。e、a 这两个参数为轨道平根数。

由此,当跟踪星在进行编队飞行自主导航时,只要能够实时获取当前绝对轨道的状态,构型系统状态方程便是一个确定系数的方程。自主定轨方法的进步,能够大大提高卫星自主运行能力,也为卫星编队飞行提供了较为精确的当地坐标参数。此时可以根据自主定轨的参数求得编队飞行状态方程。

使用 EKF 时,还需要将线性模型离散化,并写成向量差分方程形式,假设系统采样周期为 T,则系统的离散向量差分方程为

$$\boldsymbol{X}_{k+1}=\boldsymbol{\Phi}_{k+1/k}\boldsymbol{X}_k+\boldsymbol{\Gamma}_k\boldsymbol{U}_k+\boldsymbol{w}_k \tag{8.4.35}$$

由于状态方程的系数矩阵与当前卫星运行的绝对状态有关，在 t_k 时刻，系数矩阵为 $\boldsymbol{A}(\omega_k,e,\theta)$，对系统状态转移矩阵 $\boldsymbol{\Phi}_{k+1/k}$ 进行近似处理，忽略二阶以上的项得：

$$\boldsymbol{\Phi}_{k+1/k}=\boldsymbol{I}+\boldsymbol{A}(\omega_k,e,\theta)T \tag{8.4.36}$$

一般情况下采样周期 T 为小量，可以认为在单个步长 $[t_k,t_{k+1}]$ 内 $\boldsymbol{\Phi}_{k+1/k}$ 是一个常值。因此，系统输入系数矩阵为

$$\boldsymbol{\Gamma}_k=\int_{t_k}^{t_{k+1}}\boldsymbol{\Phi}(t_{k+1},\tau)\boldsymbol{B}(t_k)\mathrm{d}\tau=\int_{t_k}^{t_{k+1}}\boldsymbol{\Phi}_{k+1/k}\mathrm{d}t\boldsymbol{B}=\boldsymbol{\Phi}_{k+1/k}\boldsymbol{B}T \tag{8.4.37}$$

8.4.2.2 测量模型线性化

使用 EKF 进行状态估计前，同样需要对系统的测量方程进行线性化和离散化。对测量方程(8.4.17)在标称值 $\boldsymbol{X}_0=[\dot{x}_0,\dot{y}_0,\dot{z}_0,x_0,y_0,z_0]^{\mathrm{T}}$ 附近进行泰勒展开，并将近似误差写为 $\boldsymbol{v}$，取一次项可以得到如下线性模型：

$$\Delta\boldsymbol{Z}=\boldsymbol{H}\Delta\boldsymbol{X}+\boldsymbol{v} \tag{8.4.38}$$

式中：$\Delta\boldsymbol{X}=[\Delta\dot{x},\Delta\dot{y},\Delta\dot{z},\Delta x,\Delta y,\Delta z]^{\mathrm{T}}$，$\Delta\boldsymbol{Z}=[\Delta\rho,\Delta\alpha,\Delta\beta]^{\mathrm{T}}$，$\boldsymbol{H}=[\boldsymbol{O}_3\quad\boldsymbol{H}_{12}]$，$\boldsymbol{O}_3$ 为 3 阶零矩阵，$\boldsymbol{H}_{12}$ 为

$$\boldsymbol{H}_{12}=\begin{bmatrix}\dfrac{x_0}{\rho} & \dfrac{y_0}{\rho} & \dfrac{z_0}{\rho}\\ 0 & \dfrac{-z_0}{y_0^2+z_0^2} & \dfrac{y_0}{y_0^2+z_0^2}\\ \dfrac{\sqrt{y_0^2+z_0^2}}{\rho^2} & \dfrac{x_0y_0}{\rho^2\sqrt{y_0^2+z_0^2}} & \dfrac{x_0z_0}{\rho^2\sqrt{y_0^2+z_0^2}}\end{bmatrix} \tag{8.4.39}$$

对于方程(8.4.38)，将系统状态量 $\boldsymbol{X}=[\Delta\dot{x},\Delta\dot{y},\Delta\dot{z},\Delta x,\Delta y,\Delta z]^{\mathrm{T}}$ 写为 $\boldsymbol{X}=[\dot{x},\dot{y},\dot{z},x,y,z]^{\mathrm{T}}$，$\Delta\boldsymbol{Z}=[\Delta\rho,\Delta\alpha,\Delta\beta]^{\mathrm{T}}$ 写为 $\boldsymbol{Z}=[\rho,\alpha,\beta]^{\mathrm{T}}$，得到系统测量线性化模型：

$$\boldsymbol{Z}=\boldsymbol{H}\boldsymbol{X}+\boldsymbol{v} \tag{8.4.40}$$

由测量方程(8.4.39)的系数矩阵 $\boldsymbol{H}$ 表达式可知，$\boldsymbol{H}$ 的计算需要得到系统当前的标称值 $\boldsymbol{X}_0$。一般情况下，滤波标称值 $\boldsymbol{X}_0$ 由滤波上一步估计值 $\hat{\boldsymbol{X}}_k$ 代替。使用式(8.4.39)计算 $\boldsymbol{H}$ 乘法次数较多，计算量较大，且依赖于上一步估计值 $\hat{\boldsymbol{X}}_k$ 的准确性。一旦滤波初始值误差较大或者滤波局部发散，将造成滤波整体趋于发散。为了减少计算量，且较少地依赖估计值 $\hat{\boldsymbol{X}}_k$，可建立近似的线性模型。

如图 8.7 所示，先建立视线坐标系 $S_{\mathrm{Fol}}-x_sy_sz_s$：$y_s$ 轴指向目标卫星，x_s 轴与 y_s 轴在 $\boldsymbol{\rho}$ 的投影平面 $S_{\mathrm{Fol}}S_{\mathrm{Tar}}A$ 内，z_s 轴与其他两个轴构成右手坐标系。

由此，可得方程：

$$\begin{bmatrix}0\\ \rho\\ 0\end{bmatrix}=\boldsymbol{T}_3(\beta)\boldsymbol{T}_1(\alpha)\begin{bmatrix}x\\ y\\ z\end{bmatrix} \tag{8.4.41}$$

将式(8.4.41)展开,得

$$\begin{cases}0=x\cos\beta+y\cos\alpha\sin\beta+z\sin\alpha\sin\beta\\ \rho=-x\sin\beta+y\cos\alpha\cos\beta+z\sin\alpha\cos\beta\\ 0=-y\sin\alpha+z\cos\alpha\end{cases} \tag{8.4.42}$$

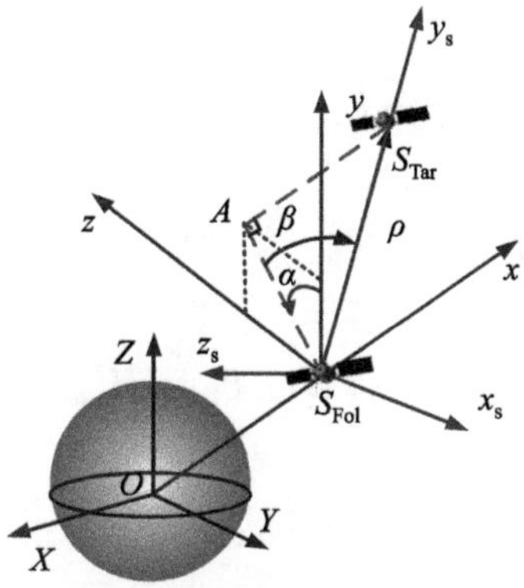

图 8.7 跟飞编队测量视线坐标系示意图

令虚拟观测量为 $\boldsymbol{Z}=[0,\rho,0]^{\mathrm{T}}$,新的测量方程为

$$\boldsymbol{Z}=\bar{\boldsymbol{H}}\boldsymbol{X}+\boldsymbol{e} \tag{8.4.43}$$

其中:$\bar{\boldsymbol{H}}=[\boldsymbol{O}_3 \quad \bar{\boldsymbol{H}}_{12}]$,$\boldsymbol{O}_3$ 为 3 阶零矩阵,$\bar{\boldsymbol{H}}_{12}$ 为

$$\bar{\boldsymbol{H}}_{12}=\begin{bmatrix}\cos\beta & \cos\alpha\sin\beta & \sin\alpha\sin\beta\\ -\sin\beta & \cos\alpha\cos\beta & \sin\alpha\cos\beta\\ 0 & -\sin\alpha & \cos\alpha\end{bmatrix} \tag{8.4.44}$$

新的测量方程(8.4.43)中,可利用测量得到的水平偏离角 α 和高低角 β,代入式(8.4.44)从而求出当前的测量系数矩阵 $\bar{\boldsymbol{H}}$,避免了使用滤波上一步估计值 $\hat{\boldsymbol{X}}_k$,减少了测量系数矩阵的计算量。

8.4.2.3 自适应 EKF 滤波算法

直接使用 EKF 进行非线性系统状态估计时,由于线性化造成的系统误差以及测量误差无法在线调整,估计效果不佳,且系统状态变化时,滤波常常会发散。由此需要自适应滤波方法用于系统状态的估计。下面给出简化的 Sage – Husa 自适应滤波方法。

系统的状态方程为式(8.4.35),将测量方程(8.4.43)写成离散递推形式:

$$\boldsymbol{Z}_{k+1}=\boldsymbol{H}_{k+1}\boldsymbol{X}_{k+1}+\boldsymbol{e}_{k+1} \tag{8.4.45}$$

其中：$\boldsymbol{H}_{k+1}$为当前的测量矩阵；$\boldsymbol{Y}_{k+1}$为 3 维系统观测值。若系统模型误差 $\boldsymbol{w}_k$ 和测量误差 $\boldsymbol{e}_{k+1}$为互不相关的零均值白噪声，即

$$\boldsymbol{w}_k \sim N(0,\boldsymbol{Q}_k),\boldsymbol{e}_{k+1}\sim N(0,\boldsymbol{R}_{k+1}) \tag{8.4.46}$$

则系统的标准卡尔曼滤波方程如下。

状态预报方程：

$$\hat{\boldsymbol{X}}_{k+1/k}=\boldsymbol{\Phi}_{k+1/k}\hat{\boldsymbol{X}}_k+\boldsymbol{\Gamma}_k\boldsymbol{U}_k \tag{8.4.47}$$

测量新息：

$$\boldsymbol{\gamma}_{k+1}=\boldsymbol{Z}_{k+1}-\boldsymbol{H}_{k+1}\hat{\boldsymbol{X}}_{k+1/k} \tag{8.4.48}$$

误差协方差预报方程：

$$\boldsymbol{P}_{k+1/k}=\boldsymbol{\Phi}_{k+1/k}\boldsymbol{P}_k\boldsymbol{\Phi}_{k+1/k}^{\mathrm{T}}+\boldsymbol{Q}_k \tag{8.4.49}$$

卡尔曼增益矩阵：

$$\boldsymbol{K}_{k+1}=\boldsymbol{P}_{k+1/k}\boldsymbol{H}_{k+1}^{\mathrm{T}}[\boldsymbol{H}_{k+1}\boldsymbol{P}_{k+1/k}\boldsymbol{H}_{k+1}^{\mathrm{T}}+\boldsymbol{R}_{k+1}]^{-1} \tag{8.4.50}$$

误差协方差修正方程：

$$\boldsymbol{P}_{k+1}=[\boldsymbol{I}-\boldsymbol{K}_{k+1}\boldsymbol{H}_{k+1}]\boldsymbol{P}_{k+1/k} \tag{8.4.51}$$

状态修正方程：

$$\hat{\boldsymbol{X}}_{k+1}=\hat{\boldsymbol{X}}_{k+1/k}+\boldsymbol{K}_{k+1}\boldsymbol{\gamma}_{k+1} \tag{8.4.52}$$

由于在线运行过程状态的变化，很难在先验情况下获得模型误差方差和测量误差方差，可以运用本书第 8 章的自适应方法进行 $\boldsymbol{Q}$ 和 $\boldsymbol{R}$ 的估计。此处，运用简化的 Sage - Husa 自适应滤波，能够对测量噪声方差矩阵 $\boldsymbol{R}_{k+1}$进行在线估计，估计方程为

$$\boldsymbol{R}_{k+1}=(1-d_k)\boldsymbol{R}_k+d_k[(\boldsymbol{I}-\boldsymbol{H}_{k+1}\boldsymbol{K}_k)\boldsymbol{\gamma}_{k+1}\boldsymbol{\gamma}_{k+1}^{\mathrm{T}}(\boldsymbol{I}-\boldsymbol{H}_{k+1}\boldsymbol{K}_k)^{\mathrm{T}}+\boldsymbol{H}_{k+1}\boldsymbol{P}_k\boldsymbol{H}_{k+1}^{\mathrm{T}}] \tag{8.4.53}$$

其中，$d_k=(1-b)/(1-b^{k+1})$，$0<b<1$ 为遗忘因子，一般在 0.95 ~ 0.99 之间选取。由于 Sage - Husa 自适应滤波不能同时给出系统模型噪声方差矩阵和量测噪声方差矩阵的值，当采用测量噪声方差估计时，系统的模型噪声方差一般根据经验或者系统仿真进行统计获得。考虑到系统的稳健性，常常将系统模型噪声方差取一个比经验值大的常值，从而防止由于系统模型方差估计不准而造成的滤波发散。

对于编队飞行问题，在系统线性化时，进行了近似处理，引入了线性化误差，是编队飞行相对动力学模型中影响较大的项。现阶段，许多应用在验证自主导航算法时，都使编队运行于标称相对轨道下，即忽略编队构型的尺寸变化。这样的好处是能够通过仿真确定系统模型噪声 $\boldsymbol{Q}$ 的大小，从而降低估值误差。但是

在工程应用中,卫星编队飞行常常需要进行构型重构,编队尺寸发生变化使得估计中使用的模型噪声大小发生了改变。在构型尺寸较大情况下,需要使用较大的系统模型噪声 $\boldsymbol{Q}$,才能使得滤波收敛;相反,在构型尺寸较小情况下,需要使用较小的系统模型噪声 $\boldsymbol{Q}$,才能使得滤波估值拥有更高的精度。为此,需要针对编队问题,在原有 Sage – Husa 自适应滤波基础上加入系统模型噪声估计。

状态模型线性化时,忽略了编队尺寸,引入了较大的线性化误差。从式(8.4.21) ~ 式(8.4.26)可以看出,由于估计不准造成的加速度最大误差可以估计为

$$\Delta = \frac{\mu}{r^3}\rho \tag{8.4.54}$$

在计算过程中,可以使用轨道平均角速度 $n = \sqrt{\mu/a^3}$ 代入式(8.4.54)进行误差估计,从而减少计算量。由此,最大误差改写为 $\Delta = n^2\rho$。所以设计以下系统模型噪声在线估计方程:

$$\boldsymbol{Q}_k = \Delta^2\begin{bmatrix}\boldsymbol{I}_3 & \boldsymbol{O}_3\\ \boldsymbol{O}_3 & \boldsymbol{O}_3\end{bmatrix} = n^4\rho^2\begin{bmatrix}\boldsymbol{I}_3 & \boldsymbol{O}_3\\ \boldsymbol{O}_3 & \boldsymbol{O}_3\end{bmatrix} \tag{8.4.55}$$

其中:ρ 取当前距离测量值;$\boldsymbol{O}_3$ 为 3 阶零矩阵;$\boldsymbol{I}_3$ 为 3 阶单位矩阵。

至此,带有模型误差和测量误差估计的自适应滤波估计步骤如下。

步骤 1:滤波初始化。取初始状态 $\hat{\boldsymbol{X}}_0 = \boldsymbol{X}_0$,估计值方差 $\boldsymbol{P}_0 = \kappa\boldsymbol{I}_6$,测量误差 $\boldsymbol{R}_0 = \kappa\boldsymbol{I}_3$;由于需要进行自适应计算测量误差矩阵 $\boldsymbol{R}_{k+1}$,所以取卡尔曼增益矩阵 $\boldsymbol{K}_0 = [\boldsymbol{I}_3 \quad \boldsymbol{O}_3]$,其中,$\boldsymbol{I}_6$ 为 6 阶单位矩阵,κ 为方差初始化系数,通常取一个较大的正整数。

步骤 2:测量更新。本步骤是根据观测量进行相关参数更新。首先由式(8.4.54)更新测量残差 γ_{k+1};而后由式(8.4.53)估计测量噪声方差 $\boldsymbol{R}_{k+1}$;最后由式(8.4.55)估计模型噪声方差 $\boldsymbol{Q}_k$。

步骤 3:状态预报。首先由式(8.4.47)进行系统状态预报,获取预报值 $\hat{\boldsymbol{X}}_{k+1/k}$;然后由式(8.4.49)计算误差协方差预报值 $\boldsymbol{P}_{k+1/k}$;最后由式(8.4.50)计算卡尔曼增益矩阵 $\boldsymbol{K}_{k+1}$。

步骤 4:状态修正并输出。由误差协方差修正方程(8.4.51)计算误差方差 $\boldsymbol{P}_{k+1}$,并计算状态修正值 $\hat{\boldsymbol{X}}_{k+1}$。输出状态估计值 $\hat{\boldsymbol{X}}_{k+1}$,并返回步骤(2),进入下一次迭代循环。

按照以上步骤便能够得到当前编队的相对位置和速度,完成由测量值向状态量的估计转换。

8.4.3 仿真算例

假设目标卫星为一个椭圆轨道极轨卫星，其轨道要素为 $Ob_{\text{Tar}}=(7077.732\text{km}, 0.01175, 98.21012°, 78.547°, 90°, -3.5933°)$，仿真开始历元为 $U_0=2008:1:1\ 0:0:0$ UTC，卫星轨道计算采用高精度全摄动仿真模型（STK 软件 HPOP 轨道计算模型），且编队在无控制作用下自由飞行。以目标星为相对坐标系基准进行相对轨道设计，如表 8.1 编队构型取三种初始化参数进行仿真。在三种构型仿真中，取相同的滤波初始化参数：测量噪声方差遗忘因子 $b=0.95$，估计值和噪声方差初始化系数 $\kappa=10^6$，为了验证滤波收敛性能，取初始状态 $\boldsymbol{X}_0=[\boldsymbol{v}_0 \quad \boldsymbol{x}_0]^{\text{T}}+\Delta\boldsymbol{X}$，初始状态误差统一取为 $\Delta\boldsymbol{X}=[1\text{m/s}, 3\text{m/s}, 2\text{m/s}, 1000\text{m}, 2000\text{m}, 800\text{m}]^{\text{T}}$。仿真步长 $T=1\text{s}$，总仿真时间为目标星运行三个轨道周期。仿真中取距离测量标准方差为 0.1m，角度测量标准方差为 0.02°。

表 8.1 构型初始化参数

构型编号	初始位置 $\boldsymbol{x}_0$(m)	初始速度 $\boldsymbol{v}_0$(m/s)	说明
Ⅰ	$\boldsymbol{x}=[0,-1000,0]$	$\boldsymbol{v}=[0,0,0]$	距离 1000m 相对保持飞行
Ⅱ	$\boldsymbol{x}=[0,-100,0]$	$\boldsymbol{v}=[0,0,0]$	距离 100m 相对保持飞行
Ⅲ	$\boldsymbol{x}=[0,-10000,0]$	$\boldsymbol{v}=[0,-0.18,0]$	从 10km 逼近飞行

如图 8.8 给出了仿真的随机数序列，本文采用的测量仿真数据就是在仿真真值基础上，加上此随机数序列，得到带有误差的测量数据。如图 8.8 中给出的角度测量仿真值，采用跟飞构型飞行时，由于偏离角和高低角为一个小量，角度误差在标准方差为 0.02°时，将产生较大的影响。

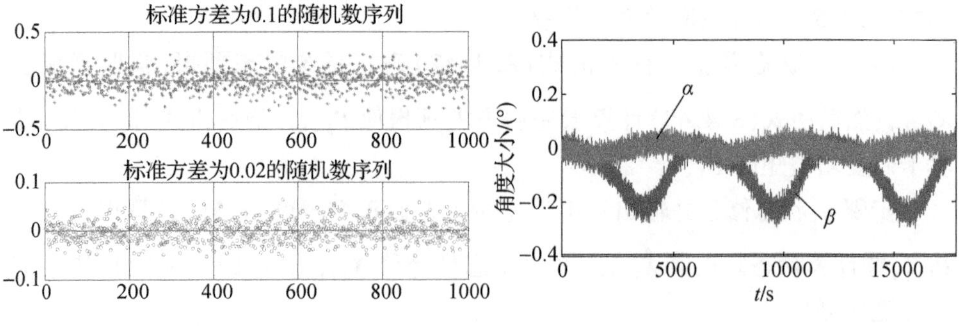

图 8.8 仿真随机数序列与构型Ⅰ角度测量仿真值

图 8.9 ~ 图 8.11 是构型 I 进行状态估计的仿真结果。由图 8.9 可以看出，滤波器在初始误差非常巨大的情况下，200 个步长内就已经收敛，收敛速度非常快。在 1000m 量级下，位置估计方差为：$\sigma_x = 0.0904\text{m}$，$\sigma_y = 0.0333\text{m}$，$\sigma_z = 0.0863\text{m}$；速度估计误差标准方差为：$\sigma_{v_x} = 0.0031\text{m/s}$，$\sigma_{v_y} = 0.0022\text{m/s}$，$\sigma_{v_z} = 0.0030\text{m/s}$。由此看出位置估计精度在 1000m 量级下达到了厘米级，速度估计精度达到了毫米级，具有较高的估计精度。

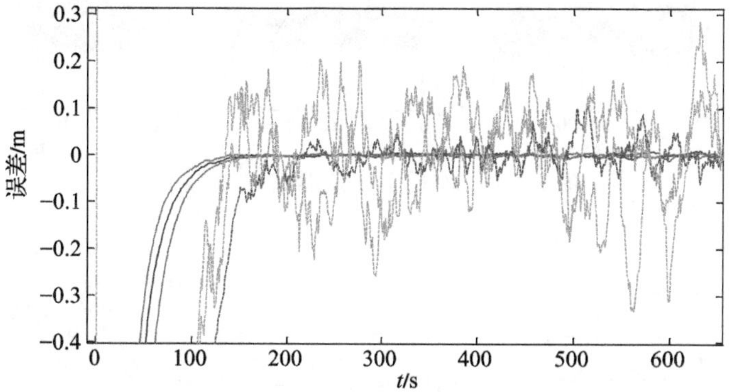

图 8.9 构型 I 位置速度估计值误差曲线局部放大图（彩图见插页）

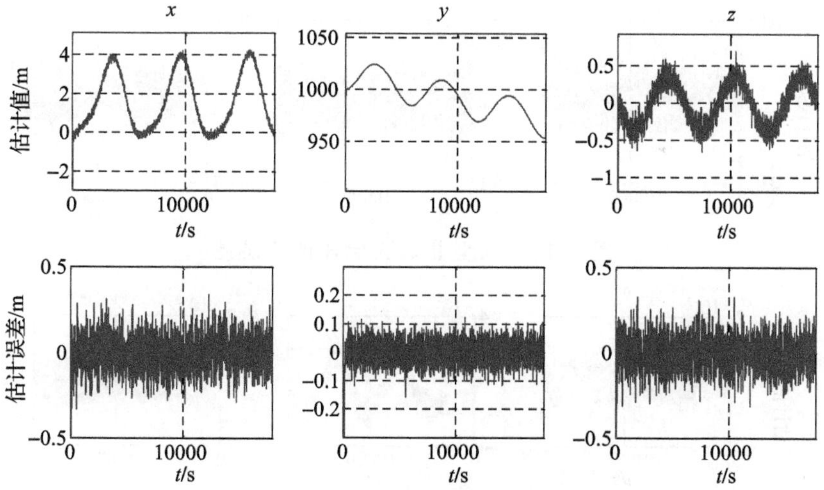

图 8.10 构型 I 位置估计值及误差

图 8.12 和图 8.13 是构型 II 进行状态估计的仿真结果，滤波器的收敛特性与构型 I 相同，在较大误差下很快收敛。在 100m 量级下，位置估计方差为：$\sigma_x = 0.0086\text{m}$，$\sigma_y = 0.0188\text{m}$，$\sigma_z = 0.0086\text{m}$；速度估计误差标准方差为：$\sigma_{v_x} = 0.0003\text{m/s}$，$\sigma_{v_y} = 0.00038\text{m/s}$，$\sigma_{v_z} = 0.0003\ \text{m/s}$。

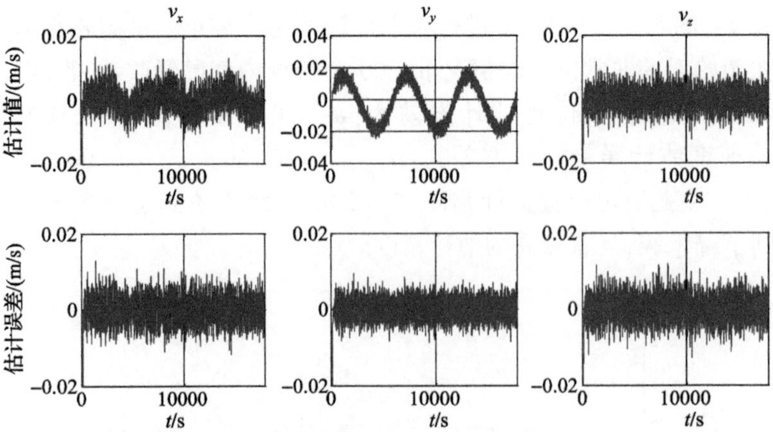

图 8.11　构型Ⅰ速度估计值及误差

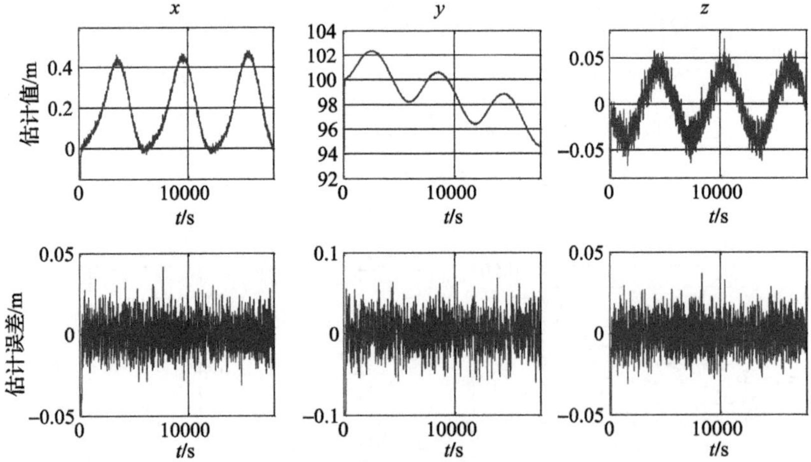

图 8.12　构型Ⅱ位置估计值及误差

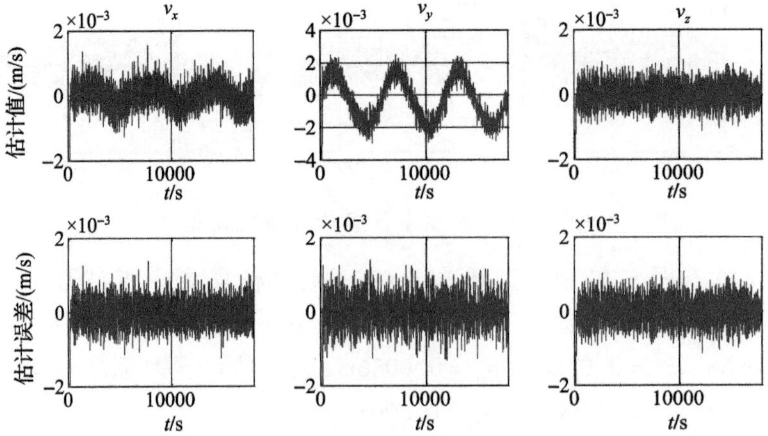

图 8.13　构型Ⅱ速度估计值及误差

图8.14和图8.15是构型Ⅲ进行状态估计的仿真结果，滤波器的收敛特性与构型Ⅰ相同，在较大误差下很快收敛。在整个飞行过程中，位置估计方差为：$\sigma_x=0.5068\text{m}$，$\sigma_y=0.0632\text{m}$，$\sigma_z=0.4954\text{m}$；速度估计误差标准方差为：$\sigma_{v_x}=0.0175\text{m/s}$，$\sigma_{v_y}=0.0086\text{m/s}$，$\sigma_{v_z}=0.0175\text{m/s}$。由仿真结果可以看出，随着卫星编队距离不断缩小，位置估计值的误差也在减小，说明滤波器很好地适应了编队尺寸的变化。

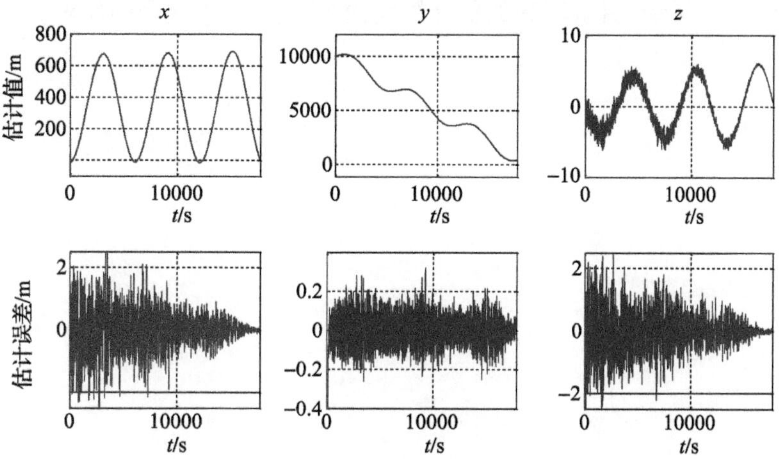

图8.14　构型Ⅲ位置估计值及误差

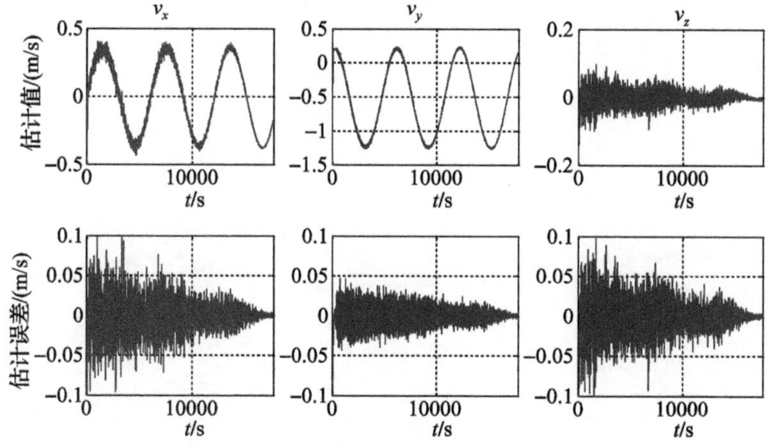

图8.15　构型Ⅲ速度估计值及误差

图8.14中y方向的估计误差在飞行过程中一直保持一个稳定的水平，而x方向和z方向的初始误差较大。这是由于在相同的角度测量精度下，越远的距离引入的方向误差越大。所以在距离较远的情况下，x方向和z方向误差较大。而y方向与目标矢径$\boldsymbol{\rho}$夹角较小，距离测量值对提高y方向精度起到了决定性

的作用。图 8.15 中,速度估计误差随着距离的减小而减小,说明滤波在线估计模型方差 $\boldsymbol{Q}_k$ 起到了明显的作用。当距离减小时,模型方差 $\boldsymbol{Q}_k$ 也随之减小,估计值更多地依赖于系统预测值,减小了更新修正,使得估计值方差减小。

在对三种构型的仿真试验中,可以看出本文提出的滤波器不但对构型改变具有极强的自适应能力。而且对滤波初始状态不敏感,具有较快的收敛速度。并且在 100m 构型尺度量级下,位置估计方差达到厘米级,速度估计误差方差达到了 10^{-4}m/s 量级,具有较高的估计精度,能够适应工程应用的需求。

9　卡尔曼滤波的工程实现与自适应技术

在运用最佳线性滤波方法的时候,我们总是将工程技术问题转化为滤波所要求的数学模型。然而,实际问题的这种数学模型,常常受到客观过程发展及其表现程度的限制。因此数学模型的建立带有近似性。例如,在拦截再入飞行器的跟踪问题中,弹道系数、阵风影响等因素难以事先确切知道。特别是对于机动飞行的飞行器,数学模型的描述就更带有近似性。此外,在滤波过程中,要求我们精确地给出动力学模型中的噪声方差阵和观测噪声的方差阵,这也是困难的。由于上述问题的存在,虽然应用了最佳线性滤波方法,但是所得到的滤波值并不是最佳的。这些问题统称为滤波方法实现问题。本章将对这些问题进行一般讨论,并给出一些处理方法。

9.1　新息序列及其性质

假设系统为

$$\boldsymbol{X}_K=\boldsymbol{\Phi}_{K,K-1}\boldsymbol{X}_{K-1}+\boldsymbol{W}_{K-1}$$

$$\boldsymbol{Z}_K=\boldsymbol{H}_K\boldsymbol{X}_K+\boldsymbol{V}_K$$

其他条件同基本卡尔曼滤波的假设。

记

$$\boldsymbol{\nu}_K=\boldsymbol{Z}_K-\boldsymbol{H}_K\hat{\boldsymbol{X}}_{K/K-1} \tag{9.1.1}$$

$\{\boldsymbol{\nu}_K\}$就是新息(Innovation)序列,$\boldsymbol{\nu}_K$也可表示为如下形式:

$$\begin{aligned}\boldsymbol{\nu}_K&=\boldsymbol{H}_K\boldsymbol{X}_K+\boldsymbol{V}_K-\boldsymbol{H}_K\hat{\boldsymbol{X}}_{K/K-1}\\&=\boldsymbol{H}_K\tilde{\boldsymbol{X}}_{K/K-1}+\boldsymbol{V}_K\end{aligned} \tag{9.1.2}$$

或者

$$\begin{aligned}\boldsymbol{\nu}_K&=\boldsymbol{H}_K(\boldsymbol{\Phi}_{K,K-1}\boldsymbol{X}_{K-1}+\boldsymbol{W}_{K-1})+\boldsymbol{V}_K-\boldsymbol{H}_K\boldsymbol{\Phi}_{K,K-1}\hat{\boldsymbol{X}}_{K-1/K-1}\\&=\boldsymbol{H}_K\boldsymbol{\Phi}_{K,K-1}\tilde{\boldsymbol{X}}_{K-1/K-1}+\boldsymbol{H}_K\boldsymbol{W}_{K-1}+\boldsymbol{V}_K\end{aligned} \tag{9.1.3}$$

式(9.1.1)、式(9.1.2)和式(9.1.3)在不同的场合有不同的应用。当需要获取样本值时,则采用式(9.1.1);当进行理论分析时,则采用式(9.1.2)或式

(9.1.3)的形式。

下面给出新息序列的一些主要性质。

性质 1:$\boldsymbol{Z}_K$ 可以表示为 $\hat{\boldsymbol{X}}_{0/0},\boldsymbol{\nu}_1,\cdots,\boldsymbol{\nu}_K$ 的线性组合;反之,$\boldsymbol{\nu}_K$ 也可以表示为 $\hat{\boldsymbol{X}}_{0/0},\boldsymbol{Z}_1,\cdots,\boldsymbol{Z}_K$ 的线性组合。

这个性质是明显的。事实上,注意到

$$\boldsymbol{Z}_K=\boldsymbol{H}_K\hat{\boldsymbol{X}}_{K/K-1}+\boldsymbol{\nu}_K$$

而

$$\begin{aligned}
\hat{\boldsymbol{X}}_{K/K-1}&=\boldsymbol{\Phi}_{K,K-1}\hat{\boldsymbol{X}}_{K-1/K-1}\\
&=\boldsymbol{\Phi}_{K,K-1}(\hat{\boldsymbol{X}}_{K-1/K-2}+\boldsymbol{K}_{K-1}\boldsymbol{\nu}_{K-1})\\
&=\boldsymbol{\Phi}_{K,K-1}(\boldsymbol{\Phi}_{K-1,K-2}\hat{\boldsymbol{X}}_{K-2/K-2}+\boldsymbol{K}_{K-1}\boldsymbol{\nu}_{K-1})\\
&=\boldsymbol{\Phi}_{K,K-2}\hat{\boldsymbol{X}}_{K-2/K-2}+\boldsymbol{\Phi}_{K,K-1}\boldsymbol{K}_{K-1}\boldsymbol{\nu}_{K-1}\\
&=\cdots\\
&=\boldsymbol{\Phi}_{K,0}\hat{\boldsymbol{X}}_{0/0}+\sum_{i=1}^{K-1}\boldsymbol{\Phi}_{K,i}\boldsymbol{K}_i\boldsymbol{\nu}_i
\end{aligned}$$

于是

$$\boldsymbol{Z}_K=\boldsymbol{H}_K\left[\boldsymbol{\Phi}_{K,0}\hat{\boldsymbol{X}}_{0/0}+\sum_{i=1}^{K-1}\boldsymbol{\Phi}_{K,i}\boldsymbol{K}_i\boldsymbol{\nu}_i\right]+\boldsymbol{\nu}_K$$

这就证明了性质的前半部分,后半部分也是不难证明的。

例如:

$$\boldsymbol{\nu}_1=\boldsymbol{Z}_1-\boldsymbol{H}_1\hat{\boldsymbol{X}}_{1/0}=\boldsymbol{Z}_1-\boldsymbol{H}_1\boldsymbol{\Phi}_{1,0}\hat{\boldsymbol{X}}_{0/0}$$

$$\begin{aligned}
\boldsymbol{\nu}_2&=\boldsymbol{Z}_2-\boldsymbol{H}_2(\boldsymbol{\Phi}_{2,1}\hat{\boldsymbol{X}}_{1/1})\\
&=\boldsymbol{Z}_2-\boldsymbol{H}_2\boldsymbol{\Phi}_{2,1}[\hat{\boldsymbol{X}}_{1/0}+\boldsymbol{K}_1\boldsymbol{\nu}_1]\\
&=\boldsymbol{Z}_2-\boldsymbol{H}_2\boldsymbol{\Phi}_{2,1}\hat{\boldsymbol{X}}_{1/0}-\boldsymbol{H}_2\boldsymbol{\Phi}_{2,1}\boldsymbol{K}_1(\boldsymbol{Z}_1-\boldsymbol{H}_1\hat{\boldsymbol{X}}_{1/0})\\
&=\boldsymbol{Z}_2-\boldsymbol{H}_2\boldsymbol{\Phi}_{2,1}\boldsymbol{K}_1\boldsymbol{Z}_1-\boldsymbol{H}_2\boldsymbol{\Phi}_{2,1}(\boldsymbol{I}-\boldsymbol{K}_1\boldsymbol{H}_1)\boldsymbol{\Phi}_{1,0}\hat{\boldsymbol{X}}_{0/0}
\end{aligned}$$

由数学归纳即知 $\boldsymbol{\nu}_K$ 可表示为 $\hat{\boldsymbol{X}}_{0/0},\boldsymbol{Z}_1,\cdots,\boldsymbol{Z}_K$ 的线性组合。由性质 1 可知,从线性估计的范畴来说,$\{\boldsymbol{\nu}_1,\cdots,\boldsymbol{\nu}_K\}$ 和 $\{\boldsymbol{Z}_1,\cdots,\boldsymbol{Z}_K\}$ 所包含的信息是相同的。

性质 2:对于"标准"(这里的"标准"是指关于模型及其有关假设都是准确的)情况下的卡尔曼滤波,有

$$E[\boldsymbol{\nu}_K]=0,\ \forall K \tag{9.1.4}$$

$$\begin{aligned}
\boldsymbol{R}_v(K,j)&\overset{\Delta}{=}\mathrm{Cov}(\boldsymbol{\nu}_K,\boldsymbol{\nu}_j)=E[\boldsymbol{\nu}_K\boldsymbol{\nu}_j^{\mathrm{T}}]\\
&=(\boldsymbol{H}_K\boldsymbol{P}_{K/K-1}\boldsymbol{H}_K^{\mathrm{T}}+\boldsymbol{R}_K)\boldsymbol{\delta}_{K,j}
\end{aligned} \tag{9.1.5}$$

即是说$\{\boldsymbol{v}_K\}$是零均值的白噪声向量序列。

证明:式(9.1.4)是显然的。关于式(9.1.5),只要直接计算$\boldsymbol{R}_v(K,j)$就可以了。注意到式(9.1.2),于是

$$\begin{aligned}\boldsymbol{R}_v(K,j) &= E[(\boldsymbol{H}_K\tilde{\boldsymbol{X}}_{K/K-1}+\boldsymbol{V}_K)(\boldsymbol{H}_j\tilde{\boldsymbol{X}}_{j/j-1}+\boldsymbol{V}_j)^{\mathrm{T}}]\\ &= \boldsymbol{H}_K E[\tilde{\boldsymbol{X}}_{K/K-1}\tilde{\boldsymbol{X}}_{j/j-1}^{\mathrm{T}}]\boldsymbol{H}_j^{\mathrm{T}}+\boldsymbol{H}_K E[\tilde{\boldsymbol{X}}_{K/K-1}\boldsymbol{V}_j^{\mathrm{T}}]\\ &\quad + E[\boldsymbol{V}_K\tilde{\boldsymbol{X}}_{j/j-1}^{\mathrm{T}}]\boldsymbol{H}_j^{r}+E[\boldsymbol{V}_K\boldsymbol{V}_j^{\mathrm{T}}]\end{aligned} \tag{9.1.6}$$

当$K=j$时,$E[\tilde{\boldsymbol{X}}_{K/K-1}\boldsymbol{V}_j^{\mathrm{T}}]=E[\tilde{\boldsymbol{X}}_{K/K-1}\boldsymbol{V}_K^{\mathrm{T}}]$和$E[\boldsymbol{V}_K\tilde{\boldsymbol{X}}_{j/j-1}^{\mathrm{T}}]=E[\boldsymbol{V}_K\tilde{\boldsymbol{X}}_{K/K-1}^{\mathrm{T}}]$均为0矩阵,这是由于$\tilde{\boldsymbol{X}}_{K/K-1}$和$\boldsymbol{V}_K$不相关的缘故,而$E[\boldsymbol{V}_K\boldsymbol{V}_j^{\mathrm{T}}]=\boldsymbol{R}_K$,因此获得式(9.1.5)中$K=j$时的表达式:

$$\boldsymbol{R}_v(K,K)=\boldsymbol{H}_K\boldsymbol{P}_{K/K-1}\boldsymbol{H}_K^{\mathrm{T}}+\boldsymbol{R}_K \tag{9.1.7}$$

当$K\neq j$时,$E[\tilde{\boldsymbol{X}}_{K/K-1}\boldsymbol{V}_j^{\mathrm{T}}]$和$E[\boldsymbol{V}_K\tilde{\boldsymbol{X}}_{j/j-1}^{\mathrm{T}}]$未必为零。这要看$K$和$j$的大小,为此,不妨先来考察$\boldsymbol{X}_{K+1/K}$的表达式。

$$\tilde{\boldsymbol{X}}_{K+1/K}=\boldsymbol{X}_{K+1}-\hat{\boldsymbol{X}}_{K+1/K}$$

其中:

$$\begin{aligned}\hat{\boldsymbol{X}}_{K+1/K} &= \boldsymbol{\Phi}_{K+1,K}\hat{\boldsymbol{X}}_{K/K}=\boldsymbol{\Phi}_{K+1,K}[\hat{\boldsymbol{X}}_{K/K-1}+\boldsymbol{K}_K\boldsymbol{V}_K]\\ &= \boldsymbol{\Phi}_{K+1,K}\hat{\boldsymbol{X}}_{K/K-1}+\boldsymbol{\Phi}_{K+1,K}\boldsymbol{K}_K(\boldsymbol{H}_K\tilde{\boldsymbol{X}}_{K/K-1}+\boldsymbol{V}_K)\\ &= \boldsymbol{\Phi}_{K+1,K}\hat{\boldsymbol{X}}_{K/K-1}+\boldsymbol{\Phi}_{K+1,K}\boldsymbol{K}_K\boldsymbol{H}_K\tilde{\boldsymbol{X}}_{K/K-1}+\boldsymbol{\Phi}_{K+1,K}\boldsymbol{K}_K\boldsymbol{V}_K\end{aligned}$$

于是

$$\tilde{\boldsymbol{X}}_{K+1/K}=\boldsymbol{\Phi}_{K+1,K}(\boldsymbol{I}-\boldsymbol{K}_K\boldsymbol{H}_K)\quad\tilde{\boldsymbol{X}}_{K/K-1}+\boldsymbol{W}_K-\boldsymbol{\Phi}_{K+1,K}\boldsymbol{K}_K\boldsymbol{V}_K \tag{9.1.8}$$

由上述表达式可以看到$\tilde{\boldsymbol{X}}_{K+1/K}$与$\boldsymbol{V}_K$是相关的,但$\tilde{\boldsymbol{X}}_{K/K-1}$与$\boldsymbol{V}_j$是不相关的,可知:当$K>j$时,$\tilde{\boldsymbol{X}}_{K/K-1}$与$\boldsymbol{V}_j$是相关的,而当$K\leqslant j$时,$\tilde{\boldsymbol{X}}_{K/K-1}$与$\boldsymbol{V}_j$是不相关的。

计算当$K>j$时的$E[\tilde{\boldsymbol{X}}_{K/K-1}\tilde{\boldsymbol{X}}_{j/j-1}^{\mathrm{T}}]$和$E[\tilde{\boldsymbol{X}}_{K/K-1}\boldsymbol{V}_j^{\mathrm{T}}]$。先将$\tilde{\boldsymbol{X}}_{K/K-1}$表达成另外的形式。对于式(9.1.8),反复进行自身递推运算,则有

$$\begin{aligned}\tilde{\boldsymbol{X}}_{K+1/K} &= \boldsymbol{\Phi}_{K+1,K}(\boldsymbol{I}-\boldsymbol{K}_K\boldsymbol{H}_K)[\boldsymbol{\Phi}_{K,K-1}(\boldsymbol{I}-\boldsymbol{K}_{K-1}\boldsymbol{H}_{K-1})\tilde{\boldsymbol{X}}_{K-1/K-2}\\ &\qquad +(\boldsymbol{W}_{K-1}-\boldsymbol{\Phi}_{K,K-1}\boldsymbol{K}_{K-i}\boldsymbol{V}_{K-1})]+(\boldsymbol{W}_K-\boldsymbol{\Phi}_{K+1,K}\boldsymbol{K}_K\boldsymbol{V}_K)\\ &= \boldsymbol{\Phi}_{K+1,K}(\boldsymbol{I}-\boldsymbol{K}_K\boldsymbol{H}_K)\boldsymbol{\Phi}_{K,K-1}(\boldsymbol{I}-\boldsymbol{K}_{K-1}\boldsymbol{H}_{K-1})\tilde{\boldsymbol{X}}_{K-1/K-2}\\ &\qquad +\boldsymbol{\Phi}_{K+1,K}(\boldsymbol{I}-\boldsymbol{K}_K\boldsymbol{H}_K)(\boldsymbol{W}_{K-1}-\boldsymbol{\Phi}_{K,K-1}\boldsymbol{K}_{K-1}\boldsymbol{V}_{K-1})\\ &\qquad +(\boldsymbol{W}_K-\boldsymbol{\Phi}_{K+1,K}\boldsymbol{K}_K\boldsymbol{V}_K)\end{aligned}$$

$$
\begin{aligned}
&= \boldsymbol{\Phi}_{K+1,K}(\boldsymbol{I}-\boldsymbol{K}_K\boldsymbol{H}_K)\boldsymbol{\Phi}_{K,K-1}(\boldsymbol{I}-\boldsymbol{K}_{K-1}\boldsymbol{H}_{K-1})\boldsymbol{\Phi}_{K-1,K-2}\cdot\\
&\quad(\boldsymbol{I}-\boldsymbol{K}_{K-2}\boldsymbol{H}_{K-2})\tilde{\boldsymbol{X}}_{K-2/K-3}\\
&\quad+\boldsymbol{\Phi}_{K+1,K}(\boldsymbol{I}-\boldsymbol{K}_K\boldsymbol{H}_K)\boldsymbol{\Phi}_{K,K-1}(\boldsymbol{I}-\boldsymbol{K}_{K-1}\boldsymbol{H}_{K-1})\cdot\\
&\quad(\boldsymbol{W}_{K-2}-\boldsymbol{\Phi}_{K-1,K-2}\boldsymbol{K}_{K-2}\boldsymbol{V}_{K-2})\\
&\quad+\boldsymbol{\Phi}_{k+1,K}(\boldsymbol{I}-\boldsymbol{K}_K\boldsymbol{H}_K)(\boldsymbol{W}_{K-1}-\boldsymbol{\Phi}_{K,K-1}\boldsymbol{K}_{K-1}\boldsymbol{V}_{K-1})\\
&\quad+\boldsymbol{W}_K-\boldsymbol{\Phi}_{K+1,K}\boldsymbol{K}_K\boldsymbol{V}_K\\
&=\left[\prod_{i=K}^{j}\boldsymbol{\Phi}_{i+1,i}(\boldsymbol{I}-\boldsymbol{K}_i\boldsymbol{H}_i)\right]\tilde{\boldsymbol{X}}_{j/j-1}+\left[\prod_{i=K}^{j+1}\boldsymbol{\Phi}_{i+1,i}(\boldsymbol{I}-\boldsymbol{K}_i\boldsymbol{H}_i)\right](\boldsymbol{W}_j-\boldsymbol{\Phi}_{j+1,j}\boldsymbol{K}_j\boldsymbol{V}_j)\\
&\quad+\left[\prod_{i=K}^{j+2}\boldsymbol{\Phi}_{i+1,i}(\boldsymbol{I}-\boldsymbol{K}_i\boldsymbol{H}_i)\right](\boldsymbol{W}_{j+1}-\boldsymbol{\Phi}_{j+2,j+1}\boldsymbol{K}_{j+1}\boldsymbol{V}_{j+1})\\
&\quad+\cdots\\
&\quad+\left[\prod_{i=K}^{K}\boldsymbol{\Phi}_{i+1,i}(\boldsymbol{I}-\boldsymbol{K}_i\boldsymbol{H}_i)\right](\boldsymbol{W}_{K-1}-\boldsymbol{\Phi}_{K,K-1}\boldsymbol{K}_{K-1}\boldsymbol{V}_{K-1})\\
&\quad+\boldsymbol{W}_K-\boldsymbol{\Phi}_{K+1,K}\boldsymbol{K}_K\boldsymbol{V}_K\\
&=\left[\prod_{i=k}^{j}\boldsymbol{\Phi}_{i+1,i}(\boldsymbol{I}-\boldsymbol{K}_i\boldsymbol{H}_i)\right]\tilde{\boldsymbol{X}}_{j/j-1}+\sum_{l=j}^{K-1}\left[\prod_{i=K}^{l+1}\boldsymbol{\Phi}_{i+1,i}(\boldsymbol{I}-\boldsymbol{K}_i\boldsymbol{H}_i)\right](\boldsymbol{W}_i-\boldsymbol{\Phi}_{i+1,i}\dot{\boldsymbol{K}}_l\boldsymbol{V}_l)\\
&\quad+\boldsymbol{W}_K-\boldsymbol{\Phi}_{K+1,K}\boldsymbol{K}_K\boldsymbol{V}_K
\end{aligned}
\tag{9.1.9}
$$

当 $K>j$ 时，即知

$$
\begin{aligned}
E[\tilde{\boldsymbol{X}}_{K/K-1}\tilde{\boldsymbol{X}}_{j/j-1}^{\mathrm{T}}]&=\left[\prod_{i=k-1}^{j}\boldsymbol{\Phi}_{i+1,i}(\boldsymbol{I}-\boldsymbol{K}_i\boldsymbol{H}_i)\right]E[\tilde{\boldsymbol{X}}_{j/j-1}\tilde{\boldsymbol{X}}_{j/j-1}^{\mathrm{T}}]\\
&\quad+\sum_{l=j}^{K-2}\left[\prod_{i=K-1}^{l+1}\boldsymbol{\Phi}_{i+1,i}(\boldsymbol{I}-\boldsymbol{K}_i\boldsymbol{H}_i)\right]E[(\boldsymbol{W}_l-\boldsymbol{\Phi}_{l+1,l}\boldsymbol{K}_l\boldsymbol{V}_l)\tilde{\boldsymbol{X}}_{j/j-1}^{\mathrm{T}}]
\end{aligned}
$$

由于 $j\leqslant l$，故上式右端第二项为0，因此，当 $K>j$ 时，有

$$
E[\boldsymbol{X}_{K/K-1}\boldsymbol{X}_{j/j-1}^{\mathrm{T}}]=\left[\sum_{i=k-1}^{j}\boldsymbol{\Phi}_{i+1,i}(\boldsymbol{I}-\boldsymbol{K}_i\boldsymbol{H}_i)\right]\boldsymbol{P}_{j/j-1}\tag{9.1.10}
$$

易知

$$
E[\boldsymbol{X}_{K/K-1}\boldsymbol{V}_j^{\mathrm{T}}]=-\left[\prod_{i=K-1}^{j+1}\boldsymbol{\Phi}_{i+1,i}(\boldsymbol{I}-\boldsymbol{K}_i\boldsymbol{H}_i)\right]\boldsymbol{\Phi}_{j+1,j}\boldsymbol{K}_j\boldsymbol{R}_j\tag{9.1.11}
$$

将式(9.1.10)、式(9.1.11)代入式(9.1.6)，于是当 $K>j$ 时：

$$
\begin{aligned}
\boldsymbol{R}_v(K,j)&=\boldsymbol{H}_K\left[\prod_{i=k-1}^{j}\boldsymbol{\Phi}_{i+1,i}(\boldsymbol{I}-\boldsymbol{K}_i\boldsymbol{H}_i)\right]\boldsymbol{P}_{j/j-1}\boldsymbol{H}_j^{\mathrm{T}}\\
&\quad-\boldsymbol{H}_K\left[\prod_{i=K-1}^{j+1}\boldsymbol{\Phi}_{i+1,i}(\boldsymbol{I}-\boldsymbol{K}_i\boldsymbol{H}_i)\right]\boldsymbol{\Phi}_{j+1,j}\boldsymbol{K}_j\boldsymbol{R}_j\\
&=\boldsymbol{H}_K\left[\prod_{i=K-1}^{j+1}\boldsymbol{\Phi}_{i+1,i}(\boldsymbol{I}-\boldsymbol{K}_i\boldsymbol{H}_i)\right]\boldsymbol{\Phi}_{j+1,j}[(\boldsymbol{I}-\boldsymbol{K}_j\boldsymbol{H}_j)\boldsymbol{P}_{j/j-1}\boldsymbol{H}_j^{\mathrm{T}}-\boldsymbol{K}_j\boldsymbol{R}_j]
\end{aligned}
$$

$$= \boldsymbol{H}_K \left[\prod_{i=k-1}^{j+1} \boldsymbol{\Phi}_{i+1,i} (\boldsymbol{I} - \boldsymbol{K}_i \boldsymbol{H}_i) \right] \boldsymbol{\Phi}_{j+1,j} [\boldsymbol{P}_{j/j-1} \boldsymbol{H}_j^{\mathrm{T}} - \boldsymbol{K}_j (\boldsymbol{H}_j \boldsymbol{P}'_{j/j-1} \boldsymbol{H}_j^{\mathrm{T}} + \boldsymbol{R}_j)]$$

对于标准情况下的卡尔曼滤波，有

$$\boldsymbol{K}_j = \boldsymbol{P}_{j/j-1} \boldsymbol{H}_j^{\mathrm{T}} (\boldsymbol{H}_j \boldsymbol{P}_{j/j-1} \boldsymbol{H}_j^{\mathrm{T}} + \boldsymbol{R}_j)^{-1}$$

于是

$$\boldsymbol{P}_{j/j-1} \boldsymbol{H}_j^{\mathrm{T}} = \boldsymbol{K}_j (\boldsymbol{H}_j \boldsymbol{P}_{j/j-1} \boldsymbol{H}_j^{\mathrm{T}} + \boldsymbol{R}_j)$$

因此

$$\boldsymbol{R}_v(K,j) = 0, K > j$$

当 $K>j$ 时，由于 $\boldsymbol{R}_v(K,j) = \boldsymbol{R}_v^{\mathrm{T}}(j,K)$，因此当 $K<j$ 时，$\boldsymbol{R}_v(K,j) = 0$。至此，性质 2 就被证明了。

性质 3：如果滤波的增益矩阵不是最佳增益，那么新息序列是相关序列，其协方差阵为

$$\boldsymbol{R}_v(K,j) \begin{cases} \boldsymbol{H}_K \boldsymbol{P}_{K/K-1} \boldsymbol{H}_K^{\mathrm{T}} + \boldsymbol{R}_K, K = j \\ \boldsymbol{H}_K \left[\prod_{i=K-1}^{j+1} \boldsymbol{\Phi}_{i+1,i} (\boldsymbol{I} - \boldsymbol{K}_i \boldsymbol{H}_i) \right] \boldsymbol{\Phi}_{j+1,j} \\ \quad \cdot [\boldsymbol{P}_{j/j-1} \boldsymbol{H}_j^{P} - \boldsymbol{K}_j (\boldsymbol{H}_j \boldsymbol{P}_{j/j-1} \boldsymbol{H}_j^{\mathrm{T}} + \boldsymbol{R}_j)], K > j \end{cases}$$

当 $K<j$ 时：

$$\boldsymbol{R}_v(K,j) = \boldsymbol{R}_v^{\mathrm{T}}(j,K)$$

性质 4：对于“标准”情况下的卡尔曼滤波，如果假定 $\boldsymbol{X}_0 - \hat{\boldsymbol{X}}_{0/0} \sim N(0, \boldsymbol{P}_{0/0})$，$\boldsymbol{W}_K \sim N(0, \boldsymbol{Q}_K)$，$\boldsymbol{V}_K \sim N(0, \boldsymbol{R}_K)$，则

$$\boldsymbol{v}_K \sim N(0, \boldsymbol{R}_v(K,K))$$

$\boldsymbol{X} \sim N(\mu, \sigma^2)$ 表示 $\boldsymbol{X}$ 服从均值为 μ、方差为 σ^2 的正态分布（Normal distribution），也称“常态分布”，又名高斯分布（Gaussian distribution）。

概率密度函数为

$$f(x) = \frac{1}{\sqrt{2\pi}\sigma} \mathrm{e}^{\left(-\frac{(x-\mu)^2}{2\sigma^2}\right)}$$

当 $\mu = 0, \sigma = 1$ 时，正态分布就成为标准正态分布，$X \sim N(0,1)$

$$f(x) = \frac{1}{\sqrt{2\pi}} \mathrm{e}^{\left(-\frac{x^2}{2}\right)}$$

其中：

$$\boldsymbol{R}_v(K,K) = \boldsymbol{H}_K \boldsymbol{P}_{K/K-1} \boldsymbol{H}_K^{\mathrm{T}} + \boldsymbol{R}_K$$

下面将新息序列的概念稍加扩充。记直到 t_K 时刻的观测集为 $\boldsymbol{Z}^{(K)} = \{Z_1, \cdots, Z_{K-1}, Z_K\}$。

记

$$\boldsymbol{v}_{K+l}^{*}=\boldsymbol{Z}_{K+l}-E[\boldsymbol{Z}_{K+l}\mid\boldsymbol{Z}^{(K)}]\\ l=1,\cdots,N \tag{9.1.12}$$

则称 $\boldsymbol{v}_{K+l}^{*}$ 为 l 步预测剩余，最优估计下预测剩余就是观测误差，即 $\boldsymbol{v}_{K+l}^{*}=\boldsymbol{v}_{K+l}$，由此

$$E[\boldsymbol{Z}_{K+l}\mid\boldsymbol{Z}^{(K)}]=\boldsymbol{H}_{K+l}\boldsymbol{\Phi}_{K+l,K}\hat{\boldsymbol{X}}_{K/K} \tag{9.1.13}$$

它为 t_{k+l} 时刻观测的最佳预测值。这个预测值和动力学系统的 l 步转移矩阵 $\boldsymbol{\Phi}_{K+l,K}$ 有关，也就是说它与动力学模型直接有关。

在上述定义之下，有如下性质。

性质5：在“标准”卡尔曼滤波情况下，有

$$E[\boldsymbol{v}_{K+l}^{*}]=0,l=1,\cdots,N \tag{9.1.14}$$

$$\begin{aligned}\boldsymbol{V}_{l,m}&\stackrel{\Delta}{=}\mathrm{Cov}(\boldsymbol{v}_{K+l}^{*},\boldsymbol{v}_{K+m}^{*})\\&=E(\boldsymbol{v}_{K+l}^{*}\boldsymbol{v}_{K+m}^{*})\\&=\boldsymbol{H}_{K+l}\boldsymbol{\Phi}_{K+i,K}\boldsymbol{P}_{\dot{K}/K}\boldsymbol{\Phi}_{K+m,K}^{\mathrm{T}}\boldsymbol{H}_{K+m}^{\mathrm{T}}+\boldsymbol{R}_{K+l}\boldsymbol{\delta}_{l,m}\end{aligned} \tag{9.1.15}$$

事实上，

$$\begin{aligned}E[\boldsymbol{v}_{K+l}^{*}]&=E[\boldsymbol{H}_{K+l}\boldsymbol{\Phi}_{K+l,K}\boldsymbol{X}_{K}]-\boldsymbol{H}_{K+l}\boldsymbol{\Phi}_{K+l,K}E[\hat{\boldsymbol{X}}_{K/K}]\\&=\boldsymbol{H}_{K+l}\boldsymbol{\Phi}_{K+l,K}E[\boldsymbol{X}_{K}-\hat{\boldsymbol{X}}_{K/K}]=0\end{aligned}$$

于是

$$E[\boldsymbol{v}_{K+l}^{*}]=0,l=1,\cdots,N$$

再注意到

$$\boldsymbol{v}_{K+l}^{*}=\boldsymbol{H}_{K+l}\boldsymbol{X}_{K+l}+\boldsymbol{V}_{K+l}-E[\boldsymbol{H}_{K+l}\boldsymbol{X}_{K+l}+\boldsymbol{V}_{K+l}\mid\boldsymbol{Z}^{(K)}]$$

而

$$\boldsymbol{X}_{K+l}=\boldsymbol{\Phi}_{K+l,K+l-1}\boldsymbol{X}_{K+l-1}+\boldsymbol{W}_{K+l-1}$$

于是

$$\begin{aligned}\boldsymbol{v}_{K+l}^{*}&=\boldsymbol{H}_{K+l}\left[\boldsymbol{\Phi}_{K+l,K}\boldsymbol{X}_{K}+\sum_{j=1}^{l}\boldsymbol{\Phi}_{K+l,K+i}\boldsymbol{W}_{K+i-1}\right]+\boldsymbol{V}_{K+l}\\&\quad-\boldsymbol{H}_{K+l}E\left[\boldsymbol{\Phi}_{K+l,K}\boldsymbol{X}_{K}+\sum_{i=1}^{l}\boldsymbol{\Phi}_{K+l,K+i}\boldsymbol{W}_{K+i-1}\mid\boldsymbol{Z}^{(K)}\right]\\&\quad-E[\boldsymbol{V}_{K+l}\mid\boldsymbol{Z}^{(K)}]\\&=\boldsymbol{H}_{K+l}\boldsymbol{\Phi}_{K+l,K}(\boldsymbol{X}_{K}-\hat{\boldsymbol{X}}_{K/K})\\&\quad+\boldsymbol{H}_{K+l}\sum_{i=\Gamma}^{l}\boldsymbol{\Phi}_{K+l,K+i}\boldsymbol{W}_{K+i-1}^{\tau}+\boldsymbol{V}_{K+l}\end{aligned} \tag{9.1.16}$$

因此

$$
\begin{aligned}
\boldsymbol{V}_{l,m} &= E[\boldsymbol{\nu}_{K+l}^{*} \cdot \boldsymbol{\nu}_{K+m}^{*}] \\
&= \boldsymbol{H}_{K+l}\boldsymbol{\Phi}_{K+l,K}\boldsymbol{P}_{K/K}\boldsymbol{\Phi}_{K+m,k}^{\mathrm{T}}\boldsymbol{H}_{K+m}^{\mathrm{T}} + \boldsymbol{R}_{K+l}\boldsymbol{\delta}_{l,m,m} \\
&\quad + \boldsymbol{H}_{K+l}\left[\sum_{i=1}^{\min(l,m)} \boldsymbol{\Phi}_{K+l,K+i}\boldsymbol{Q}_{K+i-1}\boldsymbol{\Phi}_{K+m,K+i}^{\mathrm{T}}\right]\boldsymbol{H}_{K+m}^{\mathrm{T}}
\end{aligned}
$$

性质6:在以$\{W_K\}$、$\{V_K\}$以及$X_0 - \hat{X}_{0/0}$正态性的假设下,由表达式(9.1.16)即知$\boldsymbol{\nu}_{K+l}^{*}$也是正态的,其均值为0,且其方差阵为

$$
\begin{aligned}
\boldsymbol{V}_{K+l} &= \boldsymbol{H}_{K+l}\boldsymbol{\Phi}_{K+l,K}\boldsymbol{P}_{K/K}\boldsymbol{\Phi}_{K+l,K}^{\mathrm{T}}\boldsymbol{H}_{K+l}^{\mathrm{T}} + \boldsymbol{R}_{K+l} \\
&\quad + \boldsymbol{H}_{K+l}\left[\sum_{i=1}^{l} \boldsymbol{\Phi}_{K+l,K+l}\boldsymbol{Q}_{K+l-1}\boldsymbol{\Phi}_{K+l,K+l}^{\mathrm{T}}\right]\boldsymbol{H}_{K+l}^{\mathrm{T}} \qquad (9.1.17)
\end{aligned}
$$

即

$$\boldsymbol{\nu}_{K+l}^{*} \sim N(0, \boldsymbol{V}_{K+l}), l = 1, \cdots, N$$

9.2 滤波过程中新息序列$\{\boldsymbol{\nu}_K\}$的均值检验

前已述及,如果卡尔曼滤波处于最佳状态,那么新息序列具有9.1节所讨论的理论特性。因此,可以想象,如果滤波过程中新获得的实际统计特性和理论特性不符,那么,滤波不处于最佳状态。这一节开始将对滤波的最佳性进行检测,并提出当滤波不处于最佳时的一些处理方法。讨论中。为了便于进行统计假设检验,总是假定$\boldsymbol{X}_0, \hat{\boldsymbol{X}}_{0/0}$是正态向量,$\{\boldsymbol{W}_K\}$,$\{\boldsymbol{V}_K\}$是正态白噪声序列,且它们之间是不相关的。

首先讨论关于$\{\boldsymbol{\nu}_K\}$的均值检验,为此引入统计假设

$$\mathrm{H}_0: \quad E[\boldsymbol{\nu}_K] = 0$$

$$\mathrm{H}_1: \quad E[\boldsymbol{\nu}_K] \neq 0$$

这是一个多元总体正态性检验问题。由于在H_0之下,

$$\boldsymbol{\nu}_K \sim \mathbf{N}(0, \boldsymbol{\Sigma}_{\boldsymbol{\nu}_K})$$

其中

$$\boldsymbol{\Sigma}_{\nu_K} = \boldsymbol{H}_K\boldsymbol{P}_{K/K-1}\boldsymbol{H}_K^{\mathrm{T}} + \boldsymbol{R}_K$$

因此,当$\boldsymbol{\Sigma}_{\boldsymbol{\nu}_K}$为已知时,

$$\boldsymbol{\nu}_K^{\mathrm{T}}\boldsymbol{\Sigma}_{\nu}^{-1}\boldsymbol{\nu}_K \sim \chi_m^2$$

即是说$\boldsymbol{\nu}_K^{\mathrm{T}}\boldsymbol{\Sigma}_{\nu}^{-1}\boldsymbol{\nu}_K$为具有$m$个自由度的$\chi^2$变量,这里$m$是$\boldsymbol{\nu}_K$的维数,于是可用通常的$\chi^2$-检验法去检验$\mathrm{H}_0$。为此,令

$$P\{\boldsymbol{\nu}_K^{\mathrm{T}}\boldsymbol{\Sigma}_{\boldsymbol{\nu}_K}^{-1}\boldsymbol{\nu}_K > \chi_m^2(\alpha)/\mathrm{H}_0\} = \alpha$$

则在显著水平α之下,当$\boldsymbol{\nu}_K^{\mathrm{T}}\boldsymbol{\Sigma}_{\boldsymbol{\nu}_K}^{-1}\boldsymbol{\nu}_K > \chi_m^2(\alpha)$时,拒绝假设$\mathrm{H}_0$,即是说滤波不

处于最佳状态,否则,采纳 H_0。

为了提高检验的效率(Power),可采用 $\boldsymbol{\nu}_K$ 的一列采样值,如

$$\boldsymbol{\nu}_{K-i}, i=0,1,\cdots,N-1$$

由 9.1 节的讨论可知,它们是互相独立的。于是,在 H_0 为真的条件下:

$$\sum_{i=0}^{N-1}\left(\boldsymbol{\nu}_{K-i}^{P}\sum\nolimits_{\nu_{K-i}}^{-1}\boldsymbol{\nu}_{K-i}\right)\sim\chi_{mN}^{2}$$

于是仍可沿用上面的方法作假设检验,不过要注意的是,原假设 H_0 需改为

$$E[\boldsymbol{\nu}_i]=0, i=K,K-1,\cdots,K-(N-1)$$

如果 $\boldsymbol{\Sigma}_{\nu_{K-i}}$ 为未知,但认为它在 $t_{K-(N-1)}\sim t_K$ 为常值矩阵(例如滤波达到稳态时就是这样),就可利用 $\boldsymbol{\nu}_K$ 的样本方差阵 $\boldsymbol{S}$ 代替 $\boldsymbol{\Sigma}_{\nu_K}$,从而引进 Hotelling T^2 统计量

$$\boldsymbol{T}^2=N\bar{\boldsymbol{\nu}}^{\mathrm{T}}\boldsymbol{S}^{-1}\bar{\boldsymbol{\nu}}$$

其中:

$$\bar{\boldsymbol{\nu}}=\frac{1}{N}\sum_{i=0}^{N-1}\boldsymbol{\nu}_{K-1}$$

$$\boldsymbol{S}=\frac{1}{N-1}\sum_{i=0}^{N-1}(\boldsymbol{\nu}_{K-i}-\bar{\boldsymbol{\nu}})(\boldsymbol{\nu}_{K-i}-\bar{\boldsymbol{\nu}})^{\mathrm{T}}$$

则当 $H_0:E[\boldsymbol{\nu}_j]=0, j=K,\cdots,K-(N-1)$ 为真时,

$$\frac{T^2}{N-1}\cdot\frac{N-m}{m}\sim F_{m,\mathrm{N}-m}(\text{假定 } N>m)$$

即 $\dfrac{T^2}{N-1}\cdot\dfrac{N-m}{m}$ 为具有 $(m,N-m)$ 个自由度的 F 变量,于是令

$$\mathrm{P}\left\{\frac{T^2}{N-1}\cdot\frac{N-m}{m}>F_{m,\mathrm{N}-m}(\alpha)/\mathrm{H}_0\right\}=\alpha$$

则当 $\dfrac{T^2}{N-1}\cdot\dfrac{N-m}{m}>F_{m,\mathrm{N}-m}$ 时拒绝假设 H_0,否则采纳原假设 H_0。

上面的讨论,仅是从 $\boldsymbol{\nu}_K$ 的均值角度去发现滤波的“失常”。当然也可以从 $\{\boldsymbol{\nu}_K\}$ 为非白的角度去讨论,就是时间序列(向量序列)的白噪声检验问题。此外,还可以从 $\boldsymbol{\nu}_K$ 的方差阵 $\boldsymbol{\Sigma}_{\nu_k}$ 是否等于理论值 $\boldsymbol{H}_K\boldsymbol{P}_{K/K-1}\boldsymbol{H}_K^{\mathrm{T}}+\boldsymbol{R}_K$ 去检验。这就是多元统计中的方差阵的检验问题。限于篇幅,这里就不进行深入了,有兴趣的读者可参阅文献[2-3]。事实上,$\boldsymbol{\Sigma}_{\nu_k}$ 的不确定性来源于 $\boldsymbol{Q}_{K-1}$ 及 $\boldsymbol{R}_K$。因此,一种更为直接的方法是去估计 $\boldsymbol{Q}_K$ 及 $\boldsymbol{R}_K$。这种方法将在后面专门讨论。

9.3 当 $\boldsymbol{\nu}_K$ 的均值不为零时估值的补偿

如果 $E[\boldsymbol{\nu}_K]\neq0$,则滤波不是最佳的,此时需调整滤波的计算以改善状态

估计。

当 $E[\boldsymbol{v}_K]\neq 0$,则状态估计将是有偏的,这一点可以从下式看出:

$$\begin{aligned}\boldsymbol{\mu}_{v_K} &\triangleq E[\boldsymbol{v}_K]=E[\boldsymbol{Z}_K-\boldsymbol{H}_K\hat{\boldsymbol{X}}_{K/K-1}]\\ &=E[\boldsymbol{H}_K(\boldsymbol{\Phi}_{K,k-1}\boldsymbol{X}_{K-1}+\boldsymbol{W}_{K-1})+\boldsymbol{V}_K-\boldsymbol{H}_K\boldsymbol{\Phi}_{K,K-1}\hat{\boldsymbol{X}}_{K-1/\hat{K}-1}]\\ &=E[\boldsymbol{H}_K\boldsymbol{\Phi}_{K,K-1}\boldsymbol{X}_{K-1/K-1}]\\ &=\boldsymbol{H}_K\boldsymbol{\Phi}_{K,K-1}E[\boldsymbol{X}_{K-1/K-1}]\end{aligned}\tag{9.3.1}$$

因此,$\hat{\boldsymbol{X}}_{K-1/K-1}$不是 $\boldsymbol{X}_{K-1}$的无偏估计。

记

$$\begin{aligned}\overline{\delta\boldsymbol{X}}_{K-1/K-1}&=E[\boldsymbol{X}_{K-1/K-1}]\\ \hat{\boldsymbol{X}}^*_{K-1/K-1}&=\hat{\boldsymbol{X}}_{K-1/K-1}+\overline{\delta\boldsymbol{X}}_{K-1/K-1}\end{aligned}\tag{9.3.2}$$

则

$$\begin{aligned}E[\boldsymbol{X}_{K-1}-\hat{\boldsymbol{X}}^*_{K-1/K-1}]&\triangleq E[\boldsymbol{X}^*_{K-1/K-1}]\\ &=E[\boldsymbol{X}_{K-1}-\hat{\boldsymbol{X}}_{K-1/K-1}]-\overline{\delta\boldsymbol{X}}_{K-1/K-1}\\ &=0\end{aligned}$$

因此,只要经过修正,$\hat{\boldsymbol{X}}^*_{K-1/K-1}$便成为 $\boldsymbol{X}_{K-1}$的无偏估计了。问题是如何估计$\overline{\delta\boldsymbol{X}}_{K-1/K-1}$。

记新的新息序列为$\{\boldsymbol{v}^*_K\}$:

$$\boldsymbol{v}^*_K=\boldsymbol{Z}_K-\boldsymbol{H}_K\boldsymbol{\Phi}_{K,K-1}\hat{\boldsymbol{X}}^*_{K-1/K-1}\tag{9.3.3}$$

则 $E[\boldsymbol{v}^*_K]=0$。记 $\hat{\boldsymbol{X}}^*_{K/K}$为 $\hat{\boldsymbol{X}}_{K/K}$经过修正之后的 $\boldsymbol{X}_K$ 的估值,则 $\hat{\boldsymbol{X}}^*_{K/K}\triangleq\hat{\boldsymbol{X}}^*_{K/K-1}+\boldsymbol{K}_K\boldsymbol{v}^*_K$ 必为 $\boldsymbol{X}_K$ 的无偏估计。而

$$\begin{aligned}\hat{\boldsymbol{X}}^*_{K/K}&=\boldsymbol{\Phi}_{K,K-1}[\hat{\boldsymbol{X}}_{K-1/K-1}+\overline{\delta\boldsymbol{X}}_{K-1/K-1}]\\ &\quad+\boldsymbol{K}_K(\boldsymbol{Z}_K-\boldsymbol{H}_K\boldsymbol{\Phi}_{K,K-1}\hat{\boldsymbol{X}}^*_{K-1/K-1})\\ &=\hat{\boldsymbol{X}}_{K/K-1}+\boldsymbol{\Phi}_{K,K-1}\overline{\delta\boldsymbol{X}}_{K-1/K-1}\\ &\quad+\boldsymbol{K}_K[\boldsymbol{Z}_K-\boldsymbol{H}_K\boldsymbol{\Phi}_{K,K-1}(\hat{\boldsymbol{X}}_{K-1/K-1}+\overline{\delta\boldsymbol{X}}_{K-1/K-1})]\\ &=\hat{\boldsymbol{X}}_{K/K-1}+\boldsymbol{K}_K\boldsymbol{v}_K+[\boldsymbol{I}-\boldsymbol{K}_K\boldsymbol{H}_K]\boldsymbol{\Phi}_{K;K-1}\overline{\delta\boldsymbol{X}}_{K-1/K-1}\\ &=\hat{\boldsymbol{X}}_{K/K}+[\boldsymbol{I}-\boldsymbol{K}_K\boldsymbol{H}_K]\boldsymbol{\Phi}_{K,K-1}\overline{\delta\boldsymbol{X}}_{K-1/K-1}\end{aligned}$$

记

$$\hat{\boldsymbol{X}}_{\vec{K}/K}=\hat{\boldsymbol{X}}_{K/K}+\overline{\delta\boldsymbol{X}}_{K/K}$$

则

$$\overline{\delta\boldsymbol{X}}_{K/K}=[\boldsymbol{I}-\boldsymbol{K}_K\boldsymbol{H}_K]\boldsymbol{\Phi}_{K,K-1}\overline{\delta\boldsymbol{X}}_{K-1/K-1}\tag{9.3.4}$$

由式(9.3.1)、式(9.3.2)得

$$\boldsymbol{\mu}_{\boldsymbol{\nu}_K}=\boldsymbol{H}_K\boldsymbol{\Phi}_{K,K-1}\overline{\delta\boldsymbol{X}}_{K-1/K-1} \tag{9.3.5}$$

根据式(9.3.5),尚不足以估计出$\overline{\delta\boldsymbol{X}}_{K-1/K-1}$,因此,还须找出其他的关系式。容易证明下列关系式:

$$\boldsymbol{\mu}_{\boldsymbol{\nu}_{K+l}}=\boldsymbol{H}_{K+l}\boldsymbol{\Phi}_{K+l,K+l-1}\overline{\delta\boldsymbol{X}}_{K+l-1/K+l-1} \tag{9.3.6}$$

及

$$\overline{\delta\boldsymbol{X}}_{K+l/K+\iota}=\left[\prod_{i=l}^{0}(\boldsymbol{I}-\boldsymbol{K}_{K+l}\boldsymbol{H}_{K+i})\boldsymbol{\Phi}_{K+i,K+i-1}\right]\overline{\delta\boldsymbol{X}}_{K-1/K-1} \tag{9.3.7}$$

于是由式(9.3.5)、式(9.3.6)、式(9.3.7)可得:

$$\begin{cases}\boldsymbol{\mu}_{\boldsymbol{\nu}_K}=\boldsymbol{H}_k\boldsymbol{\Phi}_{K,K-1}\overline{\delta\boldsymbol{X}}_{K-1/K-1}\\ \boldsymbol{\mu}_{\boldsymbol{\nu}_{K+1}}=\boldsymbol{H}_{K+1}\boldsymbol{\Phi}_{K+1,K}\overline{\delta\boldsymbol{X}}_{K/K}\\ \qquad=\boldsymbol{H}_{K+1}\boldsymbol{\Phi}_{K+1,K}(\boldsymbol{I}-\boldsymbol{K}_K\boldsymbol{H}_K)\boldsymbol{\Phi}_{K,K-1}\overline{\delta\boldsymbol{X}}_{K-1/K-1}\\ \qquad\vdots\\ \boldsymbol{\mu}_{\boldsymbol{\nu}_{K+N}}=\boldsymbol{H}_{K+N}\boldsymbol{\Phi}_{K+N,K+N-1}\\ \qquad\left[\prod_{i=x-1}^{0}(\boldsymbol{I}-\boldsymbol{K}_{K+i}\boldsymbol{H}_{K+i})\boldsymbol{\phi}_{K+1,K+i-1}\right]\overline{\delta\boldsymbol{X}}_{K-1/K-1}\end{cases} \tag{9.3.8}$$

用$\boldsymbol{\mu}_{\boldsymbol{\nu}_K},\cdots,\boldsymbol{\mu}_{\boldsymbol{\nu}_{K+N}}$的估计量$\hat{\boldsymbol{\mu}}_{\boldsymbol{\nu}_K},\cdots,\hat{\boldsymbol{\mu}}_{\boldsymbol{\nu}_{K+N}}$代入上述方程组,解关于$\overline{\delta\boldsymbol{X}}_{K-1/K-1}$的上述线性方程组,则得到$\overline{\delta\boldsymbol{X}}_{K-1/K-1}$的估计,以此估计作为$\hat{\boldsymbol{X}}_{K-1/K-1}$的修正量。这里,我们指出:要给出$\boldsymbol{\mu}_{\boldsymbol{\nu}_K},\cdots,\boldsymbol{\mu}_{\boldsymbol{\nu}_{K+N}}$是困难的。事实上,只能获得$\boldsymbol{\nu}_K,\cdots,\boldsymbol{\nu}_{K+N}$的样本值,因此记

$$\begin{cases}\boldsymbol{\nu}_K=\boldsymbol{\mu}_{x_K}+\boldsymbol{\varepsilon}_K=\boldsymbol{H}_K\boldsymbol{\Phi}_{K,K-1}\overline{\delta\boldsymbol{X}}_{K-1/K-1}+\boldsymbol{\varepsilon}_K\\ \boldsymbol{\nu}_{K+1}=\boldsymbol{H}_{K+1}\boldsymbol{\Phi}_{K+1,K}(\boldsymbol{I}-\boldsymbol{K}_K\boldsymbol{H}_K)\boldsymbol{\Phi}_{K,K-1}\overline{\delta\boldsymbol{X}}_{K-1/K-1}+\boldsymbol{\varepsilon}_{K+1}\\ \qquad\vdots\\ \boldsymbol{\nu}_{K+N}=\boldsymbol{H}_{K+N}\boldsymbol{\Phi}_{K+X,K+X-1}\\ \qquad\left[\prod_{i=x-1}^{0}(\boldsymbol{I}-\boldsymbol{K}_{K+i}\boldsymbol{H}_{K+i})\boldsymbol{\Phi}_{K+i,K+i-1}\right]\overline{\delta\boldsymbol{X}}_{K-1/K-1}+\boldsymbol{\varepsilon}_{K+N}\end{cases} \tag{9.3.9}$$

于是以$\boldsymbol{\nu}_K,\boldsymbol{\nu}_{K+1},\cdots,\boldsymbol{\nu}_{K+N}$作为观测量,式(9.3.9)表示了关于$\overline{\delta\boldsymbol{X}}_{K-1/K-1}$的一个线性模型。于是可以用通常的 LS 估计方法给出$\overline{\delta\boldsymbol{X}}_{K-1/K-1}$的估计,记为$\overline{\delta\boldsymbol{X}}_{K-1/K-1}$,于是可得

$$\hat{\boldsymbol{X}}^*_{K-1/K-1}=\hat{\boldsymbol{X}}_{K-1/K-1}+\overline{\delta\boldsymbol{X}}_{K-1/K-1}$$

9.4 滤波发散及其识别举例

假定需要设计一个滤波器以估计飞行器飞行的高度,动力学模型设为

$$h_K = h_{K-1} \tag{9.4.1}$$

用测高器对飞行器进行观测,观测的时间间隔 $\Delta t = 1$ s,此时观测模型为

$$Z_K = h_K + v_K \tag{9.4.2}$$

其中:v_K 是测量噪声,且设

$$E[v_K] = 0, E[v_K^2] = \sigma^2 \tag{9.4.3}$$

在 $\hat{h}_{0/0}$ 及 $P_{0/0}$ 给定之下,可以算得

$$\hat{h}_{K/K} = \frac{\sigma^2}{\sigma^2 + KP_{0/0}}\hat{h}_{0/0} + \frac{P_{0/0}}{\sigma^2 + KP_{0/0}}(Z_K + \cdots + Z_1) \tag{9.4.4}$$

$$P_{K/K} = \frac{P_{0/0}\sigma^2}{\sigma^2 + KP_{0/0}} \tag{9.4.5}$$

如果飞行器的真实高度是变化的,即其并非如假设的那样,而是以等速率爬高。此时真实的动力学模型应该是

$$h^*(t) = h_0^*(t_0) + \alpha t \tag{9.4.6}$$

其中:$h^*(t)$ 表示 t 时刻飞行器的真实高度,当 $\Delta t = 1$ 时,上述动力学模型的离散形式为

$$h_K^* = h_{K-1}^* + \alpha, K = 1, 2, \cdots$$

此时,实际所测得的高度(在 t_K 时刻)为

$$Z_K = h_K^* + v_K$$

而实际的飞行高度为

$$h_K^* = h_0^* + K\alpha$$

于是应用最佳线性滤波所获得的估值 $\hat{h}_{K/K}$ 又可表示为

$$\begin{aligned}\hat{h}_{K/K} &= \frac{\sigma^2}{\sigma^2 + KP_{0/0}}\hat{h}_{0/0} + \frac{P_{0/0}}{\sigma^2 + KP_{0/0}}\sum_{i=1}^{K}(h_i^* + v_i) \\ &= \frac{\sigma^2}{\sigma^2 + KP_{0/0}}\hat{h}_{0/0} + \frac{P_{0/0}}{\sigma^2 + KP_{0/0}}\left[Kh_0^* + \frac{K(K+1)}{2}\alpha + \sum_{i=1}^{K}v_i\right]\end{aligned}$$

于是实际的估值误差为

$$\begin{aligned}\Delta h_{K/K}^* &= h_K^* - \hat{h}_{K/K} \\ &= h_0^* + K\alpha - \hat{h}_{K/K}\end{aligned}$$

$$= \frac{\sigma^2}{\sigma^2 + KP_{0/0}} \Delta h_0^* + \frac{K\sigma^2 + \frac{K(K-1)}{2} P_{0/0}}{2} \alpha$$

$$- \frac{P_{0/0}}{\sigma^2 + KP_{0/0}} \sum_{i=1}^{K} v_i$$

如果在 t 时刻没有任何验前信息,此时可令 $P_{0/0} = \infty$,于是

$$P_{K/K} = \sigma^2 / K$$

$$\Delta h_{K/K}^* = \frac{K-1}{2} \alpha - \bar{v}$$

此处, $\bar{v} = \frac{1}{K} \sum_{i=1}^{K} v_i$。

可画出 $\sqrt{P_{K/K}} = \frac{\sigma}{\sqrt{K}}$ 和 $E[\Delta h_{K/K}^*] = \frac{K-1}{2} \alpha$ 的图形,如图 9.1 所示。

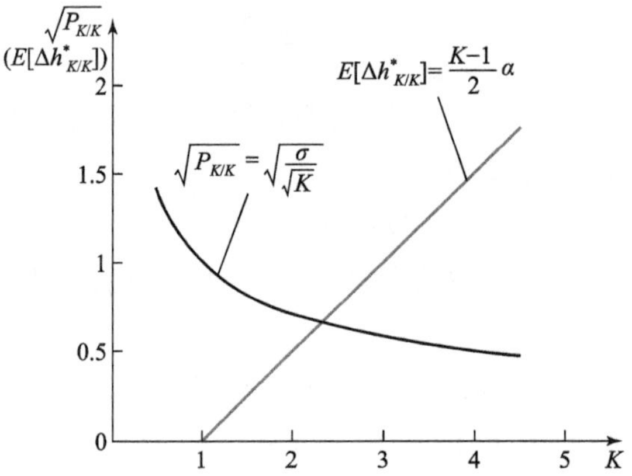

图 9.1　滤波发散现象

由图 9.1 可以看到:当观测次数 K 增加时,计算所得的估值误差的方差 $P_{K/K}$ 越来越小,估值的真实误差 $\Delta h_{K/K}^*$ 却越来越大。这说明,由于滤波模型的不正确所计算出来的方差 $P_{K/K}$ 并未真实地反映出实际的估值误差的精确程度。或者说,计算所得的 $P_{K/K}$ 偏小了。注意当 $K \gg 1$ 时, $K_K \ll 1$,而

$$\hat{h}_{K/K} = (1 - K_K) \hat{h}_{K/K-1} + K_K Z_K \approx \hat{h}_{K/K-1}$$

这说明 t 时刻的估值就是外推估值。这时滤波器对于新的测量数据是封闭的,它拒绝接受新数据以修正外推估值。滤波成为“纯外推”的过程,估值取常值。但是实际的飞行器的高度却是不断增加的。

上述情况说明了最佳线性滤波应用了不正确模型时的异常现象,此时称滤波是发散的。上述发散性的发现是由于已经知道了真实的动力学模型式(9.4.6)。

但是,在处理实际问题的时候,它往往是难以确切知道的。因此,$B_{K,N}$作为检验滤波是否处于正常状态的方法就完全是必要的了。

当采用模型(9.4.1)及(9.4.2)时,注意到$\boldsymbol{H}_K=1$,$\boldsymbol{\Phi}_{K+1}=1$,$\boldsymbol{R}_{K+i}=\sigma^2$,$\boldsymbol{Q}_K=0$,于是:

$$\boldsymbol{\Phi}_{K+i,K}=\boldsymbol{\Phi}_{K+i,K+i-1}\cdots\boldsymbol{\Phi}_{K+1,K}=1$$

而

$$\boldsymbol{B}_{K,N}=\boldsymbol{R}_{K,Y}^{\mathrm{T}}\boldsymbol{V}_{K,N}^{-1}\boldsymbol{R}_{K,N}$$

其中,$\boldsymbol{R}_{K,\mathrm{N}}=[\boldsymbol{\nu}_{K+1}^{*}\cdots\boldsymbol{\nu}_{K+N}^{*}]^{\mathrm{T}}$为$N$维向量,

$$\boldsymbol{\nu}_{K+l}^{*}=\boldsymbol{Z}_{K+l}-E[\ \cdot\ \boldsymbol{Z}_{K+l}\mid\boldsymbol{Z}^{(K)}]=\boldsymbol{Z}_{K+l}-\hat{\boldsymbol{h}}_{K/K}$$

在t_0时刻无观测资料可以利用,此时$P_{0/0}=\infty$,于是

$$\hat{\boldsymbol{h}}_{K/K}=\frac{K-1}{K}\hat{\boldsymbol{h}}_{K-1/K-1}+\frac{1}{K}\boldsymbol{Z}_K$$

$$=\frac{1}{K}\hat{\boldsymbol{h}}_{1/1}+\frac{1}{K}[\boldsymbol{Z}_2+\cdots+\boldsymbol{Z}_K]$$

其中:

$$\hat{\boldsymbol{h}}_{1/1}=(\boldsymbol{H}_1^{\mathrm{T}}\boldsymbol{R}_1^{-1}\boldsymbol{H}_1)^{-1}\boldsymbol{H}_1^{\tau}\boldsymbol{R}_1^{-1}\boldsymbol{Z}$$

在本例中,$\boldsymbol{H}_1=1$,$\boldsymbol{\sigma}^2=R_1$,故$\hat{\boldsymbol{h}}_{1/1}=Z_1$,因此

$$\hat{\boldsymbol{h}}_{K/K}=\frac{1}{K}\sum_{i=1}^{K}\boldsymbol{Z}_i$$

这是可以预期到的结果,因为在滤波过程中将飞行器的高度作为常量看待,因此第K次观测以后的最佳高度估计为观测值的平均值是意料中的事。

此外,注意到$\boldsymbol{V}_{K,N}$为$\boldsymbol{R}_{K,N}$的方差阵:

$$\boldsymbol{V}_{K,N}=E[\boldsymbol{R}_{K,N}\boldsymbol{R}_{K,N}^{\mathrm{T}}]$$

$$=[\boldsymbol{\nu}_{ij}^{(K)}],i,j=1,\cdots,N$$

由式(9.4.3),得

$$\boldsymbol{\nu}_{ij}^{(K)}=\boldsymbol{H}_{K+i}\boldsymbol{\Phi}_{K+i,K}\boldsymbol{P}_{K/K}\boldsymbol{\Phi}_{K+j,K}^{\mathrm{T}}\boldsymbol{H}_{K+j}^{\mathrm{T}}+\boldsymbol{R}_{K+i}\boldsymbol{\delta}_{i,j}$$

于是

$$\boldsymbol{\nu}_{ij}^{(K)}=\boldsymbol{P}_{K/K}+\sigma^2\boldsymbol{\delta}_{i,j}=\frac{\sigma^2\boldsymbol{P}_{0/0}}{\sigma^2+K\boldsymbol{P}_{0/0}}+\sigma^2\boldsymbol{\delta}_{i,j},i,j=1,\cdots,N$$

在$\boldsymbol{P}_{0/0}=\infty$之下,

$$\boldsymbol{\nu}_{ij}^{(K)}=\frac{1}{K}+\sigma^2\boldsymbol{\delta}_{i,j},i,j=1,\cdots,N$$

在下面的数字计算中,设$\sigma=1$,$\alpha=1$,$h_0=10$,且用蒙特卡罗方法随机模拟观测数据,此时的观测值Z_i可表示为

$$
\begin{aligned}
Z_i &= h_i^* + v_i \\
&= 10 + t_i + v_i \\
&= 10 + i\Delta t + v_i
\end{aligned}
$$

其中：$v_i \sim N(0,1)$。

今用十次模拟观测数据进行滤波计算，十次观测数据 Z_i 如下：

i	1	2	3	4	5	6	7	8	9	10
Z_i	12.579	13.090	13.448	13.544	15.960	15.509	17.219	17.931	20.096	21.239

在计算过程中，取 $N=1,2$，所有计算结果列表9.1、表9.2所列。

表9.1　高度估值 $\hat{h}_{K/K}$ 表

K	1	2	3	4	5	6	7	8	9	10
$\hat{h}_{K/K}$	12.549	12.835	13.039	13.165	13.724	14.022	14.478	14.910	15.480	16.060

表9.2　$B_{K,N}$ 表

K \ N	1	2
1	0.131	0.381
2	0.251	0.442
3	0.191	6.440
4	6.249	8.905
5	2.656	11.419
6	8.761	19.189
7	10.433	34.343
8	23.906	53.491
9	29.787	—

在识别发散性的过程中，取 $\alpha=0.01$ 及 0.05。此时：

当 $N=1$ 时，$\lambda_{0.01}^2=6.635$，$\lambda_{0.05}^2=3.841$；

当 $N=2$ 时，$\lambda_{0.01}^2=9.210$，$\lambda_{0.05}^2=5.991$。

于是,在显著性水平 α 取定之下,如果:

$$B_{K,N} > \lambda_\alpha^2$$

则认为滤波是发散的,常称 λ_α^2 为对应于显著性水平 α 之下的 $B_{K,N}$的门限。由表 9.2 可以画出下列发散性识别的图示(图 9.2、图 9.3)。

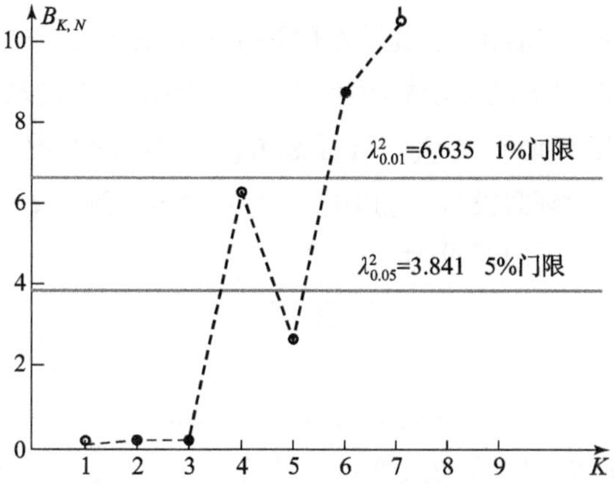

图 9.2 $N=1$ 时滤波的发散性识别图示

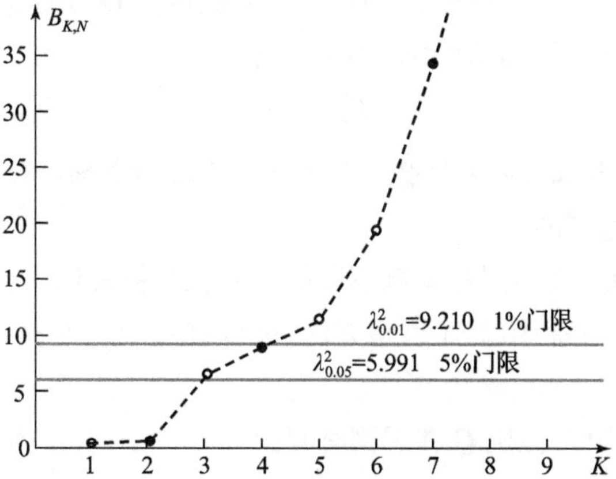

图 9.3 $N=2$ 时滤波的发散性识别图示

由图 9.3 可知:当采用了不正确的模型进行滤波时,如果应用预测一步剩余以识别滤波发散性时,在显著性水平 1% 之下,当 $K=6$ 时,发散性被识别出来了。当应用 $N=2$ 时,$K=5$ 便识别了发散性。这说明预测步数增加,识别发散的时刻提早。在显著性水平取作 5% 的场合下,在 $N=1$ 时,$K=4,6,7,\cdots$滤波发散被识别,而取 $N=2$ 时,$K=3$ 发散性被识别。

9.5 自适应估计中的 Q 补偿法

识别了滤波中的异常现象,这只是第一步工作,为了改变这种异常而提出的控制滤波发散的方法称为自适应滤波。

由上面的讨论可以看出,滤波异常的识别和构成自适应滤波的方法往往是相互关联的。例如,考虑动力学模型存在误差的情况。在滤波过程中,为了补偿模型误差,就必须准确地给出 Q_K。先注意 Q_K 为常值的情况。假设滤波已进行至 t_K 时刻,而在 t_K 时刻假设关于动力学误差的噪声矩阵为 $\boldsymbol{Q}^{(0)}$。于是可以应用统计假设检验方法。设原假设为

$$\mathrm{H}_0:\boldsymbol{Q}=\boldsymbol{Q}^{(0)}$$

则令

$$P\{B_{K,N}>\lambda_a^2/\mathrm{H}_0\}=a$$

当实际计算了 $R_{K,N}$ 以后,$B_{K,N}$ 便可以计算出来,于是在一定的显著性水平 α 之下,如果 $B_{K,N}>\boldsymbol{\lambda}_\alpha^2$,则认为 H_0 这个假设应该被放弃。它说明了 t_K 时刻应用的协方差矩阵 $\boldsymbol{Q}^{(0)}$ 尚不足以补偿模型误差。因此,改变 $\boldsymbol{Q}^{(0)}$ 的选取,使上述现象不再发生,这样就构成了自适应滤波。由此,令

$$B_{K,N}=\boldsymbol{\lambda}_\alpha^2 \tag{9.5.1}$$

从而去决定 $\boldsymbol{Q}$。记此时的 $\boldsymbol{Q}$ 为 $\hat{\boldsymbol{Q}}$。此时 $\hat{\boldsymbol{Q}}$ 作为动力学噪声补偿的方差阵,那么此时的滤波是自适应的。

应当指出当 Q_K 随不同的 K 取不同的值时,这种用式(9.5.1)解出各 Q_K 的方法是困难的。但是利用上述思想方法,可以绕过 $B_{K,N}$ 而找到估计 Q_K 已构成自适应滤波的方法。

在下面的讨论中,假定 $\boldsymbol{Q}$ 在观测时间段 $t_{K+1},\cdots,t_{K+N}$ 上为常值对角阵,并运用预测剩余 $\boldsymbol{v}_{K+l}^*(l=1,\cdots,N)$ 对 $\boldsymbol{Q}$ 作自适应估计。

首先注意:

$$\begin{aligned}\boldsymbol{V}_K&=E[\boldsymbol{v}_{K+l}^*\boldsymbol{v}_{K+l}^{*\mathrm{T}}]\\&=\boldsymbol{H}_{K+l}\boldsymbol{\Phi}_{K+l,K}\boldsymbol{P}_{K/K}(\boldsymbol{H}_{K+l}\boldsymbol{\Phi}_{K+l,K})^{\mathrm{T}}+\boldsymbol{R}_{K+l}+\sum_{i=1}^{l}(\boldsymbol{H}_{K+l}\boldsymbol{\Phi}_{K+l,K+i})\boldsymbol{Q}(\boldsymbol{H}_{K+l}\boldsymbol{\Phi}_{K+l,K+i})^{\mathrm{T}}\end{aligned} \tag{9.5.2}$$

$$E[\boldsymbol{v}_{K+l}^{*\mathrm{T}}\boldsymbol{v}_{K+l}^*]=\mathrm{tr}E[\boldsymbol{v}_{K+l}^{*\mathrm{T}}\boldsymbol{v}_{K+l}^*] \tag{9.5.3}$$

于是可记

$$v_{K+l}^{*\mathrm{T}}v_{K+l}^{*}=\mathrm{tr}E[v_{K+l}^{*}v_{K+l}^{*\mathrm{T}}]+\eta_{K+l} \tag{9.5.4}$$

其中：η_{K+l}为期望值为0的随机变量，记

$$Q=\begin{bmatrix} q_{11} & & & \\ & q_{22} & & \\ & & \ddots & \\ & & & q_{nn} \end{bmatrix} \tag{9.5.5}$$

则

$$\begin{aligned}\mathrm{tr}E[v_{K+l}^{*}v_{K+l}^{*\mathrm{T}}] &= \mathrm{tr}[(H_{K+l}\Phi_{K+l,K})P_{K/K}(H_{K+l}\Phi_{K+l,K})^{\mathrm{T}}]+\mathrm{tr}R_{K+l}\\ &=\sum_{i=1}^{l}\mathrm{tr}[(H_{K+l}\Phi_{K+l,K+i})Q(H_{K+l}\Phi_{K+l,K+i})^{\mathrm{T}}]\end{aligned} \tag{9.5.6}$$

记

$$H_{K+l}\Phi_{K+l,K+i}=A^{(K+l,K+i)}\triangleq[a_{i,j}^{(K+l,K+i)}],i=1,\cdots,m,j=1,\cdots,n \tag{9.5.7}$$

则

$$\begin{aligned}\mathrm{tr}[A^{(K+l,K+i)}Q(A^{(K+l,K+i)})^{\mathrm{T}}] &= (a_{11}^{2}+a_{21}^{2}+\cdots+a_{m1}^{2})^{(K+l,K+i)}q_{11}\\ &\quad+(a_{12}^{2}+a_{22}^{2}+\cdots+a_{m2}^{2})^{(K+l,K+i)}q_{22}\\ &\quad+\cdots\\ &\quad+(a_{1n}^{2}+a_{2n}^{2}+\cdots+a_{mn}^{2})^{(K+l,K+i)}q_{nn}\end{aligned} \tag{9.5.8}$$

上述右端表达式中括号上方的角标$(K+l,K+i)$表示括号中的每一项都与$(K+l,K+i)$有关，记

$$\mathrm{diag}Q=[q_{11}\quad q_{22}\quad\cdots\quad q_{nn}]^{\mathrm{T}} \tag{9.5.9}$$

$$\begin{cases}\sum_{i=1}^{l}(a_{11}^{2}+a_{21}^{2}+\cdots+a_{m1}^{2})^{(K+l,K+i)}=A_{1}^{K,l}\\ \qquad\vdots\\ \sum_{i=1}^{l}(a_{1n}^{2}+a_{2n}^{2}+\cdots+a_{mn}^{2})^{(K+l,K+i)}=A_{n}^{K,l}\end{cases} \tag{9.5.10}$$

$$A^{(K,l)}=[A_{1}^{K,l}\quad\cdots\quad A_{n}^{K,l}] \tag{9.5.11}$$

$$E_{K+l}=v_{k+l}^{*\mathrm{T}}v_{k+l}^{*}-\mathrm{tr}[H_{K+l}\Phi_{K+l,K}P_{K/K}\Phi_{K+l,k}^{\mathrm{T}}H_{K+l}^{\mathrm{T}}]-\mathrm{tr}R_{K+l} \tag{9.5.12}$$

则式(9.5.4)可以写成

$$E_{K+l}=A^{(K,l)}\mathrm{diag}Q+\eta_{K+l},l=1,\cdots,N \tag{9.5.13}$$

为了写成更紧凑的形式，记

$$E[\boldsymbol{E}_{K+l} \quad \cdots \quad \boldsymbol{E}_{K+N}]^{\mathrm{T}}, \boldsymbol{\eta} = [\eta_{K+1} \quad \cdots \quad \eta_{K+N}]^{\mathrm{T}} \tag{9.5.14}$$

$$\boldsymbol{A} = \begin{bmatrix} A^{(K,1)} \\ \vdots \\ A^{(K,N)} \end{bmatrix} \tag{9.5.15}$$

此处 $\boldsymbol{A}$ 为 $N \times n$ 阶矩阵,于是

$$\boldsymbol{E} = \boldsymbol{A} + \mathrm{diag}\boldsymbol{Q} + \boldsymbol{\eta} \tag{9.5.16}$$

这样就构成了关于估计 diag$\boldsymbol{Q}$ 的线性模型,记此估计为 diag$\hat{\boldsymbol{Q}}$,于是得

$$\mathrm{diag}\hat{\boldsymbol{Q}}_{K,N} = (\boldsymbol{A}^{\mathrm{T}}\boldsymbol{A})^{-1}\boldsymbol{A}^{\mathrm{T}}\boldsymbol{E} \tag{9.5.17}$$

这样,可将 $\boldsymbol{E}$ 看作观测向量,应用式(9.5.17)便可获得 diag$\boldsymbol{Q}$ 的估计。

上面这种估计 $\boldsymbol{Q}$ 以控制滤波发散的方法常被称为 $\boldsymbol{Q}$ 补偿方法。

在实际应用中,可以运用递推计算方法。为此,注意在估计 diag$\hat{\boldsymbol{Q}}_{K,N}$之前已经有了 diag$\hat{\boldsymbol{Q}}_{K-1,N}$。因此,diag$\hat{\boldsymbol{Q}}_{K-1,N}$可以作为 diag$\hat{\boldsymbol{Q}}_{K,N}$的验前估计,再利用 $\boldsymbol{E}_{k+i}$ 对验前估计进行修正。由(9.5.17)式可得:

$$\mathrm{diag}\hat{\boldsymbol{Q}}^{(i)} = \mathrm{diag}\hat{\boldsymbol{Q}}^{(i-1)} + \boldsymbol{D}_{i-1}\boldsymbol{A}^{(K,i)\mathrm{T}}(\boldsymbol{A}^{(K,i)}\boldsymbol{D}_{i-1}\boldsymbol{A}^{(K,i)\mathrm{T}} + 1)^{-1}(\boldsymbol{E}_{K+1} - \boldsymbol{A}^{(K,i)}\mathrm{diag}\hat{\boldsymbol{Q}}^{(i-1)}) \tag{9.5.18}$$

其中:

$$\boldsymbol{D}_i = \boldsymbol{D}_{i-1} - \boldsymbol{D}_{i-1}\boldsymbol{A}^{(K,i)\mathrm{T}}(\boldsymbol{A}^{(K,i)}\boldsymbol{D}_{i-1}\boldsymbol{A}^{(K,i)\mathrm{T}} + 1)^{-1}\boldsymbol{A}^{(K,i)}\boldsymbol{D}_{i-1}, i = 1, \cdots, N \tag{9.5.19}$$

此处 $\boldsymbol{D}_0$ 为 diag$\hat{\boldsymbol{Q}}^{(0)} \triangleq \mathrm{diag}Q_{K-1,N}$的方差矩阵,且常假定为对角阵。利用上述递推关系,当递推至 $i = N$ 时,即获得 diag$\boldsymbol{Q}_{K,N}$的估值,即

$$\mathrm{diag}\hat{\boldsymbol{Q}}_{K,N} = \mathrm{diag}\hat{\boldsymbol{Q}}^{(N)} \tag{9.5.20}$$

接下来仍以 7.5 中所举的例子来说明,一个等速爬高的飞行器被认为等高等速飞行,这种模型误差是相当惊人的,由此引起了滤波发散。现在用上面的自适应滤波方法,对动力学模型引入噪声补偿,看看滤波性能能否得到挽回。

在此例中:

$$\boldsymbol{H}_{K+l}\boldsymbol{\Phi}_{K+l,K+i} = 1$$

$$\boldsymbol{A}^{(K,l)} = l$$

$$\begin{aligned} \boldsymbol{E}_{K+i} &= (\boldsymbol{Z}_{K+i} - \hat{\boldsymbol{h}}_{K/K})^2 - \mathrm{tr}\boldsymbol{P}_{K/K} - 1 \\ &= (\boldsymbol{Z}_{K+i} - \hat{\boldsymbol{h}}_{K/K})^2 - \frac{1+K}{K}, l = 1, \cdots, N \end{aligned}$$

$$\boldsymbol{A}=[1\quad 2\quad \cdots\quad N]^{\mathrm{T}}$$

此时为了构成自适应滤波，所给予的约束条件为

$$(\boldsymbol{Z}_{K+i}-\hat{\boldsymbol{h}}_{K/K})^2=\frac{1}{K}+1+lq_K,\ l=1,\cdots,N,K=1,\cdots,10$$

$$\boldsymbol{E}=[E_{K+1}\cdots E_{K+N}]^{\mathrm{T}}$$

此时 q_K 的估值为

$$q_K=(\boldsymbol{A}^{\mathrm{T}}\boldsymbol{A})^{-1}\boldsymbol{A}^{\mathrm{T}}\boldsymbol{E}$$

对于 $N=1,2$ 时所获得的 q_K 的估值以及在此自适应估计之下的高度估值和估值误差的方差如表 9.3 所示。

表 9.3　q_K 的估计、高度估计及其方差表

N / 类别 / l	1			2		
	q_K	$\hat{h}_{K/K}$	$p_{K/K}$	q_K	$\hat{h}_{K/K}$	$P_{K/K}$
1	0	12.579	1	0	12.579	1
2	0	12.835	1/2	0	12.835	1/2
3	0	13.039	1/3	2.664	13.039	1/3
4	6.562	13.165	1/4	3.010	13.417	0.752
5	0.986	13.724	0.200	4.803	15.426	0.790
6	9.054	14.022	0.167	7.456	15.496	0.848
7	10.780	14.478	0.143	14.324	17.034	0.893
8	25.770	14.910	0.125	20.726	17.874	0.938
9	31.986	15.486	0.111	—	19.998	0.956
10	—	16.060	0.100	—	—	—

引入动力学噪声模型以后的滤波物理景象如图 9.4 所示。当不加噪声补偿时，卡尔曼滤波是发散的，此时估值和真实值的差别越来越大。当引入 q 的自适应估计之后，发散性被控制了。当取一步预测剩余时，高度估值被锁定在观测值附近。而当预测步数增加时，高度估值稍近于真值。在具体应用上述自适应滤波技术时，N 的选择需视实际情况而定。

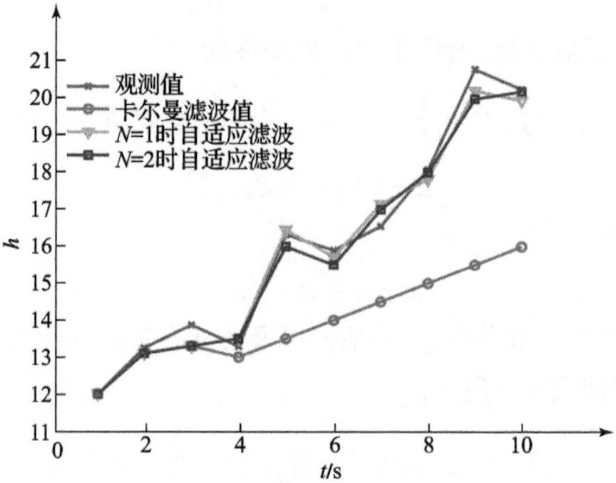

图 9.4　自适应滤波图示

9.6　滤波模型中的偏倚或噪声方差阵的直接递推估计方法

考虑如下模型：

$$\boldsymbol{X}_K=\boldsymbol{\Phi}_{K,K-1}\boldsymbol{X}_{K-1}+\boldsymbol{W}_{k-1}$$

$$\boldsymbol{Z}_K=\boldsymbol{H}_K\boldsymbol{X}_K+\boldsymbol{V}_K$$

而

$$E[W_i]=q_i,E[(W_i-q_i)(W_j-q_j)^{\mathrm{T}}]=Q_i\delta_{i,j},Q_i\geqslant 0$$

$$E[V_i]=\tau_i,E[(V_i-q_i)(V_j-q_j)^{\mathrm{T}}]=R_i\delta_{i,j},R_i\geqslant 0$$

且设$\{W_K\}$和$\{V_K\}$是互不相关的序列，X_0，$X_{0/0}$和$\{W_K\}$，$\{V_K\}$是不相关的。在给定初始条件X_0和$P_{0/0}$之下，有如下滤波公式：

状态预测为

$$\boldsymbol{X}_{K/K-1}=\boldsymbol{\Phi}_{K/K-1}\boldsymbol{X}_{K-1/K-1}+\boldsymbol{q}_{K-1}$$

预测误差的方差阵为

$$\boldsymbol{P}_{K/K-1}=\boldsymbol{\Phi}_{K,K-1}\boldsymbol{X}_{K/K-1}\boldsymbol{\Phi}_{K,K-1}^{\mathrm{T}}+\boldsymbol{Q}_{K-1}$$

观测的新息序列为

$$\boldsymbol{v}_K=\boldsymbol{Z}_K-\boldsymbol{H}_K\boldsymbol{X}_{K/K-1}+\boldsymbol{r}_{K-1}$$

滤波增益为

$$\boldsymbol{K}_K=\boldsymbol{P}_{K/K-1}\boldsymbol{H}_K^{\mathrm{T}}(\boldsymbol{H}_K\boldsymbol{P}_{K/K-1}\boldsymbol{H}_K^{\mathrm{T}}+\boldsymbol{R}_K)^{-1}$$

状态的最佳估计为

$$\hat{\boldsymbol{X}}_{K/K}=\hat{\boldsymbol{X}}_{K/K-1}+\boldsymbol{K}_K\boldsymbol{v}_K$$

估值误差的方差阵为

$$\boldsymbol{P}_{K/K}=\boldsymbol{P}_{K/K-1}-\boldsymbol{K}_K\boldsymbol{H}_K\boldsymbol{P}_{K/K-1}$$

如果 q_i,r_i,Q_i,R_i 均为未知,记此未知的统计参数集为 $\boldsymbol{\Theta}_i=\{q_i,r_i,Q_i,R_i\}$。现在期望同时估计这些未知统计特性,以构成一个自适应估计方案。要去给出 $\boldsymbol{\Theta}_i$ 的估计是困难的,然而次佳的方案可以由不同的方法给出,这里可以运用经典的方法估计给出 $\boldsymbol{\Theta}_i$ 的估计。

9.6.1 关于 $\boldsymbol{r}$ 和 $\boldsymbol{R}$ 的估计

记

$$\boldsymbol{r}_j=\boldsymbol{Z}_j-\boldsymbol{H}_j\hat{\boldsymbol{X}}_{j/j-1},j=1,\cdots,N \tag{9.6.1}$$

$\boldsymbol{r}$ 的估计:

$$\hat{\boldsymbol{r}}=\frac{1}{N}\sum_{j=1}^{N}\boldsymbol{r}_j \tag{9.6.2}$$

为 $\boldsymbol{r}$ 的无偏估计,事实上,

$$\begin{aligned}E[\hat{\boldsymbol{r}}]&=\frac{1}{N}\sum_{j=1}^{N}E[\boldsymbol{Z}_j-\boldsymbol{H}_j\hat{\boldsymbol{X}}_{j/j-1}]\\&=\frac{1}{N}\sum_{j=1}^{N}E[\boldsymbol{H}_j\tilde{\boldsymbol{X}}_{j/j-1}+\boldsymbol{V}_j]\\&=\frac{1}{N}\sum_{j=1}^{N}E[\boldsymbol{V}_j]=\frac{1}{N}N\boldsymbol{r}=\boldsymbol{r}\end{aligned}$$

作

$$\hat{\boldsymbol{C}}_r=\frac{1}{N-1}\sum_{j=1}^{N}(\boldsymbol{r}_j-\hat{\boldsymbol{r}})(\boldsymbol{r}_j-\hat{\boldsymbol{r}})^{\mathrm{T}} \tag{9.6.3}$$

那么

$$E[\hat{\boldsymbol{C}}_r]=\frac{1}{N}\sum_{j=1}^{N}\boldsymbol{H}_j\boldsymbol{P}_{j/j-1}\boldsymbol{H}_j^{\mathrm{T}}+\boldsymbol{R} \tag{9.6.4}$$

式(9.6.4)的证明是方便的,注意$\{r_j\}$为白噪声序列,且

$$E[\dot{\boldsymbol{r}}_j\dot{\boldsymbol{r}}_K^{\mathrm{T}}]=(\boldsymbol{H}_j\boldsymbol{P}_{j/j-1}\boldsymbol{H}_j^{\mathrm{T}}+\boldsymbol{R})\delta_{j,K} \tag{9.6.5}$$

其中,$\dot{\boldsymbol{r}}_j=\boldsymbol{r}_j-\boldsymbol{r}$ 为中心随机向量,$\{\boldsymbol{r}_j\}=\{\boldsymbol{v}_j\}$ 为新息序列。于是

$$\begin{aligned}E[(\boldsymbol{r}_j-\hat{\boldsymbol{r}})(\boldsymbol{r}_j-\hat{\boldsymbol{r}})^{\mathrm{T}}]&=E\left\{\left[(\boldsymbol{r}_j-\boldsymbol{r})-\left(\frac{1}{N}\sum_{j=1}^{N}\boldsymbol{r}_j-\boldsymbol{r}\right)\right]\left[(\boldsymbol{r}_j-\boldsymbol{r})-\left(\frac{1}{N}\sum_{j=1}^{N}\boldsymbol{r}_j-\boldsymbol{r}\right)\right]^{\mathrm{T}}\right\}\\&=E\left[\left(\dot{\boldsymbol{r}}_j-\frac{1}{N}\sum_{j=1}^{N}\dot{\boldsymbol{r}}_j\right)\left(\dot{\boldsymbol{r}}_j-\frac{1}{N}\sum_{j=1}^{N}\dot{\boldsymbol{r}}_j\right)^{\mathrm{T}}\right]\end{aligned}$$

$$= E\left[\left(\boldsymbol{v}_j - \frac{1}{N}\sum_{j=1}^{N}\boldsymbol{v}_j\right)\left(\boldsymbol{v}_j - \frac{1}{N}\sum_{j=1}^{N}\boldsymbol{v}_j\right)^{\mathrm{T}}\right]$$

$$= E[\boldsymbol{v}_j\boldsymbol{v}_j^{\mathrm{T}}] - \frac{1}{N}E\left[\boldsymbol{v}_j\sum_{i=1}^{N}\boldsymbol{v}_i^{\mathrm{T}}\right] - \frac{1}{N}E\left[\sum_{i=1}^{N}\boldsymbol{v}_i \cdot \boldsymbol{v}_j^{\mathrm{T}}\right]$$

$$+ \frac{1}{N^2}E\left[\sum_{i=1}^{N}\boldsymbol{v}_i\sum_{K=1}^{N}\boldsymbol{v}_K^{\mathrm{T}}\right]$$

$$= E[\boldsymbol{v}_j\boldsymbol{v}_j^{\mathrm{T}}] - \frac{1}{N}E[\boldsymbol{v}_j\boldsymbol{v}_j^{\mathrm{T}}] - \frac{1}{N}E[\boldsymbol{v}_j\boldsymbol{v}_j^{\mathrm{T}}] + \frac{1}{N^2}\sum_{i=1}^{N}E[\boldsymbol{v}_i\boldsymbol{v}_i^{\mathrm{T}}]$$

$$= E[\boldsymbol{v}_j\boldsymbol{v}_j^{\mathrm{T}}] - \frac{2}{N}E[\boldsymbol{v}_j\boldsymbol{v}_j^{\mathrm{T}}] + \frac{1}{N^2}\sum_{j=1}^{N}E[\boldsymbol{v}_j\boldsymbol{v}_j^{\mathrm{T}}]$$

$$= \frac{N-2}{N}E[\boldsymbol{v}_j\boldsymbol{v}_j^{\mathrm{T}}] + \frac{1}{N^2}\sum_{j=1}^{N}E[\boldsymbol{v}_j\boldsymbol{v}_j^{\mathrm{T}}]$$

而

$$E[\hat{\boldsymbol{C}}_r] = \frac{1}{N-1}\sum_{j=1}^{N}\left\{\frac{N-2}{N}E[\boldsymbol{v}_j\boldsymbol{v}_j^{\mathrm{T}}] + \frac{1}{N^2}\sum_{j=1}^{N}E[\boldsymbol{v}_j\boldsymbol{v}_j^{\mathrm{T}}]\right\}$$

$$= \frac{1}{N-1}\frac{N-2}{N}\sum_{j=1}^{N}E[\boldsymbol{v}_j\boldsymbol{v}_j^{\mathrm{T}}] + \frac{1}{N-1}\cdot\frac{N}{N^2}\sum_{j=1}^{N}E[\boldsymbol{v}_j\boldsymbol{v}_j^{\mathrm{T}}]$$

$$= \left[\frac{N-2}{N(N-1)} + \frac{1}{N(N-1)}\right]\sum_{j=1}^{N}E[\boldsymbol{v}_j\boldsymbol{v}_j^{\mathrm{T}}]$$

$$= \frac{1}{N}\sum_{j=1}^{N}E[\boldsymbol{v}_j\boldsymbol{v}_j^{\mathrm{T}}]$$

由式(9.6.5)即得

$$E[\hat{\boldsymbol{C}}_r] = \frac{1}{N}\sum_{j=1}^{N}(\boldsymbol{H}_j\boldsymbol{P}_{j/j-1}\boldsymbol{H}_j^{\mathrm{T}} + \boldsymbol{R}) = \frac{1}{N}\sum_{j=1}^{N}\boldsymbol{H}_j\boldsymbol{P}_{j/j-1}\boldsymbol{H}_j^{\mathrm{T}} + \boldsymbol{R}$$

因此 $\boldsymbol{R}$ 的无偏估计为

$$\hat{\boldsymbol{R}} = \frac{1}{N-1}\sum_{j=1}^{N}\left[(\boldsymbol{r}_j - \hat{\boldsymbol{r}})(\boldsymbol{r}_j - \hat{\boldsymbol{r}})^{\mathrm{T}} - \frac{N-1}{N}\boldsymbol{H}_j\boldsymbol{P}_{j/j-1}\boldsymbol{H}_j^{\mathrm{T}}\right] \tag{9.6.6}$$

9.6.2 关于 q 和 Q 的估计

记

$$\boldsymbol{q}_j = \hat{\boldsymbol{X}}_{j,j} - \boldsymbol{\Phi}_{j,j-1}\hat{\boldsymbol{X}}_{j,j-1}, j = 1, \cdots, N \tag{9.6.7}$$

则 $\boldsymbol{q}$ 的无偏估计为

$$\hat{\boldsymbol{q}} = \frac{1}{N}\sum_{j=1}^{N}\boldsymbol{q}_j \tag{9.6.8}$$

事实上,注意到

$$\begin{aligned} \boldsymbol{q}_j &= \hat{\boldsymbol{X}}_{j/j} - \boldsymbol{X}_j - \boldsymbol{\Phi}_{j,j-1}\hat{\boldsymbol{X}}_{j-1,j-1} + \boldsymbol{\Phi}_{j,j-1}\boldsymbol{X}_{j-1} + \boldsymbol{W}_{j-1} \\ &= (\hat{\boldsymbol{X}}_{j/j} - \boldsymbol{X}_j) + \boldsymbol{\Phi}_{j,j-1}(\boldsymbol{X}_{j-1} - \hat{\boldsymbol{X}}_{j-1,j-1}) + \boldsymbol{W}_{j-1} \\ &= -\tilde{\boldsymbol{X}}_{j/j} + \boldsymbol{\Phi}_{j,j-1}\tilde{\boldsymbol{X}}_{j-1/j-1} + \boldsymbol{W}_{j-1} \end{aligned} \tag{9.6.9}$$

于是

$$E[\boldsymbol{q}_i] = \boldsymbol{q}$$

故

$$E[\hat{\boldsymbol{q}}] = \frac{1}{N}\sum_{j=1}^{N}\boldsymbol{q}_i = \boldsymbol{q}$$

记

$$\hat{\boldsymbol{C}}_q = \frac{1}{N-1}\sum_{j=1}^{N}(\boldsymbol{q}_j - \hat{\boldsymbol{q}})(\boldsymbol{q}_j - \hat{\boldsymbol{q}})^{\mathrm{T}} \tag{9.6.10}$$

那么用 $\boldsymbol{q}_i = \boldsymbol{K}_i\boldsymbol{v}_i + \boldsymbol{q}$,因此 $\boldsymbol{q}_i,\boldsymbol{q}_j$ 之间是不相关的,则容易证明

$$E[\hat{\boldsymbol{C}}_r] = \frac{1}{N}\sum_{j=1}^{N}E[\boldsymbol{q}_j\boldsymbol{q}_j^{\mathrm{T}}] \tag{9.6.11}$$

下面来计算 $E[\boldsymbol{q}_j\boldsymbol{q}_j^{\mathrm{T}}]$。注意到式(9.6.9)的右端,因为估值误差之间是相关的,因此直接考虑 $E[\boldsymbol{q}_j\boldsymbol{q}_j^{\mathrm{T}}]$ 比较麻烦,但是如果考虑

$$\boldsymbol{q}_j + \tilde{\boldsymbol{X}}_{j/j} = \boldsymbol{\Phi}_{j,j-1}\tilde{\boldsymbol{X}}_{j-1/j-1} + \boldsymbol{W}_{j-1}$$

则

$$E[(\boldsymbol{q}_j + \tilde{\boldsymbol{X}}_{j/j})(\boldsymbol{q}_j + \tilde{\boldsymbol{X}}_{j/j})^{\mathrm{T}}] = \boldsymbol{\Phi}_{j,j-1}\boldsymbol{P}_{j-1/j-1}\boldsymbol{\Phi}_{j,j-1}^{\mathrm{T}} + \boldsymbol{Q}_{j-1}$$

而上式左端为

$$E[\boldsymbol{q}_j\boldsymbol{q}_j^{\mathrm{T}}] + E[\boldsymbol{q}_j\tilde{\boldsymbol{X}}_{j/j}^{\mathrm{T}}] + E[\tilde{\boldsymbol{X}}_{j/j}\boldsymbol{q}_j^{\mathrm{T}}] + \boldsymbol{P}_{j/j}$$

因此

$$\boldsymbol{Q}_{j-1} = E[\boldsymbol{q}_j\boldsymbol{q}_j^{\mathrm{T}}] - \boldsymbol{\Phi}_{j,j-1}\boldsymbol{P}_{j-1/j-1}\boldsymbol{\Phi}_{j,j-1}^{\mathrm{T}} + \boldsymbol{P}_{j/j} + E[\boldsymbol{q}_j\tilde{\boldsymbol{X}}_{j/j}^{\mathrm{T}}] + E[\tilde{\boldsymbol{X}}_{j/j}\boldsymbol{q}_j^{\mathrm{T}}] \tag{9.6.12}$$

只需要注意式(9.6.7),$\boldsymbol{q}_j$ 可表示为

$$\begin{aligned} \boldsymbol{q}_j &= \hat{\boldsymbol{X}}_{j/j} - \boldsymbol{\Phi}_{j,j-1}\hat{\boldsymbol{X}}_{j-1/j-1} \\ &= \hat{\boldsymbol{X}}_{j/j} - (\boldsymbol{\Phi}_{j,j-1}\hat{\boldsymbol{X}}_{j-1/j-1} + \boldsymbol{q}) + \boldsymbol{q} \\ &= \hat{\boldsymbol{X}}_{j/j} - \hat{\boldsymbol{X}}_{j/j-1} + \boldsymbol{q} \\ &= (\hat{\boldsymbol{X}}_{j/j} - \boldsymbol{X}_j) + (\boldsymbol{X}_j - \hat{\boldsymbol{X}}_{j/j}) + \boldsymbol{q} \\ &= -\tilde{\boldsymbol{X}}_{j/j} + \tilde{\boldsymbol{X}}_{j/j-1} + \boldsymbol{q} \end{aligned}$$

此外,

$$\tilde{\boldsymbol{X}}_{j/j}=(\boldsymbol{I}-\boldsymbol{K}_j\boldsymbol{H}_j)\tilde{\boldsymbol{X}}_{j/j-1}-\boldsymbol{K}_j\overset{\circ}{\boldsymbol{V}}_j$$

此外$\overset{\circ}{\boldsymbol{V}}_j=\boldsymbol{V}_j-r$，于是

$$\begin{aligned}E[\boldsymbol{q}_j\tilde{\boldsymbol{X}}_{j/j}^{\mathrm{T}}]&=E\{[-\tilde{\boldsymbol{X}}_{j/j}+(\tilde{\boldsymbol{X}}_{j/j}+\boldsymbol{q})]\tilde{\boldsymbol{X}}_{j/j}^{\mathrm{T}}\}\\&=-\boldsymbol{P}_{j/j}+E\{(\tilde{\boldsymbol{X}}_{j/j-1}+\boldsymbol{q})[(\boldsymbol{I}-\boldsymbol{K}_j\boldsymbol{H}_j)\tilde{\boldsymbol{X}}_{j/j-1}-\boldsymbol{K}_j\overset{\circ}{\boldsymbol{V}}_j]\}\\&=-\boldsymbol{P}_{j/j}+\boldsymbol{P}_{j/j-1}(\boldsymbol{I}-\boldsymbol{K}_j\boldsymbol{H}_j)^{\mathrm{T}}\end{aligned}\tag{9.6.13}$$

在式(9.6.13)右端的推导中，应用了$E[\tilde{\boldsymbol{X}}_{j/j-1}\overset{\circ}{\boldsymbol{V}}{}_j^{\mathrm{T}}]=0$，因此式(9.6.12)变为

$$\begin{aligned}\boldsymbol{Q}_{j-1}=&E[\boldsymbol{q}_j\boldsymbol{q}_j^{\mathrm{T}}]-\boldsymbol{\Phi}_{j,j-1}\boldsymbol{P}_{j-1,j-1}\boldsymbol{\Phi}_{j,j-1}^{\mathrm{T}}+\boldsymbol{P}_{j/j}+\boldsymbol{P}_{j,j-1}(\boldsymbol{I}-\boldsymbol{K}_j\boldsymbol{H}_j)^{\mathrm{T}}\\&-\boldsymbol{P}_{j/j}+(\boldsymbol{I}-\boldsymbol{K}_j\boldsymbol{H}_j)\boldsymbol{P}_{j/j-1}-\boldsymbol{P}_{j/j}\\=&E[\boldsymbol{q}_j\boldsymbol{q}_j^{\mathrm{T}}]-\boldsymbol{\Phi}_{j,j-1}\boldsymbol{P}_{j-1,j-1}\boldsymbol{\Phi}_{j,j-1}^{\mathrm{T}}-\boldsymbol{P}_{j/j}+\boldsymbol{P}_{j/j-1}(\boldsymbol{I}-\boldsymbol{K}_j\boldsymbol{H}_j)^{\mathrm{T}}\\&+(\boldsymbol{I}-\boldsymbol{K}_j\boldsymbol{H}_j)\boldsymbol{P}_{j/j-1}\end{aligned}$$

或者

$$\begin{aligned}E[\boldsymbol{q}_j\boldsymbol{q}_j^{\mathrm{T}}]=&\boldsymbol{\Phi}_{j,j-1}\boldsymbol{P}_{j-1,j-1}\boldsymbol{\Phi}_{j,j-1}^{\mathrm{T}}+\boldsymbol{P}_{j/j}-(\boldsymbol{I}-\boldsymbol{K}_j\boldsymbol{H}_j)\boldsymbol{P}_{j/j-1}\\&-\boldsymbol{P}_{j/j-1}(\boldsymbol{I}-\boldsymbol{K}_j\boldsymbol{H}_j)^{\mathrm{T}}+\boldsymbol{Q}_{t-1}\end{aligned}\tag{9.6.14}$$

注意到

$$\boldsymbol{P}_{j/j}=(\boldsymbol{I}-\boldsymbol{K}_j\boldsymbol{H}_j)\boldsymbol{P}_{j/j-1}$$

且

$$\boldsymbol{P}_{j/j}^{\mathrm{T}}=\boldsymbol{P}_{j/j}=\boldsymbol{P}_{j/j-1}(\boldsymbol{I}-\boldsymbol{K}_j\boldsymbol{H}_j)^{\mathrm{T}}$$

这样，式(9.6.14)成为

$$E[\boldsymbol{q}_j\boldsymbol{q}_j^{\mathrm{T}}]=\boldsymbol{\Phi}_{j,j-1}\boldsymbol{P}_{j-1/j-1}\boldsymbol{\Phi}_{j,j-1}^{\mathrm{T}}-\boldsymbol{P}_{j/j}+\boldsymbol{Q}_{i-1}\tag{9.6.15}$$

由式(9.6.10)和式(9.6.11)可得

$$E\left[\frac{1}{N-1}\sum_{j=1}^{N}(\boldsymbol{q}_j-\hat{\boldsymbol{q}})(\boldsymbol{q}_j-\hat{\boldsymbol{q}})^{\mathrm{T}}\right]=\frac{1}{N}\sum_{j=1}^{N}[\boldsymbol{\Phi}_{j,j-1}\boldsymbol{P}_{j-1,j-1}\boldsymbol{\Phi}_{j,j-1}^{\mathrm{T}}-\boldsymbol{P}_{j/j}]+\boldsymbol{Q}$$

因此$\boldsymbol{Q}$的无偏估计为

$$\hat{\boldsymbol{Q}}=\frac{1}{N-1}\sum_{j=1}^{N}\left[(\boldsymbol{q}_j-\hat{\boldsymbol{q}})(\boldsymbol{q}_j-\hat{\boldsymbol{q}})^{\mathrm{T}}-\frac{N-1}{N}(\boldsymbol{\Phi}_{j,j-1}\boldsymbol{P}_{j-1/j-1}\boldsymbol{\Phi}_{j,j-1}^{\mathrm{T}}-\boldsymbol{P}_{j/j})\right]\tag{9.6.16}$$

在具体实施上述运算时，可用有限记忆递推运算方法，取$\boldsymbol{\Theta}_K$的估计基于在t_K时刻以及t_K以前的l_r个子样值$\boldsymbol{r}_j$及l_q个子样值$\boldsymbol{q}_j$。

$$\boldsymbol{r}_j:j=K-(l_r-1),\cdots,K-1,K$$

$$\boldsymbol{q}_j:j=K-(l_q-1),\cdots,K-1,K$$

由此估计$\boldsymbol{r}_K,\boldsymbol{q}_K,\boldsymbol{R}_K$以及$\boldsymbol{Q}_K$。当$t_{K+1}$时刻获得了$\boldsymbol{r}_{K+1},\boldsymbol{q}_{K+1}$之后，仍用该时刻以前的最后$l_r$和$l_q$个子样值进行计算(此时丢掉数据$\boldsymbol{r}_{K-(t_r-1)},\boldsymbol{q}_{K-(t_q-1)}$)。因

此,计算 $\boldsymbol{\Theta}_K$ 的过程具有固定记忆。

在计算中可用递推方法进行,例如,关于 $\hat{\boldsymbol{r}}_K$ 和 $\hat{\boldsymbol{R}}_K$,可用如下递推方式进行:

$$\boldsymbol{r}_K = \boldsymbol{r}_{K-1} + \frac{1}{l_r}(\boldsymbol{r}_K - \boldsymbol{r}_{K-t_q}) \tag{9.6.17}$$

$$\hat{\boldsymbol{R}}_K = \hat{\boldsymbol{R}}_{K-1} + \frac{1}{l_r - 1}\begin{bmatrix} (\boldsymbol{r}_K - \hat{\boldsymbol{r}}_K)(\boldsymbol{r}_K - \hat{\boldsymbol{r}}_K)^{\mathrm{T}} - (\boldsymbol{r}_{K-t_q} - \boldsymbol{r}_K)(\boldsymbol{r}_{K-t_q} - \boldsymbol{r}_K)^{\mathrm{T}} \\ + \frac{1}{l_r}(\boldsymbol{r}_K - \boldsymbol{r}_{K-l_r})(\boldsymbol{r}_K - \boldsymbol{r}_{K-l_r})^{\mathrm{T}} + \frac{l_r - 1}{l_r}(\boldsymbol{\Gamma}_{K-l_r} - \boldsymbol{\Gamma}_K) \end{bmatrix} \tag{9.6.18}$$

其中,$\boldsymbol{\Gamma}_K = \boldsymbol{H}_K \boldsymbol{P}_{K/K-1} \boldsymbol{H}_K$。

式(9.6.17)和式(9.6.18)的证明留给读者。将上述递推估计 $\boldsymbol{\Theta}_K$ 的方案,连同状态估计一起,综合如下。

验前信息:

$$\hat{\boldsymbol{X}}_{0/0}, \boldsymbol{P}_{0/0}, \boldsymbol{r}_0, \boldsymbol{q}_0, \hat{\boldsymbol{R}}_0, \hat{\boldsymbol{Q}}_0$$

状态外推:

$$\hat{\boldsymbol{X}}_{K/K-1} = \boldsymbol{\Phi}_{K,K-1} \hat{\boldsymbol{X}}_{K-1/K-1} + \hat{\boldsymbol{q}}_{K-1}$$

外推方差:

$$\boldsymbol{P}_{K/K-1} = \boldsymbol{\Phi}_{K,K-1} \boldsymbol{P}_{K-1,K-1} \boldsymbol{\Phi}_{K,K-1}^{\mathrm{T}} + \hat{\boldsymbol{Q}}_{K-1}$$

计算观测噪声:

$$\boldsymbol{r}_K = \boldsymbol{Z}_K - \boldsymbol{H}\hat{\boldsymbol{X}}_{K/K-1}, \boldsymbol{\Gamma}_K = \boldsymbol{H}_K \boldsymbol{P}_{K/K-1} \boldsymbol{H}_K^{\mathrm{T}}$$

$$\boldsymbol{r}_K = \boldsymbol{r}_{K-1} + \frac{1}{l_r}(\boldsymbol{r}_K - \boldsymbol{r}_{K-l_r})$$

$$\hat{\boldsymbol{R}}_K = \hat{\boldsymbol{R}}_{K-1} + \frac{1}{l_r - 1}\left[(\boldsymbol{r}_K - \hat{\boldsymbol{r}}_K)^2 - (\boldsymbol{r}_{K-l_r} - \hat{\boldsymbol{r}}_K)^2 + \frac{1}{l_r}(\boldsymbol{r}_K - \boldsymbol{r}_{K-l_r})^2 + \frac{l_r - 1}{l_r}(\boldsymbol{\Gamma}_{K-l_r} - \boldsymbol{\Gamma}_K)\right]$$

增益计算:

$$\boldsymbol{K}_K = \boldsymbol{P}_{K/K-1} \boldsymbol{H}_K^{\mathrm{T}} (\boldsymbol{\Gamma}_K + \hat{\boldsymbol{R}}_K)^{-1}$$

状态估计:

$$\hat{\boldsymbol{X}}_{K/K} = \hat{\boldsymbol{X}}_{K/K-1} + \boldsymbol{K}_K + \boldsymbol{K}_K(\boldsymbol{r}_K - \hat{\boldsymbol{r}}_K)$$

$$\boldsymbol{P}_{K/K} = \boldsymbol{P}_{K/K-1} - \boldsymbol{K}_K \boldsymbol{H}_K \boldsymbol{P}_{K/K-1}$$

计算噪声状态统计量($K \geqslant l_q$):

$$\boldsymbol{q}_K = \hat{\boldsymbol{X}}_{K/K} - \boldsymbol{\Phi}_{K,K-1} \hat{\boldsymbol{X}}_{K-1/K-1}$$

记

$$\boldsymbol{\Delta}_K = \boldsymbol{\Phi}_{K,K-1}\boldsymbol{P}_{K-1,K-1}\boldsymbol{\Phi}_{K,K-1}^{\mathrm{T}} - \boldsymbol{P}_{K/K}$$

则

$$\boldsymbol{q}_k = \boldsymbol{q}_{k-1} + \frac{1}{l_q}(\boldsymbol{q}_K - \boldsymbol{q}_{K-l_q})$$

$$\hat{\boldsymbol{Q}}_K = \hat{\boldsymbol{Q}}_{K-1} + \frac{1}{l_q-1}\left[(\boldsymbol{q}_K - \hat{\boldsymbol{q}}_K)^2 - (\boldsymbol{q}_{K-l_q} - \hat{\boldsymbol{q}}_K)^2 + \frac{1}{l_q}(\boldsymbol{q}_K - \boldsymbol{q}_{K-l_q})^2 + \frac{l_q-1}{l_q}(\boldsymbol{\Delta}_{K-l_q} - \boldsymbol{\Delta}_K)\right]$$

然后由 K 转至 $K+1$,重复上述运算。

除了由模型引起的误差,引起滤波发散的原因还可能是由舍入误差导致的发散,或者由数据积累导致新数据修正能力减弱导致的发散。针对这些问题,J. E. Potter 提出了平方根滤波法,Jazwinski 提出了有限记忆滤波法等。具体内容本章不再详细说明。

9.7 应用实例:运载火箭捷联惯导系统故障诊断

运载火箭、导弹以及在轨航天器(各类卫星、空间站等)在执行飞行任务时主要依靠控制系统进行制导与控制,因而对这类控制系统的故障检测与诊断技术很重要,特别是对飞行器控制系统这种非线性系统的在线故障诊断尤为重要。状态估计可以应用于故障诊断领域,基本思想是:先重构被控过程的状态,通过与观测变量的比较构成新息序列;再通过构造适当的模型并用统计检验法,从新息序列中把故障检测出来。显然,故障诊断的前提要求是系统完全可观测或者部分可观测,需要应用状态观测器或滤波器进行状态估计。滤波器方法虽然比观测器方法运算量大,但它对对象的模型要求不高。扩展卡尔曼滤波方法可以直接估计状态,但是它对模型适配的鲁棒性差。可以用自适应扩展卡尔曼滤波器来克服噪声影响,因为在估计系统状态的同时,系统噪声的统计特性也可以在线估计出来,并用于突变故障的检测。

捷联惯导系统的故障分为突变性故障(陀螺仪、加速度计掉电输出为零,受到冲击发生阶跃输出等)和缓变性故障(陀螺仪、加速度计输出漂移)。突变性故障对控制系统的危害最大,缓变性故障则可以通过计算机在算法上进行补偿,所以,对于捷联式惯导系统的故障诊断,主要围绕突变性故障开展研究。

本节以运载火箭捷联惯导系统为背景,介绍一种基于自适应强跟踪卡尔曼滤波器新息序列的故障诊断方法,并通过数值仿真验证了该方法在陀螺仪故障诊断中的效果。

9.7.1 陀螺仪故障诊断模型

陀螺仪是捷联惯导系统中的重要组件,有单自由度陀螺仪和二自由度陀螺仪两种方案。

对于单自由度陀螺仪,要获得全姿态信息,有三个正常工作的单自由度陀螺仪就够了。至于要构成冗余系统,要有四个以上的单自由度陀螺仪。这里介绍一种陀螺仪配置方案,如图 9.5 所示。

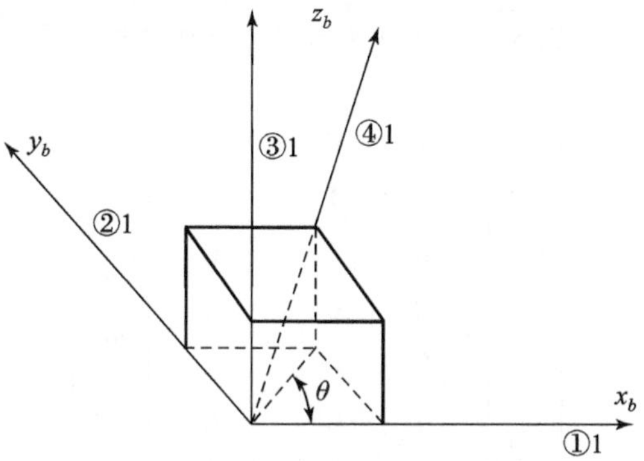

图 9.5 单自由度陀螺的配置方案

图 9.5 的四个陀螺仪序号分别为①②③④。其中,①②③分别沿 x_b、y_b、z_b 轴安装,④号陀螺仪斜置。四个单自由度陀螺仪的测量方程可表示为

$$\begin{bmatrix} m_1 \\ m_2 \\ m_3 \\ m_4 \end{bmatrix} = \begin{bmatrix} 1 & 0 & 0 \\ 0 & 1 & 0 \\ 0 & 0 & 1 \\ \frac{\sqrt{2}}{2}\sin\theta & \frac{\sqrt{2}}{2}\sin\theta & \cos\theta \end{bmatrix} \begin{bmatrix} \omega_x \\ \omega_y \\ \omega_z \end{bmatrix} \tag{9.7.1}$$

式中:$[\omega_x,\omega_y,\omega_z]^{\mathrm{T}}$ 为火箭绕其质心旋转的角速度,θ 为④号陀螺安装角。可见,无论四个陀螺中哪一个出现故障,载体角速度的三个分量仍然可以被测出,系统仍可正常工作。

对于二自由度陀螺,为了测量载体三个轴的角速率,至少需要两个二自由度陀螺仪。而两个二自由度陀螺仪可以输出四个测量值,是冗余的。这里介绍由四个二自由度陀螺仪的一种配置方案,如图 9.6 所示。

四个陀螺仪的顺序号是①②③④①号陀螺仪的两根测量轴是①1,①2,②号陀螺的两根测量轴是②1 和②2,等等。四个二自由度陀螺仪的测量方程表示为

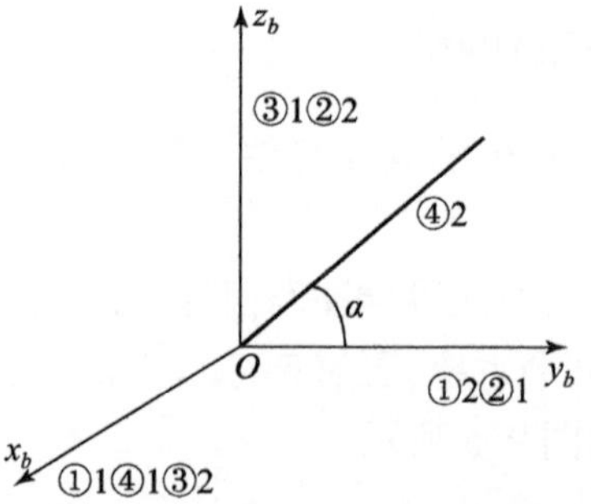

图 9.6　二自由度陀螺的一种配置方案

$$\begin{bmatrix} m_1 \\ m_2 \\ m_3 \\ m_4 \\ m_5 \\ m_6 \\ m_7 \\ m_8 \end{bmatrix} = \begin{bmatrix} 1 & 0 & 0 \\ 0 & 1 & 0 \\ 0 & 1 & 0 \\ 0 & 0 & 1 \\ 0 & 0 & 1 \\ 1 & 0 & 0 \\ 1 & 0 & 0 \\ 0 & 0.707 & 0.707 \end{bmatrix} \begin{bmatrix} \omega_x \\ \omega_y \\ \omega_z \end{bmatrix} \tag{9.7.2}$$

可以看出,角速度三个分量 $\omega_x,\omega_y,\omega_z$ 都可以被三个陀螺仪测量轴所测到。

对陀螺仪的故障诊断主要涉及对火箭绕质心运动的一些统计特性进行分析,火箭绕质心转动的动力学方程为

$$\begin{bmatrix} J_{xx} & -J_{xy} & -J_{xz} \\ -J_{xy} & J_{yy} & -J_{yz} \\ -J_{xz} & -J_{yz} & J_{zz} \end{bmatrix} \begin{bmatrix} \dfrac{\mathrm{d}\omega_x}{\mathrm{d}t} \\ \dfrac{\mathrm{d}\omega_y}{\mathrm{d}t} \\ \dfrac{\mathrm{d}\omega_z}{\mathrm{d}t} \end{bmatrix} + \begin{bmatrix} \omega_x \\ \omega_y \\ \omega_z \end{bmatrix} \times \left(\begin{bmatrix} J_{xx} & -J_{xy} & -J_{xz} \\ -J_{xy} & J_{yy} & -J_{yz} \\ -J_{xz} & -J_{yz} & J_{zz} \end{bmatrix} \cdot \begin{bmatrix} \omega_x \\ \omega_y \\ \omega_z \end{bmatrix} \right) =$$

$$\begin{bmatrix} 0 \\ m_y^{\beta} q S_M l_k \beta \\ m_z^{\alpha} q S_M l_k \alpha \end{bmatrix} + \begin{bmatrix} m_x^{\varpi_x} q S_M l_k \varpi_x \\ m_y^{\varpi_y} q S_M l_k \varpi_y \\ m_z^{\varpi_z} q S_M l_k \varpi_z \end{bmatrix} + \begin{bmatrix} 0 \\ -R_c(x_c - x_g)\delta_\psi \\ -R_c(x_c - x_g)\delta_\phi \end{bmatrix} \tag{9.7.3}$$

式中:$J_{xx},J_{yy},J_{zz},J_{xy},J_{xz},J_{yz}$为全箭转动惯量参数;$\alpha,\beta$ 为火箭相对气流的攻角和侧滑角;q 为动压;S_M 为等效气动面积;l_k 为气动压心到质心的距离;R_c 为发动机推力;$x_c - x_g$ 为发动机推力中心到全箭质心的距离;δ_ψ,δ_ϕ 为矢量发动机推力方向角;等效角速度为

$$\begin{cases}\varpi_x = \dfrac{l_k \omega_x}{v} \\ \varpi_y = \dfrac{l_k \omega_y}{v} \\ \varpi_z = \dfrac{l_k \omega_z}{v}\end{cases} \tag{9.7.4}$$

m_y^β, m_y^α 为气动力矩系数；$m_x^{\varpi_x}, m_y^{\varpi_y}, m_z^{\varpi_z}$ 为阻尼力矩系数。

在火箭发射的主动段，在控制系统的作用下，$\omega_x, \omega_y, \omega_z$ 均为小量，略去式(9.7.3)中的二阶小量，得到：

$$\begin{bmatrix} J_{xx} & -J_{xy} & -J_{xz} \\ -J_{xy} & J_{yy} & -J_{yz} \\ -J_{xz} & -J_{yz} & J_{zz} \end{bmatrix} \begin{bmatrix} \dfrac{d\omega_x}{dt} \\ \dfrac{d\omega_y}{dt} \\ \dfrac{d\omega_z}{dt} \end{bmatrix} + \boldsymbol{A} \begin{bmatrix} \omega_x \\ \omega_y \\ \omega_z \end{bmatrix} + \boldsymbol{B} \tag{9.7.5}$$

其中，

$$\boldsymbol{A} = \frac{q S_M l_k^2}{\nu} \begin{bmatrix} m_x^{\varpi_x} & 0 & 0 \\ 0 & m_y^{\varpi_y} & 0 \\ 0 & 0 & m_z^{\varpi_z} \end{bmatrix} - \begin{bmatrix} 0 & -\omega_z & \omega_y \\ \omega_z & 0 & -\omega_x \\ -\omega_y & \omega_x & 0 \end{bmatrix} \begin{bmatrix} J_{xx} & -J_{xy} & -J_{xz} \\ -J_{xy} & J_{yy} & -J_{yz} \\ -J_{xz} & -J_{yz} & J_{zz} \end{bmatrix}$$

$$\boldsymbol{B} = \begin{bmatrix} 0 \\ m_y^\beta q S_M l_k \beta \\ m_z^\alpha q S_M l_k \alpha \end{bmatrix} - \boldsymbol{A} \begin{bmatrix} \cos(\varphi(t)) & \sin(\varphi(t)) & 0 \\ -\sin(\varphi(t)) & \cos(\varphi(t)) & 0 \\ 0 & 0 & 1 \end{bmatrix} \begin{bmatrix} \omega_x \\ \omega_y \\ \omega_z \end{bmatrix} + \begin{bmatrix} 0 \\ -R_c(x_c - x_g)\delta_\psi \\ -R_c(x_c - x_g)\delta_\phi \end{bmatrix}$$

假设已知发射程序 $\varphi(t)$，利用主动段绕质心动力学方程(9.7.5)，取状态量为 $\boldsymbol{X} = [\omega_x, \omega_y, \omega_z]^{\mathrm{T}}$，构造状态方程为

$$\begin{pmatrix} \dot{\omega}_x \\ \dot{\omega}_y \\ \dot{\omega}_z \end{pmatrix} = \begin{bmatrix} J_{xx} & -J_{xy} & -J_{xz} \\ -J_{xy} & J_{yy} & -J_{yz} \\ -J_{xz} & -J_{yz} & J_{zz} \end{bmatrix}^{-1} \boldsymbol{A} \begin{pmatrix} \omega_x \\ \omega_y \\ \omega_z \end{pmatrix} + \begin{bmatrix} J_{xx} & -J_{xy} & -J_{xz} \\ -J_{xy} & J_{yy} & -J_{yz} \\ -J_{xz} & -J_{yz} & J_{zz} \end{bmatrix}^{-1} \boldsymbol{B} \tag{9.7.6}$$

将式(9.7.6)离散化，得到

$$\boldsymbol{X}(k+1) = \boldsymbol{\Phi}(k)\boldsymbol{X}(k) + \boldsymbol{U}(k) + \boldsymbol{W}(k) \tag{9.7.7}$$

式中：

$$\boldsymbol{\Phi}(k) \approx \boldsymbol{I} + \boldsymbol{\Phi}(k-1)T = \boldsymbol{I} + \begin{bmatrix} J_{xx} & -J_{xy} & -J_{xz} \\ -J_{xy} & J_{yy} & -J_{yz} \\ -J_{xz} & -J_{yz} & J_{zz} \end{bmatrix}^{-1} \boldsymbol{A}T$$

$$U(k)=\begin{bmatrix} J_{xx} & -J_{xy} & -J_{xz} \\ -J_{xy} & J_{yy} & -J_{yz} \\ -J_{xz} & -J_{yz} & J_{zz} \end{bmatrix}^{-1} \boldsymbol{BT}$$

$\boldsymbol{I}$ 为单位矩阵；T 为采样周期；$\boldsymbol{W}(k)=\begin{pmatrix}\varepsilon_x\\ \varepsilon_y\\ \varepsilon_z\end{pmatrix}$，且 $E[\boldsymbol{W}(k)]=\boldsymbol{0}$，$E[\boldsymbol{W}(k)\boldsymbol{W}^{\mathrm{T}}(k)]=\boldsymbol{Q}_k$。

观测方程可以利用式(9.7.1)的方案，也可以利用式(9.7.2)的方案，无论采用何种方案，构造的观测方程均为

$$\boldsymbol{Y}(k)=\boldsymbol{HX}(k)+\boldsymbol{V}(k) \tag{9.7.8}$$

其中，$\boldsymbol{H}$ 观测矩阵根据式(9.7.1)或式(9.7.2)确定，$\boldsymbol{V}(k)=\begin{pmatrix}n_x\\ n_y\\ n_z\end{pmatrix}$，$E[\boldsymbol{V}(k)]=\boldsymbol{0}$，$E[\boldsymbol{V}(k)\boldsymbol{V}^{\mathrm{T}}(k)]=\boldsymbol{R}_k$。

9.7.2 基于自适应卡尔曼滤波新息的故障诊断方法

状态方程和观测方程构造完成后，得到系统方程：

$$\begin{aligned}\boldsymbol{X}(k)&=\boldsymbol{\Phi}(\Delta t)\boldsymbol{X}(k-1)+\boldsymbol{U}(k)+\boldsymbol{W}(k)\\ \boldsymbol{Z}(k)&=\boldsymbol{HX}(k)+\boldsymbol{V}(k)\end{aligned} \tag{9.7.9}$$

其中：$\boldsymbol{X}(k)$ 为系统状态；$\boldsymbol{U}(k)$ 为系统输入；$\boldsymbol{W}(k)$ 为过程噪声，可以理解为系统建模中未考虑的集总扰动；$\boldsymbol{\Phi}(\Delta t)$ 为状态转移矩阵；$\boldsymbol{Z}(k)$ 为观测量；$\boldsymbol{H}$ 为观测矩阵，具体形式根据传感器类型和安装方式决定；$\boldsymbol{V}(k)$ 为测量噪声。根据卡尔曼滤波公式，$\boldsymbol{\gamma}_k$ 为新息，其定义为

$$\boldsymbol{\gamma}_k=\boldsymbol{Z}(k)-\boldsymbol{H}\hat{\boldsymbol{X}}_{k|k-1} \tag{9.7.10}$$

若过程噪声 $\boldsymbol{W}(k)$ 不为零，即存在偏差 $E[\boldsymbol{W}(k)]=\boldsymbol{q}(k)$。可以设计一种带有遗忘因子的噪声统计特性估计器，对偏差本身进行估计。此时，卡尔曼滤波公式中的预测方程需要改写为

$$\hat{\boldsymbol{X}}_{k|k-1}=\boldsymbol{\Phi}_{k|k-1}\hat{\boldsymbol{X}}_{k-1|k-1}+\boldsymbol{U}_k+\hat{\boldsymbol{q}}(k) \tag{9.7.11}$$

偏差估计 $\hat{\boldsymbol{q}}(k)$ 用噪声统计特性估计器获取：

$$\hat{\boldsymbol{q}}(k)=[1-d(k)]\hat{\boldsymbol{q}}(k)+d(k)[\hat{\boldsymbol{X}}_{k|k-1}-\boldsymbol{\Phi}\hat{\boldsymbol{X}}_{k-1|k-1}-\boldsymbol{U}(k)] \tag{9.7.12}$$

其中：$d(k)=\dfrac{1-b}{1-b^k}$，$0<b<1$，b 称为遗忘因子，$d(k)$ 为时变遗忘因子。通过引入

噪声统计特性估计器，可以处理非零均值过程噪声的情况，这对于经历线性化后得到的模型极其有用，因为线性化过程必然会忽略模型的高阶信息，导致代表模型不准确性的过程噪声中含有非零均值的情况，增强了滤波器的状态估计能力。用式(9.7.11)代替式(9.7.7)，并增加式(9.7.12)，就得到了一种自适应卡尔曼滤波器。

根据9.1节新息的性质可知，针对系统(9.7.9)的卡尔曼滤波稳定后，协方差 $\boldsymbol{P}_{k|k}$ 将趋向一个恒定值，如果系统此时出现故障，则新息 $\boldsymbol{\gamma}_k$ 的幅值会迅速增大，因此可以采用如下残差加权平方和(Weighted Sum - squared Residual, WSSR)检测方法识别故障。

(1)利用新息序列 $\{\boldsymbol{\gamma}_j\}$ 计算矩阵 $\boldsymbol{L}_k$：

$$\boldsymbol{L}_k = \frac{1}{N+1}\sum_{j=k-N}^{k}\boldsymbol{\gamma}_j\boldsymbol{\gamma}_j^{\mathrm{T}} \tag{9.7.13}$$

其中：N 是人为选定的数据窗口长度。N 取值较小时，将有助于对故障的快速检测，然而将有可能增大误报率；反之，当 N 取值过大时，将不利于对故障的快速检测。

(2)取出 $\boldsymbol{L}_k$ 的对角线元素 a_{jj}：

$$a_{jj} \leftarrow \mathrm{diag}(\boldsymbol{L}_k), j=1,2,\cdots,\dim(\boldsymbol{L}_k) \tag{9.7.14}$$

(3)对每一个对角线元素 a_{jj}，检查不等式是否成立：

$$a_{jj} \leqslant \varepsilon_0 \tag{9.7.15}$$

其中：ε_0 是人为选定的阈值，取值过大将增大系统的误报率。

9.7.3 仿真结果分析

考虑四个二自由度陀螺仪的测量方案，取滤波初值为 $\boldsymbol{P}_0=\mathrm{diag}([10,10,10])$，$\boldsymbol{Q}=\mathrm{diag}([10^{-2},10^{-2},10^{-2}])$，$\boldsymbol{R}=\mathrm{diag}([10^{-2},\cdots,10^{-2}])$，$\boldsymbol{q}_0=(10^{-3},10^{-3},10^{-3})^{\mathrm{T}}$，$\omega_{x0}=\omega_{y0}=\omega_{z0}=0.1$，设置的故障为在仿真时刻40 s处①号陀螺仪的第一个传感器失去电源供应，导致输出为零，以验证9.7.2节故障诊断方法对于跳变故障的有效性。

图9.7展示了陀螺仪观测得到的8组测量值，可以看到在40s处有测量值跳变为零，模拟出一类跳变故障。图9.8为角速度估计值，可以看到角速度估值发生了一个跳变，这说明，测量跳变故障对估计值产生了影响。图9.9显示残差明显发散，表明此类故障可以利用残差进行识别。图9.10显示了残差加权平方和检验结果，可以看到该方法在故障发生时刻很快诊断出故障。

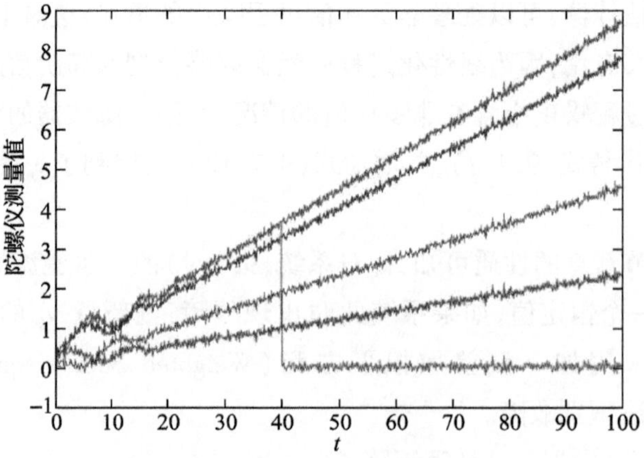

图 9.7　陀螺仪测量值仿真结果

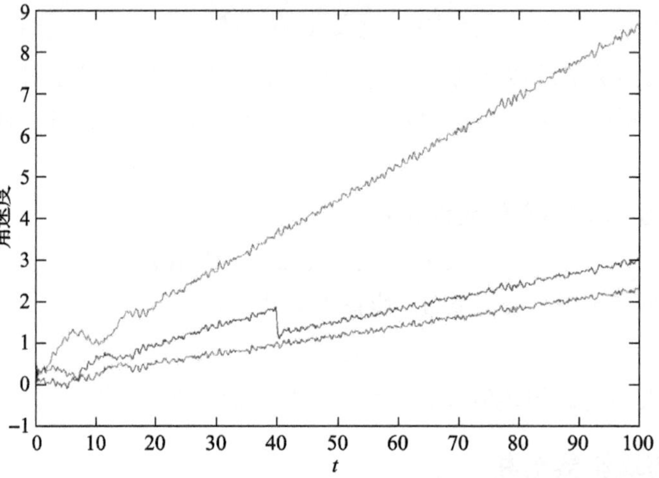

图 9.8　角速度估计值仿真结果

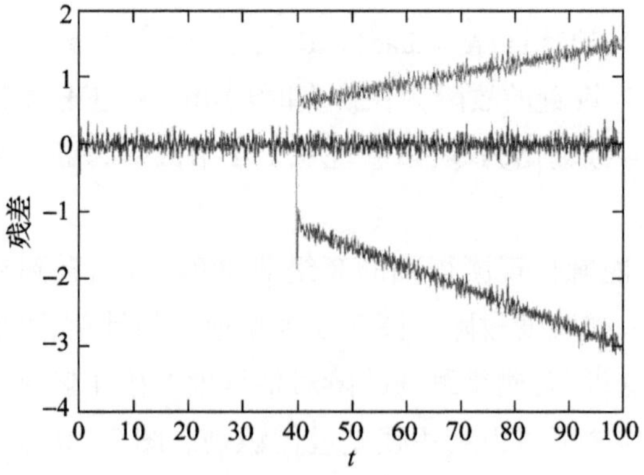

图 9.9　残差(新息)仿真结果

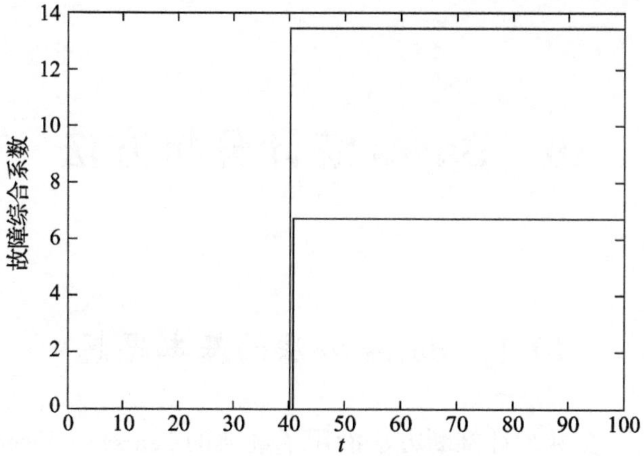

图 9.10 故障识别仿真结果

10 Bayes 统计分析方法

10.1 Bayes 方法的基本思想

到目前为止,多数统计推断方法沿用了经典的 Pearsan - Fisher - Neyman 统计方法。一般理工科大学的教科书多属于这种方法。然而,近些年来 Bayes 学派越来越对经典的统计方法提出了挑战,Bayes 统计方法也越来越受到人们的重视。它在飞行器试验统计分析问题中得到了广泛的应用。

例 10.1 经典统计中的假设检验问题。设有正态总体,方差为 1,均值 θ 为未知。作统计假设:

$$\mathrm{H}_0:\theta\leqslant 0$$

$$\mathrm{H}_1:\theta>0$$

取显著水平 $\alpha=0.05$,在只有一个抽样 X 的情况下由 Neyman 最优检验理论可知,检验的临界区域(即拒绝 H_0 的区域)为

$$D=\{X,X>1.5\}$$

因此,在试验一次所获得的样本值 $X_1>1.5$ 时,则拒绝 H_0,即认为均值 $\theta>0$。现在如果有 A、B 两人各做一次试验,且 A 的试验结果 $X_\mathrm{A}=20$,B 的试验结果 $X_\mathrm{B}=2$,这时,用上述检验方法时,均拒绝了 H_0,即都采纳了假设 H_1,按常规,对于 A 来说,采纳 H_1 的置信程度应比 B 来得高,但是此经典统计检验方法反映不出这种信念,它的回答只能是 A、B,放弃真错误的概率都是 5%。

例 10.2 经典统计中的置信估计问题。设有来自 $\mathrm{N}(\theta,\sigma^2)$ 总体的独立同分布(Independent and Identically Distributed,i. i. d.)子样$(X_1,\cdots,X_n)$,σ^2 已知,我们知道:

$$P\left\{\ |\bar{X}-\theta|<\frac{\sigma}{\sqrt{n}}\mu_\alpha\right\}=1-\alpha$$

其中:$\bar{X}=\dfrac{1}{n}\sum\limits_{i=1}^{n}X_i$;$1-\alpha$ 为置信概率;μ_α 可由标准正态分布表查得。于是 θ 的置信区间为

$$\left(\bar{X}-\frac{\sigma}{\sqrt{n}}\mu_{\alpha},\bar{X}+\frac{\sigma}{\sqrt{n}}\mu_{\alpha}\right) \tag{10.1.1}$$

如何理解这种置信区间？如果说 θ 落在该区间中的概率为 $1-\alpha$，这种说法错了！因为 θ 不是随机变量，它没有什么概率问题（θ 要么在区间式（10.1.1）内，要么不在此区间内）！经典学派当然采取另一种解释方法：随机区间式（10.1.1）包含未知参数 θ 的概率是 $1-\alpha$（因为样本是随机的，因此 $\bar{X}$ 是随机的，于是式（10.1.1）是随机区间），这种说法是对的。但是在具体应用中，得到了具体的子样值 $X_1,\cdots,X_n$ 之后，就计算具体的区间 $\left(X-\frac{\sigma}{\sqrt{n}}\mu_{\alpha},\bar{X}+\frac{\sigma}{\sqrt{n}}\mu_{\alpha}\right)$，此时置信概率又如何解释？因为，用经典学派的观点，只能在做了大量的 n 次抽样之后，如 N 次抽样，每一次的容量均为 n，N 次抽样之下，每一次都得到一个具体的区间式（10.1.1），这 N 个区间中大约有 $N(1-\alpha)$ 个区间包含真实的 θ。那么对于某一次具体的区间，只能说或者包含真实的 θ，或者不包含 θ，根本没有置信概率的问题！

举了这两个例子之后，读者会发现经典统计方法的确存在不足之处。那 Bayes 学派又是何种观点呢！

首先，Bayes 统计将未知的量 θ 当作随机变量，且具有统计分布。这种分布在试验之前就已经存在，称为验前分布。其次，当做了 n 次试验之后，获得了子样 $X=(X_1,\cdots,X_n)$，此时又可获得 θ 在给定 X 之下的条件分布，称为验后分布。对于连续随机变量的场合，有 Bayes 公式，θ 的验后分布密度为

$$\pi(\theta/X)=\frac{\pi(\theta)p(X\mid\theta)}{\int_{\Theta}\pi(\theta)p(X\mid\theta)\mathrm{d}\theta}$$

其中：$\pi(\theta)$ 是 θ 的验前密度，Θ 为参数集，$p(X\mid\theta)$ 为子样在给定 θ 之下的密度函数。试验之后关于 θ 的信息全部包含在 $\pi(\theta\mid X)$ 中。Bayes 统计就是从 $\pi(\theta\mid X)$ 出发，作出 θ 的统计推断。例如，以后将会看到，θ 的估计可取

$$\hat{\theta}=E[\theta\mid X]=\int_{\Theta}\theta\pi(\theta\mid X)\mathrm{d}\theta$$

如果要对 θ 作置信估计，在置信度为 $1-\alpha$ 之下，可令

$$\int_{\theta_1}^{\theta_2}\pi(\theta\mid X)\mathrm{d}\theta=1-\alpha$$

满足上式的 $(\theta_1(X),\theta_2(X))$，就是 θ 的置信区间，这时

$$P\{\theta_1(X)<\theta<\theta_2(X)\}=1-\alpha$$

它表示了在给定子样 X 之下，随机变量 θ 落在 $(\theta_1(X),\theta_2(X))$ 区间的概率为 $1-\alpha$，这种解释与经典统计完全不同。恰好克服了经典统计中理解上的麻烦。

10.2 验前信息的获取和表示

Bayes 统计的出发点是 θ 的验后分布，Bayes 学派认为，处理任何统计问题时，在利用样本所提供的信息的同时，也必须利用验前信息。这种验前信息用验前分布来描述。因此，如何获取验前信息，并将验前信息用分布的形式来表达，就成为应用 Bayes 方法的一个要害问题。

10.2.1 验前信息的获取

关于验前信息的获取，一般地说，有下列几种主要途径。

(1)从历史资料中获取 θ 的信息。特别是以前做过的试验数据资料。这是一种最重要的途径。例如，飞行器各系统的精度鉴定问题中，要去获得精度在定型试射之前的验前信息，这时可以考虑试射之前的各种资料。如各种地面试验和测试的数据、同一型号不同试验轨道及不同射程之下的试射数据、对飞行中各种干扰的统计规律性认识等。又如，某产品的质量评定中，关于产品质量的历史情况就是一种重要的验前信息，一般来说，某种新产品的生产过程具有一定继承性，那么，这种"继承"的内涵，就是产品的历史信息。

(2)理论分析或仿真以获取验前信息。这是一种在工程实践中常用的方法。例如，对于再入飞行器的真实的落点在试射之前虽然不能确切地说出它的位置，但是由总体设计的理论论证，可以认为在一定条件下，试验轨道总是在"标准轨道"近旁。因此。关于落点的信息不是一无所知。特别是由于计算技术的发展，使我们能对比较复杂的现象进行仿真。这种仿真的方法是获取验前信息的一种重要途径。

(3)凭借经验的"主观概率"方法。这种方法最典型的是所谓"专家打分"方法。假定 θ 为未知分布参数，则将 θ 的取值范围分成 $K+1$ 个档次，然后请 n 个专家填写属于的档次。将专家们的意见归纳成表 10.1。

表 10.1 专家打分表

档次	$\theta \leq \theta_1$	$\theta_1 < \theta \leq \theta_2$	…	$\theta_{K-1} < \theta \leq \theta_K$	$\theta > \theta_K$
所得票数	n_1	n_2	…	n_K	n_{K+1}
频数	n_1/n	n_2/n	…	n_K/n	n_{K+1}/n

表中 $n_1 + \cdots + n_{K+1} = n$，可以画出 θ 的频率图，用函数逼近方法确定出 θ 的近似验前分布。这个方法的特点是集中了专家的智慧，可以构造出验前分布。

但是,这种方法不能避免主观成分。由此得出的验前信息将因人而异。因此,它常常成为 Bayes 统计的支持者和反对者之间的一个争论。

应用 Bayes 方法中令人为难的是没有任何验前信息可以利用的场合,人们总是崇尚"开拓者""先行者"。在他们做某些事(或做实验)之前,没有任何经验可以借鉴,没有历史资料。这样,要对某个性能参数(譬如这样说)作出某种验前的判断是困难的。在这种场合下,如果要应用 Bayes 方法,那么如何去给出验前信息就是一个至关重要的问题了。

10.2.2 无信息可利用时的验前分布

10.2.2.1 同等无知原则

在没有信息可利用的场合下,如果要给出验前分布,那么这种分布应包含尽可能少的信息。例如,θ 是分布参数,它没有任何验前信息,于是可以设想:在 θ 的取值范围内什么值都可以取,而且没有任何理由认为取这个值较之其他值来得经常,称为同等无知原则。

例如,设 $\Theta = \{\theta_1, \cdots, \theta_n\}$ 为有限集,关于 θ_i 无任何验前知识,此时,认为 $P\{\theta = \theta_i\} = 1/n$(等概率)。

不过,只要稍微深入一点分析,就将发生一些问题,例如,考察下面两种情况。

Θ 为 θ 的连续无限集($-\infty < \theta < +\infty$)。如果令 $\pi(\theta) = C > 0$,C 为常量,则 $\int_\Theta \pi(\theta)\mathrm{d}\theta = \infty$,这样 $\pi(\theta)$ 不是常规情况下的概率密度函数。因此有必要将分布密度函数概念略加扩充,而引入广义验前分布概念。

定义 10.1 设随机变量 X 具有概率密度函数 $f(x \mid \theta)$,$\theta \in \Theta$,如果 $\pi(\theta)$ 满足下列条件:

①$\pi(\theta) \geqslant 0, \theta \in \Theta$;

② $\int_\Theta \pi(\theta)\mathrm{d}\theta = \infty$;

③ $0 < \int_\Theta f(x \mid \theta)\pi(\theta)\mathrm{d}\theta < \infty$。

则称 $\pi(\theta)$ 为 θ 的广义验前概率密度函数。

这种定义比较自然。关于条件③,主要是考虑到 Bayes 方法在应用中的着眼点是 $\pi(\theta \mid X)$(其中 X 为样本集),它应为一个通常的验后密度函数。当条件③满足时:

$$\int_\Theta \pi(\theta \mid X)\mathrm{d}\theta = \int_\Theta \left[\frac{\pi(\theta)f(X \mid \theta)}{\int_\Theta f(X \mid \theta)\pi(\theta)\mathrm{d}\theta}\right]\mathrm{d}\theta = 1$$

$\pi(\theta \mid X)$ 是一个密度函数。这样,在 Bayes 统计推断中,尽管应用广义验前密度就不必担心了。

均匀分布的验前分布不能随意设定。考虑正态总体中未知分布参数 σ^2。如果认为 σ^2 为$(0,+\infty)$上的均匀分布的变量,而 σ 当然也是同等未知的,也应是$(0,+\infty)$上具有均匀分布的变量。但是

$$p_\sigma(\sigma)=\left|\frac{\mathrm{d}\sigma^2}{\mathrm{d}\sigma}\right|p_{\sigma^2}(\sigma^2)=2\sigma p_{\sigma^2}(\sigma^2)$$

其中:$p_\sigma(\sigma)$为 σ 的概率密度;$p_{\sigma^2}(\sigma^2)$为 σ^2 的概率密度。由此可知,$p_\sigma(\sigma)$不再是$(0,+\infty)$上的均匀分布!因此,对于分布参数在无验前信息时,这种均匀分布的假设也不是对于任意参数都是可取的。事实上,关于无信息时的验前分布的设定是一个复杂的问题。下面讨论几种特殊情况。

(1)位置参数(Location Parameter)的验前分布。

设 $\Im$ 为样本空间,Θ 为参数空间。如果 $\boldsymbol{X}$(可以为随机向量)的概率密度函数可以写作 $f(x-\theta)$,则称这种形式的密度函数为位置密度函数,称 θ 为位置参数。

例如正态分布密度函数:

$$f(x)=\frac{1}{\sqrt{2\pi\sigma}}\exp\left\{-\frac{(x-\mu)^2}{2\sigma^2}\right\}$$

为 $x-\mu$ 的函数,因此 $\theta=\mu$ 为位置参数。

假定 θ 没有信息可以被利用,现要确定出位置参数的验前分布。假定 $\Im=\Theta\in R^p$,R^p 为 p 维欧氏空间。考虑随机向量:

$$\boldsymbol{\eta}=\theta+C$$

此时对于 R^p 中的任意集 A,

$$P(\theta\in A)=P(\theta\in A-C)$$

或者

$$\int_A\pi(\theta)\mathrm{d}\theta=\int_{A-c}\pi(\theta)\mathrm{d}\theta=\int_A\pi(\theta-C)\mathrm{d}\theta$$

由于 A 的任意性,于是有:

$$\pi(\theta)=\pi(\theta-C),\theta\in\Theta$$

可见:

$$\pi(\theta)=\text{常量}$$

故有如下定理。

定理 10.1 对于位置参数来说,在没有信息可利用的情况下,$\pi(\theta)\propto1$。因此,位置参数的验前密度是广义的验前密度函数。

(2)尺度参数(Scale Parameter)的验前分布。

如果 $\boldsymbol{X}$ 的密度函数具有$\frac{1}{\sigma}f\left(\frac{x}{\sigma}\right)$,$\sigma>0$ 的形式,则称此密度函数为尺度密

度，σ 为尺度参数。例如正态分布 $N(0,\sigma^2)$ 中标准偏差 σ 为尺度参数。

定理 10.2 对于尺度参数 σ 在无信息之下的密度函数 $\pi(\sigma)$ 可取作

$$\pi(\sigma)\propto\frac{1}{\sigma},\sigma>0$$

证明：如果改变尺度单位，令 $\boldsymbol{Y}=\boldsymbol{CX},\eta=\boldsymbol{C}\sigma,\sigma>0$，易知 $\boldsymbol{Y}$ 的密度函数 $\frac{1}{\eta}f(y/\eta)$，且 $(\boldsymbol{X},\sigma)$ 与 $(\boldsymbol{Y},\eta)$ 有相同的样本空间和参数空间，因而有相同的无信息验前分布。令它们分别为 π 和 π^*，于是对任何 $A\in(0,+\infty)$，有

$$P_{\pi}(\sigma\in A)=P_{\pi*}(\eta\in A)$$

此处 $P_{\pi}(\sigma\in A)$ 表示以 π 作为验前密度时 $\sigma\in A$ 的概率。由 $\eta=\boldsymbol{C}\sigma$ 可知：

$$P_{\pi*}(\eta\in A)=P_{\pi}(\sigma\in \boldsymbol{C}^{-1}A)$$

其中：

$$\boldsymbol{C}^{-1}A=\{\boldsymbol{C}^{-1}Z:Z\in A\}$$

从而

$$P_{\pi}(\sigma\in A)=P_{\pi}(\sigma\in C^{-1}A)$$

满足这一性质的任何分布密度 π 称为尺度不变的分布密度。于是：

$$\int_A\pi(\sigma)\mathrm{d}\sigma=\int_{C^{-1}A}\pi(\sigma)\mathrm{d}\sigma=\int_A\pi(\boldsymbol{C}^{-1}\sigma)\boldsymbol{C}^{-1}\mathrm{d}\sigma$$

由 A 的任意性，得

$$\pi(\sigma)=\boldsymbol{C}^{-1}\pi(\boldsymbol{C}^{-1}\sigma)$$

对于一切 σ 成立，取 $\boldsymbol{C}=\sigma$，于是，

$$\pi(\sigma)=\sigma^{-1}\pi(1)\propto\frac{1}{\sigma}$$

这样就证明了所需的结论。

10.2.2.2 Jeffreys 规则

在实际应用中，一种广为运用的确定无信息时的验前分布的方法即 Jeffreys 规则。

记 $L(\theta\mid X)=\ln\prod_{i=1}^{n}f(X_i/\theta)$，其中 $X=(X_1,\cdots,X_x)$ 为独立同分布样本，$f(X_i/\theta)$ 为总体的分布密度。令

$$J(\hat{\theta})=-\left(\frac{\partial^2 L}{\partial\theta^2}\right)_{\theta=\hat{\theta}}$$

此处 $\hat{\theta}$ 是 θ 的最大似然估计。则

$$\pi(\theta)\propto\sqrt{J(\hat{\theta})}$$

为 θ 的近似无信息验前分布密度。也就是说，无信息的验前密度近似地正比于

Fisher 信息量的平方根。

说明：

(1)广义验前密度不是唯一的。例如它们可以差一个常数因子。

(2)定理 10.1、定理 10.2 中的位置分布和尺度分布函数代表了两类不同的分布族。例如，Cauchy 分布、学生氏分布均属位置分布族，Gamma 分布属尺度分布族。因此设想，无信息之下的验前分布可能有更广泛的类。J. Hartigan、C. Stein 等人对这个问题做了研究。

(3)广义验前密度可以有多种表达形式。例如，考虑位置 - 尺度密度函数 $(1/\sigma)f[(X-\theta)/\sigma]$，$\sigma>0$，用前述定理的证明方法，可以证得：

$$\pi(\theta,\sigma)\propto\frac{1}{\sigma}$$

如果考虑 θ,σ 为相互独立的变量，于是

$$\pi(\theta,\sigma)=\pi(\theta)\pi(\sigma)\propto 1\cdot\frac{1}{\sigma}=\frac{1}{\sigma}$$

又如 Bernoulli 变量的参数 $\theta=p$，$\Theta=[0,1]$，θ 的验前密度可以有多种形式。例如：

$$\pi_1(\theta)\propto 1$$

$$\pi_2(\theta)\propto\theta^{-1}(1-\theta)^{-1}$$

$$\pi_3(\theta)\propto[\theta(1-\theta)]^{-\frac{1}{2}}$$

要指出哪个更合理是件惑人的事。我们认为在选择了某种验前密度之下，看所做的统计推断是否符合实际，再由实践做进一步的考验。

10.2.3 利用共轭分布确定验前分布

现在来讨论验前、验后分布的关系。如果验前分布和验后分布具有同一分布形式，那么多阶段试验之下的 Bayes 统计推断将带来方便。同时，前一阶段的验后分布就是下阶段的验前分布(当然试验的条件必须相同)。

例 10.3 $X\sim$ Bernoulli 变量，它的分布律如下：

k	0	1
$P\{x=k\}$	$1-p=q$	p

此时，分布参数 $\theta=p$，而

$$f(x\mid\theta)=\begin{cases}\theta^x(1-\theta)^{1-x}, & x=0,1\\ 0, & 其他\end{cases}$$

假定 θ 的验前密度为 Beta 分布函数,即

$$\pi(\theta)=\mathrm{B}(\theta;a,b)=\begin{cases}\dfrac{\Gamma(a+b)}{\Gamma(a)\Gamma(b)}\theta^{a-1}(1-\theta)^{b-1}, & 0\leqslant\theta\leqslant 1\\ 0, & \text{其他}\end{cases}$$

其中:a,b 为 θ 的分布参数,$a>0,b>0$。

对于上述验前密度来说,如果验前的 $\theta=p$ 取较小值可能性大,则 $a<b$,如图 10.1 所示。如果 $\theta=p$ 取近于 1 的值的可能性较大,则 $a>b$;如果不知道 p 取值的大小,它在[0,1]上为同等无知的,则取 $a=b=1$,此时:

$$\pi(\theta;a,b)=\begin{cases}\dfrac{\Gamma(2)}{\Gamma(1)\Gamma(1)}=1, & 0\leqslant\theta\leqslant 1\\ 0, & \text{其他}\end{cases}$$

它为均匀分布的验前密度函数。

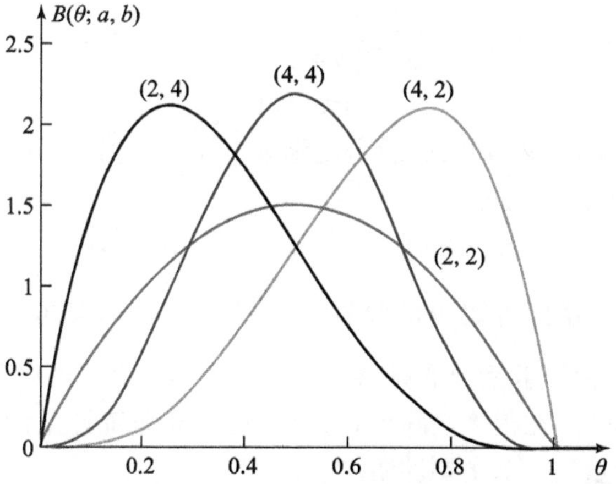

图 10.1　Beta 分布图

设 $X=(X_1,\cdots,X_2)$ 为从 Bernoulli 总体抽得的独立同分布样本,在 X 给定下,计算 $\pi(\theta\mid X)$ 注意到样本 X 在给定分布之下的密度为

$$\begin{aligned}f(X\mid\theta)&=\prod_{i=1}^{n}\theta^{x_i}(1-\theta)^{1-x_i}\\&=\theta^{n}_{i=1}x_i(1-\theta)^{n-\sum\limits_{i=1}^{n}x_i}\\&\triangleq\theta^{Y}(1-\theta)^{n-Y}\end{aligned}$$

其中:

$$Y=\sum_{i=1}^{n}X_i$$

于是由 Bayes 公式,可得

$$\begin{aligned}\pi(\theta \mid X) &= \frac{\pi(\theta) f(X \mid \theta)}{\int_0^1 \pi(\theta) f(X \mid \theta) \mathrm{d}\theta} \\ &= \frac{\theta^{a+Y-1}(1-\theta)^{b+n-Y-1}}{\int_0^1 \theta^{a+y-1}(1-\theta)^{b+x-Y-1} \mathrm{d}\theta}\end{aligned}$$

注意 Beta 函数的表达式：

$$B(a,b) = \int_0^1 t^{a-1}(1-t)^{b-1}\mathrm{d}t = \frac{\Gamma(a)\Gamma(b)}{\Gamma(a+b)}$$

其中，$\Gamma(a) = \int_0^\infty t^{a-1}\mathrm{e}^{-t}\mathrm{d}t, a > 0$，且 $\Gamma(a+1) = a\Gamma(a)$，于是

$$\int_0^1 \theta^{a+Y-1}(1-\theta)^{b+n-y-1}\mathrm{d}\theta = \frac{\Gamma(a+Y)\Gamma(b+n-Y)}{\Gamma(a+b+n)}$$

因此

$$\pi(\theta \mid \boldsymbol{X}) = \frac{\Gamma(a+b+n)}{\Gamma(a+Y)\Gamma(b+n-Y)}\theta^{a+\gamma-1}(1-\theta)^{b+n-Y-1}$$

$$0 \leqslant \theta \leqslant 1$$

由 Beta 分布的定义可知，验后密度函数 $\pi(\theta \mid X)$ 仍为 Beta 分布，它为 $\mathrm{B}(\theta; a+Y, b+n-Y)$，即

$$\pi(\theta \mid X) = \mathrm{B}(\theta; a+Y, b+n-Y)$$

其中，$Y = \sum_{i=1}^n X_i$，由此可知，θ 的验前、验后密度函数具有同一形式。常称具有相同分布形式的验前、验后分布是共轭的。由上面的例子可以看出，主要是计算验后密度 $\pi(\theta \mid X)$。在很多实际场合，可以运用充分统计量计算验后密度。下面回顾充分统计量的一个主要性质。

$(X_1, \cdots, X_n)$ 为独立同分布样本，且 $t = T(X_1, \cdots, X_n) = T(X)$ 为 θ 的充分统计量，已知 $t = T(X)$ 为 θ 的充分统计量的充要条件是 $f(X \mid \theta)$ 可分解为

$$f(\theta \mid X) = g(T(X) \mid \theta) h(X)$$

其中，$h(X)$ 为非负函数，且与 θ 无关。特殊地，$g(T(X) \mid \theta)$ 可以为 T 的密度函数。

如果 $t = T(X)$ 为 θ 的充分统计量，$g(t \mid \theta)$ 为 T 的密度函数，则

$$\begin{aligned}\pi(\theta \mid X) &= \frac{f(X \mid \theta)\pi(\theta)}{\int_\theta f(X \mid \theta)\pi(\theta)\mathrm{d}\theta} \\ &= \frac{g(t \mid \theta)h(X)\pi(\theta)}{h(X)\int_\theta g(t \mid \theta)\pi(\theta)\mathrm{d}\theta} \\ &= \frac{g(t \mid \theta)\pi(\theta)}{\int_\theta g(t \mid \theta)\pi(\theta)\mathrm{d}\theta}\end{aligned}$$

因此,由样本 X 提供给 θ 的信息,与 θ 的充分统计量 $t=T(X)$ 提供的信息是相同的。在计算 $\pi(\theta \mid X)$ 时,X 可以用 $t=T(X)$ 来代替。

例 10.4　$X=(X_1,\cdots,X_n)$ 为来自 $N(\mu,\sigma^2)$ 的独立同分布子样,其中 σ^2 为已知,μ 为未知,且设 $\pi(\mu)\propto 1$,试确定 μ 的验后密度函数;如果 $\pi(\mu)\sim N(\mu_0,\sigma_0^2)$,试计算 $\pi(\mu \mid X)$ 。

解　由于 $t=\bar{X}=\dfrac{1}{n}\sum\limits_{i=1}^{n} X_i$ 是 μ 的充分统计量,因此,

$$\pi(\mu \mid X)=\pi(\mu \mid t)=\pi(\mu \mid \bar{X})$$

于是

$$\pi(\mu \mid \bar{X})\propto \pi(\mu) f(\bar{X} \mid \mu)$$

注意到

$$f(\bar{X} \mid \mu)\sim N\left(\mu,\frac{\sigma^2}{n}\right)$$

于是

$$\pi(\mu \mid \bar{X})\propto \mathrm{e}^{-\frac{x}{2\sigma^2}(X-\mu)^2}$$

由此可知,μ 的验后密度 $\pi(\mu \mid X)$ 为 $N\left(\bar{X},\dfrac{\sigma^2}{n}\right)$分布。

下面再计算在 $\pi(\mu)\sim N(\mu_0,\sigma_0^2)$ 时的验后密度函数 $\pi(\mu \mid X)$,同样只需计算 $\pi(\theta \mid \bar{X})$,$\theta=\mu$。

$$\begin{aligned}\pi(\theta \mid X) &= \pi(\theta \mid \bar{X})\\ &= \frac{\mathrm{g}(\mathrm{t} \mid \theta)\pi(\theta)}{\int_{-\infty}^{+\infty}\mathrm{g}(\mathrm{t} \mid \theta)\pi(\theta)\mathrm{d}\theta}\end{aligned}$$

其中,$t=\bar{X}$,由于 $t\sim N\left(\theta,\dfrac{\sigma^2}{n}\right)$,于是

$$\begin{aligned}g(t \mid \theta)\pi(\theta) &\propto \mathrm{e}^{-\frac{n}{2\sigma^2}(\theta-\bar{X})^2-\frac{1}{2\sigma_0^2}(\theta-\mu_0)^2}\\ &= \mathrm{e}^{-\frac{1}{2}\left[\frac{n}{\sigma^2}(0-\bar{X})^2-\frac{1}{\sigma_0^2}(\theta-\mu_0)\right]}\end{aligned}$$

上式右端方括号中的项展开后,按 θ 的乘幂整理为

$$\frac{\sigma^2+n\sigma_0^2}{\sigma^2\sigma_0^2}\theta^2-2\frac{n\sigma_0^2\bar{X}+\sigma^2\mu_0}{\sigma^2\sigma_0^2}\theta+\frac{n\sigma_0^2\bar{X}^2+\sigma^2\mu_0^2}{\sigma^2\sigma_0^2}$$

$$=\frac{\sigma^2+n\sigma_0^2}{\sigma^2\sigma_0^2}\left[\theta^2-\frac{2\sigma^2\sigma_0^2}{\sigma^2+n\sigma_0^2}\frac{n\sigma_0^2\bar{X}+\sigma^2\mu_0}{\sigma^2\sigma_0^2}\theta+\frac{\sigma^2\sigma\theta}{\sigma^2+n\sigma_0^2}+\frac{n\sigma_0^2\bar{X}^2+\sigma^2\mu\theta}{\sigma^2\sigma_0^2}\right]$$

$$=\frac{\sigma^2+n\sigma_0^2}{\sigma^2\sigma_0^2}\left[\left(\theta-\frac{n\sigma_0^2\bar{X}+\sigma^2\mu_0}{\sigma^2+n\sigma_0^2}\right)^2-\left(\frac{n\sigma_0^2\bar{X}+\sigma^2\mu_0}{\sigma^2+n\sigma_0^2}\right)^2+\frac{n\sigma_0^2\bar{X}^2+\sigma^2\mu_0^2}{\sigma^2+n\sigma_0^2}\right]$$

$$=\frac{\sigma^2+n\sigma_0^2}{\sigma^2\sigma_0^2}(\theta-\mu_1)^2+\frac{n\sigma_0^2\bar{X}^2+\sigma^2\mu_0^2}{\sigma^2\sigma^2}-\frac{(n\sigma_0^2\bar{X}+\sigma^2\mu_0)^2}{\sigma^2\sigma_0^2(\sigma^2+n\sigma_0^2)}$$

上式右端的最后两项经过整理,为

$$\frac{n}{\sigma^2+n\sigma_0^2}(\bar{X}^2-2\bar{X}\mu_0+\mu_0^2)$$

$$=\frac{n}{\sigma^2+n\sigma_0^2}(\bar{X}-\mu_0)^2$$

于是

$$\frac{n}{\sigma^2}(\theta-\bar{X})^2+\frac{1}{\sigma_0^2}(\theta-\mu_0)^2$$

$$=\frac{\sigma^2+n\sigma_0^2}{\sigma^2\sigma_0^2}(\theta-\mu_1)^2+\frac{n}{\sigma^2+n\sigma_0^2}(\bar{X}-\mu_0)^2$$

$$\triangleq\frac{1}{\sigma_1^2}(\theta-\mu_1)^2+\frac{n}{\sigma^2+n\sigma_0^2}(\bar{X}-\mu_0)^2$$

其中:

$$\begin{cases}\mu_1=\dfrac{\sigma^2\mu_0+n\sigma_0^2\bar{X}}{\sigma^2+n\sigma_0^2}\\[2ex]\sigma_1^2=\dfrac{\sigma^2\sigma_0^2}{\sigma^2+n\sigma_0^2}\end{cases}$$

最后得

$$\pi(\theta\mid X)=\pi(\theta\mid\bar{X})\propto\mathrm{e}^{-\frac{1}{2\sigma_1^2}(\theta-\mu_1)^2}$$

所以 $\pi(\theta\mid X)\sim N(\mu_1,\sigma_1^2)$,如果改写 μ_1 为

$$\mu_1=\frac{\sigma^2/n}{\sigma^2/n+\sigma_0^2}\mu_0+\frac{\sigma_0^2}{\sigma^2/n+\sigma_0^2}\bar{X}$$

上式表示 μ_1 为 μ_0 和 $\bar{X}$ 的加权平均,权系数分别为 $(\sigma^2/n)/(\sigma^2/n+\sigma_0^2)$ 和 $\sigma_0^2/(\sigma^2/n+\sigma_0^2)$。

由此可知,当 μ 的验前密度取作正态分布时,其验后密度仍是正态的,因此是共轭分布。

表 10.2 给出了常用的共轭分布。

表 10.2 常用共轭分布表

档次	记号	参数	样本取值范围	先验分布	后验分布
指数分布	$Exp(\lambda)$	λ	$x\in[0,+\infty)$	$Ga(\alpha,\beta)$	$Ga(n+\alpha,\beta+nE(x))$
正态分布	$N(\mu,\sigma^2)$	μ	$x\in(-\infty,+\infty)$	$N(m,s^2)$	$N\left(\frac{s^2\sum_n x_i+\sigma^2 m}{ns^2+\sigma^2},\frac{\sigma^2 s^2}{ns^2+\sigma^2}\right)$
正态分布	$N(\mu,\sigma^2)$	σ	$x\in(-\infty,+\infty)$	$IGa(\alpha,\beta)$	$\mathrm{IGa}\left(\frac{n}{2}+\alpha,\beta+\mathrm{n}\frac{\mathrm{Var(x)}}{2}\right)$
二项分布	$B(N,p)$	p	$x\in[0,N]$ x 为整数	$Beta(\alpha,\beta)$	$\mathrm{Beta}(\mathrm{nE(x)}+\alpha,\mathrm{nN}-\mathrm{nE(x)}+\beta)$
负二项分布	$NB(r,p)$	p	$x\in[r,+\infty)$ x 为整数	$Ga(\alpha,\beta)$	$Ga(nr+\alpha,eE(x)-nr+\beta)$
泊松分布	$P(\lambda)$	λ	$x\in[0,+\infty)$ x 为整数	$Ga(\alpha,\beta)$	$Ga(nE(x)+\alpha,\beta+n)$
均匀分布	$U(\theta)$	θ	$x\in[0,\theta]$	$Pareto(m,k)$	$Pareto(Max\{Max\{x,m\},k\},n+k)$
伽马分布	$Ga(\alpha,\beta)$	β	$x\in[0,+\infty)$	$Ga(a,b)$	$Ga(a+n\alpha,b+nE(x))$
倒伽马分布	$IGa(\alpha,\beta)$	β	$x\in[m,+\infty)$	$Ga(a,b)$	$Ga\left(a+n\alpha,b+nE\left(\frac{1}{x}\right)+b\right)$
帕累托分布	$Pareto(m,k)$	k	$x\in[m,+\infty)$	$Ga(\alpha,\beta)$	$Ga(n+\alpha,\beta+n\mathrm{E}(\ln x)+n\ln m)$
多项分布	$MN(N,p)$	p	$x\in[0,N]$ x 为整数	$Dir(p,\alpha)$	$Dir(p,\alpha+n)$

注:(1)表中为样本 $X=(X_1,\cdots,X_n)$ 为样本(独立同分布样本),$\bar{X}$ 为样本均值,上表用于多阶段试验时、未知分布参数的 Bayes 估计。关于验前密度中的分布参数由历史信息(数据)计算而得。

(2)Rayleigh(瑞利)变量及分布由以下定义给出:

设 $X\sim N(0,\sigma^2)$,$Y\sim N(0,\sigma^2)$,且 X,Y 相互独立。记 $r=\sqrt{X^2+Y^2}$ 则称 r 为瑞利随机变量,它的概率密度为

$$p(r)=\begin{cases}\dfrac{r}{\sigma^2}\mathrm{e}^{-\frac{r}{2\sigma^2}}, & r>0\\0, & r\leqslant 0\end{cases}$$

瑞利变量的分布常用于平面射击问题的射击效果分析。

10.3 Bayes 点估计

统计推断的基本问题是通过总体模型与观测样本所提供的信息对总体分布的某些方面作出论断。这种论断在一定的可信程度下进行。当然这种论断不一

定是总体分布本身,它可以为与总体分布有关的某些事项。例如分布的特性数的估计、检验等,至于统计推断的形式也是多种多样的。这里仅对某些方面作初步的讨论,主要是讨论参数估计和假设检验问题,同时也将讨论工程实践中感兴趣的一些问题。先讨论 Bayes 估计方法。

在讨论对于未知分布参数 θ 的估计时,除了考虑样本提供的信息以外,还必须同时考虑验前分布,并且还要给出参数值与估值之间的差异所引起的所谓"损失"。这时的估计方法就是 Bayes 估计方法。

记 θ 的估值为 a。则 a 为样本 $X=(X_1,\cdots,X_n)$ 的函数:$a=a(X_1,\cdots,X_n)=a(X)$,令 $L(\theta,a)$ 为当参数真值为 θ 而估值为 a 时所造成的损失,它为非负的实值函数。此时在给定 X 之下的平均损失为

$$E[L(\theta,a)\mid X]=\int_{\theta}L(\theta,a)\pi(\theta\mid X)\mathrm{d}\theta$$

其中,$a=a(X)$,$\pi(\theta\mid X)$ 为 θ 的验后密度函数。θ 的 Bayes 估计 $a^*(X)$ 是指使 $E[L(\theta,a^*)\mid X]=\mathrm{Min}$ 的那种 a^*,即

$$E[L(\theta,a^*(X))\mid X]=\underset{a}{\mathrm{Min}}E[L(\theta,a)\mid X]$$

这样 θ 的 Bayes 估计 a^* 与损失函数 L 的选取以及验前密度 $\pi(\theta)$ 有关。关于损失函数,它可以由各种不同方式定义。例如,设 μ 为 X 的均值,以样本均值 $\bar{X}=1/n\sum_{i=1}^{n}X_i$ 作为 μ 的估计,此时常取的损失函数 $L(\mu,\bar{X})$ 为 $(\bar{X}-\mu)^2$,$|\bar{X}-\mu|$,$(\bar{X}-\mu)^4$ 等。又如以 $S^2=1/(n-1)\sum_{i=1}^{n}(X_i-\bar{X})^2$ 作为 σ^2 的估计时,常取 $L(\sigma^2,S^2)$ 为 $(S^2-\sigma^2)^2$,$\log(S/\sigma)^2$ 等。最常被运用的损失函数是平方误差损失函数,即

$$L(\theta,a)=(\theta-a)^2$$

此时 Bayes 估计 $a^*(X)$,使

$$E[(\theta-a^*(X))^2\mid X]=\mathrm{Min}$$

由此可知 $a^*(X)=E[\theta\mid X]$。

例 10.5 X 是 Bernoulli 变量,其可能值为 0,1,且

$$P\{X=1\}=p=\theta$$

$$P\{X=0\}=1-p=1-\theta$$

θ 为未知分布参数。则在 θ 的验前密度 $\pi(\theta)$ 为 $B(\theta;a,b)$,$a>0$,$b>0$ 之下。$\pi(\theta\mid X)$ 仍为 Beta 分布,且分布参数为

$$a_1=a+\sum_{i=1}^{n}X_i$$

$$b_1=b+n-\sum_{i=1}^{n}X_i$$

因此容易算得

$$a^*(X) = E[\theta \mid X] = \frac{a + \sum_{i=1}^{n} X_i}{a + b + n}$$

现在看看应用本例的结果对产品废品率的估计。假定对于产品进行抽样，X 为每次抽样中出现废品的次数，则

$$X = \begin{cases} 1, & \text{当出现废品时} \\ 0, & \text{当不出现废品时} \end{cases}$$

此时 $P\{X=1\} = p = \theta$ 为废品率，假定 $a = b = 1$，因此 $\pi(\theta)$ 为 $[0,1]$ 上的均匀分布。今抽样 10 次，没有发现废品，问该批产品的废品率是多少？

由例可知，p 的 Bayes 估计为

$$E[p \mid X] = \frac{1 + \sum_{i=1}^{n} X_i}{n + 2}$$

令 $\sum_{i=1}^{n} X_i = 0, n = 10$，于是废品率 p 的 Bayes 估计为 1/12。如果用频率法进行估计，此时的废品率为 $0/10 = 0$。由此看出，两种不同的方法所得废品率的估计是不同的。Bayes 方法所得的估计看来要合理一些。

例 10.6 $X = (X_1, \cdots, X_n)$ 是取自 $N(\theta, \sigma^2)$ 的独立同分布样本，σ^2 为已知，$\theta \sim N(\mu, v^2)$ 在平方误差损失函数之下，θ 的 Bayes 估计由例 10.4 可知为 μ_1，即

$$E[\theta \mid X] = \mu_1 = \frac{\sigma^2 \mu + n v^2 \bar{X}}{\sigma^2 + n v^2}$$

如果 σ^2 为未知，那么对 θ 和 σ^2 的 Bayes 估计要复杂一些。可参阅文献[10]。

下面再来讨论置信估计。对于分布参数 θ 如果存在 $a(X), b(X)$ 使

$$P\{a(X) < \theta < b(X) \mid X\} = 1 - \alpha$$

对称 $(a(X), b(X))$ 为 θ 的置信区间，$1-\alpha$ 为置信概率，由此看出如果能计算出 $\pi(\theta \mid X)$，则

$$P\{a(X) < \theta < b(X) \mid X\} = \int_{a(X)}^{b(X)} \pi(\theta \mid X) \mathrm{d}\theta$$

例 10.7 $X = (X_1, \cdots, X_n)$ 为来自 $N(\mu, \sigma^2)$ 的独立同分布子样，σ^2 已知，试确定 μ 的置信概率为 $1-\alpha$ 的置信区间，假定 $\pi(\mu) \sim N(\mu_0, \sigma_0^2)$

由前面的例可知

$$\pi(\mu \mid X) \sim N(\mu_1, \sigma_1^2)$$

于是可建立下列关系

$$P\left\{\left|\frac{\mu-\mu_1}{\sigma_1}\right|<\mu_a \mid X\right\}=1-\alpha$$

因此,置信概率为 $1-\alpha$,μ 的置信区间是

$$(\mu_1-\sigma_1\mu_a,\mu_1+\sigma_1\mu_a)$$

其中:

$$\mu_1=\frac{\sigma^2/n}{\sigma^2/n+\sigma_0^2}\mu_0+\frac{\sigma_0^2}{\sigma^2/n+\sigma_0^2}\bar{X}$$

$$\sigma_1^2=\frac{\sigma^2\sigma_0^2}{\sigma^2+n\sigma_0^2}$$

上述 μ 的置信区间与验前信息及样本值 X 均有关系,如果 $\sigma_0^2\to+\infty$,则是经典统计学中 $\sigma_1\to\sigma/\sqrt{n}$,$\mu_1\to\bar{X}$,此时的置信区间为 $[\bar{X}-(\sigma/\sqrt{n})\mu_\alpha,\bar{X}+(\sigma/\sqrt{n})\mu_\alpha]$,它就是 π 的置信区间。

10.4 Bayes 假设检验

现讨论常用的关于分布参数的假设检验问题。设有零假设和备选假设。

$$\mathrm{H}_0:\theta\in\Theta_0$$

$$\mathrm{H}_1:\theta\in\Theta_1$$

其中,Θ_0,Θ_1 为 Θ 的子集,Θ 为参数空间,$\Theta_0\cup\Theta_1=\Theta$,$\Theta_0\cap\Theta_1=\varnothing$。在古典统计假设检验问题中,用犯两种错误的概率——弃真的概率和采伪的概率来衡量一个检验的好坏,这些概率都是预先指定的。在 Bayes 统计推断中,则是按验后概率 $\alpha_0=\mathrm{P}(\mathrm{H}_0\mid X)$ 和 $\alpha_1=\mathrm{P}(\mathrm{H}_1\mid X)$ 的大小来选取假设 H_0 和 H_1:当 $\alpha_0>\alpha_1$ 时,采纳假设 H_0;当 $\alpha_0<\alpha_1$ 时,采纳假设 H_1。

α_0 和 α_1 是一种后定的信度的度量。称 α_0/α_1 为验后加权概率比,它反映了两个假设的相对可能性。由于

$$\frac{\alpha_0}{\alpha_1}=\frac{P(H_0\mid X)}{P(H_1\mid X)}=\frac{\int_{\theta_0}\pi(\theta\mid X)\mathrm{d}\theta}{\int_{\theta_1}\pi(\theta\mid X)\mathrm{d}\theta}$$

$$=\frac{\int_{\theta_0}f(X\mid\theta)\pi(\theta)\mathrm{d}\theta}{\int_{\theta_1}f(X\mid\theta)\pi(\theta)\mathrm{d}\theta}$$

因此,只要去计算上述比值,按 Bayes 方法去作假设检验是方便的。

上述这种方法可以推广到多于两个假设的情况。例如,设有 K 个假设

$$H_i:\theta\in\Theta_i,i=1,\cdots,K$$

那么，只需去比较验后概率 $\alpha_i=P(H_i\mid X)$ 的大小，便可做出采纳哪个假设的决定。

例 10.8 $X\sim N(\theta,\sigma^2)$，σ^2 为已知，要求假设检验：

$$H_0:\theta=\theta_0$$

$$H_1:\theta\neq\theta_0$$

假定 θ_0 的验前概率为 π_0，对 $\theta\neq\theta_0$ 验前密度为 $(1-\pi_0)\pi_1(\theta)$，其中 $\pi_1\sim N(\mu,v^2)$，令 $f(X\mid\theta)$ 为 $N(\theta,\sigma^2)$ 的密度函数，则 (X,θ) 的联合密度函数为

$$h(X,\theta)=\begin{cases}f(X\mid\theta_0)\pi_0, & \theta=\theta_0\\ f(X\mid\theta)(1-\pi_0)\pi_1(\theta), & \theta\neq\theta_0\end{cases}$$

因此，X 的边缘密度为

$$m(X)=f(X\mid\theta_0)\pi_0+(1-\pi_0)\int_{\theta\neq\theta_0}f(X\mid\theta)\pi_1(\theta)\mathrm{d}\theta$$

上述右端积分值不因积分域是否包含点 $\theta=\theta_0$ 而改变。此外，容易算得

$$\int_{-\infty}^{+\infty}f(X\mid\theta)\pi_1(\theta)\mathrm{d}\theta=g(X)$$

其中，$g(X)$ 是 $N(\mu,\sigma^2+v^2)$ 的密度函数。于是

$$m(X)=f(X\mid\theta_0)\pi_0+(1-\pi_0)g(X)$$

θ 的验后密度为

$$\pi(\theta\mid X)=\begin{cases}\dfrac{h(X,\theta_0)}{m(X)}=\dfrac{f(X\mid\theta_0)\pi_0}{f(X\mid\theta_0)\pi_0+(1-\pi_0)g(X)}, & \theta=\theta_0\\[2ex] \dfrac{h(X,\theta)}{m(X)}=\dfrac{f(X\mid\theta)(1-\pi_0)\pi_1(\theta)}{f(X\mid\theta_0)\pi_0+(1-\pi_0)g(X)}, & \theta\neq\theta_0\end{cases}$$

于是

$$P(H_0\mid X)=\pi(\theta_0\mid X)$$

$$P(H_1\mid X)=1-\pi(\theta_0\mid X)$$

因此验后加权比为

$$\frac{P(H_0\mid X)}{P(H_1\mid X)}=\frac{\pi(\theta_0\mid X)}{1-\pi(\theta_0\mid X)}=\frac{f(X\mid\theta_0)\pi_0}{(1-\pi_0)g(X)}$$

$$=\frac{\pi_0\sigma^{-1}\mathrm{e}^{-\frac{1}{2\sigma^2}(X-\theta_0)^2}}{(1-\pi_0)(\sigma^2+v^2)^{-\frac{1}{2}}\mathrm{e}^{-\frac{(X-\mu)^2}{2(\sigma^2+v^2)}}}$$

$$=\frac{\pi_0}{1-\pi_0}\left(1+\frac{v^2}{\sigma^2}\right)^{\frac{1}{2}}\exp\left\{-\frac{\left[X-\theta_0+(\mu-\theta_0)\frac{\sigma^2}{v^2}\right]^2}{2\sigma^2\left(1+\frac{\sigma^2}{v^2}\right)}\right\}\cdot\exp\left\{-\frac{(\theta_0-\mu)^2}{2v^2}\right\}$$

于是 $P(\mathrm{H}_0 \mid X) > P(\mathrm{H}_1 \mid X)$（即 $P(\mathrm{H}_0 \mid X) > \dfrac{1}{2}$）等价于

$$\left|\frac{X-\theta_0}{\sigma}+\frac{(\mu-\theta_0)\sigma}{v^2}\right| < \left(1+\frac{\sigma^2}{v^2}\right)^{\frac{1}{2}}\left\{\ln\left[\left(\frac{\pi_0}{1-\pi_0}\right)^2\left(1+\frac{v^2}{\sigma^2}\right)\right]-\frac{(\theta_0-\mu)^2}{v^2}\right\}^{\frac{1}{2}}$$

注意到 σ 甚小时，上述区域近似于下列区域：

$$|X-\theta_0| < \sigma[\ln\sigma^{-2}]^{\frac{1}{2}}$$

在上述讨论中，样本容量为 1，如果样本容量为 n，则只需将 X 换成 $\bar{X}$，σ 换成 $\sigma/\sqrt{n}$，上述结果仍然成立。

从这个例题，比较 Bayes 检验与古典假设检验方法。为简明起见，假定 $\pi_0 = 1/2$，$v=1$，$\mu=\theta_0$，$\sigma^2=\mathrm{e}^{-25}$（这是可能的，例如 X 为从 $N(0,1)$ 中抽得的样本均值，而样本容量近似于 e^{25}）。于是，由上面的计算结果可知，如果

$$\left|\frac{X-\theta_0}{\sigma}\right| < (1+\mathrm{e}^{-25})^{\frac{1}{2}}[\ln(1+\mathrm{e}^{25})]^{\frac{1}{2}} \approx 5$$

θ_0 的验后概率超过 1/2，因此，从 Bayes 观点出发，即使 X 距均值 θ_0 达到 5 倍标准偏差，也愿采纳零假设 H_0。但在这种场合下，古典假设检验将以显著性水平 $\alpha = 5.1\times10^{-7}$，而拒绝 H_0。

11 Bayes 最优滤波

第 10 章介绍了与经典频率学派大相径庭的 Bayes 学派的统计分析理论。Bayes 学派最主要的观点就是，将问题中的所有元素都视为具有特定概率分布的随机量，即“用随机性对一切进行建模”。因此，人们可以用 Bayes 统计推理表述非线性最优滤波问题，同时使用相应的 Bayes 符号和形式推导出滤波方程。这种用 Bayes 符号描述的滤波方程具有统一的形式，实现了将不同的非线性滤波算法在同一个理论框架下进行研究和讨论。

本章就从 Bayes 学派的视角出发，重新对滤波问题进行检视，以图对滤波理论有更加深入的认知和理解。值得强调的是，在建模中采用随机性并不意味着实际系统中必须真的存在某种随机的东西，这只是研究问题的一种“方便法门”，是考虑动态现象中不确定性的数学技巧。只要基于随机性的模型成功地模拟了现实世界，将模型中的随机量解释为“物理随机性”还是“不确定性”并不重要。这样看来，所谓“频率学派”与“Bayes 学派”的哲学争论并无太大意义。

11.1 Bayes 最优滤波概述

11.1.1 Bayes 最优滤波的起源

最优滤波是指用于估计时变系统状态的方法。其中，状态是通过含噪声的测量间接观测到的。系统的状态是动力学变量的集合，比如飞行器的位置、速度、加速度、航向和旋转角速度等，描述了系统的现实物理状态。测量中的噪声指的是测量中存在的不确定性噪声，即使我们知道真实的系统状态，测量值也不是该状态的确定性函数，而是关于状态可能值的特定分布。而状态随时间的演化，被建模成受特定过程噪声扰动的动态系统，这里的过程噪声模拟了系统动力学中的不确定性，在大多数情况下，系统并不真是随机的，引入随机性仅用于表示模型中的不确定性。在现实中，特别是在导航、航空航天工程和空间工程领域，很多问题都可以建模为上述时变系统。

对时变系统的 Bayes 分析源于最优线性滤波问题的研究。由于线性系统在数学上的相对简单性，以及最小二乘最优准则的自然直观性，构造最优递推估计器的思想最早在线性系统上被成功提出。对于线性系统，最优贝叶斯解和最小二乘解是等价的，即最小二乘最优解正好是后验均值。

最优滤波的历史从维纳(Wiener)滤波器开始，是对平稳高斯信号最小二乘最优滤波问题的谱域解，至今仍在通信、数字信号处理、图像处理领域大量应用。Wiener 滤波器的缺点是只能应用于平稳信号，而且构造 Wiener 滤波器通常对算力要求很高，因此只能应用于简单的低维滤波问题。

最优线性滤波在工程应用中的成功主要归功于 Kalman 在 1960 年发表的开创性论文，论文描述了最优离散时间(采样)线性滤波问题的递归解。卡尔曼滤波相比于 Wiener 滤波，在学习理解和实际应用上对数学水平和算力的要求都不高。尽管在数学上很简单，但卡尔曼滤波器(更准确的说法应该是 Kalman - Bucy 滤波器)却包含了 Wiener 滤波器——Wiener 滤波器是卡尔曼滤波器的一个限制性特例。

在卡尔曼滤波器发展的早期阶段，人们就已经发现它是一类 Bayes 估计器。有个非常有趣的历史细节是，当 Kalman 和 Bucy 在美国构建线性系统理论时，Stratonovich 正在苏联从事概率方法(Bayes 方法)的开创性工作。正如 West 和 Harrison 在书中讨论的那样，在 20 世纪 60 年代，类似卡尔曼滤波器这类递归估计器的构造问题，在 Bayes 学派中也受到广泛的研究，现在已经很难说清，卡尔曼滤波理论与动态线性模型理论(Dynamic Linear Model, DLM)哪一个是被更早提出的。虽然两种理论发展的最初起点略有不同，但最终得到的理论结果却是等价的。鉴于卡尔曼滤波器与随机最优控制理论的发展史存在一定联系，以及本书前序章节已从最小二乘法为起点学习了卡尔曼滤波过程，我们将结合卡尔曼滤波来学习 Bayes 滤波问题。

虽然卡尔曼滤波器的原始推导基于最小二乘法，但同样的方程也可以从纯概率的 Bayes 分析中推导得到，比如 Jazwinski 的经典著作(1970 年)和 Bar - shalom 等人(2001 年)的书中，就对卡尔曼滤波的 Bayes 分析进行了很好的论述。至于为何在大部分教材中卡尔曼滤波借由最小二乘框架引出，其原因可能在于该滤波算法在随机最优控制中被广泛应用，而算法的最初贡献者 Rudolph E. Kalman 本人也在最优控制的基本工具——线性二次高斯(LQG)调节器理论上做出了卓越的贡献。

11.1.2 Bayes 统计推理框架下的最优滤波问题

最优 Bayes 滤波所针对的问题称为“统计反演问题”，其中未知量为时间序列$(x_1, x_2, \cdots)$，通过含噪声的测量序列$(y_1, y_2, \cdots)$观测得到，如图 11.1 所示。

而图 11.2 显示了这种时间序列的一个例子，其模拟了一个具有已知角速度的离散时间噪声谐振器，实际的谐振器状态(信号)是隐藏的，只有通过噪声测量才能观察到。状态 $\boldsymbol{x}_k=(x_k,\dot{x}_k)$ 为二维向量，由谐振器的位置 x_k 及其导数 $\dot{x}_k$ 组成。测量结果 y_k 是谐振器位置(信号)的标量观测结果，并且已被测量噪声污染。

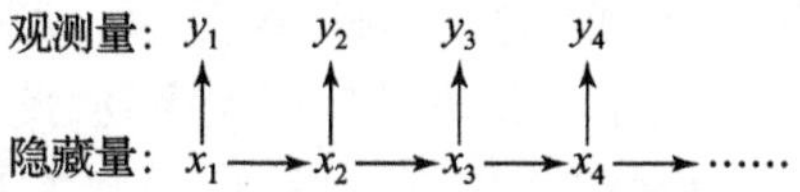

图 11.1　在离散时间滤波中，通过含噪声测量 y_k 间接观测到一系列隐藏状态 $\boldsymbol{x}_k$

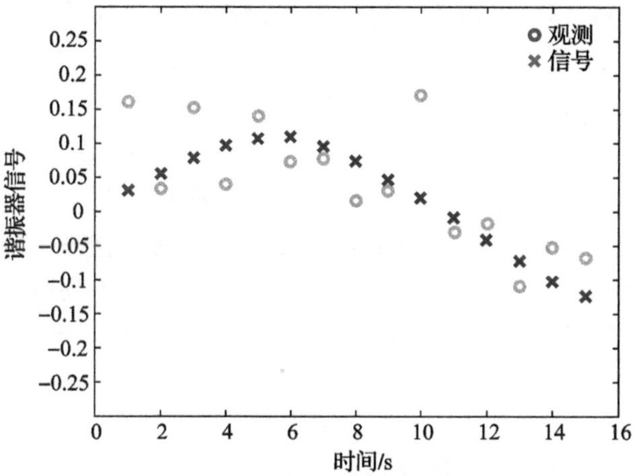

图 11.2　时间序列的例子：谐振器

统计反演的目的是根据观察到的测量值 $\{y_1,\cdots,y_T\}$ 估计隐藏状态 $\{x_1,\cdots,x_T\}$，这意味着在贝叶斯意义下，我们所要做的就是计算在给定所有测量值条件下的所有状态的联合后验分布。这可以通过直接应用贝叶斯规则来实现。

$$p(x_1,\cdots,x_T\mid y_1,\cdots,y_T)=\frac{p(y_1,\cdots,y_T\mid x_1,\cdots,x_T)p(x_1,\cdots,x_T)}{p(y_1,\cdots,y_T)} \tag{11.1.1}$$

其中：$p(x_1,\cdots,x_T)$ 为动态模型定义的先验分布；$p(y_1,\cdots,y_T\mid x_1,\cdots,x_T)$ 为测量的似然模型；$p(y_1,\cdots,y_T)$ 为归一化常数，其定义为

$$p(y_1,\cdots,y_T)=\int p(y_1,\cdots,y_T\mid x_1,\cdots,x_T)p(x_1,\cdots,x_T)\mathrm{d}(x_1,\cdots,x_T) \tag{11.1.2}$$

不幸的是，完整的后验公式(11.1.1)有一个严重的缺点，即每次获得一个新的测量值时，都必须重新计算完整的后验分布。这在动态系统估计中尤为突出，测量值通常是一次测量得到一个，而每一次测量都要计算出可能的最佳估计

值。当时间步长增加时,全后验分布的维数也会增加,这意味着单个时间步长的计算复杂度也会增加。因此,经过足够数量的时间步长后,计算将变得非常困难,时间每增加一步,对计算资源的需求也相应增长。如果不设置额外的信息或苛刻的近似,上述全后验计算无法克服这个问题。

然而,上述问题只有在严格计算每一步状态的完整后验分布时才会出现。如果放松一点条件,仅满足于确定状态的边缘分布,计算负担都将减轻一个量级。为此,将动态模型的类限制为概率马尔可夫序列,此限制只是看起来比实际限制更严格而已。在概率马尔可夫序列的限制下,状态和测量值的模型将假设为以下类型:

(1)初始分布,指定了初始时刻 $k=0$ 时隐藏状态 x_0 的先验分布 $p(x_0)$。

(2)动态模型,将系统动力学及其不确定性建模为一个马尔可夫序列,由术语"转移分布"$p(x_k \mid x_{k-1})$ 定义。

(3)观测模型,模拟了测量值 y_k 如何依赖于当前的状态 x_k,这种依赖关系是通过对给定状态条件下的测量值分布 $p(y_k \mid x_k)$来建模的。

因为在实时滤波的应用中,计算所有时间步长的完整联合分布在算力上是难以负担和不必要的,在最优 Bayes 滤波中,我们考虑以下列边际分布:

(1)滤波分布,为给定之前测量值$\{y_1,\cdots,y_k\}$条件下当前状态 x_k 的边缘分布:

$$p(x_k \mid y_1,\cdots,y_k),k=1,\cdots,T \tag{11.1.3}$$

(2)预测分布,为当前时刻后 n 个时刻的未来状态的边缘分布:

$$p(x_{k+n} \mid y_1,\cdots,y_k),k=1,\cdots,T,n=1,2,\cdots, \tag{11.1.4}$$

(3)平滑分布,为给定测量区间$\{y_1,\cdots,y_T\}$条件下状态 x_k 的边缘分布:

$$p(x_k \mid y_1,\cdots,y_T),k=1,\cdots,T \tag{11.1.5}$$

状态估计问题可以根据测量值相对于待估计状态的时间跨度,分为最优预测、滤波和平滑问题,如图 11.3 所示。图 11.4 给出了前述谐振器的状态估计结果,估计值是滤波分布的后验均值,分位数是滤波分布的 95% 分位数。

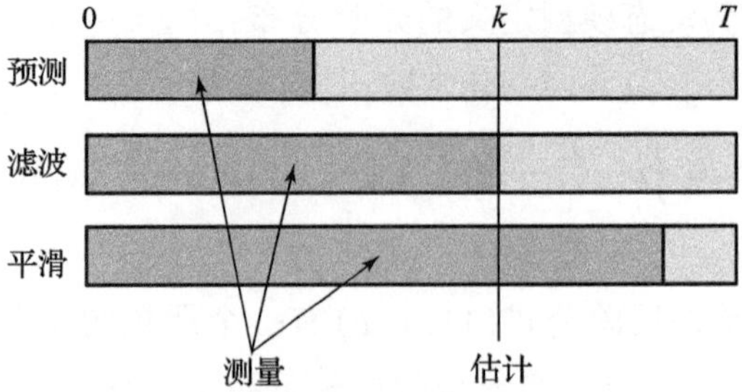

图 11.3 状态估计问题的分类

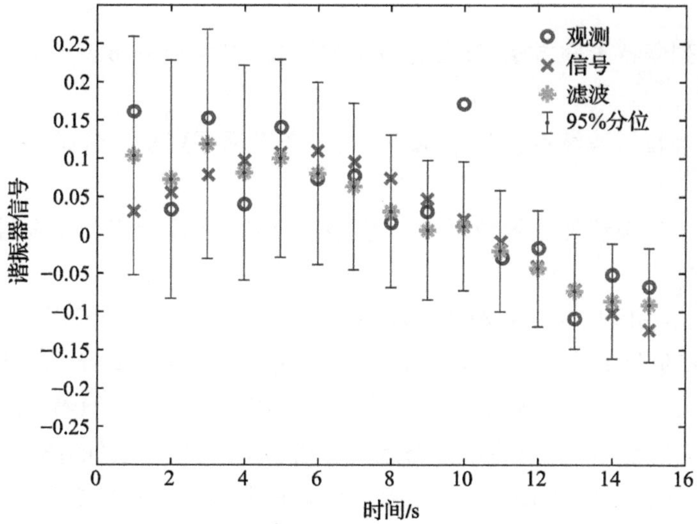

图 11.4 对离散时间谐振器模型的滤波分布计算结果

11.1.3 Bayes 最优滤波算法简介

下面列出了几种滤波和平滑问题的封闭形式的解。

(1)卡尔曼滤波器(KF)是离散线性滤波问题的封闭形式的解,也就是说 KF 对离散线性滤波问题是精确的。由于问题中存在线性高斯模型的假设,因此状态后验分布完全是高斯分布,不需要数值逼近。

(2)Rauch – Tung – Striebel 平滑器(RTSS)是线性高斯状态空间模型的相应平滑封闭解。

(3)网格滤波器和平滑器,是具有有限状态空间的马尔可夫模型的封闭解。

但由于贝叶斯最优滤波和平滑方程通常在计算上难以处理,因此发展出了多种数值近似方法,例如:

(1)扩展卡尔曼滤波器(EKF),通过线性化逼近非线性和非高斯的测量和动态模型,即在标称(或极大值)解上形成泰勒级数展开,最终得到滤波分布的高斯近似。

(2)扩展的 Rauch – Tung – Striebel 平滑器(ERTSS),是对应于 EKF 的近似非线性平滑算法。

(3)无迹卡尔曼滤波器(UKF),利用无迹变换近似计算概率密度函数经过测量和动力学的非线性传播后的结果。这种方法最终得到的也是滤波分布的高斯近似。

(4)无迹 Rauch – Tung – Striebel 平滑器(URTSS)是 UKF 对应的近似非线性

平滑算法。

(5)序列蒙特卡罗方法,又称为粒子滤波器,将后验分布表示为蒙特卡罗样本的加权集。

(6)无迹粒子滤波器(UPF),使用 UKF 来逼近序列重要性抽样中的重要性分布。

(7)基于局部线性化的粒子滤波器,使用 EKF 来逼近序列重要性抽样中的重要性分布。

(8)Rao – Blackwellized 粒子滤波,对一些状态变量使用封闭形式的积分(例如,卡尔曼滤波器和 RTS 平滑器),对另一些状态变量使用蒙特卡罗积分。

(9)交互多模型(IMM)和其他多模型方法用混合高斯近似逼近后验分布。

(10)基于网格的方法将该分布近似为在有限网格中定义的离散分布。

(11)其他的方法也存在,例如,基于级数展开式、描述函数、基函数展开式、分布指数族、变分贝叶斯方法、批处理蒙特卡罗(如 MCMC)、Galerkin 近似等。

11.2 从 Bayes 统计推理到 Bayes 最优滤波

11.2.1 Bayes 模型的构建

通过前一章的学习,我们建立了 Bayes 统计推理的基本认知,本节将更加深入地重新检视 Bayes 推理的哲学和数学基础,并以 Bayes 点估计为起点,推导 Bayes 滤波公式。

贝叶斯推理的目的是提供一种可用于系统建模的数学机制,其中考虑了系统的不确定性,并根据理性原则做出决策。这种数学机制的工具包含了概率分布与概率演算规则。如果将 Bayes 推理与统计分析的频率学派相对比,不同之处在于,Bayes 推理中一个事件的概率并不意味着该事件在无限次试验中出现的比例,而是代表了单次试验中该事件的不确定性。因为贝叶斯推理中的模型是根据概率分布来表述的,所以概率论的概率公理和计算规则也同样适用于贝叶斯推理。

考虑一种情况,已知条件独立随机变量(测量值)$y_1,\cdots,y_n$ 的条件分布 $p(y_k \mid \boldsymbol{\theta})$,但参数 $\boldsymbol{\theta}\in\mathbb{R}^d$是未知的。如前一章所述,估计参数的经典统计方法是最大似然法,即最大化观测的联合概率,也称为似然函数:

$$L(\boldsymbol{\theta}) = \prod_k p(y_k \mid \boldsymbol{\theta}) \tag{11.2.1}$$

使得似然函数取得最大值的参数值,即是参数的最大似然估计(ML 估计)

$$\hat{\boldsymbol{\theta}} = \arg\max_{\theta} L(\boldsymbol{\theta}) \tag{11.2.2}$$

与最大似然法的区别在于，Bayes 推理的起点是正式地将参数 $\boldsymbol{\theta}$ 也作为一个随机变量，具有先验分布 $p(\boldsymbol{\theta})$。然后利用 Bayes 规则计算参数 $\boldsymbol{\theta}$ 的后验分布：

$$p(\boldsymbol{\theta} \mid y_1, \cdots, y_n) = \frac{p(y_1, \cdots, y_n \mid \boldsymbol{\theta}) p(\boldsymbol{\theta})}{p(y_1, \cdots, y_n)} \tag{11.2.3}$$

其中，先验分布 $p(\boldsymbol{\theta})$ 是获得任何数据之前对参数的先验信念进行建模；而 $p(y_1, \cdots, y_n)$ 是归一化项，与参数 $\boldsymbol{\theta}$ 无关。这个归一化项通常会被忽略，并且如果测量值 $y_1, \cdots, y_n$ 关于 $\boldsymbol{\theta}$ 是条件独立的，则参数的后验分布可以写为

$$p(\boldsymbol{\theta} \mid y_1, \cdots, y_n) \propto p(\boldsymbol{\theta}) \prod_k p(y_k \mid \boldsymbol{\theta}) \tag{11.2.4}$$

因为现在处理的是概率分布，可以选择随机变量的最可能值，使得后验分布取得最大值(MAP 估计)。然而，在均方意义上，更好的估计是参数的后验均值估计(MMSE 估计)。还有无数种其他的方法可以从分布中选定点估计，最佳方法取决于选用的损失函数(或效用函数)。ML 估计可以看作是在参数 θ 上具有均匀先验的 MAP 估计。

Bayes 推理也可以解释为将正则化项纳入最大似然估计的一种方法，因为基本的 ML 估计框架里是没有一个自洽的方法将正则化项或先验信息纳入统计模型。然而，这种正则化解释并不完全正确，因为 Bayes 推理远不止于此。

Bayes 模型的基本模块包括先验模型和测量模型，先验模型包含了参数的初步信息，测量模型决定了参数到测量值的随机映射。使用 Bayes 规则，可以从测量值中推断出参数的估计值。参数的分布，以观察到的测量为条件，称为后验分布，其表示当测量和模型中所有信息都被使用时，有关参数知识的分布。预测后验分布，是指当使用所有观察到的测量值和模型中的所有信息时，新的(尚未观察到的)测量值的分布。

(1)先验模型。

先验信息基于主观经验，包括参数的可能值和不可能值，以及在没有任何观测之前的相对可能性。先验分布是先验信息的数学表示：

$$p(\boldsymbol{\theta}) = \text{在获得任何观测数据前，关于参数 } \boldsymbol{\theta} \text{ 的信息} \tag{11.2.5}$$

先验信息的缺乏可以通过使用非信息性的先验来表示，非信息性先验分布可以以不同的方式选择，可参考第 10 章内容。

(2)测量模型。

在真实的参数和测量值之间存在一个因果关系，但这个关系通常是不准确的或是被噪声污染的。对这种关系的数学建模就是测量模型：

$$p(y \mid \boldsymbol{\theta}) = \text{给定参数 } \boldsymbol{\theta} \tag{11.2.6}$$

时，观测 y 的分布。

(3)后验分布。

后验分布是参数的条件分布，它表示在得到测量值 y 后所掌握的信息。其根据 Bayes 规则计算：

$$p(\boldsymbol{\theta}\mid y)=\frac{p(y\mid\boldsymbol{\theta})p(\boldsymbol{\theta})}{p(y)}\propto p(y\mid\boldsymbol{\theta})p(\boldsymbol{\theta}) \tag{11.2.7}$$

其中，归一化常数为

$$p(y)=\int_{\mathbb{R}^d}p(y\mid\boldsymbol{\theta})p(\boldsymbol{\theta})\mathrm{d}\boldsymbol{\theta} \tag{11.2.8}$$

在有多测量值 $y_1,\cdots,y_n$ 的情况下，如果测量时条件独立，那么所有测量的联合似然函数是单个测量的乘积，后验分布为

$$p(\boldsymbol{\theta}\mid y_1,\cdots,y_n)\propto p(\boldsymbol{\theta})\prod_k p(y_k\mid\boldsymbol{\theta}) \tag{11.2.9}$$

其中，归一化项可以通过在 $\boldsymbol{\theta}$ 上积分式(11.2.9)的右侧部分得到

$$p(y)=\int_{\mathbb{R}^d}p(\boldsymbol{\theta})\prod_k p(y_k\mid\boldsymbol{\theta})\mathrm{d}\boldsymbol{\theta}$$

如果随机变量是离散的，则积分简化为求和。

(4)预测后验分布。

预测后验分布时新测量值 y_{n+1} 的分布：

$$p(y_{n+1}\mid y_1,\cdots,y_n)=\int_{\mathbb{R}^d}p(y_{n+1}\mid\boldsymbol{\theta})p(\boldsymbol{\theta}\mid y_1,\cdots,y_n)\mathrm{d}\boldsymbol{\theta} \tag{11.2.10}$$

获得测量值 $y_1,\cdots,y_n$ 后，预测后验分布可以计算尚未观测到的第 $n+1$ 个测量值的概率分布。

11.2.2 对 Bayes 点估计的进一步讨论

在第 10 章中已经学习了 Bayes 点估计的基本概念并通过例题进行了实践。本节用更加符合数学规范的形式描述 Bayes 点估计的过程，为 Bayes 滤波方程的推导奠定基础。

首先，我们考虑一个跟踪问题，测量可能是通过雷达获取的含有噪声的距离和方位角，想象 Bayes 模型中的参数就是目标的运动状态序列，运动状态包含位置和速度。如果跟踪问题还是用连续 - 离散形式，那么参数将是一个无限维的随机函数，描述了目标在给定时间区间的轨迹。

这种无限维的分布在实际中很难应用，在 Bayes 计算中，需要的也是有限维的点估计。点估计就是基于随机变量的观测值从空间中选定一个点的过程，属于统计决策问题，因此，点估计过程自然要基于统计决策理论来表述。

定义 11.1 损失函数 $L(\boldsymbol{\theta},a)$ 是一个标量值函数，其决定了当真参数值为 $\boldsymbol{\theta}$

时,采取动作 $\boldsymbol{a}$ 造成的损失。动作(或称控制)时根据当前可用信息做出的统计决策。

除了损失函数外,还可以使用效用函数 $U(\boldsymbol{\theta},\boldsymbol{a})$,效用函数决定了参数值为 $\boldsymbol{\theta}$ 时采取动作 $\boldsymbol{a}$ 获得的奖励。损失函数与效用函数之间可以相互转换 $U(\boldsymbol{\theta},\boldsymbol{a}) = -L(\boldsymbol{\theta},\boldsymbol{a})$。

如果参数值 $\boldsymbol{\theta}$ 未知,但有关参数的知识可以用后验分布 $p(\boldsymbol{\theta} \mid y_1,\cdots,y_n)$ 表示,那么最自然的决策就是使期望损失最小化或期望效用最大化:

$$E[L(\boldsymbol{\theta},\boldsymbol{a}) \mid y_1,\cdots,y_n] = \int_{\mathbb{R}^d} L(\boldsymbol{\theta},\boldsymbol{a})p(\boldsymbol{\theta} \mid y_1,\cdots,y_n)\mathrm{d}\boldsymbol{\theta} \quad (11.2.11)$$

常用的损失函数如下。

(1)平方误差损失。损失函数为二次型:

$$L(\boldsymbol{\theta}-\boldsymbol{a}) = (\boldsymbol{\theta}-\boldsymbol{a})^{\mathrm{T}}(\boldsymbol{\theta}-\boldsymbol{a}) \quad (11.2.12)$$

则最优决策 $\boldsymbol{a}_0$ 为参数 $\boldsymbol{\theta}$ 分布的后验均值

$$\boldsymbol{a}_0 = \int_{\mathbb{R}^d} \boldsymbol{\theta} p(\boldsymbol{\theta} \mid y_1,\cdots,y_n)\mathrm{d}\boldsymbol{\theta} \quad (11.2.13)$$

上述基于后验均值的估计通常被称为参数 $\boldsymbol{\theta}$ 的最小均方误差(MMSE)估计。二次型损失函数是最常用的损失函数,因为在数学处理上很容易,而且在高斯后验分布的情况下,最大后验估计(MAP 估计)与后验均值重合。

(2)绝对误差损失。损失函数的形式为

$$L(\boldsymbol{\theta},\boldsymbol{a}) = \sum_i |\theta_i - a_i| \quad (11.2.14)$$

在这种情况下,最优决策是取分布的中位数(多维情况下取边际分布的中位数)。

(3)0-1 损失。损失函数的形式为

$$L(\boldsymbol{\theta},\boldsymbol{a}) = \begin{cases} 1, & \boldsymbol{\theta} = \boldsymbol{a} \\ 0, & \boldsymbol{\theta} \neq \boldsymbol{a} \end{cases} \quad (11.2.15)$$

此时最优决策是最大化后验分布,即参数的最大后验分布估计(MAP 估计)。

原则上,一旦模型规范建立,利用 Bayes 推理提供的方程,可以计算任何模型的后验分布和点估计。然而在实践中,方程所涉及的积分项很少可以解析计算,需要使用数值方法求解。接下来,简要介绍一些同样适用于多维问题的数值积分方法,包括高斯近似、多维面积求积法、马尔可夫链蒙特卡罗法和重要性采样。

(1)高斯近似。是一种非常常见的近似方法,将后验分布近似为高斯分布:

$$p(\boldsymbol{\theta} \mid y_1,\cdots,y_n) \approx N(\boldsymbol{\theta} \mid \boldsymbol{m},\boldsymbol{P}) \quad (11.2.16)$$

高斯近似的均值 $\boldsymbol{m}$ 和方差 $\boldsymbol{P}$ 均可以通过匹配后验分布的前两阶矩来计算。

或者通过使用分布的最大值作为均值估计，并用后验分布模式的曲率来近似协方差。

(2)多维面积求积法。例如高斯－埃尔米特积分，该积分法常用于维数适中的积分问题。这类方法的基本思想是确定性地构造一个具有代表性的样本点集 $\boldsymbol{\Theta}=\{\boldsymbol{\theta}^{(i)} \mid i=1,\cdots,N\}$，有时也称为 Sigma 点集，并将积分近似为加权平均计算：

$$E[g(\boldsymbol{\theta}) \mid y_1,\cdots,y_n] \approx \sum_{i=1}^{N} W^{(i)} g(\boldsymbol{\theta}^{(i)}) \tag{11.2.17}$$

其中，权重 $W^{(i)}$ 的数值由算法确定。采样点和权重的选择，取决于特定阶多项式的精确解，或者特定阶矩的计算结果。

(3)直接蒙特卡罗法。从后验分布中随机抽取 N 个样本：

$$\boldsymbol{\theta}^{(i)} \sim p(\boldsymbol{\theta} \mid y_1,\cdots,y_n), i=1,\cdots,N \tag{11.2.18}$$

任意函数 $g(\cdot)$ 的数学期望，可以近似为样本均值：

$$E[g(\boldsymbol{\theta}) \mid y_1,\cdots,y_n] \approx \frac{1}{N}\sum_{i} g(\boldsymbol{\theta}^{(i)}) \tag{11.2.19}$$

另一种解释是，蒙特卡罗法构造了一种后验分布的近似式：

$$p(\boldsymbol{\theta} \mid y_1,\cdots,y_n) \approx \frac{1}{N}\sum_{i=1}^{N} \delta(x - x^{(i)}) \tag{11.2.20}$$

其中，$\delta(\cdot)$ 为 Dirac－delta 函数。蒙特卡罗近似的收敛性是由中心极限定理(CLT)保证，同时，至少在理论上误差项与 $\boldsymbol{\theta}$ 的维数无关。

(4)马尔可夫链蒙特卡罗法(MCMC)，是一种生成非独立蒙特卡罗样本的有效方法。在 MCMC 方法中，构造了以目标分布为平稳分布的马尔可夫链。通过模拟马尔可夫链，可以从目标分布中生成样本。

(5)重要性采样，是一种从目标分布中生成加权样本的简单算法。与直接蒙特卡罗法采样的不同点在于，每一个粒子包含一个权重，用于修正实际目标分布与从重要性分布 $\pi(\cdot)$ 中获得的近似之间的差异。

重要性采样估计通过从重要性分布中抽取 N 个样本来构造粒子集：

$$\boldsymbol{\theta}^{(i)} \sim \pi(\boldsymbol{\theta} \mid y_1,\cdots,y_n), i=1,\cdots,N \tag{11.2.21}$$

对应的重要性权重为

$$w^{(i)} = \frac{p(\boldsymbol{\theta}^{(i)} \mid y_1,\cdots,y_n)}{\pi(\boldsymbol{\theta}^{(i)} \mid y_1,\cdots,y_n)} \tag{11.2.22}$$

那么，任意函数 $g(\cdot)$ 的数学期望可以近似为

$$E[g(\boldsymbol{\theta}) \mid y_1,\cdots,y_n] \approx \frac{\sum_{i=1}^{N} w^{(i)} g(\boldsymbol{\theta}^{(i)})}{\sum_{i=1}^{N} w^{(i)}} \tag{11.2.23}$$

11.2.3 批处理和递归

接下来通过例子帮助读者理解最优滤波的意义和适用性及其与递归估计的关系。首先用递归的方式解决一个简单而熟悉的线性回归问题。之后，将此概念推广到包含动态模型的问题，以说明动态估计和批估计的差异。

例 11.1 考虑线性回归模型：

$$y_k = \theta_1 + \theta_2 t_k + \varepsilon_k \tag{11.2.24}$$

其中，假设测量噪声是零均值高斯噪声，给定方差为 $\varepsilon_k \sim \mathcal{N}(0, \sigma^2)$；参数的先验分布为具有已知均值和方差的高斯分布 $\boldsymbol{\theta} \sim \mathcal{N}(\boldsymbol{m}_0, \boldsymbol{P}_0)$。在经典的线性回归问题中，想要从一组测量数据集 $\mathscr{D} = \{(y_1, t_1), \cdots, (y_k, t_k)\}$ 中估计出参数 $\boldsymbol{\theta} = (\theta_1, \theta_2)^{\mathrm{T}}$。计算中使用的测量数据和真实的线性函数如图 11.5 所示。

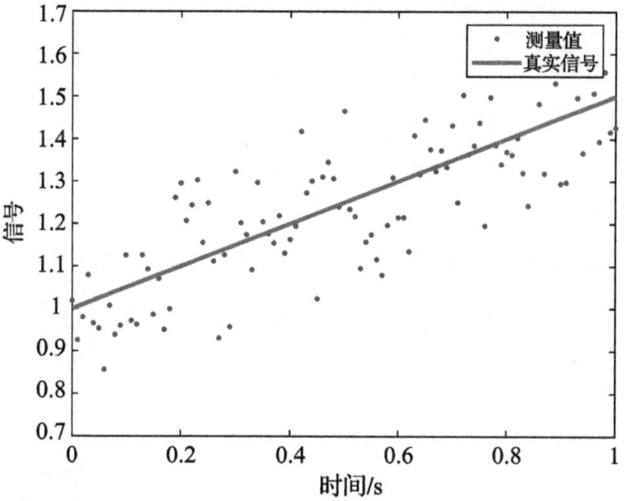

图 11.5 简单线性回归问题中的真实信号和测量数据

上述线性回归问题，用更紧凑的概率论符号描述，可以写为

$$\begin{aligned} p(y_k \mid \boldsymbol{\theta}) &= \mathcal{N}(y_k \mid \boldsymbol{H}_k \boldsymbol{\theta}, \sigma^2) \\ p(\boldsymbol{\theta}) &= \mathcal{N}(\boldsymbol{\theta} \mid \boldsymbol{m}_0, \boldsymbol{P}_0) \end{aligned} \tag{11.2.25}$$

其中，引入了矩阵 $\boldsymbol{H}_k = (1 \quad t_k)$，函数 $\mathcal{N}(\cdot)$ 表示高斯概率密度函数。显然，y_k 的似然函数也取决于回归变量 t_k，但是，为了简化符号表达，在公式中省略了这层依赖关系，此后，会一直假设读者可以根据上下文知晓这种依赖关系的存在。

该线性回归问题的批处理解决方案，可以通过直接应用 Bayes 规则得到：

$$p(\boldsymbol{\theta} \mid y_{1:k}) \propto p(\boldsymbol{\theta}) \prod_{i=1}^{k} p(y_k \mid \boldsymbol{\theta})$$

$$= \mathcal{N}(\boldsymbol{\theta} \mid \boldsymbol{m}_0, \boldsymbol{P}_0) \prod_{i=1}^{k} \mathcal{N}(y_k \mid \boldsymbol{H}_k \boldsymbol{\theta}, \sigma^2)$$

同样,在上述后验分布中,我们知道条件中包含 t_k 和 $\boldsymbol{H}_k$,但没有显示地表示出来。因此,后验分布被表示为依赖于条件 $y_{1:k} = \{y_1, \cdots, y_k\}$,而非包含 t_k 的数据集 $\mathscr{D}$。这里采用简化符号表示的原因是,在更一般的滤波问题中使用的是类似的符号表示,在滤波问题中,无法定义相关的回归变量。

由于先验分布和似然分布都是高斯的,后验分布自然也是高斯的:

$$p(\boldsymbol{\theta} \mid y_{1:k}) = \mathcal{N}(\boldsymbol{\theta} \mid \boldsymbol{m}_k, \boldsymbol{P}_k) \tag{11.2.26}$$

均值与方差可以通过计算指数项里的二次型得到:

$$\begin{aligned} \boldsymbol{m}_K &= \left[\boldsymbol{P}_0^{-1} + \frac{1}{\sigma^2}\boldsymbol{H}^{\mathrm{T}}\boldsymbol{H}\right]^{-1} \left[\frac{1}{\sigma^2}\boldsymbol{H}^{\mathrm{T}}\boldsymbol{y} + \boldsymbol{P}_0^{-1}\boldsymbol{m}_0\right] \\ \boldsymbol{P}_K &= \left[\boldsymbol{P}_0^{-1} + \frac{1}{\sigma^2}\boldsymbol{H}^{\mathrm{T}}\boldsymbol{H}\right]^{-1} \end{aligned} \tag{11.2.27}$$

$$\boldsymbol{H} = \begin{pmatrix} \boldsymbol{H}_1 \\ \vdots \\ \boldsymbol{H}_k \end{pmatrix} = \begin{pmatrix} 1 & t_1 \\ \vdots & \vdots \\ 1 & t_k \end{pmatrix}, \boldsymbol{y} = \begin{pmatrix} y_1 \\ \vdots \\ y_k \end{pmatrix} \tag{11.2.28}$$

其中,$\boldsymbol{H}_k = (1 \quad t_k)$

图 11.6 为批处理线性回归的结果,其中使用后验均值作为得到的线性回归参数,为简单起见,计算中假设参数的先验分布为 $\mathcal{N}\left(\begin{bmatrix} 2 \\ 2 \end{bmatrix}, \begin{bmatrix} 0.01 & \\ & 0.01 \end{bmatrix}\right)$,噪声方差 σ^2 已知。

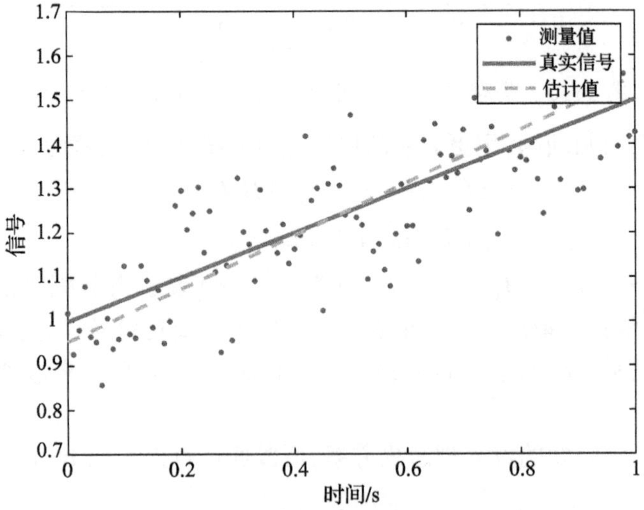

图 11.6 简单的线性回归的结果

接下来,推导回归问题(11.2.25)的递归解,假设已经得到了以 k 时刻之前的测量 $y_1,\cdots,y_{k-1}$ 为条件的后验分布:

$$p(\boldsymbol{\theta} \mid y_{1:k-1}) = \mathcal{N}(\boldsymbol{\theta} \mid \boldsymbol{m}_{k-1}, \boldsymbol{P}_{k-1})$$

现在,假设又得到了一个新的测量 y_k,想要计算在给定旧测量 $y_{1:k-1}$ 和新测量 y_k 条件下的参数 $\boldsymbol{\theta}$ 后验分布。根据模型公式(11.2.25),新测量的似然函数为

$$p(y_k \mid \boldsymbol{\theta}) = \mathcal{N}(y_k \mid \boldsymbol{H}_k\boldsymbol{\theta}, \sigma^2)$$

使用批处理公式,只是在获得新测量 y_k 后,将旧测量的后验分布 $p(\theta \mid y_{1:k-1})$ 视为 k 时刻参数的先验分布,这样可以计算获得 y_k 以后的后验分布为

$$\begin{aligned} p(\boldsymbol{\theta} \mid y_{1:k}) &\propto p(y_k \mid \boldsymbol{\theta})p(\boldsymbol{\theta} \mid y_{1:k-1}) \\ &= \mathcal{N}(\boldsymbol{\theta} \mid \boldsymbol{m}_k, \boldsymbol{P}_k) \end{aligned} \tag{11.2.29}$$

其中,高斯分布参数为

$$\begin{aligned} \boldsymbol{m}_k &= \left[\boldsymbol{P}_{k-1}^{-1} + \frac{1}{\sigma^2}\boldsymbol{H}_k^{\mathrm{T}}\boldsymbol{H}_k\right]^{-1}\left[\frac{1}{\sigma^2}\boldsymbol{H}_k^{\mathrm{T}}y_k + \boldsymbol{P}_{k-1}^{-1}\boldsymbol{m}_{k-1}\right] \\ \boldsymbol{P}_k &= \left[\boldsymbol{P}_{k-1}^{-1} + \frac{1}{\sigma^2}\boldsymbol{H}_k^{\mathrm{T}}\boldsymbol{H}_k\right]^{-1} \end{aligned} \tag{11.2.30}$$

利用矩阵反演引理,协方差的计算可以写为

$$\boldsymbol{P}_k = \boldsymbol{P}_{k-1} - \boldsymbol{P}_{k-1}\boldsymbol{H}_k^{\mathrm{T}}[\boldsymbol{H}_k\boldsymbol{P}_{k-1}\boldsymbol{H}_k^{\mathrm{T}} + \sigma^2]^{-1}\boldsymbol{H}_k\boldsymbol{P}_{k-1}$$

通过引入临时变量 S_k 和增益系数 $\boldsymbol{K}_k$,均值和协方差的计算公式可以写为

$$\begin{aligned} S_k &= \boldsymbol{H}_k\boldsymbol{P}_{k-1}\boldsymbol{H}_k^{\mathrm{T}} + \sigma^2 \\ \boldsymbol{K}_k &= \boldsymbol{P}_{k-1}\boldsymbol{H}_k^{\mathrm{T}}S_k^{-1} \\ \boldsymbol{m}_k &= \boldsymbol{m}_{k-1} + \boldsymbol{K}_k[y_k - \boldsymbol{H}_k\boldsymbol{m}_{k-1}] \\ \boldsymbol{P}_k &= \boldsymbol{P}_{k-1} - \boldsymbol{K}_kS_k\boldsymbol{K}_k^{\mathrm{T}} \end{aligned} \tag{11.2.31}$$

注意到 S_k 在本例中是一个标量,因为测量是标量的,因此不需要矩阵反演。

上述方程实际上是特殊情况下的卡尔曼滤波更新方程。因为待估计的参数为常数,所以只需要用到卡尔曼滤波方程的更新部分,即参数 $\boldsymbol{\theta}$ 不需要一个先验的随机动力学模型。图 11.7 演示了在递归估计过程中参数的均值和方差的收敛性。从图中可以看到:图 11.7(a)递归线性回归均值的收敛性,递归均值最终与批线性回归得到的均值完全相同,因为时刻到达 1 时,$k=K$;图 11.7(b)绘制在对数尺度中的方差收性,可以看出,由于每次测量都会带来更多的信息,导致不确定度单调地减小,最终方差值与批处理的结果相同。

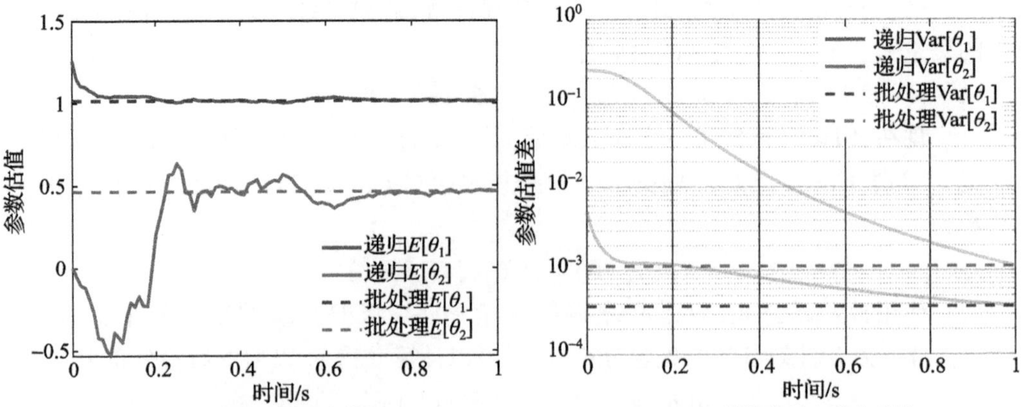

(a) 递推估计均值收敛性　　(b) 递推估计方差收敛性

图 11.7　递归估计过程中参数的均值和方差变化(彩图见插页)

接下来,将例题中的递归思想推广到一般概率模型中。基本思路很简单,在每次测量时,将前一个时间步长的后验分布视为当前时间步长的先验分布。通过这种方法,可以构建递归的计算方式,计算结果还与直接应用 Bayes 规则于整个数据集(批处理)的结果完全相同。

统计估计问题的批处理 Bayes 解可以表述如下:

(1)指定参数 $\boldsymbol{\theta}$ 条件下测量模型的似然函数 $p(y_k \mid \boldsymbol{\theta})$。通常假设测量 y_k 是条件独立的,即

$$p(y_{1:k} \mid \boldsymbol{\theta}) = \prod_{i=1}^{k} p(y_k \mid \boldsymbol{\theta})$$

(2)关于参数 $\boldsymbol{\theta}$ 的先验信息,体现于先验分布 $p(\boldsymbol{\theta})$。

(3)测量数据集为 $\mathscr{D} = \{(t_1, y_1), \cdots, (t_k, y_k)\}$,如果隐去条件中的符号 t_k,则数据集写为 $\mathscr{D} = y_{1:k}$。

(4)统计估计问题的批处理 Bayes 解可以应用 Bayes 规则计算:

$$p(\boldsymbol{\theta} \mid y_{1:k}) = \frac{1}{Z} p(\boldsymbol{\theta}) \prod_{k} p(y_k \mid \boldsymbol{\theta})$$

统计估计问题的递归 Bayes 解可以表述如下:

(1)测量值的分布同样用似然函数 $p(y_k \mid \boldsymbol{\theta})$ 来建模,也假设测量值是条件独立的。

(2)在估计开始时(在第 0 步),关于参数 $\boldsymbol{\theta}$ 的全部信息都表现为先验分布 $p(\boldsymbol{\theta})$。

(3)假设每个时刻获得一个测量值,即第 1 时刻得到 y_1,之后 y_2,依此类推。在每一时刻,使用前一时刻的后验分布作为当前时刻的先验分布:

$$p(\boldsymbol{\theta} \mid y_1) = \frac{1}{Z_1} p(y_1 \mid \boldsymbol{\theta}) p(\boldsymbol{\theta})$$

$$p(\boldsymbol{\theta} \mid y_{1:2}) = \frac{1}{Z_2} p(y_2 \mid \boldsymbol{\theta}) p(\boldsymbol{\theta} \mid y_1)$$

$$p(\boldsymbol{\theta} \mid y_{1:3}) = \frac{1}{Z_2} p(y_3 \mid \boldsymbol{\theta}) p(\boldsymbol{\theta} \mid y_{1:2})$$

$$\vdots$$

$$p(\boldsymbol{\theta} \mid y_{1:k}) = \frac{1}{Z_k} p(y_k \mid \boldsymbol{\theta}) p(\boldsymbol{\theta} \mid y_{1:k-1})$$

很容易证明,上述最后一步的后验分布与批处理得到的后验分布完全相同。此外,对测量值重新排序并不会改变最终的解。

Bayes 估计的递归公式有许多以下有用的性质。

(1)递归解可以视为 Bayes 学习问题的在线学习解。即参数信息在新的信息被获取后,以在线的方式得到更新。

(2)由于递归估计中的每一步都是一个完整的 Bayes 更新步骤,所以批处理 Bayes 推理是递归 Bayes 推理的一种特殊情况。

(3)由于估计计算过程的序贯性,也可以考虑时间对参数存在影响的情况。也就是说,可以建立在两个测量之间参数 $\boldsymbol{\theta}$ 的变化模型——这实际上就是滤波理论的基础,其中,时间行为是通过假设参数是一个与时间相关的随机过程$\boldsymbol{\theta}(t)$来建模的。

11.2.4 统计 Bayes 滤波

现在已经掌握了解决静态参数的线性回归问题的递归 Bayes 估计,通过在相邻的两次测量之间进一步考虑参数变化,可以将递归估计推广成 Bayes 滤波。

假设线性回归模型如式(11.2.24)所示,但参数 $\boldsymbol{\theta}$ 在每两次测量之间会执行高斯随机游走,此时用概率论符号描述的系统方程为

$$\begin{aligned} p(y_k \mid \boldsymbol{\theta}_k) &= \mathcal{N}(\boldsymbol{y}_k \mid \boldsymbol{H}_k\boldsymbol{\theta}_k, \sigma^2) \\ p(\boldsymbol{\theta}_k \mid \boldsymbol{\theta}_{k-1}) &= \mathcal{N}(\boldsymbol{\theta}_k \mid \boldsymbol{\theta}_{k-1}, \boldsymbol{Q}) \\ p(\boldsymbol{\theta}_0) &= \mathcal{N}(\boldsymbol{\theta}_0 \mid \boldsymbol{m}_0, \boldsymbol{P}_0) \end{aligned} \tag{11.2.32}$$

其中,$\boldsymbol{Q}$ 为随机游走的协方差。k 时刻参数的先验分布,同时也是 $k-1$ 时刻参数的后验分布,为

$$p(\boldsymbol{\theta}_{k-1} \mid y_{1:k-1}) = \mathcal{N}(\boldsymbol{\theta}_{k-1} \mid \boldsymbol{m}_{k-1}, \boldsymbol{P}_{k-1})$$

$\boldsymbol{\theta}_k$ 和 $\boldsymbol{\theta}_{k-1}$的联合分布为

$$p(\boldsymbol{\theta}_k, \boldsymbol{\theta}_{k-1} \mid y_{1:k-1}) = p(\boldsymbol{\theta}_k \mid \boldsymbol{\theta}_{k-1}) p(\boldsymbol{\theta}_{k-1} \mid y_{1:k-1})$$

将上式在 $\boldsymbol{\theta}_{k-1}$ 上进行积分，得到至 $k-1$ 时刻测量历史记录条件下 $\boldsymbol{\theta}_k$ 的后验分布：

$$p(\boldsymbol{\theta}_k \mid y_{1:k-1}) = \int p(\boldsymbol{\theta}_k \mid \boldsymbol{\theta}_{k-1}) p(\boldsymbol{\theta}_{k-1} \mid y_{1:k-1}) \mathrm{d}\boldsymbol{\theta}_{k-1}$$

上述等式即著名的查普曼－科尔莫戈罗夫(Chapman－Kolmogorov)方程。因为 $p(\boldsymbol{\theta}_k \mid \boldsymbol{\theta}_{k-1})$ 和 $p(\boldsymbol{\theta}_{k-1} \mid y_{1:k-1})$ 是高斯分布，积分结果自然也是高斯分布：

$$p(\boldsymbol{\theta}_k \mid y_{1:k-1}) = \mathcal{N}(\boldsymbol{\theta}_k \mid \boldsymbol{m}_k^-, \boldsymbol{P}_k^-)$$

其中，

$$\boldsymbol{m}_k^- = \boldsymbol{m}_{k-1}$$

$$\boldsymbol{P}_k^- = \boldsymbol{P}_{k-1} + \boldsymbol{Q}$$

利用 $p(\boldsymbol{\theta}_k \mid y_{1:k-1})$ 作为观测似然函数 $p(y_k \mid \boldsymbol{\theta}_k)$ 的先验分布，类似式(11.2.29)可以推导出参数的后验分布：

$$\begin{aligned} p(\boldsymbol{\theta}_k \mid y_{1:k}) &\propto p(y_k \mid \boldsymbol{\theta}_k) p(\boldsymbol{\theta}_k \mid y_{1:k-1}) \\ &= \mathcal{N}(\boldsymbol{\theta}_k \mid \boldsymbol{m}_k, \boldsymbol{P}_k) \end{aligned}$$

其中，高斯分布参数的推导过程与式(11.2.31)的推导类似，最终推导结果就是用 $\boldsymbol{m}_k^-$ 和 $\boldsymbol{P}_k^-$ 代替式(11.2.31)中的 $\boldsymbol{m}_{k-1}$ 和 $\boldsymbol{P}_{k-1}$，得到

$$\begin{aligned} \boldsymbol{S}_k &= \boldsymbol{H}_k \boldsymbol{P}_k^- \boldsymbol{H}_k^{\mathrm{T}} + \sigma^2 \\ \boldsymbol{K}_k &= \boldsymbol{P}_k^- \boldsymbol{H}_k^{\mathrm{T}} \boldsymbol{S}_k^{-1} \\ \boldsymbol{m}_k &= \boldsymbol{m}_k^- + \boldsymbol{K}_k [y_k - \boldsymbol{H}_k \boldsymbol{m}_k^-] \\ \boldsymbol{P}_k &= \boldsymbol{P}_k^- - \boldsymbol{K}_k \boldsymbol{S}_k \boldsymbol{K}_k^{\mathrm{T}} \end{aligned} \tag{11.2.33}$$

这类针对时变参数线性回归问题的递归算法，就是卡尔曼滤波算法的一个特殊情况。

接下来，把目前使用的回归符号改为卡尔曼滤波和相关动态估计文献中常用的状态空间模型符号。因为状态空间模型符号很容易让那些已经习惯了回归符号的人混淆，所以强调了以下两点：

(1)在状态空间符号中，$\boldsymbol{x}$ 表示系统的未知状态，即系统中未知参数的向量。它不是系统的回归变量、协变量或输入变量。

(2)本节介绍的带漂移的时变线性回归模型，可以通过变量替换转换为更标准的状态空间模型符号，用 $\boldsymbol{x} = (x_{1,k}, x_{2,k})^{\mathrm{T}}$ 替换 $\boldsymbol{\theta}_k = (\theta_{1,k}, \theta_{2,k})^{\mathrm{T}}$：

$$\begin{aligned} p(y_k \mid \boldsymbol{x}_k) &= \mathcal{N}(y_k \mid \boldsymbol{H}_k \boldsymbol{x}_k, \sigma^2) \\ p(\boldsymbol{x}_k \mid \boldsymbol{x}_{k-1}) &= \mathcal{N}(\boldsymbol{\theta}_k \mid \boldsymbol{\theta}_{k-1}, \boldsymbol{Q}) \\ p(\boldsymbol{x}_0) &= \mathcal{N}(\boldsymbol{x}_0 \mid \boldsymbol{m}_0, \boldsymbol{P}_0) \end{aligned} \tag{11.2.34}$$

上述带漂移的线性模型的特点是协变量 t_k 直接出现在模型中，这会导致随

着测量次数的增长,参数 t_k 也会随之无界增大,问题的解算条件变差。从实际应用的角度来看,需要构造时不变模型,即一个不依赖于绝对时间,只依赖于状态和测量值在时间上的相对位置的模型。

现在,我们想在不使用显式协变量的情况下,构造具有漂移线性模型的备选状态空间模型。设连续两个测量时刻之间的时间长度为 $\Delta t_{k-1}=t_k-t_{k-1}$。注意到,如果信号(记为 x_k)是完全线性的,则相邻时间点之间的差值可以精确地写成

$$x_k - x_{k-1} = \dot{x}\Delta t_{k-1} \tag{11.2.35}$$

其中,$\dot{x}$ 为导数,在线性情况下是常数的。

通过假设式(11.2.35)不完全成立,在右边引入一个很小的噪声项,可以建模与精确线性函数的偏离。导数也可以被假设为执行小的随机游走,不是完全的常数。则该模型可以写成如下形式:

$$\begin{aligned} x_{1,k} &= x_{1,k-1} + \Delta t_{k-1}x_{2,k-1} + w_1 \\ x_{2,k} &= x_{2,k} + w_2 \\ y &= x_{1,k} + e \end{aligned} \tag{11.2.36}$$

其中,状态的第一组分 $x_{1,k}$表示原信号 x_k;第二组分 $x_{2,k}$表示导数 $\dot{x}$。噪声满足高斯分布 $e\sim\mathcal{N}(0,\sigma^2)$、$(w_1,w_2)^{\mathrm{T}}\sim\mathcal{N}(0,\boldsymbol{Q})$。该模型也可以写为概率符号形式:

$$\begin{aligned} p(y_k \mid \boldsymbol{x}_k) &= \mathcal{N}(y_k \mid \boldsymbol{H}\boldsymbol{x}_k, \sigma^2) \\ p(\boldsymbol{x}_k \mid \boldsymbol{x}_{k-1}) &= \mathcal{N}(\boldsymbol{x}_k \mid \boldsymbol{A}_{k-1}\boldsymbol{x}_{k-1}, \boldsymbol{Q}) \end{aligned} \tag{11.2.37}$$

其中,矩阵为

$$\boldsymbol{A}_{k-1} = \begin{pmatrix} 1 & \Delta t_{k-1} \\ & 1 \end{pmatrix}, \boldsymbol{H} = (1 \quad 0)$$

如果有合适的 $\boldsymbol{Q}$,该模型实际上等价于模型(11.2.32),但在这个公式中,我们直接估计线性回归模型(11.2.24)中的 y_k,而不是线性回归参数。

现在,可以用类似推导式(11.2.33)的方法,直接推导出模型(11.2.37)的递归方程。显然,模型(11.2.37)是如下一般线性高斯模型的一个特例:

$$\begin{aligned} p(\boldsymbol{y}_k \mid \boldsymbol{x}_k) &= \mathcal{N}(\boldsymbol{y}_k \mid \boldsymbol{H}\boldsymbol{x}_k, \boldsymbol{R}_k) \\ p(\boldsymbol{x}_k \mid \boldsymbol{x}_{k-1}) &= \mathcal{N}(\boldsymbol{x}_k \mid \boldsymbol{A}_{k-1}\boldsymbol{x}_{k-1}, \boldsymbol{Q}_{k-1}) \end{aligned}$$

为普适性起见,我们的推导基于上述一般线性高斯模型进行:

(1)确定 k 时刻状态的先验分布,同时也是 $k-1$ 时刻参数的后验分布,为

$$p(\boldsymbol{x}_{k-1} \mid \boldsymbol{y}_{1:k-1}) = \mathcal{N}(\boldsymbol{x}_{k-1} \mid \boldsymbol{m}_{k-1}, \boldsymbol{P}_{k-1})$$

(2)计算 $\boldsymbol{x}_k$ 和 $\boldsymbol{x}_{k-1}$的联合分布为

$$p(\boldsymbol{x}_k,\boldsymbol{x}_{k-1}\mid\boldsymbol{y}_{1:k-1})=p(\boldsymbol{x}_k\mid\boldsymbol{x}_{k-1})p(\boldsymbol{x}_{k-1}\mid\boldsymbol{y}_{1:k-1})$$

(3)构造 Chapman – Kolmogorov 方程,得到至 $k-1$ 时刻测量历史记录条件下 $\boldsymbol{x}_k$ 的后验分布

$$p(\boldsymbol{x}_k\mid\boldsymbol{y}_{1:k-1})=\int p(\boldsymbol{x}_k\mid\boldsymbol{x}_{k-1})p(\boldsymbol{x}_{k-1}\mid\boldsymbol{y}_{1:k-1})\mathrm{d}\boldsymbol{x}_{k-1}$$

式中,因为 $p(\boldsymbol{x}_k\mid\boldsymbol{x}_{k-1})$ 和 $p(\boldsymbol{x}_{k-1}\mid\boldsymbol{y}_{1:k-1})$ 是高斯分布,积分结果自然也是高斯分布的,即

$$p(\boldsymbol{x}_k\mid\boldsymbol{y}_{1:k-1})=\mathcal{N}(\boldsymbol{x}_k\mid\boldsymbol{m}_k^-,\boldsymbol{P}_k^-)$$

(4)根据 Chapman – Kolmogorov 方程,计算后验分布 $p(\boldsymbol{x}_k\mid\boldsymbol{y}_{1:k-1})$ 的高斯参数

$$\begin{aligned}\boldsymbol{m}_k^-&=\boldsymbol{A}_{k-1}\boldsymbol{m}_{k-1}\\ \boldsymbol{P}_k^-&=\boldsymbol{A}_{k-1}\boldsymbol{P}_{k-1}\boldsymbol{A}_{k=1}^{\mathrm{T}}+\boldsymbol{Q}_{k-1}\end{aligned}\tag{11.2.38}$$

(5)利用 $p(\boldsymbol{x}_k\mid\boldsymbol{y}_{1:k-1})$ 作为观测似然函数 $p(\boldsymbol{y}_k\mid\boldsymbol{x}_k)$ 的先验分布,根据 Bayes 规则,推导出状态 $\boldsymbol{x}_k$ 的后验分布:

$$\begin{aligned}p(\boldsymbol{x}_k\mid\boldsymbol{y}_{1:k})&\propto p(\boldsymbol{y}_k\mid\boldsymbol{x}_k)p(\boldsymbol{x}_k\mid\boldsymbol{y}_{1:k-1})\\&=\mathcal{N}(\boldsymbol{x}_k\mid\boldsymbol{m}_k,\boldsymbol{P}_k)\end{aligned}$$

(6)计算后验分布 $p(\boldsymbol{x}_k\mid\boldsymbol{y}_{1:k})$ 的高斯分布参数,得到

$$\begin{aligned}\boldsymbol{S}_k&=\boldsymbol{H}_k\boldsymbol{P}_k^-\boldsymbol{H}_k^{\mathrm{T}}+\boldsymbol{R}_k\\ \boldsymbol{K}_k&=\boldsymbol{P}_k^-\boldsymbol{H}_k^{\mathrm{T}}\boldsymbol{S}_k^{-1}\\ \boldsymbol{m}_k&=\boldsymbol{m}_k^-+\boldsymbol{K}_k[\boldsymbol{y}_k-\boldsymbol{H}_k\boldsymbol{m}_k^-]\\ \boldsymbol{P}_k&=\boldsymbol{P}_k^--\boldsymbol{K}_k\boldsymbol{S}_k\boldsymbol{K}_k^{\mathrm{T}}\end{aligned}\tag{11.2.39}$$

式(11.2.38)和式(11.2.39)就是卡尔曼滤波器的递归公式。上述推导也说明,一般线性高斯模型的 Bayes 滤波的封闭解就是卡尔曼滤波器。卡尔曼滤波器递归地计算了后验分布 $p(\boldsymbol{x}_k\mid\boldsymbol{y}_1,\cdots,\boldsymbol{y}_k)=\mathcal{N}(\boldsymbol{x}_k\mid\boldsymbol{m}_k,\boldsymbol{P}_k)$ 的均值与方差。

通过将式(11.2.37)中的高斯分布和线性函数替换为非高斯分布和非线性函数,可以得到非线性一般化滤波算法。本章所描述的 Bayes 动态估计理论,可应用于以下形式的一般非线性滤波模型:

$$\begin{aligned}\boldsymbol{y}_k&\sim p(\boldsymbol{y}_k\mid\boldsymbol{x}_k)\\ \boldsymbol{x}_k&\sim p(\boldsymbol{x}_k\mid\boldsymbol{x}_{k-1})\end{aligned}$$

为了理解这个模型的通用性,忽略掉状态对时间的依赖性,得到下面的模型:

$$\begin{aligned}\boldsymbol{y}_k&\sim p(\boldsymbol{y}_k\mid\boldsymbol{x})\\ \boldsymbol{x}&\sim p(\boldsymbol{x})\end{aligned}$$

$\boldsymbol{x}$ 可以表示系统的任意参数或超参数,所有静态 Bayes 模型都是上述模型

的特例。为时间依赖参数引入 Markov 模型,即将上述 Bayes 模型扩展到动态估计问题中。

值得注意的是,对系统的 Markov 性约束事实上很容易达到,因为对动态系统来说常见的是向量的一阶 Markov 过程,而任意阶标量 Markov 过程很容易转换为向量一阶过程。读者可以从微分方程的初等演算中得以理解,任意阶的标量微分方程总是可以转化为一阶的向量值微分方程,同样,标量的任意阶 Markov 过程也可以转化为向量的一阶 Markov 过程。

11.3 形式化滤波方程及其精确解

通过前两节的学习,对 Bayes 滤波有了感性的认识,本节中正式引入概率滤波(又称贝叶斯滤波)理论。

11.3.1 概率状态空间模型

定义 11.2(状态空间模型) 离散时间状态空间模型或者称为概率非线性滤波模型,是一种递归定义的概率模型,其形式为

$$\begin{aligned} \boldsymbol{x}_k &\sim p(\boldsymbol{x}_k \mid \boldsymbol{x}_{k-1}) \\ \boldsymbol{y}_k &\sim p(\boldsymbol{y}_k \mid \boldsymbol{x}_k) \end{aligned} \tag{11.3.1}$$

其中:$\boldsymbol{x}_k \in \mathbb{R}^n$为第 k 步时刻系统状态;$\boldsymbol{y}_k \in \mathbb{R}^m$为第 k 步时刻测量;$p(\boldsymbol{x}_k \mid \boldsymbol{x}_{k-1})$为动态模型,表示系统的随机动力学,动态模型可以是概率密度函数、计数测度函数或是这两种函数的组合,取决于状态 $\boldsymbol{x}_k$ 为连续、离散或是混杂;$p(\boldsymbol{y}_k \mid \boldsymbol{x}_k)$为测量模型,表示给定状态下测量的分布。

假设该模型具有马尔可夫性质,即满足如下两个性质。

性质 11.1(状态的 Markov 性) 状态$\{\boldsymbol{x}_k: k=1,2,\cdots\}$构成 Markov 序列(如果状态是离散的,则构成 Markov 链)。Markov 性意味着给定前一时刻状态 $\boldsymbol{x}_{k-1}$的前提下,当前时刻状态 x_k(事实上包括未来的所有状态 $\boldsymbol{x}_{k+1},\boldsymbol{x}_{k+2},\cdots$)独立于过去发生的任何事件,即

$$p(\boldsymbol{x}_k \mid \boldsymbol{x}_{1:k-1},\boldsymbol{y}_{1:k-1}) = p(\boldsymbol{x}_k \mid \boldsymbol{x}_{k-1}) \tag{11.3.2}$$

同样,给定当前状态的情况下,过去的状态独立于未来,即

$$p(\boldsymbol{x}_{k-1} \mid \boldsymbol{x}_{k:T},\boldsymbol{y}_{k:T}) = p(\boldsymbol{x}_{k-1} \mid \boldsymbol{x}_k) \tag{11.3.3}$$

性质 11.2(测量值的条件独立性) 给定状态 $\boldsymbol{x}_k$ 的前提下,测量值 $\boldsymbol{y}_k$ 独立于过去的全部状态和测量,即

$$p(\boldsymbol{y}_k \mid \boldsymbol{x}_{1:k},\boldsymbol{y}_{1:k-1}) = p(\boldsymbol{y}_k \mid \boldsymbol{x}_k) \tag{11.3.4}$$

随机高斯游走模型是马尔可夫序列的一个简单例子,与测量噪声相结合后,

即得到一个概率状态空间模型的示例。

例 11.2 高斯随机游走模型为

$$
\begin{aligned}
x_k &= x_{k-1} + w_{k-1}, w_{k-1} \sim \mathcal{N}(0,q) \\
y_k &= x_k + e_k, \quad e_k \sim \mathcal{N}(0,r)
\end{aligned}
\tag{11.3.5}
$$

其中,x_k 为状态,y_k 为测量。该模型采用概率密度函数的形式可以写为

$$
\begin{aligned}
p(x_k \mid x_{k-1}) &= \mathcal{N}(x_k \mid x_{k-1}, q) = \frac{1}{\sqrt{2\pi q}}\exp\left(-\frac{1}{2q}(x_k - x_{k-1})^2\right) \\
p(y_k \mid x_k) &= \mathcal{N}(y_k \mid x_k, r) = \frac{1}{\sqrt{2\pi r}}\exp\left(-\frac{1}{2r}(y_k - x_k)^2\right)
\end{aligned}
\tag{11.3.6}
$$

这是一个离散时间状态空间模型。

滤波模型(11.3.1)实际上表明了,状态$\{\boldsymbol{x}_0,\cdots,\boldsymbol{x}_T\}$的联合先验分布和测量值$\{\boldsymbol{y}_0,\cdots,\boldsymbol{y}_T\}$的联合似然函数分别为

$$
p(\boldsymbol{x}_0,\cdots,\boldsymbol{x}_T) = p(\boldsymbol{x}_0)\prod_{k=1}^{T} p(\boldsymbol{x}_k \mid \boldsymbol{x}_{k-1}) \tag{11.3.7}
$$

$$
p(\boldsymbol{y}_1,\cdots,\boldsymbol{y}_T \mid \boldsymbol{x}_0,\cdots,\boldsymbol{x}_T) = \prod_{k=1}^{T} p(\boldsymbol{y}_k \mid \boldsymbol{x}_k) \tag{11.3.8}
$$

原则上,对于给定的 T,可以很容易通过 Bayes 规则计算状态的后验分布:

$$
\begin{aligned}
p(\boldsymbol{x}_0,\cdots,\boldsymbol{x}_T \mid \boldsymbol{y}_1,\cdots,\boldsymbol{y}_T) &= \frac{p(\boldsymbol{y}_1,\cdots,\boldsymbol{y}_T \mid \boldsymbol{x}_0,\cdots,\boldsymbol{x}_T)p(\boldsymbol{x}_0,\cdots,\boldsymbol{x}_T)}{p(\boldsymbol{y}_1,\cdots,\boldsymbol{y}_T)} \\
&\propto p(\boldsymbol{y}_1,\cdots,\boldsymbol{y}_T \mid \boldsymbol{x}_0,\cdots,\boldsymbol{x}_T)p(\boldsymbol{x}_0,\cdots,\boldsymbol{x}_T)
\end{aligned}
\tag{11.3.9}
$$

然而,这种直接使用完整 Bayes 规则的计算方法在实时滤波应用中是不可行的。因为当获得新的观测值时,每个时间步长内的计算量会相应增加。因此,这种方式只能处理数据集很小的情况,因为如果数据量没有限制(如在实时感知应用中),那么随着观测值的不断增加,在某个时间点,计算量将超过计算机的处理能力。因此为了处理实时数据,需要一种算法,使得在每个时间步长上的计算量恒为常数。

正如 11.2.3 节讨论的那样,滤波分布可以递归计算,这样在每一时刻计算量都是恒定的。因此,计算完整的后验分布是没有必要的,而应该关注于每一步的滤波分布。

11.3.2 Bayes 最优滤波方程

最优滤波就是给定至 k 时刻的全部历史测量的前提下,计算第 k 时刻状态 x_k 的边缘后验分布:

$$p(\boldsymbol{x}_k \mid \boldsymbol{y}_{1:k}) \tag{11.3.10}$$

下面的定理给出了贝叶斯滤波理论的基本方程。

计算第 k 时刻预测分布 $p(\boldsymbol{x}_k \mid \boldsymbol{y}_{1:k-1})$ 和滤波分布 $p(\boldsymbol{x}_k \mid \boldsymbol{y}_{1:k})$ 的递归方程由如下 Bayes 滤波方程给出：

(1)初始化。从先验分布 $p(x_0)$ 开始递归。

(2)预测。给定动态模型，第 k 时刻状态 x_k 的预测分布可以根据 Chapman - Kolmogorov 方程计算：

$$p(\boldsymbol{x}_k \mid \boldsymbol{y}_{1:k-1}) = \int p(\boldsymbol{x}_k \mid \boldsymbol{x}_{k-1}) p(\boldsymbol{x}_{k-1} \mid \boldsymbol{y}_{1:k-1}) \mathrm{d}\boldsymbol{x}_{k-1} \tag{11.3.11}$$

(3)更新。给定第 k 时刻测量值 $\boldsymbol{y}_k$，根据贝叶斯法则计算状态 $\boldsymbol{x}_k$ 的后验分布为

$$p(\boldsymbol{x}_k \mid \boldsymbol{y}_{1:k}) = \frac{1}{Z_k} p(\boldsymbol{y}_k \mid \boldsymbol{x}_k) p(\boldsymbol{x}_k \mid \boldsymbol{y}_{1:k-1}) \tag{11.3.12}$$

其中，Z_k 为归一化常数：

$$Z_k = \int p(\boldsymbol{y}_k \mid \boldsymbol{x}_k) p(\boldsymbol{x}_k \mid \boldsymbol{y}_{1:k-1}) \mathrm{d}\boldsymbol{x}_k \tag{11.3.13}$$

式(11.3.13)中，如果状态的某些分量是离散的，则用求和运算取代相应的积分运算。

证明：给定 $\boldsymbol{y}_{1:k-1}$ 前提下，$\boldsymbol{x}_k$ 和 $\boldsymbol{x}_{k-1}$ 的联合分布可以计算为

$$\begin{aligned} p(\boldsymbol{x}_k, \boldsymbol{x}_{k-1} \mid \boldsymbol{y}_{1:k-1}) &= p(\boldsymbol{x}_k \mid \boldsymbol{x}_{k-1}, \boldsymbol{y}_{1:k-1}) p(\boldsymbol{x}_{k-1} \mid \boldsymbol{y}_{1:k-1}) \\ &= p(\boldsymbol{x}_k \mid \boldsymbol{x}_{k-1}) p(\boldsymbol{x}_{k-1} \mid \boldsymbol{y}_{1:k-1}) \end{aligned} \tag{11.3.14}$$

式中：$p(\boldsymbol{x}_k \mid \boldsymbol{x}_{k-1}, \boldsymbol{y}_{1:k-1}) = p(\boldsymbol{x}_k \mid \boldsymbol{x}_{k-1})$ 成立的原因是状态序列 $\{\boldsymbol{x}_k, k = 1, 2, \cdots\}$ 的 Markov 性。给定 $\boldsymbol{y}_{1:k-1}$ 后，$\boldsymbol{x}_k$ 的边缘分布可以通过对分布函数(11.3.14)在变量 $\boldsymbol{x}_{k-1}$ 上的积分得到，即 Chapman - Kolmogorov 方程：

$$p(\boldsymbol{x}_k \mid \boldsymbol{y}_{1:k-1}) = \int p(\boldsymbol{x}_k \mid \boldsymbol{x}_{k-1}) p(\boldsymbol{x}_{k-1} \mid \boldsymbol{y}_{1:k-1}) \mathrm{d}\boldsymbol{x}_{k-1} \tag{11.3.15}$$

如果 $\boldsymbol{x}_{k-1}$ 是离散的，那么上述积分应替换为在 $\boldsymbol{x}_{k-1}$ 上的求和计算。

给定 $\boldsymbol{y}_k$ 和 $\boldsymbol{y}_{1:k-1}$(即给定 $\boldsymbol{y}_{1:k}$)的条件下，$\boldsymbol{x}_k$ 的分布根据贝叶斯法则计算为

$$\begin{aligned} p(\boldsymbol{x}_k \mid \boldsymbol{y}_{1:k}) &= \frac{1}{Z_k} p(\boldsymbol{y}_k \mid \boldsymbol{x}_k, \boldsymbol{y}_{1:k-1}) p(\boldsymbol{x}_k \mid \boldsymbol{y}_{1:k-1}) \\ &= \frac{1}{Z_k} p(\boldsymbol{y}_k \mid \boldsymbol{x}_k) p(\boldsymbol{x}_k \mid \boldsymbol{y}_{1:k-1}) \end{aligned} \tag{11.3.16}$$

其中，Z_k 的定义为式(11.3.13)，$p(\boldsymbol{y}_k \mid \boldsymbol{x}_k, \boldsymbol{y}_{1:k-1})$ 中历史测量值 $\boldsymbol{y}_{1:k-1}$ 可以忽略，因为在给定 $\boldsymbol{x}_k$ 前提下，测量值 $\boldsymbol{y}_k$ 相对于历史测量值 $\boldsymbol{y}_{1:k-1}$ 是条件独立的。

11.3.3 Bayes 滤波与卡尔曼滤波的关系

卡尔曼滤波器是一类离散时间系统的 Bayes 最优滤波方程的封闭解，其中，

系统的动力学和测量模型均为线性高斯模型：

$$\begin{aligned}\boldsymbol{x}_k &= \boldsymbol{A}_{k-1}\boldsymbol{x}_{k-1} + \boldsymbol{q}_{k-1}\\ \boldsymbol{y}_k &= \boldsymbol{H}_k\boldsymbol{x}_k + \boldsymbol{r}_k\end{aligned} \tag{11.3.17}$$

其中，$\boldsymbol{x}_k \in \mathbb{R}^n$为状态，$\boldsymbol{y}_k \in \mathbb{R}^m$为测量，$\boldsymbol{q}_{k-1} \sim \mathcal{N}(\boldsymbol{0},\boldsymbol{Q}_{k-1})$为过程噪声，$\boldsymbol{r}_{k-1} \sim \mathcal{N}(\boldsymbol{0},\boldsymbol{R}_k)$为测量噪声，状态的先验分布为高斯分布 $\boldsymbol{x}_0 \sim \mathcal{N}(\boldsymbol{m}_0,\boldsymbol{P}_0)$。矩阵 $\boldsymbol{A}_{k-1}$为动态模型的转移矩阵，$\boldsymbol{H}_k$ 为测量模型矩阵。用概率论符号描述，该模型为

$$\begin{aligned}p(\boldsymbol{x}_k \mid \boldsymbol{x}_{k-1}) &= \mathcal{N}(\boldsymbol{x}_k \mid \boldsymbol{A}_{k-1}\boldsymbol{x}_{k-1},\boldsymbol{Q}_{k-1})\\ p(\boldsymbol{y}_k \mid \boldsymbol{x}_k) &= \mathcal{N}(\boldsymbol{y}_k \mid \boldsymbol{H}_k\boldsymbol{x}_k,\boldsymbol{R}_k)\end{aligned} \tag{11.3.18}$$

线性模型(11.3.17)的最优滤波方程能够以封闭解的形式进行计算，计算得到的分布还是高斯分布：

$$\begin{aligned}p(\boldsymbol{x}_k \mid \boldsymbol{y}_{1:k-1}) &= \mathcal{N}(\boldsymbol{x}_k \mid \boldsymbol{m}_k^-,\boldsymbol{P}_k^-)\\ p(\boldsymbol{x}_k \mid \boldsymbol{y}_{1:k}) &= \mathcal{N}(\boldsymbol{x}_k \mid \boldsymbol{m}_k,\boldsymbol{P}_k)\\ p(\boldsymbol{y}_k \mid \boldsymbol{y}_{1:k-1}) &= \mathcal{N}(\boldsymbol{y}_k \mid \boldsymbol{H}_k\boldsymbol{m}_k^-,\boldsymbol{S}_k)\end{aligned} \tag{11.3.19}$$

上述分布的参数通过以下卡尔曼滤波预测和更新步骤进行计算。

预测步骤为：

$$\begin{aligned}\boldsymbol{m}_k^- &= \boldsymbol{A}_{k-1}\boldsymbol{m}_{k-1}\\ \boldsymbol{P}_k^- &= \boldsymbol{A}_{k-1}\boldsymbol{P}_{k-1}\boldsymbol{A}_{k-1}^{\mathrm{T}} + \boldsymbol{Q}_{k-1}\end{aligned} \tag{11.3.20}$$

更新步骤为：

$$\begin{aligned}\boldsymbol{v}_k &= \boldsymbol{y}_k - \boldsymbol{H}_k\boldsymbol{m}_k^-\\ \boldsymbol{S}_k &= \boldsymbol{H}_k\boldsymbol{P}_k^-\boldsymbol{H}_k^{\mathrm{T}} + \boldsymbol{R}_k\\ K_k &= \boldsymbol{P}_k^-\boldsymbol{H}_k^{\mathrm{T}}\boldsymbol{S}_k^{-1}\\ \boldsymbol{m}_k &= \boldsymbol{m}_k^- + \boldsymbol{K}_k\boldsymbol{v}_k\\ \boldsymbol{P}_k &= \boldsymbol{P}_k^- - \boldsymbol{K}_k\boldsymbol{S}_k\boldsymbol{K}_k^{\mathrm{T}}\end{aligned} \tag{11.3.21}$$

初始状态为给定的高斯先验分布 $\boldsymbol{x}_0 \sim \mathcal{N}(\boldsymbol{m}_0,\boldsymbol{P}_0)$，初始均值与方差也相应给定。

下面给出卡尔曼滤波方程的推导过程。

(1)根据式(11.3.19)，给定 $\boldsymbol{y}_{1:k-1}$条件下，$\boldsymbol{x}_k$ 和 $\boldsymbol{x}_{k-1}$的联合分布为

$$\begin{aligned}p(\boldsymbol{x}_{k-1},\boldsymbol{x}_k \mid \boldsymbol{y}_{1:k-1}) &= p(\boldsymbol{x}_k \mid \boldsymbol{x}_{k-1})p(\boldsymbol{x}_{k-1} \mid \boldsymbol{y}_{1:k-1})\\ &= \mathcal{N}(\boldsymbol{x}_k \mid \boldsymbol{A}_{k-1}\boldsymbol{x}_{k-1},\boldsymbol{Q}_{k-1})\mathcal{N}(\boldsymbol{x}_{k-1} \mid \boldsymbol{m}_{k-1},\boldsymbol{P}_{k-1})\\ &= \mathcal{N}\left(\begin{bmatrix}\boldsymbol{x}_{k-1}\\ \boldsymbol{x}_k\end{bmatrix}\middle| \boldsymbol{m}',\boldsymbol{P}'\right)\end{aligned} \tag{11.3.22}$$

其中：

$$\boldsymbol{m}'=\begin{pmatrix}\boldsymbol{m}_{k-1}\\ \boldsymbol{A}_{k-1}\boldsymbol{m}_{k-1}\end{pmatrix},\boldsymbol{P}'=\begin{pmatrix}\boldsymbol{P}_{k-1} & \boldsymbol{P}_{k-1}\boldsymbol{A}_{k-1}^{\mathrm{T}}\\ \boldsymbol{A}_{k-1}\boldsymbol{P}_{k-1} & \boldsymbol{A}_{k-1}\boldsymbol{P}_{k-1}\boldsymbol{A}_{k-1}^{\mathrm{T}}+\boldsymbol{Q}_{k-1}\end{pmatrix} \tag{11.3.23}$$

$\boldsymbol{x}_k$ 的边缘分布根据(11.3.19)得到

$$p(\boldsymbol{x}_k \mid \boldsymbol{y}_{1:k-1})=\mathcal{N}(\boldsymbol{x}_k \mid \boldsymbol{m}_k^-,\boldsymbol{P}_k^-) \tag{11.3.24}$$

其中：

$$\boldsymbol{m}_k^-=\boldsymbol{A}_{k-1}\boldsymbol{m}_{k-1},\boldsymbol{P}_k^-=\boldsymbol{A}_{k-1}\boldsymbol{P}_{k-1}\boldsymbol{A}_{k-1}^{\mathrm{T}}+\boldsymbol{Q}_{k-1} \tag{11.3.25}$$

(2)根据(11.3.18)，给定 $\boldsymbol{y}_{1:k-1}$条件下，$\boldsymbol{x}_k$ 和 $\boldsymbol{y}_k$ 的联合分布为

$$\begin{aligned}p(\boldsymbol{x}_k,\boldsymbol{y}_k \mid \boldsymbol{y}_{1:k-1})&=p(\boldsymbol{y}_k \mid \boldsymbol{x}_k)p(\boldsymbol{x}_k \mid \boldsymbol{y}_{1:k-1})\\ &=\mathcal{N}(\boldsymbol{y}_k \mid \boldsymbol{H}_k\boldsymbol{x}_k,\boldsymbol{R}_k)\mathcal{N}(\boldsymbol{x}_k \mid \boldsymbol{m}_k^-,\boldsymbol{P}_k^-)\\ &=\mathcal{N}\left(\begin{bmatrix}\boldsymbol{x}_k\\ \boldsymbol{y}_k\end{bmatrix}\middle|\, \boldsymbol{m}'',\boldsymbol{P}''\right)\end{aligned} \tag{11.3.26}$$

其中：

$$\boldsymbol{m}''=\begin{pmatrix}\boldsymbol{m}_k^-\\ \boldsymbol{H}_k\boldsymbol{m}_k^-\end{pmatrix},\boldsymbol{P}''=\begin{pmatrix}\boldsymbol{P}_k^- & \boldsymbol{P}_k^-\boldsymbol{H}_k^{\mathrm{T}}\\ \boldsymbol{H}_k\boldsymbol{P}_k^- & \boldsymbol{H}_k\boldsymbol{P}_k^-\boldsymbol{H}_k^{\mathrm{T}}+\boldsymbol{R}_k\end{pmatrix} \tag{11.3.27}$$

(3)根据式(11.3.19)，$\boldsymbol{x}_k$ 的条件分布为

$$\begin{aligned}p(\boldsymbol{x}_k \mid \boldsymbol{y}_k,\boldsymbol{y}_{1:k-1})&=p(\boldsymbol{x}_k \mid \boldsymbol{y}_{1:k})\\ &=\mathcal{N}(\boldsymbol{x}_k \mid \boldsymbol{m}_k,\boldsymbol{P}_k)\end{aligned} \tag{11.3.28}$$

其中：

$$\begin{aligned}\boldsymbol{m}_k&=\boldsymbol{m}_k^-+\boldsymbol{P}_k^-\boldsymbol{H}_k^{\mathrm{T}}(\boldsymbol{H}_k\boldsymbol{P}^-\boldsymbol{H}^{\mathrm{T}}+\boldsymbol{R}_k)^{-1}(\boldsymbol{y}_k-\boldsymbol{H}_k\boldsymbol{m}_k^-)\\ \boldsymbol{P}_k&=\boldsymbol{P}_k^--\boldsymbol{P}_k^-\boldsymbol{H}_k^{\mathrm{T}}(\boldsymbol{H}_k\boldsymbol{P}^-\boldsymbol{H}^{\mathrm{T}}+\boldsymbol{R}_k)^{-1}\boldsymbol{H}_k\boldsymbol{P}_k^-\end{aligned} \tag{11.3.29}$$

式(11.3.29)也可以重写为式(11.3.21)。

例 11.3(卡尔曼滤波用于高斯随机游走模型)：假设对例 11.2 所示的高斯随机游走模型进行观测，得到测量数值 y_k，对每一个时间步上的状态 x_k 进行估计。

至第 $k-1$ 步，滤波状态 x_{k-1}的高斯滤波分布为

$$p(x_{k-1} \mid y_{1:k-1})=\mathcal{N}(x_{k-1} \mid m_{k-1},P_{-1}) \tag{11.3.30}$$

卡尔曼滤波的预测和更新步骤如下：

$$\begin{aligned}m_k^-&=m_{k-1}\\ P_k^-&=P_{k-1}+q\\ m_k&=m_k^-+\frac{P_k^-}{P_k^-+r}(y_k-m_k^-)\\ P_k&=P_k^--\frac{(P_k^-)^2}{P_k^-+r}\end{aligned} \tag{11.3.31}$$

图 11.8 给出了高斯随机游走模型的状态和测量的仿真结果，仿真中，初始状态均值为 0，过程噪声方差 $q=1$，测量噪声方差 $r=2$。图 11.9 为式(11.3.31)所列卡尔曼滤波计算结果，其中 95% 分位线按照 $m_k \pm 3P_k$ 计算得到。

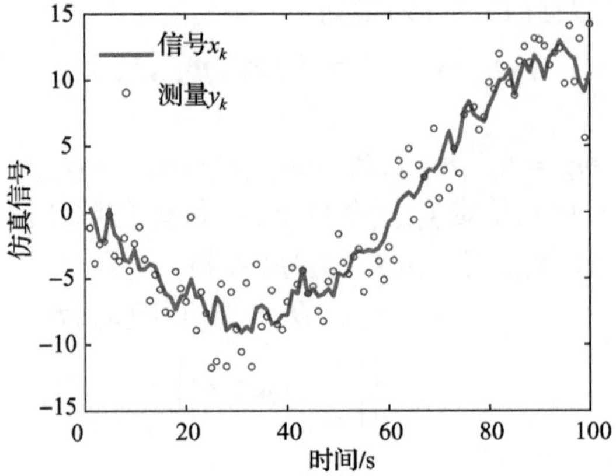

图 11.8　高斯随机游走模型的仿真信号及其测量

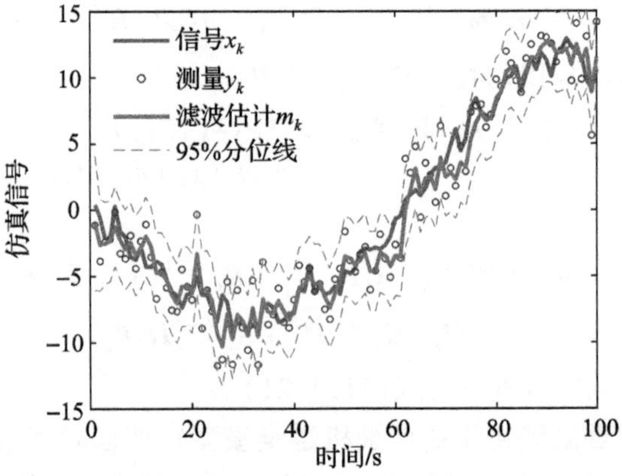

图 11.9　对高斯随机游走模型的卡尔曼滤波估计(彩图见插页)

12 非线性滤波算法

通过之前的学习,我们已经知道“最优滤波”一词是指:根据观测到的含有噪声的测量值估计时变系统的状态。这里的状态指物理状态,比如运动物体的位置、速度、加速度等动态变量。测量中含有的噪声意味着测量值具有一定程度的不确定性。而动态系统是一个关于时间的函数,在系统的动态中也含有过程噪声,这意味着动态系统也不能完全确定地被建模。在这种情况下,术语“滤波”基本上是指:滤除测量噪声,并根据观测到的测量值和对系统动态过程的假设(即系统状态方程),提供状态值的最佳估计。

本书前续章节介绍了线性动态系统状态估计的基本工具——卡尔曼滤波器,及其非线性动态系统状态估计的版本——扩展卡尔曼滤波器。本章首先介绍离散时间最优滤波的经典公式,然后根据一般理论,给出另外几种用于非线性动态系统状态估计的滤波算法,包括二阶扩展卡尔曼滤波(Second - order Extended Kalman Filter,SEKF)、无迹卡尔曼滤波(Unscented Kalman Filter,UKF)、高斯 - 埃尔米特卡尔曼滤波(Gauss - Hermite Kalman Filter,GHKF)、立方卡尔曼滤波(Cubature Kalman Filter,CKF)。

UKF 是传统卡尔曼滤波器的更新扩展,用于解决非线性滤波问题,通过回顾 EKF 算法联合概率分布的泰勒级数近似,引入了 UKF 算法联合概率分布的无迹变换概念,以对比说明两种非线性滤波技术之间的差异。之后,通过对 UKF 滤波中 sigma 点概念的扩展,引入了 GHKF 和 CKF。为了帮助读者更彻底地了解上述改进算法,本章还包括了一些非线性滤波应用例子,可以作为建立滤波问题感性认知的工具,也可以为读者对比不同滤波器性能提供测试对象。

12.1 非线性滤波问题描述

本章主要考虑加性噪声驱动的非线性离散系统:

$$\begin{cases} \boldsymbol{X}_k = \phi(\boldsymbol{X}_{k-1}, k-1) + \boldsymbol{W}_{k-1} \\ \boldsymbol{Z}_k = h(\boldsymbol{X}_k, k) + \boldsymbol{V}_k \end{cases} \tag{12.1.1}$$

其中:$\boldsymbol{X}_k \in \mathbb{R}^n$为状态;$\boldsymbol{Z}_k \in \mathbb{R}^m$为测量;$\boldsymbol{W}_k \sim \mathcal{N}(0, \boldsymbol{Q}_k)$为满足高斯分布的过程噪

声，$\boldsymbol{Q}_k$ 为过程噪声的协方差矩阵；$\boldsymbol{V}_k \sim \mathcal{N}(0,\boldsymbol{R}_k)$ 为满足高斯分布的测量噪声，$\boldsymbol{R}_k$ 为测量噪声协方差矩阵；$\phi(\cdot):\mathbb{R}^n \times \mathbb{R} \mapsto \mathbb{R}^n$ 为描述系统动态模型的非线性函数；$h(\cdot):\mathbb{R}^n \times \mathbb{R} \mapsto \mathbb{R}^m$ 为描述测量模型的非线性函数。

此外，更具一般性的系统是非加性噪声驱动下的系统模型：

$$\begin{cases} \boldsymbol{X}_k = \phi(\boldsymbol{X}_{k-1},\boldsymbol{W}_{k-1}) \\ \boldsymbol{Z}_k = h(\boldsymbol{X}_k,\boldsymbol{V}_k) \end{cases} \tag{12.1.2}$$

其中，$\boldsymbol{W}_k$ 和 $\boldsymbol{V}_k$ 的分别为过程噪声和测量噪声，定义与式(12.1.1)相同。

从概率论的角度来看，各类卡尔曼滤波算法的最终目的是：在 k 时刻前所有测量值序列 $\{\boldsymbol{Z}_1,\boldsymbol{Z}_2,\cdots,\boldsymbol{Z}_k\}$ 已经给定的前提下，近似确定 k 时刻状态 $\boldsymbol{X}_k$ 的高斯分布。具体而言，就是用均值为 $\boldsymbol{m}_k$、协方差为 $\boldsymbol{P}_k$ 的高斯分布 $\mathcal{N}(\boldsymbol{m}_k,\boldsymbol{P}_k)$ 近似描述测量序列 $\{\boldsymbol{Z}_{1:k}\}$ 已知条件下的状态 $\boldsymbol{X}_k$ 的后验概率分布：

$$p(\boldsymbol{X}_k \mid \boldsymbol{Z}_{1:k}) \approx \mathcal{N}(\boldsymbol{X}_k \mid \boldsymbol{m}_k,\boldsymbol{P}_k) \tag{12.1.3}$$

滤波公式的作用就是根据不断新增的观测量 Z_{k+1}，递推出 $k+1$ 时刻系统状态的概率分布均值 $\boldsymbol{m}_{k+1}$ 和方差 $\boldsymbol{P}_{k+1}$。

构建非线性系统的卡尔曼滤波算法，首先要解决非线性映射下，输入随机变量与输出随机变量的联合分布。设 x 是满足高斯分布的随机变量，随机变量 y 是由 x 通过非线性映射 $g(\cdot)$ 变换生成的：

$$\begin{aligned} \boldsymbol{x} &\sim \mathcal{N}(\boldsymbol{m},\boldsymbol{P}) \\ \boldsymbol{y} &= g(\boldsymbol{x}) \end{aligned} \tag{12.1.4}$$

其中，$\boldsymbol{x} \in \mathbb{R}^n$、$\boldsymbol{y} \in \mathbb{R}^m$，$g(\cdot):\mathbb{R}^n \mapsto \mathbb{R}^m$ 为一般非线性映射。

如果函数 $g(\cdot)$ 是线性的，那么高斯分布随机变量 $\boldsymbol{y}$ 的均值和方差可以通过线性变换得到；但如果 $g(\cdot)$ 是一般非线性函数，则不可能在形式上求解出 $\boldsymbol{y}$ 的均值和方差，因为高斯分布随机变量 $\boldsymbol{x}$ 通过非线性映射后得到的随机变量 $\boldsymbol{y}$ 并不一定满足高斯分布。因此在构建非线性系统卡尔曼滤波算法时，随机变量 $\boldsymbol{y}$ 的分布需要采用某种方式近似求解，接下来就从基于二阶泰勒展开的近似方法开始，学习不同联合分布近似方法导出的各类非线性卡尔曼滤波算法。

12.2 二阶扩展卡尔曼滤波

12.2.1 基于泰勒级数展开的高斯近似

对式(12.1.4)定义的非线性映射保留二阶项在 $\boldsymbol{x}$ 的均值 $\boldsymbol{m}$ 处进行泰勒级数展开，得到：

$$y = g(m) + G_x(m)(x - m) + \frac{1}{2}\sum_{i=1}^{n} e_i (x - m)^{\mathrm{T}} G_{xx}^{(i)}(m)(x - m) + \mathrm{HOT} \quad (12.2.1)$$

其中，$G_x(m)$ 为在 m 处解出的雅克比矩阵：

$$G_x(m) \triangleq [\nabla_x g(x)^{\mathrm{T}}]^{\mathrm{T}}\Big|_{x=m} \triangleq \frac{\partial g(x)}{\partial x}\Big|_{x=m} \quad (12.2.2)$$

$G_{xx}^{(i)}(m)$ 为 $g(x)$ 第 i 维分量 $g_i(x)$ 在 m 处解出的海瑟矩阵

$$G_{xx}^{(i)}(m) \triangleq [\nabla_x \nabla_x^{\mathrm{T}} g_i(x)]\Big|_{x=m} \triangleq \frac{\partial^2 g_i(x)}{\partial x^2}\Big|_{x=m} \quad (12.2.3)$$

e_i 为 n 维笛卡尔坐标系的第 i 个基矢量，即第 i 个分量为 1，其余分量为 0 的列向量：

$$e_i = [0 \ \cdots \ 0 \ 1 \ 0 \ \cdots \ 0]^{\mathrm{T}}$$

HOT 为泰勒展开的高阶项(Higher - Order Terms)，这里不涉及这些项，后续推导将其忽略。

设式(12.1.4)定义的随机变量 x 和 y 的联合分布的二次高斯近似为

$$\begin{pmatrix} x \\ y \end{pmatrix} \sim \mathcal{N}\left(\begin{pmatrix} m \\ \mu_Q \end{pmatrix}, \begin{pmatrix} P & C_Q \\ C_Q^{\mathrm{T}} & S_Q \end{pmatrix}\right) \quad (12.2.4)$$

注意到随机变量 x 满足高斯分布 $x \sim \mathcal{N}(m, P)$，这意味着 $P = E[(x - m)(x - m)^{\mathrm{T}}]$，再考虑式(12.2.1)的二阶泰勒展开，可以推导二次近似均值 μ_Q 为

$$\mu_Q = E(y) = g(m) + \frac{1}{2}\sum_{i=1}^{n} e_i \mathrm{tr}[G_{xx}^{(i)}(m)P] \quad (12.2.5)$$

同样可以推导出近似协方差矩阵为

$$S_Q = E[(y - \mu_Q)(y - \mu_Q)^{\mathrm{T}}] = G_x(m)PG_x^{\mathrm{T}}(m) + \frac{1}{2}\sum_{i=1}^{n}\sum_{j=1}^{n} e_i e_j^{\mathrm{T}} \mathrm{tr}[G_{xx}^{(i)}(m)PG_{xx}^{(j)}(m)P] \quad (12.2.6)$$

$$C_Q = E[(x - m)(y - \mu_Q)^{\mathrm{T}}] = PG_x^{\mathrm{T}}(m) \quad (12.2.7)$$

式(12.2.4) ~ 式(12.2.7)描述了非线性映射下，输入随机变量 x 和输出随机变量 y 的联合分布的二次高斯近似，利用这些公式，可以构造二阶扩展卡尔曼滤波算法的预测和更新公式。

12.2.2　二阶 EKF 公式推导

对于非线性系统，需要一个类似于线性系统的框架。这种估计框架称为扩

展卡尔曼滤波器(EKF),可以通过对非线性动力学和测量方程的泰勒级数展开得到。前一章给出了基于一阶泰勒级数展开的线性化(一阶)EKF,类似地,二阶 EKF 依赖于包含二阶校正项的二阶泰勒展开式。

考虑式(12.1.1)描述的非线性系统。与线性系统情况类似,假设 k 时刻系统状态 $\boldsymbol{X}$ 的估计是一个条件期望的近似:

$$\hat{\boldsymbol{X}}_{k|k} \approx E(\boldsymbol{X}_k \mid \boldsymbol{Z}_{1:k}) \tag{12.2.8}$$

相关协方差矩阵为 $\boldsymbol{P}_{k|k} \approx \boldsymbol{P}_k$。严格来说,$\boldsymbol{P}_{k|k}$是均方误差(MSE)矩阵而非协方差矩阵,因为 $\hat{\boldsymbol{X}}_{k|k}$并不是准确的条件均值。

注意式(12.2.8)意味着假设估计误差近似平均值为零,此外还假设估计误差的三阶矩近似为零,这在零均值高斯随机变量的情况下是准确的。

将式(12.1.1)中状态方程的非线性函数 $\boldsymbol{\phi}(\cdot)$ 围绕最新的估计值 $\hat{\boldsymbol{X}}_{k|k}$进行泰勒级数展开,泰勒级数展开至二阶项将产生二阶 EKF。具体而言,式(12.1.1)中状态方程的二阶泰勒展开为

$$\begin{aligned}\boldsymbol{X}_{k+1} &= \boldsymbol{\phi}(\hat{\boldsymbol{X}}_{k|k},k) + \boldsymbol{\phi}_{\boldsymbol{X}}(k)(\boldsymbol{X}_k - \hat{\boldsymbol{X}}_{k|k}) \\ &\quad + \frac{1}{2}\sum_{i=1}^{n} \boldsymbol{e}_i (\boldsymbol{X}_k - \hat{\boldsymbol{X}}_{k|k})^{\mathrm{T}} \boldsymbol{\phi}_{\boldsymbol{XX}}^{i}(k)(\boldsymbol{X}_k - \hat{\boldsymbol{X}}_{k|k}) \\ &\quad + \mathrm{HOT} + \boldsymbol{W}_k \end{aligned} \tag{12.2.9}$$

其中,$\boldsymbol{\phi}_{\boldsymbol{X}}(k)$为向量函数 $\boldsymbol{\phi}(\boldsymbol{X},k)$在最新状态估计值 $\hat{\boldsymbol{X}}_{k|k}$处的雅克比矩阵,即

$$\boldsymbol{\phi}_{\boldsymbol{X}}(k) \triangleq [\nabla_{\boldsymbol{X}} \boldsymbol{\phi}(\boldsymbol{X},k)^{\mathrm{T}}]^{\mathrm{T}} \Big|_{\boldsymbol{X}=\hat{\boldsymbol{X}}_{k|k}} \triangleq \frac{\partial \boldsymbol{\phi}}{\partial \boldsymbol{X}}\Big|_{\boldsymbol{X}=\hat{\boldsymbol{X}}_{k|k}} \tag{12.2.10}$$

$\boldsymbol{\phi}_{\boldsymbol{XX}}^{(i)}(k)$为向量函数 $\boldsymbol{\phi}(\boldsymbol{X},k)$的第 i 维分量在最新状态估计值 $\hat{\boldsymbol{X}}_{k|k}$处的海瑟矩阵,即

$$\boldsymbol{\phi}_{\boldsymbol{XX}}^{(i)}(k) \triangleq [\nabla_{\boldsymbol{X}} \nabla_{\boldsymbol{X}}^{\mathrm{T}} \boldsymbol{\phi}^{(i)}(\boldsymbol{X},k)] \Big|_{\boldsymbol{X}=\hat{\boldsymbol{X}}_{k|k}} \triangleq \frac{\partial^2 \boldsymbol{\phi}^{(i)}}{\partial \boldsymbol{X}^2}\Big|_{\boldsymbol{X}=\hat{\boldsymbol{X}}_{k|k}} \tag{12.2.11}$$

注意:给定测量序列 $\boldsymbol{Z}_{1:k}$后,上述雅克比矩阵 $\boldsymbol{\phi}_{\boldsymbol{X}}(k)$和海瑟矩阵 $\boldsymbol{\phi}_{\boldsymbol{XX}}^{(i)}(k)$都是确定性的,式(12.2.9)中只有 $\boldsymbol{X}_k$ 和 $\boldsymbol{W}_k$ 是随机变量,接下来条件期望的推导会用到这些性质。

(1)状态预测。

忽略 HOT,求式(12.2.9)在给定 $\boldsymbol{Z}_{1:k}$下的条件期望,得到在时刻 k 对时刻 $k+1$ 的状态预测值:

$$\hat{\boldsymbol{X}}_{k+1|k} = \boldsymbol{\phi}(\hat{\boldsymbol{X}}_{k|k},k) + \frac{1}{2}\sum_{i=1}^{n} \boldsymbol{e}_i \mathrm{tr}[\boldsymbol{\phi}_{\boldsymbol{XX}}^{(i)}(k)\boldsymbol{P}_{k|k}] \tag{12.2.12}$$

式(12.2.12)的推导中,代入了观测序列下的条件均值式(12.2.8),以及 $\boldsymbol{x} \sim$

$\mathcal{N}(0,\boldsymbol{P})$时二次型映射的期望公式：

$$E[\boldsymbol{x}^{\mathrm{T}}\boldsymbol{A}\boldsymbol{x}]=E[\mathrm{tr}(\boldsymbol{x}^{\mathrm{T}}\boldsymbol{A}\boldsymbol{x})]=E[\mathrm{tr}(\boldsymbol{A}\boldsymbol{x}\boldsymbol{x}^{\mathrm{T}})]=\mathrm{tr}[\boldsymbol{A}E(\boldsymbol{x}\boldsymbol{x}^{\mathrm{T}})]=\mathrm{tr}[\boldsymbol{A}\boldsymbol{P}] \tag{12.2.13}$$

导致式(12.2.9)中的一次项消失和二次项的简化。

用式(12.2.9)减去式(12.2.12)得到预测状态误差：

$$\tilde{\boldsymbol{X}}_{k+1|k}=\boldsymbol{\phi}_{\boldsymbol{X}}(k)\tilde{\boldsymbol{X}}_{k|k}+\frac{1}{2}\sum_{i=1}^{n}\boldsymbol{e}_i\{\tilde{\boldsymbol{X}}_{k|k}^{\mathrm{T}}\boldsymbol{\phi}_{\boldsymbol{XX}}^{(i)}(k)\tilde{\boldsymbol{X}}_{k|k}-\mathrm{tr}[\boldsymbol{\phi}_{\boldsymbol{XX}}^{(i)}(k)\boldsymbol{P}_{k|k}]\}+\boldsymbol{W}_k \tag{12.2.14}$$

其中，HOT 已被忽略。

(2)状态预测协方差。

式(12.2.14)乘以其自身的转置，并求在给定$\boldsymbol{Z}_{1:k}$下的条件期望，得到状态预测协方差(事实上，是均方误差矩阵)：

$$\boldsymbol{P}_{k+1|k}=\boldsymbol{\phi}_{\boldsymbol{X}}(k)\boldsymbol{P}_{k|k}\boldsymbol{\phi}_{\boldsymbol{X}}^{\mathrm{T}}(k)+\frac{1}{2}\sum_{i=1}^{n}\sum_{j=1}^{n}\boldsymbol{e}_i\boldsymbol{e}_j^{\mathrm{T}}\mathrm{tr}[\boldsymbol{\phi}_{\boldsymbol{XX}}^{(i)}(\boldsymbol{m})\boldsymbol{P}_{k|k}\boldsymbol{\phi}_{\boldsymbol{XX}}^{(j)}(\boldsymbol{m})\boldsymbol{P}_{k|k}]+\boldsymbol{Q}_k \tag{12.2.15}$$

式(12.2.15)的推导中，利用了$\boldsymbol{x}\sim\mathcal{N}(0,\boldsymbol{P})$时二次型映射的协方差公式：

$$\begin{aligned}E\{[\boldsymbol{x}^{\mathrm{T}}\boldsymbol{A}\boldsymbol{x}-E(\boldsymbol{x}^{\mathrm{T}}\boldsymbol{A}\boldsymbol{x})][\boldsymbol{x}^{\mathrm{T}}\boldsymbol{B}\boldsymbol{x}-E(\boldsymbol{x}^{\mathrm{T}}\boldsymbol{B}\boldsymbol{x})]\}&=E[\boldsymbol{x}^{\mathrm{T}}\boldsymbol{A}\boldsymbol{x}\boldsymbol{x}^{\mathrm{T}}\boldsymbol{B}\boldsymbol{x}]-E[\boldsymbol{x}^{\mathrm{T}}\boldsymbol{A}\boldsymbol{x}]E[\boldsymbol{x}^{\mathrm{T}}\boldsymbol{B}\boldsymbol{x}]\\&=2\mathrm{tr}(\boldsymbol{APBP})\end{aligned} \tag{12.2.16}$$

以及三阶距近似为零的假设。

(3)测量预测。

同样，将式(12.1.1)中观测方程的非线性函数$\boldsymbol{h}(\cdot)$在最新的预测值$\hat{\boldsymbol{X}}_{k+1|k}$处进行泰勒级数展开至二阶项，得到

$$\begin{aligned}\boldsymbol{Z}_{k+1}=&\,h(\hat{\boldsymbol{X}}_{k+1|k},k+1)+\boldsymbol{h}_{\boldsymbol{X}}(k+1)(\boldsymbol{X}_{k+1}-\hat{\boldsymbol{X}}_{k+1|k})\\&+\frac{1}{2}\sum_{i=1}^{m}\boldsymbol{e}_i(\boldsymbol{X}_{k+1}-\hat{\boldsymbol{X}}_{k+1|k})^{\mathrm{T}}\boldsymbol{h}_{\boldsymbol{XX}}^{(i)}(k+1)(\boldsymbol{X}_{k+1}-\hat{\boldsymbol{X}}_{k+1|k})\\&+\mathrm{HOT}+\boldsymbol{V}_{k+1}\end{aligned} \tag{12.2.17}$$

其中，$\boldsymbol{h}_{\boldsymbol{X}}(k+1)$和$\boldsymbol{h}_{\boldsymbol{XX}}^{(i)}(k+1)$分别代表向量函数$\boldsymbol{h}(\boldsymbol{X}_k,k)$的雅克比矩阵和第$i$维分量函数$\boldsymbol{h}^{(i)}(\boldsymbol{X}_k,k)$的海瑟矩阵：

$$\boldsymbol{h}_{\boldsymbol{X}}(k+1)\triangleq[\nabla_{\boldsymbol{X}}\boldsymbol{h}(\boldsymbol{X},k+1)^{\mathrm{T}}]^{\mathrm{T}}\Big|_{\boldsymbol{X}=\hat{\boldsymbol{X}}_{k+1|k}}\triangleq\frac{\partial\boldsymbol{h}}{\partial\boldsymbol{X}}\Big|_{\boldsymbol{X}=\hat{\boldsymbol{X}}_{k+1|k}} \tag{12.2.18}$$

$$\boldsymbol{h}_{\boldsymbol{XX}}^{(i)}(k+1)\triangleq[\nabla_{\boldsymbol{X}}\nabla_{\boldsymbol{X}}^{\mathrm{T}}\boldsymbol{h}^{(i)}(\boldsymbol{X},k+1)]\big|_{\boldsymbol{X}=\hat{\boldsymbol{X}}_{k+1|k}}\triangleq\frac{\partial^2\boldsymbol{h}^{(i)}}{\partial\boldsymbol{X}^2}\Big|_{\boldsymbol{X}=\hat{\boldsymbol{X}}_{k+1|k}} \tag{12.2.19}$$

忽略 HOT，求式(12.2.17)在给定$\boldsymbol{Z}_{1:k}$下的条件期望，并代入类似式(12.2.8)

的条件期望近似 $\hat{\boldsymbol{X}}_{k+1|k} \approx E(\boldsymbol{X}_{k+1} \mid \boldsymbol{Z}_{1:k})$，得到 $k+1$ 时刻的测量预测值：

$$\hat{\boldsymbol{Z}}_{k+1|k} = \boldsymbol{h}(\hat{\boldsymbol{X}}_{k+1|k}, k+1) + \frac{1}{2}\sum_{i=1}^{m} \boldsymbol{e}_i \mathrm{tr}[\boldsymbol{h}_{XX}^{(i)}(k+1)\boldsymbol{P}_{k+1|k}] \quad (12.2.20)$$

注意：式(12.2.20)中的 $\boldsymbol{e}_i$ 为 m 维数笛卡尔坐标系的第 i 个基矢量。

(4)新息协方差。

新息协方差又称为测量预测协方差，事实上是均方误差矩阵。首先用式(12.2.17)减去(12.2.20)得到新息：

$$\begin{aligned}\tilde{\boldsymbol{Z}}_{k+1|k} = &\boldsymbol{h}_X(k+1)\tilde{\boldsymbol{X}}_{k+1|k}^{\mathrm{T}} \\ &+ \frac{1}{2}\sum_{i=1}^{m} \boldsymbol{e}_i \{\tilde{\boldsymbol{X}}_{k+1|k}^{\mathrm{T}} \boldsymbol{h}_{XX}^{(i)}(k+1)\tilde{\boldsymbol{X}}_{k+1|k} - \mathrm{tr}[\boldsymbol{h}_{XX}^{(i)}(k+1)\boldsymbol{P}_{k+1|k}]\} + \boldsymbol{V}_{k+1}\end{aligned} \quad (12.2.21)$$

其中略去了高阶项 HOT。然后将式(12.2.21)乘以其转置，并求给定 $\boldsymbol{Z}_{1:k}$ 下的条件期望，得到新息协方差矩阵：

$$\begin{aligned}\boldsymbol{S}_{k+1} = &\boldsymbol{h}_X(k+1)\boldsymbol{P}_{k+1|k}\boldsymbol{h}_X^{\mathrm{T}}(k+1) \\ &+ \frac{1}{2}\sum_{i=1}^{m}\sum_{j=1}^{m} \boldsymbol{e}_i\boldsymbol{e}_j^{\mathrm{T}} \mathrm{tr}[\boldsymbol{h}_{XX}^{(i)}(\boldsymbol{m})\boldsymbol{P}_{k+1|k}\boldsymbol{h}_{XX}^{(j)}(\boldsymbol{m})\boldsymbol{P}_{k+1|k}] + \boldsymbol{R}_{k+1}\end{aligned} \quad (12.2.22)$$

(5)状态更新。

二阶 EKF 滤波器增益、状态及其协方差的更新公式与线性系统的卡尔曼滤波器相同。其中，滤波增益公式为

$$\boldsymbol{K}_{k+1} = \boldsymbol{P}_{k+1|k}\boldsymbol{h}_X^{\mathrm{T}}(k+1)\boldsymbol{S}_{k+1}^{-1} \quad (12.2.23)$$

状态更新公式为

$$\hat{\boldsymbol{X}}_{k+1|k+1} = \hat{\boldsymbol{X}}_{k+1|k} + \boldsymbol{K}_{k+1}(\boldsymbol{Z}_{k+1} - \hat{\boldsymbol{Z}}_{k+1|k}) \quad (12.2.24)$$

协方差更新公式为

$$\boldsymbol{P}_{k+1|k+1} = \boldsymbol{P}_{k+1|k} - \boldsymbol{K}_{k+1}\boldsymbol{S}_{k+1}\boldsymbol{K}_{k+1}^{\mathrm{T}} \quad (12.2.25)$$

12.2.3 对二阶 EKF 的讨论

图 12.1 给出了二阶扩展卡尔曼滤波器的流程图。

与一阶扩展卡尔曼滤波比较，最大的不同在于需要计算海瑟矩阵，此外状态预测式(12.2.12)包含了二阶修正项；状态预测协方差矩阵式(12.2.15)包含有四阶项，实际上为式(12.2.14)的二阶项平方后得到；在测量预测式(12.2.20)和新息协方差式(12.2.22)中也分别包含了二阶修正项和四阶修正项。与线性卡尔曼滤波器相比，在于需要求解状态转移和测量方程的雅克比矩阵与海瑟矩

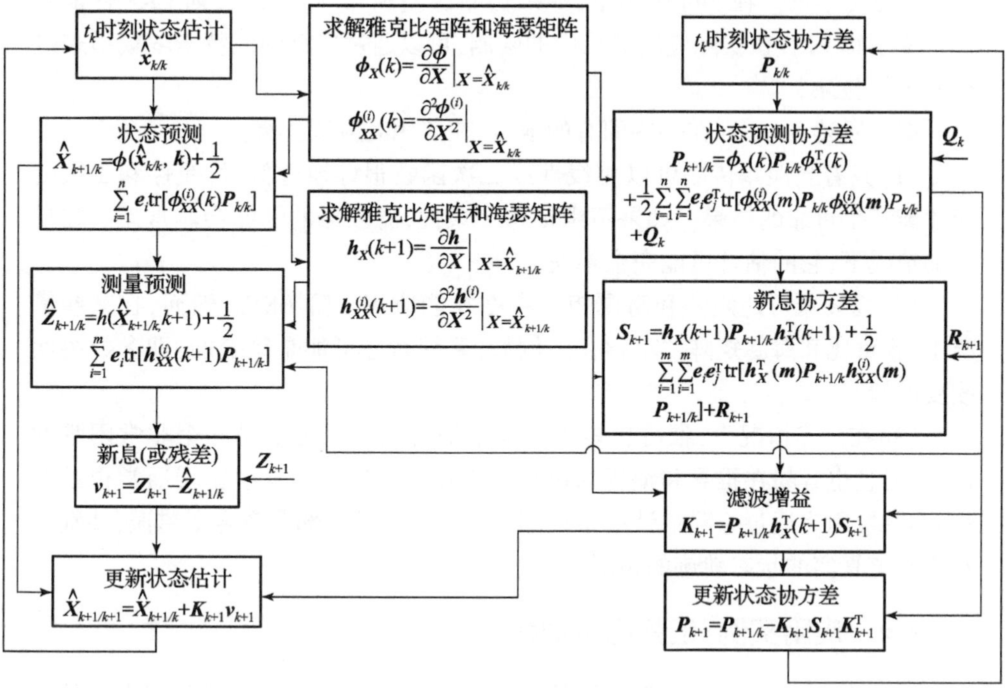

图 12.1　二阶 EKF 计算流程图

阵,协方差计算不再与状态估计计算解耦,一般情况下,无法离线完成计算,除非存在标称轨迹。雅克比矩阵和海瑟矩阵的计算可以沿着标称轨迹完成,所谓标称轨迹是基于特定场景的确定性的预计算轨迹,此时可以离线计算增益和协方差序列。

(1)关于滤波稳定性。KF 稳定性的充分条件并不一定是 EKF 稳定性的充分条件。其原因是 EKF 固有的近似会导致滤波器的发散,即估计误差无界。

(2)使用 EKF 隐含的基本假设。需要指出的是,EKF 在状态预测和测量预测中使用级数展开可能会引入未建模的误差,这些误差有可能违反了关于预测误差的一些基本假设。隐含在 EKF 中的假设包括:①预测误差均值为零(无偏);②预测误差的协方差等于算法计算的协方差。但是,一般来说,非线性变换会引入偏差,基于级数展开的协变量计算也并不总是准确的。

(3)高阶修正项引入后的影响。即使引入了二阶项也不能保证能补偿未建模误差。此外,由于滤波器依赖于雅可比矩阵和海瑟矩阵,这些矩阵是在估计或预测状态下计算的,而非在真实状态下计算,这可能会导致错误。

(4)一致性测试。使用 EKF 进行一致性测试非常重要。只有当偏差相对于滤波计算误差方差可忽略且均方误差与这些方差一致时,滤波器才是一致的,其结果才是可信的。在实际应用中，如果初始误差和噪声不太大，则 EKF 性能较好。要了解 EKF 在实际应用场景中的限制，可以通过广泛的蒙特卡罗模拟来进行一致性验证。

综上所述，EKF 存在一些固有的缺点，在使用时应该注意：

(1) 只有当误差传播可以用线性或二次函数很好地近似时，线性和二次变换才能产生可靠的结果。如果不满足这个条件，滤波器的性能会非常差。在最坏的情况下，它的估计可能完全不同。

(2) 需要雅可比矩阵和海瑟矩阵存在才能应用二阶 EKF。然而，在某些情况下，雅可比和海瑟矩阵并不存在。例如，系统轨迹可能是跳变的，即参数突然改变的情况。

(3) 在许多情况下，雅可比矩阵和海瑟矩阵的计算可能是一个非常困难的过程，而且也容易在推导和编程的过程中出现人为错误。这些错误通常很难发现和调试，因为通过查看估计结果很难看出算法的哪个部分产生了错误，特别是在不知道真实的状态轨迹的情况下。

12.2.4 应用实例：正弦信号跟踪

接下来，考虑一个简单但实用的非线性动态系统的例子，使用扩展卡尔曼滤波器估计随机正弦信号。随机的意思是信号的角速度和振幅可以随时间变化。在本例中，系统中的非线性可以通过测量模型来表示。当然，也可以用动态模型来表示，此时测量模型为线性模型。

考虑正弦信号跟踪问题，设状态向量为

$$\boldsymbol{x}_k = [\theta_k \quad \omega_k \quad a_k]^{\mathrm{T}} \tag{12.2.26}$$

其中，θ_k 为正弦函数在时刻 k 的参数；ω_k 为时刻 k 的角速度；a_k 为时刻 k 的振幅。参数 θ 的演化采用离散的速度模型进行建模，θ 的微分即为角速度：

$$\frac{\mathrm{d}\theta}{\mathrm{d}t} = \omega \tag{12.2.27}$$

角速度 ω 和振幅 a 受一维白噪声驱动：

$$\frac{\mathrm{d}a}{\mathrm{d}t} = w_a(t) \tag{12.2.28}$$

$$\frac{\mathrm{d}\omega}{\mathrm{d}t} = w_\omega(t) \tag{12.2.29}$$

因此，连续时间动态方程可以写为

$$\frac{\mathrm{d}\boldsymbol{x}(t)}{\mathrm{d}t} = \begin{bmatrix} 0 & 1 & 0 \\ 0 & 0 & 0 \\ 0 & 0 & 0 \end{bmatrix} \boldsymbol{x}(t) + \begin{bmatrix} 0 & 0 \\ 1 & 0 \\ 0 & 1 \end{bmatrix} \boldsymbol{w}(t) \tag{12.2.30}$$

其中，$\boldsymbol{w}(t)$为过程白噪声，其功率谱密度为

$$\boldsymbol{Q}=\begin{bmatrix} q_a & \\ & q_\omega \end{bmatrix} \tag{12.2.31}$$

其中，变量 q_a 和 q_w 分别表示角速度和振幅随机扰动的强度。连续时间动态方程的离散形式为

$$\boldsymbol{x}_k=\begin{bmatrix} 1 & \Delta t & 0 \\ 0 & 1 & 0 \\ 0 & 0 & 1 \end{bmatrix}\boldsymbol{x}_{k-1}+\boldsymbol{q}_{k-1} \tag{12.2.32}$$

其中，Δt 表示时间步长，$\boldsymbol{q}_{k-1}$为离散的高斯白噪声（过程噪声），其分布满足 $\boldsymbol{q}_{k-1}\sim\mathcal{N}(0,\boldsymbol{Q}_{k-1})$，噪声协方差 $\boldsymbol{Q}_{k-1}$可利用式(12.2.31)计算：

$$\boldsymbol{Q}_{k-1}=\begin{bmatrix} \frac{1}{3}\Delta t^3 q_a & \frac{1}{2}\Delta t^2 q_a & 0 \\ \frac{1}{2}\Delta t^2 q_a & \Delta t q_a & 0 \\ 0 & 0 & \Delta t q_\omega \end{bmatrix} \tag{12.2.33}$$

如前所述，系统的非线性在于测量模型，即当前状态通过非线性测量函数 $h(\boldsymbol{x}_k,k)$映射，得到实际的测量值。本示例中测量函数就是正弦函数：

$$h(\boldsymbol{x}_k,k)=a_k\sin\theta_k \tag{12.2.34}$$

这样，测量模型就写为

$$y_k=h(\boldsymbol{x}_k,k)+r_k=a_k\sin\theta_k+r_k \tag{12.2.35}$$

其中，r_k 为均值为零，方差为 σ_r 的单变量高斯白噪声。

测量函数相对于状态变量的导数为

$$\begin{aligned} \frac{\partial h(x_k,k)}{\partial\theta_k}&=a_k\cos\theta_k \\ \frac{\partial h(x_k,k)}{\partial\omega_k}&=0 \\ \frac{\partial h(x_k,k)}{\partial a_k}&=\sin\theta_k \end{aligned} \tag{12.2.36}$$

至此，EKF 所需的雅克比矩阵可以写为

$$\boldsymbol{h}_x(k)=[a_k\cos\theta_k \quad 0 \quad \sin\theta_k] \tag{12.2.37}$$

在本例中，雅克比矩阵是一个向量，因为测量是一维的。

二阶 EKF 还需要计算测量方程的海瑟矩阵。本示例中，$\boldsymbol{h}(x_k,k)$对全体状态变量的二阶导数可以写为

$$
\begin{aligned}
&\frac{\partial^2 h(x_k,k)}{\partial\theta_k\partial\theta_k} = -a_k\sin\theta_k \\
&\frac{\partial^2 h(x_k,k)}{\partial\theta_k\partial\omega_k} = 0 \\
&\frac{\partial^2 h(x_k,k)}{\partial\theta_k\partial a_k} = \cos\theta_k \\
&\frac{\partial^2 h(x_k,k)}{\partial\omega_k\partial\omega_k} = 0 \\
&\frac{\partial^2 h(x_k,k)}{\partial\omega_k\partial a_k} = 0 \\
&\frac{\partial^2 h(x_k,k)}{\partial a_k\partial a_k} = 0
\end{aligned}
\tag{12.2.38}
$$

利用这些导数,构造海瑟矩阵为

$$
\boldsymbol{h}_{xx}(k) = \begin{bmatrix} -a_k\sin\theta_k & 0 & \cos\theta_k \\ 0 & 0 & 0 \\ \cos\theta_k & 0 & 0 \end{bmatrix}
\tag{12.2.39}
$$

注意,由于本例的观测变量只有一个,因此只需要计算一个海瑟矩阵,其表达式也相当简单,因此计算量是微不足道的。但在高维的情况下,需要分别计算每一维变量的海瑟矩阵,将导致大量的代数运算。

利用 12.2.2 节中的二阶 EKF 滤波公式,对状态方程(12.2.32)和观测方程(12.2.35)构成的系统进行滤波估计。根据图 12.1 所示计算流程编程实现,取 $q_a = 0.2$、$q_\omega = 0.1$、$\Delta t = 0.01$、$\sigma_r = 1$,初始状态设为 $\theta_0 = 0$、$\omega_0 = 10$、$a_0 = 1$。对随机正弦信号的跟踪结果如图 12.2 所示,点“.”代表含有噪声的正弦信号观测值,虚线“--”表示不含噪声的正弦信号真值,实线“-”表示二阶 EKF 对正弦信号的滤波值。为了对比一阶 EKF 与二阶 EKF 的性能,分别对两种滤波器进行了 100 次蒙特卡罗模拟,并计算出状态变量和观测变量估计值的均方根误差(RMSE),结果列于表 12.1 中。

从均方误差的对比中可以看到,对于变量 θ 和 a,二阶 EKF 给出了更准确的估计,但对于变量 ω 和观测量 y,一阶 EKF 的估计更准确。事实上,是否使用一阶或二阶 EKF,最终取决于系统的数学模型和滤波的目的。如果目的仅是滤除观测量的噪声,那么应该使用一阶 EKF,但如果是为了估计系统的状态量和预测未来的状态,那么就应该选择二阶 EKF。

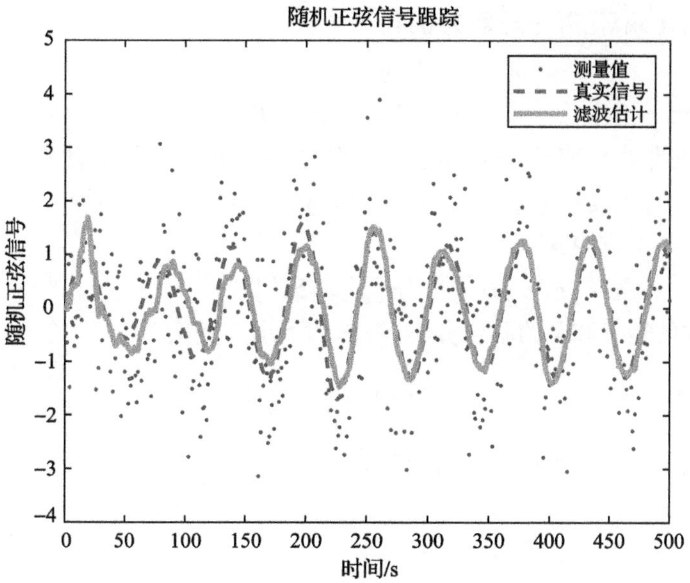

图 12.2 二阶 EKF 滤波器对随机正弦信号的跟踪

表 12.1 通过 100 次蒙特卡罗模拟得到的估计值均方根误差

滤波方法	RMSE(θ)	RMSE(ω)	RMSE(a)	RMSE(γ)
一阶 EKF	0.64	0.53	0.40	0.24
二阶 EKF	0.34	0.54	0.31	0.29

12.3 统计线性化滤波

12.3.1 非线性变换的统计线性化

在统计线性化滤波中，在 EKF 中使用的泰勒级数近似被统计线性化取代。重新考虑式(12.1.4)所示的变换问题，为了便于阅读重写于此：

$$\boldsymbol{x} \sim \mathcal{N}(\boldsymbol{m},\boldsymbol{P})$$
$$\boldsymbol{y} = \boldsymbol{g}(\boldsymbol{x})$$

在统计线性化中，我们构造了非线性映射 $\boldsymbol{g}(\boldsymbol{x})$ 的线性近似：

$$\boldsymbol{g}(\boldsymbol{x}) \approx \boldsymbol{b} + \boldsymbol{A}\delta\boldsymbol{x} \tag{12.3.1}$$

其中，$\delta\boldsymbol{x} = \boldsymbol{x} - \boldsymbol{m}$。近似误差的均方差为

$$\mathrm{MSE}(\boldsymbol{b},\boldsymbol{A}) = E[(\boldsymbol{g}(\boldsymbol{x}) - \boldsymbol{b} - \boldsymbol{A}\delta\boldsymbol{x})^{\mathrm{T}}\ (\boldsymbol{g}(\boldsymbol{x}) - \boldsymbol{b} - \boldsymbol{A}\delta\boldsymbol{x})] \tag{12.3.2}$$

分别对 $\boldsymbol{b}$ 和 $\boldsymbol{A}$ 求导,并令导数为0,得到:

$$\begin{aligned}\boldsymbol{b}&=E[\boldsymbol{g}(\boldsymbol{x})]\\ \boldsymbol{A}&=E[\boldsymbol{g}(\boldsymbol{x})\delta\boldsymbol{x}^{\mathrm{T}}]\boldsymbol{P}^{-1}\end{aligned}\tag{12.3.3}$$

可见,在非线性变换 $\boldsymbol{g}(\boldsymbol{x})$ 的上述近似中,$\boldsymbol{b}$ 为准确的均值,协方差则近似为

$$\begin{aligned}&E[(\boldsymbol{g}(\boldsymbol{x})-E[\boldsymbol{g}(\boldsymbol{x})])(\boldsymbol{g}(\boldsymbol{x})-E[\boldsymbol{g}(\boldsymbol{x})])^{\mathrm{T}}]\\ \approx&\boldsymbol{APA}^{\mathrm{T}}\\ =&E[\boldsymbol{g}(\boldsymbol{x})\delta\boldsymbol{x}^{\mathrm{T}}]\boldsymbol{P}^{-1}E[\boldsymbol{g}(\boldsymbol{x})\delta\boldsymbol{x}^{\mathrm{T}}]^{\mathrm{T}}\end{aligned}\tag{12.3.4}$$

我们感兴趣的是 x 和 y 的联合分布,考虑如下增广变换:

$$\tilde{\boldsymbol{g}}(\boldsymbol{x})=\begin{bmatrix}\boldsymbol{x}\\ \boldsymbol{g}(\boldsymbol{x})\end{bmatrix}$$

可以得到联合分布的均值和协方差的近似为

$$\begin{aligned}&E[\tilde{\boldsymbol{g}}(\boldsymbol{x})]\approx\begin{bmatrix}\boldsymbol{m}\\ E[\boldsymbol{g}(\boldsymbol{x})]\end{bmatrix}\\ &\mathrm{Cov}[\tilde{\boldsymbol{g}}(\boldsymbol{x})]\approx\begin{bmatrix}\boldsymbol{P} & E[\boldsymbol{g}(\boldsymbol{x})\delta\boldsymbol{x}]^{\mathrm{T}}\\ E[\boldsymbol{g}(\boldsymbol{x})\delta\boldsymbol{x}^{\mathrm{T}}] & E[\boldsymbol{g}(\boldsymbol{x})\delta\boldsymbol{x}^{\mathrm{T}}]\boldsymbol{P}^{-1}E[\boldsymbol{g}(\boldsymbol{x})\delta\boldsymbol{x}^{\mathrm{T}}]^{\mathrm{T}}\end{bmatrix}\end{aligned}\tag{12.3.5}$$

至此,可以得到随机变量 $\boldsymbol{x}$ 和 $\boldsymbol{y}$ 基于统计线性化的高斯近似联合分布。

对于加性噪声驱动的情况,即

$$\begin{aligned}&\boldsymbol{x}\sim\mathcal{N}(\boldsymbol{m},\boldsymbol{P})\\ &\boldsymbol{y}=\boldsymbol{g}(\boldsymbol{x})+\boldsymbol{q},\boldsymbol{q}\sim\mathcal{N}(0,\boldsymbol{Q})\end{aligned}$$

的情况,联合分布满足:

$$\begin{pmatrix}\boldsymbol{x}\\ \boldsymbol{y}\end{pmatrix}\sim\mathcal{N}\left(\begin{pmatrix}\boldsymbol{m}\\ \boldsymbol{\mu}_S\end{pmatrix},\begin{pmatrix}\boldsymbol{P} & \boldsymbol{C}_S\\ \boldsymbol{C}_S^{\mathrm{T}} & \boldsymbol{S}_S\end{pmatrix}\right)\tag{12.3.6}$$

其中,

$$\begin{aligned}\boldsymbol{\mu}_S&=E[\boldsymbol{g}(\boldsymbol{x})]\\ \boldsymbol{S}_S&=E[\boldsymbol{g}(\boldsymbol{x})\delta\boldsymbol{x}^{\mathrm{T}}]\boldsymbol{P}^{-1}E[\boldsymbol{g}(\boldsymbol{x})\delta\boldsymbol{x}^{\mathrm{T}}]^{\mathrm{T}}+\boldsymbol{Q}\\ \boldsymbol{C}_S&=E[\boldsymbol{g}(\boldsymbol{x})\delta\boldsymbol{x}^{\mathrm{T}}]^{\mathrm{T}}\end{aligned}\tag{12.3.7}$$

式中的期望计算要考虑随机变量 x 的分布。

将式(12.3.5)中的 $\boldsymbol{g}(\boldsymbol{x})$ 替换为 $\boldsymbol{g}(\boldsymbol{x},\boldsymbol{q})$,应用相同的近似方法,得到联合分布的均值和协方差为

$$E[\tilde{\boldsymbol{g}}(\boldsymbol{x})]\approx\begin{bmatrix}\boldsymbol{m}\\ E[\boldsymbol{g}(\boldsymbol{x})]\end{bmatrix}$$

$$\text{Cov}[\tilde{\boldsymbol{g}}(\boldsymbol{x})] \approx \begin{bmatrix} \boldsymbol{P} & E[\boldsymbol{g}(\boldsymbol{x})\delta\boldsymbol{x}]^{\mathrm{T}} \\ E[\boldsymbol{g}(\boldsymbol{x})\delta\boldsymbol{x}^{\mathrm{T}}] & \begin{matrix} E[\boldsymbol{g}(\boldsymbol{x},\boldsymbol{q})\delta\boldsymbol{x}^{\mathrm{T}}]P^{-1}E[\boldsymbol{g}(\boldsymbol{x},\boldsymbol{q})\delta\boldsymbol{x}^{\mathrm{T}}]^{\mathrm{T}} \\ +E[\boldsymbol{g}(\boldsymbol{x},\boldsymbol{q})\boldsymbol{q}^{\mathrm{T}}]\boldsymbol{Q}^{-1}E[\boldsymbol{g}(\boldsymbol{x},\boldsymbol{q})\boldsymbol{q}^{\mathrm{T}}]^{\mathrm{T}} \end{matrix} \end{bmatrix} \tag{12.3.8}$$

这样可以得到非加性噪声驱动下,随机变量 $\boldsymbol{x}$ 和 $\boldsymbol{y}$ 基于统计线性化的高斯近似联合分布。

对于非加性噪声驱动的情况,即

$$\boldsymbol{x} \sim \mathcal{N}(\boldsymbol{m},\boldsymbol{P})$$
$$\boldsymbol{y} = \boldsymbol{g}(\boldsymbol{x},\boldsymbol{q}),\boldsymbol{q} \sim \mathcal{N}(0,\boldsymbol{Q})$$

的情况,联合分布满足

$$\begin{pmatrix} \boldsymbol{x} \\ \boldsymbol{y} \end{pmatrix} \sim \mathcal{N}\left(\begin{pmatrix} \boldsymbol{m} \\ \boldsymbol{\mu}_S \end{pmatrix},\begin{pmatrix} \boldsymbol{P} & \boldsymbol{C}_S \\ \boldsymbol{C}_S^{\mathrm{T}} & \boldsymbol{S}_S \end{pmatrix}\right) \tag{12.3.9}$$

其中,

$$\begin{aligned} \boldsymbol{\mu}_S &= E[\boldsymbol{g}(\boldsymbol{x},\boldsymbol{q})] \\ \boldsymbol{S}_S &= E[\boldsymbol{g}(\boldsymbol{x},\boldsymbol{q})\delta\boldsymbol{x}^{\mathrm{T}}]\boldsymbol{P}^{-1}E[\boldsymbol{g}(\boldsymbol{x},\boldsymbol{q})\delta\boldsymbol{x}^{\mathrm{T}}]^{\mathrm{T}} + E[\boldsymbol{g}(\boldsymbol{x},\boldsymbol{q})\boldsymbol{q}^{\mathrm{T}}]\boldsymbol{Q}^{-1}E[\boldsymbol{g}(\boldsymbol{x},\boldsymbol{q})\boldsymbol{q}^{\mathrm{T}}]^{\mathrm{T}} \\ \boldsymbol{C}_S &= E[\boldsymbol{g}(\boldsymbol{x},\boldsymbol{q})\delta\boldsymbol{x}^{\mathrm{T}}]^{\mathrm{T}} \end{aligned} \tag{12.3.10}$$

式中的期望计算要考虑随机变量 $\boldsymbol{x}$ 和 $\boldsymbol{q}$ 的分布。

如果函数 $\boldsymbol{g}(\boldsymbol{x})$ 是可微的,可以使用高斯随机变量的下列性质:

$$E[\boldsymbol{g}(\boldsymbol{x})(\boldsymbol{x}-\boldsymbol{m})^{\mathrm{T}}] = E[\boldsymbol{G}_x(\boldsymbol{x})]\boldsymbol{P} \tag{12.3.11}$$

来简化联合分布均值和协方差的表达式。式中,$E[\cdot]$表示考虑分布 $\mathcal{N}(\boldsymbol{x}\mid\boldsymbol{m},\boldsymbol{P})$ 的数学期望,$\boldsymbol{G}_x(\boldsymbol{x})$ 为 $\boldsymbol{g}(\boldsymbol{x})$ 的雅克比矩阵。

简化后的统计线性化方程与基于泰勒级数的线性化方程十分相似,不同点在于统计线性化中出现的是雅克比矩阵的期望 $E[\boldsymbol{G}_x(\boldsymbol{x})]$ 而非雅克比矩阵本身。同样,统计线性化也可以形成更高阶的近似,形式与基于泰勒级数的线性化相似,只不过方程中出现的高阶导数(如海瑟矩阵等)要替换成相同阶导数的数学期望。

12.3.2 统计线性化滤波方程

统计线性化滤波器(Statisticallly Linearized Filter, SLF)又称为准线性滤波器,是一种基于高斯近似的滤波器,可以应用于与 EKF 滤波相同的系统模型,即应用于式(12.1.1)或式(12.1.2)所述的模型。该滤波器类似于 EKF,但不同之处在于,使用了前一节所述的统计线性化代替泰勒级数近似。

对于式(12.1.1)所示的加性噪声驱动系统,统计线性化滤波器的预测和更新方程如下。

(1)预测:

$$\begin{aligned}&\hat{\boldsymbol{X}}_{k|k-1}=E[\boldsymbol{\phi}(\boldsymbol{X}_{k-1})]\\&\boldsymbol{P}_{k|k-1}=E[\boldsymbol{\phi}(\boldsymbol{X}_{k-1})\delta\boldsymbol{X}_{k-1}^{\mathrm{T}}]\boldsymbol{P}_{k-1}^{-1}E[\phi(\boldsymbol{X}_{k-1})\delta\boldsymbol{X}_{k-1}^{\mathrm{T}}]^{\mathrm{T}}+\boldsymbol{Q}_{k-1}\end{aligned}\tag{12.3.12}$$

其中,$\delta\boldsymbol{X}_{k-1}=\boldsymbol{X}_{k-1}-\hat{\boldsymbol{X}}_{k-1|k-1}$,数学期望的计算要考虑随机变量 $\boldsymbol{X}_{k-1}$ 的分布 $\boldsymbol{X}_{k-1}\sim\mathcal{N}(\hat{\boldsymbol{X}}_{k-1|k-1},\boldsymbol{P}_{k-1})$。

(2)更新:

$$\begin{aligned}&\boldsymbol{S}_k=E[\boldsymbol{h}(\boldsymbol{X}_k)\delta\boldsymbol{X}_k^{\mathrm{T}}]\boldsymbol{P}_{k|k-1}^{-1}E[\boldsymbol{h}(\boldsymbol{X}_k)\delta\boldsymbol{X}_k^{\mathrm{T}}]^{\mathrm{T}}+\boldsymbol{R}_k\\&\boldsymbol{K}_k=E[\boldsymbol{h}(\boldsymbol{X}_k)\delta\boldsymbol{X}_k^{\mathrm{T}}]^{\mathrm{T}}\boldsymbol{S}_k^{-1}\\&\hat{\boldsymbol{X}}_{k|k}=\hat{\boldsymbol{X}}_{k|k-1}+\boldsymbol{K}_k\{\boldsymbol{y}_k-E[\boldsymbol{h}(\boldsymbol{X}_k)]\}\\&\boldsymbol{P}_k=\boldsymbol{P}_{k|k-1}-\boldsymbol{K}_k\boldsymbol{S}_k\boldsymbol{K}_k^{\mathrm{T}}\end{aligned}\tag{12.3.13}$$

其中,数学期望的计算要考虑随机变量 $\boldsymbol{X}_k\sim\mathcal{N}(\hat{\boldsymbol{X}}_{k|k},\boldsymbol{P}_k)$。

对于式(12.1.2)所示的非加性噪声驱动系统,统计线性化滤波器的预测和更新方程如下。

(1)预测:

$$\begin{aligned}\hat{\boldsymbol{X}}_{k|k-1}&=E[\phi(\boldsymbol{X}_{k-1},\boldsymbol{W}_{k-1})]\\\boldsymbol{P}_{k|k-1}&=E[\boldsymbol{\phi}(\boldsymbol{X}_{k-1},\boldsymbol{W}_{k-1})\delta\boldsymbol{X}_{k-1}^{\mathrm{T}}]\boldsymbol{P}_{k-1}^{-1}E[\boldsymbol{\phi}(\boldsymbol{X}_{k-1},\boldsymbol{W}_{k-1})\delta\boldsymbol{X}_{k-1}^{\mathrm{T}}]^{\mathrm{T}}\\&\quad+E[\boldsymbol{\phi}(\boldsymbol{X}_{k-1},\boldsymbol{W}_{k-1})\boldsymbol{W}_{k-1}^{\mathrm{T}}]Q_{k-1}^{-1}E[\boldsymbol{\phi}(\boldsymbol{X}_{k-1},\boldsymbol{W}_{k-1})\boldsymbol{W}_{k-1}^{\mathrm{T}}]^{\mathrm{T}}\end{aligned}\tag{12.3.14}$$

其中,$\delta\boldsymbol{X}_{k-1}=\boldsymbol{X}_{k-1}-\hat{\boldsymbol{X}}_{k-1|k-1}$,数学期望的计算要考虑随机变量 $\boldsymbol{X}_{k-1}$ 和 $\boldsymbol{W}_{k-1}$ 的分布 $\boldsymbol{X}_{k-1}\sim\mathcal{N}(\hat{\boldsymbol{X}}_{k-1|k-1},\boldsymbol{P}_{k-1})$ 和 $\boldsymbol{W}_{k-1}\sim\mathcal{N}(0,\boldsymbol{Q}_{k-1})$。

(2)更新:

$$\begin{aligned}\boldsymbol{S}_k&=E[\boldsymbol{h}(\boldsymbol{X}_k,\boldsymbol{V}_k)\delta\boldsymbol{X}_k^{\mathrm{T}}]\boldsymbol{P}_{k|k-1}^{-1}E[\boldsymbol{h}(\boldsymbol{X}_k,\boldsymbol{V}_k)\delta\boldsymbol{X}_k^{\mathrm{T}}]^{\mathrm{T}}\\&\quad+E[\boldsymbol{h}(\boldsymbol{X}_k,\boldsymbol{V}_k)\boldsymbol{V}_k^{\mathrm{T}}]\boldsymbol{R}_k^{-1}E[\boldsymbol{h}(\boldsymbol{X}_k,\boldsymbol{V}_k)\boldsymbol{V}_k^{\mathrm{T}}]^{\mathrm{T}}\\\boldsymbol{K}_k&=E[\boldsymbol{h}(\boldsymbol{X}_k,\boldsymbol{V}_k)\delta\boldsymbol{X}_k^{\mathrm{T}}]^{\mathrm{T}}\boldsymbol{S}_k^{-1}\\\hat{\boldsymbol{X}}_{k|k}&=\hat{\boldsymbol{X}}_{k|k-1}+\boldsymbol{K}_k\{\boldsymbol{y}_k-E[\boldsymbol{h}(\boldsymbol{X}_k,\boldsymbol{V}_k)]\}\\\boldsymbol{P}_k&=\boldsymbol{P}_{k|k-1}-\boldsymbol{K}_k\boldsymbol{S}_k\boldsymbol{K}_k^{\mathrm{T}}\end{aligned}\tag{12.3.15}$$

其中,数学期望的计算要考虑随机变量 $\boldsymbol{X}_k$ 和 $\boldsymbol{V}_k$ 的分布 $\boldsymbol{X}_k\sim\mathcal{N}(\hat{\boldsymbol{X}}_{k|k},\boldsymbol{P}_k)$ 和 $\boldsymbol{V}_k\sim\mathcal{N}(0,\boldsymbol{R}_k)$。

上述统计线性化滤波公式的推导与 EKF 公式推导类似，仅在特定步骤中用统计线性化近似代替线性化近似。

SLF 相对于 EKF 的优点是更具有全局近似，因为 SLF 的线性化不仅基于均值周围的局部区域，而且基于整个函数值的范围。对动力学和观测的非线性函数也不一定要求是可微的，也不需要推导出非线性函数的雅可比矩阵。但是，如果非线性函数是可微的，就可以使用高斯随机变量的性质（12.3.11）来重写类 EKF 形式的方程。SLF 相对于 EKF 的明显缺点是，非线性函数的数学期望值必须以封闭的形式计算。显然，不是所有函数都能写出封闭形式的数学期望。常见非线性函数的期望值可以通过查阅相关概率统计手册得到。

12.4 无迹卡尔曼滤波

12.4.1 无迹变换

与 12.2.1 节介绍的基于泰勒级数展开的高斯近似一样，无迹变换（Unscented Transform，UT）用于构造随机变量 $\boldsymbol{x}$ 和 $\boldsymbol{y}$ 的联合分布的高斯近似，其中随机变量 $\boldsymbol{x}$ 和 $\boldsymbol{y}$ 由方程（12.1.4）定义。在无迹变换过程中，确定性地选择一组所谓 sigma 点，这些点的数量是固定的，通过 sigma 点可以精确地捕获随机变量 $\boldsymbol{x}$ 的原始分布的期望矩（包括均值和协方差），再通过非线性函数 $\boldsymbol{g}(\cdot)$ 变换 sigma 点，从中得到变换后的随机变量 $\boldsymbol{y}=\boldsymbol{g}(\boldsymbol{x})$ 的矩估计。

相比于基于泰勒级数的近似，无迹变换的优势在于能更好地捕捉非线性变换引起的高阶矩，同时也不需要计算雅可比矩阵和海瑟矩阵，一般来说其估计过程更容易，更不容易出错。

对于式（12.1.4）定义的随机变量 x 和 y，无迹变换可以提供形如：

$$\begin{bmatrix}\boldsymbol{x}\\ \boldsymbol{y}\end{bmatrix}\sim\mathcal{N}\left(\begin{bmatrix}\boldsymbol{m}\\ \boldsymbol{\mu}_U\end{bmatrix},\begin{bmatrix}\boldsymbol{P} & \boldsymbol{C}_U\\ \boldsymbol{C}_U^{\mathrm{T}} & \boldsymbol{S}_U\end{bmatrix}\right) \tag{12.4.1}$$

所示的$(\boldsymbol{x},\boldsymbol{y})$联合分布的高斯近似矩。

无迹变换过程如下：

（1）根据矩阵的平方根 $\sqrt{(n+\lambda)\boldsymbol{P}}$ 的列向量计算 $2n+1$ 个 sigma 点组成的点集：

$$\{\boldsymbol{x}^{(i)}\mid i=0,1,\cdots,2n\}, \tag{12.4.2}$$

其中，n 为随机变量 $\boldsymbol{x}$ 的维数，sigma 点为

$$\begin{aligned}&\boldsymbol{x}^{(0)}=\boldsymbol{m}\\&\boldsymbol{x}^{(i)}=\boldsymbol{m}+[\sqrt{(n+\lambda)\boldsymbol{P}}]_i,i=1,\cdots,n\\&\boldsymbol{x}^{(i)}=\boldsymbol{m}-[\sqrt{(n+\lambda)\boldsymbol{P}}]_i,i=n+1,\cdots,2n\end{aligned}\tag{12.4.3}$$

$[\cdot]_i$ 表示矩阵的第 i 列向量，与 sigma 点相关的权重为

$$\begin{aligned}&W_m^{(0)}=\lambda/(n+\lambda)\\&W_c^{(0)}=\lambda/(n+\lambda)+(1-\alpha^2+\beta)\\&W_m^{(i)}=1/[2(n+\lambda)],i=1,\cdots,2n\\&W_c^{(i)}=1/[2(n+\lambda)],i=1,\cdots,2n\end{aligned}\tag{12.4.4}$$

参数 λ 为标量，其定义为

$$\lambda=\alpha^2(n+\kappa)-n\tag{12.4.5}$$

常数 α、β 和 κ 都为正，是无迹变换方法中的可调参数。

(2)计算所有 sigma 点通过非线性函数 $\boldsymbol{g}(\cdot)$ 映射后的值：

$$\boldsymbol{y}^{(i)}=\boldsymbol{g}(\boldsymbol{x}^{(i)}),i=0,\cdots,2n\tag{12.4.6}$$

(3)估计随机变量 $\boldsymbol{y}$ 的均值和协方差：

$$\boldsymbol{\mu}_U\approx\sum_{i=0}^{2n}W_m^{(i)}\boldsymbol{y}^{(i)}\tag{12.4.7}$$

$$\boldsymbol{S}_U\approx\sum_{i=0}^{2n}W_c^{(i)}(\boldsymbol{y}^{(i)}-\boldsymbol{\mu}_U)(\boldsymbol{y}^{(i)}-\boldsymbol{\mu}_U)^{\mathrm{T}}\tag{12.4.8}$$

(4)估计$(\boldsymbol{x},\boldsymbol{y})$联合分布的协方差交叉项：

$$\boldsymbol{C}_U\approx\sum_{i=0}^{2n}W_c^{(i)}(\boldsymbol{x}^{(i)}-\boldsymbol{m})(\boldsymbol{y}^{(i)}-\boldsymbol{\mu}_U)^{\mathrm{T}}\tag{12.4.9}$$

在式(12.4.3)中，出现了矩阵的平方根 $\sqrt{(n+\lambda)\boldsymbol{P}}$。在数学上对于正定矩阵 $\boldsymbol{P}$，其平方根定义为 $\boldsymbol{A}=\sqrt{\boldsymbol{P}}$，其中

$$\boldsymbol{P}=\boldsymbol{A}\boldsymbol{A}^{\mathrm{T}}\tag{12.4.10}$$

对于矩阵平方根 $\boldsymbol{A}$ 的计算，一般采用 Cholesky 分解方法，取分解得到下三角矩阵作为 $\boldsymbol{A}$。如果 $\boldsymbol{P}$ 是半正定矩阵，仍然可以进行分解，不过这时候 $\boldsymbol{A}$ 就不唯一了。现在很多编程语言都有实现 Cholesky 分解的现成函数，可以直接利用。

上述无迹变换过程可以整理为矩阵形式：

$$\boldsymbol{X}=[\boldsymbol{m},\cdots,\boldsymbol{m}]+\sqrt{c}[0\quad\sqrt{\boldsymbol{P}}\quad-\sqrt{\boldsymbol{P}}]\tag{12.4.11}$$

$$\boldsymbol{Y}=\boldsymbol{g}(\boldsymbol{X})\tag{12.4.12}$$

$$\boldsymbol{\mu}_U=\boldsymbol{Y}\boldsymbol{w}_m\tag{12.4.13}$$

$$\boldsymbol{S}_U=\boldsymbol{Y}\boldsymbol{W}\boldsymbol{Y}^{\mathrm{T}}\tag{12.4.14}$$

$$\boldsymbol{C}_U=\boldsymbol{X}\boldsymbol{W}\boldsymbol{Y}^{\mathrm{T}}\tag{12.4.15}$$

其中，$\boldsymbol{X}$ 为 sigma 点构成的矩阵；函数 $\boldsymbol{g}(\cdot)$ 分别作用于输入矩阵的每一列向量，输出的向量构成了输出矩阵，即 $[\boldsymbol{Y}]_i=\boldsymbol{g}([\boldsymbol{X}]_i)$，$i=0,1,\cdots,2n$；$c=\alpha^2(n+\kappa)$；向量 $\boldsymbol{w}_m$ 和矩阵 $\boldsymbol{W}$ 分别定义为

$$\boldsymbol{w}_m=[W_m^{(0)} \quad \cdots \quad W_m^{(2n)}]^{\mathrm{T}} \tag{12.4.16}$$

$$\boldsymbol{W}=(\boldsymbol{I}-[\boldsymbol{w}_m \quad \cdots \quad \boldsymbol{w}_m])\times \operatorname{diag}(W_c^{(0)} \quad \cdots \quad W_c^{(2n)})\times(\boldsymbol{I}-[\boldsymbol{w}_m \quad \cdots \quad \boldsymbol{w}_m])^{\mathrm{T}} \tag{12.4.17}$$

12.4.2 UKF 计算流程

无迹卡尔曼滤波器使用前述的无迹变换方法，给出了非线性滤波问题的解的高斯近似，这里考虑的非线性系统仍然如式(12.1.1)所示，为便阅读，重述于此：

$$\begin{cases}\boldsymbol{x}_k=\boldsymbol{f}(\boldsymbol{x}_{k-1},k-1)+\boldsymbol{q}_{k-1}\\ \boldsymbol{y}_k=\boldsymbol{h}(\boldsymbol{x}_k,k)+\boldsymbol{r}_k\end{cases} \tag{12.4.18}$$

其中，$\boldsymbol{x}_k\in\mathbb{R}^n$ 为状态；$\boldsymbol{y}_k\in\mathbb{R}^m$ 为测量；$\boldsymbol{q}_{k-1}\sim\mathcal{N}(0,\boldsymbol{Q}_{k-1})$ 为高斯过程噪声；$\boldsymbol{r}_k\sim\mathcal{N}(0,\boldsymbol{R}_k)$ 为高斯测量噪声。

基于前述矩阵形式的无迹变换，这里给出无迹卡尔曼滤波的预测和更新步骤的计算过程。

(1) 预测。

计算预测状态均值 $\hat{\boldsymbol{x}}_{k|k-1}$ 和预测协方差矩阵 $\boldsymbol{P}_{k|k-1}$。

$$\begin{aligned}\hat{\boldsymbol{X}}_{k-1}&=[\hat{\boldsymbol{x}}_{k-1|k-1} \quad \cdots \quad \hat{\boldsymbol{x}}_{k-1|k-1}]+\sqrt{c}[0 \quad \sqrt{\boldsymbol{P}_{k-1|k-1}} \quad -\sqrt{\boldsymbol{P}_{k-1|k-1}}]\\ \boldsymbol{X}_{k|k-1}&=f(\hat{\boldsymbol{X}}_{k-1},k-1)\end{aligned} \tag{12.4.19}$$

$$\begin{aligned}\hat{\boldsymbol{x}}_{k|k-1}&=\boldsymbol{X}_{k|k-1}\boldsymbol{w}_m\\ \boldsymbol{P}_{k|k-1}&=\boldsymbol{X}_{k|k-1}\boldsymbol{W}[\boldsymbol{X}_{k|k-1}]^{\mathrm{T}}+\boldsymbol{Q}_{k-1}\end{aligned} \tag{12.4.20}$$

其中，式(12.4.19)为 sigma 点集的生成和非线性传播，式(12.4.20)为利用 sigma 点集近似计算预测状态均值和协方差。

(2) 更新。

计算预测测量均值 $\hat{\boldsymbol{y}}_{k|k-1}$、测量协方差矩阵(新息协方差矩阵) $\boldsymbol{S}_k$ 和状态与测量交叉协方差矩阵 $\boldsymbol{C}_k$。

$$\begin{aligned}\hat{\boldsymbol{X}}_{k|k-1}&=[\hat{\boldsymbol{x}}_{k|k-1} \quad \cdots \quad \hat{\boldsymbol{x}}_{k|k-1}]+\sqrt{c}[0 \quad \sqrt{\boldsymbol{P}_{k|k-1}} \quad -\sqrt{\boldsymbol{P}_{k|k-1}}]\\ \boldsymbol{Y}_{k|k-1}&=\boldsymbol{h}(\hat{\boldsymbol{X}}_{k|k-1},k)\end{aligned} \tag{12.4.21}$$

$$\begin{aligned}\hat{\boldsymbol{y}}_{k|k-1}&=\boldsymbol{Y}_{k|k-1}\boldsymbol{w}_m\\ \boldsymbol{S}_k&=\boldsymbol{Y}_{k|k-1}\boldsymbol{W}[\boldsymbol{Y}_{k|k-1}]^{\mathrm{T}}+\boldsymbol{R}_k\\ \boldsymbol{C}_k&=\hat{\boldsymbol{X}}_{k|k-1}\boldsymbol{W}[\boldsymbol{Y}_{k|k-1}]^{\mathrm{T}}\end{aligned} \tag{12.4.22}$$

最后，计算滤波增益 $\boldsymbol{K}_k$，更新状态均值 $\hat{x}_{k|k}$ 和协方差 $\boldsymbol{P}_{k|k}$。

$$\begin{aligned}\boldsymbol{K}_k &= \boldsymbol{C}_k\boldsymbol{S}_k^{-1}\\ \hat{\boldsymbol{x}}_{k|k} &= \hat{\boldsymbol{x}}_{k|k-1} + \boldsymbol{K}_k(\boldsymbol{y}_k - \hat{\boldsymbol{y}}_{k|k-1})\\ \boldsymbol{P}_{k|k} &= \boldsymbol{P}_{k|k-1} - \boldsymbol{K}_k\boldsymbol{S}_k\boldsymbol{K}_k^{\mathrm{T}}\end{aligned} \tag{12.4.23}$$

其中，式(12.4.21)为 sigma 点集生成和非线性传播，式(12.4.22)为基于 sigma 点集近似计算联合分布协方差。

图 12.3 给出了无迹卡尔曼滤波器的计算流程。注意 sigma 点的权重计算与状态和观测无关，仅取决于状态维数和人为给定的滤波参数，并且一旦计算完成，在整个滤波过程中就不再改变。

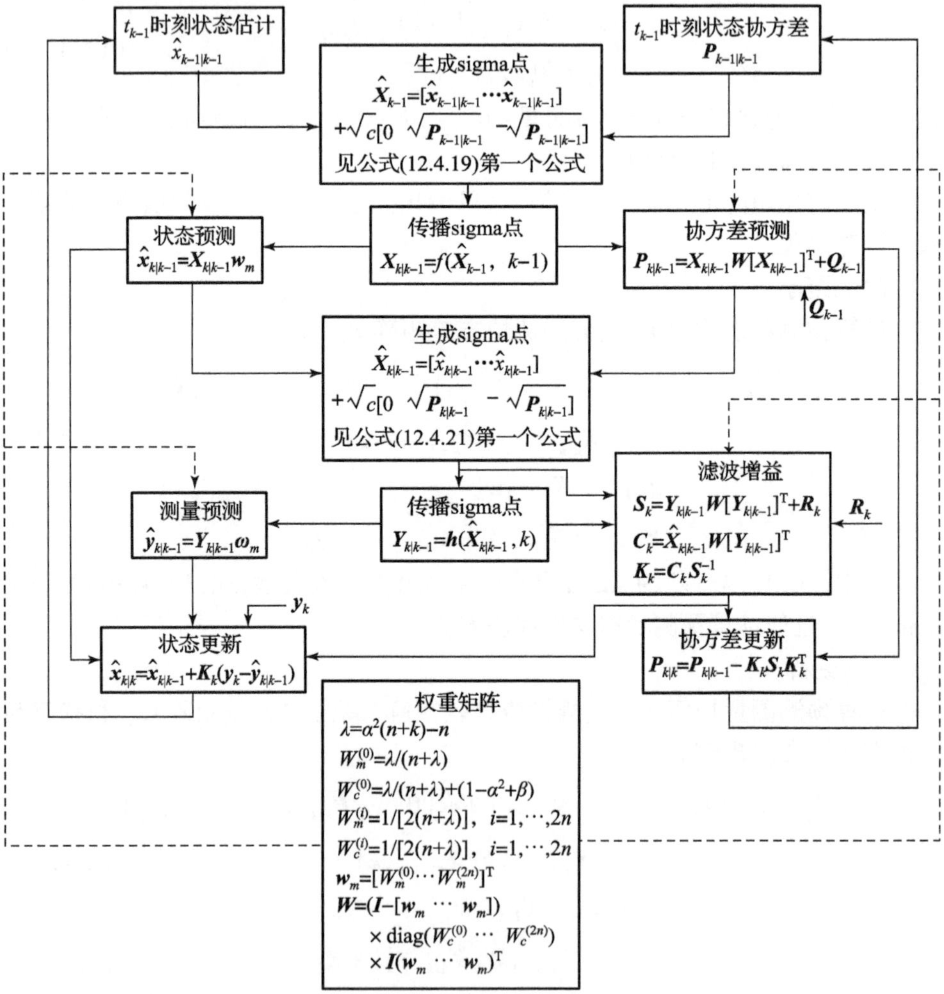

图 12.3　UKF 计算流程图

12.4.3 增广 UKF

12.4.1 节介绍的无迹变换属于“非增广型”(nonaugmented)变换,相应的滤波器称为“非增广型”UKF。通过构造增广状态变量,前述的 UKF 过程可以改进为增广 UKF。所谓增广状态,就是将状态分量和噪声分量连接在一起,以利用过程噪声和测量噪声的影响来更好地捕获奇数阶矩信息。要实现增广 UKF,需要将预测步骤中生成的 sigma 点也在更新步骤中使用,使得噪声项的影响真正得到非线性传播。

接下来,给出增广 UKF 滤波器矩阵形式描述的预测和更新步骤。

(1) 预测。

构造增广状态:

$$\boldsymbol{\xi}_{k-1}=[\boldsymbol{x}_{k-1}^{\mathrm{T}}\quad \boldsymbol{q}_{k-1}^{\mathrm{T}}\quad \boldsymbol{r}_{k-1}^{\mathrm{T}}]^{\mathrm{T}} \tag{12.4.24}$$

由于 $\boldsymbol{q}_{k-1}\sim\mathcal{N}(0,\boldsymbol{Q}_{k-1})$ 和 $\boldsymbol{r}_{k-1}\sim\mathcal{N}(0,\boldsymbol{R}_{k-1})$,因此,在 t_{k-1} 时刻,增广状态的均值和协方差矩阵为

$$\hat{\boldsymbol{\xi}}_{k-1|k-1}=[\hat{\boldsymbol{x}}_{k-1|k-1}^{\mathrm{T}}\quad 0\quad 0]^{\mathrm{T}} \tag{12.4.25}$$

$$\boldsymbol{\Pi}_{k-1|k-1}=\begin{bmatrix}\boldsymbol{P}_{k-1|k-1} & 0 & 0\\ 0 & \boldsymbol{Q}_{k-1} & 0\\ 0 & 0 & \boldsymbol{R}_{k-1}\end{bmatrix} \tag{12.4.26}$$

用增广状态均值和协方差矩阵生成 sigma 点集矩阵:

$$\boldsymbol{\Xi}_{k-1}=[\hat{\boldsymbol{\xi}}_{k-1|k-1}\quad\cdots\quad\hat{\boldsymbol{\xi}}_{k-1|k-1}]+\sqrt{c}[0\quad\sqrt{\boldsymbol{\Pi}_{k-1|k-1}}\quad -\sqrt{\boldsymbol{\Pi}_{k-1|k-1}}] \tag{12.4.27}$$

用非线性状态转移函数传播 sigma 点集:

$$\boldsymbol{X}_{k|k-1}=f(\boldsymbol{\Xi}_{k-1}^{x},\boldsymbol{\Xi}_{k-1}^{q},k-1) \tag{12.4.28}$$

其中,矩阵 $\boldsymbol{\Xi}_{k-1}^{x}$ 和 $\boldsymbol{\Xi}_{k-1}^{q}$ 分别代表 sigma 点集矩阵 $\boldsymbol{\Xi}_{k-1}$ 中与实际状态和过程噪声相关的分量;$\boldsymbol{X}_{k|k-1}$ 为实际状态变量的 sigma 点集矩阵,意义与非增广 UKF 的式(12.4.19)相同。

在式(12.4.28)中,非线性的状态转移函数 $\boldsymbol{f}(\cdot)$ 与式(12.4.18)相比也采用了增广的形式,以包含过程噪声的影响,现在过程噪声作为第二个参数传递给函数。在加性噪声情况下,过程噪声直接加到状态变量中,通过状态转移函数的增广,其他形式噪声影响的情况也可以纳入滤波过程了。

计算预测状态均值和预测协方差:

$$\begin{aligned}\hat{\boldsymbol{x}}_{k|k-1}&=\boldsymbol{X}_{k|k-1}\boldsymbol{w}_m\\ \boldsymbol{P}_{k|k-1}&=\boldsymbol{X}_{k|k-1}\boldsymbol{W}[\boldsymbol{X}_{k|k-1}]^{\mathrm{T}}\end{aligned} \tag{12.4.29}$$

式中，权重矩阵 $\boldsymbol{w}_m$ 和 $\boldsymbol{W}$ 的计算方法与非增广 UKF 相同，见式(12.4.4)、式(12.4.16)和式(12.4.17)，但在增广 UKF 中，权重计算中的 n 应取增广状态 $\boldsymbol{\xi}$ 的维数。

(2)更新。

计算预测测量均值 $\hat{\boldsymbol{y}}_{k|k-1}$、测量协方差矩阵(新息协方差矩阵)$\boldsymbol{S}_k$ 和状态与测量交叉协方差矩阵 $\boldsymbol{C}_k$：

$$\boldsymbol{Y}_{k|k-1}=\boldsymbol{h}(\boldsymbol{X}_{k|k-1},\boldsymbol{\Xi}^{r}_{k-1},k) \tag{12.4.30}$$

$$\begin{aligned}\hat{\boldsymbol{y}}_{k|k-1}&=\boldsymbol{Y}_{k|k-1}\boldsymbol{w}_m\\ \boldsymbol{S}_k&=\boldsymbol{Y}_{k|k-1}\boldsymbol{W}[\boldsymbol{Y}_{k|k-1}]^{\mathrm{T}}\\ \boldsymbol{C}_k&=\boldsymbol{X}_{k|k-1}\boldsymbol{W}[\boldsymbol{Y}_{k|k-1}]^{\mathrm{T}}\end{aligned} \tag{12.4.31}$$

式(12.4.30)中，矩阵 $\boldsymbol{\Xi}^{r}_{k-1}$表示 sigma 点集矩阵中测量噪声对应的分量；与状态转换函数$f(\cdot)$一样，测量函数 $h(\cdot)$在这里也被写为增广的形式以包含测量噪声的影响，且将测量噪声作为第二个参数传递给测量函数。此处应注意的是，在预测步骤中状态转移函数传播产生的 sigma 点集矩阵 $\boldsymbol{X}_{k|k-1}$，在更新步骤中直接作为测量函数的输入参数，传播产生 $\boldsymbol{Y}_{k|k-1}$；而不是用预测步骤形成的 $\hat{\boldsymbol{x}}_{k|k-1}$ 和 $\boldsymbol{P}_{k|k-1}$生成新的 sigma 点集矩阵 $\hat{\boldsymbol{X}}_{k|k-1}$。

最后计算滤波增益 $\boldsymbol{K}_k$、更新状态均值 $\hat{\boldsymbol{x}}_{k|k}$和协方差 $\boldsymbol{P}_{k|k}$：

$$\begin{aligned}\boldsymbol{K}_k&=\boldsymbol{C}_k\boldsymbol{S}^{-1}\\ \hat{\boldsymbol{x}}_{k|k}&=\hat{\boldsymbol{x}}_{k|k-1}+\boldsymbol{K}_k(\boldsymbol{y}_k-\hat{\boldsymbol{y}}_{k|k-1})\\ \boldsymbol{P}_{k|k}&=\boldsymbol{P}_{k|k-1}+\boldsymbol{K}_k\boldsymbol{S}_k\boldsymbol{K}_k^{\mathrm{T}}\end{aligned} \tag{12.4.32}$$

图 12.4 给出了增广 UKF 的计算流程图。

在上述增广 UKF 计算过程中，对于噪声是加性的情况，如果在更新步骤中生成新的 sigma 点，那么增广方法得到的结果将与非增广方法相同；对于噪声是非加性的情况，增广 UKF 能够产生比非增广版本更准确的估计，即便非增广 UKF 在更新步骤中生成了新的 sigma 点，而增广 UKF 仅在预测步骤中生成 sigma 点。

非增广形式 UKF 在计算上比增广形式 UKF 要求更低，因为其在滤波过程中产生的 sigma 点数量少。因此，如果噪声项的传播并不能提高估计的准确性，则应考虑优先使用非增广版本的 UKF。

12.4.4 应用实例：UNGM 模型状态估计

为了展示 UKF 相比 EKF 在非线性估计上的优势，以及增广 UKF 相比非增

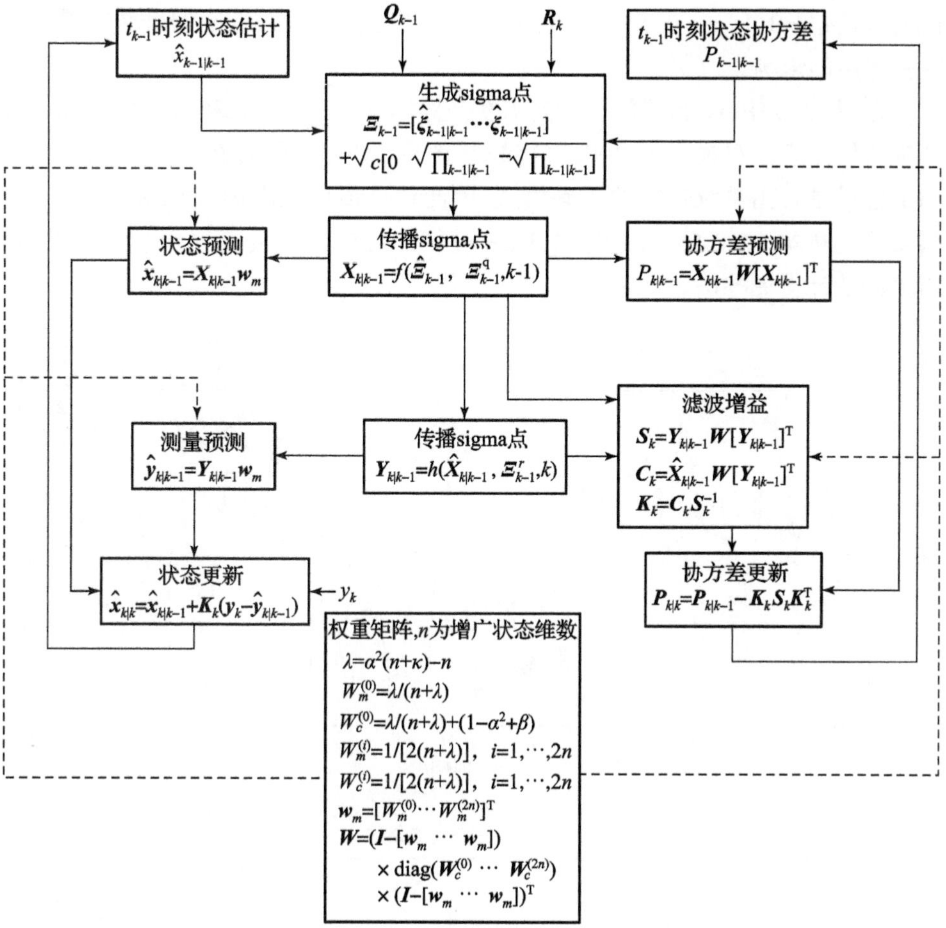

图 12.4　增广 UKF 计算流程图

广 UKF 的优越性,本节分别采用 EKF、非增广 UKF 和增广 UKF 对一维非平稳增长模型(Univariate Nonstationary Growth Model,UNGM)进行状态估计。UNGM 模型是一种常用的评估滤波器性能的基准模型,其特殊之处在于具有高度非线性和双模态性,所以该模型对传统的滤波技术而言极具挑战性,因此可以基于该模型状态估计的精度评估不同滤波器的性能。

UNGM 的状态空间动态模型为

$$
\begin{aligned}
x_n &= \alpha x_{n-1} + \beta \frac{x_{n-1}}{1+x_{n-1}^2} + \gamma\cos(1.2(n-1)) + u_n \\
y_n &= \frac{x_n^2}{20} + v_n, n = 1,\cdots,N
\end{aligned}
\tag{12.4.33}
$$

其中:$u_n \sim \mathcal{N}(0,\sigma_u^2)$和 $v_n \sim \mathcal{N}(0,\sigma_v^2)$为过程噪声和观测噪声;本示例中,$\sigma_u^2 =$

$1, \sigma_v^2=1, x_0=0.1, \alpha=0.5, \beta=25, \gamma=8, N=500$。状态方程中的余弦项模拟了时变噪声的影响。

在图 12.5 中,绘制了信号的前 100 个样本,以及由 EKF 和非增强形式 UKF 产生的估计值。双模态性可以很容易从图中看出。例如,在第 25 ~ 35 时刻,UKF 能够估计出系统遵循的正确模式,因此估计值比较准确,而 EKF 的估计是错误的。同样,在第 55 ~ 65 时刻,UKF 遵循的之前正确的模式出现了问题,而 EKF 则估计得更准确。

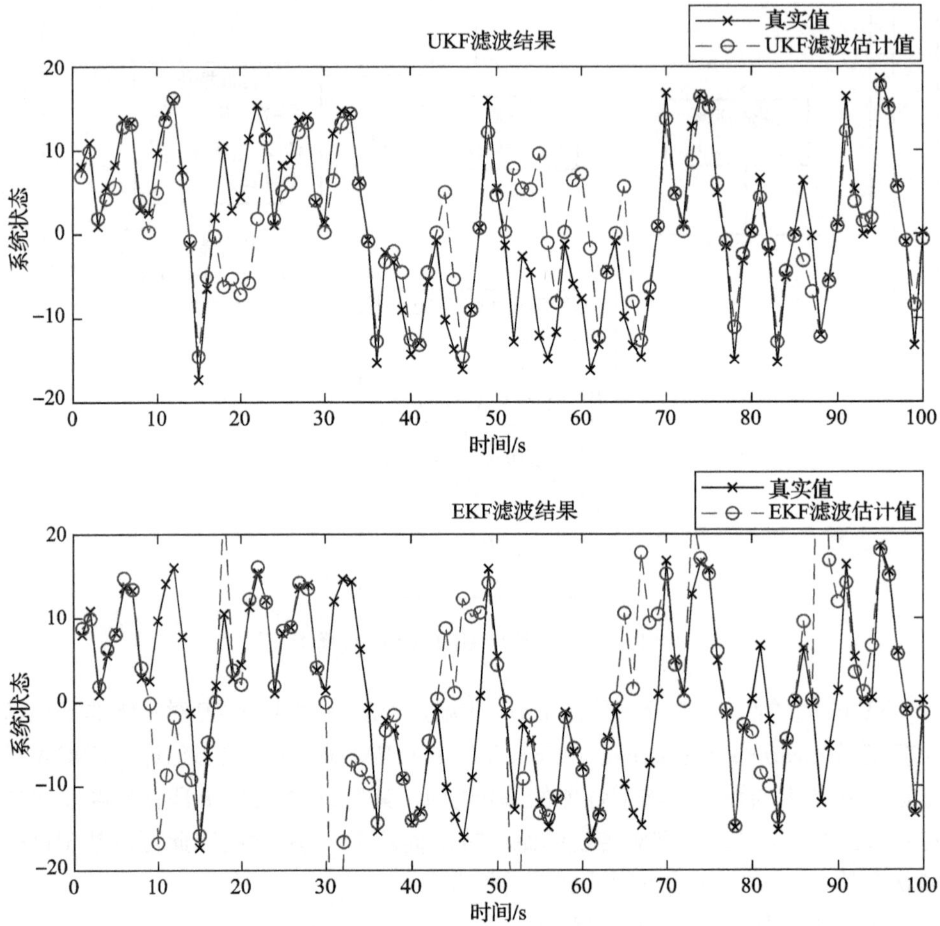

图 12.5　UKF 与 EKF 滤波估计对比

在图 12.6 中,绘制了图 12.5 对应数据滤波结果的绝对误差以及 3σ 置信区间,可以看出,EKF 在许多情况下过于乐观,即其 3σ 置信范围小于其真实误差的范围,而 UKF 滤波器能更好地反映其估计结果何时不可靠。从图中也可以看到 UKF 滤波器的误差较低。3σ 置信区间是评估滤波器性能的常用指标,这里

表示滤波误差以99.73%的概率在置信区间内,其定义为状态协方差矩阵对角线元素的正负3倍平方根所构成的区间,即

$$[-3\sigma, +3\sigma] = [-3 \times \sqrt{P_{k|k}(i,i)}, +3 \times \sqrt{P_{k|k}(i,i)}], i = 1, \cdots, n \tag{12.4.34}$$

其中,协方差矩阵的第 i 个对角线元素对应第 i 个状态的方差。

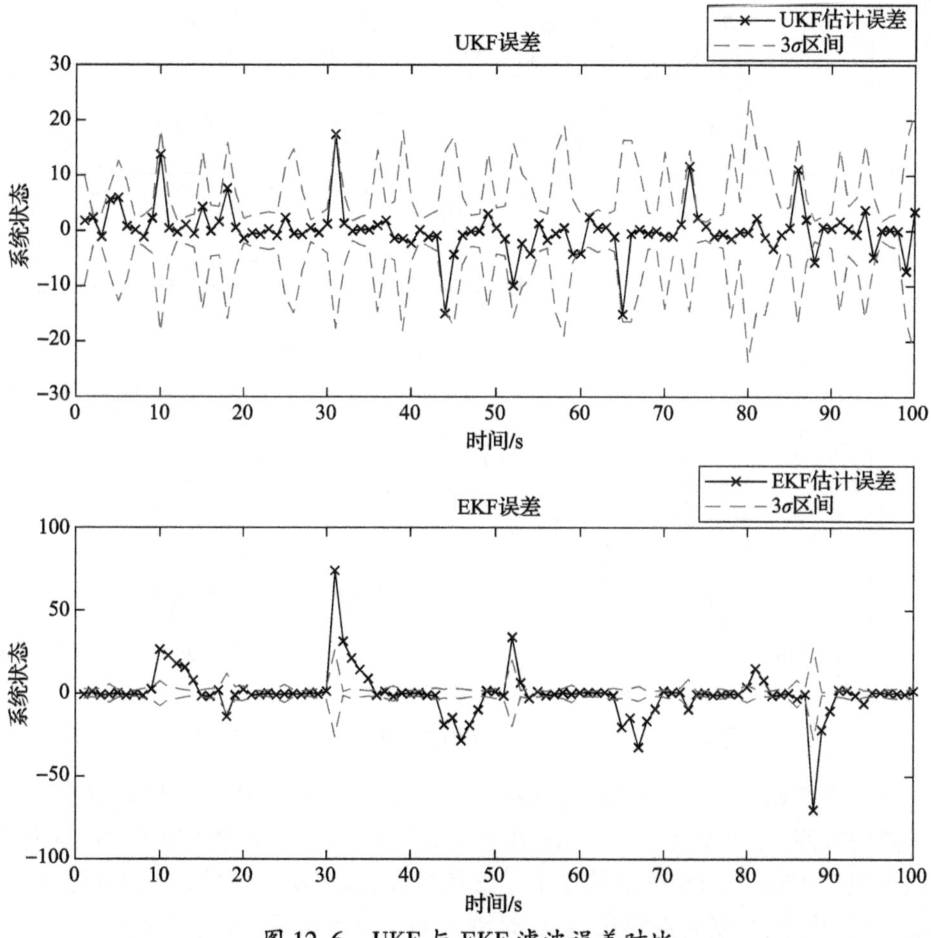

图 12.6 UKF 与 EKF 滤波误差对比

为了对非增广和增广的 UKF 进行比较,在图 12.7 中绘制了前 100 个滤波结果样本。在大部分时刻,两种 UKF 算法都可以比较准确地估计出真实信号,然而在第 65 ~ 75 时刻,非增广 UKF 出现了明显的估计错误,而增广 UKF 成功识别出系统的模式。增强型 UKF 更好的性能可以解释为,当 UKF 点通过非线性传播时,更有效地考虑了过程噪声。在这种情况下,在滤波过程中考虑过程噪声似乎是非常重要的,因为 UNGM 模型是高度非线性和多模态的。

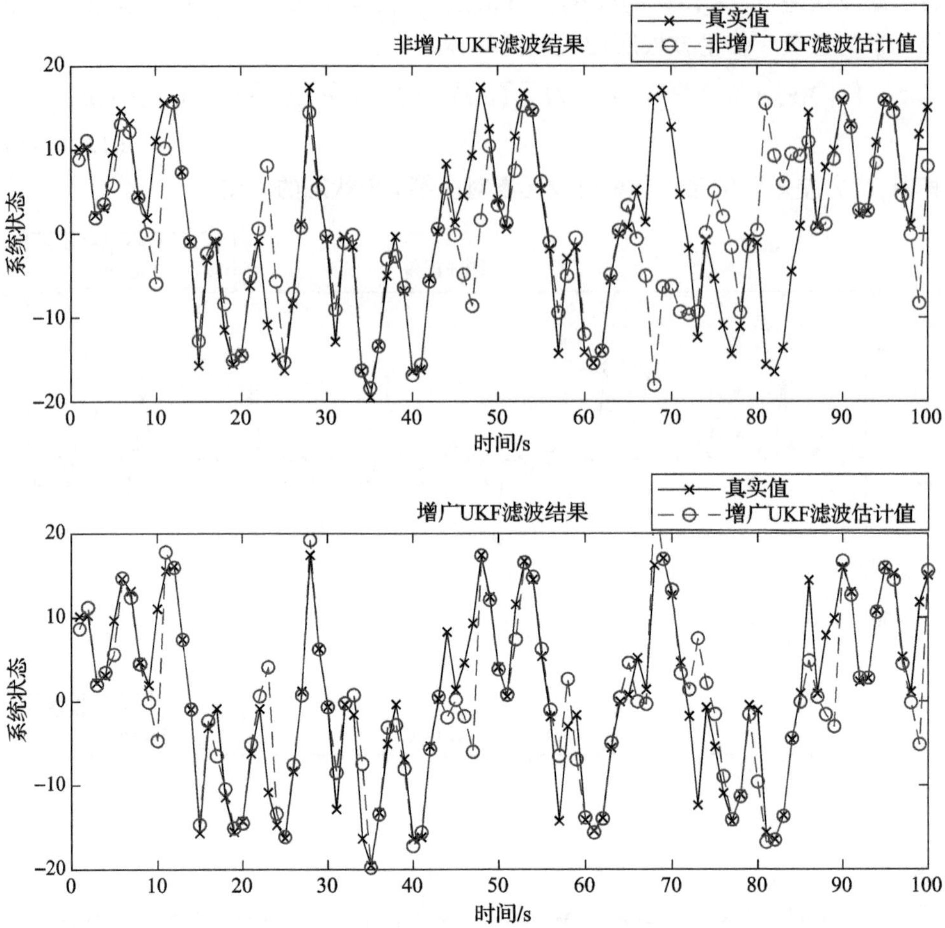

图 12.7 增广 UKF 与非增广 UKF 滤波估计对比

图 12.8 绘制了增广 UKF 与非增广 UKF 在前 100 个样本的估计误差以及 3σ 置信区间,可以看到,增广 UKF 几乎所有误差均处于 3σ 置信区间内,与之相比,非增广 UKF 有若干处误差超出了置信区间,这表明滤波器未能正确识别当前的系统模态,特别是在第 65 ~ 90 时刻之间。由此可见,通过将过程噪声和测量噪声纳入无迹变换过程,增广 UKF 获得了更好的滤波性能,特别是在高度非线性和多模态的系统中,表现尤为明显。

最后,在表 12.2 中列出了 100 次蒙特卡罗运行中不同滤波算法对 UNGM 模型估计的均方误差平均值。

增广 UKF 提供了所有被测卡尔曼滤波器的最佳性能。如上所述,这很可能是由于过程噪声项在增广 UKF 过程中得到了非线性传播,因此获取了系统的奇阶矩信息,取得了更准确的估计。

表 12.2 100 次蒙特卡罗模拟得到的估计值均方误差

滤波方法	MSE(x)
EKF	118.0126
非增广 UKF	52.2032
增广 UKF	27.4693

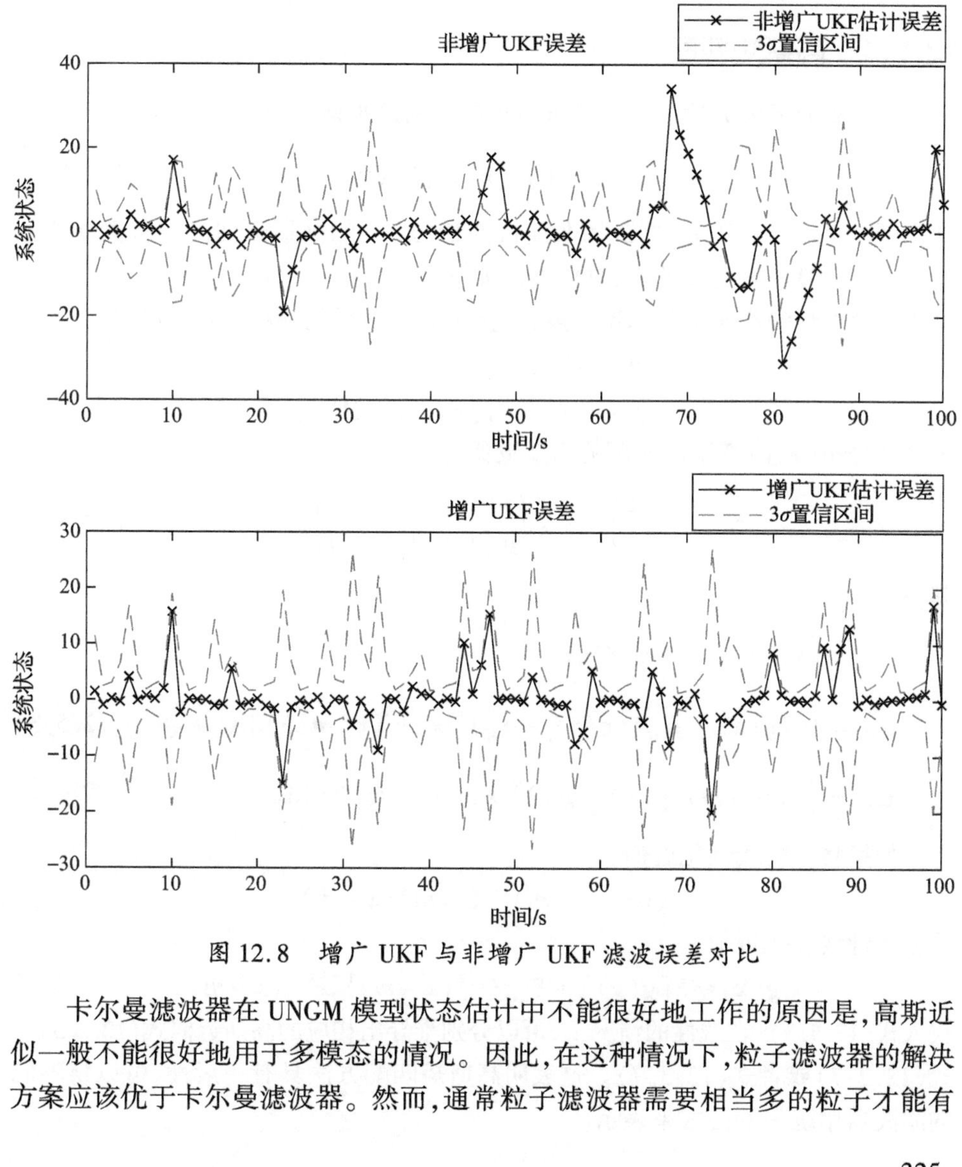

图 12.8 增广 UKF 与非增广 UKF 滤波误差对比

卡尔曼滤波器在 UNGM 模型状态估计中不能很好地工作的原因是,高斯近似一般不能很好地用于多模态的情况。因此,在这种情况下,粒子滤波器的解决方案应该优于卡尔曼滤波器。然而,通常粒子滤波器需要相当多的粒子才能有效,因此它们在计算能力方面通常比卡尔曼滤波器要求更高。此外,卡尔曼滤波器在现实应用中必须谨慎,在实践中,必须关注滤波器的协方差估计,并且只有在协方差估计足够低时才信任状态估计和预测,但从本例中也可以看出,即使这样做,滤波器在未正确识别系统模式时,即使协方差估计很小,状态估计也可能是完全错误的。

12.5 高斯滤波

12.5.1 高斯矩匹配

各种高斯近似方法都是为了近似求解下面的高斯积分:

$$\int g(x)\mathcal{N}(\boldsymbol{x}\mid\boldsymbol{m},\boldsymbol{P})\,\mathrm{d}\boldsymbol{x} \tag{12.5.1}$$

如果可以直接计算积分,那么构造随机变量($\boldsymbol{x}$,$\boldsymbol{y}$)的高斯近似的一种简单方法就是直接计算联合分布的矩,具体方法如下。

考虑加性噪声影响的情况,随机变量 $\boldsymbol{x}$ 和映射后的随机变量 $\boldsymbol{y}$ 满足:

$$\boldsymbol{x}\sim\mathcal{N}(\boldsymbol{m},\boldsymbol{P})$$
$$\boldsymbol{y}=g(\boldsymbol{x})+\boldsymbol{q},\boldsymbol{q}\sim\mathcal{N}(0,\boldsymbol{Q})$$

则联合分布($\boldsymbol{x}$,$\boldsymbol{y}$)基于矩匹配的高斯近似为

$$\begin{pmatrix}\boldsymbol{x}\\\boldsymbol{y}\end{pmatrix}\sim\mathcal{N}\left(\begin{pmatrix}\boldsymbol{m}\\\boldsymbol{\mu}_M\end{pmatrix},\begin{pmatrix}\boldsymbol{P}&\boldsymbol{C}_M\\\boldsymbol{C}_M^{\mathrm{T}}&\boldsymbol{S}_M\end{pmatrix}\right) \tag{12.5.2}$$

其中,

$$\begin{aligned}\boldsymbol{\mu}_M&=\int g(\boldsymbol{x})\mathcal{N}(\boldsymbol{x}\mid m,\boldsymbol{P})\,\mathrm{d}\boldsymbol{x}\\\boldsymbol{S}_M&=\int[(\boldsymbol{g}(\boldsymbol{x})-\boldsymbol{\mu}_M)(\boldsymbol{g}(\boldsymbol{x})-\boldsymbol{\mu}_M)^{\mathrm{T}}\times\mathcal{N}(\boldsymbol{x}\mid\boldsymbol{m},\boldsymbol{P})]\,\mathrm{d}\boldsymbol{x}+\boldsymbol{Q}\\\boldsymbol{C}_M&=\int[(\boldsymbol{x}-\boldsymbol{m})(\boldsymbol{g}(\boldsymbol{x})-\boldsymbol{\mu}_M)^{\mathrm{T}}\times\mathcal{N}(\boldsymbol{x}\mid\boldsymbol{m},\boldsymbol{P})]\,\mathrm{d}\boldsymbol{x}\end{aligned} \tag{12.5.3}$$

如果将一阶线性化近似:

$$\boldsymbol{g}(\boldsymbol{x})=\boldsymbol{g}(\boldsymbol{m})+\boldsymbol{G}_{\boldsymbol{x}}(\boldsymbol{m})(\boldsymbol{x}-\boldsymbol{m})$$

或者统计线性化近似

$$\boldsymbol{g}(\boldsymbol{x})\approx E[\boldsymbol{g}(\boldsymbol{x})]+E[\boldsymbol{g}(\boldsymbol{x})(\boldsymbol{x}-\boldsymbol{m})^{\mathrm{T}}]\boldsymbol{P}^{-1}(\boldsymbol{x}-\boldsymbol{m})$$

代入式(12.5.3),在线性的情况下,可以分别推导出相应的高斯近似式(12.2.5)~式(12.2.7)或者式(12.3.7)。这表明高斯矩匹配方法具有一般性,可以将不同的滤波器用统一的公式来表示。

考虑非加性噪声影响的情况，随机变量 x 和映射后的随机变量 y 满足：

$$\boldsymbol{x} \sim \mathcal{N}(\boldsymbol{m},\boldsymbol{P})$$

$$\boldsymbol{y} = g(\boldsymbol{x},\boldsymbol{q}),\boldsymbol{q} \sim \mathcal{N}(0,\boldsymbol{Q})$$

则联合分布$(\boldsymbol{x},\boldsymbol{y})$基于矩匹配的高斯近似为

$$\begin{pmatrix}\boldsymbol{x}\\ \boldsymbol{y}\end{pmatrix} \sim \mathcal{N}\left(\begin{pmatrix}\boldsymbol{m}\\ \boldsymbol{\mu}_M\end{pmatrix},\begin{pmatrix}\boldsymbol{P} & \boldsymbol{C}_M\\ \boldsymbol{C}_M^{\mathrm{T}} & \boldsymbol{S}_M\end{pmatrix}\right) \tag{12.5.4}$$

其中，

$$\begin{aligned}
\boldsymbol{\mu}_M &= \int \boldsymbol{g}(\boldsymbol{x},\boldsymbol{q})\mathcal{N}(\boldsymbol{x} \mid \boldsymbol{m},\boldsymbol{P})\mathcal{N}(\boldsymbol{q} \mid 0,\boldsymbol{Q})\,\mathrm{d}\boldsymbol{x}\mathrm{d}\boldsymbol{q}\\
\boldsymbol{S}_M &= \int [(\boldsymbol{g}(\boldsymbol{x},\boldsymbol{q}) - \boldsymbol{\mu}_M)(\boldsymbol{g}(\boldsymbol{x},\boldsymbol{q}) - \boldsymbol{\mu}_M)^{\mathrm{T}}\mathcal{N}(\boldsymbol{x} \mid \boldsymbol{m},\boldsymbol{P})\mathcal{N}(\boldsymbol{q} \mid 0,\boldsymbol{Q})]\,\mathrm{d}\boldsymbol{x}\mathrm{d}\boldsymbol{q}\\
\boldsymbol{C}_M &= \int [(\boldsymbol{x} - \boldsymbol{m})(\boldsymbol{g}(\boldsymbol{x},\boldsymbol{q}) - \boldsymbol{\mu}_M)^{\mathrm{T}}\mathcal{N}(\boldsymbol{x} \mid \boldsymbol{m},\boldsymbol{P})\mathcal{N}(0 \mid 0,\boldsymbol{Q})]\,\mathrm{d}\boldsymbol{x}\mathrm{d}\boldsymbol{q}
\end{aligned} \tag{12.5.5}$$

12.5.2 高斯滤波

如果用前一节的高斯矩匹配近似取代 EKF 公式中的泰勒展开近似或者 SLF 公式中的统计线性化近似，就得到了下面的高斯假设密度滤波（Gaussian Assumed Density Filter, ADF），又称为高斯滤波（Gaussian Filter）。

对于式（12.1.1）所示的加性噪声驱动系统，高斯滤波器的预测和更新方程如下。

预测：

$$\begin{aligned}
\hat{\boldsymbol{X}}_{k|k-1} &= \int \boldsymbol{\phi}(\boldsymbol{X}_{k-1})\mathcal{N}(\boldsymbol{X}_{k-1} \mid \hat{\boldsymbol{X}}_{k-1},\boldsymbol{P}_{k-1})\,\mathrm{d}\boldsymbol{X}_{k-1}\\
\boldsymbol{P}_{k|k-1} &= \int (\boldsymbol{\phi}(\boldsymbol{X}_{k-1}) - \hat{\boldsymbol{X}}_{k|k-1})(\boldsymbol{\phi}(\boldsymbol{X}_{k-1}) - \hat{\boldsymbol{X}}_{k|k-1})^{\mathrm{T}}\\
&\quad \times \mathcal{N}(\boldsymbol{X}_{k-1} \mid \hat{\boldsymbol{X}}_{k-1},\boldsymbol{P}_{k-1})\,\mathrm{d}\boldsymbol{X}_{k-1} + \boldsymbol{Q}_{k-1}
\end{aligned} \tag{12.5.6}$$

更新：

$$\begin{aligned}
\boldsymbol{\mu}_k &= \int h(\boldsymbol{X}_k)\mathcal{N}(\boldsymbol{X}_k \mid \hat{\boldsymbol{X}}_{k|k-1},\boldsymbol{P}_{k|k-1})\,\mathrm{d}\boldsymbol{X}_k\\
\boldsymbol{S}_k &= \int (h(\boldsymbol{X}_k) - \boldsymbol{\mu}_k)(h(\boldsymbol{X}_k) - \boldsymbol{\mu}_k)^{\mathrm{T}}\mathcal{N}(\boldsymbol{X}_k \mid \hat{\boldsymbol{X}}_{k|k-1},\boldsymbol{P}_{k|k-1})\,\mathrm{d}\boldsymbol{X}_k + \boldsymbol{R}_k\\
\boldsymbol{C}_k &= \int (\boldsymbol{X}_k - \hat{\boldsymbol{X}}_{k|k-1})(h(\boldsymbol{X}_k) - \boldsymbol{\mu}_k)^{\mathrm{T}}\mathcal{N}(\boldsymbol{X}_k \mid \hat{\boldsymbol{X}}_{k|k-1},\boldsymbol{P}_{k|k-1})\,\mathrm{d}\boldsymbol{X}_k\\
\boldsymbol{K}_k &= \boldsymbol{C}_k\boldsymbol{S}_k^{-1}\\
\hat{\boldsymbol{X}}_k &= \hat{\boldsymbol{X}}_{k|k-1} + \boldsymbol{K}_k\{\boldsymbol{y}_k - \boldsymbol{\mu}_k\}\\
\boldsymbol{P}_k &= \boldsymbol{P}_{k|k-1} - \boldsymbol{K}_k\boldsymbol{S}_k\boldsymbol{K}_k^{\mathrm{T}}
\end{aligned} \tag{12.5.7}$$

上述基于矩匹配的滤波公式的优点是,可以利用许多著名的数值积分方法,比如高斯-埃尔米特求积法、容积法、中心差分法等。前面提到的无迹变换也可以解释为一种加权求和积分方法。

高斯-埃尔米特求积法是一种非常有趣的近似积分方法,该方法在一组有限的训练点集上,用高斯过程回归模型去拟合非线性函数,其构造的滤波算法称为高斯过程滤波。此外,也可以用蒙特卡罗积分来近似求积,构造出蒙特卡罗卡尔曼滤波器(Monte Carlo Kalman Filter)。

高斯滤波也可以推广到非加性噪声驱动的系统,此时,滤波器的预测和更新方程如下。

预测:

$$\begin{aligned}\hat{\boldsymbol{X}}_{k|k-1} &= \int \phi(\boldsymbol{X}_{k-1},\boldsymbol{W}_{k-1}) \\ &\quad \times \mathcal{N}(\boldsymbol{X}_{k-1} \mid \hat{\boldsymbol{X}}_{k-1},\boldsymbol{P}_{k-1})\mathcal{N}(\boldsymbol{W}_{k-1} \mid 0,\boldsymbol{Q}_{k-1})\mathrm{d}\boldsymbol{X}_{k-1}\mathrm{d}\boldsymbol{W}_{k-1} \\ \boldsymbol{P}_{k|k-1} &= \int (\phi(\boldsymbol{X}_{k-1},\boldsymbol{W}_{k-1}) - \hat{\boldsymbol{X}}_{k|k-1})(\phi(\boldsymbol{X}_{k-1},\boldsymbol{W}_{k-1}) - \hat{\boldsymbol{X}}_{k|k-1})^{\mathrm{T}} \\ &\quad \times \mathcal{N}(\boldsymbol{X}_{k-1} \mid \hat{\boldsymbol{X}}_{k-1},\boldsymbol{P}_{k-1})\mathcal{N}(\boldsymbol{W}_{k-1} \mid 0,\boldsymbol{Q}_{k-1})\mathrm{d}\boldsymbol{X}_{k-1}\mathrm{d}\boldsymbol{W}_{k-1}\end{aligned} \tag{12.5.8}$$

更新:

$$\begin{aligned}\boldsymbol{\mu}_k &= \int h(\boldsymbol{X}_k,\boldsymbol{V}_k) \\ &\quad \times \mathcal{N}(\boldsymbol{X}_k \mid \hat{\boldsymbol{X}}_{k|k-1},\boldsymbol{P}_{k|k-1})\mathcal{N}(\boldsymbol{V}_k \mid 0,\boldsymbol{R}_k)\mathrm{d}\boldsymbol{X}_k\mathrm{d}\boldsymbol{V}_k \\ \boldsymbol{S}_k &= \int (h(\boldsymbol{X}_k,\boldsymbol{V}_k) - \boldsymbol{\mu}_k)(h(\boldsymbol{X}_k,\boldsymbol{V}_k) - \boldsymbol{\mu}_k)^{\mathrm{T}} \\ &\quad \times \mathcal{N}(\boldsymbol{X}_k \mid \hat{\boldsymbol{X}}_{k|k-1},\boldsymbol{P}_{k|k-1})\mathcal{N}(\boldsymbol{V}_k \mid 0,\boldsymbol{R}_k)\mathrm{d}\boldsymbol{X}_k\mathrm{d}\boldsymbol{V}_k \\ \boldsymbol{C}_k &= \int (\boldsymbol{X}_k - \hat{\boldsymbol{X}}_{k|k-1})(h(\boldsymbol{X}_k,\boldsymbol{V}_k) - \boldsymbol{\mu}_k)^{\mathrm{T}} \\ &\quad \times \mathcal{N}(\boldsymbol{X}_k \mid \hat{\boldsymbol{X}}_{k|k-1},\boldsymbol{P}_{k|k-1})\mathcal{N}(\boldsymbol{V}_k \mid 0,\boldsymbol{R}_k)\mathrm{d}\boldsymbol{X}_k\mathrm{d}\boldsymbol{V}_k \\ \boldsymbol{K}_k &= \boldsymbol{C}_k\boldsymbol{S}_k^{-1} \\ \hat{\boldsymbol{X}}_k &= \hat{\boldsymbol{X}}_{k|k-1} + \boldsymbol{K}_k\{y_k - \boldsymbol{\mu}_k\} \\ \boldsymbol{P}_k &= \boldsymbol{P}_{k|k-1} - \boldsymbol{K}_k\boldsymbol{S}_k\boldsymbol{K}_k^{\mathrm{T}}\end{aligned} \tag{12.5.9}$$

12.5.3 高斯-埃尔米特积分

在高斯矩匹配中,我们最关注的是高斯积分的计算:

$$\int g(\boldsymbol{x})\mathcal{N}(\boldsymbol{x}\mid\boldsymbol{m},\boldsymbol{P})\mathrm{d}\boldsymbol{x}$$
$$=\frac{1}{(2\pi)^{n/2}|\boldsymbol{P}|^{1/2}}\int g(\boldsymbol{x})\exp\left(-\frac{1}{2}(\boldsymbol{x}-\boldsymbol{m})^{\mathrm{T}}\boldsymbol{P}^{-1}(\boldsymbol{x}-\boldsymbol{m})\right)\mathrm{d}\boldsymbol{x} \quad (12.5.10)$$

其中,$g(x)$为任意函数。本节我们要推导一种基于高斯－埃尔米特数值求容积算法的近似积分。该算法是一维高斯－埃尔米特规则在高维情况下的直接推广,缺点是所需的评价点数随着维度成指数增长。

一维高斯－埃尔米特容积积分是指具有单位高斯权重函数$w(\boldsymbol{x})=\mathcal{N}(\boldsymbol{x}\mid 0,1)$的特殊高斯求积,即求如下近似积分:

$$\int_{-\infty}^{\infty} g(\boldsymbol{x})\mathcal{N}(\boldsymbol{x}\mid 0,1)\mathrm{d}\boldsymbol{x}\approx\sum_i W^{(i)}g(\boldsymbol{x}^{(i)}) \quad (12.5.11)$$

其中,$W^{(i)}$,$i=1,\cdots,p$为权重;$x^{(i)}$为评价点,也称为Sigma点。值得注意的是,求积法通常由权函数$\exp(-x^2)$定义,也从概率学的角度出发来定义,两种方法定义的求积法之间存在变量的简单缩放关系。

显然,权重和评估点的选择有无限多种可能。而在高斯－埃尔米特积分中(在任一种高斯积分中也类似),正是通过选择权重和Sigma点,使得被积多项式和近似积分计算变得精确。当使用p阶埃尔米特多项式$H_p(x)$时,高斯－埃尔米特积分对于$2p-1$阶被积多项式的计算是准确的,权重则可以根据后面的公式封闭求解。

p阶埃尔米特多项式的定义为

$$H_p(x)=(-1)^p\exp(x^2/2)\frac{\mathrm{d}^p}{\mathrm{d}x^p}[\exp(-x^2/2)] \quad (12.5.12)$$

前几阶埃尔米特多项式为

$$\begin{aligned}H_0(x)&=1\\H_1(x)&=x\\H_2(x)&=x^2-1\\H_3(x)&=x^3-3x\\H_4(x)&=x^4-6x^2+3\end{aligned} \quad (12.5.13)$$

采用相同的权重和Sigma点,对被积函数中包含非单位高斯权重函数$\mathcal{N}(x\mid m,\boldsymbol{P})$的情况,可以通过对积分变量的简单替换,转换为高斯－埃尔米特容积积分可以处理的形式,转换关系为

$$\int_{-\infty}^{\infty} g(x)\mathcal{N}(x\mid m,\boldsymbol{P})\mathrm{d}x=\int_{-\infty}^{\infty} g(\boldsymbol{P}^{1/2}\xi+m)\mathcal{N}(\xi\mid 0,1)\mathrm{d}\xi \quad (12.5.14)$$

下面对高斯－埃尔米特求积算法进行完整的归纳。

考虑一维积分:

$$\int_{-\infty}^{\infty} g(x)\mathcal{N}(x \mid m,\boldsymbol{P})\,\mathrm{d}x \tag{12.5.15}$$

其 p 阶高斯 - 埃尔米特近似积分的计算步骤如下：

(1)计算单位 Sigma 点集为埃尔米特多项式的 $H_p(x)$ 的根 $\xi^{(i)}$，$i=1,\cdots,p$。

(2)计算权重：

$$W^{(i)} = \frac{p!}{p^2[H_{p-1}(\xi^{(i)})]^2} \tag{12.5.16}$$

(3)积分近似计算为

$$\int_{-\infty}^{\infty} g(x)\mathcal{N}(x \mid m,\boldsymbol{P})\,\mathrm{d}x \approx \sum_{i=1}^{p} W^{(i)} g(\boldsymbol{P}^{1/2}\xi^{(i)} + m) \tag{12.5.17}$$

通过进一步推广变量替换的思想，可以构造式(12.5.10)所述多维积分的近似计算方法。首先设 $\boldsymbol{P}=\sqrt{\boldsymbol{P}}\sqrt{\boldsymbol{P}}^{\mathrm{T}}$，其中 $\sqrt{\boldsymbol{P}}$ 为协方差矩阵 $\boldsymbol{P}$ 的 Cholesky 分解或其他类似的协方差矩阵的平方根。如果定义新的积分变量 $\boldsymbol{\xi}$ 满足

$$\boldsymbol{x} = \boldsymbol{m} + \sqrt{\boldsymbol{P}}\boldsymbol{\xi} \tag{12.5.18}$$

则可以得到

$$\int g(\boldsymbol{x})\mathcal{N}(\boldsymbol{x} \mid \boldsymbol{m},\boldsymbol{P})\,\mathrm{d}\boldsymbol{x} = \int g(\boldsymbol{m} + \sqrt{\boldsymbol{P}}\boldsymbol{\xi})\mathcal{N}(\boldsymbol{\xi} \mid 0,\boldsymbol{I})\,\mathrm{d}\boldsymbol{\xi} \tag{12.5.19}$$

在多维高斯分布上的积分可以写成对一维高斯分布的迭代积分，每一次一维积分可以用一个高斯 - 埃尔米特求积法来近似：

$$\begin{aligned}
&\int g(\boldsymbol{m} + \sqrt{\boldsymbol{P}}\boldsymbol{\xi})\mathcal{N}(\boldsymbol{\xi} \mid 0,1)\,\mathrm{d}\boldsymbol{\xi} \\
&= \int\cdots\int g(\boldsymbol{m} + \sqrt{\boldsymbol{P}}\boldsymbol{\xi})\mathcal{N}(\boldsymbol{\xi}_1 \mid 0,1)\,\mathrm{d}\boldsymbol{\xi}_1 \times \cdots \times \mathcal{N}(\boldsymbol{\xi}_n \mid 0,1)\,\mathrm{d}\boldsymbol{\xi}_n \\
&\approx \sum_{i_1,\cdots,i_n} W^{(i_1)} \times \cdots \times W^{(i_n)} g(m + \sqrt{\boldsymbol{P}}\boldsymbol{\xi}^{(i_1,\cdots,i_n)})
\end{aligned} \tag{12.5.20}$$

权重 $W^{(i_k)}$，$k=1,\cdots,n$ 为相应的一维高斯 - 埃尔米特权重；$\boldsymbol{\xi}^{(i_1,\cdots,i_n)}$ 为在元素 k 上有一维单位 Sigma 点 $\xi^{(i_k)}$ 的 n 维矢量。多维积分的高斯 - 埃尔米特求积近似算法可以归纳如下。

考虑多维积分：

$$\int_{-\infty}^{\infty} g(\boldsymbol{x})\mathcal{N}(\boldsymbol{x} \mid \boldsymbol{m},\boldsymbol{P})\,\mathrm{d}\boldsymbol{x} \tag{12.5.21}$$

其 p 阶高斯 - 埃尔米特近似求积的计算步骤如下。

(1)根据一维积分的高斯 - 埃尔米特近似求积算法计算权重 $W^{(i)}$，$i=1,\cdots,p$ 和单位 Sigma 点 $\xi^{(i)}$。

(2)通过一维权重乘积构造多维权重：

$$
\begin{aligned}
\boldsymbol{W}^{(i_1,\cdots,i_n)} &= W^{(i_1)} \times \cdots \times W^{(i_n)} \\
&= \frac{p!}{p^2[W_{p-1}(\xi^{(i_1)})]^2} \times \cdots \times \frac{p!}{p^2[H_{p-1}(\xi^{(i_n)})]^2}
\end{aligned} \tag{12.5.22}
$$

其中，每一个 i_k 在 $1,\cdots,p$ 中取值。

(3)用一维单位 Sigma 点的笛卡尔积构造多维单位 Sigma 点集：

$$
\boldsymbol{\xi}^{(i_1,\cdots,i_n)} = \begin{pmatrix} \xi^{(i_1)} \\ \vdots \\ \xi^{(i_n)} \end{pmatrix} \tag{12.5.23}
$$

(4)将积分近似为

$$
\int g(\boldsymbol{x}) \mathcal{N}(\boldsymbol{x} \mid \boldsymbol{m}, \boldsymbol{P}) \mathrm{d}\boldsymbol{x} \approx \sum_{i_1,\cdots,i_n} \boldsymbol{W}^{(i_1,\cdots,i_n)} g(\boldsymbol{m} + \sqrt{\boldsymbol{P}} \boldsymbol{\xi}^{(i_1,\cdots,i_n)}) \tag{12.5.24}
$$

其中，$\sqrt{\boldsymbol{P}}$为矩阵的平方根，定义为 $\boldsymbol{P} = \sqrt{\boldsymbol{P}}\sqrt{\boldsymbol{P}}^{\mathrm{T}}$。

对于 $x^{d_1}x^{d_2}\cdots x^{d_n}$形式的单项式及其任意线性组合，$p$ 阶多维高斯－埃尔米特积分是精确的，其中每个阶满足 $d_i \leqslant 2p-1$。在 p 阶法则下计算 n 维积分近似所需的 Sigma 点数为 p^n，这表明当维数增加时，算法很快就变得不可行了。

12.5.4 高斯－埃尔米特卡尔曼滤波

基于多维高斯－埃尔米特积分的滤波器可以通过将 12.5.2 节高斯滤波中的高斯积分替换为高斯－埃尔米特近似求积算法得到。考虑加性噪声驱动系统式(12.1.1)，下面给出了高斯－埃尔米特卡尔曼滤波(Gauss－Hermite Kalman Filter，GHKF)算法步骤。

预测步骤如下：

(1)构造 Sigma 点集：

$$
\boldsymbol{\chi}_{k-1}^{(i_1,\cdots,i_n)} = \hat{\boldsymbol{X}}_{k-1} + \sqrt{\boldsymbol{P}_{k-1}} \boldsymbol{\xi}^{(i_1,\cdots,i_n)}, \quad i_1,\cdots,i_n = 1,\cdots,p \tag{12.5.25}
$$

其中，单位 Sigma 点 $\boldsymbol{\xi}^{(i_1,\cdots,i_n)}$ 定义为式(12.5.23)。

(2)通过动态模型传播 Sigma 点：

$$
\hat{\boldsymbol{\chi}}_k^{(i_1,\cdots,i_n)} = \boldsymbol{\phi}(\boldsymbol{\chi}_{k-1}^{(i_1,\cdots,i_n)}, k-1), \quad i_1,\cdots,i_n = 1,\cdots,p \tag{12.5.26}
$$

(3)计算预测均值 $\hat{\boldsymbol{X}}_{k|k-1}$和预测协方差 $\boldsymbol{P}_{k|k-1}$：

$$
\begin{aligned}
\hat{\boldsymbol{X}}_{k|k-1} &= \sum_{i_1,\cdots,i_n} \boldsymbol{W}^{(i_1,\cdots,i_n)} \hat{\chi}_k^{(i_1,\cdots,i_n)} \\
\boldsymbol{P}_{k|k-1} &= \sum_{i_1,\cdots,i_n} \boldsymbol{W}^{(i_1,\cdots,i_n)} (\hat{\chi}_k^{(i_1,\cdots,i_n)} - \hat{\boldsymbol{X}}_{k|k-1})(\hat{\chi}_k^{(i_1,\cdots,i_n)} - \hat{\boldsymbol{X}}_{k|k-1})^{\mathrm{T}} + \boldsymbol{Q}_{k-1}
\end{aligned} \tag{12.5.27}
$$

其中,权重 $W^{(i_1,\cdots,i_n)}$ 的定义为式(12.5.22)。

更新步骤如下:

(1)构造 Sigma 点:

$$\boldsymbol{\chi}_{k|k-1}^{(i_1,\cdots,i_n)} = \hat{\boldsymbol{X}}_{k|k-1} + \sqrt{\boldsymbol{P}_{k|k-1}}\boldsymbol{\xi}^{(i_1,\cdots,i_n)}, \quad i_1,\cdots,i_n = 1,\cdots,p \tag{12.5.28}$$

其中,单位 Sigma 点 $\boldsymbol{\xi}^{(i_1,\cdots,i_n)}$ 定义为式(12.5.23)。

(2)通过观测模型传播 Sigma 点:

$$\boldsymbol{\mathcal{Y}}_k^{(i_1,\cdots,i_n)} = h(\boldsymbol{\chi}_{k|k-1}^{(i_1,)}, k-1), \quad i_1,\cdots,i_n = 1,\cdots,p \tag{12.5.29}$$

(3)计算预测均值 $\boldsymbol{\mu}_k$,测量值的预测协方差 $\boldsymbol{S}_k$ 和状态 – 测量的交联协方差 $\boldsymbol{C}_k$

$$\begin{aligned}
\boldsymbol{\mu}_k &= \sum_{i_1,\cdots,i_n} \boldsymbol{W}^{(i_1,\cdots,i_n)} \boldsymbol{\mathcal{Y}}_k^{(i_1,\cdots,i_n)} \\
\boldsymbol{S}_k &= \sum_{i_1,\cdots,i_n} \boldsymbol{W}^{(i_1,\cdots,i_n)} (\boldsymbol{\mathcal{Y}}_k^{(i_1,\cdots,i_n)} - \boldsymbol{\mu}_k)(\boldsymbol{\mathcal{Y}}_k^{(i_1,\cdots,i_n)} - \boldsymbol{\mu}_k)^{\mathrm{T}} + \boldsymbol{R}_k \\
\boldsymbol{C}_k &= \sum_{i_1,\cdots,i_n} \boldsymbol{W}^{(i_1,\cdots,i_n)} (\boldsymbol{\chi}_{k|k-1}^{(i_1,\cdots,i_n)} - \hat{\boldsymbol{X}}_{k|k-1})(\boldsymbol{\mathcal{Y}}_k^{(i_1,\cdots,i_n)} - \boldsymbol{\mu}_k)^{\mathrm{T}}
\end{aligned} \tag{12.5.30}$$

其中,权重 $\boldsymbol{W}^{(i_1,\cdots,i_n)}$ 的定义为式(12.5.22)。

(4)计算滤波增益 $\boldsymbol{K}_k$,以及观测值为 $\boldsymbol{y}_k$ 条件下的滤波状态均值 $\hat{\boldsymbol{X}}_k$ 和协方差 $\boldsymbol{P}_k$:

$$\begin{aligned}
\boldsymbol{K}_k &= \boldsymbol{C}_k \boldsymbol{S}_k^{-1} \\
\hat{\boldsymbol{X}}_k &= \hat{\boldsymbol{X}}_{k|k-1} + \boldsymbol{K}_k(\boldsymbol{y}_k - \boldsymbol{\mu}_k) \\
\boldsymbol{P}_k &= \boldsymbol{P}_{k|k-1} - \boldsymbol{K}_k \boldsymbol{S}_k \boldsymbol{K}_k^{\mathrm{T}}
\end{aligned} \tag{12.5.31}$$

非加性噪声影响下的 GHKF,可以通过将高斯 – 埃尔米特近似求积应用于非加性高斯滤波算法式(12.5.8) ~ 式(12.5.9)推导得到。然而,由于计算量随状态维数指数增加,增广形式的滤波计算相当大,因为状态增广后需要积分的变量维数大约是成倍增加的。

12.5.5 球方积分

在本节中,我们将推导三阶球方积分(Spherical Cubature Integration)规则,本文提出的推导可以便捷地扩展到更复杂的球立方情况。回忆 12.5.3 节中高斯 – 埃尔米特积分的推导可知,任意高斯分布 $\mathcal{N}(\boldsymbol{x} \mid \boldsymbol{m}, \boldsymbol{P})$ 上非线性函数的数学期望总是可以转化为单位高斯分布 $\mathcal{N}(\boldsymbol{\xi} \mid 0, \boldsymbol{I})$ 上的期望。因此,我们先考虑多维单位高斯积分:

$$\int g(\boldsymbol{\xi})\mathcal{N}(\boldsymbol{\xi} \mid 0,\boldsymbol{I})\,\mathrm{d}\boldsymbol{\xi} \tag{12.5.32}$$

我们希望构造 $2n$ 点近似积分规则：

$$\int g(\boldsymbol{\xi})\mathcal{N}(\boldsymbol{\xi} \mid 0,\boldsymbol{I})\,\mathrm{d}\boldsymbol{\xi} \approx \boldsymbol{W}\sum_{i} g(c\boldsymbol{u}^{(i)}) \tag{12.5.33}$$

其中,点 $\boldsymbol{u}^{(i)}$ 是对称集[**1**]的元素,对称集[**1**]由向量(1,0,…,0)生成,具体定义为

$$[\mathbf{1}] = \left\{ \begin{pmatrix} 1 \\ 0 \\ 0 \\ \vdots \\ 0 \end{pmatrix}, \begin{pmatrix} 0 \\ 1 \\ 0 \\ \vdots \\ 0 \end{pmatrix}, \cdots, \begin{pmatrix} -1 \\ 0 \\ 0 \\ \vdots \\ 0 \end{pmatrix}, \cdots \begin{pmatrix} 0 \\ -1 \\ 0 \\ \vdots \\ 0 \end{pmatrix}, \cdots \right\} \tag{12.5.34}$$

$\boldsymbol{W}$ 为权重,c 为待定参数。

由于点集[**1**]是对称的,如果在形式为 $x_1^{d_1}x_2^{d_2}\cdots x_n^{d_n}$ 的单项式中,至少有一个指数 d_i 是奇数,那么近似积分规则对于单项式 $x_1^{d_1}x_2^{d_2}\cdots x_n^{d_n}$ 则是精确的。因此,可以构造一种积分规则,通过确定满足 $g_j(\xi)=1$ 和 $g_j(\xi)=\xi_j^2$ 条件下的系数 W 和 c,使得近似积分对三阶被积函数是精确的。

将 $g_j(\xi)=1$ 和 $g_j(\xi)=\xi_j^2$ 代入式(12.5.32),积分真值为

$$\begin{aligned} &\int \mathcal{N}(\xi \mid 0,I)\,\mathrm{d}\xi = 1 \\ &\int \xi_j^2 \mathcal{N}(\xi \mid 0,I)\,\mathrm{d}\xi = 1 \end{aligned} \tag{12.5.35}$$

同时考虑式(12.5.33),可建立等式:

$$\begin{aligned} &W\sum_i 1 = W2n = 1 \\ &W\sum_i (cu_j^{(i)})^2 = W2c^2 = 1 \end{aligned} \tag{12.5.36}$$

等式的解为

$$\begin{aligned} W &= \frac{1}{2n} \\ c &= \sqrt{n} \end{aligned} \tag{12.5.37}$$

至此,我们得到了一个简单的积分规则,其对三阶被积函数是精确的:

$$\int g(\xi)\mathcal{N}(\xi \mid 0,\boldsymbol{I})\,\mathrm{d}\xi \approx \frac{1}{2n}\sum_i g(\sqrt{n}u^{(i)}) \tag{12.5.38}$$

现在可以利用式(12.5.18)和式(12.5.19)给出的变量替换,将上述近似积分方法推广到任意均值和协方差的情况。

对于多维积分形式：

$$\int g(\boldsymbol{x})\mathcal{N}(\boldsymbol{x}\mid \boldsymbol{m},\boldsymbol{P})\mathrm{d}\boldsymbol{x} \tag{12.5.39}$$

其三阶球方近似积分的算法如下。

(1)计算单位 Sigma 点集：

$$\boldsymbol{\xi}^{(i)}=\begin{cases}\sqrt{n}\boldsymbol{e}_i, & i=1,\cdots,n\\ -\sqrt{n}\boldsymbol{e}_{i-n}, & i=n+1,\cdots,2n\end{cases} \tag{12.5.40}$$

其中 $\boldsymbol{e}_i$ 表示第 i 轴方向的单位矢量，例如 $\boldsymbol{e}_2=(0,1,0,\cdots,0)^{\mathrm{T}}$。

(2)积分近似为

$$\int g(\boldsymbol{x})\mathcal{N}(\boldsymbol{x}\mid \boldsymbol{m},\boldsymbol{P})\mathrm{d}\boldsymbol{x}\approx\frac{1}{2n}\sum_{i=1}^{2n}g(\boldsymbol{m}+\sqrt{\boldsymbol{P}}\boldsymbol{\xi}^{(i)}) \tag{12.5.41}$$

其中，$\sqrt{\boldsymbol{P}}$为矩阵的平方根，定义为 $\boldsymbol{P}=\sqrt{\boldsymbol{P}}\sqrt{\boldsymbol{P}}^{\mathrm{T}}$。

回忆 12.4.1 节，很容易看出上述积分近似就是特殊情况(参数为 $\alpha=1,\beta=0,\kappa=0$)下的无迹变换，此时平均权重为 0，无迹变换相当于是一个 $2n$ 点近似积分方法。我们将上述方法推广，形成包含原点在内的 $2n+1$ 点近似积分：

$$\int g(\boldsymbol{\xi})\mathcal{N}(\boldsymbol{\xi}\mid 0,I)\mathrm{d}\boldsymbol{\xi}\approx W_0 g(0)+W\sum_i g(c\boldsymbol{u}^{(i)}) \tag{12.5.42}$$

现在，代入条件 $g_j(\boldsymbol{\xi})=1$ 和 $g_j(\boldsymbol{\xi})=\boldsymbol{\xi}_j^2$，可以求出参数 W_0，W 和 c 为

$$\begin{aligned}W_0&=\frac{\kappa}{n+\kappa}\\ W&=\frac{1}{2(n+\kappa)}\\ c&=\sqrt{n+\kappa}\end{aligned} \tag{12.5.43}$$

其中，κ 为自由参数。

至此，可以给出近似积分方法为

$$\int g(\boldsymbol{x})\mathcal{N}(\boldsymbol{x}\mid \boldsymbol{m},\boldsymbol{P})\mathrm{d}\boldsymbol{x}\approx\frac{\kappa}{n+\kappa}g(\boldsymbol{m})+\frac{1}{2(n+\kappa)}\sum_{i=1}^{2n}g(\boldsymbol{m}+\sqrt{\boldsymbol{P}}\boldsymbol{\xi}^{(i)}) \tag{12.5.44}$$

其中，

$$\boldsymbol{\xi}^{(i)}=\begin{cases}\sqrt{n+\kappa}\boldsymbol{e}_i, & i=1,\cdots,n\\ -\sqrt{n+\kappa}\boldsymbol{e}_{i-n}, & i=n+1,\cdots,2n\end{cases} \tag{12.5.45}$$

该近似积分方法与无迹变换一致，对应于 $\alpha=1,\beta=0,\kappa$ 作为自由参数的无迹变换。通过选择 $\kappa=3-n$，可以匹配到分布的四阶矩，但当维数 $n>3$ 时，会得到负的权重值，导致近似积分方法不稳定。但是可以自由设置参数 κ 为

其他值。

需要注意的是,本节所述的“三阶球方近似积分”与 12.5.4 节所述的“p 阶高斯 - 埃尔米特滤波器”的术语“阶”具有不同的涵义。p 阶 GHKF 意味着对被积函数为 $2p-1$ 阶单项式的情况是精确的,即三阶 GHKF 对于五阶单项式是精确的。然而,三阶球方近似方法只对三阶单项式是精确的。

也有可能推导出精确度高于三阶的球方近似积分方法,但如果考虑到 Sigma 点的数量限制,则高阶球方近似积分在实现上将出现问题,因为对于三阶近似积分方法,Sigma 点的数量与状态变量维数成线性 $O(n)$ 关系。而对于五阶近似积分,需要的 Sigma 点数量与状态变量维数成平方 $O(n^2)$ 关系。

12.5.6 容积卡尔曼滤波

将三阶球方积分(式(12.5.40) ~ 式(12.5.41))应用于高斯滤波公式,即可得到容积卡尔曼滤波(Cubature Kalman Filter, CKF)公式。

加性噪声驱动系统式(12.1.1)的 CKF 步骤如下。

预测步骤如下:

(1)构造 Sigma 点

$$\boldsymbol{\chi}_{k-1}^{(i)} = \hat{\boldsymbol{X}}_{k-1} + \sqrt{\boldsymbol{P}_{k-1}}\xi^{(i)}, \quad i=1,\cdots,2n \tag{12.5.46}$$

其中,单位 Sigma 点的定义为

$$\boldsymbol{\xi}^{(i)} = \begin{cases} \sqrt{n}\boldsymbol{e}_i, & i=1,\cdots,n \\ -\sqrt{n}\boldsymbol{e}_{i-n}, & i=n+1,\cdots,2n \end{cases} \tag{12.5.47}$$

(2)通过动态模型传播 Sigma 点

$$\boldsymbol{\chi}_k^{(i)} = \phi(\boldsymbol{\chi}_{k-1}^{(i)}),\ i=1,\cdots,2n \tag{12.5.48}$$

(3)计算预测均值 $\boldsymbol{X}_{k|k-1}$ 和预测协方差 $\boldsymbol{P}_{k|k-1}$

$$\begin{aligned} \boldsymbol{X}_{k|k-1} &= \frac{1}{2n}\sum_{i=1}^{2n}\boldsymbol{\chi}_k^{(i)} \\ \boldsymbol{P}_{k|k-1} &= \frac{1}{2n}\sum_{i=1}^{2n}(\boldsymbol{\chi}_k^{(i)} - \boldsymbol{X}_{k|k-1})(\boldsymbol{\chi}_k^{(i)} - \boldsymbol{X}_{k|k-1})^{\mathrm{T}} + \boldsymbol{Q}_{k-1} \end{aligned} \tag{12.5.49}$$

更新步骤如下:

(1)构造 Sigma 点:

$$\boldsymbol{\chi}_{k|k-1}^{(i)} = \boldsymbol{X}_{k|k-1} + \sqrt{\boldsymbol{P}_{k|k-1}}\boldsymbol{\xi}^{(i)},i=1,\cdots,2n \tag{12.5.50}$$

其中,单位 Sigma 点的定义为式(12.5.47)。

(2)通过测量模型传播 Sigma 点:

$$\boldsymbol{\mathcal{Y}}_k^{(i)} = h(\boldsymbol{\chi}_{k|k-1}^{(i)}),i=1,\cdots,2n \tag{12.5.51}$$

(3)计算预测均值$\boldsymbol{\mu}_k$,观测的预测协方差$\boldsymbol{S}_k$,状态-观测交联协方差$\boldsymbol{C}_k$:

$$\begin{aligned}\boldsymbol{\mu}_k &= \frac{1}{2n}\sum_{i=1}^{2n}\boldsymbol{\mathcal{Y}}_k^{(i)}\\ \boldsymbol{S}_k &= \frac{1}{2n}\sum_{i=1}^{2n}(\boldsymbol{\mathcal{Y}}_k^{(i)}-\boldsymbol{\mu}_k)(\boldsymbol{\mathcal{Y}}_k^{(i)}-\boldsymbol{\mu}_k)^{\mathrm{T}}+\boldsymbol{R}_k \\ \boldsymbol{C}_k &= \frac{1}{2n}\sum_{i=1}^{2n}(\boldsymbol{\chi}_{k|k-1}^{(i)}-\boldsymbol{X}_{k|k-1})(\boldsymbol{\mathcal{Y}}_k^{(i)}-\boldsymbol{\mu}_k)^{\mathrm{T}}\end{aligned} \tag{12.5.52}$$

(4)计算滤波增益$\boldsymbol{K}_k$,观测$\boldsymbol{y}_k$条件下的滤波状态均值$\hat{\boldsymbol{X}}_k$和协方差$\boldsymbol{P}_k$:

$$\begin{aligned}\boldsymbol{K}_k &= \boldsymbol{C}_k\boldsymbol{S}_k^{-1}\\ \hat{\boldsymbol{X}}_k &= \boldsymbol{X}_{k|k-1}+\boldsymbol{K}_k(\boldsymbol{y}_k-\boldsymbol{\mu}_k)\\ \boldsymbol{P}_k &= \boldsymbol{P}_{k|k-1}-\boldsymbol{K}_k\boldsymbol{S}_k\boldsymbol{K}_k^{\mathrm{T}}\end{aligned} \tag{12.5.53}$$

将球方积分算法应用于非加性噪声情况下的高斯滤波式(12.5.8)和式(12.5.9),得到非加性噪声驱动系统式(12.1.2)的增广CKF步骤。

预测步骤如下:

(1)针对增广随机变量$(\boldsymbol{X}_{k-1},\boldsymbol{W}_{k-1})$构造Sigma点矩阵:

$$\tilde{\boldsymbol{\chi}}_{k-1}^{(i)} = \tilde{\boldsymbol{X}}_{k-1}+\sqrt{\tilde{\boldsymbol{P}}_{k-1}}\boldsymbol{\xi}^{(i)},\quad i=1,\cdots,2n_A \tag{12.5.54}$$

其中,

$$\tilde{\boldsymbol{X}}_{k-1}=\begin{pmatrix}\hat{\boldsymbol{X}}_{k-1}\\ 0\end{pmatrix}\quad \tilde{\boldsymbol{P}}_{k-1}=\begin{pmatrix}\boldsymbol{P}_{k-1} & 0\\ 0 & \boldsymbol{Q}_{k-1}\end{pmatrix}$$

增广变量的维数为$n_A=n+n_W$,n为状态$\boldsymbol{X}_{k-1}$的维数,n_W为噪声$\boldsymbol{W}_{k-1}$的维数。单位Sigma点定义为

$$\boldsymbol{\xi}^{(i)}=\begin{cases}\sqrt{n_A}\boldsymbol{e}_i, & i=1,\cdots,n_A\\ -\sqrt{n_A}\boldsymbol{e}_{i-n_A}, & i=n_A+1,\cdots,2n_A\end{cases} \tag{12.5.55}$$

(2)通过动态模型传播Sigma点:

$$\boldsymbol{\chi}_k^{(i)}=\phi(\tilde{\boldsymbol{\chi}}_{k-1}^{(i),X},\tilde{\boldsymbol{\chi}}_{k-1}^{(i),W}),\quad i=1,\cdots,2n_A \tag{12.5.56}$$

其中,$\tilde{\boldsymbol{\chi}}_{k-1}^{(i),X}$表示Sigma点$\tilde{\boldsymbol{\chi}}_{k-1}^{(i)}$中前$n$维分量,$\tilde{\boldsymbol{\chi}}_{k-1}^{(i),W}$为后$n_W$维分量。

(3)计算预测均值$\boldsymbol{X}_{k|k-1}$和预测协方差$\boldsymbol{P}_{k|k-1}$:

$$\begin{aligned}\boldsymbol{X}_{k|k-1} &= \frac{1}{2n}\sum_{i=1}^{2n_A}\boldsymbol{\chi}_k^{(i)}\\ \boldsymbol{P}_{k|k-1} &= \frac{1}{2n}\sum_{i=1}^{2n_A}(\boldsymbol{\chi}_k^{(i)}-\boldsymbol{X}_{k|k-1})(\boldsymbol{\chi}_k^{(i)}-\boldsymbol{X}_{k|k-1})^{\mathrm{T}}\end{aligned} \tag{12.5.57}$$

更新步骤如下：

(1)设 $n_B = n + n_V$，其中 n 为状态维数，n_V 为测量噪声维数。构造增广随机变量($\boldsymbol{X}_k, \boldsymbol{V}_k$)的 Sigma 点：

$$\tilde{\boldsymbol{\chi}}_{k|k-1}^{(i)} = \tilde{\boldsymbol{X}}_{k|k-1} + \sqrt{\tilde{\boldsymbol{P}}_{k|k-1}}\boldsymbol{\xi}^{(i)}, i = 1, \cdots, 2n_B \tag{12.5.58}$$

其中，

$$\tilde{\boldsymbol{X}}_{k|k-1} = \begin{pmatrix} \boldsymbol{X}_{k|k-1} \\ 0 \end{pmatrix}, \ \tilde{\boldsymbol{P}}_{k|k-1} = \begin{pmatrix} \boldsymbol{P}_{k|k-1} & 0 \\ 0 & \boldsymbol{R}_k \end{pmatrix}$$

单位 Sigma 点 $\boldsymbol{\xi}^{(i)}$ 定义与式(12.5.55)类似，不同点在于将式中的 n_A 替换为 n_B。

(2)通过测量方程传播 Sigma 点：

$$\boldsymbol{\mathcal{Y}}_k^{(i)} = h(\tilde{\boldsymbol{\chi}}_{k|k-1}^{(i),X}, \tilde{\boldsymbol{\chi}}_{k|k-1}^{(i),V}), i = 1, \cdots, 2n_B \tag{12.5.59}$$

其中，$\tilde{\boldsymbol{\chi}}_{k|k-1}^{(i),X}$ 表示 $\tilde{\boldsymbol{\chi}}_{k|k-1}^{(i)}$ 中前 n 维分量，$\tilde{\boldsymbol{\chi}}_{k|k-1}^{(i),V}$ 表示后 n_V 维分量。

(3)计算预测均值 $\boldsymbol{\mu}_k$，观测的预测协方差 $\boldsymbol{S}_k$，状态－观测的交联协方差 $\boldsymbol{C}_k$：

$$\begin{aligned} \boldsymbol{\mu}_k &= \frac{1}{2n_B}\sum_{i=1}^{2n_B} \boldsymbol{\mathcal{Y}}_k^{(i)} \\ \boldsymbol{S}_k &= \frac{1}{2n_B}\sum_{i=1}^{2n_B} (\boldsymbol{\mathcal{Y}}_k^{(i)} - \boldsymbol{\mu}_k)(\boldsymbol{\mathcal{Y}}_k^{(i)} - \boldsymbol{\mu}_k)^{\mathrm{T}} \\ \boldsymbol{C}_k &= \frac{1}{2n_B}\sum_{i=1}^{2n_B} (\boldsymbol{\chi}_{k|k-1}^{(i),X} - \boldsymbol{X}_{k|k-1})(\boldsymbol{\mathcal{Y}}_k^{(i)} - \boldsymbol{\mu}_k)^{\mathrm{T}} \end{aligned} \tag{12.5.60}$$

(4)计算滤波增益 $\boldsymbol{K}_k$，观测 $\boldsymbol{y}_k$ 条件下的滤波状态均值 $\hat{\boldsymbol{X}}_k$ 和协方差 $\boldsymbol{P}_k$：

$$\begin{aligned} \boldsymbol{K}_k &= \boldsymbol{C}_k\boldsymbol{S}_k^{-1} \\ \hat{\boldsymbol{X}}_k &= \boldsymbol{X}_{k|k-1} + \boldsymbol{K}_k(\boldsymbol{y}_k - \boldsymbol{\mu}_k) \\ \boldsymbol{P}_k &= \boldsymbol{P}_{k|k-1} - \boldsymbol{K}_k\boldsymbol{S}_k\boldsymbol{K}_k^{\mathrm{T}} \end{aligned} \tag{12.5.61}$$

13 基于计算试验的滤波算法

随着飞行器设计速度的不断提升，各种高超声速飞行器的试验面临更加严酷的工作环境，其数据处理分析也更难获取到有效的样本数据。飞行器本身的状态呈现出更加复杂和非线性的特征，且与环境之间耦合非常紧密。在这种情况下，传统的线性化方法、非线性系统简化方法在试验数据处理中都面临着巨大的挑战。

应用高性能计算机带来的高速技术和仿真模拟能力，使用计算统计的方法代替传统归纳统计的方法，成为解决复杂问题的一种非常有效的方法。特别是在研究核物理过程中诞生的蒙特卡罗方法，将计算数学和统计学有机地联系在一起，为解决非线性、复杂的状态估计与预测问题提供了可能。

本章将学习计算试验中的一个重要方法——蒙特卡罗法，并将蒙特卡罗原理推广到积分型的数学期望计算中，导出了用于非线性系统滤波的粒子滤波算法，详细介绍了粒子滤波的基本概念和具体步骤。本章介绍的粒子滤波是基于序列重要性重采样理论构建的。

13.1 蒙特卡罗方法

蒙特卡罗(Monte Carlo)方法，又称随机抽样或统计试验方法，属于计算数学的一个分支，它是在20世纪40年代中期为了适应当时原子能事业的发展而发展起来的。传统的经验方法由于不能逼近真实的物理过程，很难得到满意的结果，而蒙特卡罗方法由于能够真实地模拟实际物理过程，故解决问题与实际非常符合，可以得到很圆满的结果。这也是以概率和统计理论方法为基础的一种计算方法，是使用随机数(或更常见的伪随机数)来解决很多计算问题的方法。将所求解的问题同一定的概率模型相联系，用电子计算机实现统计模拟或抽样，以获得问题的近似解。

当所要求解的问题是某种事件出现的概率，或者是某个随机变量的期望值时，它们可以通过某种“试验”的方法，得到这种事件出现的频率，或者这个随机变数的平均值，并用它们作为问题的解。这就是蒙特卡罗方法的基本思想。蒙特卡罗方法通过抓住事物运动的几何数量和几何特征，利用数学方法来加以模拟，即进行一种数字模拟实验。它是以一个概率模型为基础，按照这个模型所描绘的过程，通过模拟实验的结果，作为问题的近似解。可以把蒙特卡罗解题归结为三个主要步骤：构造或描述概率过程；实现从已知概率分布抽样；建立各种估计量。

13.1.1 蒙特卡罗方法的收敛性

蒙特卡罗方法的收敛性可以由切比雪夫大数定律给出证明。切比雪夫大数定律是数学学科概率论里一个重要的定律。

设随机变量序列 $\{X_i\}$ 两两相对独立，且期望存在 $E(X_i)=\mu_i$，方差存在且有共同有限上界 $D(X_i)=\sigma_i^2<M$，则对 $\forall \varepsilon>0$，$\lim\limits_{n\to+\infty}P\left\{\left|\frac{1}{n}\sum\limits_{i=1}^{n}X_i-\frac{1}{n}\sum\limits_{i=1}^{n}\mu_i\right|<\varepsilon\right\}=1$。

特别地，若 $\{X_i\}$ 有相同的期望 μ，则有 $\lim\limits_{n\to+\infty}P\left\{\left|\frac{1}{n}\sum\limits_{i=1}^{n}X_i-\mu\right|<\varepsilon\right\}=1$。

将该公式应用于抽样调查，就会有如下结论：随着样本容量 n 的增加，样本平均数将接近于总体平均数。从而为统计推断中依据样本平均数估计总体平均数提供了理论依据。

特别需要注意的是，切比雪夫大数定律并未要求 $X_1,X_2,\cdots X_n$ 同分布，相对于伯努利大数定律和辛钦大数定律更具一般性。

切比雪夫大数定律意在表明，当样本数量足够大时，可以用样本的算术平均来代替期数学期望，从理论上保证了蒙特卡罗方法的收敛性。

13.1.2 蒙特卡罗方法的误差

蒙特卡罗方法的近似结果与真值之间的误差，可以通过中心极限定理给出答案。如果随机变量序列 $X_1,X_2,\cdots X_n$ 独立同分布，且具有有限非零的方差 σ^2，即 $E(X_i)=\mu, D(X_i)=\sigma^2, 0<\sigma<\infty$，则对任意 X，分布函数

$$F_n(x)=P\left\{\frac{\sum\limits_{i=1}^{n}X_i-n\mu}{\sigma\sqrt{n}}\leqslant x\right\}$$

满足：

$$\lim_{n\to\infty}F_n(x)=\lim_{n\to\infty}\left\{\frac{\sum\limits_{i=1}^{n}X_i-n\mu}{\sigma\sqrt{n}}\leqslant x\right\}=\frac{1}{\sqrt{2\pi}}\int_{-\infty}^{x}e^{-\frac{t^2}{2}}dt$$

这表明,当样本数量很大时,随机变量 $Y_n = \dfrac{\sum_{i=1}^{n} X_i - n\mu}{\sqrt{n}\sigma}$ 近似地服从标准正态分布 $\mathcal{N}(0,1)$。此时, $\sum_{i=1}^{n} X_i = \sqrt{n}\sigma Y_n + n\mu$ 近似地服从正态分布 $\mathcal{N}(n\mu, n\sigma^2)$。

当对 x 取值 λ_α 时,有

$$P\left\{ |\bar{X}_n - E(X)| < \frac{\lambda_\alpha \sigma}{\sqrt{n}} \right\} = \frac{2}{\sqrt{2\pi}} \int_0^{\lambda_\alpha} e^{-\frac{t^2}{2}} dt = 1 - \alpha$$

其中,α 称为置信度,$1-\alpha$ 称为置信水平。

这表明不等式 $|\bar{X}_n - E(X)| < \dfrac{\lambda_\alpha \sigma}{\sqrt{n}}$ 近似地依概率 $1-\alpha$ 成立,且误差收敛速度的阶为 $O(N^{-\frac{1}{2}})$。值得注意的是,这个收敛速度是比较慢的,但是它与问题本身的维数无关,只与样本数量有关。这一特点决定了蒙特卡罗方法的多维适用性。

通常蒙特卡罗方法的误差定义为

$$\varepsilon = \frac{\lambda_\alpha \sigma}{\sqrt{N}}$$

上式中 λ_α 与置信度 α 是一一对应的。根据问题的要求确定置信水平后,通过查标准正态分布表,就可以确定 λ_α。

需要注意的是,蒙特卡罗方法的误差是概率误差,服从正态统计概率,这有别于其他数值计算方法。而且误差中的均方差 σ 是未知的,必须使用其估计值来代替:

$$\hat{\sigma} = \sqrt{\frac{1}{N} \sum_{i=1}^{N} X_i^2 - \left(\frac{1}{N} \sum_{i=1}^{N} X_i \right)^2}$$

当给定置信度 α 时,误差由 σ 和 N 决定,要减小 ε,可以通过增大 N 或者减小方差 σ^2。在 σ 固定情况下,要把精度提高一个数量级,试验次数 N 要增加 2 个数量级。因此单纯增加 N 不是一个有效的方法;减小估计值方差 σ,误差成正比例减小,比如 σ 减小一半,那么 ε 也减小一半,相当于 N 增大 4 倍。因此,各种降低估计值方差的方法被用于提升蒙特卡罗方法的效率。

一般来说,降低方差的方法,往往会使得观察子样的时间增加。那么在固定的时间内观察的子样数量就会减少。所以,一种方法的优劣,需要由方差和观察一个样本的消耗两者来衡量。这就是蒙特卡罗方法中效率的概念。它定义为 $\sigma^2 c$,其中 c 是观察一个子样的平均消耗。显然 $\sigma^2 c$ 越小,方法越有效。

13.1.3 蒙特卡罗方法的一般过程

(1)根据提出的问题构造一个简单、适用的概率模型或随机模型,使问题的解对应于该模型中随机变量的某些特征(如概率、均值和方差等),所构造的模型在主要特征参量方面要与实际问题或系统相一致。

(2)根据模型中各个随机变量的分布,在计算机上产生随机数,实现一次模拟过程所需足够数量的随机数。通常先产生均匀分布的随机数,然后生成服从某一分布的随机数,方可进行随机模拟试验。

(3)根据概率模型的特点和随机变量的分布特性,设计和选取合适的抽样方法,并对每个随机变量进行抽样(包括直接抽样、分层抽样、相关抽样、重要抽样等)。

(4)按照所建立的模型进行仿真试验、计算,求出问题的随机解。

(5)统计分析模拟试验结果,给出问题的概率解以及解的精度估计。

在上述的蒙特卡罗试验过程中,概率模型、抽样规则、减少方差的技术等都是需要关注的问题,直接影响了试验结果的优良性。

13.2 粒子滤波原理

粒子滤波是一种序贯蒙特卡罗方法,利用“重要抽样”技术对相关概率分布进行序贯估计,并采用离散随机测量来近似分布。其关键思想是用一组随机样本来表示后验分布,这些随机样本称为粒子,粒子及其相关的权重,可以计算所需的蒙特卡罗估计数。当粒子的数量变得非常大时,蒙特卡罗估计数等价于后验分布的解析特征。粒子滤波为非线性问题提供了一种近似卡尔曼滤波的方法。

13.2.1 蒙特卡罗法计算积分

在工程和科学领域所涉及的统计学方法,如最优滤波中,经常需要求取如下积分形式的数学期望:

$$E[g(x)] = \int g(x)p(x)\mathrm{d}x \tag{13.2.1}$$

其中,$g:\mathbb{R}^n \to \mathbb{R}^m$为任意函数,$p(x)$为随机变量 x 的概率密度函数。现在的问题是,这种积分只能在少数特殊情况下以封闭的形式计算,而通常必须使用数值方法。

蒙特卡罗方法提供了一种计算形如式(13.2.1)积分的数值方法,该方法从分布中抽取样本,用样本的统计平均值估计分布的统计量,以取代对统计量的封闭计算。在一个完美的蒙特卡罗近似中,我们抽取独立随机样本 $x^{(i)} \sim p(x)$,并估计期望为

$$E[g(x)] \approx \frac{1}{N}\sum_{i} g(x^{(i)}) \tag{13.2.2}$$

可见,蒙特卡罗方法通过从满足目标概率密度的分布中抽取一组样本,来近似计算目标概率密度。图 13.1 展示了二维高斯分布及其蒙特卡罗采样的结果。

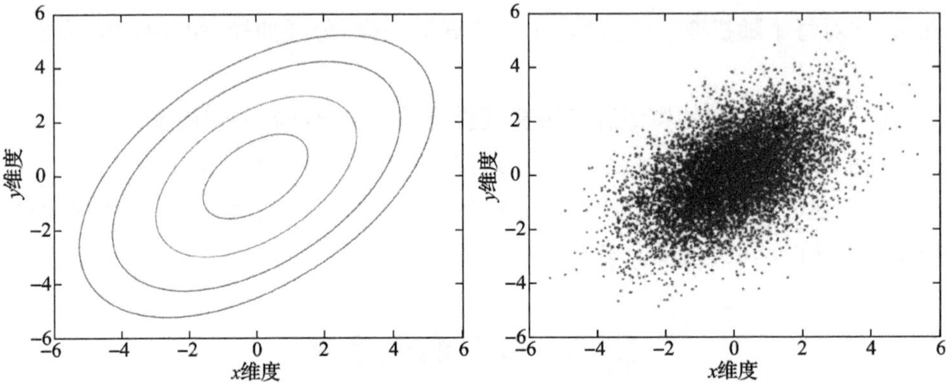

图 13.1　二维高斯分布密度函数及其蒙特卡罗采样结果

蒙特卡罗近似的收敛性由著名的中心极限定理(Central Limit Theorem, CLT)保证,其误差项为 $O(N^{-1/2})$,且误差与变量 x 维数无关。这种对变量维数的不变性是蒙特卡罗方法所特有的,理论上,当 x 的维数相当大时,它优于几乎所有其他的数值方法。

在贝叶斯推理中,目标分布通常是后验分布 $p(x \mid y_1, \cdots, y_n)$,人们朴素地认为,从分布中提取样本比计算分布本身更容易,例如对期望的计算,积分式(13.2.1)难于加权求和式(13.2.2),实际情况也经常如此。

13.2.2　重要性采样

当分布 $p(x)$ 形式比较复杂的时候,并不总是能从分布中直接取得样本,重要性采样(Importance Sampling, IS)提供了一种解决方法。在重要性采样中,使用了所谓“重要性分布”$\pi(x)$ 来近似目标分布 $p(x)$,能更容易地对 $\pi(x)$ 抽取样本。有了样本 $x^{(i)} \sim \pi(x)$,可以将期望积分(13.2.1)近似为

$$E[g(x)] \approx \frac{1}{N}\sum_{i} \frac{g(x^{(i)})p(x^{(i)})}{\pi(x^{(i)})} \tag{13.2.3}$$

图 13.2 展示了重要性采样的概念。从重要性分布中抽样，由于是对目标分布的近似，因此样本的分布并不精确，需要通过设置与每个样本关联的权重来修正近似精度。

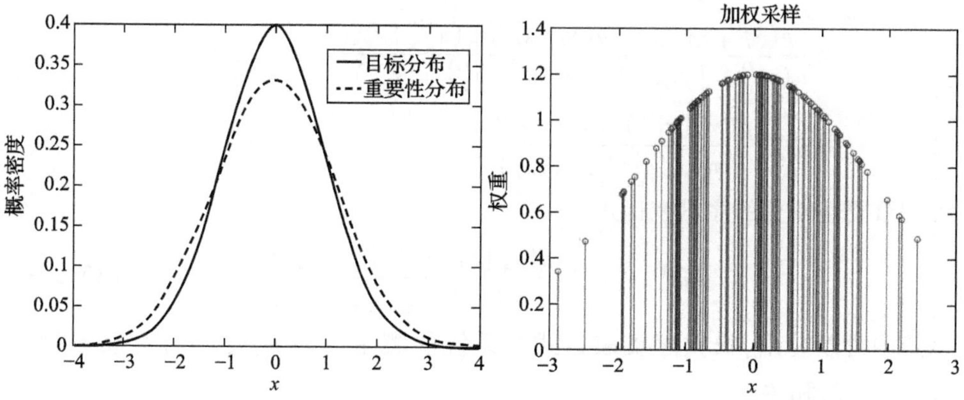

图 13.2 重要性分布对目标分布的近似以及其权采样

直接使用式(13.2.3)所述的重要性采样在应用中存在一个悖论，即必须要计算 $p(x^{(i)})$，但 $p(x^{(i)})$ 的归一化常数通常却是未知的，求解 $p(x^{(i)})$ 也需要求解积分运算，其与期望积分(13.2.1)相比具有相同的计算复杂度。

在实际使用重要性抽样时，要经常用到一个近似公式：

$$E[g(x)] \approx \frac{\sum_i g(x^{(i)}) w_i}{\sum_i w_i} \tag{13.2.4}$$

其中，w_i 为非标准化的权重，定义为

$$w_i = \frac{p(x^{(i)})}{\pi(x^{(i)})} \tag{13.2.5}$$

13.2.3 序贯重要性采样

序贯重要性采样(Sequential Importance Sampling, SIS)是一种特殊的重要性采样方法，其原理是：每个时间步 k 上状态 x_k 的重要性分布可以递归地计算：

$$\pi(x_{0:k} \mid y_{1:k}) = \pi(x_k \mid x_{0:k-1}, y_{1:k}) \pi(x_{0:k-1} \mid y_{1:k-1}) \tag{13.2.6}$$

同时，考虑条件分布 $p(x_k^{(i)} \mid y_k)$ 满足贝叶斯法则：

$$p(x_k^{(i)} \mid y_k) = \frac{p(y_k \mid x_k^{(i)}) p(x_k^{(i)})}{p(y_k)} \propto p(y_k \mid x_k^{(i)}) p(x_k^{(i)}) \tag{13.2.7}$$

因此，重要性权重(13.2.5)也可以进行如下推导：

$$\begin{aligned}\tilde{w}_k^{(i)} &= \frac{p(x_k^{(i)} \mid y_k)}{\pi(x_{0:k}^{(i)} \mid y_{1:k})} \\ &\propto \frac{p(y_k \mid x_k^{(i)})p(x_k^{(i)})}{\pi(x_k^{(i)} \mid x_{0:k-1}^{(i)}, y_{1:k})\pi(x_{0:k-1}^{(i)} \mid y_{1:k-1})} \\ &\propto \frac{p(x_{k-1}^{(i)} \mid y_{k-1})}{\pi(x_{0:k-1}^{(i)} \mid y_{1:k-1})} \frac{p(y_k \mid x_k^{(i)})p(x_k^{(i)} \mid x_{k-1}^{(i)})}{\pi(x_k^{(i)} \mid x_{0:k-1}^{(i)}, y_{1:k})} \\ &= \tilde{w}_{k-1}^{(i)} \frac{p(y_k \mid x_k^{(i)})p(x_k^{(i)} \mid x_{k-1}^{(i)})}{\pi(x_k^{(i)} \mid x_{0:k-1}^{(i)}, y_{1:k})}\end{aligned}$$

得到重要性权重的序贯表达式：

$$\tilde{w}_k^{(i)} \propto \tilde{w}_{k-1}^{(i)} \frac{p(y_k \mid x_k^{(i)})p(x_k^{(i)} \mid x_{k-1}^{(i)})}{\pi(x_k^{(i)} \mid x_{0:k-1}^{(i)}, y_{1:k})} \tag{13.2.8}$$

从式中可以看出，权重序贯表达式与系统的测量模型 $p(y_k \mid x_k)$ 和动态模型 $p(x_k \mid x_{k-1})$ 相关。

序贯重要性采样算法可以生成滤波分布的蒙特卡罗近似，滤波分布由一般状态空间模型描述：

$$\begin{aligned} x_k &\sim p(x_k \mid x_{k-1}) \\ y_k &\sim p(y_k \mid x_k) \end{aligned} \tag{13.2.9}$$

其中，$x_k \in \mathbb{R}^n$ 为时刻 k 的状态，$y_k \in \mathbb{R}^m$ 为观测。状态和测量可以同时包含离散的和连续的分量。

序贯重要性采样算法用一组加权粒子 $\{(w_k^{(i)}, x_k^{(i)}): i = 1, \cdots, N\}$ 代表滤波分布 $p(x_k \mid y_{1:k})$，这样在每个时间步 k 上，任意函数 $g(x)$ 的数学期望可以用加权采样平均的方式近似计算：

$$E[g(x_k) \mid y_{1:k}] \approx \sum_{i=1}^{N} w_k^{(i)} g(x_k^{(i)}) \tag{13.2.10}$$

同样地，序贯重要性采样也可以被解释为构造了一种对后验分布的近似方法：

$$p(x_k \mid y_{1:k}) \approx \sum_{i=1}^{N} w_k^{(i)} \delta(x_k - x_k^{(i)}) \tag{13.2.11}$$

其中，$\delta(\cdot)$ 为狄拉克 delta 函数，定义为

$$\delta(x) = 0, (x \neq 0)$$

$$\int_{-\infty}^{\infty} \delta(x)\,\mathrm{d}x = 1$$

序贯重要性采样算法步骤可以归纳如下：

步骤 1：初始化。

从先验分布中抽取 N 个样本：

$$x_0^{(i)} \sim p(x_0) \tag{13.2.12}$$

并设置权重为

$$w_0^{(i)} = 1/N \tag{13.2.13}$$

步骤 2：预测。

从重要性分布中抽取 N 个新样本：

$$x_k^{(i)} \sim \pi(x_k \mid x_{0:k-1}^{(i)}, y_{1:k}) \tag{13.2.14}$$

步骤 3：更新。

计算新权重：

$$w_k^{(i)} = w_{k-1}^{(i)} \frac{p(y_k \mid x_k^{(i)}) p(x_k^{(i)} \mid x_{k-1}^{(i)})}{\pi(x_k^{(i)} \mid x_{0:k-1}^{(i)}, y_{1:k})} \tag{13.2.15}$$

并进行加权归一化。

步骤 4：递推。

设 $k \to k+1$，并转到步骤 2。

基于序贯重要性采样算法，我们总结出针对系统(13.2.9)的状态空间粒子滤波(SSPF)算法。

(1)初始化粒子。

从初始状态分布中抽取 N 个粒子：

$$x_0^{(i)} \sim p(x_0), \quad i = 1, \cdots, N$$

设置粒子的权重为

$$w_0^{(i)} = 1/N, \quad i = 1, \cdots, N$$

(2)重要性采样。

从重要性分布中抽取粒子：

$$x_k^{(i)} \sim \pi(x_k \mid x_{0:k-1}^{(i)}, y_{1:k})$$

(3)状态转移。

根据状态转移模型计算变换后的粒子：

$$x_{k|k-1}^{(i)} \sim p(x_k \mid x_{k-1}^{(i)})$$

如果系统为非线性系统(12.1.2)描述，则状态转移计算为

$$x_{k|k-1}^{(i)} = \phi(x_{k-1}^{(i)}, W_{k-1}^{(i)})$$

其中，$W_{k-1}^{(i)} \sim p(W_{k-1})$ 为过程噪声的样本。

(4)观测似然。

根据观测模型计算变换后的粒子：

$$y_k^{(i)} \sim p(y_k \mid x_k^{(i)})$$

如果系统为非线性系统(12.1.2)描述，则观测似然计算为

$$y_k^{(i)} = h(x_k^{(i)}, V_k^{(i)})$$

其中，$V_k^{(i)} \sim p(V_k)$为测量噪声的样本。

(5)更新权重。

$$w_k^{(i)} = w_{k-1}^{(i)} \frac{p(y_k \mid x_k^{(i)}) p(x_k^{(i)} \mid x_{k-1}^{(i)})}{\pi(x_k^{(i)} \mid x_{0:k-1}^{(i)}, y_{1:k})}$$

(6)归一化权重。

$$\hat{w}_k^{(i)} = \frac{w_k^{(i)}}{\sum_{i=1}^{N} w_k^{(i)}}$$

(7)构造滤波分布。

$$p(x_k \mid y_k) = \sum_{i=1}^{N} \hat{w}_k^{(i)} \delta(x - x_k^{(i)})$$

(8)状态估计。

取状态估计为条件均值，则

$$\hat{x}_k = E[x \mid y_k] \approx \sum_{i=1}^{N} \hat{w}_k^{(i)} x_k^{(i)}$$

应该注意的是，算法中重要性分布 $\pi(x_k \mid x_{0:k-1}^{(i)}, y_{1:k})$ 有多种选择，可以采用最小方差重要性分布：

$$\pi(x_k \mid x_{0:k-1}^{(i)}, y_{1:k}) = p(x_k \mid x_{k-1}^{(i)}, y_k)$$

也可以采用状态转移先验分布：

$$\pi(x_k \mid x_{0:k-1}^{(i)}, y_{1:k}) = p(x_k \mid x_{k-1}^{(i)})$$

当采用最小方差重要性分布时，将遇到两个问题：①必须从分布 $p(x_k \mid x_{k-1}^{(i)}, y_k)$ 中进行采样；②更新权重时需要计算一般情况下无解析解的积分。而采用状态转移先验分布时，权重计算不涉及最新观测量 y_k 和前一时刻粒子 $x_{k-1}^{(i)}$，而只与观测似然 $p(y_k \mid x_k^{(i)})$ 相关，此时，只需要代入粒子 $x_k^{(i)}$ 就可以直接计算观测似然。需要注意的是，计算权重时，需要先将粒子传播到 k 时刻，再代入粒子进行计算。

13.2.4 序贯重要性重采样

前一节的基于序贯重要性采样算法的粒子滤波中存在一个问题，即很容易遇到这样的情况：几乎所有粒子的权重都为零，只有极少的几个甚至只有一个粒

子权重非零。这就是在粒子滤波中经常被讨论的“退化”问题,退化问题的存在阻碍了粒子滤波的推广应用。

退化问题可以通过引入“重采样”过程予以解决。重采样过程是指:从由权重定义的离散分布中抽取 N 个新样本,并用这组新的样本集替代旧的 N 个样本。此过程可以归纳为如下算法。

重采样算法如下:

步骤1:将每个权重 $w_k^{(i)}$ 视为在集合 $\{x_k^{(i)} \mid i=1,\cdots,N\}$ 中获得粒子 i 的概率。

步骤2:在集合 $\{x_k^{(i)} \mid i=1,\cdots,N\}$ 中选择权重大的若干个样本,并复制成新的 N 个样本,用新样本替换旧的样本集。

步骤3:设置所有权重为常值 $w_k^{(i)}=1/N$。

重采样的思想就是去除权重非常小的粒子和权重大但重复的粒子。虽然加权样本集所表示的理论分布并未变化,但重采样会导致估计中增加额外的方差。通过适当地选择重采样方法,可以减少重采样过程中引入的方差。在减小方差方面最优的重采样方法是分层重采样。

序贯重要性重采样是一种一般化的粒子滤波框架,其中,重采样步骤作为序贯重要性采样的一部分存在于算法中。

通常,重采样并非在每个时间步上都要执行,而是仅在实际需要时才会执行。其中一种策略是,每当执行到能被 n 整除的时间步时才进行重采样,n 在这里是一个预设的参数。该策略的优点是具有无偏性。然而本教程将采用另一种策略,即自适应重采样。该策略用粒子权重的方差估计出有效粒子的数量,以评判是否需要执行重采样。有效粒子数量的估计计算公式为

$$n_{\mathrm{eff}} \approx \frac{1}{\sum_{i=1}^{N}(w_k^{(i)})^2} \tag{13.2.16}$$

其中,$w_k^{(i)}$ 为第 k 时刻粒子 i 的归一化权重。重采样在有效粒子数量明显少于粒子总数量时执行,比如,$n_{\mathrm{eff}}<N/10$ 时执行,N 为粒子总数。

归纳出的序贯重要性重采样算法如下:

步骤1:为样本集 $\{x_{k-1}^{(i)}, i=1,\cdots,N\}$ 中的每一个点,从重要性分布

$$x_k^{(i)} \sim \pi(x_k \mid x_{k-1}^{(i)}, y_{1:k}),\quad i=1,\cdots,N \tag{13.2.17}$$

中抽取新的点 $x_k^{(i)}$。

步骤2:计算新的权重。

$$w_k^{(i)} = w_{k-1}^{(i)} \frac{p(y_k \mid x_k^{(i)}) p(x_k^{(i)} \mid x_{k-1}^{(i)})}{\pi(x_k^{(i)} \mid x_{k-1}^{(i)}, y_{1:k})}, \quad i = 1, \cdots, N \tag{13.2.18}$$

并对其进行归一化。

步骤3:如果有效粒子数(13.2.16)过少,则执行重采样。

序贯重采样算法的性能取决于重要性分布 $\pi(\cdot)$ 的特性,这是给定前一步状态值条件下当前状态后验分布的近似。重要性分布的函数形式应该是这样的:可以很容易地从中抽取样本,并能计算样本点的概率密度。方差最小的重要性分布为

$$\pi(x_k \mid x_{k-1}, y_{1:k}) = p(x_k \mid x_{k-1}, y_{1:k}) \tag{13.2.19}$$

如果不能直接使用最优重要性分布,则可以通过局部线性化得到良好的重要性分布,比如可以混合使用扩展卡尔曼滤波器(EKF)、无迹卡尔曼滤波器(UKF)或其他类型的非线性卡尔曼滤波器,以构造重要性分布。用 UKF 构造重要性分布的粒子滤波器也称为无迹粒子滤波器(UPF)。同样,可以称 GHKF 构造重要性分布的粒子滤波器为高斯-埃尔米特粒子滤波器(GHPF),称 CKF 构造重要性分布的粒子滤波器为容积粒子滤波器(CPF)。

针对特定估计问题调整重采样算法,比如改变权重计算和采样的顺序,可以提高算法的精度和计算效率。值得指出的是,不进行替换操作的话采样会更有效率,这样就不会存储重复的样本。也有证据表明,在某些情况下,使用一个简单的确定性算法以保留 N 个最有可能的粒子,可以使得重采样更有效率。

自举滤波(Bootstrap Filter)是序贯重要性重采样的一种变型,其使用动态模型 $p(x_k \mid x_{k-1})$ 为重要性分布。这使得算法的实现非常容易,但由于重要性分布的效率低下,可能需要大量的蒙特卡罗样本以获得准确的估计结果。在自举滤波器中,重采样在每个时间步长内都要执行一次。

自举滤波算法如下:

步骤1:为样本集 $\{x_{k-1}^{(i)}, i = 1, \cdots, N\}$ 中的每一个点,从动态模型

$$x_k^{(i)} \sim p(x_k \mid x_{k-1}^{(i)}), \quad i = 1, \cdots, N \tag{13.2.20}$$

中抽取新的点 $x_k^{(i)}$。

步骤2:计算新的权重:

$$w_k^{(i)} = p(y_k \mid x_k^{(i)}), \quad i = 1, \cdots, N \tag{13.2.21}$$

并对其进行归一化。

步骤3:执行重采样。

尽管使用了重采样程序,但在粒子滤波中遇到的一个问题是样本“贫化”。所谓“贫化”指的是在动态模型中的噪声非常小时,粒子集里的很多粒子具有完全相同的值。也就是说,重采样步骤只是简单地将几个(或一个)粒子倍增,导致最终得到粒子集的只是特定高权重粒子的一组副本。因此,与任何方法一样,都必须考虑一些权衡。

下面介绍一些重采样技术,以供实践中权衡选择。

(1)多项式重采样。

由于每一个粒子 $x_k^{(i)}$ 的概率等于其归一化权重 $w_k^{(i)}$,因此,设原始粒子集 $\{x_k^{(i)}\}$ 中某一个特定粒子被选中的次数 $N_s^{(i)}$ 遵循二项式分布 $B(N,w_k^{(i)})$。相应的,全部粒子各自被选中的次数向量$[\boldsymbol{N}_s^{(1)},\cdots,\boldsymbol{N}_s^{(N)}]$,遵循参数为 N、成功概率为$[w_1^{(i)},\cdots,w_N^{(i)}]$的多项式分布。多项式重采样的思想就是,原始集合中方差权重较小的粒子最有可能被丢弃,而那些具有高权重的粒子,则按照这些权重的比例进行复制。具体方法如下:

①给定 k 时刻的加权粒子集合$\{(w_k^{(i)},x_k^{(i)})\mid i=1,\cdots,N\}$,注意这里要求 $x_k^{(i-1)}<x_k^{(i)}$,即粒子 $x_k^{(i)}$ 随着标号 i 单调递增。

②生成 N 个均匀分布随机数,$u_l\sim\mathcal{U}(0,1),l=1,\cdots,N$。

③对应每一个随机数 $u_m\in\{u_l\mid l=1,\cdots,N\}$,生成一个新粒子的标号 $i_m=m$,其中,标号 m 根据权重累加决定,即满足不等式

$$\sum_{i=1}^{m-1}w_k^{(i)}\leqslant u_m\leqslant\sum_{i=1}^{m}w_k^{(i)},u_m\in\{u_l\mid l=1,\cdots,N\}$$

④根据新标号 i_m,从粒子集$\{x_k^{(i)}\mid i=1,\cdots,N\}$中进行重采样,得到新粒子 $\tilde{x}_k^{(i_m)}\Leftarrow x_k^{(m)}$,符号“$\Leftarrow$”表示将右侧变量的值赋予左侧的变量。新粒子的权重设为 $\tilde{w}_k^{(i_m)}=\dfrac{1}{N}$。

⑤根据新粒子及其权重,构造新的加权粒子集合$\{(\tilde{w}_k^{(i_m)},\tilde{x}_k^{(i_m)})\}$。

上述重采样方法,就是将$[0,1]$之间均匀分布的随机量 u_m,投影到积累分布逆函数 $P_X^{-1}(\cdot)$上,以提取随机量 u_m 对应的粒子 $x_k^{(m)}=P_X^{-1}(u_m)$作为新采样的粒子。其中,积累分布逆函数 $P_X^{-1}(\cdot)$根据积累分布函数 $P_X(\cdot)$构造,$P_X(\cdot)$根据重采样前的加权粒子集合$\{(w_k^{(i)},x_k^{(i)})\mid i=1,\cdots,N\}$计算

$$P_X(X)=\sum_{i=1}^{N}w_k^{(i)}\mu(X-x_k^{(i)}) \tag{13.2.22}$$

式中:$\mu(\cdot)$为单位阶跃函数。显然,在此重采样规则的作用下,那些权重大(即

概率高)的粒子能被更频繁地选中,从而取代概率较低(权重)的粒子。

(2)系统重采样。

系统重采样方法基于排序技术,产生一组 N - 排序的均匀分布随机变量,使得选择出的样本与样本均值的误差方差最小化。系统重采样的步骤如下:

①给定 k 时刻的加权粒子集合 $\{(w_k^{(i)}, x_k^{(i)}) | i=1,\cdots,N\}$,要求 $x_k^{(i-1)} < x_k^{(i)}$,即粒子 $x_k^{(i)}$ 随着标号 i 单调递增。

②生成均匀分布的 N 排序变量 $\tilde{u}_l = u_l + \frac{l-1}{N}, l=1,\cdots,N$,其中 $u_l \sim \mathcal{U}(0, 1), l=1,\cdots,N$

③对应每一个随机数 $\tilde{u}_m \in \{\tilde{u}_l | l=1,\cdots,N\}$,生成一个新粒子的标号 $i_m = m$,其中,标号 m 根据权重累加决定,即满足不等式

$$\sum_{i=1}^{m-1} w_k^{(i)} \leqslant \tilde{u}_m \leqslant \sum_{i=1}^{m} w_k^{(i)}, u_m \in \{u_l \mid l=1,\cdots,N\}$$

④根据新标号 i_m,从粒子集 $\{x_k^{(i)} \mid i=1,\cdots,N\}$ 中进行重采样,得到新粒子 $\tilde{x}_k^{(i_m)} \Leftarrow x_k^{(m)}$,新粒子的权重设为 $\tilde{w}_k^{(i_m)} = \frac{1}{N}$。

⑤根据新粒子及其权重,构造新的加权粒子集合 $\{(\tilde{w}_k^{(i_m)}, \tilde{x}_k^{(i_m)})\}$。

(3)残差重采样。

残差重采样可以得到较低的权重方差,其基本思想是估计每个粒子被复制的次数。第 i 个粒子被复制的次数估计值为

$$\bar{N}(i) := \mathrm{Int}(E\{N(i)\}) = \mathrm{Int}(N \times w_k^{(i)})$$

Int(·)表示向下取整数。其余粒子采用之前讨论的多项式采用方法获得,其余粒子的被复制次数估值为 $\bar{N}(l) := N - \sum_{i=1}^{N} \bar{N}(i)$,相应的权重为 $\bar{w}_k^{(i)} = \frac{N \cdot w_k^{(i)} - \bar{N}(i)}{\bar{N}(l)}$。

残差重采样的步骤如下:

①给定 k 时刻的加权粒子集合 $\{(w_k^{(i)}, x_k^{(i)}) \mid i=1,\cdots,N\}$,要求 $x_k^{(i-1)} < x_k^{(i)}$,即粒子 $x_k^{(i)}$ 随着标号 i 单调递增。

②计算 $\bar{N}(i), \bar{N}(i) = \mathrm{Int}(N \times w_k^{(i)})$。

③对第 $i=1,\cdots,N(i)$ 个粒子,进行多项式重采样,得到新粒子 $\tilde{x}_k^{(i_m)} \Leftarrow x_k^{(m)}$

④根据新粒子及其权重,构造新的加权粒子集合 $\{(\tilde{w}_k^{(i_m)}, \tilde{x}_k^{(i_m)})\}$。

至此,得到了三种重采样方案用于来解决粒子退化问题。通过采用不同的

重采样过程,可以对一般性的粒子过滤算法进行改进,减轻滤波过程中因权重变化造成的退化问题。

13.3 粒子滤波算法流程

结合前一节的自举滤波算法,总结出针对状态空间系统(13.2.9)的基于重要性重采样技术的自举粒子滤波(BootStrap Particle Filter)算法,该算法是粒子滤波算法家族中最简单、也是应用最广泛的算法,具有一定的代表性。

自举粒子滤波算法的流程如下:

(1)初始化粒子。

从初始状态分布中抽取 N 个粒子:

$$x_0^{(i)} \sim p(x_0), \quad i=1,\cdots,N$$

设置粒子的权重为

$$w_0^{(i)} = 1/N, \quad i=1,\cdots,N$$

(2)重要性采样。

从重要性分布中抽取粒子,此时重要性分布为系统的动态模型:

$$x_{k|k-1}^{(i)} \sim p(x_k \mid x_{k-1}^{(i)})$$

如果系统为非线性系统(12.1.2)描述,重要性分布的粒子可以用状态转移计算:

$$x_{k|k-1}^{(i)} = \phi(x_{k-1}^{(i)}, W_{k-1}^{(i)})$$

其中,$W_{k-1}^{(i)} \sim p(W_{k-1})$ 为过程噪声的样本。

(3)观测似然。

根据观测模型计算变换后的粒子:

$$y_{k|k-1}^{(i)} \sim p(y_k \mid x_{k|k-1}^{(i)})$$

如果系统为非线性系统(12.1.2)描述,则观测似然计算为

$$y_{k|k-1}^{(i)} = h(x_{k|k-1}^{(i)}, V_k^{(i)})$$

其中,$V_k^{(i)} \sim p(V_k)$ 为测量噪声的样本。

(4)更新权重。

根据观测似然更新权重:

$$w_k^{(i)} = y_{k|k-1}^{(i)}$$

(5)归一化权重。

$$w_k^{(i)} = \frac{w_k^{(i)}}{\sum_{i=1}^{N} w_k^{(i)}}$$

(6)重采样。

首先判断是否需要重采样,估算有效粒子数:

$$n_{\text{eff}} \approx \frac{1}{\sum_{i=1}^{N}(w_k^{(i)})^2}$$

当 $n_{\text{eff}} \leqslant n_{\text{thresh}}$ 时,进行重采样;当 $n_{\text{eff}} \geqslant n_{\text{thresh}}$ 时,不进行重采样。其中 n_{thresh} 为重采样门限。

当需要重采样时,取加权粒子集 $\{(w_k^{(i)}, x_k^{(i)}) \mid i=1,\cdots,N\}$ 中,满足权重 $w_k^{(i)}$ 大于"可接受概率" w_{accept} 的粒子组成新集合:

$$\mathscr{X} = \{(w_k^{(i)}, x_k^{(i)}) \mid w_k^{(i)} > w_{\text{accept}}, i=1,\cdots,N\}$$

由于 $\text{card}(\mathscr{X}) < N$,card(·)为求集合中元素的个数,将集合 $\mathscr{X}$ 中的元素进行复制,得到新的粒子集 $\{\tilde{x}_k^{(i)}, i=1,\cdots,N\}$,并将权重全部重置为 $w_k^{(i)} = 1/N$。

当不需要重采样时,直接令 $\tilde{x}_k^{(i)} = x_k^{(i)}$。

(7)构造滤波分布。

$$p(x_k \mid y_k) = \sum_{i=1}^{N} w_k^{(i)} \delta(x - \tilde{x}_k^{(i)})$$

(8)状态估计。

取状态估计为条件均值,则

$$\hat{x}_k = E[x \mid y_k] \approx \sum_{i=1}^{N} w_k^{(i)} \tilde{x}_k^{(i)}$$

接下来,用一个简单的例子来演示自举粒子滤波器的应用。

例 13.1 考虑离散状态空间表示的马尔科夫模型:

$$x_k = (1-0.05T)x_{k-1} + 0.04Tx_{k-1}^2 + q_{k-1}$$

$$y_k = x_k^2 + x_k^3 + r_k$$

其中,$T=0.01$ 为时间步长,$q_k \sim \mathcal{N}(0, 10^{-6})$ 和 $r_k \sim \mathcal{N}(0, 0.09)$ 分别为过程噪声和测量噪声。初始状态满足高斯分布 $x_0 \sim \mathcal{N}(2.0, 10^{-2})$。

下面是该问题的自举粒子滤波算法流程。

(1)从状态转移分布中抽取粒子 $x_k^{(i)}$,具体而言,生成过程噪声样本:

$$q_{k-1}^{(i)} \leftarrow \mathcal{N}(0, 10^{-6})$$

式中,符号←表示从分布中抽取样本。然后用状态转移模型计算粒子集 $\{x_k^{(i)}\}$:

$$x_{k|k-1}^{(i)} = (1-0.05T)\cdot x_{k-1}^{(i)} + 0.04T\cdot (x_{k-1}^{(i)})^2 + q_{k-1}^{(i)}$$

(2)估计观测似然,具体而言,生成观测噪声样本:

$$r_k^{(i)} \leftarrow \mathcal{N}(0,0.09)$$

然后用观测模型计算观测似然:

$$y_{k|k-1}^{(i)} = (x_{k|k-1}^{(i)})^2 + (x_{k|k-1}^{(i)})^3 + r_k^{(i)}$$

(3)更新权重:$w_k^{(i)} = y_{k|k-1}^{(i)}$。

(4)归一化权重:$\tilde{w}_k^{(i)} = w_k^{(i)} / \sum_i^N w_k^{(i)}$。

(5)决策是否重采样:$n_{\mathrm{eff}} \leqslant n_{\mathrm{thresh}}$。

(6)如果需要重采样:生成新的加权粒子集$\{(\tilde{w}_k^{(i)}, \tilde{x}_k^{(i)})\}$。

(7)构造滤波分布:$p(x \mid y_k) \approx \sum_{i=1}^N \tilde{w}_k^{(i)} \delta(x - \tilde{x}_k^{(i)})$。

(8)得到状态估计值:$\hat{x}_k = \sum_{i=1}^N \tilde{w}_k^{(i)} \tilde{x}_k^{(i)}$。

除了自举粒子滤波算法外,比较常用的粒子滤波算法还包括辅助粒子滤波算法(Auxiliary Particle Filter)、正则化粒子滤波算法(Regularized Particle Filter)、MCMC 粒子滤波算法、线性化粒子滤波算法(Linearized Particle Filter)、Rao-blackwellized 粒子滤波算法等。感兴趣的读者可以阅读本书的参考文献,进一步研究和学习。

参 考 文 献

[1]张金槐,蔡洪. 飞行器试验统计学[M]. 长沙:国防科技大学出版社,1995.

[2]蔡金狮. 动力学系统辨识与建模[M]. 北京:国防工业出版社,1991.

[3]蔡金狮,等. 飞行器系统辨识[M]. 北京:中国宇航出版社,1995.

[4]贾玉红,黄俊,吴永康. 航空航天概论[M]. 第 3 版. 北京:北京航空航天大学出版社,2013.

[5]MENDENHALL W M, SINCICH T L. 统计学(第 6 版)[M]. 关静,等译. 北京:机械工业出版社,2018.

[6]MOORE D S, NOTZ W I. 统计学的世界(第 8 版)[M]. 郑磊,译. 北京:中信出版社,2017.

[7]辛淑亮. 试验设计与统计方法[M]. 北京:电子工业出版社,2015.

[8]赵选民. 试验设计方法[M]. 北京:科学出版社,2006.

[9]CANDY J V. Bayesian signal processing: classical, modern, and particle filtering methods[M]. John Wiley & Sons, 2016.

[10]SÄRKKÄ S. Bayesian estimation of time - varying systems: Discrete - time systems[R]. Written material for the course held in Spring 2011, 2012.

[11]KALMAN R E. A new approach to linear filtering and prediction problems [J]. Journal of basic Engineering, 1960, 82(1): 35 - 45.

[12]WEST M, HARRISON J. Bayesian forecasting and dynamic models [M]. Springer Science & Business Media, 2006.

[13]JAZWINSKI A H. Stochastic processes and filtering theory [M]. Elsevier Academic Press, Inc., 1970.

[14]BAR - SHALOM Y, Li X R, KIRUBARAJAN T. Estimation with Applications to Tracking and Navigation: Theory Algorithms and Software[M]. John Wiley & Sons, 2001.

[15]徐建强. 火箭卫星产品试验[M]. 北京:中国宇航出版社,2012.

[16](美) 防务系统管理学院. 试验与评价管理指南[M]. 国防科工委军用标准中心,译. 北京: 航空工业出版社,2020.

[17]中国航天标准化研究所. 运载器、上面级、航天器试验要求:GJB 1027A—2005[S]. 北京:国防科学技术工业委员会,2005.

[18]盛德林,李峰新. 国外飞航导弹试验鉴定程序[J]. 飞航导弹,1991(04):9-13,20.

[19]王正明,卢芳云,段晓君,等. 导弹试验的设计与评估[M]. 北京:科学出版社, 2010.

[20]金振中,李晓斌,等. 战术导弹试验设计[M]. 北京:国防工业出版社,2013.

[21](苏)瓦弗洛缅也夫,科普托夫. 弹道式导弹设计和试验[M]. 邸晓华,译. 北京:国防工业出版社, 1977.

[22]PITT M K, SHEPHARD N. Filtering via simulation: auxiliary particle filter [J]. Journal of the American Statistical Association, 1999, 94,590-599.

[23]JOHANSEN A M, DOUCET A. A note on auxiliary particle filters[J]. Statistics and Probability Letters, 2008, 78(12), 1498-1504.

[24]FEARNHEAD P. Computational methods for complex stochastic systems: A review of some alternatives to MCMC[J]. Statistics and Computing, 2008, 18, 151-171.

[25]SÄRKKÄ S, VEHTARI A, LAMPINEN J. Rao-Blackwellized particle filter for multiple target tracking. Information Fusion Journal, 2007, 8(1):2-15.

[26]DOUCET A, JOHANSEN A M. A tutorial on particle filtering and smoothing: Fifteen years later[J]. Handbook of nonlinear filtering, 2011, 12:3.

[27]OUDJANE N, MUSSO C. Progressive correction for regularized particle filters [C]//Proceedings of the Third International Conference on Information Fusion. IEEE, 2000, 2: THB2/10-THB2/17 vol. 2.

[28]杨雪榕. 卫星跟飞编队控制问题研究[D]. 长沙:国防科学技术大学,2010.

[29]朱俊. 基于星间链路的导航卫星轨道确定及时间同步方法研究[D]. 长沙:国防科学技术大学,2011.

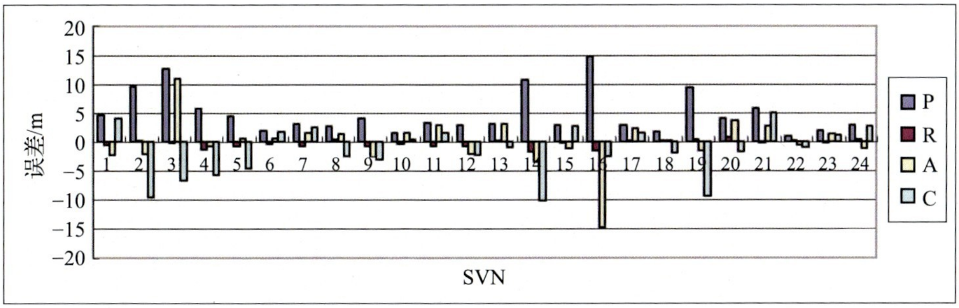

图 5.6　方案 1 定轨位置误差

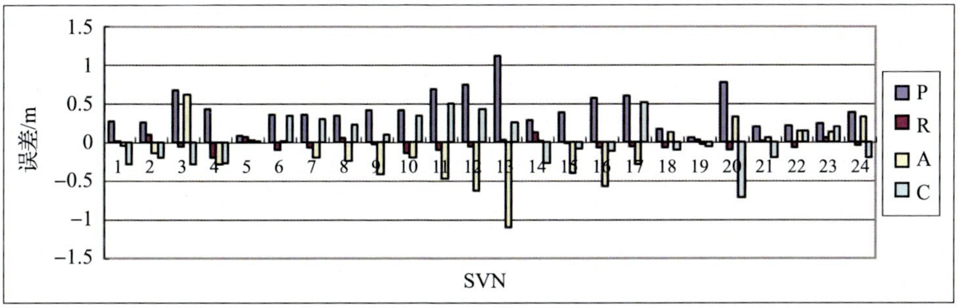

图 5.7　方案 2 定轨位置误差

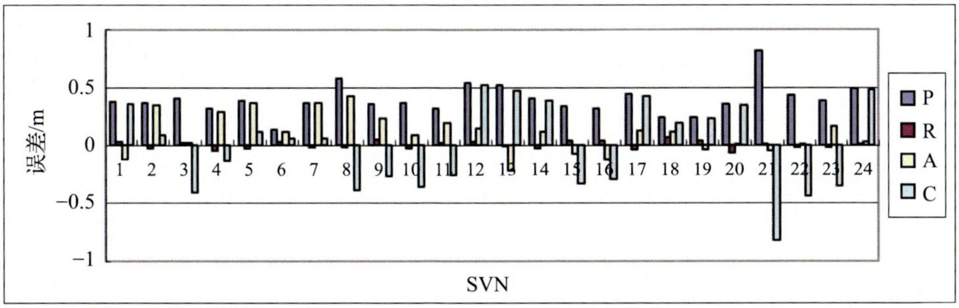

图 5.8　方案 3 定轨位置误差

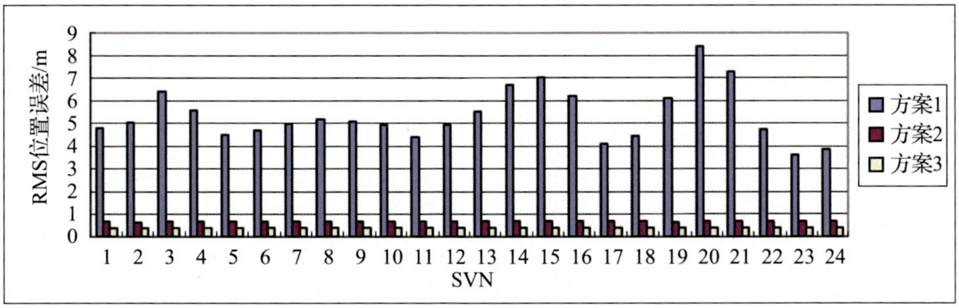

图 5.9　三种方案定轨 RMS 位置误差(1σ)

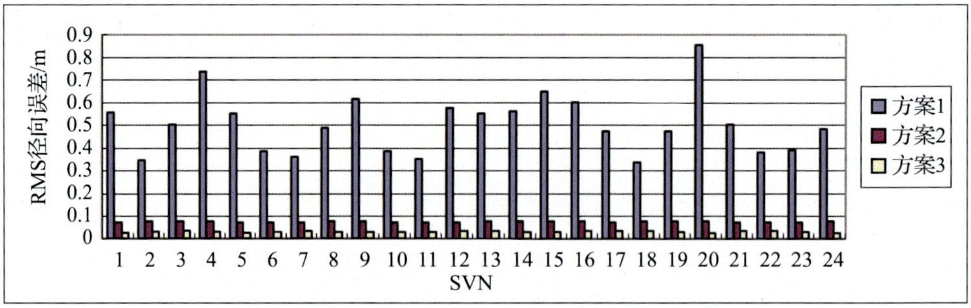

图 5.10　三种方案定轨 RMS 径向误差(1σ)

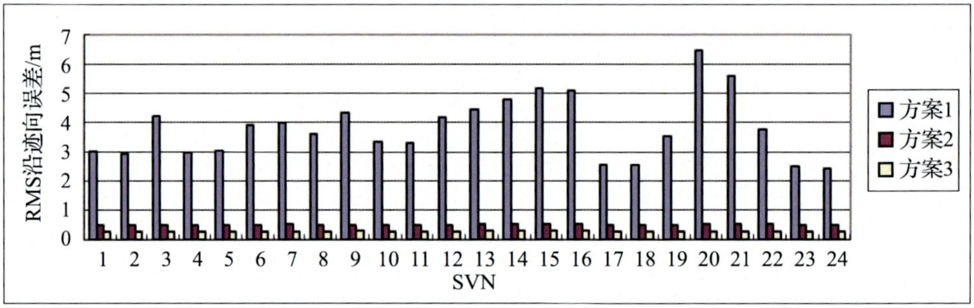

图 5.11　三种方案定轨 RMS 沿迹向误差(1σ)

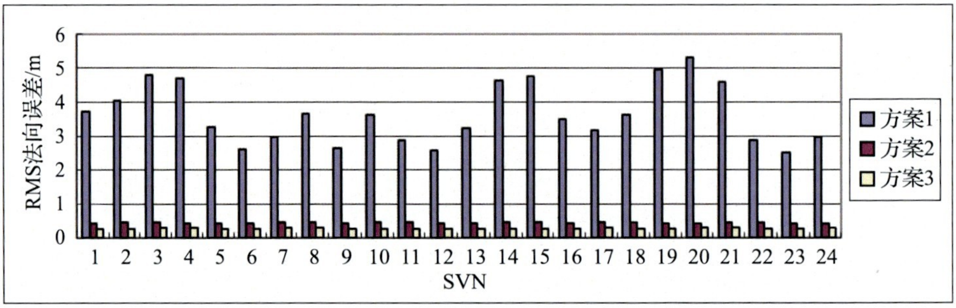

图 5.12　三种方案定轨 RMS 法向误差(1σ)

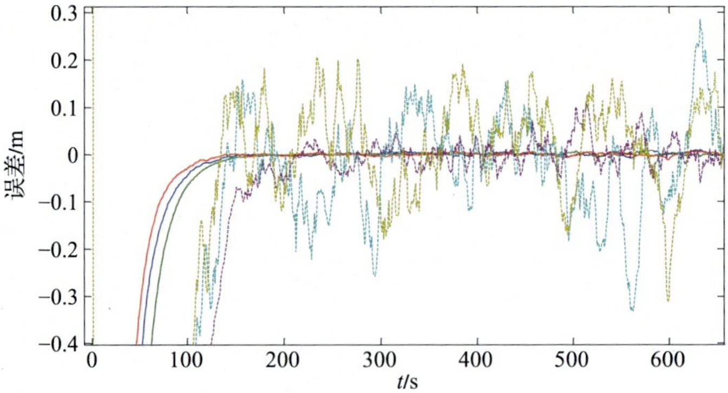

图 8.9　构型 Ⅰ 位置速度估计值误差曲线局部放大图

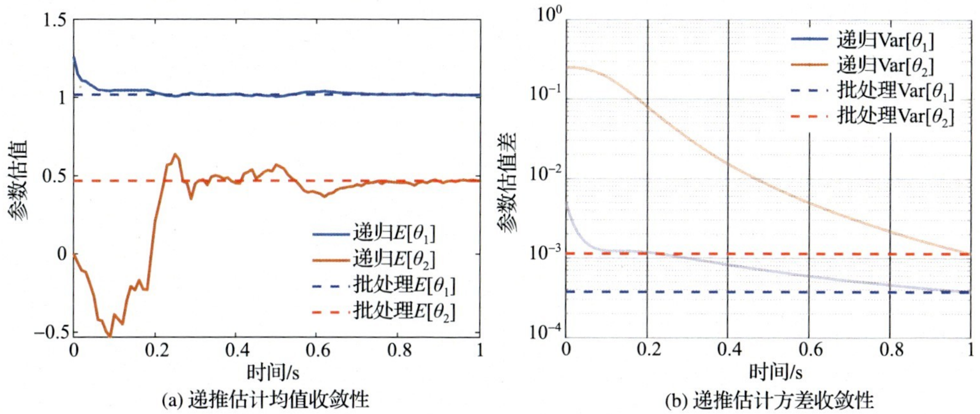

图 11.7 递归估计过程中参数的均值和方差变化

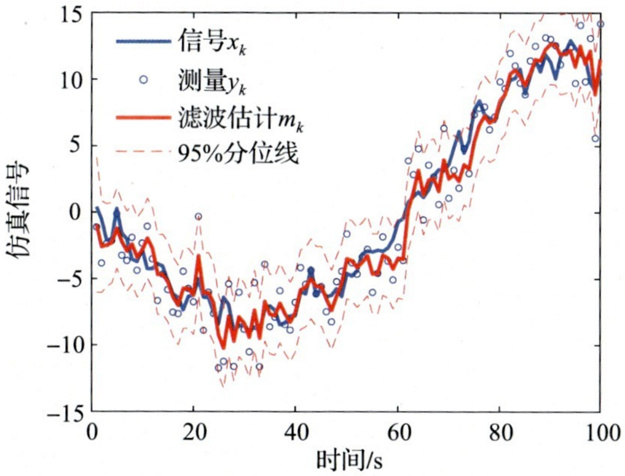

图 11.9 对高斯随机游走模型的卡尔曼滤波估计